住房和城乡建设部“十四五”规划教材
高等职业教育土建施工类专业 BIM 系列教材

建筑设备安装与 BIM 实务

朱维香　沈咏军　主　编
马红丽　程小春　王　漪　副主编

中国建筑工业出版社

图书在版编目（CIP）数据

建筑设备安装与BIM实务 / 朱维香，沈咏军主编 ；
马红丽，程小春，王漪副主编. — 北京 ：中国建筑工业
出版社，2024.8

住房和城乡建设部“十四五”规划教材 高等职业教
育土建施工类专业BIM系列教材

ISBN 978-7-112-29869-3

Ⅰ. ①建… Ⅱ. ①朱… ②沈… ③马… ④程… ⑤王
… Ⅲ. ①房屋建筑设备-建筑安装-应用软件-高等职业
教育-教材 Ⅳ. ①TU8-39

中国国家版本馆CIP数据核字（2024）第101761号

本教材结合“擅识图、懂规范、精施工、会管理”的土建类专业岗位任职要求，分为5个项目，内容包括建筑设备工程、建筑给水排水工程、建筑暖通空调工程、建筑电气工程、建筑设备BIM综合应用。培养学生设备安装与土建施工间协调配合处理能力及精细化管理能力，拓展并完善学生专业知识结构，提升学生综合职业能力。

本教材可作为高等职业院校土木建筑类专业本科及专科学生的教材和教学参考书，也可作为建设类行业企业相关技术人员的学习用书。

为更好地支持本课程的教学，我们向使用本书的教师免费提供教学课件，有需要者请与出版社联系，索要方式为：

1. 邮箱 jckj@cabp.com.cn；
2. 电话（010）58337285；
3. 建工书院 http：//edu.cabplink.com。

责任编辑：刘平平 李 阳
责任校对：李美娜

住房和城乡建设部“十四五”规划教材
高等职业教育土建施工类专业BIM系列教材
建筑设备安装与BIM实务
朱维香 沈咏军 主 编
马红丽 程小春 王 漪 副主编
*
中国建筑工业出版社出版、发行(北京海淀三里河路9号)
各地新华书店、建筑书店经销
北京鸿文瀚海文化传媒有限公司制版
北京君升印刷有限公司印刷
*
开本：787毫米×1092毫米 1/16 印张：24¾ 字数：616千字
2024年8月第一版 2024年8月第一次印刷
定价：**70.00**元（赠教师课件）
ISBN 978-7-112-29869-3
（42778）

出版说明

党和国家高度重视教材建设。2016年，中办国办印发了《关于加强和改进新形势下大中小学教材建设的意见》，提出要健全国家教材制度。2019年12月，教育部牵头制定了《普通高等学校教材管理办法》和《职业院校教材管理办法》，旨在全面加强党的领导，切实提高教材建设的科学化水平，打造精品教材。住房和城乡建设部历来重视土建类学科专业教材建设，从“九五”开始组织部级规划教材立项工作，经过近30年的不断建设，规划教材提升了住房和城乡建设行业教材质量和认可度，出版了一系列精品教材，有效促进了行业部门引导专业教育，推动了行业高质量发展。

为进一步加强高等教育、职业教育住房和城乡建设领域学科专业教材建设工作，提高住房和城乡建设行业人才培养质量，2020年12月，住房和城乡建设部办公厅印发《关于申报高等教育职业教育住房和城乡建设领域学科专业“十四五”规划教材的通知》（建办人函〔2020〕656号），开展了住房和城乡建设部“十四五”规划教材选题的申报工作。经过专家评审和部人事司审核，512项选题列入住房和城乡建设领域学科专业“十四五”规划教材（简称规划教材）。2021年9月，住房和城乡建设部印发了《高等教育职业教育住房和城乡建设领域学科专业“十四五”规划教材选题的通知》（建人函〔2021〕36号）。为做好“十四五”规划教材的编写、审核、出版等工作，《通知》要求：（1）规划教材的编著者应依据《住房和城乡建设领域学科专业“十四五”规划教材申请书》（简称《申请书》）中的立项目标、申报依据、工作安排及进度，按时编写出高质量的教材；（2）规划教材编著者所在单位应履行《申请书》中的学校保证计划实施的主要条件，支持编著者按计划完成书稿编写工作；（3）高等学校土建类专业课程教材与教学资源专家委员会、全国住房和城乡建设职业教育教学指导委员会、住房和城乡建设部中等职业教育专业指导委员会应做好规划教材的指导、协调和审稿等工作，保证编写质量；（4）规划教材出版单位应积极配合，做好编辑、出版、发行等工作；（5）规划教材封面和书脊应标注“住房和城乡建设部‘十四五’规划教材”字样和统一标识；（6）规划教材应在“十四五”期间完成出版，逾期不能完成的，不再作为《住房和城乡建设领域学科专业“十四五”规划教材》。

住房和城乡建设领域学科专业“十四五”规划教材的特点，一是重点以修订教育部、住房和城乡建设部“十二五”“十三五”规划教材为主；二是严格按照专业标准规范要求编写，体现新发展理念；三是系列教材具有明显特点，满足不同层次和类型的学校专业教学要求；四是配备了数字资源，适应现代化教学的要求。规划教材的出版凝聚了作者、主审及编辑的心血，得到了有关院校、出版单位的大力支持，教材建设管理过程有严格保障。希望广大院校及各专业师生在选用、使用过程中，对规划教材的编写、出版质量进行反馈，以促进规划教材建设质量不断提高。

住房和城乡建设部“十四五”规划教材办公室

2021年11月

前　言

随着我国建筑业的转型升级，建筑业已进入信息化、工业化、智能化、绿色化的“四化”融合时代。BIM 技术是我国智慧建筑业的发展基础，本教材依托省级重点支持现代产业学院——智慧建造产业学院，校企、校校联合编写，共同培养智慧建造人才。

本教材结合“擅识图、懂规范、精施工、会管理”的土建类专业岗位任职要求，将内容分为建筑设备工程、建筑给水排水工程、建筑暖通空调工程、建筑电气工程、建筑设备 BIM 综合应用五大项目模块。通过学习建筑设备基本知识、识图方法、BIM 建模，培养建筑设备施工图识读及 BIM 建模能力，通过学习建筑设备施工安装、BIM 综合，培养学生设备安装与土建施工间协调配合处理能力及精细化管理能力，拓展并完善学生专业知识结构，提升学生综合职业能力。

本教材特点有：

1. 按照国家职业教育改革实施方案，贯彻国家职业标准，落实专业人才培养方案，依据专业课程体系定位，教材融“价值引领、知识获取、技能掌握、素养提升”为一体。

2. 选取典型项目，分解项目任务，建构技能点与知识点，教材融“项目→任务→能力→知识”为一体。

3. 结合职业岗位要求，依据课程标准，对接“1＋X”建筑信息模型（BIM）职业技能等级证书，教材融“岗课证”为一体。

4. 通过互联网技术，将视频、作业、测试等数字资源嵌入教材，创新“做、学、教、考”课堂模式，教材融“理论＋实践、线上＋线下、课内＋课外”为一体。

本教材由朱维香、沈咏军担任主编，马红丽、程小春、王漪担任副主编，杨云芳、王春福担任主审。具体分工如下：项目 1 建筑设备工程，浙江广厦建设职业技术大学朱维香、缙云县住房和城乡建设局洪淑丽；项目 2 建筑给水排水工程，浙江广厦建设职业技术大学程小春、浙江东横建筑工程有限公司张云福、中国联合工程有限公司杨晶晶；项目 3 建筑暖通空调工程，浙江广厦建设职业技术大学王漪、宁夏建设职业技术学院马金忠、中国联合工程有限公司彭滔；项目 4 建筑电气工程，浙江广厦建设职业技术大学沈咏军、上海杉达学院马红丽；项目 5 建筑设备 BIM 综合应用，浙江广厦建设职业技术大学朱维香、朱俊芬，品茗科技股份有限公司刘丹怡。另外，项目 2～项目 5 中“1＋X” BIM 视频由品茗科技股份有限公司提供，鲁班软件股份有限公司张洪军、广联达科技股份有限公司蒋赟港提供部分教学资源。

本教材可作为高等职业院校土木建筑类专业学生的教材和教学参考书，也可作为建设类行业企业相关技术人员的学习用书。

本教材在编写过程中，参考和引用了大量文献资料，在此谨向相关作者表示衷心感谢。

由于编者水平有限，加上 BIM 技术应用日新月异，本教材难免存在不足之处，敬请广大读者批评指正。

目　录

项目 1　建筑设备工程

学习目标

1. 知识目标

了解建筑设备的基本概念；熟悉建筑设备的系统组成及作用；掌握建筑设备施工图的组成及识读方法；了解建筑设备 BIM 应用领域；熟悉建筑设备 BIM 应用流程；掌握建筑设备 BIM 操作环境设置及模型创建准备方法。

2. 技能目标

能说出建筑设备的基本概念、系统组成及作用；能说出建筑设备施工图的组成及识读注意事项；能说出建筑设备 BIM 应用领域、应用流程；能运用 BIM 软件进行操作环境设置及模型创建准备。

3. 素质目标

养成认真负责、精益求精的工作态度；养成良好的组织协调、团结协作、系统思维意识；养成自主学习新技术、新标准、新规范，灵活适应发展变化的创新能力；养成节能低碳环保、质量标准安全、生态绿色智慧等意识，树立低碳、绿色、生态发展理念。

1-1 建筑设备-让生活更美好

课程思政

深刻领会工程师的素质要求与职业道德，培养学生树立正确的人生观、价值观和世界观；精心培育学生精益求精的工匠精神，树立节能环保、标准规范、生态智慧、团结协作、创新意识。本项目模块课程思政实施要点见表 1.0.1。

"建筑设备工程"课程思政实施要点　　表 1.0.1

序号	教学任务	课程思政元素	教学方法与实施
1	建筑设备工程基础	节能环保、协作意识、系统意识	严格按照节能环保标准选用系统设备，引导学生树立节能环保、生态绿色发展理念；建筑设备系统是实现建筑功能的综合系统，涵盖多个专业系统，引导学生养成系统思维意识；建筑设备系统只有与建筑、结构等相互协调才能发挥整体效益，引导学生养成协作意识
2	建筑设备 BIM 基础	创新意识、信息素养、标准意识、协作竞争、精益求精	引入 BIM 技术，培养学生创新意识及职业信息素养；引入 BIM 相关标准，引导学生养成标准意识；通过 BIM 实操训练，引导学生养成精益求精的工匠品质；通过分组教学，引导学生养成协作及竞争意识

标准规范

（1）《建筑信息模型应用统一标准》GB/T 51212—2016

（2）《建筑信息模型分类和编码标准》GB/T 51269—2017

（3）《建筑信息模型施工应用标准》GB/T 51235—2017

（4）《建筑信息模型设计交付标准》GB/T 51301—2018

（5）《建筑工程设计信息模型制图标准》JGJ/T 448—2018

 项目导引

在远古时代，人类的祖先借山洞栖息，躲避风雨严寒。随着时代的前进，科学技术的发展，人们开始有能力建造房屋，为自己寻找更安全可靠的庇护之所。但是仅有一个住所仍是不够的，人们还希望自己的家冬暖夏凉，方便地用到水、电等生活设施。目前，在我们居住的住宅及工作场所，绝大部分都可以享受到良好的水电暖服务，而且智能建筑也越来越普及，大大提高了生活及工作舒适度，这些设备和条件就构成了建筑设备工程。建筑设备在整个建筑工程中占有非常重要的地位，其设置的完善程度和技术水平，已成为社会生产、房屋建筑和物质生活水平的重要标志。

随着BIM技术应用的发展，BIM技术在建筑工程中的应用不仅包括可视化技术交底、深化设计、综合协调、施工模拟、施工方案优化等应用，还涉及前期场地平整、主体施工、设备安装工程、工程管理等应用。经过不断的实践和发展，在设备施工过程中BIM技术与各类硬件设备的集成应用发挥着重要作用，如三维激光扫描仪、测量机器人、VR设备、AR设备等在施工管理过程中得到较多的应用。

本项目模块学习任务主要有建筑设备工程基础、建筑设备BIM基础两大任务，具体详见图1.0.1。

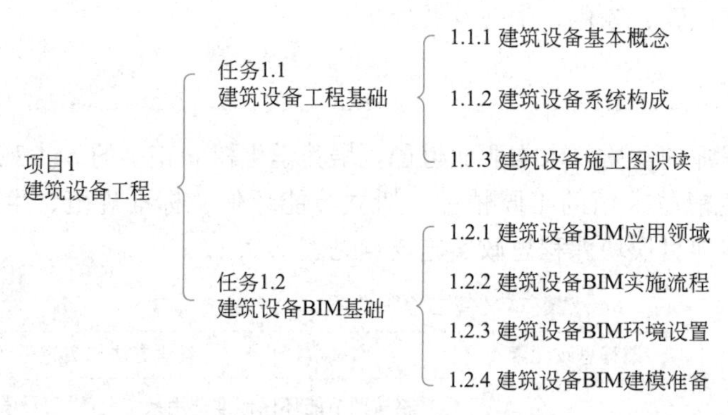

图1.0.1 “建筑设备工程”学习任务

任务1.1 建筑设备工程基础

 任务引入

建筑工程项目是一个综合体，涉及建筑、结构、设备等不同专业，作为工程施工及管理人员，很有必要熟悉建筑设备系统相关的基本知识。建筑物现代化程度越高，功能越完善，建筑设备系统就越复杂，建筑设备所占的投资比例就越大。从建筑物的使用成本角度来看，建筑设备的设计性能优劣、耗能指标是直接影响经济效益的重要因素。

本节任务的学习内容见表 1.1.0。

"建筑设备工程基础"学习任务表　　表 1.1.0

任务	子任务	技能与知识	拓展
1.1 建筑设备工程基础	1.1.1 建筑设备基本概念	1.1.1.1 建筑设备内涵 1.1.1.2 建筑设备特点 1.1.1.3 建筑设备协作	建筑环境
	1.1.2 建筑设备系统构成	1.1.2.1 建筑给水排水系统 1.1.2.2 建筑暖通空调系统 1.1.2.3 建筑电气系统	流体
	1.1.3 建筑设备施工图识读	1.1.3.1 建筑设备施工图组成 1.1.3.2 建筑设备施工图识读	建筑工程施工图

任务实施

1.1.1 建筑设备基本概念

1-2 建筑设备基本概念

1.1.1.1 建筑设备内涵

现代建筑工程一般由建筑工程、结构工程、建筑设备工程和建筑装饰工程等组成。为提供卫生、舒适、方便、安全的工作生活和生产环境，需在建筑物内设置完善的给水、排水、热水、供暖、通风、空调、供电、照明、通信、建筑自动化等系统设施，这些设备系统总称为建筑设备。

1.1.1.2 建筑设备特点

建筑设备通常包含三类系统：建筑给水排水系统、建筑暖通空调系统、建筑电气系统。

建筑给水排水系统是以合理利用与节约水资源、系统布置合理、外形美观实用和注重节能环境保护为约束条件，实现生活给水、消防给水、生活排水、屋面雨水排水、热水供应等功能的综合性系统。

建筑暖通空调系统是为创造适宜的生活或工作条件，用人工方式将室内空气质量、温湿度、洁净度等保持在一定状态的专业技术，以满足卫生标准和生产工艺的要求，包括供暖、通风及空气调节三方面的建筑环境控制系统。

建筑电气系统是以电能、电气设备、电气技术以及工程技术为手段，创造、维持与改善建筑环境来实现建筑的某些功能的综合性系统。

1.1.1.3 建筑设备协作

建筑设备系统只有与建筑、结构、装饰及生产工艺设备等相互协调才能有效发挥整体使用效益。综合考虑建筑设备系统在建筑设计、施工时，与其他专业的密切配合，使建筑物达到适用、经济、卫生及舒适的要求，发挥建筑物应有的功能，提高建筑物的使用质量，避免环境污染，提升建筑物的价值。

同时，建筑设备工程的建筑给水排水、建筑暖通空调、建筑电气专业也需协调作业和交叉配合，进行设备管线协调工作。设备管线协调是指在建筑结构的限制条件下合理设置设备以及排布管线，这项工作直接影响建筑空间的合理利用与内部功能的正常运行。随着现代建筑空间日趋复杂，功能要求不断提升，日趋庞大的设备管线系统给协调工作带来了巨大的挑战。传统管线设计及图纸会审容易存在疏漏，利用 BIM 技术能够高效地协调设备管线系统，极大地降低施工过程中因设计不当造成返工的可能性，有效保证工程进度，排除安全隐患，使工程质量得到有力保障。

知识拓展

建筑环境

人类从原始的穴居模式发展到现代城市、从传统民居到现代高层住宅、从单体建筑到建筑群，无不体现建筑环境的创造与控制。在聚落环境中重要的组成部分就是建筑，建筑内外人工因素形成的物理环境称为建筑环境。

建筑环境由建筑外环境和建筑内环境构成。建筑内环境包括建筑热环境、建筑光环境、建筑声环境和室内空气品质等。建筑外环境涉及住区与城市尺度，其具体内容根据环境因素的不同，在城市和住区之间有所调整。例如，建筑外部热湿环境主要研究城市与住区热岛效应，建筑外光环境主要研究住区夜景照明，建筑外声环境主要研究住区环境噪声，建筑风环境主要研究住区建筑群间的风场分布特征等。

良好的建筑环境，不仅能让建筑具有其各种使用功能，而且使人们在使用过程中感到舒适和健康。创造舒适和健康的建筑环境是人对建筑的基本要求。利用适宜的手段和方法来创造良好的建筑环境，不仅关系到人的舒适性要求，还直接影响建筑的能源、资源的消耗，进而影响建筑与环境的关系，影响人类社会的可持续发展。

1.1.2 建筑设备系统构成

1-3 建筑设备系统构成

建筑给水排水系统主要包括：生活给水系统、室外消火栓系统、室内消火栓系统、自动喷水灭火系统（或“喷淋系统”）、生活排水系统、屋面用水排水系统、热水供应系统。

建筑暖通空调系统主要包括：采暖系统、通风系统、建筑防排烟系统、空气调节系统。

建筑电气系统主要包括：建筑供配电系统、建筑电气动力配电系统、建筑电气照明系统、建筑智能化系统、防雷接地系统。

1.1.2.1 建筑给水排水系统

1. 生活给水系统

生活给水系统是将城镇给水管网（或自备水源给水管网）中的水引入一幢建筑或一个建筑群体，供人们在不同场合的日常生活用水，并满足各类用水对水质、水量和水压要求的冷水供应系统。其主要组件包括：

（1）供水管道；

（2）附件：阀门、仪表、过滤器、配水水嘴；

（3）供水设备：水泵、高位生活水箱、生活水池。

2. 室外消火栓系统

室外消火栓系统是通过设置在建筑物外面消防管网上的室外消火栓，以便消防车取水扑灭火灾的系统。其主要组件包括：

（1）供水管道；

（2）附件：阀门、仪表、过滤器；

（3）消防设备：室外消火栓。

3. 室内消火栓系统

室内消火栓系统是通过设置在建筑物内消防管网的室内消火栓连接消防水龙带，消防水枪出水以控制和扑灭火灾的系统。其主要组件包括：

（1）供水管道；

（2）附件：阀门、仪表、过滤器；

（3）消防设备：水泵、室内消火栓、高位消防水箱、消防水泡、消防增压稳压设备、消防水泵接合器。

4. 自动喷水灭火系统

自动喷水灭火系统是一种在发生火灾时，能自动打开洒水喷头喷水灭火并同时给出火警信号的消防灭火系统。其主要组件包括：

（1）供水管道；

（2）附件：阀门、仪表、过滤器；

（3）消防设备：水泵、高位消防水箱、消防水池、消防增压稳压设备、消防水泵接合器、洒水喷头、报警阀组、水流报警装置、末端试水装置。

5. 生活排水系统

生活排水系统是将建筑物内便溺器具、盥洗器具、淋浴器具、洗涤器具等卫生器具的排水收集起来排至室外排水管网、处理构筑物或水体的系统。其主要组件包括：

（1）管道：排水管道、通气管道；

（2）附件：存水弯、清扫口、检查口、通气帽；

（3）卫浴装置：大便器、小便器、洗脸盆、淋浴器、洗涤盆；

（4）排水装置：地漏；

（5）其他装置：化粪池、隔油池、提升泵。

6. 屋面雨水排水系统

屋面雨水排水系统是将降落在建筑物屋面的雨、雪水排至室外排水管网或水体的系统。其主要组件包括：

（1）排水管道；

（2）附件：清扫口、检查口；

（3）排泄装置：雨水沟、雨水斗。

7. 热水供应系统

热水供应系统是保证用户能按时得到符合设计要求的水量、水温、水压和水质的热水供水系统。其主要组件包括：

(1) 管道：热给水管、热回水管、热媒管道；

(2) 附件：阀门、仪表、过滤器；

(3) 机械设备：加热设备、水泵、水箱。

1.1.2.2 建筑暖通空调系统

1. 采暖系统

采暖也叫供暖，按需向建筑物供给热量，采暖系统主要由热源、热媒输配和散热设备三部分组成。根据采暖系统散热方式不同，主要分为散热器供暖系统、热风供暖系统、低温热水地板辐射供暖系统。其主要组件包括：

(1) 管道：热给水管、热回水管、热媒管道；

(2) 附件：阀门、仪表；

(3) 机械设备：锅炉、散热设备、水泵、膨胀水箱。

2. 通风系统

通风系统主要是为保持室内空气环境满足卫生标准和生产工艺的要求，把室内被污染的空气直接或经净化后排至室外，同时将室外新鲜空气或经净化后的空气补充进来。常见通风系统包括自然通风、机械送风、机械排风。其主要组件包括：

(1) 管道：排风管、送风管、风井；

(2) 附件：风阀、风口；

(3) 机械设备：通风机、除尘设备、净化设备。

3. 建筑防排烟系统

建筑防排烟系统用于控制建筑物火灾时烟气的流动，为人们的安全疏散和消防扑救创造有利条件，分为防烟系统和排烟系统。防烟系统是保证防烟楼梯间、前室等安全疏散通道和封闭避难场所等的气压高于烟气区，使其空间不受到烟气的污染。排烟系统则是将火灾产生或流入的烟气排出稀释，保证人所在空间的烟气含量在允许含量之下，防止烟气可能产生的危害。其主要组件包括：

(1) 管道：排烟管、排烟井、送风管、加压送风井；

(2) 附件：风阀、排烟口、送风口；

(3) 机械设备：排烟风机、管道风机。

4. 空气调节系统

空气调节系统是对房间或空间内的温度、湿度、洁净度和空气流动速度进行调节的建筑环境控制系统，系统由冷热源设备、冷热介质输配系统、空调末端设备及自动控制系统组成。其主要组件包括：

(1) 管道：送风管、新风管、回风管、冷冻水管、冷却水管、冷凝水管；

(2) 附件：阀门、风口、分集水器、消声器；

(3) 机械设备：制冷机组、空气处理设备、冷却塔、水泵。

1.1.2.3 建筑电气系统

1. 建筑供配电系统

在民用建筑中，一般从市网获取高压10kV或低压0.38kV/0.22kV（常称为市电）作为电源供电，将电能按一定方式分配给用户使用。用各种设备和各种材料、元器件将电源和负荷连接起来，即组成了建筑供配电系统。其主要组件包括：

（1）连接组件：供电线缆、母线、桥架、线管；

（2）连接配件：线缆连接件、线管连接件、桥架连接件；

（3）电气设备：变压器、高压开关柜、低压配电柜、应急电源。

2. 建筑电气动力配电系统

建筑电气动力配电系统的主要功能是为建筑中的水暖设备（如水泵、通风机）、电气机械设备（如电动卷帘门）及专用设备（如炊事、制冷、医疗设备）等系统提供电能，并可控制其电机运行的状态。其主要组件包括：

（1）连接组件：供电线缆、控制线缆、桥架、线管、线槽；

（2）连接配件：线缆连接件、线管连接件、桥架连接件；

（3）电气设备：动力配电箱、设备控制箱。

3. 建筑电气照明系统

建筑电气照明系统是在建筑物中将电能转化为光能，为人们提供视觉工作必要的光环境的系统。其主要组件包括：

（1）连接组件：供电线缆、控制线缆、桥架；

（2）连接配件：线缆连接件、线管连接件、线槽连接件、桥架连接件；

（3）设备：光源、灯具、照明配电箱、开关插座。

4. 建筑智能化系统

建筑智能化系统是集计算机网络、通信、声像处理、数据处理、自动控制于一体的智能化综合管理系统。通常包括五大系统，即通信自动化系统、楼宇自动化系统、办公自动化系统、消防自动化系统、保安自动化系统。五大系统下分计算机网络系统、综合布线系统、计算机管理系统、楼宇设备自控系统、保安监控及防盗报警系统、智能卡系统、通信系统、卫星及公用电视系统、停车场管理系统、广播系统、会议系统、视频点播系统、智能小区综合物业管理系统电子巡查系统、大屏幕展示系统、智能灯光及音响控制系统、火灾自动报警及联动控制系统等子系统。其主要组件包括：

（1）连接组件：供电线缆、通信线缆、桥架、线槽；

（2）连接配件：线缆连接件、线管连接件、线槽连接件、桥架连接件；

（3）智能化设备：各系统主机、各系统输入设备、各系统输出设备。

5. 防雷接地系统

建筑防雷装置能将雷电引泄入地，使建筑物免遭雷击。另外，从安全考虑，建筑物内用电设备的不应带电的金属部分都需要接地，因此要有统一的接地装置。其主要组件包括；

（1）接地装置：接地体、接地线、等电位联结装置；

（2）连接配件：防雷接地装置支持配件、防雷接地装置连接配件；

（3）防雷装置：接闪器、引下线、电涌保护器。

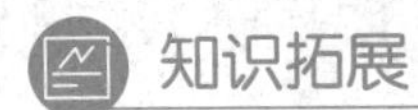

流　体

要满足我们正常工作、学习和生活，建筑物都需要哪些设施呢？建筑给水、排水、消防、采暖、通风、燃气供应、建筑电气是实现建筑物功能的必要设施。物质按状态的不同分为固体、液体和气体。液体和气体具有较大的流动性，被统称为流体。在建筑设备工程中，给水、排水、采暖、燃气、通风与空调系统的介质都是流体。

管道中流动液体或气体，在条件相同的情况下对管道内壁造成的压力有所不同，是因为液体和气体的密度不同，而管道中流体的温度视情况不同会有所变化，其密度也会相应地有所变化，使流体的体积会增大或减小，即流体的膨胀性。当流体膨胀时系统应采取措施减小其对管道的压力，以防发生泄漏或爆管事故。因此，在工程中应充分考虑流体膨胀性的影响，采取有效措施，避免对工程的危害。

任何物质的运动都需要能量，各系统为实现流体在管道中输送，如何考虑能量供给呢？我们知道流体能从高向低流动是由于具有的势能，水流动时有一定的速度就具有一定的动能，水箱中静止的水从小孔流出是由于水具有压力；给水、消防、采暖系统的水是从埋设在地下的室外管网或水池作为水源，水从低处输送至建筑物内高处的各用水点必须有足够的压力。水在管道中流动时，水流与固体的管道内壁之间的相对运动，产生一定的流动阻力，进而消耗一定的能量，形成能量损失。能量损失的大小与管线长度、水流速度、管道的管径和管道内壁的粗糙程度、水流分流和流向改变所用弯头、三通、大小头、控制水流启闭的阀门等因素有关，故将其分为沿程阻力和局部阻力，相应地，能量损失分为沿程水头损失和局部水头损失。采取有效措施减小水头损失，正确计算水头损失的大小，使建筑给水、消防、采暖及热水供应选用适合的水泵，以满足所需要的压力。

对流体密度、膨胀性、压力、水头损失等基础知识有所了解，是学好建筑给水、排水、消防、采暖、热水、通风、燃气供应系统的基础。

1.1.3 建筑设备施工图识读

1-4 建筑设备施工图识读

在完整的建筑项目中，除了具有全套的建筑施工图、结构施工图外，还应该包括给水排水系统（含消防工程）、采暖与通风系统、电气工程（强电、弱电）、燃气动力等设备施工图。施工图是工程的语言，是施工的依据，必须以统一规定的图形符号和文字说明，将其设计意图正确明了地表达出来，并用以指导工程的施工。作为工程技术人员，应该熟悉这些设备的配置，在功能上完全配合建筑的要求，以期达到建筑设备设计意图在施工上的密切配合。

1.1.3.1 建筑设备施工图组成

1. 首页

首页一般有图纸目录、设计与施工总说明、设备材料明细表、图例等内容。

（1）图纸目录

图纸目录是将全部施工图纸按其编号（设施-X）、图名、顺序填入图纸目录表格，同时在表头上标明建设单位、工程项目、分部工程名称、设计日期等，装订于封面。其作用是核对图纸数量，便于识图时查找。

（2）设计与施工总说明

一般用文字（图文）表明工程概况（如建筑类型、建筑面积设计热负荷、热介质的种类及设计参数、系统阻力等）；设计中用图形无法表示的一些设计要求（管道材料、防腐及涂色、保温材料及厚度、管道及设备的试压要求、管道的清洗要求、设备类型、材料厂家等的特殊要求）以及施工中应遵循和采用的规范、标准图号；应特别注意的事宜等。

（3）设备材料明细表

设备材料明细表是“图文”类型的图纸，是施工图纸的重要组成部分。

（4）图例

图例是设备在施工图纸中常用符号表达，看图时，应把图纸与相应的图例符号对照阅读。

图文是设计的重要组成部分，必须认真识读，反复对照严格执行，才可以确保施工无误。

2. 平面图

平面图是在水平剖切后，自上而下垂直俯视的可见图形，又称俯视图。

平面图是最基本的施工图纸，其主要作用是确定设备及管道的平面位置，为设备、管道安装定位。

平面图的另一个特点是不能表现立面图，没有高度的意义。管道和设备的安装高度问题必须借助其他类型的图纸（如剖面图、系统图等）予以辅助确定。

3. 剖面图

设备工程图中，剖面图多用于锅炉房、室外管道工程。剖面图是在某一部位垂直剖切后，沿剖切视向的可见图形，其主要作用在于表明设备和管道的立面形状，安装高度及立面设备与设备、管道与设备、管道与管道之间的布置与连接关系。

4. 系统图（轴测图）

系统图用来反映管道及设备的空间位置关系。在系统图中，管道系统的平、立面布局及其与设备的具体连接关系、设备的类型、数量等均有清楚的图形表明。因此，系统图反映了工程的全貌。

系统图可用正等轴测投影或斜轴测投影法绘制。

5. 工艺流程图

工艺流程图也称工程全貌图，它和系统图一样绘有系统全部管道和设备，并清楚地表明了设备和管道的连接关系。

流程图和系统图的本质区别在于，系统图是以平面图为基础，在设备和管道均已布置定位后，用轴测投影原理，按比例绘制的。而流程图则是无比例的、不规则的全貌图，其主要作用在于设备和管道较为复杂、连接错误将导致较严重后果的情况下（例如锅炉房工程），强调设备和管道的正确连接，保证工艺流程正常，防止连接错误造成的运行事故。因此，识读工艺流程图一定要达到彻底搞清管道与设备的正确连接方法，不可有安装上的错误和疏漏。流程图一般只在锅炉房的设计图中才有，其他工程中应用不广。

6. 节点图与大样图

（1）节点图

节点图就是节点详图，用来将工程中的某一关键部位，或某一较复杂节点，在小比例的平面及系统图中无法清楚表达的部位，单独编号绘出节点详图，以便清楚地表达设计意图，指示正确的施工。

（2）大样图

对设计采用的某些非标准化的加工件，如管件、零部件、非标准设备等，应绘出加工件的大样图，且应采用较大比例的图形，如 1∶5、1∶10、1∶100 等比例，以满足加工、装配、安装的实际要求。

节点图、大样图在设备工程中经常使用，成为平面图、剖面图、系统图等施工图纸重要的辅助性图纸。

7. 标准图

标准图又称通用图，是统一施工安装技术要求，具有一定的法令性的图纸，设计时不再重复制图，只需选出标准图号即可，施工中应严格按照指定图号的图样进行施工安装。

标准图可采用三视图或二视图（如卫生器具的安装等）、轴测投影图（如供热系统入口装置）、剖面图等图形类型绘制，可按比例或不按比例绘制。

1.1.3.2 建筑设备施工图识读

在识读建筑设备施工图时，应首先对照图纸目录，核对整套图纸是否完整，各张图纸的图名是否与图纸目录所列的图名相吻合，在确认无误后再正式识读。

识读的方法是以系统为单位。识读时必须分清系统，各系统之间不能混读。将平面图与系统图对照起来看，以便相互补充和相互说明，建立全面、完整、细致的工程形象，以全面地掌握设计意图。对某些设备的安装尺寸、要求、连接方式等不了解时，还必须辅以相应的安装详图。

电气施工图：应“循线而下”，识图要按电线走过的路“线”来看，进线→总配电箱→干线→分配电箱→支线→用电设备器具。

给水施工图：引入管→干管→立管→支管→用水设备。

排水施工图：排水设备→支管→干管→户外排出管。

图纸的分类、适用的标准图集及各种管道的安装方法，应该与土建施工图密切配合，例如，管线空间、设备管沟、留洞套管等多看，不要遗漏。

 知识拓展

建筑工程施工图

建筑是一个由多专业参与的复杂系统工程，一般来说，一个工程项目的设计工作由建筑、结构、电气、给水排水和暖通空调五个专业共同完成。建筑工程施工图按其内容和作用不同分为建筑施工图、结构施工图、给水排水施工图、暖通施工图和电气施工图等。

建筑工程施工图的一般编排顺序：图纸目录、设计总说明、建筑总平面图、建筑施工图、结构施工图、给水排水施工图、暖通施工图和电气施工图等。基本图在前，详图在后；总图在前，局部图在后；主要部分在前，次要部分在后；布置图在前，构件图在后等方式。

建筑施工图主要说明建筑物的总体布局、外部造型、内部布置、细部构造、内外装饰等情况。它包括首页（设计说明）、建筑总平面图、平面图、立面图、剖面图和详图等。在图类中以建施—××图标志。

结构施工图主要表明建筑物各承重构件的布置和构造等情况。它包括首页（结构设计说明）、基础平面图及基础详图、结构平面布置图及节点构造详图、钢筋混凝土构件详图

等。在图类中以结施—××图标志。

设备（水、暖、电）施工图：给水排水施工图——主要表明建筑物中用水点的布置及排出的装置，在图类中以水施—××图标志；采暖和通风空调施工图——为控制室内温度并调节空气，需装置的设备及其路线的图纸，在图纸中以暖施—××图或空施—××图标志；电气施工图——主要说明建筑物内强电、弱电（如电话、电视、火灾报警、综合布线平面图等）设备、线路走向，配电功率、用线规格和品种等，在图类中以电施—××图标志。

识图时，首先要弄清是什么图，然后根据图纸特点，总体了解、顺序识读、前后对照、重点细读，由外向内、内外结合，图样与说明对照，建施、结施、水暖、电施图结合看，另外还要根据建筑工程设计说明准备好相应的标准图集与相关资料。

整个识图过程中，要把建筑、结构施工图与水暖电施工图结合起来看，比对有无矛盾的地方，是否符合构造的施工标准等，同时记下关键的内容，如轴线尺寸、开间尺寸、层高、主要梁柱截面尺寸和配筋以及不同部位混凝土强度等级等，便于下一步施工交底与审核。

1-5 建筑设备工程基础-测试卷

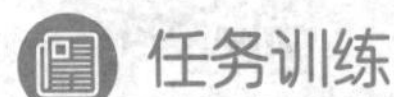

任务训练

1. 简述建筑设备施工图的组成及作用。
2. 简述建筑设备施工图的识读方法及步骤。

任务 1.2 建筑设备 BIM 基础

任务引入

随着 BIM 技术的不断发展，各类 BIM 相关应用软件的不断开发和完善，BIM 技术在项目的设计、施工过程中已经起到了关键作用，在今后的工程实施应用中所占的比重也越来越大。

通过本节学习，了解建筑设备 BIM 应用领域，熟悉建筑设备 BIM 实施流程，掌握建筑设备 BIM 环境设置方法，能进行建筑设备 BIM 模型创建准备工作。

本节任务的学习内容见表 1.2.0。

“建筑设备 BIM 基础”学习任务表　　表 1.2.0

任务	技能	知识	拓展
1.2 建筑设备 BIM 基础	1.2.1 建筑设备 BIM 应用领域	1.2.1.1 建筑设备设计 BIM 应用 1.2.1.2 建筑设备施工 BIM 应用	BIM 技术
	1.2.2 建筑设备 BIM 实施流程	1.2.2.1 项目 BIM 总体实施流程 1.2.2.2 项目 BIM 模型创建实施流程 1.2.2.3 项目 BIM 深化设计应用流程	BIM 发展方向

续表

任务	技能	知识	拓展
1.2 建筑设备 BIM 基础	1.2.3 建筑设备 BIM 环境设置	1.2.3.1 项目样板设置 1.2.3.2 构件库设置 1.2.3.3 材质库设置	Revit 使用
	1.2.4 建筑设备 BIM 建模准备	1.2.4.1 项目文件新建 1.2.4.2 项目模型链接 1.2.4.3 标高轴网创建 1.2.4.4 楼层平面创建	CAD 文件链接

任务实施

1.2.1 建筑设备 BIM 应用领域

1-6 建筑设备 BIM 应用领域

1.2.1.1 建筑设备设计 BIM 应用

建筑设备设计 BIM 基于建筑设备水、电各专业系统设计。在设计过程中，专业内部、专业间基于不断深化的 BIM 模型进行信息交换共享，减少了专业内、专业间因设计变化导致的协调修改和碰撞，避免了设计信息的丢失错漏。通过数据模型的参数化特性，可基于模型进行水量计算、水力计算、冷热负荷计算、照度防雷计算等工作，同时运用信息化工具完成部分模型的自动建立及设计成果自动校验等。

建筑设备设计 BIM 应用工作流程包括设计建模、设计校审、专业协调、二维视图生成及调整、交付及归档。与传统的工作流程相比，主要发生了以下变化：

（1）在专业分析环节，通过信息交换，可以用 BIM 模型生成各类分析模型，避免了重复输出和错误；

（2）在专业校审环节，通过可视化手段，完成关键设备、复杂管路等检查；

（3）在专业协调环节，通过将设备模型与其他模型综合，减少了错、漏、碰、缺等现象，提升专业协调的效率和质量；

（4）在图纸生成和交付环节，在准确的 BIM 模型基础上，通过模型剖切及模型转换，快速准确地生成建筑设备各专业的平、立、剖二维视图。

1.2.1.2 建筑设备施工 BIM 应用

建筑设备施工 BIM 技术应用从设计阶段延续至施工阶段，大致分为深化设计、施工工艺模拟、预制装配式、施工进度管理、施工质量管理、施工造价管理等应用。

1. 建筑设备深化设计 BIM 应用

建筑设备深化设计 BIM 应用是由专业设计师利用三维建模软件综合完成特定区域的所有管线综合深化任务，统一考虑各专业系统（建筑、结构、建筑设备及装饰等专业）的合理排布及优化，同时遵循设计、施工规范及施工要求。

建筑设备深化设计 BIM 应用的基本流程是基于建筑、结构、建筑设备及装饰等专业的设计文件和施工图、创建建筑设备深化设计模型，并进行模型综合、碰撞检查、模型校审、工程量统计。依据输出的碰撞检查分析报告、深化设计模型、工程量清单等，最终形成建筑设备管线综合图和建筑设备专业施工深化图，用于指导施工。

建筑设备深化设计 BIM 应用工作可分两步实施：第一步以配合满足项目土建预留预埋工作为主，进行建筑设备主管线与一次结构相关内容的深化设计工作；第二步是在满足精装修要求的情况下，进行建筑设备末端的深化设计工作。同时需要跟踪图纸变更、修改确保二维、三维设计文件同步以及 BIM 模型准确，并对 BIM 模型定期进行更新及维护，以支持建筑设备施工现场各项技术和管理要求。

2. 建筑设备施工工艺模拟 BIM 应用

建筑设备施工工艺模拟 BIM 应用是基于 BIM 综合模型对施工工艺进行三维可视化的模拟展示或探讨验证。模拟主要施工工序，协助各施工方合理组织施工并进行施工交底，从而进行有效的施工管理；对大型建筑设备运输方案进行方案模拟，分析确定运输方案是否可行，验证施工方案、材料设备选型的合理性，协助施工人员充分理解和执行方案的要求。

建筑设备施工工艺模拟 BIM 应用的基本流程是基于施工组织模型和施工图创建施工工艺模型，并将施工工艺信息与模型关联，输出资源配置计划、施工进度计划等，指导模型创建、视频制作、文档编制和方案交底。

建筑设备施工工艺模拟 BIM 应用内容通常有大型设备运输，复杂构件安装模拟，重、难点施工方案及复杂节点施工工艺模拟。

3. 建筑设备预制装配式 BIM 应用

建筑设备预制装配式 BIM 应用是通过产品工序化管理，将以批次为单位的图纸、模型信息，材料信息和进度信息转化为以工序为单位的数字化加工信息，借助先进的数据采集手段，以预制构件 BIM 模型和模块化 BIM 模型作为信息交流的平台，通过施工过程信息的实施添加和补充完善，进行可视化的展现，实现建筑设备构件的预制加工和装配式施工。

建筑设备预制装配式 BIM 应用的基本流程是基于深化设计模型和加工确认函、设计变更单、施工核定单、设计文件创建建筑设备产品加工模型，基于专项加工方案和技术标准完成模型细部处理，基于材料采购计划提取模型工程量，基于工厂设备加工能力、排产计划及工期和资源计划完成预制加工模型的批次划分，基于工艺指导书等资料编制工艺文件，在构件生产和质量验收阶段形成构件生产的进度信息、成本信息和质量追溯信息，最终实现建筑设备工业化加工 BIM 应用过程，保证模块化产品的质量，为后续产品的安装施工精度提供保障。

建筑设备预制装配式 BIM 应用包含了模块准备、模块加工、模块检验入库等环节。在整个制造过程中，得益于施工模型数据的即时采集、传递、处理，并与 BIM 进行集成、分析、展现和存储等，使整个建筑设备工业化加工制造过程达到较高的精确度。

4. 建筑设备施工进度管理 BIM 应用

建筑设备施工进度管理 BIM 应用是通过将进度计划管理软件编制而成的施工进度计划与 BIM 模型相结合，直观地将 BIM 模型与施工进度计划关联起来，自动生成虚拟建造过程。对虚拟建造过程进行分析，合理调整施工进度，更好地控制现场施工与生产。

建筑设备施工进度管理BIM应用的基本流程是确定建筑设备施工项目工作分解结构，对项目的范围和工作，自上而下有规则地分解，产生工作清单。预估每项工作所需的时间和费用，决定各项工作之间的逻辑关系。将编制的进度计划与BIM模型相关联，形成4D进度管理模型。通过动画的方式表现进度安排情况，对项目工作面的分配、交叉以及工序搭接之间的合理性进行直观检查和分析，利用进度模拟的成果对项目进度计划进行优化更新，形成施工过程演示模型和最终的进度计划，对施工进度进行管理。

基于BIM技术进行建筑设备施工进度管理，在三维模型基础上加上进度时间轴形成4D模型，形象直观地表达进度计划，能更快处理变更、快速进行方案检查、快速规划、分析建造过程以及快速匹配估算工程量、施工持续时间、施工成本等数据。

5. 建筑设备施工质量管理BIM应用

建筑设备施工质量管理BIM应用是利用BIM模型辅助进行图纸质量的把控，提前发现图纸问题，减少现场修改及返工现象，提高工程质量。在面对复杂节点或复杂工艺的施工及检查时，利用模型或施工模拟动画可给现场管理人员提供帮助，提高工程质量的预判及监督能力。

建筑设备施工质量管理BIM应用的基本流程是基于深化设计模型或预制加工模型创建质量管理模型，基于质量验收标准和施工资料标准确定质量验收计划，进行质量验收、质量问题处理、质量问题分析工作。

基于BIM技术的建筑设备施工质量管理，能实现复杂建筑设备工程安装过程的高效质量管理，提高建筑设备工程安装过程的质量管理水平，实现对建筑设备工程施工现场质量信息的实时获取和高效管理。

6. 建筑设备施工造价管理BIM应用

建筑设备施工造价管理BIM应用是利用BIM技术进行施工图预算中的工程量清单项目确定、工程量计算、分部分项计价、工程总造价计算等工作。

建筑设备施工造价管理BIM应用的基本流程是基于深化设计模型和预制加工模型创建成本管理模型，基于清单规范和定额规范确定成本计划，进行合同预算成本计算、进度信息集成、成本核算、成本分析的工作。

基于BIM技术的建筑设备施工造价管理能够在工程设计阶段进行方案的优选，防止出现后期施工过程中造价损失；在施工过程中，可以优化施工组织设计和工程变更进而实现实时成本动态管理。将BIM技术应用于建筑设备施工造价管理之中，可以科学合理地控制工程造价，从而最大限度地减少工程成本支出，提高企业经济效益。

7. 其他施工管理BIM应用领域

基于BIM的建筑设备施工管理还包括材料管理、安全管理、竣工验收等应用领域。

建筑设备施工材料管理BIM应用是将从深化设计模型中获取的材料清单经过处理成材料采购信息，进入实际生产施工环节。在这个过程中，利用信息模型进行采购计划编制、材料仓储管理、材料使用管理、信息追溯管理等工作。

建筑设备施工安全管理BIM应用主要进行现场安全信息模型的布置，使用BIM模型行安全路线的提前规划、危险源的提前识别、可视化安全交底、与视频监控结合管理等工作。现场利用BIM模型进行检查，提高项目安全管理水平。

建筑设备施工竣工验收BIM应用要求项目的各参与方根据施工现场的实际情况将工

程信息实时输入 BIM 模型中。在施工过程中，分部分项工程的质量验收资料、设计变更单、工程洽商等都要以数据的形式存储并关联到 BIM 模型中。

 知识拓展

BIM 技术

建筑信息模型（Building Information Modeling，BIM）是建筑学、工程学及土木工程的新工具。建筑信息模型或建筑资讯模型一词是由 Autodesk 所创的。它是来形容那些以三维图形为主，与物件导向、建筑学有关的电脑辅助设计。当初这个概念是由 Jerry Laiserin 把 Autodesk、奔特力系统软件公司、Graphisoft 所提供的技术向公众推广。

BIM 技术是一种应用于工程设计、建造、管理的数据化工具，通过对建筑的数据化、信息化模型整合，在项目策划、运行和维护的全生命周期过程中进行共享和传递，使工程技术人员对各种建筑信息做出正确理解和高效应对，为设计团队以及包括建筑、运营单位在内的各方建设主体提供协同工作的基础，在提高生产效率、节约成本和缩短工期方面发挥重要作用。

2016 年 12 月 2 日，住房和城乡建设部发布《建筑信息模型应用统一标准》，编号为 GB/T 51212—2016，自 2017 年 7 月 1 日起实施。2017 年 5 月 4 日，住房和城乡建设部发布《建筑信息模型施工应用标准》，编号为 GB/T 51235—2017，自 2018 年 1 月 1 日起实施。

常用的 BIM 软件有：

(1) 建模设计软件：Revit、Bentley、Tekla、Catia、ArchiCAD、PKPM、探索者、天正、鸿业、理正等。

(2) 分析软件：PKPM 结构分析、盈建科结构分析、鸿业暖通分析、PKPM 节能、清华日照、迈达斯等。

(3) 造价软件：鲁班、品茗、广联达、斯维尔等。

(4) 施工软件：BIM5D、ITWO5、运维软件、ArchiBUS、蓝色星球等。

1.2.2 建筑设备 BIM 实施流程

1-7 建筑设备 BIM 实施流程

启动建筑设备工程项目 BIM 应用实施前，应明确应用的价值与目标及项目实施的技术保障环境。项目团队宜事先根据企业和项目特点、合约要求、建筑设备工程专业特点、相关各方 BIM 应用水平等因素制订全面和详细的实施计划。BIM 实施计划应与具体业务紧密结合，明确各参与方的责任和义务，将 BIM 应用整合到相关工作流程中，并提出具体的实施和监控措施。经相关方确认后遵照实施计划完成 BIM 应用过程管理，从而保障 BIM 专业应用达到设定的应用目标效果。

1.2.2.1 项目 BIM 总体实施流程

BIM 应用流程编制宜分为整体和分项两个层次。整体流程应描述不同 BIM 应用之间的逻辑关系、信息交换要求及责任主体等。分项流程应描述详细工作参考资料、信息交换

要求及每项任务的责任主体等。

制定施工 BIM 应用策划的步骤：

（1）确定 BIM 应用的范围和内容；

（2）BIM 应用流程图等形式明确 BIM 应用过程；

（3）规定 BIM 应用过程中的信息交换要求；

（4）确定 BIM 应用的基础条件，包括沟通途径以及技术和质量保障措施等。

施工 BIM 应用策划及其调整应分发给工程项目相关方，工程项目相关方应将 BIM 应用纳入工作计划。

项目 BIM 总体实施流程如图 1.2.1 所示。

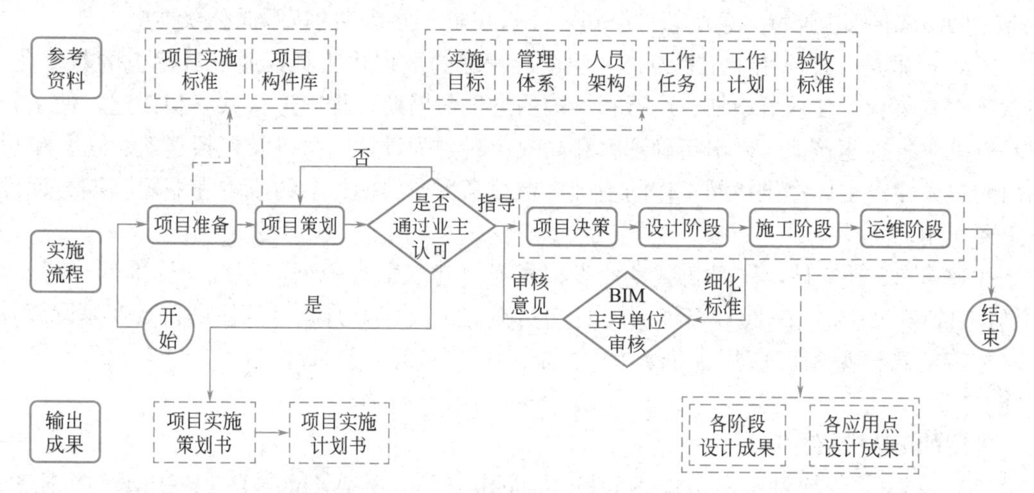

图 1.2.1　项目 BIM 总体实施流程

1.2.2.2　项目 BIM 模型创建实施流程

一般项目的模型创建实施流程分为准备阶段、创建阶段、成果输出阶段。在准备阶段，一般需收集项目资料、其他专业模型或 CAD 图纸，专业模型细化与专业设计宜在土建条件模型上细化本专业设计模型，进行专业设计及分析计算。在模型创建阶段，宜在统一的协作模型上完成设计资料互相提取、碰撞检查、设计优化等工作，实现专业之间的沟通、讨论、决策。在成果输出阶段，进行各专业施工图设计文件编制，设计文件成果包括图纸、说明书、计算书等，宜基于设计模型和数据信息编制施工图相关文件。

项目 BIM 模型创建实施流程如图 1.2.2 所示。

1.2.2.3　项目 BIM 深化设计应用流程

在深化设计阶段，由于建筑功能逐渐增多，室内的管线也随之增多，建筑设备各专业之间的管线错综复杂、空间占用大，为保证运维空间，提升设计的可施工性、可实用性、可维护性等，需进行建筑设备的深化设计。

在建筑设备深化设计 BIM 应用阶段，宜基于施工图设计模型创建深化设计模型，进行管线综合、预留孔洞与预埋件设计、设备构件拆分、支吊架设计等，生成细化设计图纸，统计工程量，指导设备产品加工，制作施工安装文件。

深化设计流程中包含了前期模型准备和技术分析，结合分析成果进一步深化设计与信

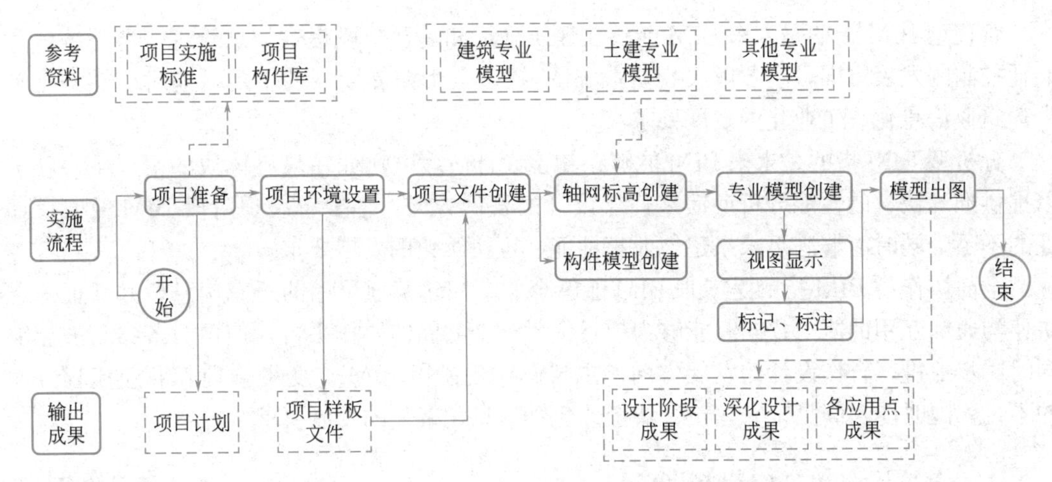

图 1.2.2 项目 BIM 模型创建实施流程

息输入，直至输出的成果能用于现场技术交底和安装施工及指导预制加工。

深化设计 BIM 应用流程如图 1.2.3 所示。

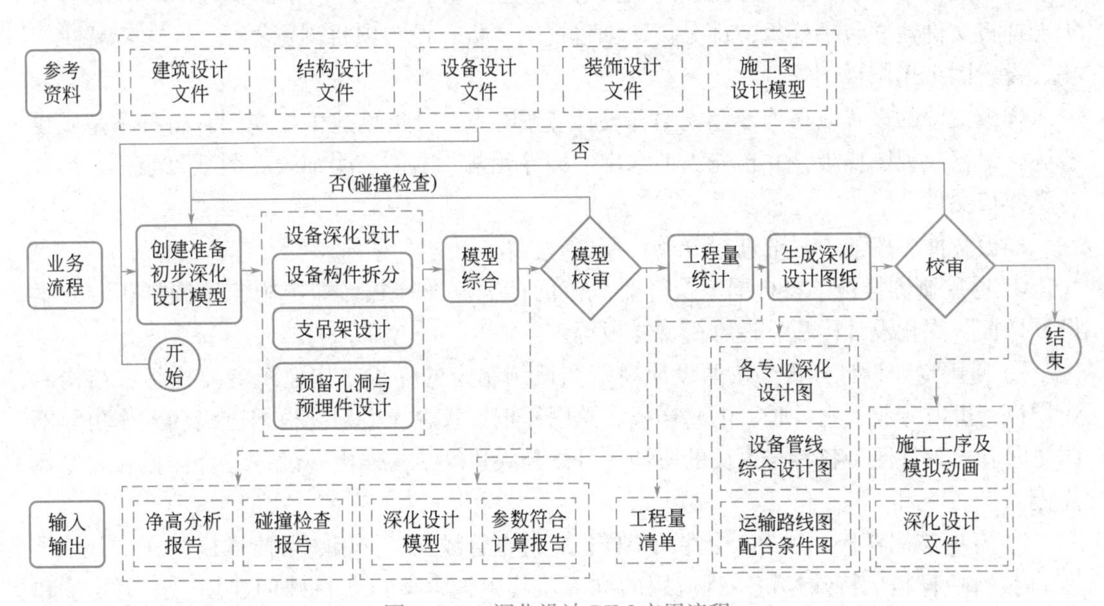

图 1.2.3 深化设计 BIM 应用流程

知识拓展

BIM 发展方向

基于现阶段 BIM 在技术方面的局限和未来建筑行业发展趋势对 BIM 的新要求两个方面提出 BIM 未来的四个发展方向：设计型 BIM、管理型 BIM、分析型 BIM 和全面协作型 BIM。

设计型 BIM 指的是未来 BIM 被用来储存、传递及使用建筑设计知识信息和对复杂建筑形体进行有理化的发展方向，主要解决现阶段空间设计能力的不足，同时能够满足未来建筑行业复杂化、多元化的发展要求。

管理型 BIM 指的是未来 BIM 能够在建筑施工和运营阶段提供信息管理、造价统计和能耗控制的发展方向，主要解决现阶段 BIM 缺乏全生命周期观的不足，同时能够满足未来建筑业信息化、工业化的发展要求。

分析型 BIM 指的是未来 BIM 能够在初步设计阶段（比如在只有体块的情况下）就可以提供准确快速的性能分析反馈来优化设计的发展方向，主要解决现阶段 BIM 及时反馈性的不足，同时能够满足未来建筑业高性能、可持续化的发展要求。

全面协作型 BIM 指的是未来 BIM 能够全面掌控建筑项目中的所有信息，并保证信息快速沟通和互用的能力；同时能够为项目提供一个共同的协作平台，使项目各参与方能够同时同步地进行合作设计的发展方向，主要解决现阶段 BIM 在变更管理和商业流程方面的不足，同时能够满足未来建筑行业全球化和信息化带来的发展要求。

1.2.3　建筑设备 BIM 环境设置

1-8 建筑设备 BIM 环境设置

1.2.3.1　项目样板设置

样板文件是重要的标准化设置内容，用于建立统一 BIM 应用环境。标准样板文件建立包括样板文件分类、创建视图样板、设置项目浏览器结构、设置图纸出图视图等。

样板文件的设置应根据专业模型和设计应用特点，分类创建工作视图，将各项基础设置固化保存成视图样板，并预先添加常用的构件元素、图例、明细表、图纸目录等，形成各类样板文件。

样板文件可按如下标准进行分类：

① 通用制图样板。符合国家及行业规范的标准制图样板，如中国施工图样板、方案设计样板、深化设计样板、运维模型样板等。

② 通用专业设计样板。按照设计规范和惯例制定的样板，如建筑专业样板、结构专业样板、机电专业（水、暖、电）样板、总图样板、景观样板等。根据链接和工作集等不同协同方式，且便于各参与人员的协调，可划分为建筑结构样板、设备综合样板和全专业样板。

③ 专项应用样板。如 PC 构件加工样板、机电管线加工样板、节能样板等。

④ 行业样板。特殊建筑工程应用的样板，其中包含该行业特殊的建模、出图要求和加载该行业构件类别，如轨道交通、住宅建筑、医疗建筑、电力设施等样板。

1. 样板设置

（1）地理位置与高程

地理位置与高程是具体工程项目的重要信息，直接影响建筑性能模拟分析的结果，在建模之前应首先完成相关设置内容：地点设置、坐标设置、位置设置。

（2）项目单位

根据国家相关设计和计量规范，对所有专业或规程的法定计量单位设置进行检查，对不符合国家标准要求的单位进行调整。

（3）线样式

应根据国家制图规范和主管部门审图要求，对线样式进行设置，包括线型、线宽及图案等，确保生成的二维图纸符合制图规范的要求。

（4）填充样式

应根据国家制图规范和主管部门审图要求，对图例填充图案进行设置，确保生成的图纸符合制图规范的要求。

（5）对象样式

应根据国家制图规范和主管部门审图要求，对对象样式进行设置，包括模型对象、注释对象、分析模型对象、导入对象等，其中“模型对象”和“注释对象”为重点设置项。

（6）文字、尺寸与标记样式

文字：应根据国家制图规范和主管部门审图要求，对文字、标记等样式进行设置，常用字体包括长仿宋、仿宋、黑体、Simplex 等文字样式，设置包括字体、文字大小、宽度系数等。

尺寸标注：应根据国家制图规范和主管部门审图要求，对尺寸标注样式进行设置，包括字体、文字大小、宽度系数、尺寸标注线延长、界线长度等。

标高：应根据国家制图规范和主管部门审图要求，对标高进行设置，包括创建标高标头构件和设置层高标记。

剖面标记：应根据国家制图规范和主管部门审图要求，对剖面标记进行设置，包括创建剖面标头和设置剖面标记。

索引标记：应根据国家制图规范和主管部门审图要求，对索引标记进行设置，包括创建详图索引标头和设置详图索引。

（7）专业样式设置

应根据国家制图规范和主管部门审图要求，对各专业样式进行设置，包括结构设置、MEP（给水排水、暖通、电气）设置、建筑、空间类型设置等。

2. 视图样板创建

视图有多种属性，例如视图比例、规程、详细程度和可见性设置等，对当前视图属性的修改仅对当前视图起作用，如果要统一修改多个视图或使一类视图保持一致性，应使用“视图样板”功能。视图样板是视图属性的集合，视图比例、规程、详细程度等一系列的视图属性都包含在视图样板中，统一配置和应用“视图样板”，有利于统一项目视图标准、提高设计效率和实现文档标准化。

进入“视图”选项卡，选择“视图样板”选项，其下拉列表中的三个选项分别为“将样板属性应用于当前视图”“从当前视图创建样板”“管理视图样板”，如图 1.2.4 所示。

（1）将样板属性应用于当前视图

进入“视图”选项卡，选择“视图样板”→“将样板属性应用于当前视图”选项，弹出“应用视图样板”对话框，在对话框左侧视图样板中选择所需的样板，完成后单击“确定”按钮。所选样板的属性即可应用于当前视图，如图 1.2.5 所示。

（2）从当前视图创建样板

进入“视图”选项卡，选择“视图样板”→“从当前视图创建样板”选项，弹出“新视图样板”对话框，输入样板名称，完成后单击“确定”。

（3）管理视图样板

进入“视图”选项卡，选择“视图样板”→“管理视图样板”选项，弹出“视图样

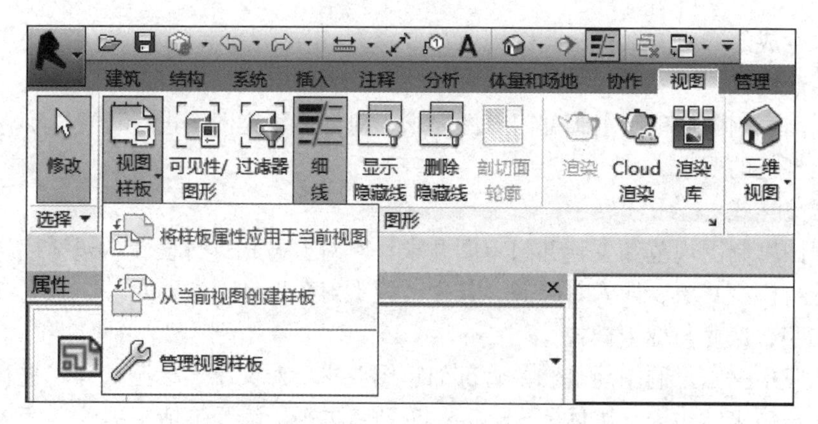

图 1.2.4　视图样板

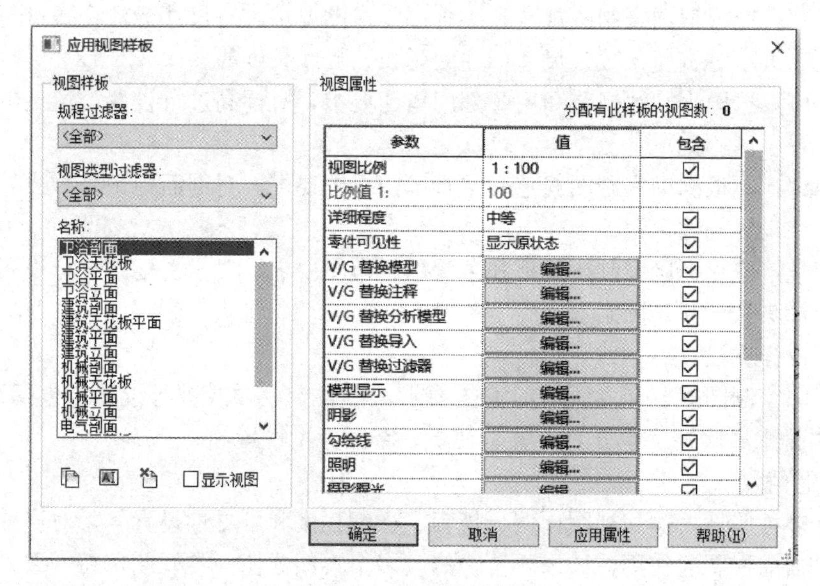

图 1.2.5　应用视图样板

板”对话框。

（4）临时视图属性

使用“临时视图属性”功能可对当前视图进行临时的视图属性设置，即使当前视图已经应用于某一视图样板，也能启动临时视图属性。

启用临时视图属性：选择该选项，进入临时视图模式。

临时应用样板属性：选择该选项，打开“临时应用样板属性”对话框，在其中可以应用、指定或创建视图样板。

恢复视图属性：选择该选项，退出临时视图模式并恢复原视图属性。

（5）视图范围

每个楼层平面和天花板平面视图都具有“视图范围”，该属性也称为可见范围。视图范围是可以控制视图中对象的可见性和外观的一组水平平面。

在“属性”选项板中单击“视图范围”选项中的“编辑”按钮，弹出“视图范围”对话框，如图 1.2.6 所示。

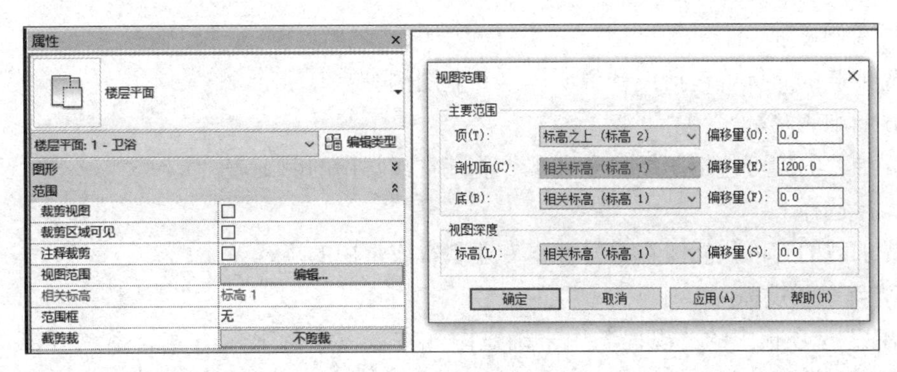

图 1.2.6　视图范围

“视图范围”对话框中包含“主要范围”选项组中的“顶”“剖切面”“底”和“视图深度”选项组中的“标高”。

顶：设置主要范围的上边界标高，高于偏移值的图元不显示。

剖切面：设置平面视图中图元的剖切高度，使与该剖切面相交的构件显示为截面，而低于该剖切面的构件以投影显示。

底：设置主要范围下边界的标高。如果将其设置为“相关标高”之下，则必须指定“偏移量”的值，且必须将“视图深度”设置为低于该值的标高。

标高：“视图深度”是主要范围之外的附加平面。可以设置视图深度的标高，以显示位于底裁剪平面下面的图元。默认情况下，该标高与“底”重合。

3. 项目浏览器视图设置

应根据专业样板特点，新建“项目浏览器”下拉列表窗口，并对其项内容进行设置，主要包括视图、图例、明细表/数量、族等设置，如图 1.2.7 所示。

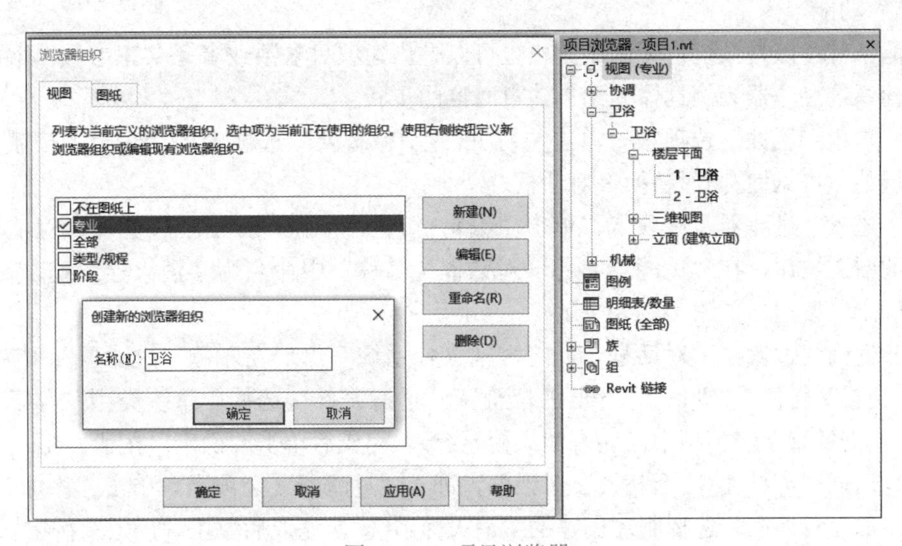

图 1.2.7　项目浏览器

（1）视图设置

预先设置的视图可包括专业分类（建筑、结构、给水排水、暖通空调、电气、设备综合等）工作（出图或建模）视图等。

(2) 图例设置

预先加载的图例可包括设计说明、本专业图例等。

(3) 明细表/数量设置

预先加载的族可包括图纸目录和本专业基本或常用的明细表。

(4) 族选择

预先加载的族可包括注释符号和本专业基本或常用的族。

4. 规程与子规程

"属性"选项板中的"规程"用来确定图元在视图中的显示方式。系统自带"建筑""结构""协调""机械""卫浴"和"电气"六个规程，这六个规程用户不能新建以及删除。关于这六个规程的显示方式如下。

(1) 建筑：只显示建筑相关几何图形；

(2) 结构：在视图中隐藏非承重墙；

(3) 协调：显示所有规程中的所有模型几何图形；

(4) 机械：以半色调显示建筑图元，并在顶部显示机械图元以便易于选择；

(5) 卫浴：以半色调显示建筑图元，并在顶部显示卫浴图元以便易于选择；

(6) 电气：以半色调显示建筑图元，并在顶部显示电气图元以便易于选择。

"子规程"和"规程"一样，都可以用来在"项目浏览器"中组织视图但"子规程"并不区分图形的显示方式。默认项目样板中定义了"卫浴""暖通""照明"和"电力"四个子项。可新建和修改"子规程"。

5. 过滤器设置

对于当前视图上的图元，如果需要依据某些原则进行隐藏或者区别显示，可以使用"过滤器"功能。

过滤条件可以是系统自带的参数，也可以是创建项目参数或者是共享参数。下面以创建消火栓系统过滤器为例具体介绍创建过滤器的步骤。

(1) 进入"属性"选项板，单击"可见性/图像替换"选项中的"编辑"按钮，进入相应楼层的"可见性/图形替换"对话框。

(2) 进入"过滤器"选项卡，单击"编辑/新建"按钮，弹出"过滤器"对话框，单击"过滤器"按钮，在"过滤器名称"对话框"名称"中命名为"消火栓系统"，完成后单击"确定"按钮，如图 1.2.8 所示。

(3) 返回"过滤器"对话框，此时"消火栓系统"出现在左侧"过滤器"列表框中。"类别"选择"管件""管道""管道占位符"；"过滤条件"选择"系统类型"等于"消火栓系统"(需模型系统类型中已建有消火栓系统)，完成后单击"确定"按钮。

(4) 返回"可见性/图形替换"对话框，进入"过滤器"选项卡，单击"添加"按钮，弹出"添加"对话框，选择刚才创建的"消火栓系统"，完成后单击"确定"按钮。

(5) 此时当前视图已应用"消火栓系统"过滤器，根据用户的实际情况对当前过滤器进行可见性、线图形及半色调等的编辑。

注意：过滤器是该软件的重要功能，熟练运用是提高建模速度、减少建模错误、自检及出图是否美观的关键。

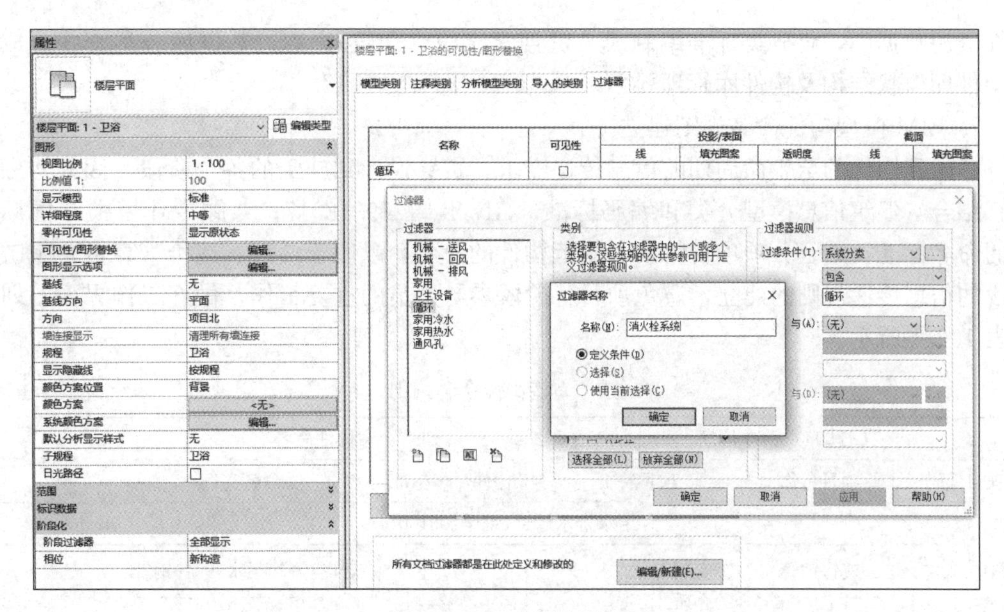

图 1.2.8　过滤器设置

6. 图纸出图视图设置

图纸出图视图设置主要包括图纸目录、图框添加、图纸信息、视图标题设置等。

(1) 图纸目录

预先加载的图纸目录可包括封面、目录、设计说明和本专业基本或常用的图纸，如楼层平面、详图图纸等。

(2) 图框添加

预先制作和加载的图框（标题栏族）包括 A0、A1、A2、A3 及其他图框。

(3) 图纸信息

图纸信息标签位于标题栏的右侧，一般分为上、下两部分，其中上部分显示客户姓名、项目名称以及修订明细表；下部分显示设计单位信息、项目信息以及图纸会签。

(4) 视图标题设置

将视图放置在图纸上后，同步生成视图窗口，在其右下角可添加视图标题。视图标题带水平延伸线，若样式不符合使用习惯，可对其进行修改。

1.2.3.2　构件库设置

标准构件库建立包括建立标准构件库，建立构件命名规则，建立构件共享参数（或数据库）。标准构件库应对族进行分类，统一制作标准，同时实现施工图出图、国标清单算量和信息管理统一。

1. BIM 标准化构件库创建

BIM 标准化构件库建立流程：①创建族样板及编制标准制作流程；②收集构件资源：收集以往项目或外部公共资源的构件；③梳理构件：根据标准族样板及制作流程，对外部构件进行检查方能入库；④标准构件库发布：可利用基于云的“构件管理器”对构件库进行分类管理、发布、调用。

构件资源管理：构件库管理除软件自带的文件夹管理方式宜利用构件管理软件或开发

构件资源数据库，将分类标准编制成关键搜索字段（参数），通过数据库分类查找形成多种构件库树状结构及构件库管理界面。

2. BIM 模型构件命名规则建立

考虑到构件的全生命周期的信息传递需求，贯穿设计到施工的各个阶段，因此构件命名宜结合《建筑信息模型分类和编码标准》GB/T 51269—2017，兼顾专业习惯与国标清单的命名标准，结合分项项目特征，规范构件的命名，以便于设计、造价（算量）施工各阶段的信息传递规则的建立，避免项目各阶段参与人员的重复工作，做好工作界面的划分如表 1.2.1 所示。

BIM 模型构件命名规则 **表 1.2.1**

GB 50500 清单信息			构件命名		计量单位
项目编码	项目名称	项目特征	构件命名标准	命名实例	
给水排水管道(编码:031001)					
031001001	镀锌钢管	①安装部位 ②介质 ③规格、压力等级 ④连接形式 ⑤压力试验及吹、洗设计要求	系统-管道材质	KN 空调冷凝水_镀锌钢管	m
031001002	钢管			ZP 喷淋_钢管	
031001003	不锈钢管			J 给水_不锈钢管	
031001004	铜管			X 消防_铜管	

3. 构件的元素信息设置

构件元素信息包括几何信息和非几何信息。非几何信息包括构件编码体系、技术参数（设计和施工技术）、产品信息、建造信息等，应以共享参数或数据库手段分类创建和进行信息化管理。

4. 构件族的二维显示设置

三维构件的二维显示设置（简称平面符号）是能否由 BIM 模型直接生成二维图纸的关键。

1.2.3.3　材质库设置

材质库设置一般包括材质参数设置、材质库建立、填充图案库设置、贴图库设置等。

1. BIM 材质参数设置

应根据国家建筑材质基本信息、设计规范、制图规范等对材质进行设置，主要内容有：

（1）标识设置：材质基本信息。

（2）图形设置：制图中的填充图案设置，更多的填充图案可从“CAD 标准填充图案库（.pat）”中选取。

（3）外观设置：材料的渲染表现设置，更多的贴图可从“标准贴图库（.jpeg 或 .bmp）”中选取。

（4）物理参数：为基本热量、机械、强度等参数设置，应根据材料技术手册修改相关参数。

（5）热度参数：为冷热负荷计算、能耗分析等参数设置，应根据暖通空调设计和材料技术手册修改相关参数。

BIM 材质参数设置见图 1.2.9 所示。

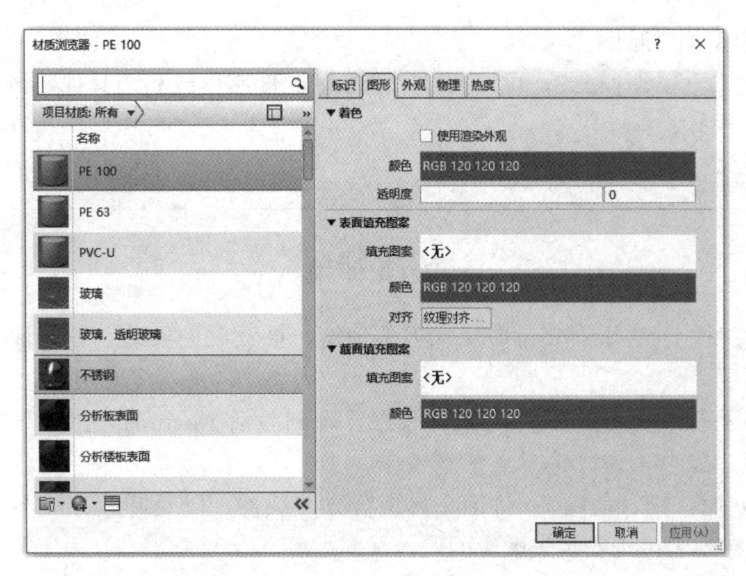

图 1.2.9　BIM 材质参数设置

2. BIM 材质库建立

在软件自带的材质库基础上建立符合本地规范的材质库，完成材质参数、外观等材质设置后，宜保存并建立“标准材质库”。

(1) 创建材质库：创建的材质库可为独立的库文件（.adsklib），例如设备材质库.adsklib。

(2) 建立设备材质库颜色方案。

3. BIM 模型构件填充图案

应根据国家制图规范和主管部门审图要求，对填充图案（图例图案）进行设置。填充图案可在软件中完成创建并直接使用，也可通过 CAD 等专业制图软件制作，并保存到.pat 文件，导入后进行使用，如图 1.2.10 所示

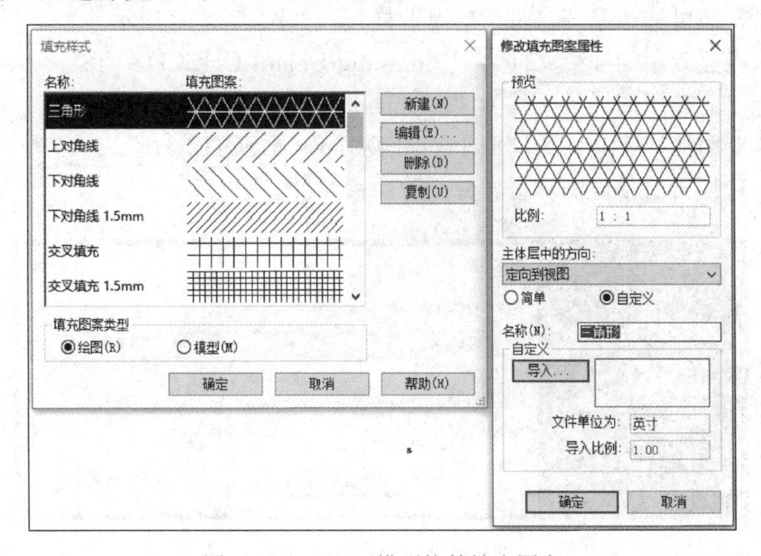

图 1.2.10　BIM 模型构件填充图案

4. BIM 模型构件贴图库

材料贴图图案为图片格式，可以通过图形处理软件制作或利用其他建筑表现软件以丰富自身的贴图图库。

知识拓展

Revit 使用

Revit 安装时，若对于安装包质量优劣不确定，推荐联网安装，以保证族库、样板文件等完整性。

运行激活程序前，建议先运行 Revit 程序，等到激活 Revit 时，激活程序必须使用管理员身份运行。

卸载 Revit 时，推荐使用 Autodesk 自带官方卸载器，以免卸载方式不正确造成注册表残留，使再次安装出现安装失败等问题。

Revit 文件，支持高版本程序打开低版本文件，但低版本程序无法打开由高版本软件保存的文件（同 AutoCAD）。Revit2016 及以上版本不再支持 32 位操作系统。

由于 Autodesk 公司已经发布了很多版本的 Revit 软件，要确认在共享工作集的所有计算机上使用同一版本的 Revit。

1.2.4 建筑设备 BIM 建模准备

1-9 建筑设备 BIM 建模准备

在进行建筑设备工程 BIM 建模之前，需要进行准备工作，包括创建新的项目文件，将已有建筑模型链接到新的项目文件中，提取建筑模型中轴网、标高等相关信息，利用提取的标高信息创建楼层平面。

1.2.4.1 项目文件新建

启动 Revit 软件，单击初始界面中“新建”按钮，如图 1.2.11 所示。在弹出对话框中单击“浏览”按钮可选择系统自带设备专业样板，如图 1.2.12 所示。

给水排水专业专用的样板文件为“Plumbing-DefaultCHSCHS. rte”；

暖通空调专业专用的样板文件为“Mechanical-DefaultCHSCHS. rte”；

电气专业专用的样板文件为“Electrical-DefaultCHSCHS. rte”。

用户也可选择自己预设的样板文件创建项目文件。

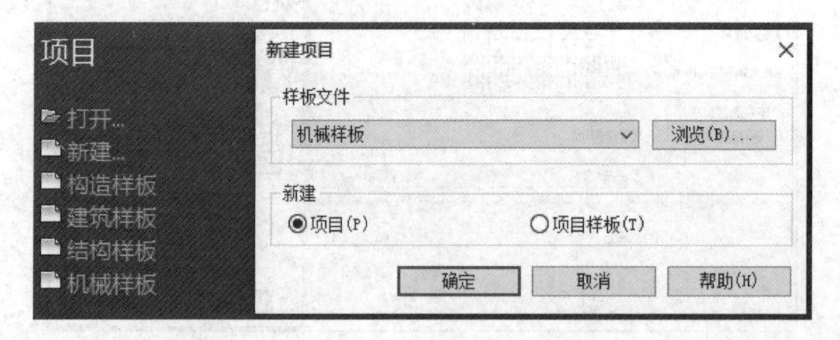

图 1.2.11　新建项目文件

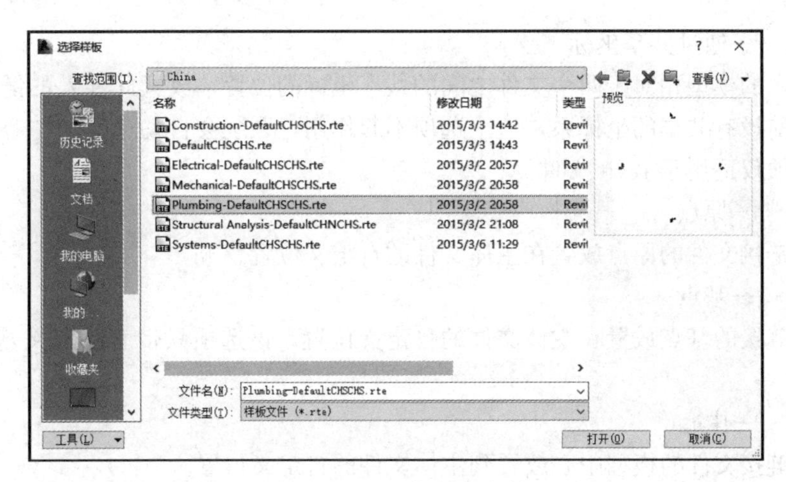

图 1.2.12　选择样板文件

1.2.4.2　项目模型链接

进入“插入”选项卡，选择“链接 Revit”选项，弹出“导入/链接 RVT”对话框，选择需要链接模型的路径以及文件，“文件类型”默认选择“RVT 文件（ * . rvt）”，“定位”选择“自动——原点到原点”，完成后单击“打开”按钮，如图 1.2.13 所示。

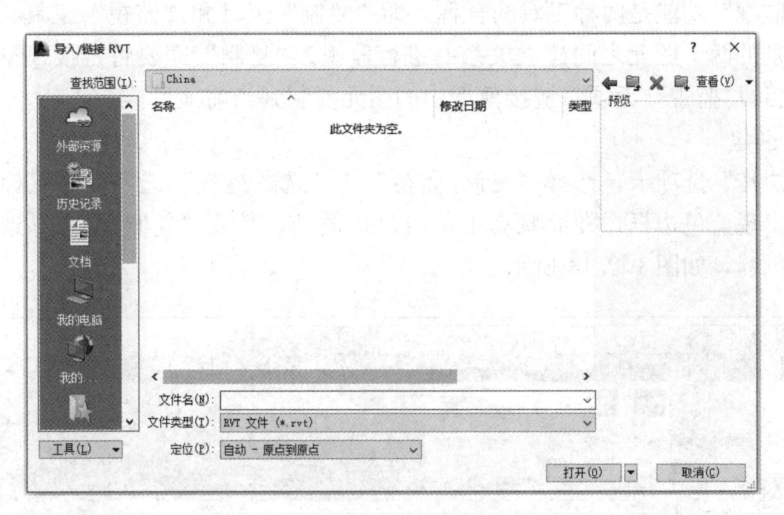

图 1.2.13　链接模型

将建筑模型链接进当前项目后，分别将四个方位符号移动至模型周围，将模型包围起来。

链接模型定位定义：

① 自动——中心到中心

将导入的链接文件的模型中心放置在主体文件的模型中心，模型的中心是通过查找模型周围边界框中心来计算的。

② 自动——原点到原点

将导入的链接文件的原点放置在主体文件原点上，用户进行文件导入时，一般都应该使用这种定义方式。

③ 自动——通过共享坐标

根据导入的模型相对于两个文件之间的共享坐标的位置，放置此导入的链接文件的模型。如果当前没有共享的坐标系，这个选项不起作用，系统会自动选择“中心到中心”的方式。该选项仅适用于 revit 文件。

④ 手动——原点

手动把链接文件的原点放置在主体文件的自定义位置。

⑤ 手动——基点

手动把链接的基点放置在主体文件的自定义位置，该选项只带有已定义基点的 AutoCAD 文件。

⑥ 手动——中心

手动把链接文件的模型中心放置到主体文件的自定义位置。

1.2.4.3 标高轴网创建

“复制/监视”功能指的是监视主体项目和链接模型之间的图元或某一项目中的图元，如果设计人员移动、修改、删除了受监视的图元，当前界面会收到提示或通知。

这个功能可以提取建筑专业的轴网、标高及部分模型提供的卫生器具等构件。通过提取操作可以将这些图元或构件变为独立的个体，不受建筑模型链接影响，为本专业所用。

“复制/监视”功能是两种工具的合称，即“复制”工具和“监视”工具。这两种工具以在相同类别的两个图元之间建立关系并进行监视。“复制”需要将链接模型中的图元复制到当前项目，“监视”无须将链接模型中的图元复制到当前项目。

1. 轴网创建

进入“协作”选项卡，选择“复制/监视”→“选择链接”选项，将鼠标指针移至链接模型后会出现蓝色边框，在此状态下单击链接模型，激活“复制/监视”选项卡，按提示完成轴网创建，如图 1.2.14 所示。

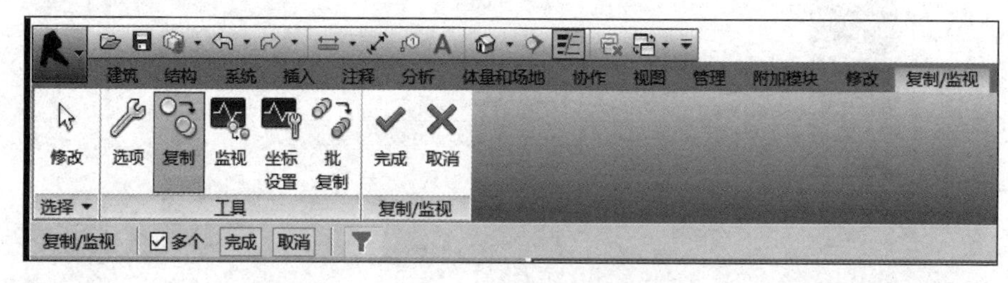

图 1.2.14　轴网创建

2. 标高创建

选择“项目浏览器”下拉列表窗口中“立面”下拉列表中“东-卫浴”视图，如图 1.2.15 所示。进入立面视图后，项目的标高创建方法与轴网创建的步骤相同。标高创建完成后，可将表头进行移动，使其不与建筑模型的标高进行重合，避免标高无法辨别。

1.2.4.4 楼层平面创建

轴网以及标高使用“复制/监视”命令进行提取复制后，进入“视图”选项卡，选择“平面视图”→“楼层平面”选项，弹出“新建楼层平面”对话框，选择全部楼层，完成后单击“确定”按钮。此时可以在“项目浏览器”下拉列表窗口中“楼层平面”下拉列表中找到刚创建的楼层平面，如图 1.2.16 所示。此时可以将原来系统自带的“1-卫浴”和“2-卫浴”楼层平面视图使用鼠标右键进行“删除”。

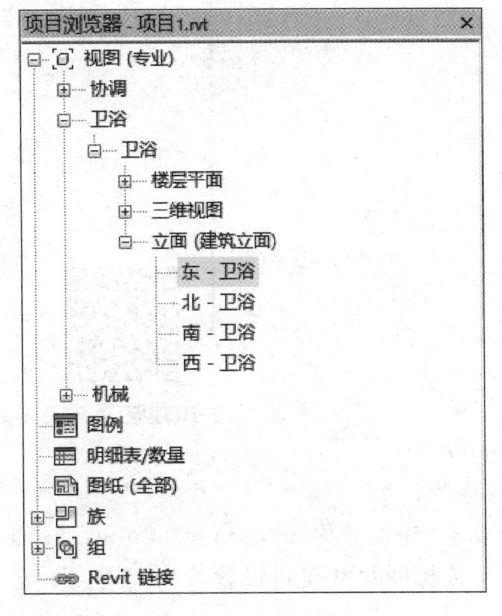

图 1.2.15　标高创建

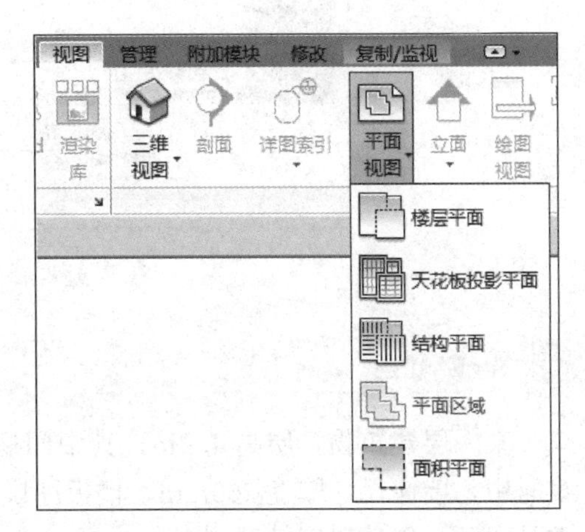

图 1.2.16　楼层平面创建

技能拓展

CAD 文件链接

假如当前处于一个翻模阶段，则需要将相关的 CAD 底图插入对应的楼层平面视图之后再进行建模。在“项目浏览器”下拉列表窗口中选择“楼层平面”下拉列表进入“1F”平面视图。进入“插入”选项卡，选择“链接 CAD”选项，如图 1.2.17 所示。

图 1.2.17　链接 CAD

弹出“链接 CAD 格式”对话框，选择需要链接 CAD 底图的路径及文件。其中“文件类型”按默认选择，勾选左下角处“仅当前视图”复选框，“颜色”选择“保留”，“导入单位”选择“毫米”，“定位”选择“自动——原点到原点”，如图 1.2.18 所示。完成后单击“打开”按钮。CAD 底图进入项目后，将底图移动至模型处与其轴网对齐。链接的 CAD 底图进入项目后，首先将 CAD 底图进行解锁再进行移动。

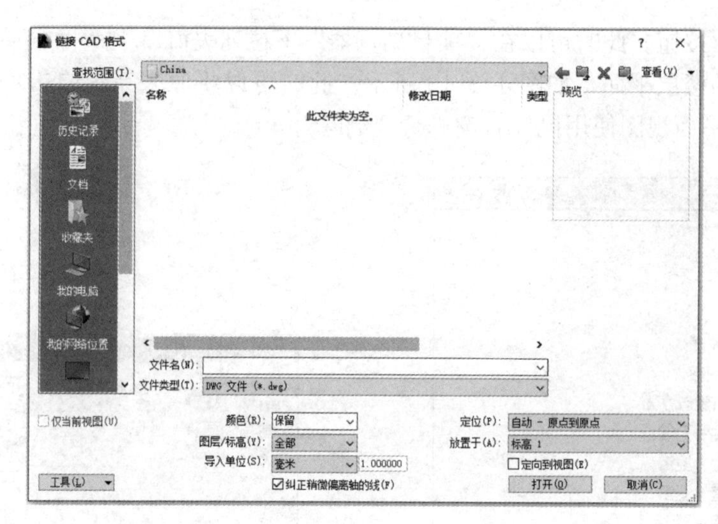

图 1.2.18 链接 CAD 格式

1-10 建筑设备 BIM 基础-测试卷

任务训练

某一层建筑物，层高 4.2m，其中门底高度为 0m，柱尺寸为 300mm×300mm，柱轴线居中，墙体尺寸厚度 300mm，楼板厚度 150mm，未标明尺寸自行设置，请根据以下要求及图纸，创建建筑模型（图 1.2.19）。

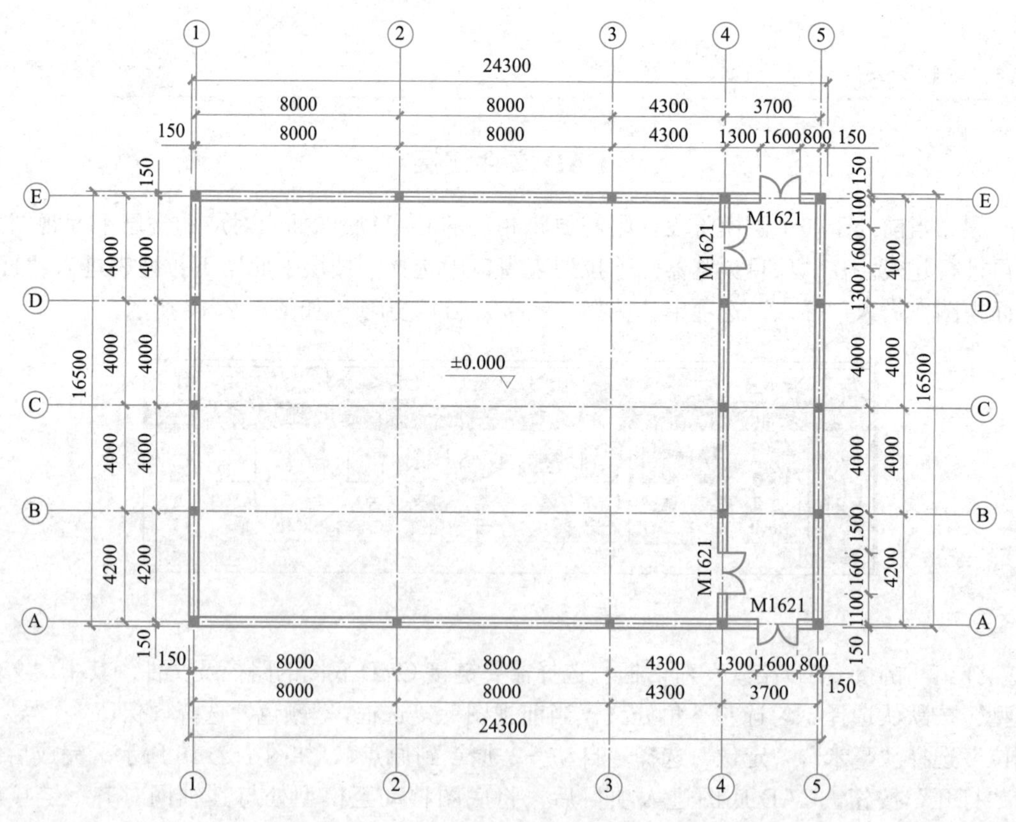

图 1.2.19 某建筑物一层建筑平面图

（1）BIM 建模环境设置

项目发布日期：2022 年 5 月 14 日；项目名称：某建筑物。

（2）BIM 参数化建模

创建标高、轴网、楼层平面，完成建模准备；创建柱、墙、楼板、门等构件，完成建筑模型创建。

【任务来源：2022 年第一期“1＋X”建筑信息模型（BIM）职业技能等级考试—初级—实操试题】

项目小结

本项目模块内容主要由建筑设备工程基础、建筑设备 BIM 基础两大任务组成。在建筑设备工程基础任务模块，主要了解建筑设备系统的基本概念，熟悉建筑设备系统构成，掌握建筑设备施工图的组成及识读方法，为后续建筑给水排水、暖通、电气等专业系统的学习奠定基础。在建筑设备 BIM 基础任务模块，主要了解建筑设备 BIM 应用领域，熟悉建筑设备 BIM 应用流程，能进行建筑设备 BIM 操作环境设置，为后续各专业 BIM 建模做好相关准备工作。

本项目为建筑设备工程的基础知识，相关知识点、技能点贯穿建筑设备的各个专业系统，虽然内容不多，但在学习中仍应引起重视。

项目拓展

若需要更加全面学习建筑设备 BIM 应用技术，以及了解其他 BIM 应用的前沿知识，请登录品茗科技股份有限公司官网、鲁班软件股份有限公司官网、广联达科技股份有限公司官网等学习。

若想学习“1＋X”建筑信息模型（BIM）职业技能等级证书相关内容，请登录中科建筑产业化创新研究中心或品茗教育官网，快速了解 BIM 职业技能标准、考评大纲、课程标准等内容。

项目 2　建筑给水排水工程

学习目标

1. 知识目标

了解建筑给水排水系统分类与组成；熟悉建筑给水排水系统常用材料与设备；掌握建筑给水排水系统施工流程与安装工艺；掌握建筑给水排水施工图识读方法与步骤；熟悉建筑给水排水系统 BIM 建模流程及方法。

2. 技能目标

能利用 BIM 模型认知建筑给水排水系统分类、组成、材料及设备；能应用 BIM 建模熟练识读建筑给水排水施工图；能运用 BIM 技术进行建筑给水排水系统虚拟精益施工。

3. 素质目标

养成认真负责、精益求精的工作态度；养成良好的组织协调、团结协作及创新能力；养成质量至上、节水环保、绿色健康等意识，树立绿色生态发展理念。

2-1 建筑给排水-让生活更健康

课程思政

本项目模块课程思政实施见表 2.0.1。

"建筑给水排水工程"课程思政实施要点　　表 2.0.1

序号	教学任务	课程思政元素	教学方法与实施
1	建筑给水排水系统安装	节能环保、生态意识、规范意识、质量意识	引入项目任务，采用任务驱动式教学，严格按照节水环保标准选用材料及设备，引导学生养成节约用水习惯，树立节能环保、生态绿色发展理念；严格按照建筑给水排水工程施工相关规范要求进行施工安装及质量验收，引导学生养成规范意识、质量意识、精益求精的工匠精神
2	建筑给水排水施工图识读	标准意识、规范意识	引入工程案例，采用案例教学法，严格按照建筑给水排水工程相关标准进行设计、制图、识图，引导学生养成标准意识、规范意识
3	建筑给水排水 BIM 模型创建	精益求精、团结协作、创新意识、智慧意识	引入 BIM 技术，培养学生创新意识及职业信息素养；通过 BIM 实操训练，引导学生养成精益求精的工匠品质；通过分组教学，引导学生养成协作及竞争意识

标准规范

(1)《建筑给水排水制图标准》GB/T 50106—2010

(2)《建筑给水排水设计标准》GB 50015—2019

(3)《建筑给水排水及采暖工程施工质量验收规范》GB 50242—2002

(4)《给水设备安装》(S1-2004 版)

(5)《排水设备及卫生器具安装》(S3-2004 版)

(6)《室内给水排水管道及附件安装》(S4-2004 版)

项目导引

建筑给水排水工程的任务就是保证人民生活、工业企业、公共设施、保安消防等供水水量、水质及水压的要求及污、废水排出，并安全可靠、经济便利的满足各用户的要求，及时收集、输送和处理、利用各用户的污水、废水，为人们的生活、生产活动提供安全便利的用水条件，提高人们的生活健康水平，保护人们的生活、生存环境免受污染，以促进国民经济的发展，保障人们的健康和生活的舒适。建筑给水排水工程是现代城市和工业企业建设与发展中重要的、不可缺少的基础设施，在人们的日常生活和国民经济各部中有着十分重要的意义。

本项目学习任务主要有建筑给水排水系统安装、建筑给水排水施工图识读、建筑给水排水 BIM 模型创建三大任务，具体详见图 2.0.1。

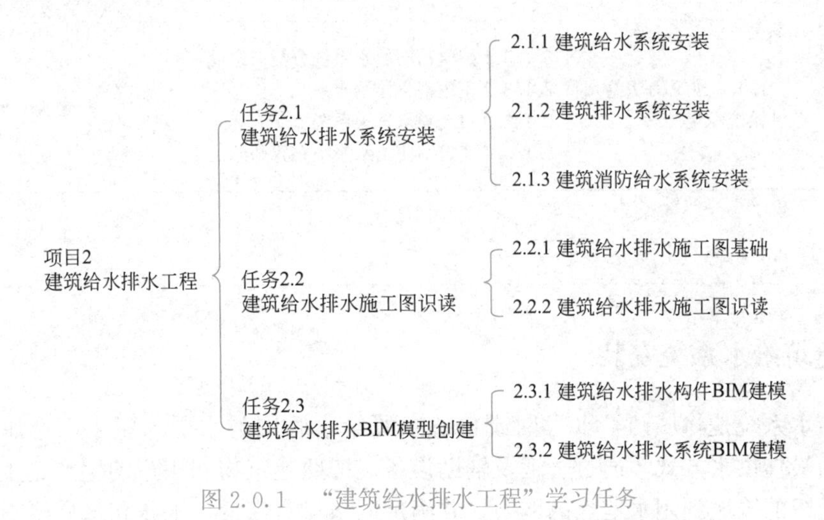

图 2.0.1 “建筑给水排水工程”学习任务

任务 2.1 建筑给水排水系统安装

任务引入

建筑给水排水系统的主要任务就是为人们提供符合国家水质标准的生活、生产用水，保证消防给水系统的正常运行，保证排水通畅。从建筑物内部来说，建筑给水排水系统主要包括室内给水工程、室内排水工程、雨水排水系统、热水供应系统、水景及游泳池，高层建筑给水排水及建筑中水系统。

作为工程施工及管理人员，为使建造的产品符合标准规范要求，保证施工顺利进行，首先需对建筑给水排水系统基础知识有一个基本认知：一是了解施工范围，熟悉建筑给水排水系统的分类与组成；二是熟悉建筑给水排水系统常用管材与设备，掌握其性能、特点及安装要求；三是熟悉建筑给水排水系统施工流程，能进行科学合理预留、预埋，做好与土建及装饰施工间协调配合等。

本节任务的学习内容详见表 2.1.0。

"建筑给水排水系统安装"学习任务表　　表 2.1.0

任务	子任务	技能与知识	拓展
2.1 建筑给水排水系统安装	2.1.1 建筑给水系统安装	2.1.1.1 建筑给水系统分类、组成与给水方式 2.1.1.2 建筑给水管材、管件及附属配件 2.1.1.3 建筑给水增压和贮水设备 2.1.1.4 建筑给水系统布置与施工	建筑热水供应系统
	2.1.2 建筑排水系统安装	2.1.2.1 建筑排水系统分类、组成与排水体制 2.1.2.2 建筑排水管材、管件及附属配件 2.1.2.3 建筑排水卫生器具设备 2.1.2.4 建筑排水系统布置与施工	屋面雨水排水系统
	2.1.3 建筑消防给水系统安装	2.1.3.1 建筑消防给水系统分类与组成 2.1.3.2 室内消火栓给水系统 2.1.3.3 自动喷水灭火系统 2.1.3.4 建筑消防给水系统布置与施工	建筑中水系统

 任务实施

2.1.1 建筑给水系统安装

建筑给水系统是将城镇给水管网或自备水源给水管网的水引入室内，选用适用、经济、合理的最佳供水方式，通过管道及辅助设备，按照建筑物和用户的生产、生活和消防需要，有组织的输送到用水地点的网络，并满足用水点对水量、水压和水质要求的水供应系统。

2.1.1.1 建筑给水系统的分类、组成及给水方式

2-2 建筑给水系统概述

1. 建筑给水系统的分类

根据用户对水质、水压、水量的要求，并结合外部给水系统情况进行划分，建筑给水系统主要有生活给水系统、生产给水系统和消防给水系统三种基本给水系统。

（1）生活给水系统

生活给水系统供人们日常生活用水，按具体用途又可分为以下三类：

① 生活饮用水系统

供饮用、烹饪、洗涤、沐浴等用水，水质应符合《生活饮用水卫生标准》GB 5749—2022 的要求。

② 管道直饮水系统

供直接饮用和烹饪用水，水质应符合《饮用净水水质标准》CJ/T 94—2005 的要求。

③ 生活杂用水系统

供冲厕、绿化、洗车或冲洗路面等用水，应符合《城市污水再生利用 城市杂用水水质》GB/T 18920—2020 的要求。

(2) 生产给水系统

供生产过程中产品工艺用水、清洗用水、冷饮用水、生产空调用水、稀释用水、除尘用水、锅炉用水等用途。由于工艺过程和生产设备的不同，生产给水系统种类繁多，对各类生产用水的水质要求有较大的差异，有的低于生活饮用水标准，有的远远高于生活饮用水标准。

(3) 消防给水系统

消防灭火设施用水，主要包括消火栓、消防卷盘和自动喷水灭火系统等设施的用水。消防用水用于灭火和控火，即扑灭火灾和控制火势蔓延。消防用水对水质要求不高，但必须按照建筑设计防火要求，保证供给足够的水量和水压。

以上三类给水系统可独立设置，也可根据需要将其中的两种或三种给水系统综合一起，构成生活和生产共用的给水系统、生产和消防共用的给水系统、生活和消防共用的给水系统、生活生产和消防共用的给水系统。

2. 建筑给水系统的组成

建筑给水系统主要由水源、引入管、水表节点、给水管网、给水附件、配水设施、升压和贮水设备等组成，具体如图 2.1.1 所示。

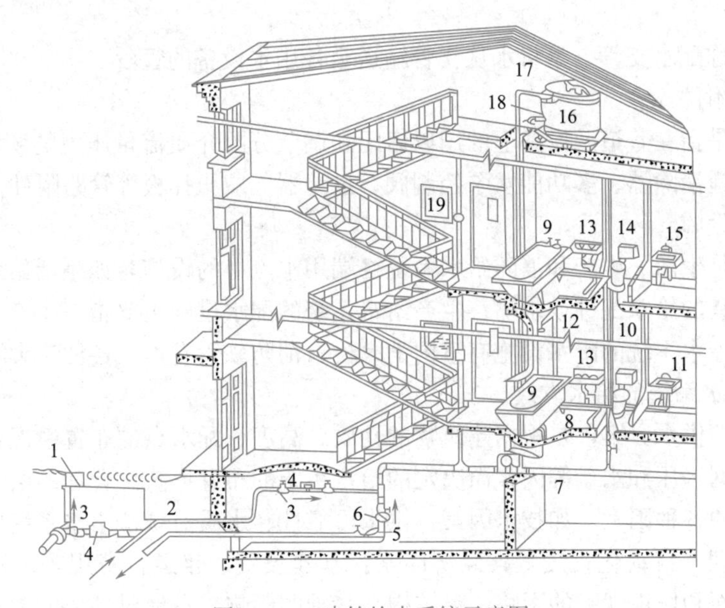

图 2.1.1　建筑给水系统示意图

1—阀门井；2—引入管；3—闸阀；4—水表；5—水泵；6—止回阀；7—干管；8—支管；9—浴盆；10—立管；11—水嘴；12—淋浴器；13—洗脸盆；14—坐便器；15—洗涤盆；16—水箱；17—水箱进水管；18—水箱出水管；19—消火栓

(1) 水源

水源指城镇市政给水管网、室外给水管网或自备水源。

（2）引入管

引入管指市政管道引入至小区给水管网的管段，或由小区给水接户管引入建筑物的管段。接户管是指布置在建筑物周围，直接与建筑物引入管或排出管相接的给水排水管道。入户管也称进户管，从给水系统单独供至每个住户的生活给水管段。

（3）水表节点

安装在引入管的水表及前后设置的阀门和泄水装置的总称。水表用以计量整幢建筑的总用水量。水表前后的阀门用于水表检修、拆换时关闭管路。泄水装置主要用于室内管道系统检修时放空水，也可用来检修水表精度和测定管道进户时的水压值。水表节点一般设在水表井中。

（4）给水管网

给水管网包括给水干管、立管、支管和分支管，用于输送和分配用水至建筑内部各个用水点。

① 干管

干管又称总干管，是将水从引入管输送至建筑物各区域的管段。

② 立管

立管又称竖管，是将水从干管沿垂直方向输送至各楼层及不同标高处的管段。

③ 支管

支管又称分配管，是将水从立管输送至各房间内的管段。

④ 分支管

分支管又称配水支管，是将水从支管输送至各用水设备的管段。

（5）给水附件

给水附件是指在管道及设备上的用以启闭和调节分配介质流量压力的装置。主要包括各种阀门、水锤消除器、多功能水泵控制阀、过滤器、减压孔板等管路附件。

（6）配水设施

配水设施是生活、生产和消防给水系统终端用水点上的设施，如生活给水系统设施主要是指卫生器具的给水配件或水嘴；生产给水系统的配水设施主要指与生产工艺有关的用水设备；消防给水系统的配水设施有室内消火栓、消防软管卷盘、各种喷头等。

3. 建筑给水系统的给水方式

给水方式即供水方案，是根据建筑物的性质、高度、配水点的布置情况以及室内所需水压、室外管网水压和水量等因素而决定的给水系统的布置形式。合理的给水方式应综合考虑工程涉及的各种因素，如技术因素：供水可靠性、水质对城市给水系统的影响、节能效果、操作管理、自动化程度等；经济因素：基建投资、年运行费用等；社会和环境因素：对建筑立面和城市观瞻的影响、对结构与基础的影响、占地对环境的影响、建设难度和建设周期、抗寒防冻性能、分期建设的灵活性以及对使用带来的影响等。一般常用的有以下几种：

（1）直接给水系统

建筑物内部只设给水管道系统，不设其他辅助设备，室内给水管道系统与室外管网直接连接，利用室外管网压力直接向室内给水系统供水，如图 2.1.2 所示。

这种给水系统具有系统简单、投资少、安装维修方便，充分利用室外管网水压，供水安全可靠的特点。适用于室外水压力稳定，并能满足室内所需压力的场合，利用室外管网水压直接向室内给水系统供水。

(2) 单设水箱的给水系统

建筑物内部除设有给水管道系统外，还在屋顶设有水箱，室内给水管道与室外给水管网直接连接，如图 2.1.3 所示。

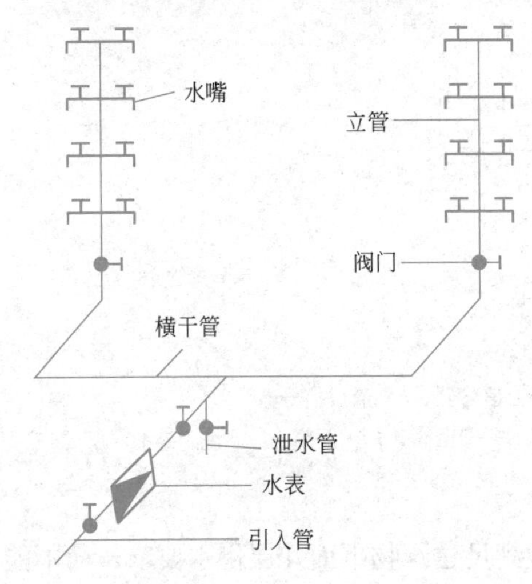

图 2.1.2 直接给水系统

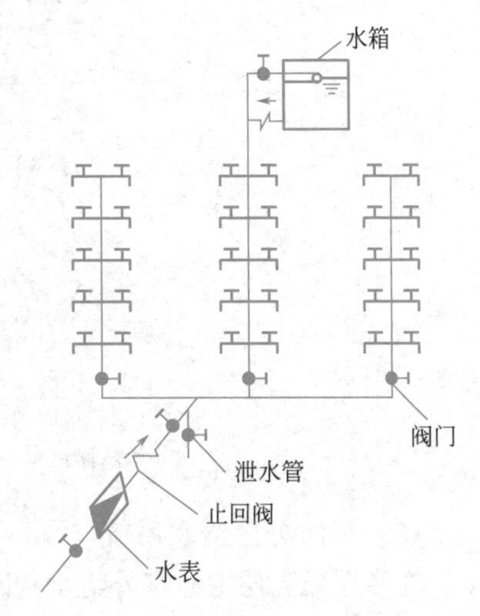

图 2.1.3 单设水箱给水系统

这种给水方式系统比较简单，投资较省，维修安装方便，适用于室外管网水压周期性不足，室内用水要求水压稳定，并且允许设置水箱的建筑物。当室外给水管网中的水压昼夜周期性不足时，低峰用水时（一般在夜间），利用室外给水管网水压直接供水并向水箱充水；高峰用水时（一般在白天），室外管网水压不足，则由水箱向建筑内给水系统供水。此外，室外给水管网水压偏高或不稳定时，也可采用单设水箱方式。

(3) 设有水池、水泵和水箱的给水系统

建筑物内部除设有给水管道系统外，还增设了升压（水泵）和贮存水量（水池、水箱）的辅助设备，如图 2.1.4 所示。

这种给水方式具有供水安全的优点，水泵能及时向水箱供水，可缩小水箱的容积，但投资较大，安装和维修都比较复杂。适用于室外给水管网水压低于或经常不能满足建筑内部给水管网所需水压，且室内用水不均匀时采用。

(4) 设有气压给水系统

当室外给水管网压力低于或经常不能满足室内所需水压，且室内不宜设置高位水箱时可采用气压给水方式，如图 2.1.5 所示。气压水罐的作用相当于高位水箱，但其位置可根据需要较灵活地设在高处或低处。

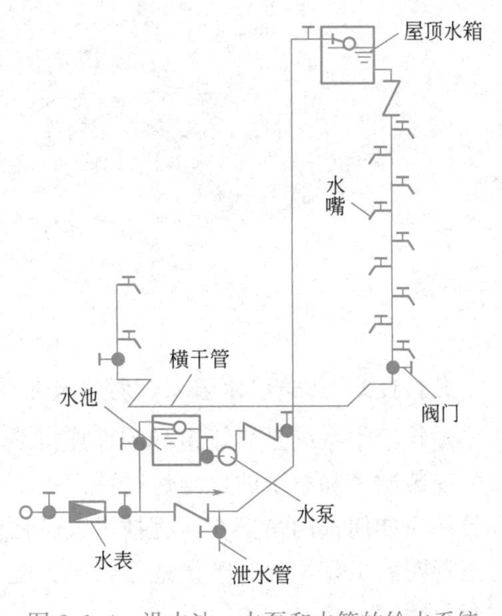

图 2.1.4 设水池、水泵和水箱的给水系统

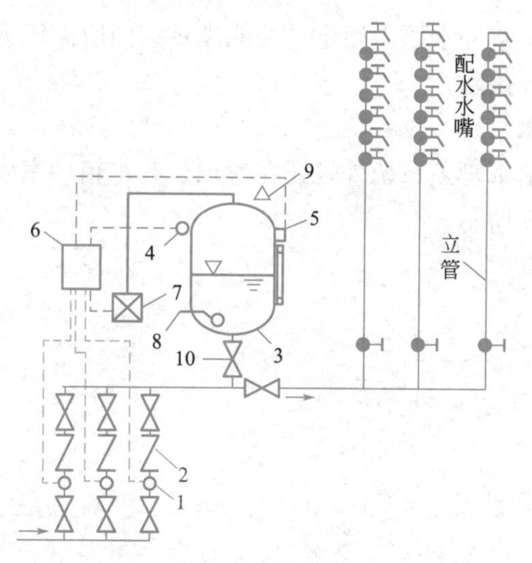

图 2.1.5　气压给水系统

1—水泵；2—止回阀；3—气压水罐；4—压力信号器；5—液位信号器；6—控制器；7—补气装置；8—排气阀；9—安全阀；10—阀门

（5）竖向分区给水系统

在多层或高层中，室外给水管网的压力往往只能满足建筑物下面几层供水要求，而不能满足上面各层的供水需要，为了充分利用室外管网水压，可将建筑物供水系统划分为上、下两区或多个区域。下区由外网直接供水，上区由升压、贮水设备供水，如图 2.1.6 所示。

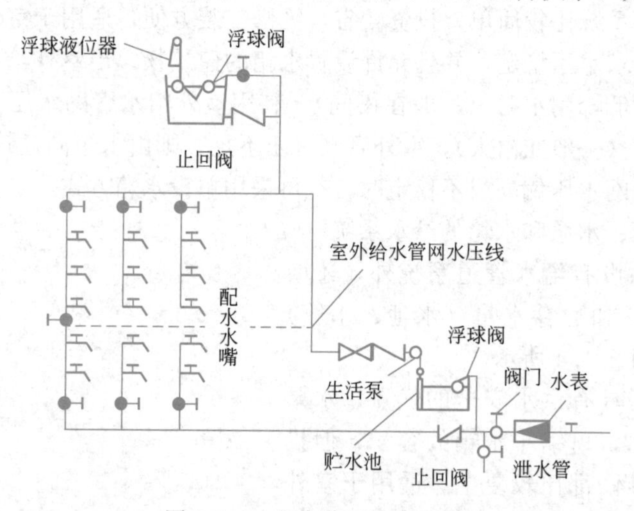

图 2.1.6　竖向分区给水系统

2.1.1.2　建筑给水管材、管件及附属配件

建筑给水系统是由管道和配件连接线组合而成的，管材和管件对系统的安装质量和系统的稳定运行特别关键，对于市场上种类繁多的管材和管件应如何选用是摆在工程技术人员面前的首要问题，选用时应综合考虑管网的工作情况、敷设地位状况、施工技术和方法以及可能取得的材料等因素。

2-3 建筑给水管材、管件及附属配件

1. 建筑给水管道材料

建筑给水管材种类繁多，根据材质不同大致可分为三类：金属管、塑料管、复合管。金属管包括钢管、铜管、铸铁管等；塑料管包括硬聚氯乙烯管（PVC-U）、聚乙烯管（PE）、交联聚乙烯管（PEX）、聚丙烯管（PP）、聚丁烯管（PB）等；复合管包括铝塑复合管、涂塑钢管、钢塑复合管等。其中聚乙烯管、聚丙烯管、铝塑复合管为目前建筑给水排水系统推荐使用的常用管材。

（1）金属管

金属管包括焊接钢管、无缝钢管、铜管、铸铁管。

① 焊接钢管

钢管强度高、承受流体压力大、抗震性好、容易加工和安装，但抗腐蚀性能差。

焊接钢管分为镀锌钢管和非镀锌钢管，镀锌的目的不使水质变坏，延长使用年限。生活用水管采用镀锌钢管（DN<150mm），普通焊接钢管一般用于工作压力不超过 1.0MPa 的管路中；加厚焊接钢管一般用于工作压力介于 1.0～1.6MPa 的管路内。焊接钢管的直径用公称直径“DN”表示，单位为 mm（如 DN50）。

② 无缝钢管

承压能力较强，在工作压力超过 1.6MPa 的高层和超高层建筑给水工程中应采用无缝钢管。无缝钢管的直径用管外径×壁厚表示，符号为 $D\times\delta$，单位为 mm（如 D159×4.5 表示外径为 159mm、壁厚为 4.5mm 的无缝钢管）。

③ 铜管

铜管有高强度、高可塑性，同时经久耐用、水质卫生、水利条件好，热胀冷缩系数小、抗高温环境、适合输送热水。

④ 铸铁管

铸铁管具有耐腐蚀性强、使用期长、价格低等优点，但是管壁厚、重量大、质脆、强度较钢管差，适用于埋地敷设。铸铁管直径用公称直径“DN”表示，单位为 mm。

（2）塑料管

塑料管的优点是化学性能稳定，耐腐蚀，管壁光滑不易结垢，水头损失小，重量轻，加工安装方便，在工程中广泛使用。塑料管的缺点是强度低、不耐高温。

塑料管直径用公称直径“DN”表示，单位为 mm（如 DN50），也可用塑料管外径（De）×壁厚（e）表示。常用给水塑料管性能比较见表 2.1.1。

常见给水塑料管性能比较　　表 2.1.1

管材种类	硬聚氯乙烯管	聚乙烯	交联聚乙烯	聚丁烯	聚丙烯
符号	PVC-U	PE	PEX	PB	PP
使用年限(年)	50	50	50	70	50
主要连接方式	黏接	热熔、电熔	挤压	挤压	热熔、电熔
接头可靠性	一般	较好	好	较好	较好
产生二次污染	可能有	无	无	无	无

三丙聚丙烯管（PPR 管）安全、无毒、安装方便、价格低廉、耐腐蚀性好等特质，成为家装最常用的水管。

(3) 复合管

复合管是以金属管材为基础，内、外焊接聚乙烯、交联聚乙烯等非金属材料成型，具有金属管材和非金属管材的优点。常见的复合管有铝塑复合管和钢塑复合管。

2. 建筑给水常用管件

管件是指在管道系统中起连接、变径、转向、分支等作用的零件，如弯头、三通、四通、异径管、乙字弯、管堵等。管件种类很多，管道应采用与该类管材相应的专用管件。根据材料的不同，主要有如下几类：

(1) 钢管件

钢管件是用优质碳素钢或不锈钢经特制模具压制成型的，分为焊接钢管件、无缝钢管件和螺纹管件三类。管箍用于连接管道，两端均为内螺纹，分为等径及异径两种。活接头可便于管道安装和拆卸。

弯头常用的有45°和90°两种，分为等径弯头和异径弯头，用于改变流体方向。异径弯头用于管道变径。三通、四通用于对输送的流体分流或合流，分为等径与异径两种形式。对丝用于连接两个相同管径的内螺纹管件或阀门。丝堵用于堵塞管件的端头或堵塞管道上的预留口。钢管件规格和表示方法与管材表示方法相同。

① 焊接钢管件

用无缝钢管或焊接钢管经下料加工而成，常用的有焊接弯头、焊接等径三通和焊接异径三通等，如图2.1.7所示。

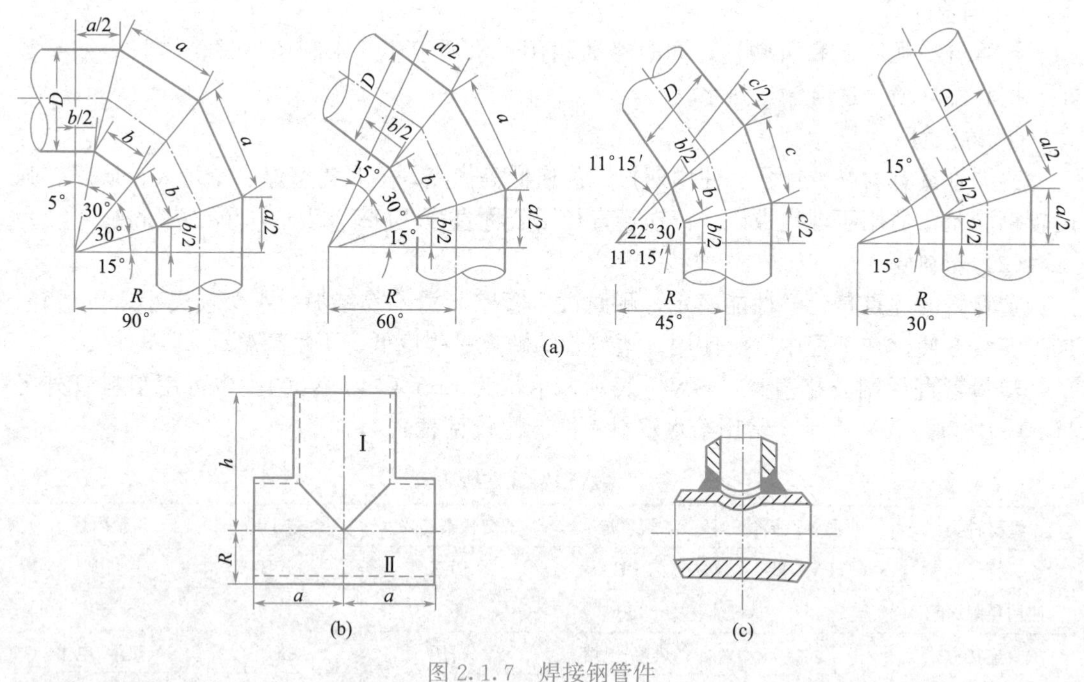

图2.1.7　焊接钢管件

(a) 焊接弯头；(b) 焊接等径三通；(c) 焊接异径三通

② 无缝钢管件

用压制法、热推弯法及管道弯制法制成。常用的有弯头、三通、四通、异径管等，如图2.1.8所示。

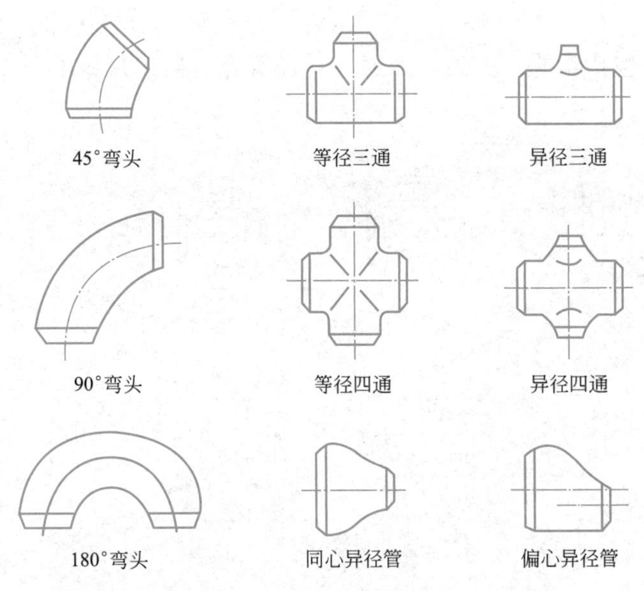

图 2.1.8　无缝钢管件

（2）可锻铸铁管件

可锻铸铁管件在室内给水、供暖、燃气等工程中应用广泛，配件规格为 $DN6$～150mm，与管子的连接均采用螺纹连接，有镀锌管件和非镀锌管件两类，如图 2.1.9 所示。

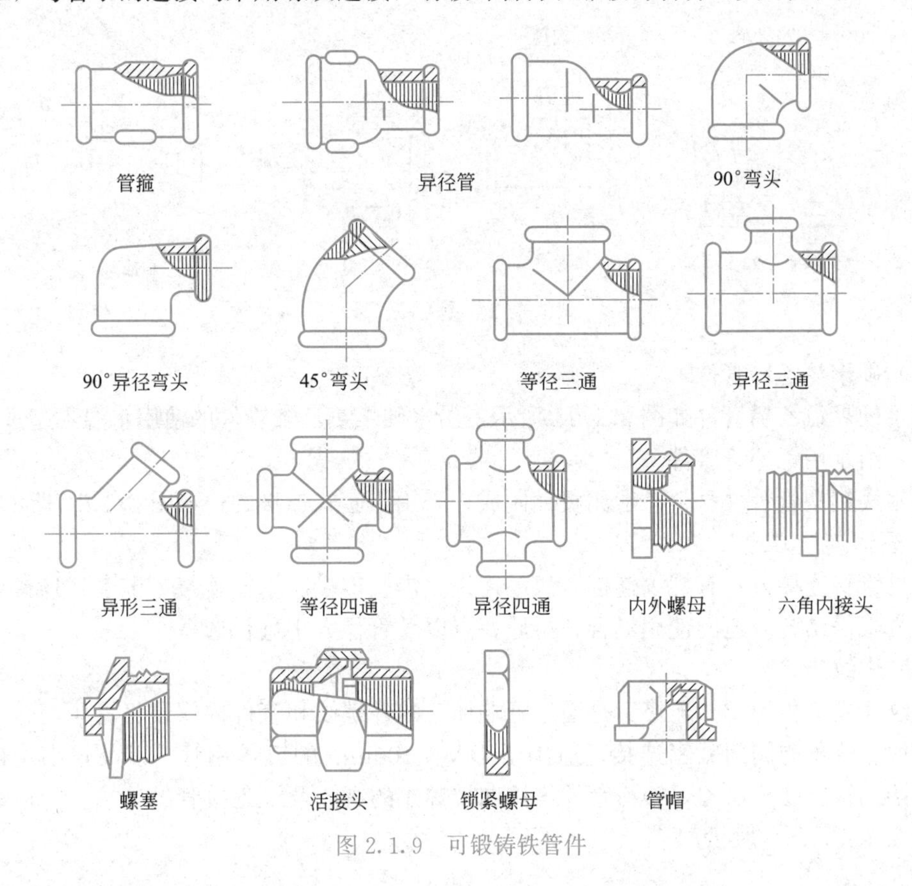

图 2.1.9　可锻铸铁管件

(3) 铸铁管件

给水铸铁管件包括弯头、三通、四通、异径管等，接口形式有承插式和法兰式，如图 2.1.10 所示。

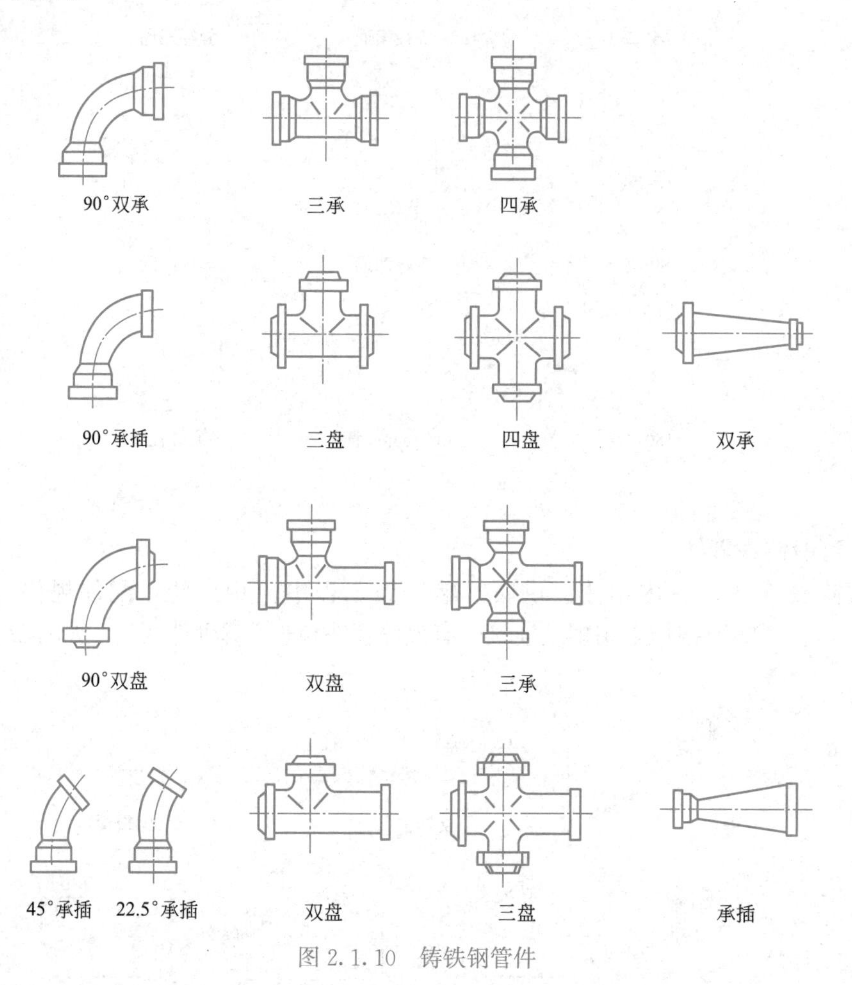

图 2.1.10 铸铁钢管件

(4) 硬聚氯乙烯管件

给水硬聚氯乙烯管件如图 2.1.11 所示，给水硬聚氯乙烯管件的使用水温不超过 45℃。

(5) 给水用铝塑管管件

给水用铝塑管管件材料一般用黄铜制成，采用卡套式连接的，如图 2.1.12 所示。

3. 管道连接方式

常见管材连接方式有螺纹连接、法兰连接、焊接连接、承插连接、卡套式连接，具体的连接方式需结合管道的使用场合、材质特点以及管径大小进行选择。

(1) 螺纹连接

螺纹连接又称为丝扣连接，是通过管端加工的外螺纹和管件内螺纹将管子与管子、管子与管件、管子与阀门紧密连接。适用于 $DN \leqslant 100$mm 的镀锌钢管，以及较小管径较低压力焊接钢管、硬聚氯乙烯塑料管的连接和带螺纹的阀门及设备接管的连接。管道螺纹连接如图 2.1.13 (a) 所示。

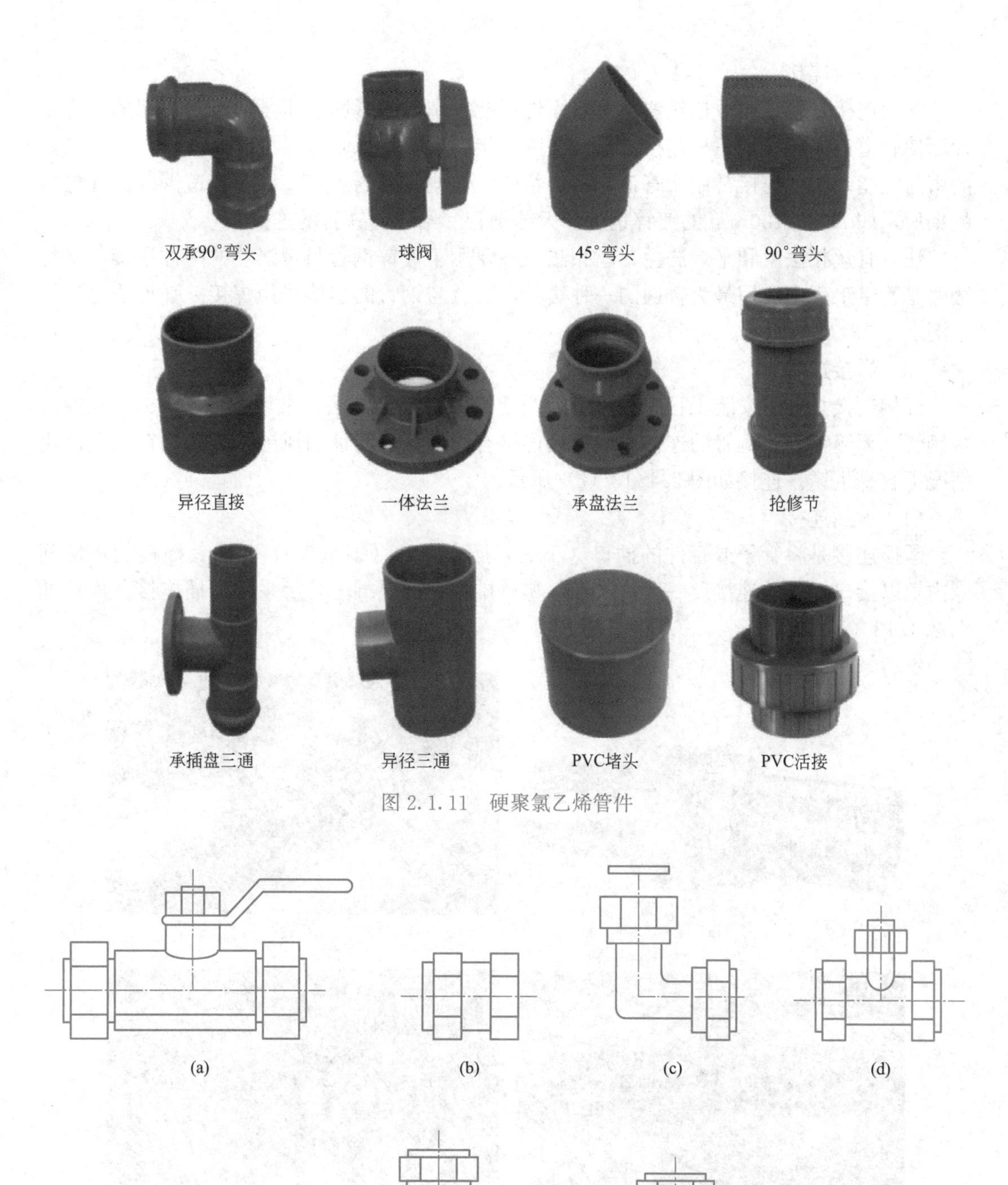

图 2.1.11　硬聚氯乙烯管件

图 2.1.12　给水用铝塑管管件

（a）球阀；（b）堵头；（c）异径弯头；（d）异径三通；（e）异径外接头；
（f）等径弯头；（g）等径三通；（h）等径外接头

(2) 法兰连接

法兰连接是管道通过连接法兰及紧固件螺栓、螺母的紧固，压紧两法兰中间的法兰垫片而使管道连接起来的一种连接方法。法兰连接的主要特征是容易去除，高强度，有良好的密封性能。法兰连接常用于管道与带法兰的配件或设备的连接，以及管道需要拆卸检修的场所，如 DN＞100mm 的镀锌钢管、无缝钢管、给水铸铁管的连接。

法兰有丝扣法兰和平焊法兰，丝扣法兰主要用于镀锌钢管与带法兰的附件连接，平焊法兰是管道工程中应用最为普遍的一种法兰，法兰与钢管的连接采用焊接。平焊法兰连接如图 2.1.13（b）所示。

(3) 焊接连接

焊接连接是管道安装工程中应用最为广泛的一种连接方法。常用于 DN＞32mm 的焊接钢管、无缝钢管、铜管的连接。但焊接连接有造成管道腐蚀的风险，焊接口在长期使用情况下容易生锈。连接如图 2.1.13（c）所示。

(4) 承插连接

承插连接是将管子或管件的插口（小头）插入承口（喇叭头），并在其插接的环形间隙内填以接口材料的连接。一般铸铁管、塑料排水管、混凝土管都采用承插连接。连接如图 2.1.13（d）所示。

(a) (b) (c) (d)

图 2.1.13 管道连接方式

(a) 螺纹连接；(b) 法兰连接；(c) 焊接连接；(d) 承插连接

(5) 卡套式连接

卡套式连接是由带锁紧螺帽和丝扣管件组成的专用接头而进行管道连接的一种连接形式，广泛应用于复合管、塑料管和 DN＞100mm 的镀锌钢管的连接。

4. 管道安装材料

(1) 密封材料

密封材料填塞于阀门、泵类及管道连接等部位，起密封作用，保证管道严密不漏水。常用的密封材料有水泥、麻、铅油、生料带、石棉绳、橡胶板、石棉橡胶板等。

(2) 焊接材料

常用的焊接材料有电焊条和气焊熔剂。

(3) 紧固件

水暖管路系统中常用的紧固件有螺栓、螺母、垫圈等。

(4) 防腐材料

管道防腐材料主要有防腐涂料、防腐胶带等。一般明装的焊接钢管和铸铁管外刷防腐漆一道，银粉面漆两道；镀锌钢管外刷银粉面漆两道；暗装和埋地管道均刷沥青漆两道。对防腐要求高的管道，应采用有足够的耐压强度、与金属有良好的粘结性及防水性、绝缘性和化学稳定性好的材料做管道防腐层，如沥青防腐层即在管道外壁刷底漆后，再刷沥青面漆，然后外包玻璃布。管外壁所做的防腐层数，可根据防腐要求确定。

(5) 保温材料

常用保温主体材料有膨胀珍珠岩制品、超细玻璃棉制品等，具有传热系数小、质轻、价低和取材方便等特点。保温辅助材料主要有铁皮、铝皮、玻璃钢壳、包扎用铁丝网、绑扎用钢丝、石油沥青、油毡和玻璃布等。

5. 建筑给水附件

建筑给水附件是指在管道及设备上的用以启闭和调节分配介质流量压力的装置。主要有配水附件和控制附件等。

(1) 配水附件

配水附件包括各种卫生器具调节件和控制水流的各式水嘴。产品应符合节水、耐用、开启便利、实用美观等要求。

① 旋塞式水嘴

这种水嘴的旋塞旋转 90°时，即完全开启，短时间可获得较大的流量。由于水流呈直线通过，其阻力较小。缺点是启闭迅速时易产生水击。一般于浴池、洗衣房、开水间等配水点处。

② 阀式配水嘴

阀式配水嘴装设在洗涤盆、污水盆、盥洗上的水嘴均属此类。水流经过此种水嘴，因改变流向，压力损失较大。

③ 盥洗水嘴

盥洗水嘴装设在洗脸盆上，专门供给冷、热水，有莲蓬头式、角式、长脖式等多种形式。

④ 感应式水嘴

感应式水嘴控制能源仅需安装几节干电池，使用时不用接触水嘴，只需将手伸至出水口下方，即可使水流出，既卫生、安全又节水。

(2) 控制附件

控制附件一般指各种阀门，用以启闭管路、调节水量和水压、关断水流、改变水流方向等。阀门一般由阀体、阀盖、阀瓣、阀杆和手轮等部件组成。

① 闸阀

闸阀的启闭件为闸板，由阀杆带动闸板沿阀座密封面作升降运动，而切断或开启管路。闸阀在管路中既可以起开启和关闭作用，又可以调节流量。闸阀的优点是对水的阻力小，安装时无方向要求，缺点是关闭不严密。按连接方式分为螺纹闸阀和法兰闸阀。

② 截止阀

截止阀的启闭件为阀瓣，由阀杆带动，沿阀座轴线作升降运动，而切断或开启管路。截止阀在管路上起开启和关闭水流的作用，但不能调节流量。优点是关闭严密，缺点是水阻力大，安装时注意安装方向，应使水流低进高出，不得装反，适宜用在热水、蒸汽等严密性要求较高的管道中。

③ 蝶阀

蝶阀为盘状圆板启闭件，绕其自身中轴旋转改变与管道轴线间的夹角。从而控制水流通过，具有结构简单、尺寸紧凑、启闭灵活、开启度指示清楚、水流阻力小等优点，在双向流动的管段上应采用闸阀或蝶阀。

④ 球阀

球阀的启闭件为金属球状物，具有闸阀或截止阀的作用，与闸阀和截止阀相比，具有阻力小、密封性能好、机械强度高、耐腐蚀等特点，另外球阀结构简单、体积小操作方便。

给水管道上使用的阀门，应根据使用要求按下列原则选型：需调节流量、水压时，应采用截止阀；要求水流阻力小的部位（如水泵吸水管上），宜采用闸阀；安装空间小的场所，宜采用蝶阀、球阀：水流需双向流动的管段上的阀门，不得使用截止阀。

⑤ 止回阀

止回阀的启闭件为阀瓣，利用阀门两侧介质的压力差值自动启闭水流通路，阻止水的倒流。按连接方式分为螺纹式和法兰式，按结构形式分为升降式和旋启式两大类。升降式止回阀靠上、下游压力差使阀盘自动启闭，装于水平管道上，水头损失较大，只适用于小管径。旋启式止回阀可水平安装或垂直安装，垂直安装时水流只能向上流，不宜用在压力大的管道中。以上两种止回阀安装都有方向性，阀板或阀芯启闭既要与水流方向一致，又要在重力作用下能自动关闭，以防止常开不闭的状态。

⑥ 倒流防止器

倒流防止器是防止倒流污染的专用附件。由进水止回阀、出水止回阀和自动泄水阀共同连接在一个阀腔上构成。正常工作时不会泄水，当止回阀有渗漏时能自动泄水，当进水管失压时，阀腔内的水会自动泄空，形成空气间隙，从而防止倒流污染。

⑦ 安全阀

安全阀是在管网和其他设备所承受的压力超过规定情况时，为了避免遭受破坏而装设的附件。按其构造分为弹簧式、杠杆式、脉冲式三种。

⑧ 减压阀

减压阀的作用是降低水流压力。在高层建筑中，可以减少或替代减压水箱，简化给水系统，增加建筑的使用面积，同时，可防止水质的二次污染。在消火栓给水系统中，可以防止消火栓栓口处的超压现象。

常用的减压阀有两种，即可调式减压阀和比例式减压阀。可调式减压阀采用阀后压力反馈机构，工作中既减动压也减静压，既可水平安装也可垂直安装，在高层建筑冷热供水系统中完全可以代替分区供水中的分区水箱；比例式减压阀是在进口压力的作用下，活动活塞被推开，介质通过，由于活塞两端截面面积不同而造成的压力差改变了阀后的压力，也就是在管路有压力的情况下，活塞两端的面积比构成了阀前与阀后的压力比。无论阀前压力如何变化，阀后静压及动压按比例可减至相应的压力值。

⑨ 自动水位控制阀

给水系统的调节水池（箱），除进水能自动控制切断进水外，其进水管上应设自动水位控制阀。水位控制阀的公称直径应与进水管管径一致。常见的有浮球阀、活塞式液压水位控制阀、薄膜式液压水位控制阀等。

6. 水表

水表是一种计量用户累计用水量的仪表，通常设置在建筑物的引入管、住宅和公寓建筑的分户配水支管及公共建筑事务所内需计量水量的管道上。

（1）水表类型

水表的类型有流速式和容积式两种。在建筑给水系统中，广泛采用的是流速式水表，它是根据管径一定时，通过水表的水流速度与流量成正比的原理来测量用水量的。水流通过水表时推动翼轮旋转，翼片转轴传动一系列联动齿轮（减速装置），再传递到记录装置，在刻度盘指针下便可读到流量的累计值。

按翼轮转轴构造不同可分为旋翼式水表、螺翼式水表和复式水表。旋翼式水表的翼轮转轴与水流方向垂直，水流阻力较大，多为小口径水表，宜计量的用水量较小；螺翼式水表的翼轮转轴与水流方向平行，水流阻力较小，多为大口径水表，宜计量的用水量较大；复式水表是旋翼式和螺翼式的组合形式，在流量变化很大时采用。流速式水表按计数机构是否浸干水中，又分为干式水表和湿式水表两种。

（2）水表技术参数

最大流量：只允许短时间内使用的流量，为水表使用的流量上限值。

公称流量：水表长期正常使用的流量。

分界流量：水表误差限改变时的流量。

最小流量：在规定误差限内，水表使用的流量下限值。

始动流量：水表开始连续指示时的流量。

（3）水表的选用

水表的选用包括种类的选择和口径的确定。一般情况下，公称直径小于或等于 50mm 时，应采用旋翼式水表；公称直径大于 50mm 时，应采用螺翼式水表。对于用水不均匀的给水系统，以设计流量不大于水表的最大流量确定水表的口径；对于用水均匀的给水系统，以设计流量不大于水表的公称流量确定水表的口径。

2.1.1.3 建筑给水增压和贮水设备

在建筑给水系统中，当现有水源的水压较小，不能满足给水系统对水压的需要时，常采用增压设备进行增高水压来满足给水系统对水压的需求。常用的增压设备有水泵、气压给水设备等，常用的贮水设备有贮水池、水箱等。

2-4 建筑给水增压和贮水设备

1. 水泵

水泵是将电动机的机械能传递给流体的一种动力机械，是提升水压和输送水的重要设备。水泵的种类很多，有离心泵、轴流泵、混流泵、活塞泵、真空泵等。

水泵的基本性能，通常由以下几个参数来表示：

① 流量

水泵在单位时间内输送的液体体积，用符号 Q 表示，单位为 m/h 或 L/s。

② 扬程

单位质量的液体通过水泵后所获得的能量，用符号 H 表示，单位为 m。

流量和扬程表明了水泵的工作能力，是水泵的主要性能参数，也是选择水泵的主要依据。

③ 功率

水泵在单位时间内所做的功，也就是单位时间内通过水泵的液体所获得的能量，水泵的这个功率称为有效功率，用符号 N 表示，单位为 kW。电动机通过泵轴传递给水泵的功率称为轴功率，用符号 $N_{轴}$ 表示。轴功率大于有效功率，这是因为电动机传递给水泵轴的功率除了增加水的能量外，还有一部分功率损耗掉了，这些损失包括水泵转动时产生的机械摩擦、水在泵中流动时由于克服水力阻力而产生的水头损失等。

④ 效率

水泵的有效功率与轴功率的比值，用符号 η 表示，即 $\eta = N/N_{轴} \times 100\%$

效率 η 是评价水泵性能的一项重要指标。小型水泵效率为 70%左右，大型水泵可达 90%以上，但一台水泵在不同的流量、扬程下工作时，其效率也是不同的。

⑤ 吸程

吸程也称为允许吸上真空高度，是指水泵在标准状态下（即水温为 20℃，水面压力为一个标准大气压）运转时，进口处允许产生的真空度数值，一般是生产厂家以清水做试验得到的发生汽蚀的吸水扬程减去 0.3m，用符号 H 表示。吸程是确定水泵安装高度时使用的重要参数，单位为 m。

2. 贮水池

贮水池是建筑给水常用调节和贮存水量的构筑物，采用钢筋混凝土、砖石等材料制作，形状多为圆形和矩形。贮水池布置在地下室或室外泵房附近，并应有严格的防渗漏、防冻和抗倾覆措施。贮水池设计应保证池内贮水经常流动，不得出现滞流和死角，以防水质变坏。贮水池一般应分为两格，并能独立工作，分别泄空，以便清洗和维修。消防水池容积超过 $500m^3$ 时，应分成两个，并应在室外设供消防车取水用的吸水口。生活或生产用水与消防用水合用水池时，应设有消防用水平时不被动用的措施。贮水池应设进水管、出水管、溢流管、泄水管、通气管和水位信号装置。

贮水池的有效容积（不含被梁、柱、墙等构件占用的容积）应根据调节水量、消防贮备水量和生产事故备用水量计算确定，当资料不足时，贮水池的调节水量可按最高日用水量的 10%～20%估算。

3. 水箱

水箱按用途不同可分为高位水箱、减压水箱、冲洗水箱和断流水箱等多种类型。其形状多为矩形和圆形，制作材料有钢板、钢筋混凝土、玻璃钢等。

给水系统中广泛采用高位水箱，能起到保证水压和贮存、调节水量的作用。

(1) 进水管

一般由侧壁接入，也可由顶部或底部接入，管径按水泵出水量或设计秒流量确定。当水箱利用管网压力进水时，应在进水管上安装浮球阀或液压水位控制阀，并在进水端设检修用的阀门；当管径大于或等于 50mm 时，控制阀不少于 2 个；利用水泵供水并采用自动控制水泵启闭的装置时，可不设浮球阀或水位控制阀。侧壁进水管中心与水箱上缘应有 150～200mm 的距离。

生活饮用水水箱进水管应在溢流水位以上接入。进水管口最低点高出溢流边缘的高度等于进水管管径，但不应小于 25mm，可不大于 150mm。

(2) 出水管

出水管可由水箱底部或侧壁接出，其出水管口顶面（底部接出）或出水管内底（侧壁接出）应高出水箱内底 50mm，以防沉淀物进入配水管网，管径按水泵出水量或设计秒流量确定。出水管上应安装阻力较小的闸阀（不允许安装截止阀），为防止短流，水箱进出水管宜分设在水箱两侧。

(3) 溢流管

溢流管可从底部或侧壁接出，用来控制水箱内最高水位。溢流管宜采用水平喇叭口集水，喇叭口顶面应高出水箱设计最高水位 100mm，管径宜比进水管管径大一号。溢流管上不允许设置阀门，溢流管出口应设网罩。

(4) 泄水管

泄水管从水箱底接出，用于检修或清洗时泄水，管上应设置阀门，可与溢流管相连接，但不得与排水系统直接相连，管径一般比进水管管径小一级，且不得小于 50mm。

(5) 通气管

设在饮用水箱的密封盖上，以使水箱内空气流通，管上不应设阀门，管口应朝下，并设防止尘土、昆虫和蚊蝇进入的滤网，其管径一般大于 50mm，宜为 100～150mm。

(6) 水位信号装置

水位信号装置是反映水位控制阀失灵的信号装置，可采用自动液位信号计，设在水箱内。若在水箱未安装液位信号计时，可在溢流管下 10mm 处设水位信号管，直通值班室的洗涤盆等处，其管径为 15～20mm 即可，若水箱液位与水泵联锁，则可在水箱侧壁或顶盖上安装液位继电器或信号器，采用自动水位报警装置。最高电控水位应低于溢流水位 100mm；最低电控水位应高于最低设计水位 200mm。

(7) 水箱的布置

水箱间的位置应便于管道布置，尽量缩短管线长度；水箱间应有良好的通风、采光和防蚊蝇措施，室内最低气温不得低于 5℃；水箱间的承重结构应为非燃烧材料；水箱间的净高不应低于 22m。水箱底距地面宜有不小于 800mm 的净空高度，以便安装管道和进行检修。水箱布置间距见表 2.1.2。

4. 气压给水设备

气压给水设备是利用密闭罐中空气的压缩性进行贮存、调节、压送水量和保持气压的装置，其作用相当于高位水箱或水塔。气压给水设备设置的位置限制条件少，便于操作和维护，但其调节容积小，供水可靠性稍差，耗材、耗能较大。

水箱的安装间距　　表 2.1.2

形式	水箱至墙面距离/m		水箱间净距/m	水箱顶至建筑结构最低点的距离/m
	有阀侧	无阀侧		
圆形	0.8	0.5	0.7	0.6
矩形	1.0	0.7	0.7	0.6

气压给水设备按罐内水、气接触方式可分为补气式和隔膜式两类；按输水压力的稳定状况可分为变压式和定压式两类。气压给水设备一般由气压水罐、水泵机组、管路系统、电控系统、自动控制箱（柜）等组成。补气式气压给水设备还包括气体调节控制系统。

（1）补气变压式气压给水设备

罐内的水在压缩空气的起始压力 P_2 的作用下被压送至给水管网，随着罐内水量的减少，压缩空气体积膨胀，压力减小，当压力降至最小工作压力 P_1 时，压力信号器动作，使水泵启动。水泵出水除供用户外，多余部分进入气压水罐，罐内水位上升，空气又被压缩，当压力达到 P_0 时，压力信号器动作，使水泵停止工作，气压水罐再次向管网输水。

（2）补气定压式气压给水设备

定压式气压给水设备在向给水系统输水过程中，水压相对稳定。目前，常见的做法是在变压式气压给水设备的供水管上安装压力调节阀。

补气式气压给水设备补气的方法很多，在允许停水的给水系统中，可采用开启罐顶进气阀，泄空罐内存水的简单补气法。不允许停水时，可采用空气压缩机补气，也可通过在水泵吸水管上安装补气阀，在水泵出水管上安装水射器或补气罐等方法补气。

（3）隔膜式气压给水设备

隔膜式气压给水设备在气压水罐中设置弹性隔膜，将气、水分离。水质不易污染，气体也不会溶入水中，故无须设置补气调压装置。隔膜主要有帽形和囊形两类，囊形隔膜气密性好，调节容积大，且隔膜受力合理，不易损坏，优于帽形隔膜。

5. 无负压给水设备

无负压给水设备是一种加压供水机组直接与市政供水管网连接、在市政管网剩余压力基础上串联叠压供水而确保市政管网压力不小于设定保护压力（可以是相对压力的 0 压力，小于 0 压力时称为负压）的二次加压供水设备。

管网叠压（无负压）给水设备的核心是在二次加压供水系统运行过程中如何防止负压产生，消除机组运行对市政管网的影响，在保证不影响附近用户用水的前提下实现安全、可靠、平稳、持续供水。

无负压给水设备又被称为管网叠压给水设备，市场上主要有罐式无负压给水设备与箱式无负压给水设备。

（1）罐式无负压给水设备

该方式在水泵前装设压力密封罐，罐内部或外部加设稳流补偿器（又称“真空消除器”），水泵通过稳流罐吸水，加压后供至用户，靠稳流补偿器的调节作用，降低对公共供水管网的影响。此方式无储备水量，城市公共供水管网停水时，易出现断水现象。

（2）箱式无负压给水设备

该方式设有不承压的调节水箱，内部加设有稳流补偿器，通过电控装置，使调节水箱内的水每天至少循环两次，确保水质不变。当市政管网的水量、水压条件能满足无负压供水要求时，直接从市政管网取水；否则，从调节水箱取水。此方式具备一定的储备水量，可用于供水管网不稳定的区域，但是由于存在水箱和检修人孔，仍要按规定定期进行清洗消毒。

2.1.1.4 建筑给水系统布置与施工

2-5 建筑给水系统布置与施工

建筑给水系统的布置和敷设，必须深入了解该建筑物的建筑结构设计情况、使用功能、其他建筑设备的设计方案，兼顾各专业系统，进行综合考虑。在施工过程中要保证供水安全可靠、力求经济合理；保护管道不受损坏；不影响生产安全和建筑物的使用；便于安装和维修，不影响美观。

1. 建筑给水系统布置

（1）基本要求

1）确保供水安全和良好的水力条件，力求经济合理

管道尽可能与墙、梁、柱平行，呈直线走向，力求管路简短，以减少工程量，但不能有碍于生活、工作和通行，一般可设置在管井、吊顶内或墙角边。

室内给水管网宜采用枝状布置，单向供水。不允许间断供水的建筑，应采用环状管网或贯通枝状管网双向供水，从室外环状管网不同管段引入，引入管不少于2条。若必须同侧引入时，2条引入管的间距不得小于15m，并在两条引入管之间的室外给水管上装阀门。若条件不可能达到，可采取设贮水池或增设第二水源等安全供水设施。干管应布置在用水量大或不允许间断供水的配水点附近，既有利于供水安全，又可减少流程中不合理的转输流量，节省管材。

2）保护管道不受损坏

给水埋地管道应避免布置在可能受重物压坏处。管道不得穿越生产设备基础，如遇特殊情况必须穿越时，应采取有效的保护措施。管道不宜穿越伸缩缝、沉降缝和变形缝，若需穿过，应采取保护措施，常用措施有：在管道或保温层外皮上、下留有不生活少于150mm的净空；软性接头法，即用橡胶软管或金属波纹管连接沉降缝、伸缩缝两边的管道；丝扣弯头法，在建筑沉降过程中，两边的沉降差由丝扣弯头的旋转来补偿，此方法适用于小管径管道；活动支架法，在沉降缝两侧设立支架，使管道只能垂直位移，不能水平横向位移，以适应沉降、伸缩之应力。为防止管道腐蚀，管道不允许布置在烟道、风道、电梯井和排水沟内，不允许穿越大、小便槽，当立管位于大、小便槽端部小于等于0.5m时，应用建筑隔断措施。

3）不影响生产安全和建筑物的使用

为避免管道渗漏，造成配电间电气设备故障或短路，管道不能从配电间通过，不得穿越配电间、电梯机房、通信机房、大中型计算机房、计算机网络中心等遇水会损坏设备和引发事故的房间。一般不宜穿越卧室、书房及贮藏间，也不能布置在妨碍生产操作和交通运输处或遇水能引起燃烧、爆炸或损坏的设备、产品和原料上。

4）便于安装和维修，不影响美观

布置管道时其周围要留有一定的空间，以满足安装、维修的要求。给水管道与其他管

道和建筑结构的最小净距见表 2.1.3。需进入检修的管道井，其工作通道净宽度不宜小于 0.6m，管井应每层设外开检修门。

冷、热水管道同时安装应符合下列规定：上、下平行安装时热水管应在冷水管上方；垂直平行安装时热水管应在冷水管左侧。

给水管道与其他管道和建筑结构的最小净距　　表 2.1.3

给水管道名称		室内墙面/mm	地沟壁和其他管道/mm	梁、柱设备	排水管		备注
					水平净距/mm	垂直净距/mm	
引入管					1000	150	在排水管上
横干管		100	100	50	500	150	在排水管上
立管	管径/mm	25					
	<32						
	32～50	35					
	75～100	50					
	125～150	60					

（2）布置形式

给水管道的布置按供水可靠程度要求可分为枝状和环状两种形式，前者单向供水，供水安全可靠性差，但节省管材，造价低；后者管道相互连通，双向供水，安全可靠但管线长、造价高。一般建筑内给水管网宜采用枝状布置。按横干管的敷设位置又可分为上行下给式、下行上给式和中分式三种形式。

1）上行下给式

干管设在顶层顶棚下、吊顶内或技术夹层中，由上向下供水的为上行下给式，适用于设置高位水箱的居住用公共建筑和地下管线较多的工业厂房，如图 2.1.14 所示。

2）下行上给式

干管埋地、设在底层或地下室中，由下向上供水的为下行上给式，适用于利用室外给水管网水压直接供水的工业与民用建筑，如图 2.1.15 所示。

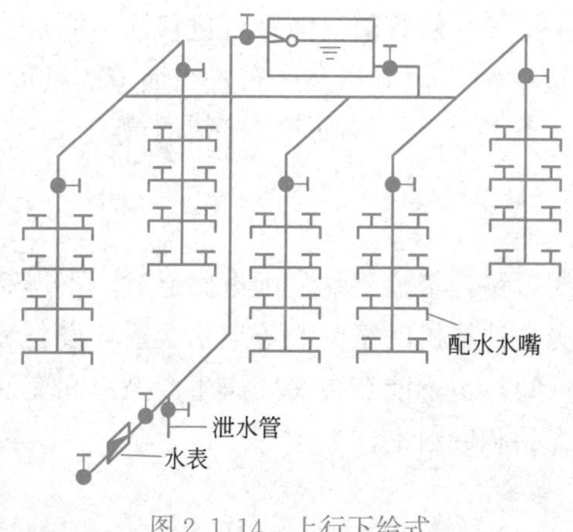

图 2.1.14　上行下给式

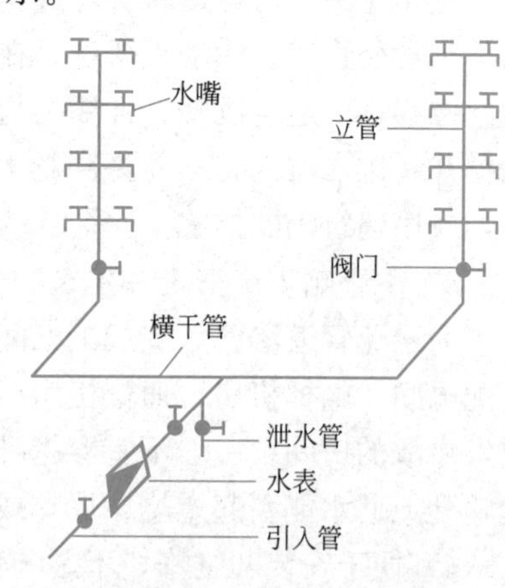

图 2.1.15　下行上给式

3）中分式

横干管设在中间技术层内或某层吊顶内，由中间向上、下两个方向供水的为中分式，适用于屋顶用作露天茶座、舞厅或设有中间技术层的高层建筑，如图 2.1.16 所示。

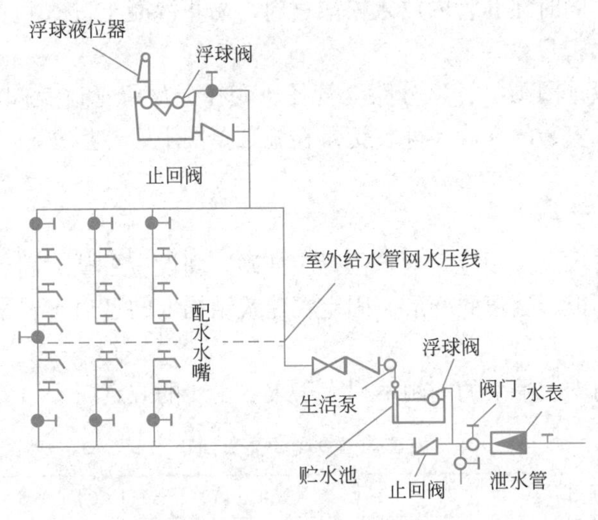

图 2.1.16　中分式

同一幢建筑的给水管网也可同时兼有以上两种以上布置形式。

（3）敷设形式

给水管道的敷设有明设和暗设两种形式。

1）明设

明设即管道外露，其优点是安装维修方便，造价低。但外露的管道影响美观，表面易结露、积尘，一般用于对卫生、美观没有特殊要求的建筑。

2）暗设

暗设即管道隐蔽，如敷设在管道井、技术层、管沟、墙槽、顶棚中，或直接埋地或埋在楼板的垫层里，其优点是管道不影响室内的美观、整洁，但施工复杂，维修困难，造价高，适用于对卫生、美观要求较高的建筑，如宾馆、高层公寓和要求无尘洁净的车间、实验室、无菌室等。

2. 建筑给水管网安装

（1）管道敷设工艺流程

测量放线→预留、预埋、预制加工→支吊架安装→引入管安装→干管安装→立管安装→支管安装→阀门附件安装→管道试压→管道防腐保温→管道冲洗消毒。

（2）管道安装操作工艺

安装时，一般从总进水入口开始操作，总进水端口安装临时丝堵以备试压用，把预制完的管道运到安装部位按编号依次排开。

1）测量放线

依据施工图进行放线，按实际安装的结构位置做好标记，确定管道支吊架的位置。

2）预留、预埋、预制加工

孔洞预留。根据施工图中给定的穿管坐标和标高在模板上做好标记，将事先准备的模具用钉子钉在模板上或用钢筋绑扎在周围的钢筋上，固定牢靠。

套管预埋。管道穿越地下室和地下构筑物的外墙、水池壁等均设置防水套管。穿墙套管在土建砌筑时及时套入，位置准确。过混凝土板墙的管道，在混凝土浇筑前安装好套管，与钢筋固定牢，同时在套管内放入松散材料，防止混凝土进入套管内。管道与套管之间的空隙用阻火填料密封。

预制加工。按设计图画出管道分路、管径、变径、预留管口及阀门位置等施工草图，按标记分段量出实际安装的准确尺寸，记录在施工草图上，然后按施工草图测得的尺寸预制组装。

3）支吊架安装

按不同管径和要求设置相应管卡，位置应准确，埋设应平整。固定支架、吊架应有足够的刚度和强度，不得产生弯曲变形。固定在建筑结构上的管道支、吊架不得影响结构的安全。

钢管水平安装的支、吊架的间距不得大于表 2.1.4 的规定。

钢管管道支架的最大间距　　**表 2.1.4**

公称直径/mm		15	20	25	32	40	50	70	80	100	125	150	200	250	300
支架的最大间距/m	保温管	2	2.5	2.5	2.5	3	3	4	4	4.5	6	7	7	8	8.5
	不保温管	2.5	3	3.5	4	4.5	5	6	6	6.5	7	8	9.5	11	12

采暖、给水及热水供应系统的塑料管及复合管垂直或水平安装的支架间距应符合中表 2.1.5 的规定。采用金属制作的管道支架，应在管道与支架间加衬非金属垫或套管。

塑料管及复合管管道支架的最大间距　　**表 2.1.5**

直径/mm			12	14	16	18	20	25	32	40	50	63	75	90	100
支架的最大间距(m)	立管		0.5	0.6	0.7	0.8	0.9	1.0	1.1	1.3	1.6	1.8	2.0	2.2	2.4
	水平管	冷水管	0.4	0.4	0.5	0.5	0.6	0.7	0.8	0.9	1.0	1.1	1.2	1.35	1.35
		热水管	0.2	0.2	0.25	0.3	0.3	0.35	0.4	0.5	0.6	0.7	0.8		

铜管垂直或水平安装的支架间距应符合表 2.1.6 的规定。

铜管管道支架的最大间距　　**表 2.1.6**

公称直径/mm		15	20	25	32	40	50	65	80	100	125	150	200
支架的最大间距(m)	垂直管	1.8	2.4	2.4	3.0	3.0	3.0	3.5	3.5	3.5	3.5	4.0	4.0
	水平管	1.2	1.8	1.8	2.4	2.4	2.4	3.0	3.0	3.0	3.0	3.5	3.5

给水系统的金属管道立管管卡安装应符合下列规定：楼层高度小于或等于 5m，每层必须安装 1 个；楼层高度大于 5m，每层不得少于 2 个；管卡安装高度，距地面应为 1.5～1.8m，2 个以上管卡应匀称安装，同一房间管卡应安装在同一高度上。

4）引入管安装

引入管进入建筑内有两种情况：一种是从建筑物的浅基础下通过，另一种是穿越承重墙或基础，其敷设方法如图 2.1.17 所示。引入管穿过基础墙处应预留孔洞或预埋钢套管，预留孔洞与预埋钢套管比引入管直径大 100～200mm，引入管管顶距孔洞顶或套管顶应大于 100mm，预留孔与管道间的间隙应用黏土填实，两端用 1∶2 水泥砂浆封口。在地下水位高的地区，引入管穿地下室外墙或基础时，应采取防水措施，如设防水套管。室外埋地引入管要防止地面活荷载和冰冻的破坏，其管顶覆土厚度不宜小于 0.7m，并应敷设在冰冻线下以下 0.15m 处。建筑内埋地管道在无活荷载和冰冻影响时，其管顶离地面高度不宜小于 0.3m。

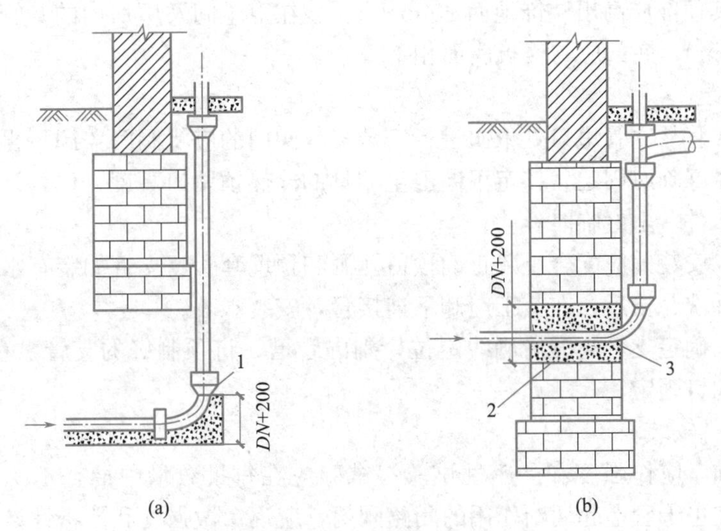

图 2.1.17 引入管安装

(a) 从浅基础下通过；(b) 引入管穿过基础

1—C7.5 混凝土支座；2—黏土；3—水泥砂浆封口

给水引入管与排水排出管的水平净距不得小于 1m。

5）干管安装

管径小于或等于 100mm 的镀锌钢管应采用螺纹连接，套丝扣破坏的镀锌层表面及外露螺纹部分应做防腐处理；管径大于 100mm 的镀锌钢管应采用法兰或卡套式专用管件连接，镀锌钢管与法兰的焊接处应二次镀锌。

给水塑料管和复合管可以采用橡胶圈接口、粘接接口、热熔连接、专用管件连接及法兰连接等形式。塑料管和复合管与金属管件、阀门等的连接应使用专用管件连接，不得在塑料管上套丝。

给水铸铁管管道应用水泥捻口或橡胶圈接口方式进行连接。铜管连接可采用专用接头或焊接，当管径小于 22mm 时宜采用承插或套管焊接，承口应迎介质流向安装；当管径大于或等于 22mm 时宜采用对口焊接。

室内给水与排水管道平行敷设时，两管间的最小水平净距不得小于 0.5m；交叉铺设时，垂直净距不得小于 0.15m，给水管应在排水管上面，若给水管必须铺在排水管的下面时，给水管加套管，其长度不得小于排水管管径的 3 倍。给水水平管应有 0.2%～0.5%的坡度坡向泄水装置。

6）立管安装

立管明装。每层从上至下统一吊线安装管卡件，将预制好的立管按编号分层排开，顺序安装，对好调直时的印记，复核甩口的高度、方向是否正确，支管甩口加好临时封堵。立管阀门安装的朝向应便于检修，安装完用线坠吊直找正，并配合土建堵好楼板洞。

立管暗装。竖井内立管安装的卡件应按设计和规范要求设置，安装在墙内的立管宜在结构施工时预留管槽，立管安装时吊直找正，用卡件固定，支管甩口应明露并做好临时封堵。

给水立管在穿过建筑物楼板时，一般均应预留孔洞或设置金属或塑料套管，安装在楼板内的套管，其顶部应高出装饰地面 20mm；安装在卫生间及厨房内的套管，其顶部应高出装饰地面 50mm，底部应与楼板底面相平。

7）支管安装

预制好的支管从立管甩口处依次进行安装，有阀门的应将阀门盖卸下再安装，要据管道的长度适当做好临时固定，核定不同卫生器具的冷热预留口高度，位置是否正确，找平找正后装支管卡件，上好临时丝堵。

支管明装。安装前应配合土建正确预留孔洞和预埋套管，支管如装有水表应先装上连接管，试压、冲洗合格后，在交工前卸下连接管，安装水表。

支管暗装。确定支管高度后画线定位，剔出管槽，将预制好的支管敷在槽内，找平、找正定位后用勾钉固定。

8）阀门附件安装

阀门安装前，应作强度和严密性试验。试验应在每批数量中抽查 10%，且不少于 1 个。对于安装在主干管上起切断作用的闭路阀门，应逐个做强度和严密性试验。阀门的强度和严密性试验，应符合以下规定：阀门的强度试验压力为公称压力的 1.5 倍；严密性试验压力为公称压力的 1.1 倍；试验压力在试验持续时间内应保持不变，且壳体填料及阀瓣密封面无渗漏。阀门的强度试验应在阀门开启状态下试验，严密性试验应在阀门关闭状态下试验。

阀门安装的一般规定：阀门与管道或设备的连接主要有螺纹连接和法兰连接两种，安装螺纹阀门时，两个法兰应互相平行且同心，不得使用双垫片；水平管道上阀门、阀杆、手轮不可朝下安装，宜向上安装；并排立管上的阀门，高度应一致且整齐，手轮之间应便于操作，净距不应小于 100mm；安装有方向要求的疏水阀、减压阀、止回阀、截止阀，一定要使其安装方向与介质的流动方向一致；换热器、水泵等设备安装体积和重量较大的阀门时，应单设阀门支架，操作频繁、高度超过 1.8m 的阀门，应设固定的操纵平台；安装于地下管道上的阀门应设在阀门井内或检查井内。

9）管道试压

给水管道安装完成确认无误后，必须进行系统的水压试验。室内给水管道的水压试验必须符合设计要求。当设计未注明时，各种材质的给水管道系统试验压力均为工作压力的 1.5 倍，但不得小于 0.6MPa。

水压试验前管道应固定牢靠，接头须明露，支管不宜连通卫生器具配水件。加压宜用手压泵，泵和测量压力的压力表应装在管道系统的底部最低点，压力表精度为 0.01MPa，量程为试压值的 1.5 倍。管道注满水后排出管内空气，封堵各排气出口，进行严密性检查。

缓慢升压，金属及复合给水管道系统在试验压力下观测 10min，压力降不应大于

0.02MPa，然后降至工作压力进行检查，应不渗不漏；塑料管给水系统应在试验压力下稳压 1h，压力降不应大于 0.05MPa，然后降至工作压力的 1.15 倍状态下稳压 2h，压力降不应大于 0.03MPa，同时检查各连接处不得渗漏。

直埋在地板面层和墙体内的管道，应分段进行水压试验，试验合格后土建方才可继续施工。

10）管道防腐保温

① 管道防腐

工艺流程：管道清理除锈→涂漆→防腐材料的安装。

管道表面的除锈是防腐施工中的重要环节，其除锈质量的高低直接影响到涂膜的寿命，除锈的方法有手工除锈、机械除锈和化学除锈。

涂料主要由液体材料、固体材料和辅助材料三部分组成，按其作用一般可分为底漆和面漆，先用底漆打底，再用面漆罩面。防腐涂料的常用施工方法有刷、喷、浸、烧等，施工中一般多采用刷和喷两种方法。

② 管道保温

工艺流程：管道清理除锈→涂漆→绝热保温层→防潮层→保护层。

保温材料的导热系数 $\lambda \leqslant 0.12$W/（m·K），用于保冷的材料导热系数 $\lambda \leqslant 0.064$W/（m·K），常用的保温材料：膨胀珍珠岩类、泡沫塑料类、普通玻璃棉类、超细玻璃棉类、超轻微孔硅酸钙、蛭石类、矿渣棉类、石棉类、岩棉类等。

对预制式管道，一般将保温材料、泡沫塑料、硅藻土、石棉蛭石预制成扇形保温瓦，再用保温瓦包住管道。对包扎式管道，主要采用沥青或沥青矿渣玻璃棉板或毡保温。

11）管道通水试验及冲洗消毒

给水系统交付使用前必须进行通水试验并做好记录。生活给水系统管道在交付使用前必须冲洗和消毒，并经有关部门取样检验，符合国家《生活饮用水标准》方可使用。

管道系统在验收前必须进行冲洗，冲洗水应采用生活饮用水，流速得不小于 1.5m/s，应当连续进行，当出水和进水水质的透明度一致时合格。

系统冲洗完毕后进行通水试验，按给水系统的 1/3 配水点同时开放，各排水点通畅，接口处无渗漏。

管道冲洗通水后把管道内的水放空，各配水点与配水件连接后，进行管道消毒，向管道灌注消毒溶剂浸泡 24h 以上。消毒结束后，放空管道内消毒液，再用生活饮用水冲洗管道。

管道消毒后打开进水阀向管道供水，打开配水水嘴适当放水，在管网最远处取水样，经卫生监督部门检验合格后方可交付使用。

3. 建筑给水设备安装

（1）设备安装工艺流程

开箱验收→基础验收→设备安装→设备单体试验。

（2）设备安装操作工艺

1）开箱验收

设备进场后应会同建设单位、监理单位共同进行设备开箱验收，按照设计文件检查设备的规格、型号是否符合要求，技术文件是否齐全，并做好相关记录。

按装箱清单和设备技术文件，检查设备所带备件、配件是否齐全有效，检查设备所带的资料和产品合格证是否齐备、准确，检查设备表面是否有损坏、锈蚀等现象。

2）基础混凝土的强度等级是否符合设计要求

核对基础的几何尺寸、坐标、标高、预留孔洞是否符合设计要求，并做好相关的质量记录。

3）设备安装

① 设备就位

复核基础的几何尺寸，地脚螺栓孔的大小、位置、间距和垂直度是否符合要求；用水平心测定纵横向水平度，修正找平后，进行设备就位。

② 水泵安装

水泵的安装程序为放线定位→基础预制→水泵吊装就位→配管及附件安装→水泵试运转。立式水泵的减震装置不应采用弹簧减振器。水泵试运转的轴承温升必须符合设备说明书的规定。

③ 水箱安装

水箱支架或底座安装，其尺寸及位置应符合设计规定，埋设平整牢固。水箱溢流管和泄放管设置在排水地点附近但不得与排水管直接连接。

敞口水箱的满水试验和给水的水压试验必须符合设计与施工规范的规定。

检验方法：满水试验静置 24h 观察，不渗不漏；水压试验在试验压力下 10min 压力不降，不渗不漏。

建筑热水供应系统

热水供应系统是为满足人们在生活和生产过程中对水温的某些特定要求，而由管道及辅助设备组成的输送热水的网络。其任务是按设计要求的水量、水温和水质随时向用户供应热水。

1. 室内热水供应系统的分类及组成

室内热水供应系统按作用范围大小可分为局部热水供应系统、集中热水供应系统和区域热水供应系统。

（1）局部热水供应系统

局部热水供应系统是利用各种小型加热器在用水场所就地将水加热，供给局部围内的一个或几个用水点使用，如采用小型燃气加热器、蒸汽加热器、电加热器、太阳能加热器等，给单个厨房、浴室、生活间等供水。大型建筑物同样可采用很多局部加热器分别对各个用水场所供应热水。

这种系统的优点是系统简单，维护管理方便灵活，改建、增减较容易。缺点是加热设备效率低，热水成本高，使用上不方便，设备容量较大。因此，适用热水供应点较分散的公共建筑和生产车间等工业建筑。

（2）集中热水供应系统

这种系统由热源、热媒管网、热水输配管网、循环水管网、热水储存水箱、循环水泵、加热设备及配水附件等组成。

这种系统的特点是，加热器及其他设备集中，可集中管理，加热效率高，热水制备成本低，设备总容量小，占地面积小，但设备及系统较复杂，基本建设投资较大，管线长，热损失大。适用于热水用量较大，用水量比较集中的场所，如高级宾馆、医院、大型饭店等公共建筑、居住建筑和布置较集中的工业建筑。

(3) 区域热水供应系统

区域热水供应系统多使用热电厂、区域锅炉房所引出的热力管网输送加热冷水的热媒，可以向建筑群供应热水。

2. 热水的温度标准

生活用热水的使用温度和卫生器具的种类、使用对象等因素有关，其中淋浴用水根据气候条件、使用对象和使用习惯确定。幼儿园和体育馆应为35℃，其余一般均为40℃；饮用水为100℃；洗衣用为30～60℃；餐厅用水：洗碗机为60℃，餐具清洗为70～80℃；餐具消毒水温不宜超过80℃；一般洗涤宜用45℃。

生产用热水使用温度应根据工艺要求或同类型生产实践数据确定。

3. 集中热水供应系统管道布置

热水管网配水干管的布置形式和给水干管的布置形式相同，有上供下回式和下供上回式两种。热水系统按循环管道的情况不同，可布置成以下三种系统：

(1) 全循环热水系统

这种系统所有支管、立管和干管都设有循环管道，当整个管网停止配水时，所有支管、立管和干管中的水仍保持循环，使管网中的水温不低于设计温度。适用于对水温有较严格要求的供水场所，如图2.1.18所示。

(2) 半循环热水系统

这种系统仅在配水干管上设置循环管道，只保证干管中的水温。适用于对水温要求不太高或配水管道系统较大的场所。分立管循环和干管循环用热水时需放掉少量存水，就能获得规定水温的热水。多用于定时供应热水的建筑物，如图2.1.19所示。

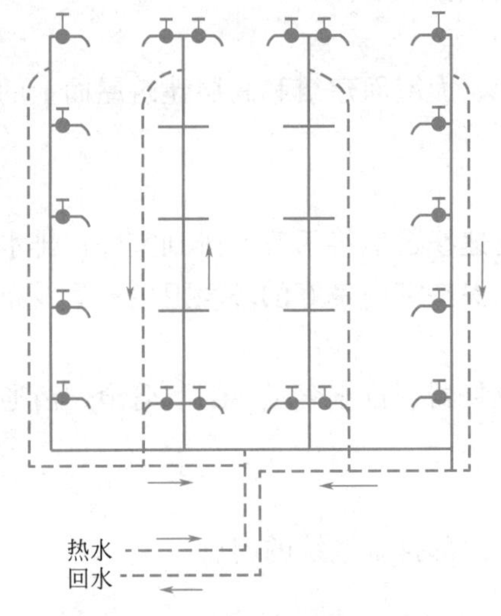

图2.1.18　全循环热水系统

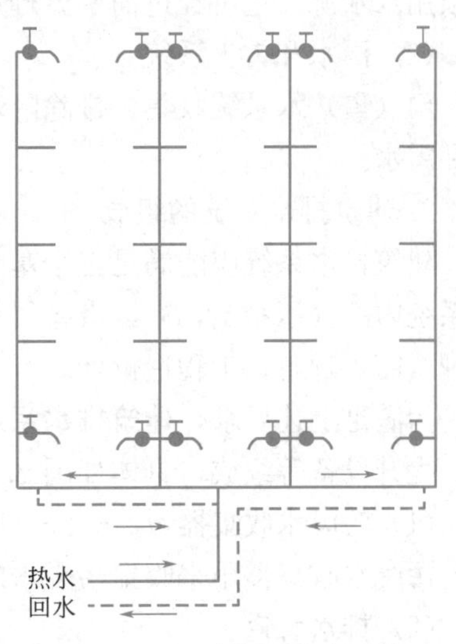

图2.1.19　半循环热水系统

(3) 无循环热水系统

无循环热水系统就是在热水管网中不设置任何循环管道。适用于热水供应系统较小，使用要求不高的定时供应系统，如公共浴室、洗衣房等。

2.1.2 建筑排水系统安装

建筑排水系统是指通过管道及辅助设备，把屋面雨水及生活和生产过程中所产生的污水、废水及时排放出去的网络。其任务是将日常生活和工业生产中产生的污废水及屋面的雨雪水顺畅地排出到室外。

根据所排除污、废水的性质，建筑排水系统可分为生活污废水排水系统、生产污废水排水系统和屋面雨水排水系统三类。排水方式分为分流制与合流制，分流制的污水、废水、雨水分别设置管道系统排出建筑物，系统简单，但工程造价相对较高；合流制则合用一个管道系统排出建筑物，造价低但是不利于污废水分别处理和回收利用。

2.1.2.1 建筑排水系统分类、组成与排水体制

1. 建筑排水系统的分类

(1) 生活污废水排水系统

生活污水系统主要是排除居住建筑、公共建筑及工厂生活间的污（废）水。有时，由于污（废）水处理、卫生条件或杂用水水源的需要，把生活排水系统又进一步分为冲洗便器的生活污水排水系统和盥洗、洗涤废水的生活废水排水系统。生活废水经过处理后，可作为杂用水，用来冲洗厕所、浇洒绿地和道路、冲洗汽车等。

2-6 建筑排水系统概述

(2) 生产废水系统

生产废水系统是排除工艺生产过程中产生的污废水。为便于污废水的处理和综合利用，按污染程度可分为生产污水排水系统和生产废水排水系统。生产污水污染较重，需要经过处理，达到排放标准后排放；生产废水污染较轻，如机械设备冷却水，生产废水可作为杂用水水源，也可经过简单处理后（如降温）回用或排入水体。

(3) 雨水和雪水系统

雨（雪）水系统收集、排除降落到多跨工业厂房、大屋面建筑和高层建筑屋面上的雨水和雪水。

2. 建筑排水系统的组成

建筑排水系统应能满足三个基本要求：系统能迅速畅通地将污废水排到室外；排水管道系统内的气压稳定，有毒有害气体不能进入室内，保持室内良好的环境卫生；管线布置合理，简短顺直，工程造价低。

为满足上述要求，建筑排水系统主要由污废水收集器、排水管道、通气管道、清通装置、提升设备等组成，具体如图 2.1.20 所示。

(1) 污废水收集器

污废水收集器用来收集污废水的器具，也是建筑内部排水系统的起点。

(2) 排水管道

排水管道系统包括器具排水管、排水横管、排水立管、排出管等。

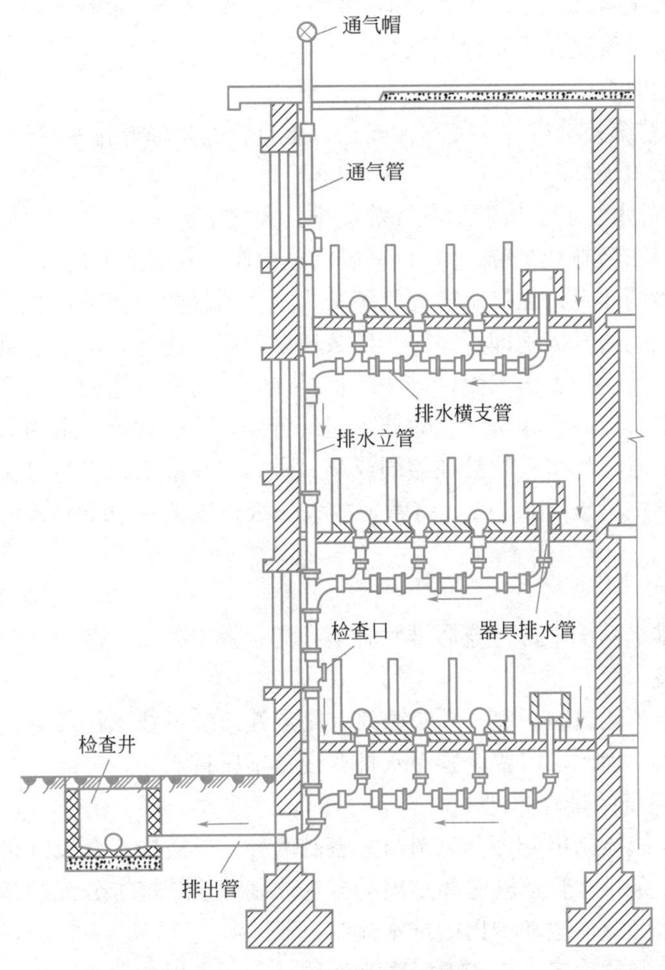

图 2.1.20　室内排水系统

1）器具排水管

自卫生器具存水弯出口至排水横支管连接处之间排水管段。

2）排水横管

呈水平或与水平线夹角小于 45°的管道。其中连接器具排水管至排水立管的管段称排水横支管，连接若干根排水立管至排出管的管段称排水横干管。

3）排水立管

排水立管接受各横支管流来的污废水，然后再排至排出管。为了保证排水畅通，立管管径不得小于 50mm，也不应小于任何一根接入横支管的管径。

4）排出管

排出管是室内排水立管与室外排水检查井之间的连接管段，用来收集一根或几根立管排来的污废水，并将其排至室外排水管网中去。排出管的管径不得小于与其连接的最大立管的管径，连接几根立管的排出管，其管径应由水力计算确定。

（3）通气管

排水立管上延部分称为（伸顶）通气管。一般建筑物内的排水管道均设置通气管。仅设一个卫生器具或虽接有几个卫生器具但共用一个存水弯的排水管道，以及建筑物内底层污水单独排除的排水管道，可不设通气管。

通气管的作用有：

1）向排水管系统补给空气，使水流畅通，更重要的是降低排水管道内气压变化幅度，防止卫生器具水封被破坏。

2）使室内外排水管道中散发的臭气等能排到大气中去。

3）管道内经常有新鲜空气流通，可减轻管道内废气对管道的危害。

对于层数不多的建筑，在排水横支管不长、卫生器具数不多的情况下，采取将排水立管上部延伸出屋顶的通气措施即可。对于层数较多及高层建筑，由于立管较长而且卫生器具设置数量较多，同时排水概率大，排水的机会多，更易使管道内压力产生波动而将器具水封破坏。故在多层及高层建筑中，除伸顶通气管外，还应设置环形通气管或主通气立管等。通气管管径一般与排水立管管径相同或小一号，但在最冷月平均气温低于－13℃的地区，应在室内平顶或吊顶下 0.3m 处将管径放大一级，以免管中结冰霜而缩小或阻塞管道断面。

（4）清通装置

在建筑内部排水系统中，为疏通排水管道，需设置检查口、清扫口、检查井等。

（5）抽升设备

对于民用和公共建筑地下室、人防建筑、高层建筑地下技术层等处，由于污（废）水不能自流排出室外，因此，需要设置污水抽升设备增压排水。

3. 建筑排水系统的排水体制

建筑内排水系统体制也分为合流制与分流制两种。建筑排水合流制是将两类或者两类以上污废水用同一条排水管道输送和排出的排水体制；建筑排水分流制是将不同种类的污废水分别设置排水管道输送和排出的排水体制。

建筑内排水体制的确定，应考虑污废水性质、受污染程度及污水量，结合建筑物外的排水体制及污水处理设施能力，综合经济技术条件、便于综合利用等诸多因素。

在建筑物内把生活污水（大小便污水）与生活废水（洗涤废水）分成两个排水系统。为防止窜臭味，宜将生活污水与生活废水分流。小区排水系统应采用分流制排水系统，即分成生活排水系统与雨水排水系统两个排水系统。雨水排水管道一般需单独设置，在水资源匮乏地区，可考虑雨水储存设施，雨水回收利用按现行国家标准《建筑与小区雨水控制及利用工程技术规范》GB 50400—2016 执行。

（1）合流制排水体制

当污废水满足下列情况时，建筑内部排水可采用合流制排水体制：

当地设有污水处理厂，生活污水不考虑循环利用时，粪便污水和生活废水可通过同一排水管道输送和排出。

工业企业生产过程中所产生的生产废水和生产污水性质相似时。

（2）分流制排水体制

当污废水满足下列情况时，建筑内部排水可设置单独排水管道，采用分流制排水体制：

1）职工食堂中、营业餐厅的厨房含有油脂的废水。

2）含有致病菌、放射性元素等超标排放的医疗、科研机构的污水。

3）洗车冲洗水。

4）水温超过40℃的锅炉排污水。

5）用作中水水源的生活排水。

6）实验室有害有毒废水。

4. 建筑排水系统的排水类型

排水系统通气的好坏直接影响到排水系统的正常使用，按系统通气方式和立管数目，建筑内排水系统分为单立管排水系统、双立管排水系统、三立管排水系统。

（1）单立管排水系统

建筑管网排水是由一根管道实现，立管与横支管采用普通管件连接。一般只适用于9层以内的楼房。

（2）双立管排水系统

由一根排水立管与一根通气立管组成的生活排水系统。适用于污废水合流的各类多层和高层建筑。

（3）三立管排水系统

由一根生活污水立管，一根生活废水立管共用一根通气立管组成，属外通气系统，适用于生活污水和生活废水需分别排出室外的多层、高层建筑。

2.1.2.2 建筑排水管材、管件与附属配件

2-7 建筑排水管材、管件及附属配件

排水管材、管件及附属配件是排水系统中很重要的组成部分，对完成建筑内部排水系统的功能有决定性作用。

1. 建筑排水管材

在选择排水管道管材时，应综合考虑建筑物的使用性质、建筑高度、抗震要求、防火要求及当地的管材供应条件，因地制宜选用。目前采用较多的是排水塑料管与排水铸铁管。

（1）排水塑料管

塑料管具有质轻、耐腐蚀、水流阻力小、外表美观、施工安装方便、价格低廉等优点。近年来，塑料管在国内建筑排水工程中得到普遍认可和应用。最常用的是聚氯乙烯管。

排水硬聚氯乙烯管（PVC-U管）是以聚氯乙烯树脂为主要原料，加入必要的助剂，经注塑成型，具有质轻、不结垢、耐腐蚀、抗老化、强度高、耐火性能好、施工方便、造价低、可制成各种颜色、节能等优点，在正常的使用情况下寿命可达50年以上，但排水噪声大。目前，在一般民用建筑和工业建筑的内排水系统中已广泛使用。

排水塑料管道的连接方法有粘结、橡胶圈连接、螺纹连接等。

排水硬聚氯乙烯管使用时，要求瞬时排水水温不超过80℃，连续排水水温不超过40℃。为消除PVC-U管受温度变化影响而产生的伸缩，通常采用设置伸缩节的方法。一般立管应每层设一伸缩节。

（2）排水铸铁管

排水铸铁管具有耐腐蚀性能强、有一定的强度、使用寿命长、价格便宜等优点，每根管长一般为1.0～2.0m，与给水铸铁管相比，管壁较薄，不能承受较大的压力，主要用于一般的生活污水、雨水和工业废水的排水管道，要求强度较高或排除压力水的地方常用给水铸铁管代替。

排水铸铁管的连接方法一般有承插连接、法兰连接，接口有刚性接口和柔性接口两种。

① 刚性接口

刚性接口排水铸铁管采用承插连接，接口有铅接口、石棉水泥接口、沥青水泥砂浆接口、膨胀性填料接口、水泥砂浆接口等。实践证明，刚性接口排水管道的寿命可与建筑物使用寿命相同。

② 柔性接口

随着房屋建筑层数和高度的增加，刚性接口已经不能适应高层建筑在风荷载、地震等作用下的位移，宜采用柔性接口，使其具有良好的曲挠性和伸缩性，以适应建筑楼层间变位导致的轴向位移和横向曲挠变形，防止管道裂缝、折断。

柔性接口排水铸铁管具有强度高、抗震性能好、噪声低、防火性能好、寿命长、膨胀系数小、安装施工方便、美观、耐磨、耐高温等优点；其缺点是造价高。

对于建筑高度超过100m的高层建筑、防火等级要求高的建筑物、要求环境安静的场所、环境温度可能出现0℃以下的场所，以及连续排水温度大于40℃或瞬间排水温度大于80℃的排水管道应采用柔性接口排水铸铁管。

柔性抗震接头的构造有两种：一种是由承口、插口、法兰压盖、密封橡胶圈、紧固螺栓、定位螺栓等组成，橡胶圈在螺栓和压盖的作用下，呈压缩状态与管壁紧贴，起到密封作用，承口端有内八字，使橡胶圈嵌入，增强了阻水效果；同时，由于橡胶圈具有弹性，插口可在承口内伸缩和弯折，接口仍可保持不渗、不漏，定位螺栓则在安装时起定位作用；另一种是采用不锈钢钢带、橡胶圈密封、卡紧螺栓连接，安装时只需将橡胶圈套在两根连接管的端部，用不锈钢钢带卡紧，螺栓锁住即可。这种连接方法具有安装和更换管道方便、接头轻巧、美观等优点。

2. 建筑排水管件

排水管件用以改变排水管道的直径、方向，连接交汇的管道，检查和清通管道等。常用排水管件有：45°弯头、90°弯头、90°顺水三通、45°斜三通、正四通、45°斜四通、异径管、管箍等。如图2.1.21所示。

室内排水系统不得使用正三通和正四通，应选用斜三通（立体三通）和斜四通（立体四通)。室内排水系统的90°弯头，均用两个45°弯头代替。

3. 建筑排水附件

(1) 存水弯

存水弯是在卫生器具排水管上或卫生器具内部设置一定高度的水柱又称为水封，水封可有效的将室内和下水道隔开，防止下水道中的臭气进入室内，保证卫生间空气更清新。存水弯可分为瓶式存水弯、管式存水弯、存水盒等，如图2.1.22所示。瓶式存水弯及带通气装置的存水弯一般明设在洗脸盆或洗涤盆等卫生器具排出管上，形式较美观。管式存水弯分S形存水弯，P形存水弯，U形存水弯，见表2.1.7。

水封装置的设计要求：①水封深度应为50～100mm，有特殊要求时可在100mm以

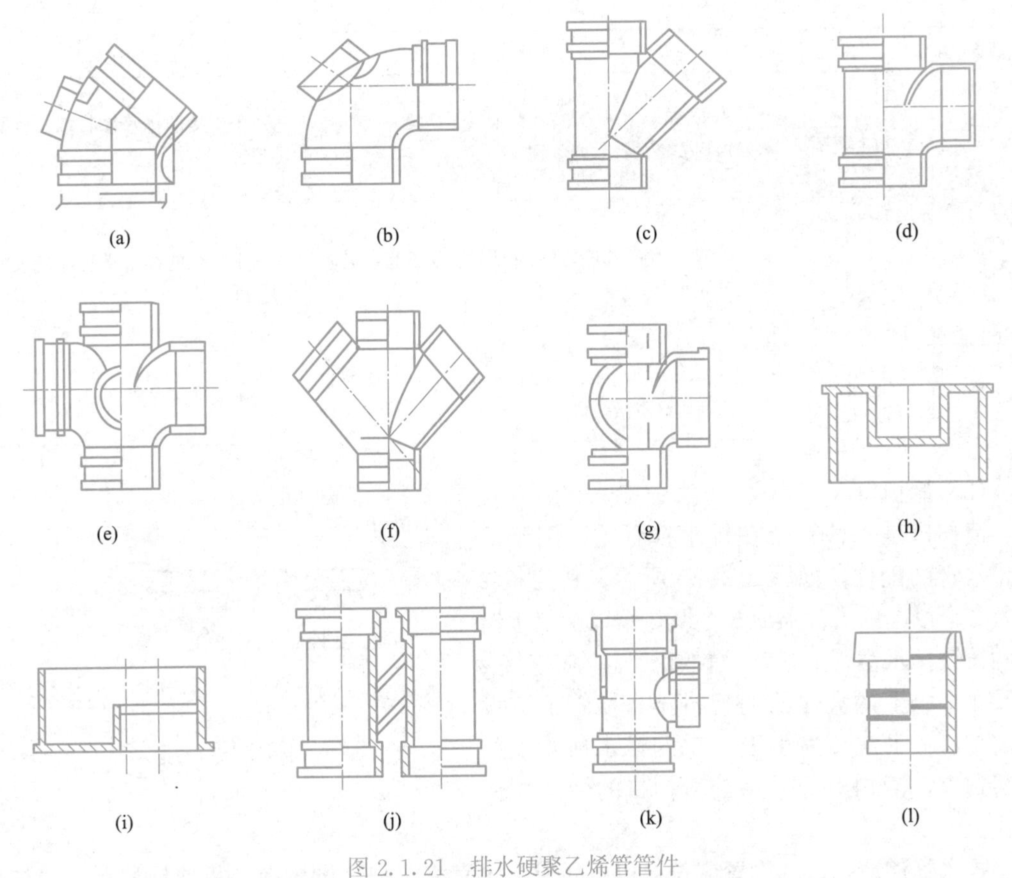

图 2.1.21　排水硬聚乙烯管管件

（a）45°弯头；（b）90°弯头；（c）45°斜三通；（d）90°顺水三通；（e）90°顺水三通；（f）45°斜四通；（g）立体四通；（h）同心异径接头；（i）偏心异径接头；（j）H 管；（k）检查口；（l）伸缩节

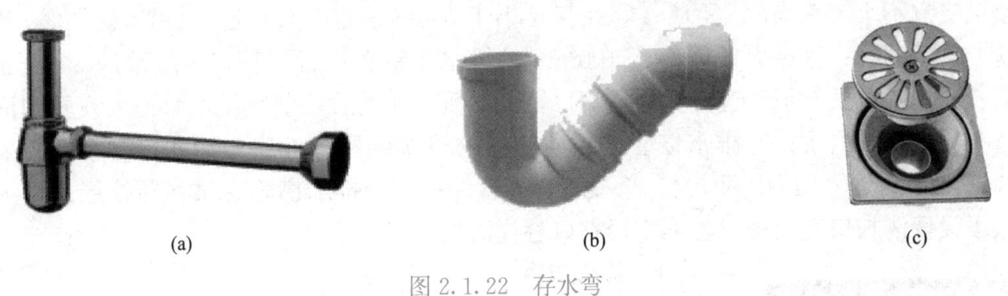

图 2.1.22　存水弯

（a）瓶式存水弯；（b）管式存水弯；（c）存水盆

上；②构造简单，能有效防止排水管内的臭气和虫类进入室内；③材质要耐腐蚀，表面要光滑，易于清通，防止阻留污物。

（2）地漏

地漏是连接排水管道系统与室内地面的重要接口，作为住宅中排水系统的重要部件，它的性能好坏直接影响室内空气的质量，对卫浴间的异味控制非常重要。

地漏应具备四个特性：排水快、防臭味、防堵塞、易清理。

管式存水弯类型　　表 2.1.7

名称	示意图	优缺点	适用条件
P形		小型；污物不易停留；在存水弯上设置通气管是理想安全的存水弯装置	适用于所接的排水横管标高较高的位置
S形		小型；污物不易停留；在冲洗时容易引起虹吸而破坏水封	适用于所接的排水横管标高较低的位置
U形		有碍横支管的水流；污物容易停留，一般在U形两侧设置清扫口	适用于水平横支管

（3）清扫口

清扫口是一种安装在排水横管上，用于清通排水管的配件，如图 2.1.23 所示。在连接 2 个及 2 个以上的大便器或 3 个及 3 个以上卫生器具的铸铁排水横管上，宜设置清扫口；在连接 4 个及 4 个以上的大便器的塑料排水横管上宜设置清扫口；水流转角小于 135°的排水横管上应设清扫口，清扫口可采用带清扫口的转角配件替代。

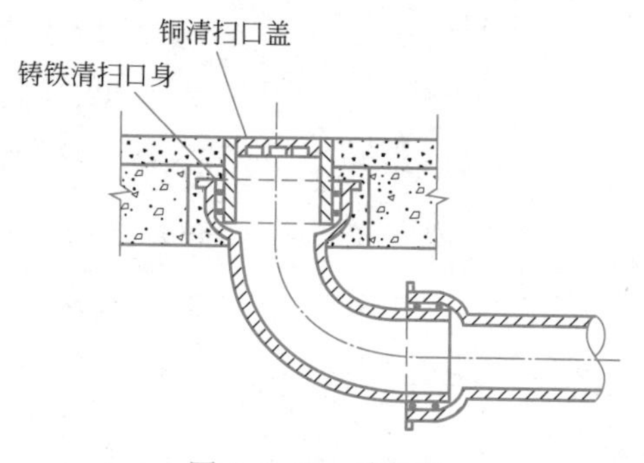

图 2.1.23　清扫口

排水管道清扫口的设置应符合以下要求：①宜将清扫口设置在楼板或地坪上，清扫口中心与其端部相垂直的墙面的净距离不得小于 0.2m，楼板下排水横管起点的清扫口与其端部相垂直的墙面的距离不得小于 0.4m；②排水横管起点设置堵头代替清扫口时，堵头与墙面应有不小于 0.4m 的距离；③在管径小于 100mm 的排水管道上设置清扫口，其尺寸应与管道同径；管径大于或等于 100mm 的排水管道上设置清扫口，应采用 100mm 直径清扫口；④铸铁排水管道设置的清扫口，其材质应为铜质；塑料排水管道上设置的清扫口宜与管道相同材质；⑤排水横管连接清扫口的连接管及管件应与清扫口同径，并采用 45°斜三通和 45°弯头或由两个 45°弯头组合的管件；⑥当排水横管悬吊在转换层或地下室顶板下设置清扫口有困难时，可用检查口替代清扫口。

图 2.1.24　检查口

（4）检查口

检查口设在排水立管上及较长的水平管段上，图 2.1.24 为一个带有螺栓盖板的短管，清通时将盖板打开。其装设规定为：立管上除建筑最高层及最底层必须设置外，可每两层设置一个，若为二层建筑，可在底层设置。检查口的设置高度一般距离地面 1m，并应高于该层卫生器具上边缘 0.15m。

2.1.2.3　建筑排水卫生器具设备

随着人们生活水平和卫生标准的不断提高，卫生器具朝着材质优良、功能完善、造型美观、消声节水、色彩丰富、使用舒适的方向发展。因用途、设置地点、安装和维护条件不同，卫生器具的结构、形式和材料也各不相同。卫生器具一般采用不透水、耐腐蚀、耐磨损、耐冷热且有一定强度的材料制造，如陶瓷、塑料、不锈钢、水磨石和复合材料等。

2-8 建筑排水卫生器具设备

1. 盥洗用卫生器具

(1) 洗脸盆

洗脸盆大多用上釉陶瓷制成，按形状有长方形、三角形、椭圆形等；按安装方式有墙式、柱式、台式等。

(2) 盥洗槽

盥洗槽一般设置在工厂、学校集体宿舍。盥洗槽一般用水磨石筑成，形状为一长条形，在距地面 1m 高处装置水嘴，其间距一般为 600～700mm，槽内靠墙边设有泄水沟，沟的中部或端头装有排水口。

2. 洗涤用卫生器具

(1) 洗涤盆

洗涤盆一般安装在厨房或公共食堂内，供洗涤碗碟、蔬菜等。洗涤盆有墙架式、柱脚式之分，又有单格、双格之分。洗涤盆可设置冷热水嘴或混合水嘴，排水口在盆底的一端，口上有十字栏栅，备有橡胶塞头。医院手术室、化验室等处的洗涤盆因工作需要常设置肘式开关或脚踏开关。

(2) 化验盆

化验盆装置在工厂、科学研究机关、学校化验室或试验室中，通常都是陶瓷制品，盆内已有水封，排水管上不需装存水弯，也不需盆架，用木螺栓固定于试验台上。盆的出口配有橡皮塞头。根据使用要求，化验盆可装置单联、双联、三联的鹅颈水嘴。

(3) 污水盆

污水盆装置在公共建筑的厕所、盥洗室内，供打扫厕所、洗涤拖布或倾倒污水之用。

3. 沐浴用卫生器具

(1) 浴盆

浴盆安装在住宅、宾馆、医院等卫生间及公共浴室内。浴盆上配有冷热水管或混合水嘴，其混合水经混合开关后流入浴盆，管径为 20mm。浴盆的排水口及溢水口均设置在水嘴一端，浴盆底有 0.02 的坡度，坡向排水口。有的浴盆还配置固定式或软管式活动淋浴莲蓬喷头。

(2) 淋浴器

淋浴器占地面积小、成本低、清洁卫生，广泛用于集体宿舍、体育场馆及公共浴室中。淋浴器有成品件，也有在现场组装的。

4. 便溺用卫生器具

便溺用卫生器具包括大便器、大便槽、小便器、小便槽等。

(1) 大便器

大便器有坐式大便器与蹲式大便器两种。

1) 坐式大便器

坐式大便器本身带有存水弯，多用于住宅、宾馆、医院。坐式大便器按冲洗的水力原理可分为虹吸式和冲洗式两种，其中虹吸式应用较为广泛，冲洗设备一般采用低水箱。

2）蹲式大便器

蹲式大便器常用于公共建筑卫生间及公共厕所内，多采用高水箱或适时自闭式冲洗阀冲洗。

（2）大便槽

大便槽是个狭长开口的槽，用水磨石或瓷砖建造。从卫生角度评价，大便槽受污面积大、有恶臭，而且耗水量大、不够经济；但设备简单、建造费用低，因此，可在建筑标准不高的公共建筑或公共厕所内采用。在使用频繁的建筑中，大便槽宜采用自动冲洗水箱进行定时冲洗。

（3）小便器

1）挂式小便器

挂式小便器悬挂在墙上，其冲洗设备可采用自动冲洗水箱，也可采用阀门冲洗，每只小便器均应设存水弯。

2）立式小便器

立式小便器安装在对卫生设备要求较高的公共建筑内，如展览馆、大剧院、宾馆、大型酒店等男厕所内，多为2个以上成组安装。立式小便器的冲洗设备常为自动冲洗水箱。

（4）小便槽

小便槽是采用瓷砖沿墙砌筑的浅槽，因有建造简单、经济、占地面积小、可同时供多人使用等优点，故被广泛装置在工业企业、公共建筑、集体宿舍男厕所中。

2.1.2.4 建筑排水系统布置与施工

2-9 建筑排水系统布置与施工

建筑排水系统的布置和敷设是影响人们日常生活和生产环境的因素之一，为创造一个良好的生活、生产环境，在安装过程中应该遵循以下原则：排水及时通畅，满足最佳排水水力条件的要求；使用安全可靠，同时满足室内环境卫生及美观的要求；施工安装及维护管理方便，保护管道及设备不易受到损坏；总管线短，占地面积小，工程造价低等。

建筑排水管道及卫生器具安装一般在建筑主体工程完成后、内外墙装饰前进行，应与土建施工密切配合，做好预留各种孔洞、管道预埋件等各项施工准备工作。施工应按照批准的工程设计文件和施工技术标准进行，严格执行《建筑给水排水及采暖工程施工质量验收规范》GB 50242—2002。

1. 建筑排水系统布置

（1）基本要求

1）排水畅通，水力条件好

为使排水管道系统能够将室内产生的污废水以最短的距离、最短的时间排出室外，应采用水力条件好的管件和连接方法。排水支管不宜太长，尽量少转弯，连接的卫生器具不宜太多；立管宜靠近外墙，靠近排水量大、水中杂质多的卫生器具；厨房和卫生间的排水立管应分别设置；排出管以最短的距离排出室外，尽量避免在室内转弯。

2）保证设有排水管道房间或场所的正常使用

在某些房间或场所布置排水管道时，要保证这些房间或场所正常使用，如横支管不得穿过有特殊卫生要求的生产厂房、食品及贵重商品仓库、通风室和变电室；不得布置在遇水易引起燃烧、爆炸或损坏的原料、产品和设备上面，也不得布置在食堂、饮食业的主食操作烹调场所的上方。

3）保证排水管道不受损坏

为使排水系统安全可靠地使用，必须保证排水管道不会受到腐蚀、外力、热烤等破坏。如管道不得穿过沉降缝、烟道、风道；管道穿过承重墙和基础时应预留孔洞；埋地管不得布置在可能受重物压坏处或穿越生产设备基础；湿陷性黄土地区横干管应设在地沟内；排水立管应采用柔性接口；塑料排水管道应远离温度高的设备和装置，在汇合配件处（如三通）设置伸缩节等。

4）室内环境卫生条件好

为创造一个安全、卫生、舒适、安静、美观的生活、生产环境，管道不得穿越卧室、病房等对卫生、静音要求较高的房间，并不宜靠近与卧室相邻的内墙；商品住宅卫生间的卫生器具排水管不宜穿越楼板进入他户；建筑层数较多，对伸顶通气的排水管道而言，底层横支管与立管连接处至立管底部的距离小于表2.1.8规定的最小距离时，底部支管应单独排出。如果立管底部放大一号管径或横干管比与之连接的立管大一号管径时，可将表中垂直距离缩小一挡。有条件时宜设专用通气管道。

最底层横支管接入处至立管底部排出管的最小垂直距离　　表2.1.8

<table>
<tr><th rowspan="2">立管连接卫生器具的层数</th><th colspan="2">垂直距离/m</th></tr>
<tr><th>仅设伸顶通气</th><th>设通气立管</th></tr>
<tr><td>≤4</td><td>0.45</td><td rowspan="3">按配件最小安装尺寸确定</td></tr>
<tr><td>5～6</td><td>0.75</td></tr>
<tr><td>7～12</td><td>1.20</td></tr>
<tr><td>13～19</td><td rowspan="2">底层单独排出</td><td>0.75</td></tr>
<tr><td>≥20</td><td>1.20</td></tr>
</table>

5）施工安装，维护管理方便

为便于施工安装，管道距楼板和墙应有一定的距离。为便于日常维护管理，排水立管宜靠近外墙，以减少埋地横干管的长度，对于废水含有大量的悬浮物或沉淀物，管道需要经常冲洗，排水支管较多，排水点位置不固定的公共餐饮业的厨房，公共浴池，洗衣房、生产车间可以用排水沟代替排水管。

另外，占地面积最小，总管线最短，以保证工程造价低。

（2）布置形式

按照室内排水横支管所设位置，可将排水系统分为异层排水系统和同层排水系统。

1）异层排水

异层排水是指室内排水支管穿过本层楼板后接下层的排水横管，再接入排水立管的敷设方式，也是排水横支管敷设的传统方式。其优点是，排水通畅，安装方便，维修简单，土建造价低，配套管道和卫生器市场成熟。主要缺点是：对下层造成不利影响，如易在穿楼板处造成漏水，下层顶板处排水管道多、不美观、有噪声等。

2）同层排水

同层排水是指卫生间器具排水管不穿越楼板，排水横管在本层套内与排水立管连接，安装检修不影响下层的一种排水方式。同层排水具有的特点是：首先，产权明晰，卫生间排水管路系统布置在本层中，不干扰下层；其次，卫生器具的布置不受限制，楼板上没有卫生器具的排水预留孔，用户可以自由布置卫生器具的位置，满足卫生器具个性化的要求，从而提高房屋品位；最后，排水噪声小，渗漏概率小。

同层排水作为一种新型的排水安装方式，适用于任何场合下的卫生间。当下层设计为卧室、厨房、生活饮用水池，遇水会引起燃烧、爆炸的原料、产品和设备时，应设置同层排水系统。

2. 建筑排水管网安装

建筑排水管网施工工艺流程为：测量放线→预留、预埋、预制加工→支吊架安装→排出管安装→底层埋地排水干管安装→排水立管安装→各层排水横管及器具短支管安装→排水附件安装→通球试验→灌水试验→管道防结露。

（1）支吊架安装

金属排水管道上的吊钩或卡箍应固定有承重结构上，固定件间距：横管不大于 2m，立管不大于 3m。楼层高度小于或等于 4m，立管可安装 1 个固定件。立管底部的弯管处应设支墩或采取固定措施。

排水塑料管道支吊架间距应符合表 2.1.9 的规定。

排水塑料管道支吊架最大间距　　表 2.1.9

管径/mm	50	75	110	125	160
立管/m	1.2	1.5	2.0	2.0	2.0
横管/m	0.5	0.75	1.10	1.30	1.60

（2）排出管安装

排出管一般铺设于地下或地下室。穿过建筑物基础时应预留孔洞，并设防水套管。当 $DN \leqslant 80$mm 时，孔洞尺寸为 300mm×300mm；当 $DN \geqslant 100$mm 时，孔洞尺寸为（$300+d$）mm×（$300+d$）mm。管顶到洞顶的距离不得小于建筑物的沉降量，一般不宜小于 0.15m。

排出管直接埋地时，其埋深应大于当地冬季冰冻线深度。

为便于检修，排出管的长度不宜太长，一般自室外检查井中心至建筑物基础外边缘距离不小于 3m，不大于 10m。

（3）排水立管敷设

排水立管应设在排水量最大，卫生器具集中的地点。不得设于卧室、病房等卫生、安静环境要求较高的房间，应尽可能远离卧室内墙。

排水立管如暗装于管槽或管道井内，在检查口处应设检修门。排水立管因穿过楼板，因此应预留孔洞。

排水通气管不得与风道或烟道连接，且应符合下列规定：通气管应高出屋面 300mm，但必须大于最大积雪厚度，通气管顶端应装设风帽或网罩；在通气管出口 4m 以内有门窗时，通气管应高出门窗顶600mm或引向无门窗的一侧；在经常有人停留的平屋顶上，通气管应高出屋面2m，并应根据防雷要求设置防雷装置。通气管口不宜设在建筑物挑出部分的下面；在全年不结冻的地区，可在室外设吸气阀替代伸顶通气管，吸气阀设在屋面隐蔽处。

（4）排水横管敷设

排水横管不得敷设在遇水易引起燃烧、爆炸或损坏生产原料的房间。不得穿越厨房、餐厅、贵重商品仓库、变电室、通风间等。不得穿越沉降缝、伸缩缝，如必须穿越时，应采取技术措施。穿过墙体和楼板时应预留孔洞。支管与卫生器具相连时，除坐式大便器和地漏外均应设置存水弯。

生活污水管道的坡度必须符合设计要求，设计无要求时，铸铁管和塑料管的坡度应符合表2.1.10与表2.1.11的规定。

生活污水铸铁管的坡度 **表2.1.10**

项次	管径/mm	通用坡度/%	最小坡度/%
1	50	3.5	2.5
2	75	2.5	1.5
3	100	2.0	1.2
4	125	1.5	1.0
5	150	1.0	0.7
6	200	0.8	0.5

生活污水塑料管的坡度 **表2.1.11**

<table>
<tr><th>项次</th><th>外径/mm</th><th>通用坡度/%</th><th>最小坡度/%</th></tr>
<tr><td>1</td><td>110</td><td>1.2</td><td>0.40</td></tr>
<tr><td>2</td><td>125</td><td>1.0</td><td>0.35</td></tr>
<tr><td>3</td><td>160</td><td>0.7</td><td rowspan="4">0.30</td></tr>
<tr><td>4</td><td>200</td><td rowspan="3">0.5</td></tr>
<tr><td>5</td><td>250</td></tr>
<tr><td>6</td><td>315</td></tr>
</table>

备注：以上坡度指塑料排水横干管的通用坡度及最小坡度，排水横支管的标准坡度应为0.026。

（5）排水附件安装

1）地漏安装

地漏的安装高度依据土建施工弹出的建筑标高线计算得出，地漏应设置在易溅水的器具附近地面的最低处，地漏顶面标高应低于地面5～10mm。

地漏的安装应平正、牢固，低于排水表面，周边无渗漏，地漏水封高度≥50mm。

2）检查口及清扫口安装

在生活污水管道上设置的检查口或清扫口，当设计无要求时，应符合下列规定：

在立管上应每隔一层设置一个检查口，但在最底层和有卫生器具的最高层必须设置。如为两层建筑时，可仅在底层设置立管检查口；如有乙字弯管时，则在该层乙字弯管的上部设置检查口。检查口中心高度距操作地面一般为 1m，允许偏差为 20mm；检查口的朝向应便于检修。暗装立管，在检查口处应安装检修门。

连接 2 个及 2 个以上大便器或 3 个及以上卫生器具的污水横管上应设置清扫口。当污水管在楼板下悬吊敷设时，可将清扫口设在上一层楼地面上，污水管起点的清扫口与管道相垂直的墙面距离不得小于 200mm；若污水管起点设置堵头代替清扫口时，与墙面距离不得小于 400mm。

在转角小于 135°的污水横管上，应设置检查口或清扫口。污水横管的直线管段，应按设计要求的距离设置检查口或清扫口。埋在地下或地板下的排水管道的检查口，应设在检查井内，井底表面标高与检查口的法兰相平，井底表面应有 5%的坡度，坡向检查口。

（6）通球试验

排水主立管及水平干管管道均应做通球试验，通球球径不小于排水管道管径的 2/3，通球率必须达到 100%。

立管：从立管顶部投入小球，并用小线系住小球，在干管检查口或室外排水口处观察，若发现小球为合格。

干管：从干管起始端投入塑料小球，并向干管通水，在户外的第一个检查井处观察，发现小球流出为合格。

（7）灌水试验

隐蔽或埋地的排水管道在隐蔽前必须做灌水试验，其灌水高度应不低于底层卫生器具的上边缘或底层地面高度。灌水到满水，观察 15min，水面下降以后再灌满观察 5min，液面不降，排水管道的接口无渗漏为合格。

3. 卫生洁具设备安装

安装前检查卫生洁具规格、型号是否与设计相符，并应有出厂合格证、检测报告。卫生洁具配件应有检测报告及该地区准用证。

安装工艺流程为：安装准备→卫生洁具及配件检验→卫生洁具安装→卫生洁具配件预装→卫生洁具稳装→卫生洁具与墙、地缝隙处理→卫生洁具质量检查→通水试验。

卫生器具的安装应采用预埋螺栓或膨胀螺栓固定。

（1）卫生器具的平面布置

坐便器到墙面最小应有 460mm 的间距；坐便器与洗脸盆并列，从坐便器的中心线到洗脸盆的边缘至少应相距 350mm，坐便器的中心线离边墙至少 380mm。

洗脸盆放在浴缸或坐便器对面，两者净距至少 760mm；洗脸盆边缘至对墙最小应有 460mm，对身体魁梧者 460mm 还显小，可以为 560mm。

脸盆的上部与镜子的底部间距为 200mm。

各种卫生器具布置间距参见《全国通用给水排水标准图集》。

（2）卫生器具的安装高度

卫生器具的安装一般在土建装修基本完工室内排水管道敷设完毕后进行。各种卫生器具的安装高度见表 2.1.12。

卫生器具的安装高度　　　　表 2.1.12

<table>
<tr><th rowspan="2">序号</th><th rowspan="2" colspan="2">卫生器具名称</th><th colspan="2">卫生器具边缘离地面高度/mm</th></tr>
<tr><th>居住和公共建筑</th><th>幼儿园</th></tr>
<tr><td>1</td><td colspan="2">架空式污水盆(池)(至上边缘)</td><td>800</td><td>800</td></tr>
<tr><td>2</td><td colspan="2">落地式污水盆(池)(至上边缘)</td><td>500</td><td>500</td></tr>
<tr><td>3</td><td colspan="2">洗涤盆(池)(至上边缘)</td><td>800</td><td>800</td></tr>
<tr><td>4</td><td colspan="2">洗手盆(至上边缘)</td><td>800</td><td>500</td></tr>
<tr><td rowspan="2">5</td><td colspan="2">洗脸盆(至上边缘)</td><td>800</td><td>500</td></tr>
<tr><td colspan="2">残障人用洗脸盆(至上边缘)</td><td>800</td><td>—</td></tr>
<tr><td>6</td><td colspan="2">盥洗槽(至上边缘)</td><td>800</td><td>500</td></tr>
<tr><td rowspan="4">7</td><td colspan="2">浴盆(至上边缘)</td><td>480</td><td>—</td></tr>
<tr><td colspan="2">残障人用浴盆(至上边缘)</td><td>450</td><td>—</td></tr>
<tr><td colspan="2">按摩浴缸(至上边缘)</td><td>450</td><td>—</td></tr>
<tr><td colspan="2">淋浴盆(至上边缘)</td><td>100</td><td>—</td></tr>
<tr><td>8</td><td colspan="2">蹲、坐式大便器(从台阶面至高水箱底)</td><td>1800</td><td>1800</td></tr>
<tr><td>9</td><td colspan="2">蹲式大便器(从台阶面至低水箱底)</td><td>900</td><td>900</td></tr>
<tr><td rowspan="4">10</td><td rowspan="4">坐式大便器(至低水箱底)</td><td>外露排出管式</td><td>510</td><td>—</td></tr>
<tr><td>虹吸喷射式</td><td>470</td><td>—</td></tr>
<tr><td>冲落式</td><td>510</td><td>270</td></tr>
<tr><td>旋涡连体式</td><td>250</td><td>—</td></tr>
<tr><td rowspan="3">11</td><td rowspan="3">坐式大便器(至上边缘)</td><td>外露排出管式</td><td>400</td><td>—</td></tr>
<tr><td>旋涡连体式</td><td>360</td><td>—</td></tr>
<tr><td>残障人用</td><td>450</td><td>—</td></tr>
<tr><td rowspan="2">12</td><td rowspan="2">蹲便器(至上边缘)</td><td>2 踏步</td><td>320</td><td>—</td></tr>
<tr><td>1 踏步</td><td>200～270</td><td>—</td></tr>
<tr><td>13</td><td colspan="2">大便槽(从台阶面至冲洗水箱底)</td><td>≥2000</td><td>—</td></tr>
<tr><td>14</td><td colspan="2">立式小便器(至受水部分上边缘)</td><td>100</td><td>—</td></tr>
<tr><td>15</td><td colspan="2">挂式小便器(至受水部分上边缘)</td><td>600</td><td>450</td></tr>
<tr><td>16</td><td colspan="2">小便槽(至台阶面)</td><td>200</td><td>150</td></tr>
<tr><td>17</td><td colspan="2">化验盆(至上边缘)</td><td>800</td><td>—</td></tr>
<tr><td>18</td><td colspan="2">净身器(至上边缘)</td><td>360</td><td>—</td></tr>
<tr><td>19</td><td colspan="2">饮水器(至上边缘)</td><td>1000</td><td>—</td></tr>
</table>

(3) 卫生器具及卫生器具给水配件安装验收要求

1) 卫生器具安装验收要求

排水栓和地漏的安装应平正、牢固，低于排水表面，周边无渗漏。地漏水封高度不得小于 50mm。检验方法：试水观察检查。

卫生器具交工前应做满水和通水试验。检验方法：满水后各连接件不渗不漏；通水试验给水、排水畅通。

卫生器具安装的允许偏差应符合表 2.1.13 的规定。

卫生器具安装的允许偏差和检验方法　　表 2.1.13

序号	卫生器具名称		允许偏差/mm	检验方法
1	坐标	单独器具	10	拉线、吊线和尺量检查
		成排器具	5	
2	标高	单独器具	±15	
		成排器具	±10	
3	器具水平度		2	用水平尺和尺量检查
4	器具垂直度		3	吊线和尺量检查

有饰面的浴盆，应留有通向浴盆排水口的检修门。检验方法：观察检查。

小便槽冲洗管，应采用镀锌钢管或硬质期料管。冲洗孔应斜向下方安装，冲洗水流同墙面呈 45°角。镀锌钢管钻孔后应进行二次镀锌。检验方法：观察检查。

卫生器具的支、托架必须防腐良好，安装平整、牢固，与器具接触紧密、平稳。检验方法：观察和手扳检查。

2）卫生器具给水配件安装验收要求

卫生器具给水配件应完好无损伤，接口严密，启闭部分灵活。检验方法：观察及手扳检查。

卫生器具给水配件安装标高的允许偏差应符合表 2.1.14 的规定。

卫生器具给水配件安装标高的允许偏差和检验方法　　表 2.1.14

序号	卫生器具名称	允许偏差/mm	检验方法
1	大便器高、低水箱角阀及截止阀	±10	尺量检查
2	水嘴	±10	
3	淋浴器喷头下沿	±15	
4	浴盆软管淋浴器挂钩	±20	

浴盆软管淋浴器挂钩的高度，如设计无要求，应距地面 18m。检验方法：尺量检查。

3）卫生器具排水管道安装验收要求

与排水横管连接的各卫生器具的受水口和立管均应采取妥善可靠的固定措施：管道与楼板的接合部位应采取牢固可靠的防渗、防漏措施。检验方法：观察和手板检查。

连接卫生器具的排水管道接口应紧密不漏，其固定支架、管卡等支撑位置应正确、牢固，与管道的接触应平整。检验方法：观察及通水检查。

卫生器具排水管道安装的允许偏差应符合表 2.1.15 的规定。

卫生器具排水管道安装的允许偏差和检验方法　　　　表 2.1.15

序号	卫生器具名称		允许偏差/mm	检验方法
1	横管弯曲度	每 1m 长	2	用水平尺和尺量检查
		横管长度≤10m，全长	＜8	
		横管长度＞10m，全长	10	
2	卫生器具的排水管口及横支管的纵横坐标	单独器具	10	尺量检查
		成排器具	5	
3	卫生器具的接口标高	单独器具	±10	用水平尺和尺量检查
		成排器具	±5	

连接卫生器具的排水管管径和最小坡度应符合设计要求。如设计无要求时，应符合表 2.1.16 的规定。

连接卫生器具的排水管管径和最小坡度　　　　表 2.1.16

序号	卫生器具名称		排水管管径/mm	管道的最小坡度/‰
1	污水盆(池)		50	25
2	单、双格洗涤盆(池)		50	25
3	洗手盆、洗脸盆		32～50	20
4	浴盆		50	20
5	淋浴器		50	20
6	大便器	高、低水箱	100	12
		自闭式冲洗阀	100	12
		拉管式冲洗阀	100	12
7	小便器	手动、自闭式冲洗阀	40～50	20
		自动冲洗水箱	40～50	20
8	化验盆(无塞)		40～50	25
9	净身器		40～50	20
10	饮水器		20～50	12
11	家用洗衣机		50(软管为 30)	—

知识拓展

屋面雨水排水系统

降落在屋面的雨和雪，特别是暴雨，短时间内会形成积水。屋面雨水排放系统的任务是要及时地将屋面雨水、雪水有组织、有系统地排除，以免四处溢流或屋面漏水造成水患，影响人们正常的生产和生活。

1. 雨水外排水系统

雨水外排水系统是屋面不设雨水斗，建筑内部没有雨水管道的雨水排放方式。按屋面有无天沟，外排水系统又分为檐沟外排水和天沟外排水两种方式。

(1) 檐沟外排水系统

檐沟外排水系统适用于普通住宅、一般公共建筑、小型单跨厂房。檐沟外排水系统由檐沟和雨落管组成。降落到屋面的雨水沿屋面集流到檐沟，然后流入沿外墙设置的雨落管，排至地面或雨水口。根据经验，雨落管管径可分为75mm、100mm两种规格。民用建筑雨落管间距为12～16m，工业建筑为18～24m。

(2) 天沟外排水系统

天沟外排水系统是指降落到屋面的雨水沿坡向天沟的屋面汇集到天沟，从天沟流至建筑物两端（山墙、女儿墙）入雨水斗，经立管排至地面或雨水井。天沟外排水系统主要由天沟、雨水斗和排水立管组成。天沟的排水断面形式根据屋面情况而定，多为矩形和梯形。天沟应与建筑物的伸缩缝或沉降缝为屋面的分水线，分别在两侧进行设置。天沟的长度应根据暴雨强度、建筑物跨度、天沟断面形式等进行确定，一般不超过50m，天沟的坡度不得小于0.3%，并伸出山墙0.4m，为防止天沟末端积水太深，在天沟的顶端应设置溢流口，溢流口比天沟上檐低50～100mm，这样即使出现超过设计暴雨强度的雨量，也可以安全排水。天沟外排水一般适用于长度不超过100m的多跨工业厂房。

天沟外排水系统的优点：雨水系统各部分均设置于室外，不会因施工不善造成屋面漏水或检查井冒水，且节省管材，施工简单，有利于厂房内空间利用。但其也有缺点：一是天沟必须有一定的坡度，才可以达到天沟排水要求，一般坡度为0.3%～0.6%，这需增大垫层厚度，从而增大屋面负荷；二是屋面晴天容易积灰，造成雨天天沟排水不畅；三是寒冷地区排水管容易冻裂。

天沟外排水系统构造简单，雨水管不占用室内空间，在南方应优先采用。但有些情况下采用外排水并不恰当，如在高层建筑中，维修室外雨水管既不方便，更不安全。在严寒地区，因室外的雨水管有可能使雨水结冻，也不宜使用，可采用雨水内排水系统。

2. 雨水内排水系统

在建筑物屋面设置雨水斗，雨水管道设置在建筑物内部的排水系统称为内排水系统。对于屋面雨水排水，当采用外排水系统有困难时，可采用内排水系统。

(1) 雨水内排水系统的组成

雨水内排水系统由雨水斗、连接管、悬吊管、立管、排出管、埋地干管和检查井等组成。降落到屋面上的雨水沿屋面流入雨水斗，经连接管、悬吊管进入排水立管，再经排出管流入雨水检查井或经埋地干管排至室外雨水管道。雨水内排水系统适用于建筑立面要求高，大屋面面积，屋面上有天窗，多跨形、锯齿形建筑屋面。

(2) 雨水内排水系统的分类

雨水内排水系统按雨水斗的连接方式，可分为单斗和多斗雨水排水系统。单斗系统一般不设悬吊管；多斗系统中悬吊管将雨水斗和排水立管连接起来。多斗系统的排水量大约为单斗的80%，在条件允许的情况下，应尽量采用单斗排水系统排水。按排除雨水的安全程度，内排水系统可分为敞开式和密闭式两种排水系统。敞开式系统为重力排水，检查井设在室内，可与生产废水合用埋地管道或地沟，但在暴雨时可能出现检查井冒水现象；密闭式系统为压力排水，雨水由雨水斗收集，或通过悬吊管直接排入室外的系统，室内不设检查井或密闭检查口。

（3）雨水内排水系统的布置

1）雨水斗

雨水斗是一种雨水由此进入排水管道的专用装置，设在天沟或屋面的最低处。雨水斗有整流格栅装置，具有整流作用，避免形成过大的漩涡，稳定斗前水位并拦截树叶等杂物。雨水斗有65型、79型和87型，有75mm、100mm、150mm和200mm四种规格。内排水系统布置雨水斗时应以伸缩缝、沉降缝和防火墙为天沟分水线，各自成排水系统。

2）连接管

连接管是连接雨水斗和悬吊管的一段竖向短管。连接管一般与雨水斗同径，但不宜小于100mm，连接管应牢固固定在建筑物的承重结构上，下端用斜三通与悬吊管连接。

3）悬吊管

悬吊管是悬吊在屋架、楼板和梁下或架空在柱上的雨水横管。悬吊管连接雨水斗和排水立管。其管径不小于连接管管径，也不应大于300mm，塑料管的坡度不小于0.5%；铸铁管的坡度不小于1%。在悬吊管的端头和长度大于15m的悬吊管上设检查口或带法兰盘的三通，位置宜靠近墙柱，以利检修。连接管与悬吊管、悬吊管与立管之间宜采用45°三通或90°斜三通连接。悬吊管一般采用塑料管或铸铁管，固定在建筑物的桁架或梁上，在管道可能受振动或生产工艺有特殊要求时，可采用钢管焊接连接。

4）立管

雨水立管承接悬吊管或雨水斗流出的雨水，一根立管连接的悬吊管根数不得多于两根，立管管径不得小于悬吊管管径。立管宜沿墙、柱安装，并在距离地面1m处设检查口。

5）排出管

排出管是立管和检查井之间的一段有较大坡度的横向管道，其管径不得小于立管管径。在检查井中与下游埋地管管顶平接，水流转角不得小于135°。

6）埋地管

埋地管敷设于室内地下，承接立管的雨水并将其排至室外雨水管道。埋地管最小管径为200mm，最大不超过600mm。埋地管一般采用混凝土管、钢筋混凝土管或陶土管。

7）附属构筑物

常见的附属构筑物有检查井、检查口井和排气井，用于雨水管道的清扫、检修、排气。检查井适用于敞开式内排水系统，设置在排出管与埋地管连接处，埋地管转弯、变径及超过30m的直线管路上。

2.1.3 建筑消防给水系统安装

建筑火灾是指烧毁建筑物及其容纳物品，造成生命财产损失的灾害。建筑火灾对人类非常有害，甚至带来极大灾难。在城市的建设发展中可以发现，当人们思想开始麻痹时，就是火灾开始兴风作浪之时。几乎每个城市都有火灾造成严重危害的记录，为此我们必须做好消防工作，确保消防供水，及时扑灭火灾。

我国消防安全工作的方针是“预防为主，防消结合”，最大限度地减少火灾的发生。

常见的建筑消防设备种类有建筑消防给水系统；灭火器；用于扑灭煤气、甲烷等可燃气体的卤代烷1301灭火系统；用于石油化工生产的泡沫灭火系统和蒸汽灭火系统。

水的比热大，汽化潜热更大，可以带走大量的热量，冲淡了该区域空气中的氧气含量；水有极强的润湿作用，固体表面极易被水润湿，使其难以燃烧；水有极强的溶解能力；水也容易获得，对管道不腐蚀，易于输送；应用简便。所以说水灭火是最经济有效的方式。

建筑消防给水系统是指以水为主要灭火剂的消防系统，是目前用于扑灭建筑一般性火灾的最经济有效的消防系统。

2.1.3.1　建筑消防给水系统分类与组成

1. 消防给水系统分类

2-10 建筑消防给水系统分类与组成

建筑消防给水系统按功能不同，分为消火栓灭火系统、自动喷洒灭火系统；按建筑物的高度不同，分为低层建筑消防给水系统和高层建筑消防给水系统；按位置分为室外消防给水系统和室内消防给水系统；按消防给水压力分为高压、临时高压和低压消防给水系统；按消防给水系统的供水范围分为独立消防给水系统和区域集中消防给水系统。

2. 消防给水系统的组成

消防给水系统组成包括消防供水水源、消防供水设备、消防给水管网、室内消防系统。

（1）消防供水水源

消防供水水源是指开展消防工作时所需要的水源，一般有天然水源和人工水源两种。天然水源是指自然形成的并有输水或蓄水条件的江、河、湖、泊、池塘等。人工水源是人工修建的给水管网、水池、水井、沟渠、水库等。石油化工企业的消防用水一般均由人工水源供给，即由专门修建的给水管网供给，如管网中的水量和水压无法满足时，则设消防水池和消水泵来保证。

（2）消防供水设备

消防供水设备主要包括自动供水设备（如消防水箱）、主要供水设备（如消防水泵）、临时供水设备（如水泵接合器）。消防水箱宜与其他用水的水箱合用，使水箱内的水经常处于流动更新状态，以防水质变坏；消防用水与其他用水合并的水箱，应有消防用水不作他用的技术措施，室内消防水箱（包括分区给水系统的分区水箱）应储存10min的消防用水量；发生火灾后，由消防水泵供给的消防用水，不应进入消防水箱，应在消防水箱的出水管上设置止回阀。

（3）消防给水管网

消防给水管网主要包括进水管、水平干管、消防立管、分支管等。

（4）室内消防系统

室内消防系统主要有室内消火栓、自动喷水系统。

2.1.3.2　室内消火栓给水系统

2-11 室内消火栓给水系统概述

室内消火栓给水系统在建筑物内使用广泛，用于扑灭初期火灾。在建筑高度超过消防车供水能力时，室内消火栓给水系统除扑救初期火灾外，还要扑救较大火灾。当室外给水管网的水压不能满足室内消防要求时，还要设置消防水泵和水箱。

根据现行《建筑设计防火规范》GB 50016 的规定，对于下列建筑物应设室内消火栓给水系统：①建筑占地面积大于 300m^2 的厂房和仓库；②高层公共建筑和建筑高度大于 21m 的住宅建筑注：建筑高度不大于 27m 的住宅建筑，设置室内消火栓系统确有困难时，可只设置干式消防竖管和不带消火栓箱的 *DN*65 的室内消火栓；③体积大于 5000m^3 的车站、码头、机场的候车（船、机）建筑、展览建筑、商店建筑、旅馆建筑、医疗建筑和图书馆建筑等单、多层建筑；④特等、甲等剧场，超过 800 个座位的其他等级的剧场和电影院等以及超过 1200 个座位的礼堂、体育馆等单、多层建筑；⑤建筑高度大于 15m 或体积大于 10000m^3 的办公建筑，教学建筑和其他单、多层民用建筑。

室内消火栓给水系统由消防管道、水带、水枪、消火栓箱等组成，如图 2.1.25 所示。

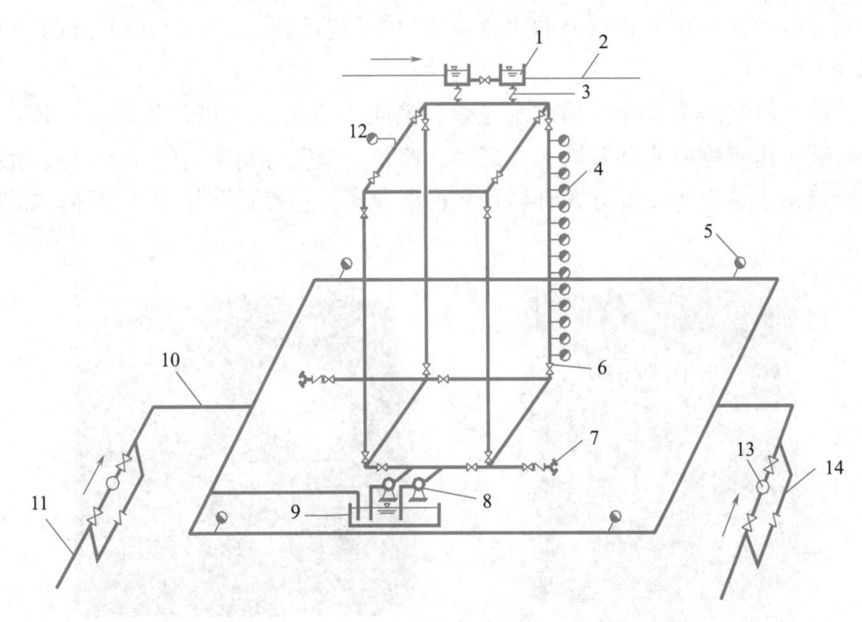

图 2.1.25 室内消火栓给水系统组成示意图

1—消防水箱；2—接生活用水；3—单向阀；4—室内消火栓；5—室外消火栓；6—阀门；7—水泵接合器；8—消防水泵；9—消防水池；10—进户管；11—市政管网；12—屋顶消火栓；13—水表；14—旁通管

1. 消防管道

室内消防管道应采用镀锌钢管、焊接钢管。由引入管、干管、立管和支管组成。它的作用是将水供给消火栓，并且必须满足消火栓在消防灭火时所需水量和水压要求。消防管道的直径不小于 50mm，竖管管径不小于 *DN*100。

2. 消火栓

消火栓是消防用的水嘴，是带有内扣式的角阀。进口向下和消防管道相连，出口与水嘴带相接。直径规格有 50mm 和 65mm 两种规格，其常用类型为直角单阀单出口型（SN）、45°单阀单出口型（SNA）、单角单阀双出口型（SNS）和单角双阀双出口型（SNSS），其公称压力为 1.6MPa。

3. 消防水龙带

消防水龙带按材料分为有衬里消防水龙带（包括衬胶水龙带、灌胶水龙带）和无衬里消防水龙带（包括棉水龙带、苎麻水龙带和亚麻水龙带）。

无衬里水龙带耐压低，内壁粗糙、阻力大，易漏水，寿命短，成本高，已逐渐淘汰。消防水龙带的直径规格有 50mm 和 65mm 两种，长度有 10m、15m、20m、25m 四种。

消防水龙带是输送消防水的软管，一端通过快速内扣式接口与消火栓、消防车连接，另一端与水枪相连。设置在消防箱内的水龙带平时要放置整齐，以便灭火时迅速展开使用。

4. 消防水枪

消防水枪是灭火的主要工具，其功能是将消防水带内水流转化成高速水流，直接喷射到火场，达到灭火、冷却或防护的目的。

目前在室内消火栓给水系统中配置的水枪一般多为直流式水枪，有 QZ 型、QZA 型直流水枪和 QZG 型开关直流水枪，这种水枪的出水口（喷嘴）直径分别为 13mm、16mm、19mm 和 22mm 等。采用何种规格的水枪，要根据消防流量和充实水柱长度的要求决定。

5. 消火栓箱

消火栓箱是将室内消火栓、消防水龙带、消防水枪及电气设备集装于一体，并明装、暗装或半暗装于建筑物内的具有给水、灭火、控制、报警等功能的箱状固定式消防装置。

消火栓箱按水龙带的安置方式有挂置式、盘卷式、卷置式和托架式四种，如图 2.1.26 所示。

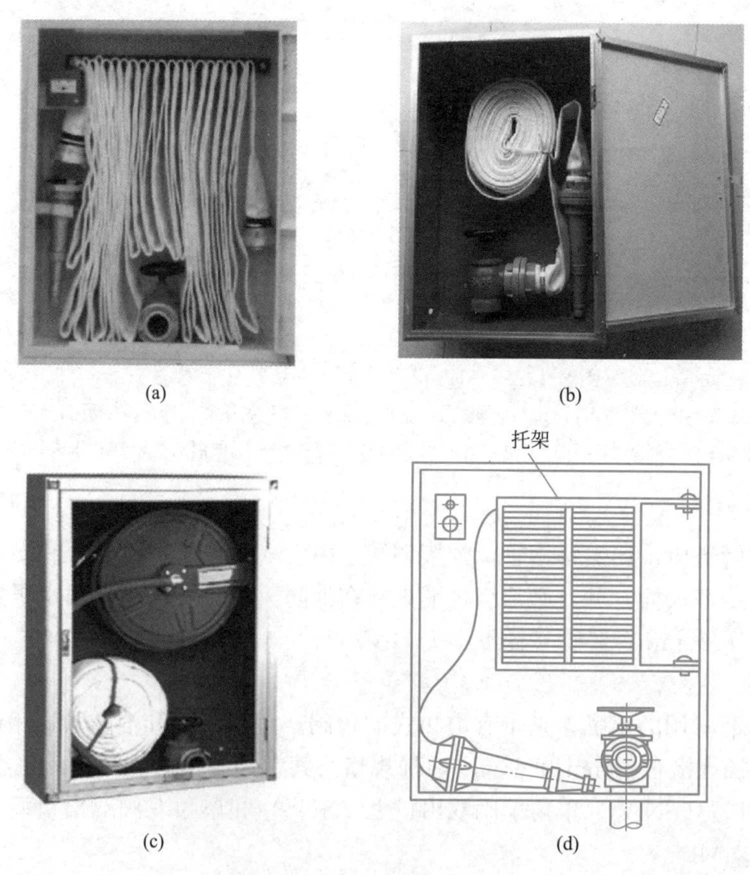

图 2.1.26　消火栓箱

(a) 挂置式；(b) 盘卷式；(c) 卷置式；(d) 托架式

消火栓箱型号由“基本型号”和“型式代号”两部分组成，栓箱内配置消防软管卷盘时基本型号用代号“Z”表示，不配置者不标注代号。水带为挂置式不用代号表示，盘卷式型式代号为“P”，卷置式型式代号为“J”，托架式型式代号为“T”。

6. 消防水泵接合器

消防水泵接合器是为建筑物配套的自备消防设施，用以连接消防车、机动泵向建筑物的消防灭火管网输水。

消防水泵接合器有地上（SQ）、地下（SQX）和墙壁式消防水泵接合器（SQB）三种，如图 2.1.27 所示。

(a)

(b)

(c)

图 2.1.27　消防水泵接合器

（a）地上式接合器；（b）地下式接合器；（c）墙壁式接合器

2.1.3.3　自动喷水灭火系统

2-12 自动喷水灭火系统概述

自动喷水灭火系统是一种在发生火灾时，能自动打开喷头喷水灭火并同时发出火警信号的消防灭火设施。自动喷水灭火系统由水源、加压贮水设备、喷头、管网、报警装置等组成。

1. 自动喷水灭火系统的设置场所

自动喷水灭火系统应设在人员密集，不易疏散，外部增援灭火与救生较困难，建筑物性质重要，火灾危险性较大的场所。

下列厂房或生产部位应设置自动灭火系统，并宜采用自动喷水灭火系统：

（1）不小于 50000 纱锭的棉纺厂的开包、清花车间，不小于 5000 锭的麻纺厂的分级、梳麻车间，火柴厂的烤梗、筛选部位。

（2）占地面积大于 1500m^2 或总建筑面积大于 3000m^2 的单、多层制鞋、制衣、玩具及电子等类似生产的厂房。

（3）占地面积大于 1500m^2 的木器厂房。

（4）泡沫塑料厂的预发、成型、切片、压花部位。

（5）乙、丙类高层厂房。

（6）建筑面积大于 500m^2 的地下或半地下丙类厂房。

下列仓库应设置自动灭火系统，并宜采用自动喷水灭火系统：

（1）每座占地面积大于 1000m^2 的棉、毛、丝、麻、化纤、毛皮及其制品的仓库（单层占地面积不大于 2000m^2 的棉花库房，可不设置自动喷水灭火系统）。

（2）每座占地面积大于600m^2的火柴仓库。

（3）邮政建筑内建筑面积大于500m^2的空邮袋库。

（4）可燃、难燃物品的高架仓库和高层仓库。

（5）设计温度高于0℃的高架冷库，设计温度高于0℃且每个防火分区建筑面积大于1500m^2的非高架冷库。

（6）总建筑面积大于500m^2的可燃物品地下仓库。

（7）每座占地面积大于1500m^2或总建筑面积大于3000m^2的其他单层或多层丙类物品仓库。

下列高层民用建筑或场所应设置自动灭火系统，并宜采用自动喷水灭火系统：

（1）一类高层公共建筑及其地下、半地下室（除游泳池、溜冰场外）。

（2）二类高层公共建筑及其地下、半地下室的公共活动用房、走道、办公室和旅馆的客房、可燃物品库房、自动扶梯底部。

（3）高层民用建筑内的歌舞娱乐放映游艺场所。

（4）建筑高度大于100m住宅建筑。

下列单、多层民用建筑或场所应设置自动灭火系统，并宜采用自动喷水灭火系统：

（1）特等、甲等剧场，超过1500个座位的其他等级的剧场，超过2000个座位的会堂或礼堂，超过3000个座位的体育馆，超过5000人的体育场的室内人员休息室与器材间等。

（2）任一层建筑面积大于1500m^2或总建筑面积大于3000m^2的展览、商店、餐饮和旅馆建筑以及医院中同样建筑规模的病房楼、门诊楼和手术部。

（3）总建筑面积大于3000m^2且设置有送回风管道的集中空气调节系统的办公建筑等。

（4）藏书量超过50万册的图书馆。

（5）大、中型幼儿园。

（6）总建筑面积大于500m^2的老年人建筑和地下或半地下商店。

（7）设置在首层、二层和三层且任一层建筑面积大于300m^2的地上歌舞娱乐放映游艺场所；设置在地下或半地下或地上四层及以上楼层的歌舞娱乐放映游艺场所（上述场所游泳场所除外）。

自动喷水灭火系统不适用于贮存下列物品的场所：①遇水会发生爆炸或会加速燃烧的物品；②遇水会发生剧烈化学反应或产生有毒有害物质的物品；③洒水将会导致喷溅沸腾的液体。

2. 自动喷水灭火系统的组成

自动喷水灭火系统由洒水喷头、报警阀组、水流报警装置（水流指示器或压力开关）等组件及管网组成。

自动喷水灭火系统的组成及其工作原理如图2.1.28所示。

3. 自动喷水灭火系统的分类

自动喷水灭火系统根据系统中所使用喷头的形式不同，可分为闭式和开式两大类。闭式喷头是用控制设备（如低熔点金属或内装膨胀液的玻璃球）堵住喷头的出水口，当建筑物发生火灾，火场温度达到喷头开启温度时，喷头出水灭火；开式喷头的出水口是开启的，其控制设备在管网上，其喷头的开放是成组的。自动喷头如图2.1.29所示。

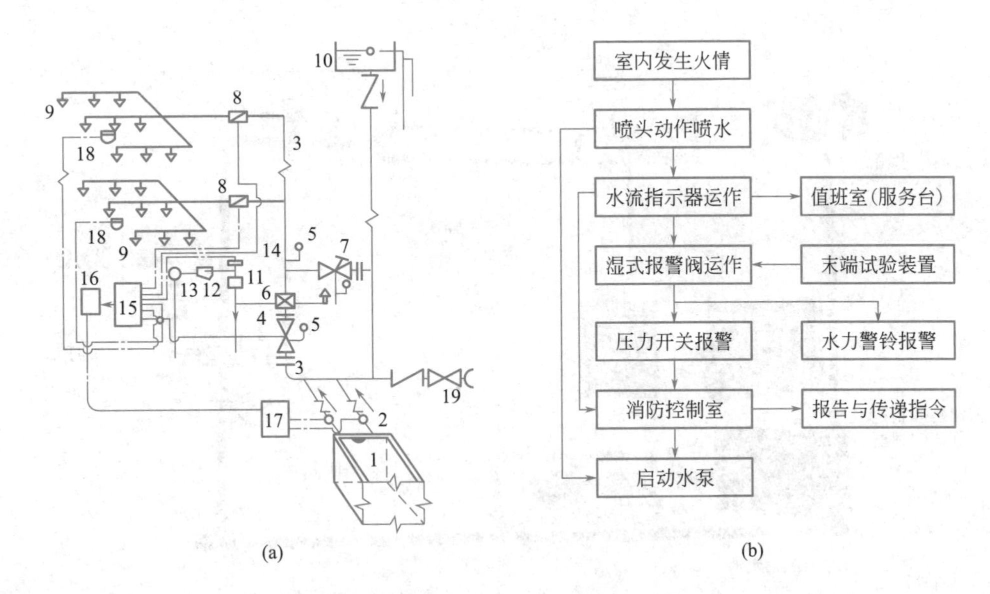

图 2.1.28 湿式自动喷水灭火系统

(a) 组成示意；(b) 工作原理流程

1—消防水池；2—消防泵；3—管网；4—控制蝶阀；5—压力表；6—湿式报警阀；
7—泄放试验阀；8—水流指示器；9—喷头；10—高位水箱、稳压泵或气压给水装置；
11—延时器；12—过滤器；13—水力警铃；14—压力开关；15—报警控制器；
16—非标控制箱；17—水泵启动箱；18—探测器；19—水泵接合

图 2.1.29 自动喷头

(a) 闭式喷头；(b) 开式喷头；(c) 水幕喷头

使用闭式自动喷水灭火系统，当室温上升到足以打开闭式喷头上的闭锁装置时，喷头立即自动喷水灭火，同时，报警阀通过水力警铃发出报警信号。

闭式自动喷水灭火系统管网有以下五种类型：湿式喷水系统、干式自动喷淋给水系统、预作用自动喷淋给水灭火系统、雨淋喷水灭火系统、水幕系统。

（1）湿式喷水系统

管网中充满有压水，当建筑物发生火灾，火场温度达到喷头开启温度时，喷头出水灭火。由喷头、管道系统、湿式报警阀、报警装置和供水设施等组成，湿式喷水灭火系统具有结构简单、施工和管理维护方便、使用可靠、灭火速度快、控火效率高等优点。但由于其管路在喷头中始终充满水，所以应用受环境温度的限制，适合安装在室内温度不低于4℃，且不高于70℃能用水灭火的建、构筑物内。湿式喷水系统如图 2.1.30 所示。

报警阀的作用是开启和关闭管网的水流，传递控制信号至控制系统并启动水力警铃直接报警。报警阀分为湿式、干式、干湿式和雨淋式四种类型。湿式报警阀是一种只允许水

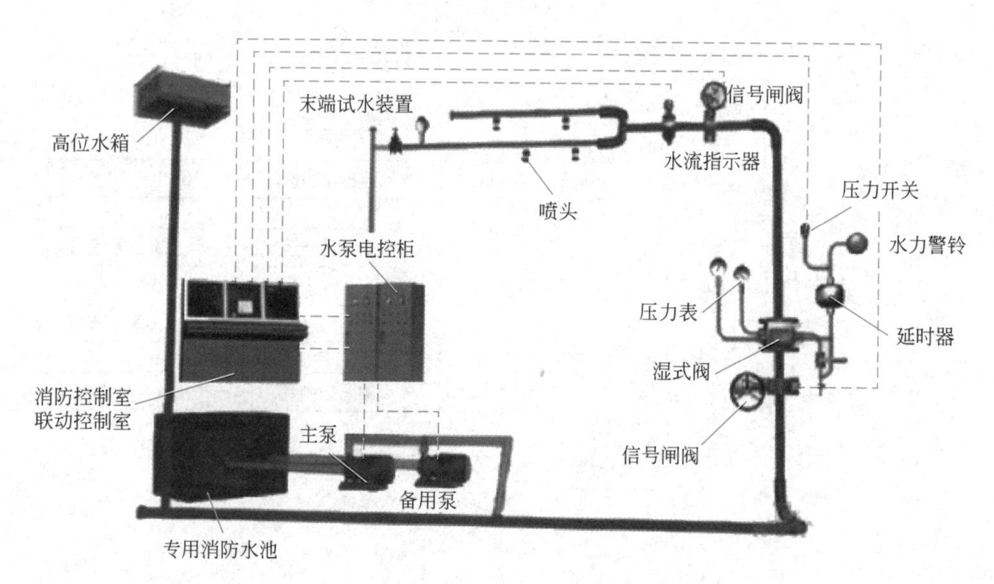

图 2.1.30 湿式喷水系统

单向流入喷水系统并在规定流量下报警的一种单向阀。湿式报警阀平时阀瓣前后水压相等(水通过导向管中的水压平衡小孔，保持阀瓣前后水压平衡)。发生火灾时，闭式喷头喷水，由于水压平衡小孔来不及补水，报警阀上面水压下降，此时阀瓣前水压大于阀瓣后水压，于是阀瓣开启，向立管及管网供水，同时水沿着报警阀的环形槽进入延时器、压力开关及水力警铃等设施，发出火警信号并启动消防泵。湿式报警阀如图 2.1.31 所示。

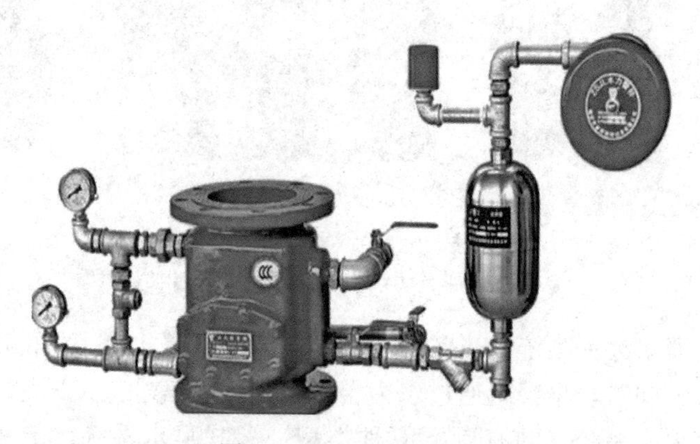

图 2.1.31 湿式报警阀

水力警铃是与湿式报警阀配套的报警器，当报警阀开启通水后，在水流冲击下，能发出报警铃声。

水流指示器的作用是某个喷头开启喷水或管网发生水量泄漏时，管道中的水产生流动；引起水流指示器中桨片随水流而动作；接通延时电路后，继电器触电吸合发出区域水流电信号，送至消防控制室。

延时器安装在湿式报警阀和水力警铃之间的管道上，以防止管道中压力不稳定而产生误报警现象。当报警阀受管网水压冲击开启，少量水进入延时器后，即由泄水孔排出，故水力警铃不会动作。

压力开关一般安装在延时器与水力警铃之间的信号管道上，当水流流经信号管时，压力开关动作，发出报警信号并启动增压供水设备。

(2) 干式自动喷淋给水系统

该系统为喷头常闭的灭火系统，管网中平时不充水，充有有压空气或氮气，当建筑物发生火灾时，火点温度达到开启闭式喷头的温度时，喷头开启，排气、充水、灭火。

(3) 预作用自动喷淋给水灭火系统

该系统为喷头常闭的灭火系统，管网中平时不充水，无压，发生火灾时，火灾探测器报警后，自动控制系统控制闸门排气、充水，由干式系统变为湿式系统。

(4) 雨淋喷水灭火系统

该系统为喷头常开的灭火系统，当建筑物发生火灾时，由自动控制装置打开集中控制闸门，使整个保护区域的所有喷头喷水灭火。

(5) 水幕系统

该系统是由水幕喷头、雨淋报警阀组或感温雨淋阀、供水与配水管道、控制阀及水流报警装置等组成，主要起阻火、冷却、隔离作用的自动喷水灭火系统。按水幕功能分为防火分隔水幕和防护冷却水幕两种。

2.1.3.4 建筑消防给水系统布置与施工

2-13 室内消防给水系统安装

1. 室内消火栓给水系统安装

消火栓应分布在建筑物的各层之中，布置在明显的、经常有人出入、使用方便的地方。一般布置在耐火的楼梯间、走廊内、大厅及车间的出入口等处。室内消火栓的布置，要保证所要求的水柱股数同时到达室内任何角落，不允许有任何死角。

(1) 室内消防给水管道的安装

消防给水管穿过地下室外墙、构筑物墙壁以及屋面等有防水要求处时，应设防水套管；消防给水管穿过建筑物承重墙或基础时，应预留洞口，洞口高度应保证管顶上部净空不小于建筑物的沉降量，不宜小于 0.1m，并应填充不透水的弹性材料；消防给水管穿过墙体或楼板时应加设套管，套管长度不应小于墙体厚度，或应高出楼面或地面 50mm；套管与管道的间隙应采用不燃材料填塞，管道的接口不应位于套管内；消防给水管必须穿过伸缩缝及沉降缝时，应采用波纹管和补偿器等技术措施；消防给水管可能发生冰冻时，应采取防冻技术措施；管道通过及敷设在有腐蚀性气体的房间内时，管外壁应刷防腐漆或缠绕防腐材料。

(2) 消火栓箱的安装

消火栓箱采用暗装或半暗装时应预留孔洞，安装操作时，必须取下箱内的消防水龙带和水枪等部件。不允许用钢钎插、锤子敲的办法将箱硬塞入预留孔内。

安装水龙带时，水龙带与水枪和快速接头绑扎好后，应根据箱内构造将水龙带挂放在箱内的挂钉、托盘或支架上。

消火栓的启闭阀门设置位置应便于操作使用，阀门的中心距箱侧面应为 140mm，距箱后内表面应为 100mm，允许偏差±5mm；消火栓栓口应朝外，并不应安装在门轴侧，栓口出水口安装地面的高度为 1.1m，特殊地点的高度可特殊对待，允许偏差±20mm，其出水方向宜向下或与设置消火栓的墙面成90°。消火栓箱门上应用红色字体注明“消火栓”字样。

消火栓箱应设在不会冻结处，如有可能冻结，应采取相应的防冻、防寒措施。

（3）室内消火栓系统的试射试验

室内消火栓系统安装完毕后应取屋顶层（或水箱间内）试验消火栓和首层取二处消火栓做试射试验，达到设计要求为合格。

2. 自动喷水灭火系统安装

（1）自动喷水灭火系统管道的安装

管网安装前应校直管道，并清除管道内部的杂物；在具有腐蚀性的场所，安装前应按设计要求对管道、管件等进行防腐处理；安装时应随时清除管道内部的杂物。

系统管材应采用镀锌钢管，$DN \leqslant 100$mm时用螺纹连接，当管子与设备、法兰阀门连接时应采用法兰连接；$DN > 100$mm时均采用法兰连接，管子与法兰的焊接处应进行防腐处理。

管道的安装位置应符合设计要求，管道中心与梁、柱、顶棚的最小距离应符合表2.1.17的规定。

管道中心与梁、柱、顶棚的最小距离　　表2.1.17

公称直径/mm	25	32	40	50	70	80	100	125	150	200	250	300
距离/mm	40	40	50	60	70	80	100	125	150	200	250	300

螺纹连接的管道变径时宜用异径接头，在弯头处不得采用补芯，如必须采用补芯时，三通上只能用1个。

（2）水平横管的支、吊架安装

管道支、吊架间距应不大于表2.1.18～表2.1.21的规定。

镀锌钢管、涂覆钢管管道支架或吊架之间的距离　　表2.1.18

公称直径/mm	25	32	40	50	70	80	100	125	150	200	250	300
距离/m	3.5	4.0	4.5	5.0	6.0	6.0	6.5	7.0	8.0	9.5	11.0	12.0

不锈钢管道支架或吊架之间的距离　　表2.1.19

公称直径/mm	25	32	40	50～100	150～300
水平管/m	1.8	2.0	2.2	2.5	3.5
立管/m	2.2	2.5	2.8	3.0	4.0

铜管管道支架或吊架之间的距离　　表2.1.20

公称直径/mm	25	32	40	50	65	80	100	125	150	200	250	300
水平管/m	1.8	2.4	2.4	2.4	3.0	3.0	3.0	3.0	3.5	3.5	4.0	4.0
立管/m	2.4	3.0	3.0	3.0	3.5	3.5	3.5	3.5	4.0	4.0	4.5	4.5

氯化聚氯乙烯（PVC-C）管道支架或吊架之间的距离　　表2.1.21

公称直径/mm	25	32	40	50	65	80
水平管/m	1.8	2.0	2.1	2.4	2.7	3.0

相邻两喷头之间的管段至少应设支（吊）架1个，当喷头间距小于1.8m时，可隔段设置，但支（吊）架的间距不应大于3.6m。

沿屋面坡度布置配水支管，当坡度大于1∶3时，应采取防滑措施，以防短立管与配水管受扭折。

为了防止喷水时管道沿管线方向晃动，故在下列部位应设防晃支架：

1）配水管一般在中点设1个（$DN \leqslant 50$mm可以不设）。

2）配水干管及配水管、配水支管的长度超过15m时，每15m长度内最少设（$DN \leqslant$ 40mm的管段可不计算在内）。

3）管径$DN \geqslant 50$mm的管道拐弯处（包括三通及四通的位置）应设1个。

4）竖直管道的配水干管应在其始端、终端设防晃支架，或用管卡固定，其安置距地面1.5～1.8m；配水干管穿越多层建筑，应隔层设一个防晃支架。

水平敷设的管道应有0.002～0.005的坡度，坡向泄水点。

闭式喷头应从每批进货中抽1%，但不得小于只进行密封性能试验。保压时间不得少于3min。当两只及两只以上不合格时，不得使用该批喷头。当仅有一只不合格时，应再抽查2%，并不得少于10只，并重新进行密封性能试验；当仍有不合格时，亦不得使用该批喷头。

（3）喷头安装

喷头安装应在系统管网试压、冲洗合格后进行，所用的弯头、三通等宜用专用管件，不得对喷头进行拆装、改动，并严禁给喷头附加任何装饰性涂层。喷头的安装应使用专用扳手，严禁用框架拧紧喷头，喷头的框架、溅水盘变形或释放原件损伤时应更换喷头，且与原喷头的规格、型号相同。

当喷头的公称直径小于10mm时，应在配水干管或配水管上安装过滤器。

安装在易受机械损伤处的喷头，应加设喷头防护罩。

喷头溅水盘与吊顶、顶棚、楼板、屋面板的距离不宜小于75mm，并不宜大于150mm。当楼板、屋面板为耐火极限等于或大于0.5h的非燃烧体时，其距离不宜大于300mm（吊顶型喷头可不受上述距离的限制）；当喷头溅水盘高于附近梁底或高于宽度小于1.2m的通风管道、排管、桥架腹面时，喷头溅水盘高于梁底、通风管道、排管、桥架腹面的最大垂直距离应符合表2.1.22。

喷头溅水盘高于梁底、通风管道腹面的最大垂直距离　　表2.1.22

喷头与梁、通风管道、排管、桥架的水平距离a(mm)	喷头溅水盘高于梁底、通风管道、排管、桥架腹面的最大垂直距离b(mm)
$a<450$	0
$450 \leqslant a<900$	30
$900 \leqslant a<1200$	80
$1200 \leqslant a<1350$	130
$1350 \leqslant a<1350$	180
$1350 \leqslant a<1950$	230
$1950 \leqslant a<2100$	280
$a \geqslant 2100$	350

喷头与大功率灯泡或出风口的距离不得小于0.8m。

(4) 报警阀组的安装

报警阀应安装在明显且便于操作的地点，距地面高度宜为1.2m，应确保两侧距离都不小于0.5m，正面距离不小于1.2m，安装报警阀的地面应有排水设施。

压力表应安装在报警阀上便于观测的位置，排水管和试验阀应安装在便于操作的位置，水源控制阀应便于操作，且应有明显的启闭标志和可靠的锁定设施。

 知识拓展

建筑中水系统

所谓“中水”，是相对于“上水（给水）”和“下水（排水）”而言的。建筑中水系统是指民用建筑或建筑小区使用后的各种污、废水，经深度处理后回用于建筑或建筑小区作为杂用水，用于冲厕、洗车、绿化和浇洒道路等杂用水的供水系统。

1. 建筑中水系统的分类

中水系统按照其服务的范围不同，可分为建筑中水系统、小区中水系统和城市中水系统。

(1) 建筑中水系统

建筑中水系统是指单幢建筑物或几幢相邻建筑物产生的一部分污水经适当处理后，作为中水，进行循环利用的系统。该方式规模小，不需在建筑外设置中水管道。进行现场处理，较易实施，但投次和处理费用较高，多用于用水单独的办公楼、宾馆等公共建筑。

(2) 小区中水系统

小区中水系统是指在居住小区、院校和机关大院等建筑区内建立的中水系统。该方式管理集中，基建投资和运行费用相对较低，水质稳定。

(3) 城市中水系统

城市中水系统是以城市二级污水处理厂（站）的出水和雨水作为中水的水源，再经过城镇中水处理设施的处理，达到中水水质标准后，作为城市杂用水使用。该方式规模大，费用低，管理方便，但须单独敷设城市中水管道系统。

2. 建筑中水系统的组成

中水系统一般由中水原水系统、中水处理系统和中水供水系统三部分组成。

(1) 中水原水系统

中水原水系统是指收集、输送中水原水到中水处理设施的管道系统和附属构筑物，又分为污废水分流制和合流制两类系统。建筑中水系统多采用分流制中的优质杂排水或杂排水作为中水水源。

(2) 中水处理系统

中水处理工艺按组成段可分为预处理、主处理和后处理三个阶段。预处理阶段主要是用来截留中水原水中较大的漂浮物、悬浮物和杂物，分离油脂，调节水量和pH值等。其处理设施主要有格栅、滤网、沉砂池、隔油井、化粪池等；主处理阶段主要是用来去除原水中的有机物、无机物等，其主要处理设施包括沉淀池、混凝池、气浮池和生物处理设施等；后处理阶段主要是对中水水质要求较高的用水进行的深度处理。

(3) 中水供水系统

中水供水系统包括中水供水管网及相应的增压、储水设备，如中水储水池、水泵、高位水箱等。

建筑物中水系统由中水管道（引入管、干管、立管、支管）及用水设备等组成。

3. 建筑中水系统的安装

中水系统中原水管及配件要求与室内排水管道系统相同，中水系统给水管道检验标准与室内给水管道系统相同。

中水供水系统必须独立设置。中水供水系统管材及附件应采用耐腐蚀的给水管材及附件。

中水供水管道严禁与生活饮用水给水管道连接，并应采用下列措施：中水管道外壁应涂浅绿色标志；中水池（箱）、阀门、水表及给水栓均应有“中水”标志。

中水管道不宜暗装于墙体和楼板内，如必须暗装于墙槽内时，必须在管道上有明显且不会脱落的标志。

中水给水管道不得装设取水水嘴，便器冲洗宜采用密闭型设备和器具，绿化、浇洒、汽车清洗宜用壁式或地下式的给水栓。

中水高位水箱应与生活高位水箱分设在不同房间内，如条件不允许只能设在同一房间时，与生活高位水箱的净距离应大于 2m。

中水管道与生活饮用水管道、排水管道平行埋设时，其水平净距离不得小于 0.5m；交叉埋设时，中水管道应位于生活饮用水管道下面，排水管道的上面，其净距离不应小于 0.15m。

中水管道的干管始端、各支端的始端、进户管始端应安装阀门，并设阀门井。根据需要安装水表。

任务训练

1. 简述建筑给水系统的组成。
2. 简述建筑排水系统的组成。
3. 简述建筑给水系统的供水方式及适用条件。
4. 简述建筑给水管网安装工艺流程。
5. 简述建筑给水系统布置的基本要求。
6. 简述建筑排水管道系统布置的基本要求。
7. 简述建筑消防给水系统的分类。
8. 简述自动喷淋灭火系统的组成。
9. 简述室内消火栓给水系统的组成。

2-14 建筑给水排水系统安装-测试卷

任务 2.2 建筑给水排水施工图识读

任务引入

建筑给水排水施工图是建筑给水排水工程施工的依据，可使施工人员明白设计人员的设计意图，进而贯彻到工程施工的过程当中。建筑给水排水施工图包括文字部分和图示部分，文字部分包括图纸目录、设计施工说明、设备材料表和图例等，图示部分包括平面图、系统图和详图等。

通过本节学习，了解建筑给水排水施工图的组成，熟悉建筑给水排水施工图识图基本知识，掌握建筑给水排水施工图识读方法与步骤，能熟练识读建筑给水排水施工图。

本节任务的学习内容详见表 2.2.0。

“建筑给水排水施工图识读”学习任务表 表 2.2.0

任务	子任务	技能与知识
2.2 建筑给水排水施工图识读	2.2.1 建筑给水排水施工图基础	2.2.1.1 建筑给水排水施工图基本组成 2.2.1.2 建筑给水排水施工图常用图例 2.2.1.3 建筑给水排水施工图识读方法
	2.2.2 建筑给水排水施工图识读	2.2.2.1 室内生活给水排水施工图识读 2.2.2.2 建筑消火栓给水施工图识读 2.2.2.3 自动喷水灭火系统施工图识读

任务实施

2.2.1 建筑给水排水施工图基础

2.2.1.1 建筑给水排水施工图基本组成

2-15 建筑给水排水施工图基础

建筑给水排水施工图是建筑给水排水工程施工的依据。施工图可使施工人员明白设计人员的设计意图，进而贯彻到工程施工的过程当中，施工图必须由正式设计单位绘制并签发。施工时，未经设计单位同意，不得随意对施工图中的规定内容进行修改。

给水排水施工图包括室内给水排水施工图、小区或庭院（厂区）给水排水施工图两部分。本节主要介绍室内给水排水施工图的识读。

室内给水排水施工图包括文字部分和图示部分。文字部分包括图纸目录、设计施工说明、设备材料表和图例等；图示部分包括平面图、系统图和详图等。

1. 文字部分

(1) 图纸目录

图纸目录包括设计人员绘制的图部分和选用的标准图部分。图纸目录显示设计人员绘制图纸的顺序，便于查阅图纸，一般作为施工图的首页，用于施工技术档案的管理。

(2) 设计施工说明

设计图纸上用图或符号表达不清楚的问题，或有些内容用文字能够简单明了说清楚的问题，可用文字加以说明，设计施工说明是设计的重要组成部分。

设计说明的主要内容包括：工程概况、设计依据、设计范围及技术指标，如给水方式、排水体制的选择等；施工说明，如图中尺寸采用的单位，采用的管材及连接方式，管道防腐、防结露的做法，保温材料的选用、保温层的厚度及做法等，卫生器具的类型及安装方式，施工注意事项，系统的水压试验要求，施工验收应达到的质量标准等。如有水泵、水箱等设备，还必须写明型号、规格及运行要点等，遵照的施工验收规范及标准图集等内容。

（3）设备材料明细表

设备材料明细表中列出图纸中用到的主要设备的型号、规格、数量及性能要求等，用于在施工备料时控制主要设备的性能。对于重要工程，为了使施工准备的材料和设备符合图纸的要求，并且便于备料，设计人员应编制一个主要设备材料明细表，包括主要设备材料的序号、名称、型号规格、单位、数量和备注等项目。另外，施工图中涉及的其他设备、管材、阀门和仪表等也应列入表中。对于一些不影响工程进度和质量的零星材料可不列入表中。

一般中小型工程的文字部分直接写在图纸上，工程较大、内容较多时另附专页编写，并放在一套图纸的首页。

（4）图例

施工图中的管道及附件、管道连接、卫生器具和设备仪表等，一般采用统一的图例表示。现行《建筑给水排水制图标准》GB/T 50106 中规定了工程中常用的图例，凡在该标准中未列入的可自设。一般情况下，图纸应专门画出图例，并加以说明。

2. 图示部分

（1）平面图

平面图是在水平剖切后，自上而下垂直俯视的可见图形，又称俯视图。平面图是给水排水施工图的基本图示部分。它反映卫生器具、给水排水管道和附件等在建筑物内的平面布置情况。在通常情况下，建筑的给水系统、排水系统不是很复杂，将给水管道、排水管道绘制在一张图上，称为给水排水平面图。

1）平面图的主要内容

表明建筑的平面轮廓、房间布置等情况，标注轴线及房间的主要尺寸。为了节省图纸幅面，常常只画出与给水排水管道相关部分的建筑局部平面；用水设备、卫生器具的平面布置、类型和安装方式；建筑物各层给水排水干管、立管、支管的位置。首层平面图需绘制出给水引入管、污水排出管的位置。标注主要管道的定位尺寸及管径等，按规定对引入管、排出管和立管编号。对于安装于下层空间而为本层使用的管道，应绘制在本层平面上。水表、阀门、水嘴、清扫口、地漏等管道附件的类型和位置。

2）平面图的比例

平面图是室内给水排水施工图的主要部分，一般采用与建筑平面图相同的比例，常用 1∶50、1∶100、1∶200，大型车间常用 1∶200。

3）平面图的数量

平面图的数量视卫生器具和给水排水管道布置的复杂程度而定。对于多层房屋，底层由于设有引入管和排出管且管道需与室外管道相连，宜单独画出一个完整的平面图（如能表达清楚与室外管道的连接情况，也可只画出与卫生设备和管道有关的平面图）；楼层平面图只需抄绘与卫生设备和管道布置有关的平面图，一般应分层抄绘，如楼层的卫生设备和管道布置完全相同时，只需画出相同楼层的一个平面图，称为标准层平面图；设有屋顶水箱的楼层可单独画出屋顶给水排水平面图，但当管道布置不太复杂时，也可在最高楼层给水排水平面图中用中虚线画出水箱的位置。如果管道布置复杂，同一平面（或同一标高处）上的管道画在一张平面图上表达不清楚，也可用多个平面图表示，如底层给水平面图、底层排水平面图和底层自动喷淋平面图等。

4）建筑平面图的画法

在给水排水平面图中所抄绘的建筑平面图，墙，柱和门窗等都用细实线表示。由于给水排水平面图主要反映管道系统各组成部分在建筑平面上的位置，因此，房屋的轮廓线应与建筑施工图一致，一般只需抄绘房屋的墙、柱、门窗等主要部分，至于房屋的细部尺寸、门窗代号等均可省去。为使土建施工与管道设备的安装一致，在各层给水排水平面图上均需标明定位轴线，并在平面图的定位轴线间标注尺寸，同时，还应标注出各层平面图上的相应标高。

5）平面图的剖切位置

房屋的建筑平面图是从门窗部位水平剖切的，而管道平面图的剖切位置则不限于此高度，凡是为本层设施配用的管道均应画在该层平面图中，底层还应包括埋地或地沟内的管道；如有地下层，引入管、排出管及汇集横干管可绘制在地下层内。

6）管道画法

室内给水排水各种管道，无论直径大小，一律用粗单线表示，可用汉语拼音字头为代号表示管道类别，也可用不同线型表示不同类别的管道，如给水管用粗实线，排水管用粗虚线。在平面图中，不论管道在楼面或地面的上、下，均不考虑其可见性。给水排水立管是指穿过一层及多层的竖向供水管道和排水管道。平面图上有各种立管的编号，底层给水排水平面图中还有各种管道按系统的编号，一般给水以每个引入管为一个系统；排水以每个排出管为一个系统。立管在平面图中以空心小圆圈表示，并用指引线注明管道类别代号，其标注方法是用分数的形式，分子为管道类别代号，分母为同类管道编号。当一种系统的立管数量多于一根时，还宜采用阿拉伯数字编号。

7）管径的表示

给水排水管的管径尺寸以毫米（mm）为单位，金属管道（如焊接钢管、铸铁管）以公称直径 *DN* 表示，如 *DN*15、*DN*50 等：塑料管一般以公称外径 *De*（或 *dn*）表示，如 *De*20（或 *dn*20）等。管径一般标注在该管段旁，如位置不够时，也可用引出线引出标注。由于管道长度是在安装时根据设备间的距离直接测量截割的，所以，在图中不必标注管长。

（2）系统图

系统图又称轴测图，一般按 45°正面斜轴测投影法绘制，用来表达管道及设备的空间位置关系，可反映整个系统的全貌。给水系统图与排水系统图应分别绘制，管道的编号、布置方向与平面图一致，并按比例绘制。

1）系统图的主要内容

系统图所表达的主要内容有：自引入管，经室内给水管道系统至用水设备的空间走向和布置情况；自卫生器具，经室内排水管道系统至排出管的空间走向和布置情况；管道的管径、标高、坡度、坡向及系统编号和立管编号；各种设备（包括水泵、水箱等）的接管情况、设置位置和标高、连接方式及规格；管道附件的种类、位置、标高；排水系统通气管设置方式、与排水立管之间的连接方式、伸顶通气管上通气帽的设置及标高等。

由于设计者习惯，对于多层或高层建筑存在标准层情况，图纸中有若干层或若干根横支管（也可用于立管）的管路、设备布置完全相同时，系统图中只画出相同类型中的一根支管（或立管），其余省略，并应用文字、字母或符号将其一一对应表示，在给水排水系统图上还应画出各楼层地面的相对标高。

2）系统图的比例

绘制给水排水系统图的比例宜选用1∶50、1∶100、1∶200的比例。当采用与给水排水平面图相同的比例绘图时，按轴向量取长度较为方便。如果按一定比例绘制时，图线重叠，允许不按比例绘制，可适当将管线拉长或缩短。

3）系统图绘制方法

现行《建筑给水排水制图标准》GB/T 50106规定，给水排水系统图宜用45°正面斜轴测投影法绘制，OZ与OX的轴间角为90°，OY与OZ、OX的轴间角为135°。为了便于绘制和阅读，立管平行于OZ轴方向，平面图上左右方向的水平管道，沿OX轴方向绘制，平面图上前后方向的水平管道，沿OY轴方向绘制。卫生器具、阀门等设备，用图例表示。

4）管道画法

给水排水系统图中的管道，都用粗实线表示，不必像平面图中那样，用不同线型的粗线来划分不同类型的管道，其他图例和线宽仍按原规定绘制。在系统图中，不必画出管件的接头形式，管道的连接方式可用文字写在施工说明中。

管道系统中的给水附件，如水表、截止阀、水嘴和消火栓等，可用图例画出。相同布置的各层，可只将其中的一层画完整，其他各层只需在立管分支处用折断线表示。

在排水系统图中，可用相应图例画出卫生设备上的存水弯、地漏或检查口等。排水横管虽有坡度，但由于比例较小，故可按水平管道绘制，但宜注明坡度与坡向。由于所有卫生器具和设备已在给水排水平面图中表达清楚，故在排水管道系统图中没必要画出。

为了反映管道和房屋的联系，系统图中还要画出管道穿越的墙、地面、楼层和屋面的位置，一般用细实线画出地面和墙面，用两条靠近的水平细实线画出楼面和屋面。

对于水箱等大型设备，为了便于与各种管道连接，可用细实线画出其主要外形轮廓的轴测图。

当在同一系统中的管道因互相重叠和交叉而影响该系统图的清晰性时，可将一部分管道平移至空白位置画出，称为移置画法或引出画法。将管道从重叠处断开，用移置画法移到图面空白处，从断开处开始画，断开处应标注相同的符号，以便对照读图。

管道的管径一般标注在该管段旁边，标注位置不够时，可用引出线引出标注。室内给水排水管道标注：公称直径用*DN*表示，公称外径用*De*（或*dn*）表示。管道各管段的管径要逐段标出，当连续几段的管径都相同时，可以仅标注它的始段和末段，中间段可省略不注。

凡有坡度的横管（主要是排水管），宜在管道旁边或引出线上标注坡度，如0.5%，数字下面的单边箭头表示坡向（指向下坡的方向）。当排水横管采用标准坡度（或称为通用坡度时）时，在图中可省略不注，或在施工说明中用文字说明。

管道系统图中标注的标高是相对标高，即以建筑标高的±0.000为±0.000m。在给水系统图中，标高以管中心为准，一般标注出引入管、横管、阀门、水嘴、卫生器具的连接支管。各层楼地面及屋面等的标高。在排水系统图中，横管的标高以管内底为准，一般应标注立管上检查口、排出管的起点标高。其他排水横管的标高，一般根据卫生器具的安装高度和管件的尺寸，由施工人员决定。此外，还要标注各层楼地面及屋面等的标高。

（3）详图

给水排水平面图、系统图表示了卫生器具及管道的布置情况，而对设计施工说明和上述图样都无法表示清楚，又无标准设计图可供选用的设备、器具安装图、非标准设备制造图或设计者自己的创新以及卫生器具的安装和管道的连接，需要有施工详图作为依据。常用的卫生设备安装详图通常套用《卫生设备安装》（09S304）中的图纸，不必另行绘制，只要在设计施工说明或图纸目录中写明所套用的图集名称及其中的详图号即可。当没有标准图时，设计人员需自行绘制。详图编号应与其他图样相对应。

安装详图的比例较大，可按需要选用 1∶10、1∶20、1∶30，也可选用 1∶5、1∶40、1∶50 等。安装详图必须按施工安装的需要表达得详尽、具体、明确，一般都用正投影的方法绘制，设备的外形可以简化画出，管道用双线表示，安装尺寸也应注写完整清晰，主要材料表和有关说明都要表达清楚。

2.2.1.2 建筑给水排水施工图常用图例

施工图中的管道及附件、管道连接、卫生器具和设备仪表等，一般采用统一的图例表示。《建筑给水排水制图标准》GB/T 50106—2010 中规定了工程中常用的图例，凡在该标准中未列入的可自设。一般情况下，图纸应专门画出图例，并加以说明。

1. 管道图例

管道类别应以汉语拼音字母表示，管道图例宜符合表 2.2.1 的要求。

管道图例表　　表 2.2.1

序号	名称	图例	备注
1	生活给水管	——— J ———	—
2	热水给水管	——— RJ ———	—
3	热水回水管	——— RH ———	—
4	中水给水管	——— ZJ ———	—
5	循环冷却给水管	——— XJ ———	—
6	循环冷却回水管	——— XH ———	—
7	热媒给水管	——— RM ———	—
8	热媒回水管	——— RMH ———	—
9	蒸汽管	——— Z ———	—
10	凝结水管	——— N ———	—
11	废水管	——— F ———	可与中水原水管合用
12	压力废水管	——— YF ———	—
13	通气管	——— T ———	—
14	污水管	——— W ———	—
15	压力污水管	——— YW ———	—
16	雨水管	——— Y ———	—

续表

序号	名称	图例	备注
17	压力雨水管	—— YY ——	—
18	虹吸雨水管	—— HY ——	—
19	膨胀管	—— PZ ——	—
20	保温管		也可用文字说明保温范围
21	伴热管		也可用文字说明保温范围
22	多孔管		—
23	地沟管		—
24	防护套管		—
25	管道立管	XL-1 平面 XL-1 系统	X为管道类别 L为立管 1为编号
26	空调凝结水管	—— KN ——	—
27	排水明沟	坡向 →	—
28	排水暗沟	坡向 →	—

注：1. 分区管道用加注角标方式表示。

2. 原有管线可用比同类型的新设管线细一级的线型表示，并加斜线，拆除管。

2. 管道附件图例

管道附件的图例宜符合表 2.2.2 的要求。

管道附件图例表　　表 2.2.2

序号	名称	图例	备注
1	管道伸缩器		—
2	方形伸缩器		—
3	刚性防水套管		—
4	柔性防水套管		—
5	波纹管		—
6	可曲挠橡胶接头	单球 双球	—
7	管道固定支架		—

续表

序号	名称	图例	备注
8	立管检查口		—
9	清扫口	平面　系统	—
10	通气帽	成品　蘑菇形	—
11	雨水斗	YD-　YD- 平面　系统	—
12	排水漏斗	平面　系统	—
13	圆形地漏	平面　系统	通用，如无水封，地漏应加存水弯
14	方形地漏	平面　系统	—
15	自动冲洗水箱		—
16	挡墩		—
17	减压孔板		—
18	Y形除污器		—
19	毛发聚集器	平面　系统	—
20	倒流防止器		—
21	吸气阀		—
22	真空破坏器		—
23	防虫网罩		—
24	金属软管		—

3. 管道连接图例

管道连接图例宜符合表2.2.3的要求。

管道连接图例表 表 2.2.3

序号	名称	图例	备注
1	法兰连接		—
2	承插连接		—
3	活接头		—
4	管堵		—
5	法兰堵盖		—
6	盲板		—
7	弯折管	高 低 低 高	—
8	管道丁字上接	高 低	—
9	管道丁字下接	高 低	—
10	管道交叉	低 高	在下面和后面的管道应断开

4. 管件的图例

管件的图例宜符合表 2.2.4 的要求。

管件图例表 表 2.2.4

序号	名称	图例	备注
1	偏心异径管		—
2	同心异径管		—
3	乙字管		—
4	喇叭口		—
5	转动接头		—
6	S形存水弯		—
7	P形存水弯		—
8	90°弯头		—
9	正三通		—
10	TY 三通		—
11	斜三通		—
12	正四通		—

续表

序号	名称	图例	备注
13	斜四通		—
14	浴盆排水管		—

5. 阀门的图例

阀门的图例宜符合表 2.2.5 的要求。

阀门图例表　　表 2.2.5

序号	名称	图例	备注
1	闸阀		—
2	角阀		—
3	三通阀		—
4	四通阀	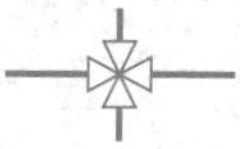	—
5	截止阀		—
6	蝶阀		—
7	电动闸阀		—
8	液动闸阀	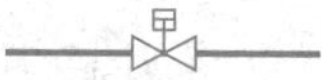	—
9	气动闸阀		—
10	电动蝶阀		—
11	液动蝶阀		—
12	气动蝶阀		—
13	减压阀	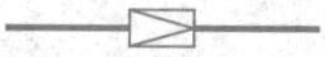	左侧为高压端
14	旋塞阀	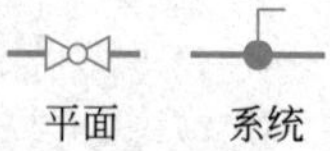 平面　系统	—
15	球阀		—
16	隔膜阀		—
17	止回阀	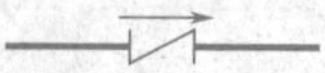	—

6. 消防设施的图例

消防设施的图例宜符合表 2.2.6 的要求。

消防设施图例表　　表 2.2.6

序号	名称	图例	备注
1	消火栓给水管	—— XH ——	—
2	自动喷水灭火给水管	—— ZP ——	—
3	雨淋灭火给水管	—— YL ——	—
4	水幕灭火给水管	—— SM ——	—
5	水炮灭火给水管	—— SP ——	—
6	室外消火栓		—
7	室内消火栓(单口)	平面　系统	白色为开启面
8	室内消火栓(双口)	平面　系统	—
9	水泵接合器		—
10	自动喷洒头(开式)	平面　系统	—
11	自动喷洒头(闭式)	平面　系统	下喷
12	自动喷洒头(闭式)	平面　系统	上喷
13	自动喷洒头(闭式)	平面　系统	上下喷
14	侧墙式自动喷洒头	平面　系统	—
15	水喷雾喷头	平面　系统	—
16	直立型水幕喷头	平面　系统	—
17	下垂型水幕喷头	平面　系统	—
18	干式报警阀	平面　系统	—
19	湿式报警阀	平面　系统	—

续表

序号	名称	图例	备注
20	预作用报警阀	平面 系统	—
21	雨淋阀	平面 系统	—
22	信号闸阀		—
23	信号蝶阀		—
24	消防炮	平面 系统	—
25	水流指示器		—
26	水力警铃		—
27	末端试水装置	平面 系统	—
28	手提式灭火器		—
29	推车式灭火器		—

注：1. 分区用加注标方式表示。
2. 建筑灭火器的设计图例可按现行国家标准《建筑灭火器配置设计规范》GB 50140 的规定确定。

7. 卫生设备及水池的图例

卫生设备及水池的图例宜符合表 2.2.7 的要求。

卫生设备及水池图例表 表 2.2.7

序号	名称	图例	备注
1	立式洗脸盆		—
2	台式洗脸盆		—
3	挂式洗脸盆		—
4	浴盆		—
5	化验盆、洗涤盆		—
6	厨房洗涤盆		不锈钢制品

续表

序号	名称	图例	备注
7	带沥水板洗涤盆		—
8	盥洗槽		—
9	立式小便器		—
10	壁挂式小便器		—
11	蹲式大便器		—
12	坐式大便器		—
13	小便槽		—
14	淋浴喷头		—

2.2.1.3 建筑给水排水施工图识读方法

在识读室内给水排水施工图时，应首先对照图纸目录，核对整套图纸是否完整，各张图纸的图名是否与图纸目录所列的图名相吻合，在确认无误后再正式识读。

识读的方法是以系统为单位，识读时必须分清系统，各系统不能混读。将平面图与系统图对照起来看，以便相互补充和相互说明，建立全面、完整、细致的工程形象，以全面地掌握设计意图。对某些卫生器具或用水设备的安装尺寸、要求、接管方式等不了解时，还必须辅以相应的安装详图。

2-16 建筑给水排水施工图识读方法

给水系统应按水流方向先找系统的入口，按引入管及入口装置、干管、立管、支管、到用水设备或卫生器具的进水接口的顺序识读。排水系统应按水流方向以卫生器具、排水管、排水横支管、排水立管及排出管的顺序识读。

1. 平面图的识读

室内给水排水管道的平面图是施工图纸中最基本和最重要的图纸，在识读管道平面图时，应该掌握的主要内容和注意事项如下：

（1）查明卫生器具、用水设备和升压设备的类型、数量、安装位置、定位尺寸。

（2）弄清给水引入管和污水排出管的平面位置、走向、定位尺寸、与室外给水排水管网的连接形式、管径及坡度等。

（3）查明给水排水干管、立管、支管的平面位置与走向、管径尺寸及立管编号。从平面围上可清楚地查明是明装还是暗装，以确定施工方法。

（4）消防给水管道要查明消火栓的布置、口径大小及消防箱的形式与位置。

（5）在给水管道上设置水表时，必须查明水表的型号、安装位置及水表前后阀门的设置情况。

（6）对于室内排水管道，还要查明清通设备的布置情况，清扫口和检查口的型号和位置。

2. 系统图的识读

给水排水管道系统图主要表明管道系统的立体走向。在给水系统图上，卫生器具不画出来，只需画出水嘴、淋浴器莲蓬头、冲洗水箱等符号；用水设备如锅炉、热交换器水箱等则画出示意性的立体图，并在旁边注以文字说明。在排水系统图上也只画出相应的卫生器具的存水弯或器具排水管。在识读系统图时，应掌握的主要内容和注意事项如下：

（1）查明给水管道系统的具体走向，干管的布置方式，管径尺寸及其变化方向，阀门的设置，引入管、干管及各支管的标高。

（2）查明排水管道的具体走向，管路分支情况，管径尺寸与横管坡度，管道各部分标高．存水弯的形式，清通设备的设置情况，弯头及三通的选用等。

（3）系统图上对各楼层标高都有注明，识读时可据此分清管路是属于哪一层的。

3. 详图的识读

室内给水排水工程的详图包括节点图、大样图、标准图，主要是管道节点、水表、消火栓、水加热器、开水炉、卫生器具、套管、排水设备、管道支架等的安装图及卫生间大样图等。这些图都是根据实物用正投影画出来的，图上都有详细尺寸，可供安装时直接使用。

2.2.2 建筑给水排水施工图识读

2.2.2.1 室内生活给水排水施工图识读

2-17 建筑给水排水施工图识读

桐乡市某公司1号车间，建筑层数2层，框架结构，屋面轻钢结构，建筑占地面积3033.79m^2，总建筑面积6001.52m^2。本工程给水排水系统主要包括给水系统、排水系统、雨水系统、消火栓系统，给水排水施工图主要有图纸目录、给水排水设计说明、一层给水排水平面图、二层给水排水平面图、屋面排水平面图、卫生间详图、给水排水系统图、消火栓系统图等。

现以本工程卫生间给水排水施工图为例进行室内生活给水排水施工图识读，具体见图2.2.1～图2.2.4所示。

1. 设计施工说明

（1）给水排水方式

本工程市政供水压力为0.30MPa，给水系统由市政管网直接供给。

排水采用雨污分流制，污水经化粪池处理后，直接排入市政下水管道。

（2）管材

给水管：建筑内冷水干管采用内涂塑钢管，管径＞DN50卡箍连接，≤DN50丝扣连接。水表后及公共卫生间内给水横支管采用PPR给水管，热熔连接，并采用铜质阀门。直接接自市政给水管网的室外≥DN50给水管及室外消防管均采用给水球墨铸铁管，内搪水泥，O型橡胶圈承插连接。

排水管：排水立管采用 PVC-U 塑料排水管，排水横管采用 PVC-U 塑料管，承插连接，专用胶粘接。

（3）管道安装

法兰连接的管道由安装单位根据需要配置法兰，法兰公称压力应与阀门相符。

管道安装过程中，如遇有与其他管道或梁柱相碰的，可根据现场情况作适当调整，原则是有压让无压，小管让大管，管道施工应严格遵守有关给水排水施工验收规范。

排出管与室外排水管道连接时，排出管的管顶标高不得低于室外排水管管顶标高。其连接处的水流偏转角不得大于 90°，当有大于 0.3m 的跌落差时，可不受角度限制。

给水立管（铜管）管卡的安装要求：层高≤5m，每层必须安装一个，层高＞5m，每层不得少于 2 个。管卡安装高度距地面 1.5～1.8m，2 个以上管卡可均匀安装。

建筑内明敷的直径大于等于 100mm 排水干管在穿越楼板处应紧贴楼板设置防火套管或阻火圈；生活给水和排水横干管穿越防火分区隔墙和防火墙时，应在管道穿越墙体处的两侧设置防火套管或阻火圈；当建筑内明敷的直径大于等于 100m 的给水和排水横支管接入管道井的立管时，在穿管道井壁处应设置防火套管或阻火圈；管道必须穿越防火墙时，其周围的空障应用不燃材料填塞密实。

（4）阀门

给水管 DN＜50mm 采用截止阀，DN＞50mm 采用铁壳铜芯用阀，工作压力减压阀前为 1.6MPa。

阀门安装时应将手柄留在易于操作处暗装在管井吊项内的管道凡设阀门及检查口处均应设检修门。

设在水箱出水管上的止回阀，当水箱最低水位时，仍能自动开启。

2. 给水施工图识读

由图 2.2.1 给水排水平面图与图 2.2.2 给水系统图可知，卫生间给水引入管位于盥洗室位置，引入管上装有阀门和干式水表，引入管管径为 $DN50$。由给水系统图可知，引入管的标高为－0.450m，引入管接入给水立管 JL-1 为一层、二层卫生间供水，属上行下给式，JL-1 管径为 $DN40$，标高为－0.450～11.000m，给水干管管径有 $DN32$、$DN25$、$DN20$，标高为 f＋3000，表明给水干管标高相对于本楼层标高为 3000mm。结合给水系统图及平面图可知，给水干管分两路，一路向北为盥洗室两个洗手池及女卫生间的蹲便器等进行供水，一路向南为男卫生间进行供水。洗手池阀门及蹲便器处给水支管标高为 f＋600，女卫生间 2 个淋浴器及男卫生间 3 个淋浴器处支管标高为 f＋1050，男、女卫生间的拖把池处支管标高为 f＋1000，小便器处支管标高为 f＋1050。

3. 排水施工图识读

由图 2.2.1 给水排水平面图及图 2.2.3 排水系统图可知，污水立管 WL 共 2 根，管径为 $De110$，标高为－0.5～11.700m，二层盥洗室洗手池及女卫生间拖把池、淋浴器、蹲便器、地漏的污水通过排水横管排至 WL-1，男卫生间淋浴器、地漏、小便器、蹲便器污水汇至 WL-2，排水横管管径有 $De110$、$De75$、$De50$，二层排水横管相对楼层标高为－0.350m，一层排水横管相对楼层标高为－0.500m，二层卫生间污水通过排水立管排至一楼排出管 W1、W2，一层卫生间污水直接通过排出管 W3、W4 排出，排出管 W1-W4 管径皆为 $De110$，相对楼层标高为－0.500m。一层和二层的排出立管 WL-1、WL-2 上都设有检查口，检查口相对楼层标高为+1.000m。

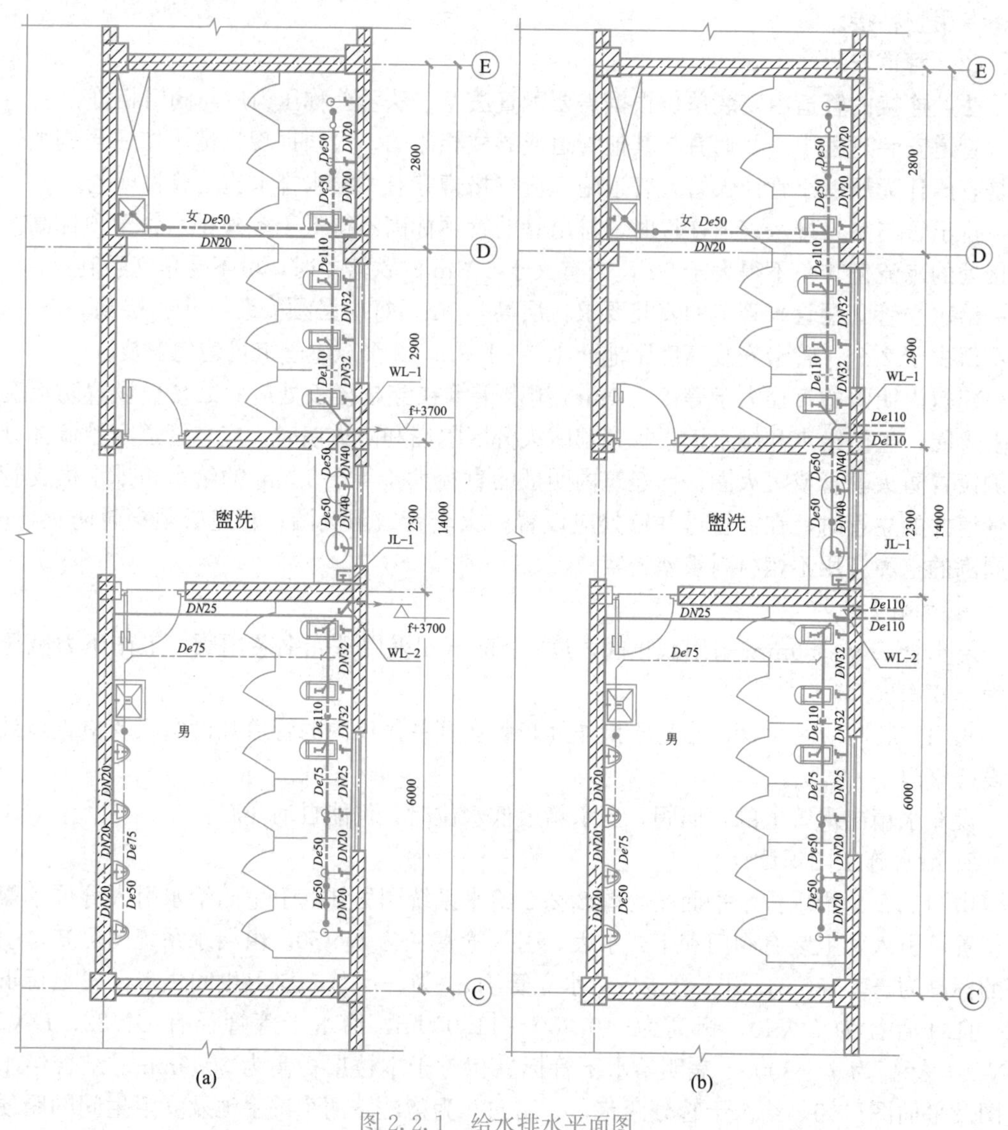

图 2.2.1 给水排水平面图

(a) 二层卫生间；(b) 一层卫生间

2.2.2.2 建筑消火栓给水施工图识读

某一层建筑物，层高 4.2m，其中门底高度为 0m，柱尺寸为 300mm×300mm，柱轴线居中，墙体尺寸厚度 300mm，楼板厚度 150mm。一层建筑消火栓平面图如图 2.2.4 所示。

从一层消火栓平面图可知，消火栓箱采用室内组合消火栓箱，共有 6 只，采用悬挂式明装，消火栓口高度为 1.1m。消防管道管径有 $DN150$、$DN100$、$DN65$，消火栓管道中心对齐，消火栓管道中心标高 3.2m。引入干管两端各装有蝶阀一只。

2.2.2.3 自动喷水灭火系统施工图识读

某一层建筑物，层高 4.2m，其中门底高度为 0m，柱尺寸为 300mm×300mm，柱轴线居中，墙体尺寸厚度 300mm，楼板厚度 150mm。一层喷淋平面图如图 2.2.5 所示。

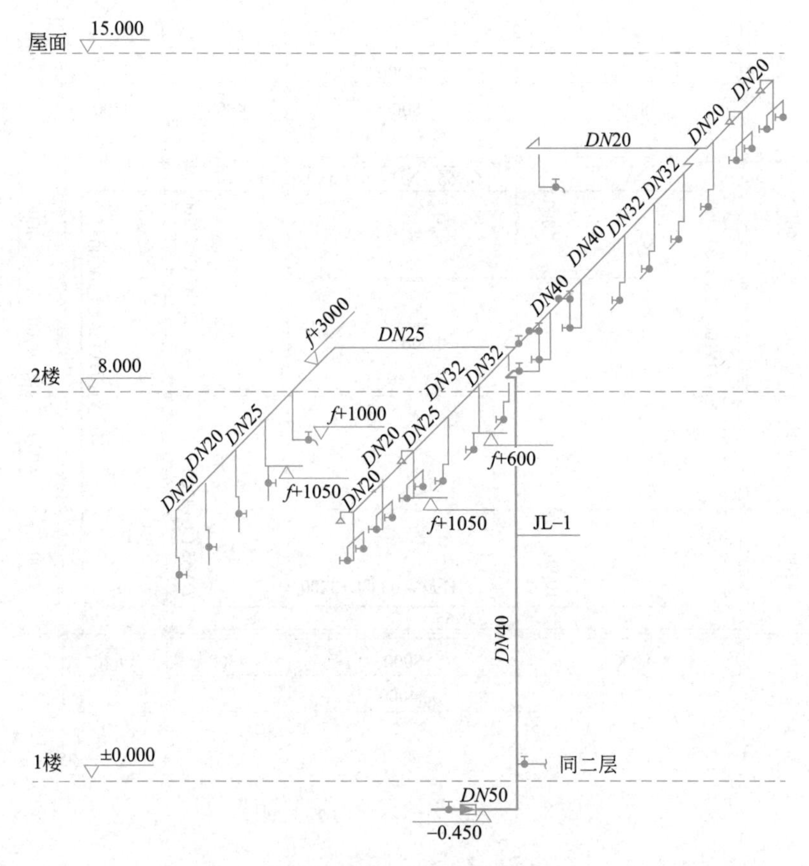

图 2.2.2　给水系统图

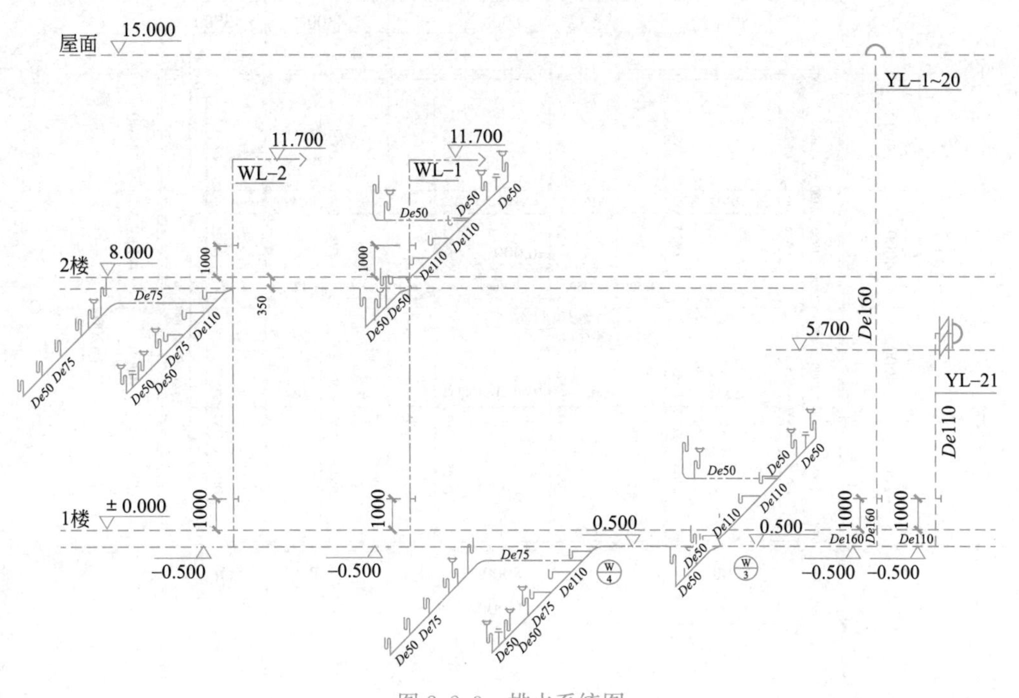

图 2.2.3　排水系统图

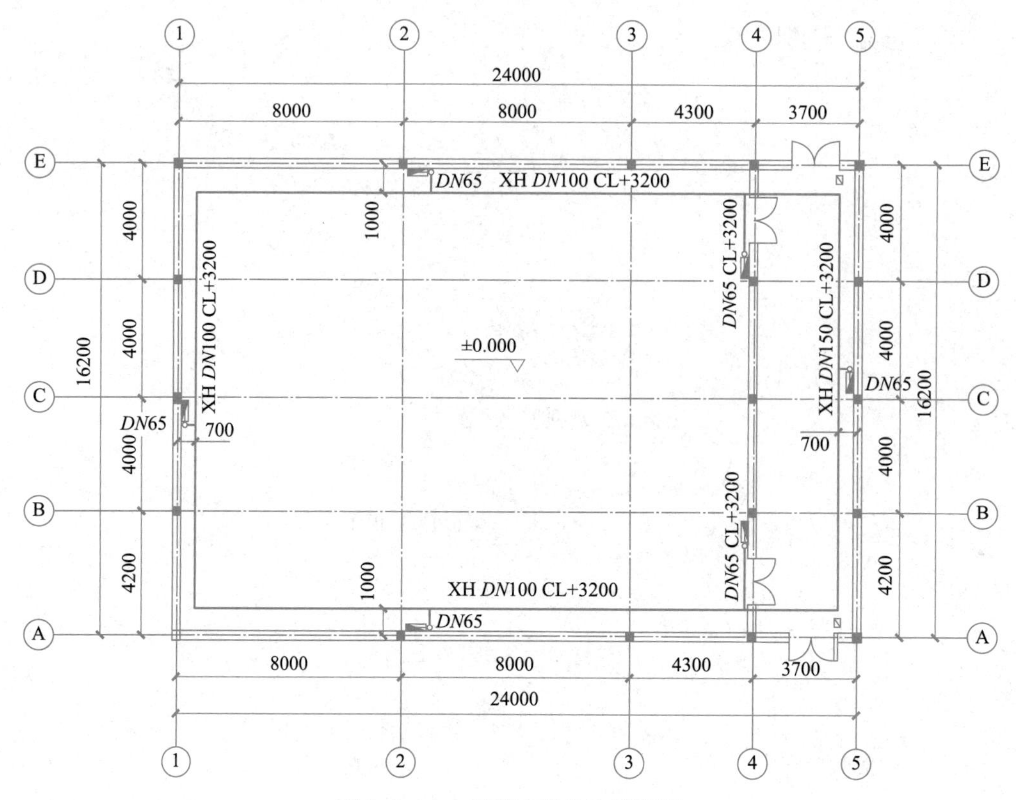

图 2.2.4　一层消火栓给水平面图

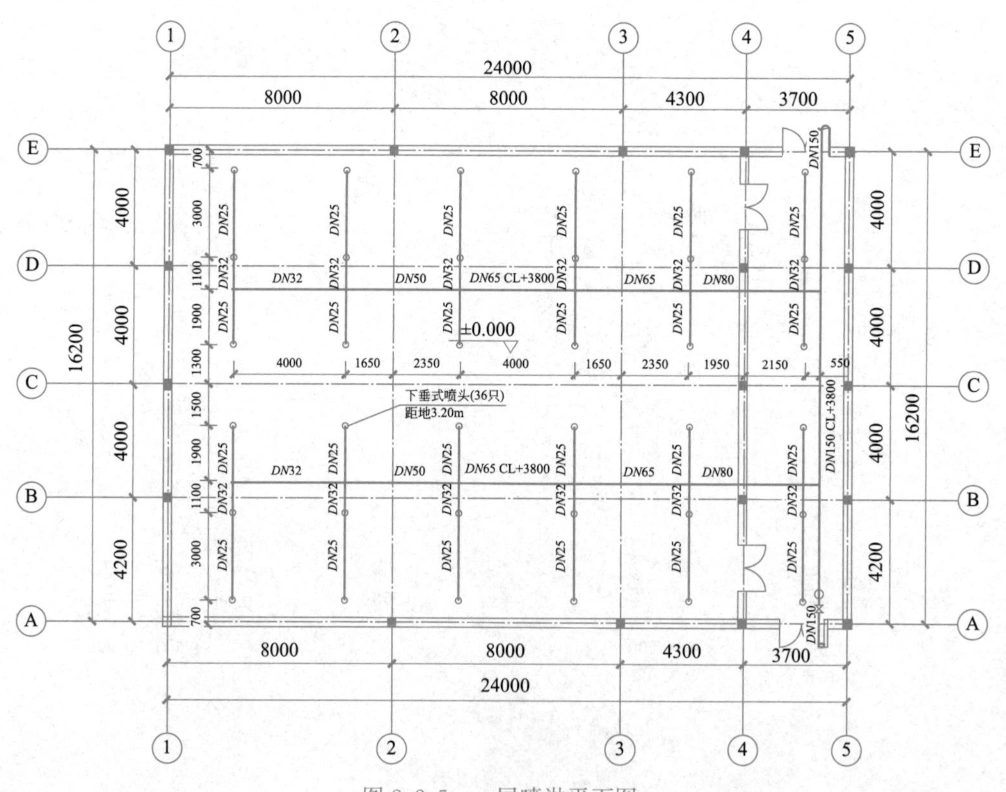

图 2.2.5　一层喷淋平面图

从一层喷淋平面图可知，喷头选用下垂式喷头，共36只，喷头距地3.2m。喷淋管从⑤轴引入，喷淋管管径有*DN*150、*DN*80、*DN*65、*DN*50、*DN*32、*DN*25，喷淋管道中心对齐，管道中心标高3.8m。引入干管上装有信号闸阀、水流指示器等附件。

任务训练

1. 简述建筑给水排水施工图的组成。
2. 简述建筑给水系统图识读顺序。
3. 简述建筑排水系统图识读顺序。
4. 简述建筑给水排水管道平面图的主要内容和识读时注意事项。
5. 简述建筑给水排水管道系统图的主要内容和识读时注意事项。
6. 某卫生间详图及给水排水系统图如图2.2.6～图2.2.8所示，由图可知：

2-18 建筑给水排水施工图识读-测试卷

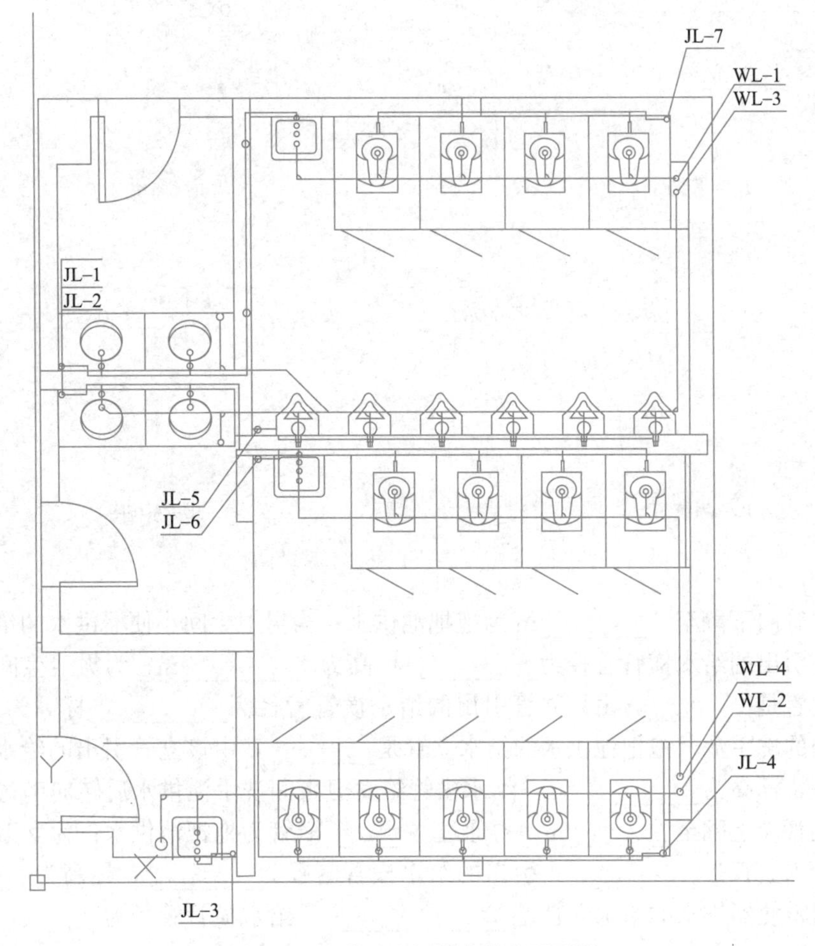

图 2.2.6　某卫生间给水排水平面图

(1) 该卫生间给水管径有________________________；给水立管共________根，为男卫生间的洗手池及拖把池供水的给水立管是________，由该立管引出的给水横管管径为__________，标高为________m，然后上翻至________m，给水横管向北行至拖把池附

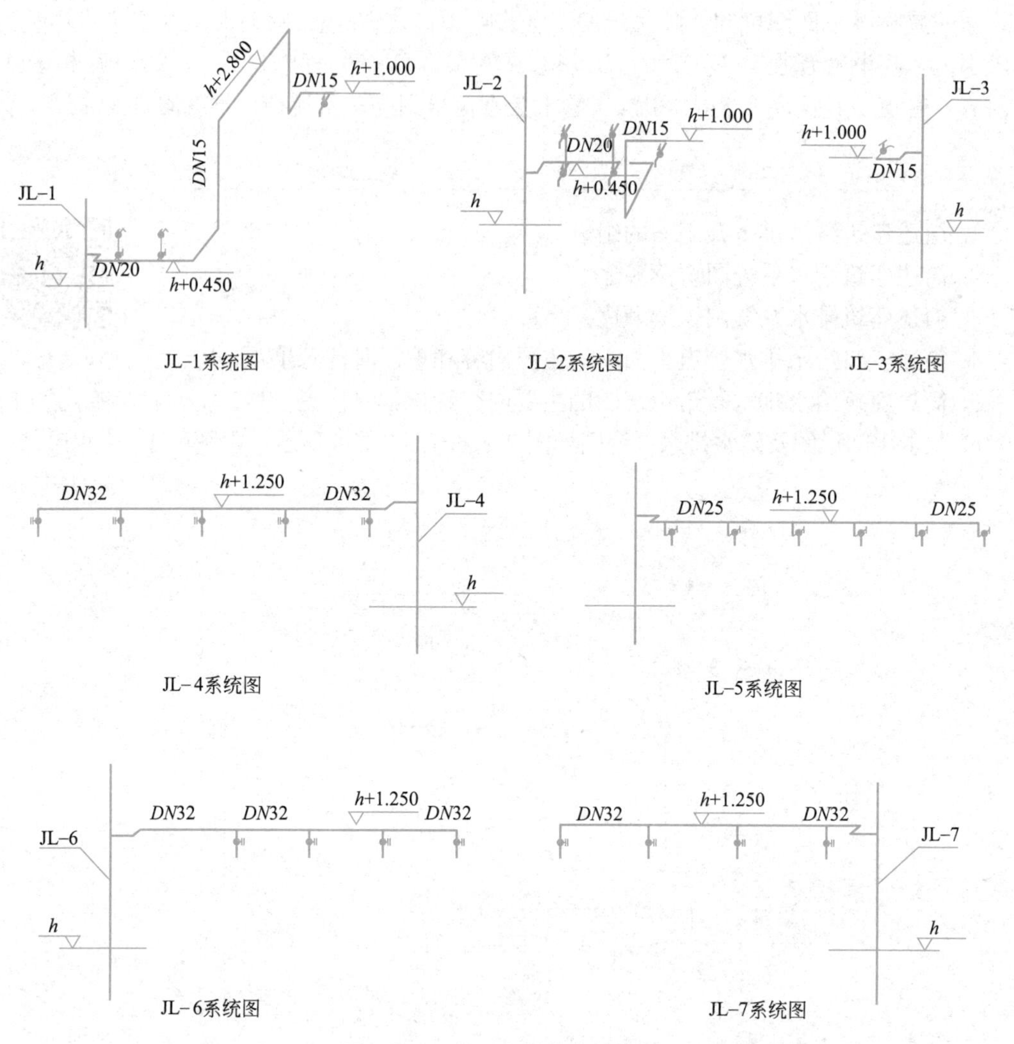

图 2.2.7 某卫生间给水系统图

近时通过立管向下翻至________m 为拖把池供水；为男卫生间小便器供水的给水立管是________，引出的给水横管管径为________，标高为________m；为男卫生间蹲便器供水的给水立管是________，由该立管引出的给水横管管径为________，标高为______m。为女卫生间的洗手池及拖把池供水的给水立管是________，由该立管引出的给水横管管径为________，标高为________m，给水横管给女卫生间洗手池供水后转向南边至拖把池附近通过立管向上翻至________m，再通过________横管为拖把池供水；为女卫生间拖把池供水的给水立管是________，引出的给水横管管径为________，标高为________m；为女卫生间蹲便器供水的给水立管是________，给水横管管径为________，标高为________m。

（2）该卫生间污水立管共________根，男卫生间拖把池及蹲便器的污水通过排水横管排至________，男卫生间洗手池、地漏、小便器、女卫生间的洗手池及附近的地漏污水汇至________，女卫生间蹲便器、拖把池、地漏污水汇至________。由系统图可知排水横管管径有________，所有排水横管的标高均为________。

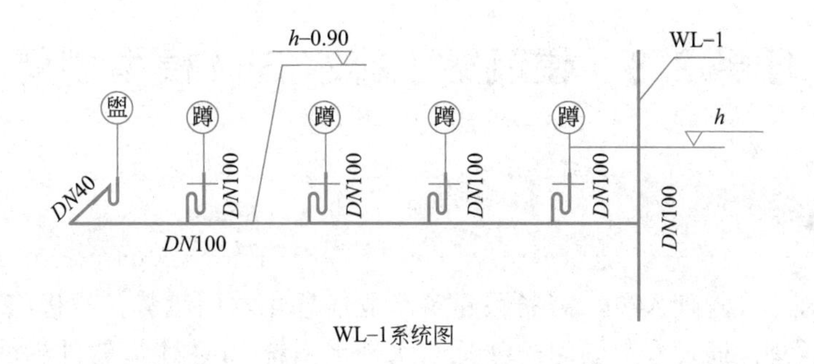

WL-1系统图

WL-2系统图

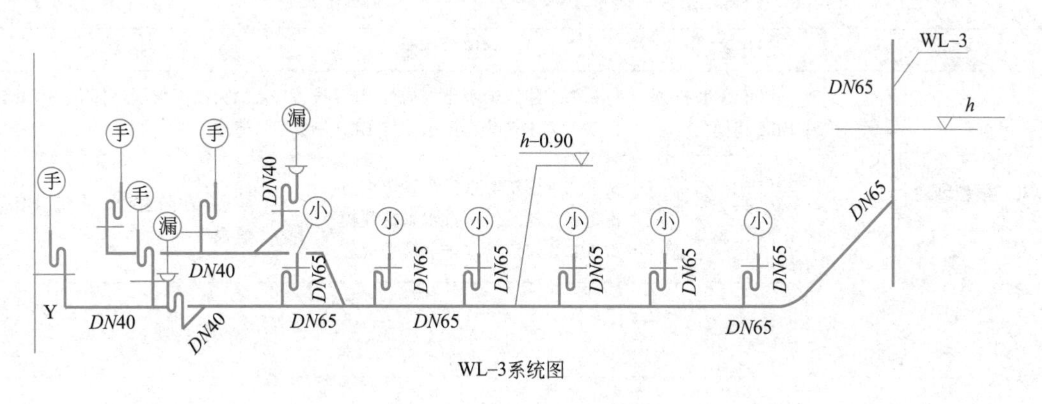

WL-3系统图

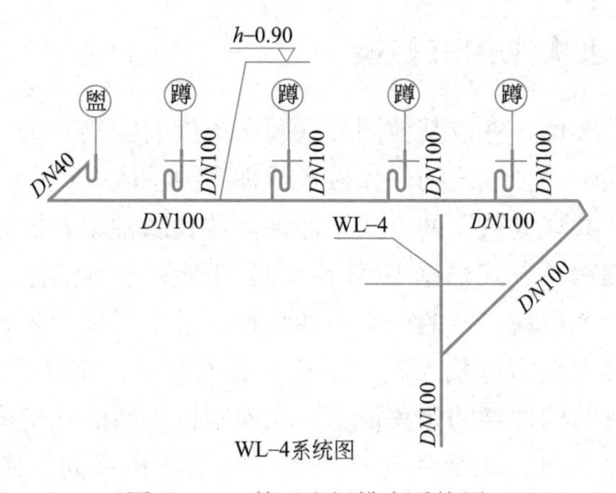

WL-4系统图

图 2.2.8 某卫生间排水系统图

任务 2.3　建筑给水排水 BIM 模型创建

任务引入

作为工程施工及管理人员，需紧跟建筑产业信息化发展趋势，积极将 BIM 等新技术融入全域工程管理。通过本节学习，熟悉给水排水系统 BIM 建模软件界面，具备熟练操作软件的能力；熟悉管道、附件、设备等构件创建的步骤与方法，具有按要求创建和编辑建筑设备构件模型的能力；熟悉建筑给水排水系统布置的一般流程，具备运用 BIM 相关标准进行给水排水系统 BIM 建模的能力。

建筑给水排水 BIM 模型创建一般按给水系统、排水系统、消火栓系统、自动喷水灭火系统等分系统进行，建模流程一般为：创建准备→参数化构件制作→管道绘制→附件放置→设备放置连接→模型标注。

本节任务的学习内容见表 2.3.0。

"建筑给水排水 BIM 模型创建"学习任务表　　表 2.3.0

任务	子任务	知识与技能	拓展
2.3 建筑给水排水 BIM 模型创建	2.3.1 建筑给水排水构件 BIM 建模	2.3.1.1 建筑给水排水构件 BIM 设置 2.3.1.2 建筑给水排水构件 BIM 制作	消火栓灭火器一体化箱 BIM 建模
	2.3.2 建筑给水排水系统 BIM 建模	2.3.2.1 建筑给水排水管道设置 2.3.2.2 建筑给水排水系统建模 2.3.2.3 建筑给水排水模型标注	建筑消防给水系统 BIM 建模

任务实施

2.3.1　建筑给水排水构件 BIM 建模

构件是可载入族的实例，并以其他图元（即系统族的实例）为主体。例如，消火栓箱以墙为主体，水泵、锅炉等独立式构件以楼板或标高为主体。

构件分类信息以"共享参数"的方式添加到构件族属性中，通过过滤、筛选、排序等数据库报表（明细表编辑）方式根据 BIM 模型应用需要分类统计。构件库分类是根据应用特点按建模规程和命令模块进行的分类，如注释、卫生器具、采暖、照明等。

创建构件的族通常定义为可载入族，创建可载入族时，首先使用软件中提供的样板，该样板要包含所要创建的构件族的相关信息。先绘制构件族的几何图形，使用参数建立构件族之间的关系，创建其包含的变体或族类型，确定其在不同视图中的可见性和详细程度。完成构件族后，先在示例项目中对其进行测试，然后使用它在项目中创建图元。

构件族样板建立主要内容有：①对构件族进行标准化命名。族命名规则：设备类型——功能；类型命名规则：安装方式。②建立族共享参数信息。③制定族样板编制规则，针对构件类型（族类型）建立标准的样板制作内容、流程及添加参数项、三维和二维出图显示设置等。④创建各类族样板文件（.rfa）。⑤保存到族库。

【2-3-1 项目任务】某可调减压法兰盘构件，相关参数见表 2.3.1，构件尺寸如图 2.3.1 所示，请按如下要求完成构件建模。

（1）使用“公制常规模型”族样板创建族模型，文件名“可调减压法兰盘.rfa”。

（2）根据表中不同数据项，设置成在项目中插入此族时进行输入调整的族参数，并创建相应的族类型。

（3）设置族“管道连接件”。

（4）族类别设置为“机械设备”。

【任务来源：2021 年第二期“1+X”建筑信息模型（BIM）职业技能等级考试——中级（建筑设备方向）——实操试题——设备族创建】

2-19 建筑给水排水构件 BIM 建模-可调减压法兰盘

某可调减压法兰盘参数表（单位：mm）　　表 2.3.1

序号	*DN* 直径	管子外径	法兰盘外圆	法兰盘厚度	螺孔与中心间距	螺孔直径
1	80	89	200	20	90	18
2	100	114	220	20	90	18
3	125	140	250	20	90	18

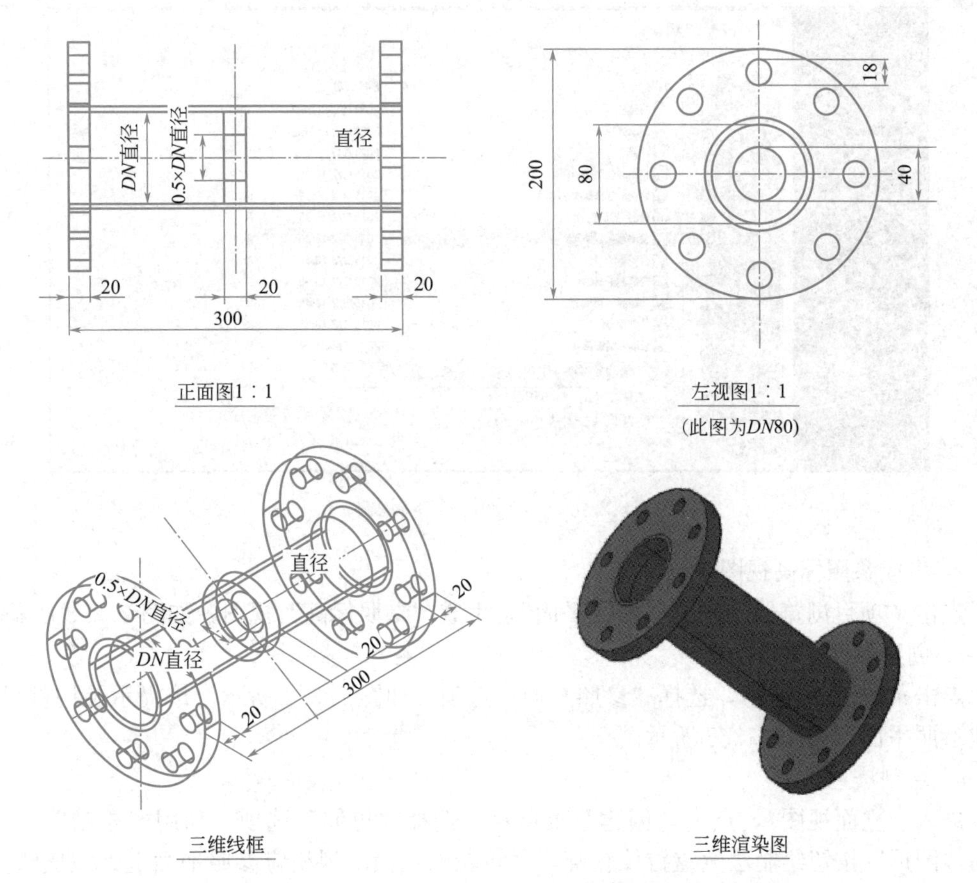

图 2.3.1　某可调减压法兰盘构件三视图

2.3.1.1 建筑给水排水构件 BIM 设置

1. 插入点设置

需保证构件在布置时可以快速捕捉到建筑构件边界面，保持表面贴合，并准确设定安装高度。

2. 可见性设置

与相应系统的可见性保持一致，即视图详细程度为粗略和中等时显示图例，精细程度下显示实体。

3. 连接件设置

连接件一般放置在构件平面，属性参数需要按照工程实际进行设置并关联对应的族参数。

4. 参数属性设置

包括宽度、高度、深度、安装高度等几何参数设置，编号、材质等非几何参数设置。

2.3.1.2 建筑给水排水构件 BIM 制作

1. 选择构件样板文件

打开软件，点击“族”→“新建”，选择“公制常规模型”，点击“打开”，完成样板文件选择，如图 2.3.2 所示。

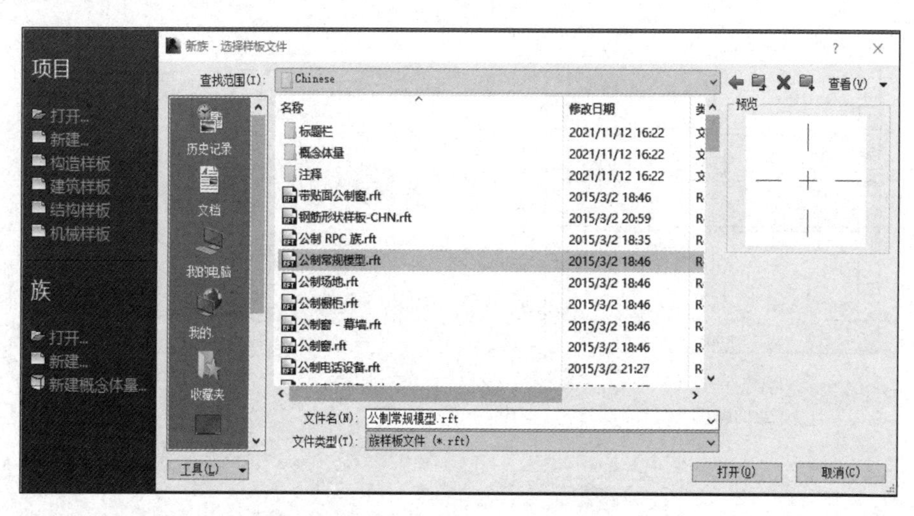

图 2.3.2 选择构件样板文件

2. 生成参照标高视图

点击“项目浏览器→视图→楼层平面”，生成“参照标高”视图，如图 2.3.3 所示。

3. 创建参照平面

点击菜单栏“创建”，选择“参照平面”选项，如图 2.3.4 所示。按提示及构件尺寸，创建参照平面，如图 2.3.5 所示。

4. 绘制法兰盘

进入“立面视图”，点击“创建”菜单栏，选择“拉伸”选项，利用“绘制”工具栏中的“圆形”按钮绘制法兰盘拉伸轮廓，并将轮廓线锁定到相应参照平面上，完成法兰盘的绘制，如图 2.3.6 所示。

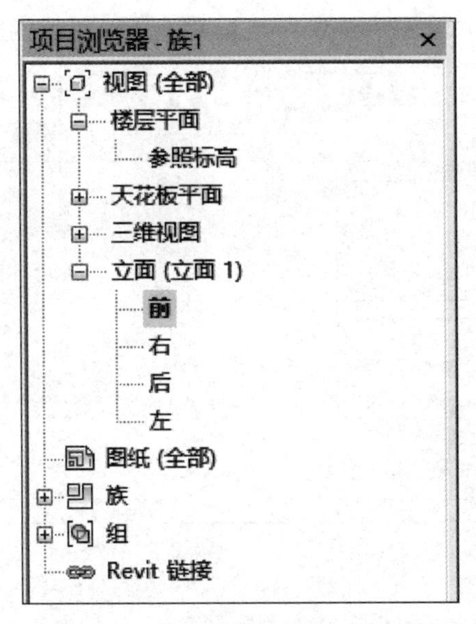

图 2.3.3　生成参照标高视图

图 2.3.4　选择参照平面

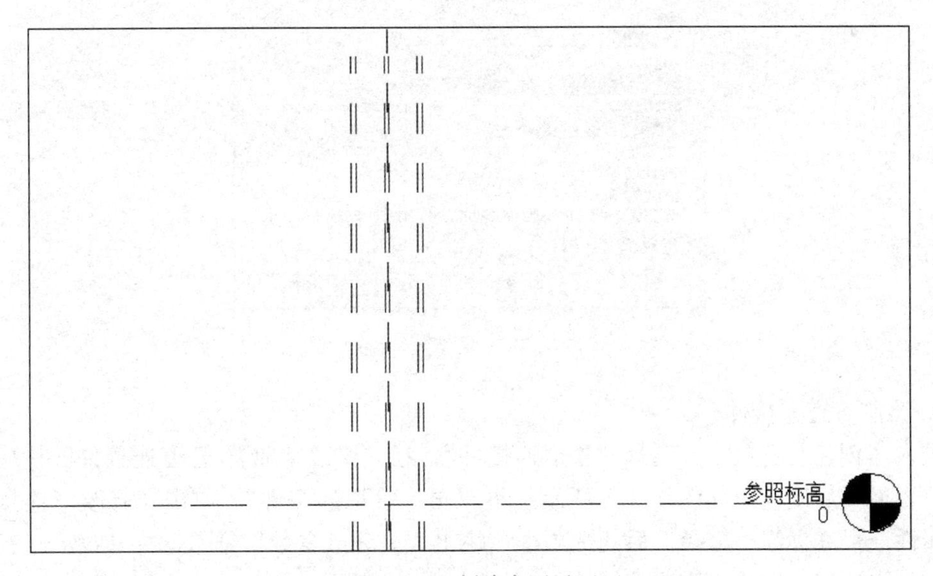

图 2.3.5　创建参照平面

5. 设置族参数

进入立面视图，单击视图中的标注，在“修改 | 尺寸标注”选项栏中，选择“标签”→“添加参数”选项，双击已定义的标注，对其数值进行参数属性设置。如法兰盘外圆、管

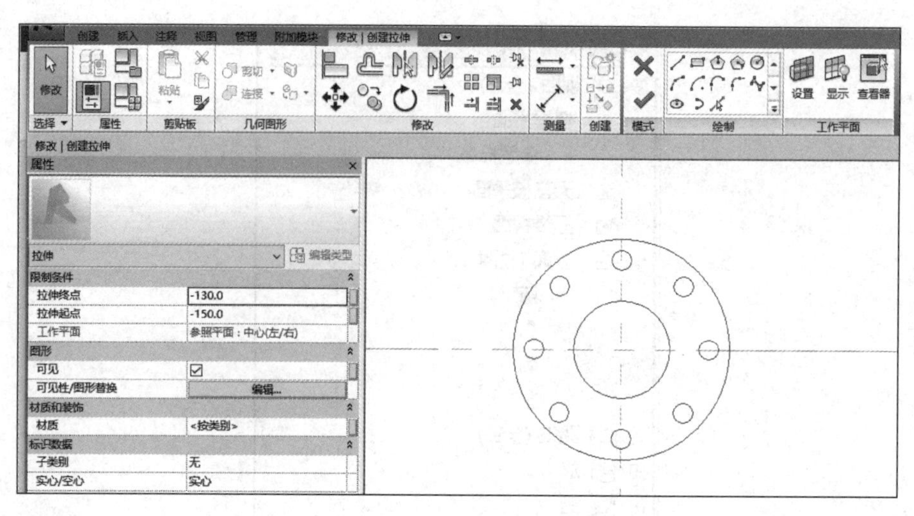

图 2.3.6 绘制法兰盘

子外径、*DN* 直径，如图 2.3.7 所示。

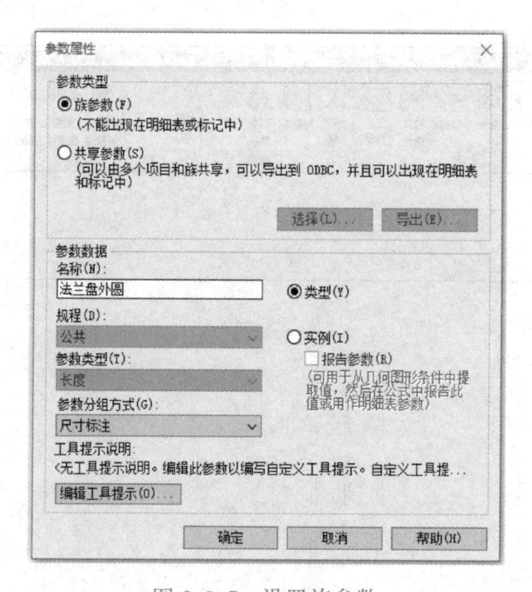

图 2.3.7 设置族参数

6. 绘制管道连接件

进入“创建”选项卡，选择“管道连接件”，在“修改 | 放置 管道连接件”栏中，选择“放置面”后确定，如图 2.3.8 所示。再双击“管道连接件”，单击“修改 | 连接件图元→属性→尺寸标注→直径”后的选项框，跳出“关联族参数”框，选择“*DN* 直径”族参数，点击确定，完成管道连接件绘制，如图 2.3.9 所示。

7. 设置族类别

单击“修改”选项卡中的“族类别和族参数”按钮，弹出“族类别和族参数”对话框，对该族进行归类，将其归在“机械设备”类别，如图 2.3.10 所示。

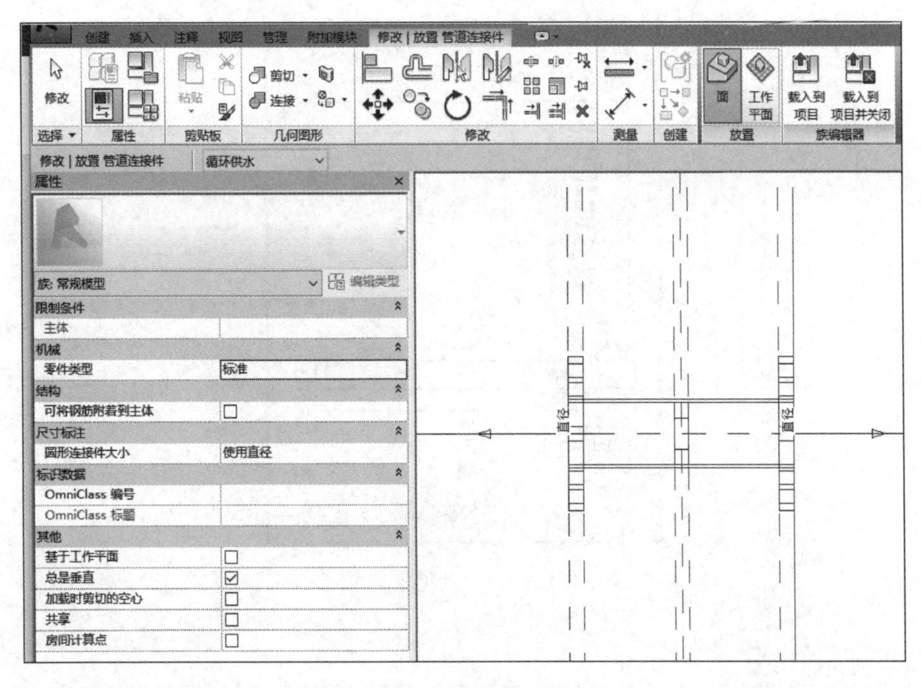

图 2.3.8　放置管道连接件

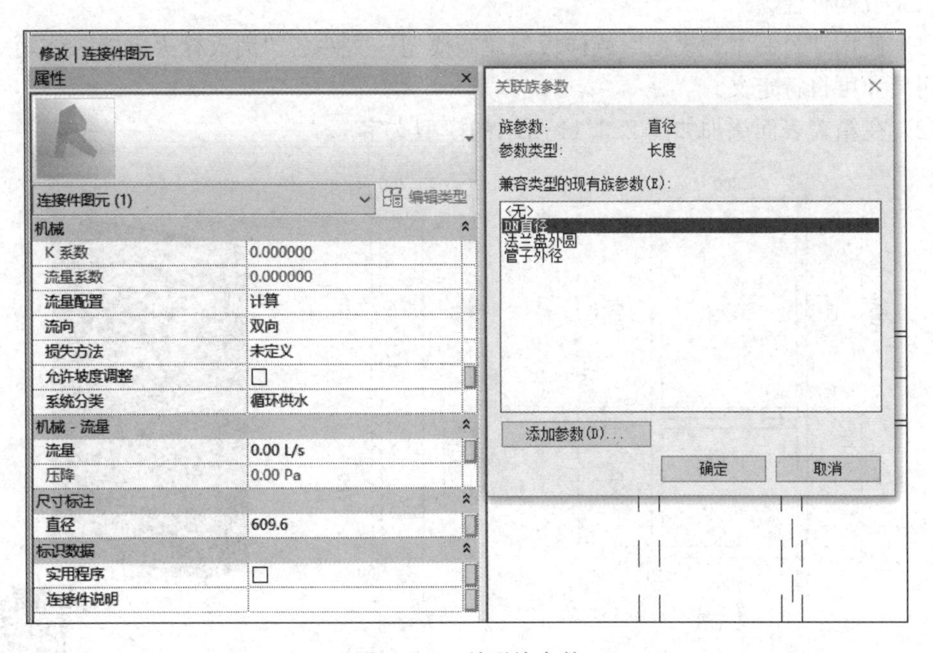

图 2.3.9　关联族参数

8. 保存模型文件

将文件命名为“可调减压法兰盘.rfa”保存到相应位置。

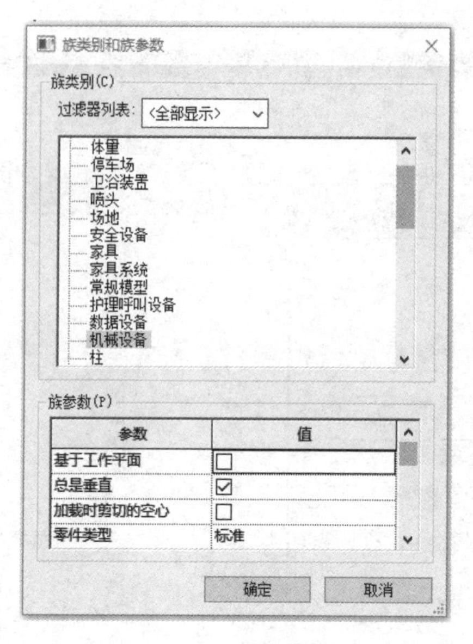

图 2.3.10　设置族类别

 技能拓展

【2-3-2 项目任务】某消火栓灭火器一体箱构件，构件尺寸如图 2.3.11 所示，请按如下要求完成构件建模。

（1）使用“公制常规模型”族样板创建族模型，文件名“消火栓灭火器一体箱 .rfa”，未注明尺寸可自行定义。

（2）在箱盖表面添加如图 2.3.11 所示的模型文字。

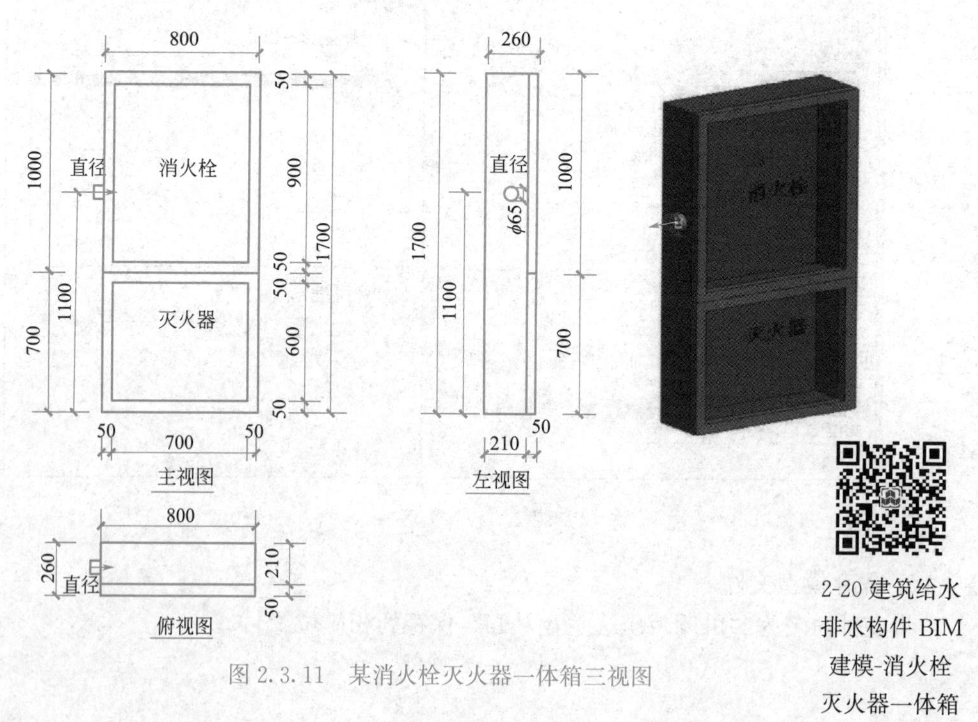

图 2.3.11　某消火栓灭火器一体箱三视图

2-20 建筑给水排水构件 BIM 建模-消火栓灭火器一体箱

（3）设置箱盖中间面板材质为“玻璃”，箱盖边框材质为“不锈钢”。

（4）设置箱体总高度 H、总宽度 W、总厚度 E 为可变参数。

（5）在箱体左侧添加管道连接件，放置高度如图所示。

（6）选择该族的族类别为“机械设备”。

【任务来源：2020 年第五期“1＋X”建筑信息模型（BIM）职业技能等级考试——中级（建筑设备方向）——实操试题——设备族创建】

2.3.2 建筑给水排水系统 BIM 建模

建筑给水排水系统 BIM 建模主要由管道设置、系统建模、模型标注三块内容组成。

【2-3-3 项目任务】某卫生间给水排水施工图如图 2.2.6～图 2.2.8 所示，根据提供的“卫生间给水排水 .rvt”项目文件，结合卫生间图、给水系统图、排水系统图，请按如下要求完成建筑给水排水 BIM 模型创建。

（1）请结合“卫生间详图”，在模型中恰当的位置布置缺失的小便器和盥洗池。本卫生间使用的小便器为“小便器-自闭式冲洗阀-壁挂式标准”，安装高度为 570mm；使用的盥洗池为“06-污水池 进 $DN20$ 标准”，落地安装。

2-21 建筑给水系统 BIM 建模

（2）请结合“给水系统图”“卫生间详图”，创建 J1～J6 给水系统，让管道和对应的卫生设备正确连接。本卫生间使用的给水管道类型为“家用给水”，材质为“PE63-GB/T 13663-1.0”。

（3）请结合“排水系统图”“卫生间详图”，创建 W1～W3 排水系统，让管道和对应的卫生设备正确连接。卫生间使用的排水管道类型为“PVC-U-排水”，材质为“PVC-U-GB/T 5836”。

2-22 建筑排水系统 BIM 建模

【任务来源：2021 年第三期“1＋X”建筑信息模型（BIM）职业技能等级考试——中级（建筑设备方向）——实操试题——模型综合应用】

2.3.2.1 建筑给水排水管道设置

管道设置工作包括管道类型创建及设置、管件类型创建及设置、管道系统创建及设置等。

1. 管道类型创建及设置

Revit 默认自带“PVC-U-排水”和“标准”两种管道类型，而工程中常用到的管道类型还应细分为 PPR、PE、镀锌钢管、铸铁管、铝合金衬塑复合管等，因此需要根据实际工程创建各种管道类型并对其进行设置，设置内容包括管道材质、规格、尺寸、管件等。

（1）在“项目浏览器”下拉列表窗口中选择“族”并单击“＋”符号展开下拉列表，选择“管道”→“管道类型”选项，系统自带“PVC-U-排水”和“标准”两种管道类型。选择“标准”选项，使用鼠标右键复制创建“标准 2”，选择“标准 2”选项，使用鼠标右键单击“重命名”按钮，将“标准 2”重命名为“家用给水”，如图 2.3.12 所示。以此类推，创建其余管道类型。

（2）双击“家用给水”进入“类型属性对话框”对话框。单击“布管系统配置”中的“编辑”按钮，进入“布管系统配置”对话框，如图 2.3.13 所示。单击“管段和尺寸”按

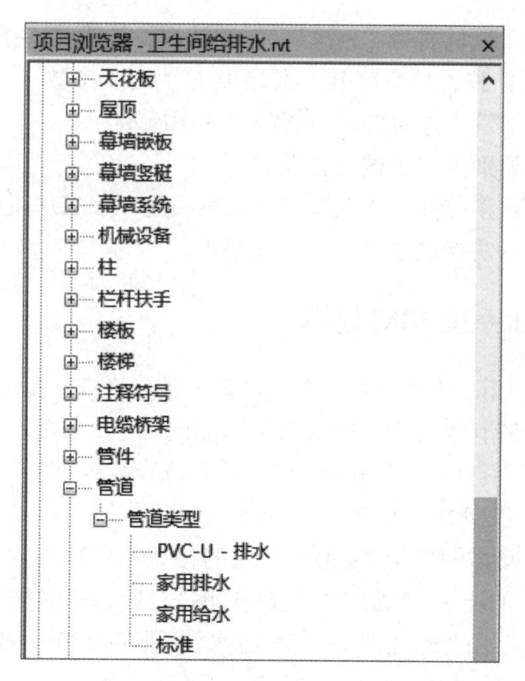

图 2.3.12　管道类型设置

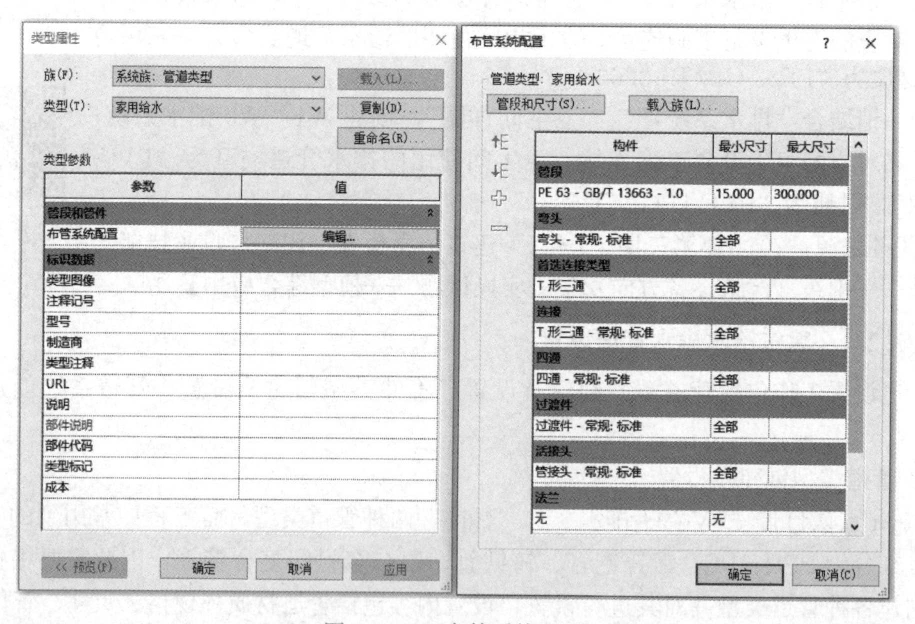

图 2.3.13　布管系统配置

钮，进入“机械设置”对话框，系统自带 16 种管段类型供用户使用，如图 2.3.14 所示。

（3）选择“管段”右边的“新建”按钮进入“新建管段”对话框，点选“材质和规格/类型”。“材质”选择“PE63”，“规格/类型”文本框中输入对应管道材质执行的国家标准，本工程输入“GB/T 13663-1.0MPa”。“从以下来源复制尺寸目录”下拉列表中可选择和新建管段尺寸最接近的现有管段，本工程选用“PE-GB/T13663-1.0MPA”管段，如图 2.3.15 所示。

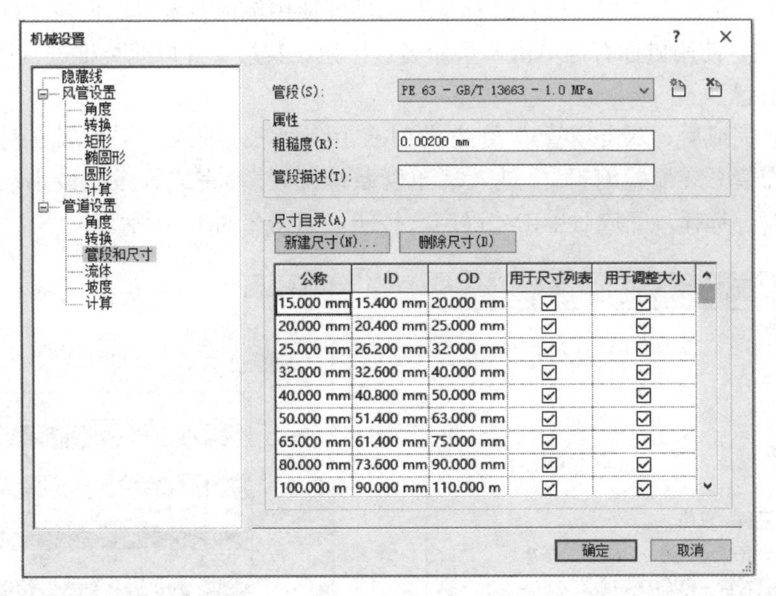

图 2.3.14　机械设置

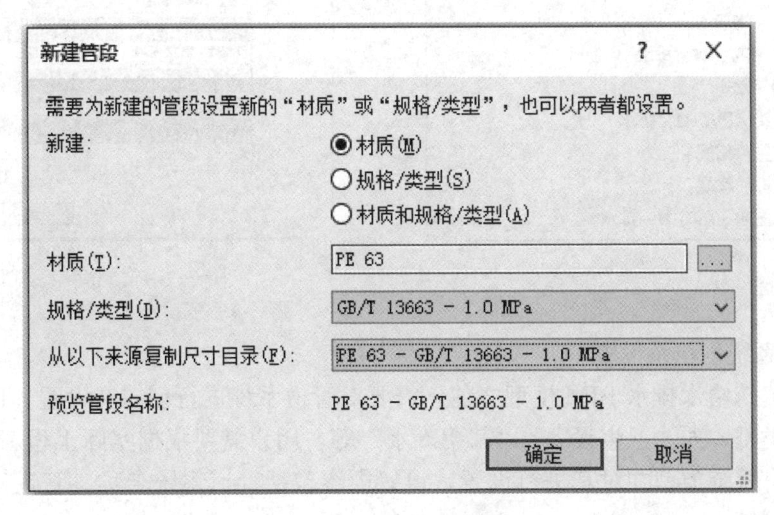

图 2.3.15　新建管段

(4) 完成后单击“确定”按钮，返回“机械设置”对话框，在管段中选择“PE-GB/T 13663-1.0MPA”。在“尺寸目录”下，按标准及要求修改尺寸。尺寸修改好后，单击“确定”，完成管道类型的设置。

2. 管件类型创建及设置

(1) 在“项目浏览器”下拉列表窗口中选择“族”并单击“+”符号展开下拉列表，选择“管件”选项，系统自带“PVC-U-排水”管道类型专用的管件和“常规”管道类型专用的管件，如图 2.3.16 所示。

(2) 不同的管道类型需要对应不同材质的管件，可创建多个族类型达到构件区分效果，以便后期进行明细表统计。选择“T 形三通-常规”，按“+”符号可展开该族类型。

当前只有一个“标准”类型，选择“标准”选项，使用鼠标右键复制创建“标准 2”，选择“标准 2”选项，使用鼠标右键单击“重命名”按钮，其余管件以此类推进行修改。本工程按“标准”设置。

（3）修改完成后，双击“管道-管道类型-家用给水”，进入“类型属性对话框”对话框，单击“布管系统配置编辑”。进入“布管系统配置”，完成管段、最小尺寸、最大尺寸、弯头等管件选择，完成后单击“确定”按钮，如图 2.3.17 所示。

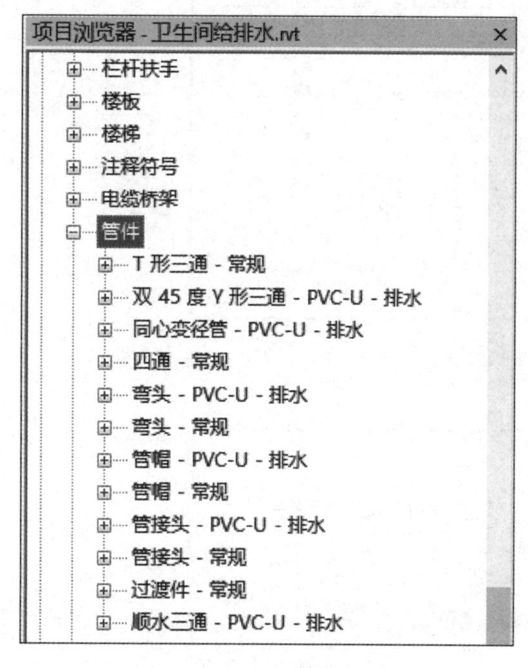

图 2.3.16 管件类型设置

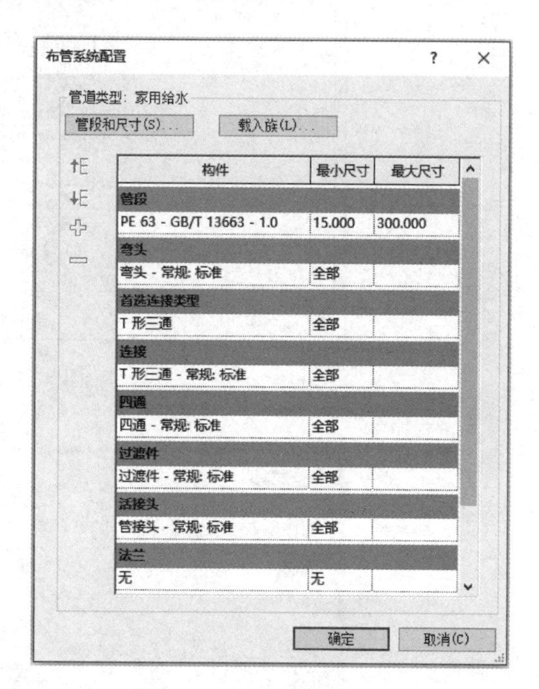

图 2.3.17 布管系统配置

3. 管道系统创建及设置

在创建建筑给水排水 BIM 模型之前，需要对管道系统进行创建和设置。Revit 默认提供一些系统类型，如“卫生设备”“家用冷水”等，用户需要根据实际工程新增系统类型或者更改已有系统类型并对其进行设置，设置内容包括管道系统名称、管道系统线图形、管道系统缩写等。

（1）在“项目浏览器”下拉列表窗口中选择“族”并单击“+”符号展开下拉列表，选择“管道系统”选项，系统默认自带 11 个管道系统，如图 2.3.18 所示。用户只能在此基础上修改以及复制，不能直接将其删除。例如：选择“家用冷水”选项，并使用鼠标右键单击将之重命名为“生活给水系统”；选择“卫生设备”选项，重命名为“生活污水系统”：选择“其他”选项，重命名为“雨水系统”；选择“湿式消防系统”选项，重命名为“消火栓系统”；选择“其他消防系统”选项，重命名为“自动喷水灭火系统”。

（2）完成后双击“生活给水系统”进入“类型属性”对话框，选择“标识数据”→“缩写”选项，将“生活给水系统”的缩写代号“J”填入其中，如图 2.3.19 所示。

然后选择“图形替换”选项，单击“编辑”按钮进入“线图形”对话框进行线型设置。“宽度”根据出图效果设置，此处暂定选择“1”号线宽；“颜色”根据出图标准管道系统颜色进行设置，此处颜色选择“RGB632550（绿色）”；“填充图案”选择“实线”，完成后单击“确定”按钮，如图 2.3.20 所示。

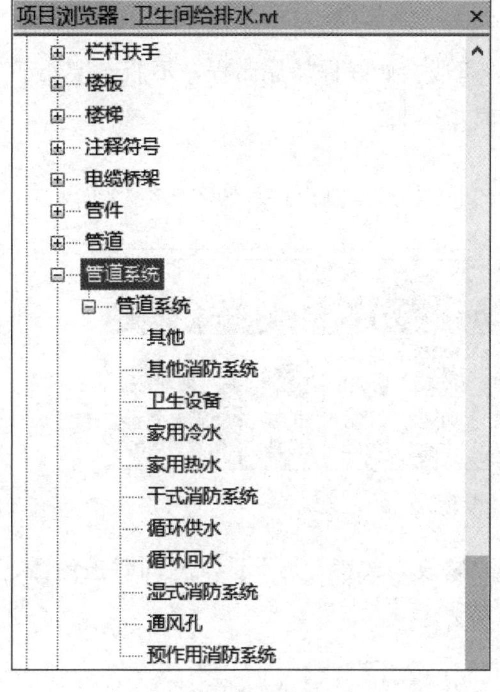

图 2.3.18　管道系统

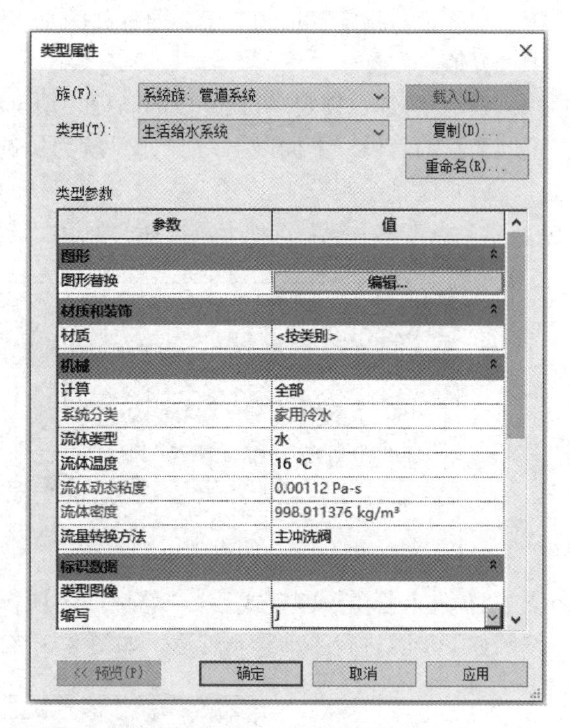

图 2.3.19　类型属性设置

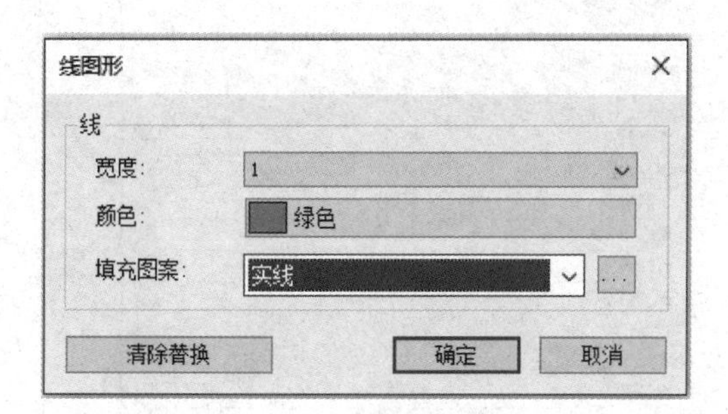

图 2.3.20　线型设置

其余管道系统根据上述方法将管道系统“缩写”以及“图像替换”进行设置。

（3）在楼层平面视图绘制管道前，首先需要将“属性”选项板中的“视图样板”设置为“无”。

2.3.2.2　建筑给水排水系统建模

1. 建筑给水排水管道绘制

建筑给水排水系统 BIM 建模需要进行管道的绘制，包括横管绘制、立管绘制、管道对齐、管道连接、带坡度管道绘制等。绘制管道在平面视图、立面视图、三维视图中均可进行。

在绘制管道时首先需进行管道的设置：

标高：指定管道的参照标高。

直径：指定管道的直径。

偏移量：指定管道相对于参照标高的垂直高程。可以输入偏移值或从建议偏移值列表中选择值。

锁定/解锁：锁定/解锁管段的高程。锁定后，管段会始终保持原高程，不能连接处于不同高程的管段。下面以 JL-1 给水系统为例进行管道绘制。

（1）横管绘制

1）点击“系统”选项卡，选择“管道”选项，进入管道绘制模式，如图 2.3.21 所示。

图 2.3.21　管道绘制模式

2）进入管道绘制模式后，“属性”选项板与“修改｜放置管道”选项栏同时被激活，按照如下步骤进行手动绘制管道，如图 2.3.22 所示。

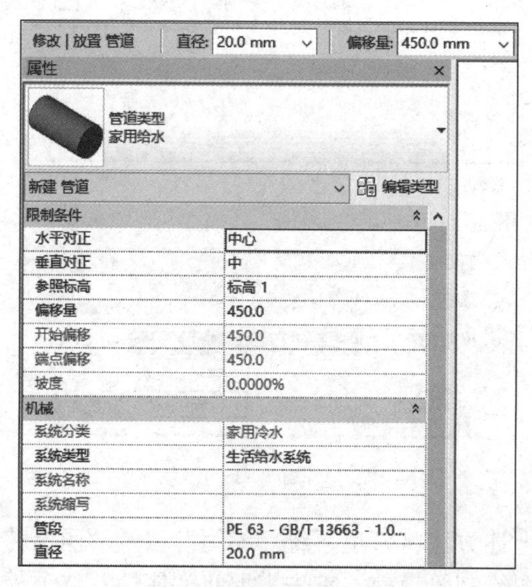

图 2.3.22　管道参数设置

选择管道类型：在“属性”选项板中选择所需要绘制的管道类型。

选择系统类型：在“属性”选项板的“系统类型”中选择所需的系统类型。

选择管道直径：在“修改｜放置管道”选项栏“直径”中的下拉列表中选择所需管道直径，也可手动输入。

指定管道偏移量：默认“偏移量”是指管道中心线相对于“属性”选项板中所选参照标高的距离。在“偏移量”选项中单击下拉按钮，可以选择项目中已经用到的管道偏移量，也可以直接输入自定义的偏移量数值，默认单位为mm。

完成对即将绘制管道的参数设置，将鼠标指针移动至绘图区域，在所需位置单击即为管道的起点，移动鼠标指针至终点再次单击，管段即绘制完成。

（2）立管绘制

激活“管道”命令，在“修改｜放置管道”选项栏“偏移量”中输入立管的底标高450mm，在绘图区域选择立管位置并单击，“修改”“偏移量”，输入立管的顶标高2800mm后单击“应用”按钮，生成立管。

（3）管道对齐

绘制管道过程中可以利用“对正”命令来调整当前管道和接下来要绘制管道的水平或竖直关系。在激活“管道”命令的状态下，可以进入“修改｜放置管道”选项卡，选择“对正”选项，弹出“对正设置”对话框，可以看到水平对正、水平偏移、垂直对正3个选项。

水平对正：用来指定当前视图下相邻两段管道之间水平对齐方式。“水平对正”方式有“中心”“左”和“右”3种形式。“水平对正”后的效果还与绘制管道的方向有关。

水平偏移：用于指定管道绘制起始点位置与实际管道位置之间的偏移距离。该功能多用于指定管道与墙体等参考图元之间的水平偏移距离。

垂直对正：用于指定当前视图下相邻两段管道之间垂直的对齐方式，针对是立面或者是剖面状态下的管线状态。

（4）自动连接

在激活“管道”命令的状态下，“修改｜放置管道”选项卡会出现“自动连接”功能。该功能用于某一管段开始或结束时自动捕捉相交管段，并添加相应管道连接件完成连接，在默认情况下，该功能处于激活的状态。

（5）带坡度管道绘制

在“机械设置”对话框中，用户可预先设定在项目中需要使用的管道坡度值，预定义的坡度在激活“管道”命令的状态下，且“向下坡度”或“向上坡度”命令激活时将出现在“坡度值”的下拉列表中。

可以在绘制管道的同时制定坡度，可以在管道绘制完成后对管道的坡度进行编辑，看个人操作习惯。

2. 建筑给水排水管件、附件和设备的放置

建筑给水排水系统除管道外，还包括管件、附件以及各种设备，如三通、弯头、卫浴装置、消火栓、喷头、灭火器等。因此，管道绘制完成后，需要放置管件、附件、设备，并与管道进行连接。

（1）管件放置

在平面视图、立面视图、剖面视图和三维视图中均可放置管件，在绘制管如果动添加的管件需要在管道“布管系统配置”对话框中进行设置。管件手动添加方法主要有：

1）进入“系统”选项卡，选择“管件”选项，在“属性”选用需要的管件，在绘图区域所需位置进行放置，如图2.3.23所示。

2）在“项目浏览器”下拉列表窗口中，展开“族”→“管件”选项，直接以拖拽的方式将管件拖到绘图区域所需位置进行放置。

图 2.3.23 管件放置

在绘图区域中单击某一管件后，管件周围会显示一组管件控制柄，可用于修改管件尺寸，调整管件方向，进行升级或降级。

（2）管路附件

在平面视图、立面视图、剖面视图和三维视图中均可放置管路附件。管路附件的放置方法主要有：

1）进入“系统”选项卡，选择“管路附件”选项，在“属性”选项板中选择需要的管路附件，放置在绘图区域所需位置。

2）在“项目浏览器”下拉列表窗口中，展开“族”→“管道附件”选项，直接以拖拽的方式将管路附件拖到绘图区域所需位置进行放置。

假如当前项目中没有所需的管路附件，可以在“属性”选项板中选择“编辑类型”选项进入“类型属性”对话框，单击“载入”按钮，进行“族”的载入，如图 2.3.24 所示。

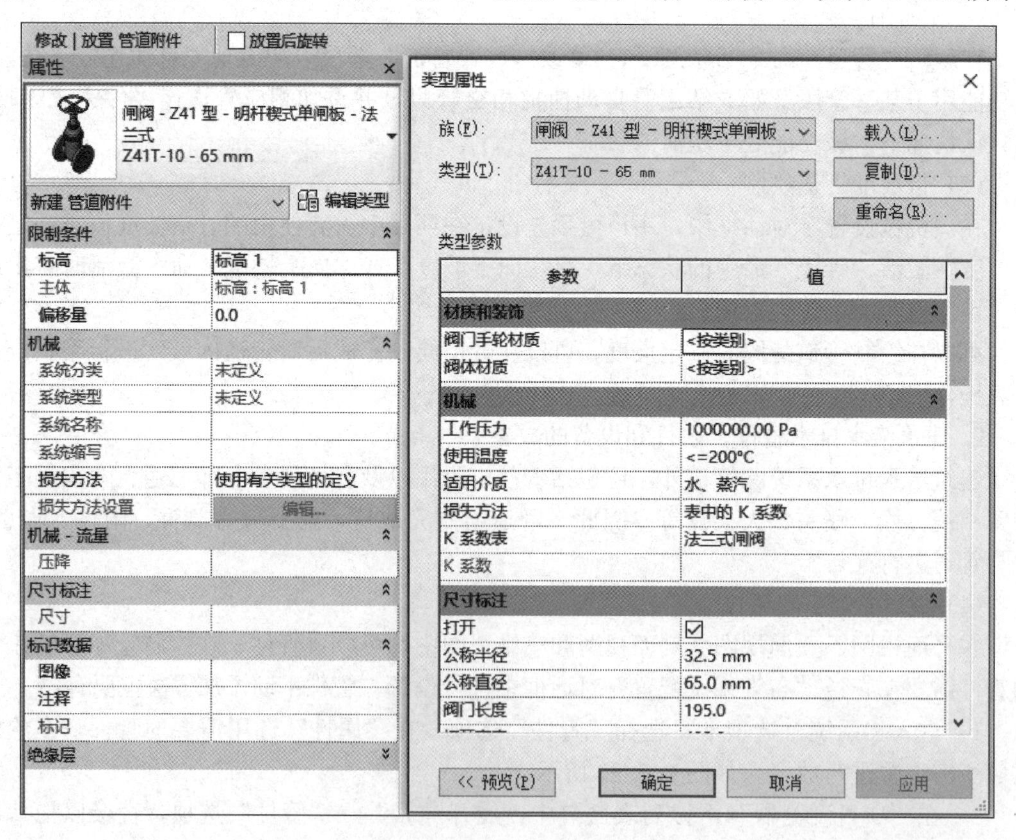

图 2.3.24 管件载入

3. 设备的放置与连接

系统自带卫生设备大部分需要基于主体放置，主体包括墙、柱子以及楼板等，下面以本项目任务盥洗池的放置进行说明。

(1) 进入“系统”选项卡，选择“卫浴装置”选项，在“属性”选项板中选择需要的卫生器具“06-污水池 进 *DN*20 标准”后，即可将之在绘图区域所需位置放置。

(2) 按照 CAD 卫生间详图底图将卫生器具进行放置。

注意：在进行项目管道绘制时，需要确定当前视图的“视图样板”是否设置为“无”，规程是否设置为“协调”。

(3) 选择卫生器具，查看其进水点位置，进入“系统”选项卡，选择“管道”选项，在“属性”选项板中选择“管道类型”为“PE”，“系统类型”为“生活给水系统”，“直径”为 20mm 以及“偏移量”为 0mm。将鼠标指针移至进水点附近，直至出现“捕捉”光标，单击绘制管段起点，绘制一段管道。

(4) 进入“修改”选项卡，单击“修剪/延伸为角”按钮，将管道进行连接。

使用“连接到”命令也可以进行连接。选择卫生器具，在“修改 | 卫浴装置”选项卡中单击“连接到”选项，再选择需要连接的管道，完成管道及卫生器具的自动连接。

注意：使用“连接到”命令时，从连接件连出的管道默认与目标管道的最近端点进行连接。

2.3.2.3 建筑给水排水模型标注

建筑给水排水模型标注包括立管标注、管道尺寸标注、管道系统类型标注、标高标注、坡度标注和文字标注（说明）。管道尺寸和管道系统类型是通过注释符号族来标注，在平面、立面、剖面和锁定的三维视图中可用，而管道标高和坡度则是通过尺寸标注系统族来标注，在平面、立面、剖面和三维视图中均可使用。

1. 立管标注

(1) 添加共享参数

1) 进“管理”选项卡选择“共享参数”选项，进入“编辑共享数”对话框，单击“创建”按钮，选择创建共享参数文件的保存路径以及文件名，完成后进保存，新建“组”并命名为“管道标注”，完成后单击“确定”按钮，如图 2.3.25 所示。

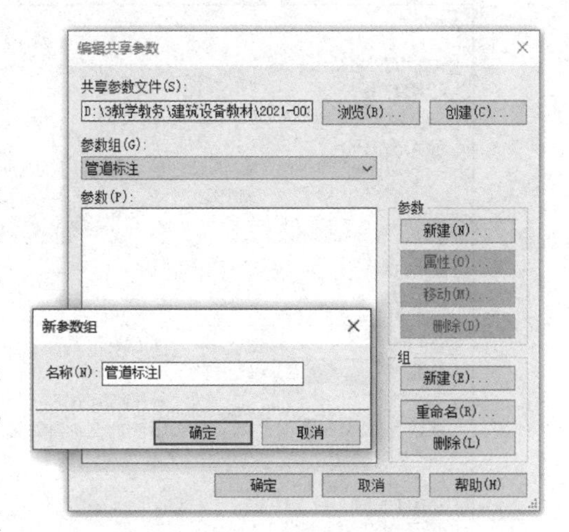

图 2.3.25 新建参数组

在“编辑共享参数”对话框中单击“新建”按钮，新建“参数”，进入“参数属性”对话框，在“名称”中输入“立管编号”，“规程”选择“公共”，“参数类型”选择“文字”，选择完成后单击“确定”按钮，如图 2.3.26 所示。

返回“编辑共享参数”对话框，在“参数”列表框中可以看到成功创建“立管编号”，完成后单击“确定”按钮返回绘图界面。

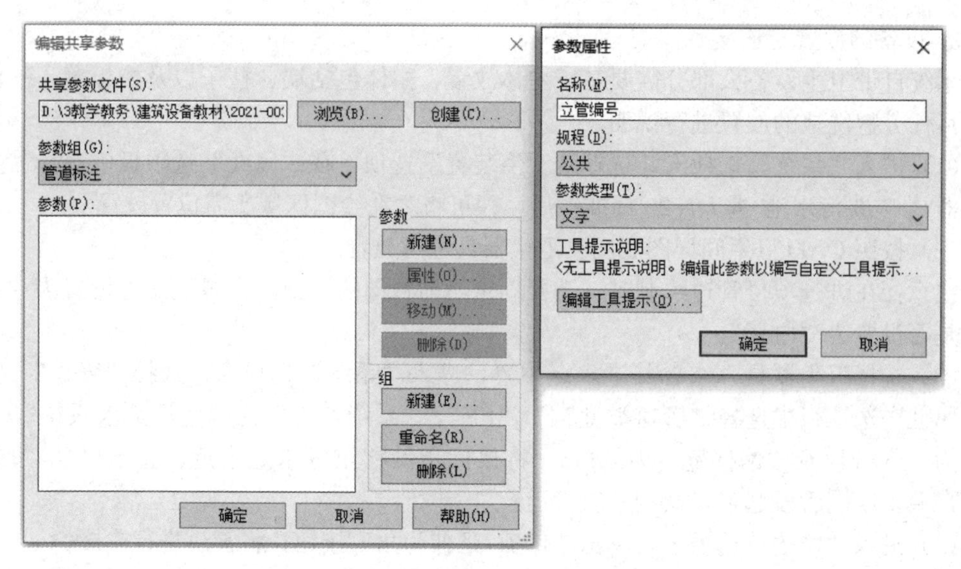

图 2.3.26　新建参数

2）进入“管理”选项卡，选择“项目参数”选项，弹出“项目参数”对话框，单击“添加”按钮，进入“参数属性”对话框。

单击“共享参数”按钮，单击“选择”按钮，弹出“共享参数”对话框，选择之前所创建的“立管编号”，完成后单击“确定”按钮返回“参数属性”对话框，“参数数据”选择“实例”，“类别”选择“管道”，“参数分组方式”选择“文字”，使得“立管编号”参数以实例的方式添加到管道类别当中，单击“确定”按钮，如图 2.3.27 所示。返回“项目参数”对话框，选择“立管编号”选项，完成后单击“确定”按钮。

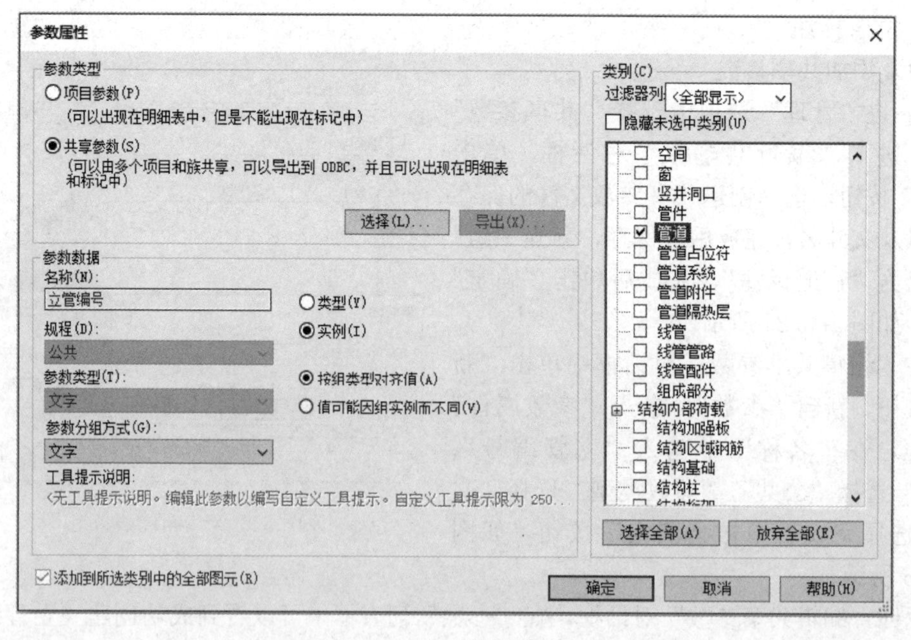

图 2.3.27　参数属性设置

3）在绘图区域选择已经绘制的立管，此时在“属性”选项板“文字”中出现“立管编号”，用户可在“立管编号”中对管道的编号进行编辑。

注意：建议其他系统的管道在绘制立管的同时进行管道编号标注。

（2）创建管道标签提取参数

1）创建新的注释族符号。选择→“新建”→“注释符号”→“公制常规标记”族样板文件。进入公制常规标记族编辑界面，将带红字的注意事项进行删除。

2）进入“创建”选项卡，单击“族类别和族参数”按钮，弹出“族类别和族参数”对话框，因为当前创建的标记是用于标记管道的，“族类别”选择“管道标记”，如图 2.3.28 所示。

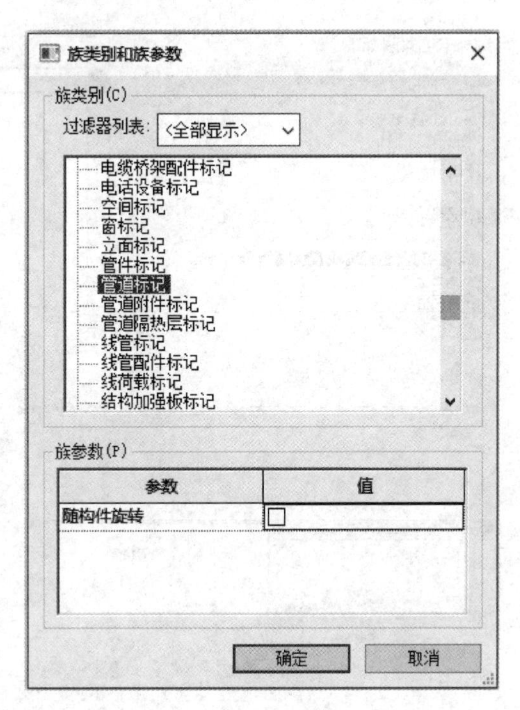

图 2.3.28　族类别和族参数设置

如果是用来标记管件类别的，则应选择“管件标记”，保持和被标记族的族类别一致。

3）进入“创建”选项卡，选择“标签”选项，在绘图所需区域单击，在“编辑标签”对话框中选择“添加参数”按钮进入“参数属性”对话框，单击“选择”按钮进入“共享参数”对话框，选择之前创建的“立管编号”参数，如图 2.3.29 所示。

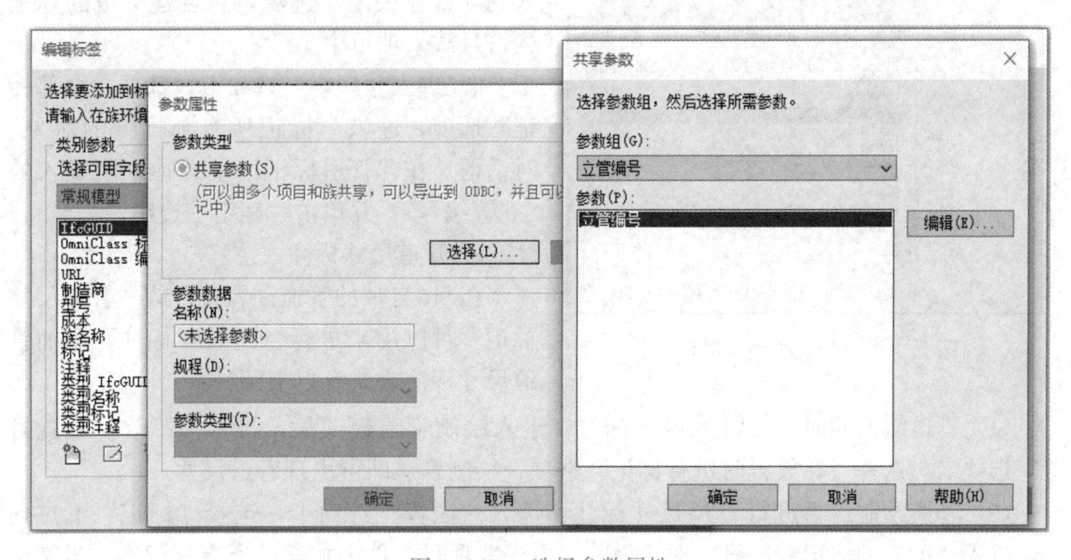

图 2.3.29　选择参数属性

选择完成后单击“确定”按钮直至返回“编辑标签”对话框，此时“类别参数”中出现刚刚添加的“立管编号”参数，单击添加按钮，将“立管编号”添加至右边的“标签参数”中，如图 2.3.30 所示，完成后单击“确定”按钮。

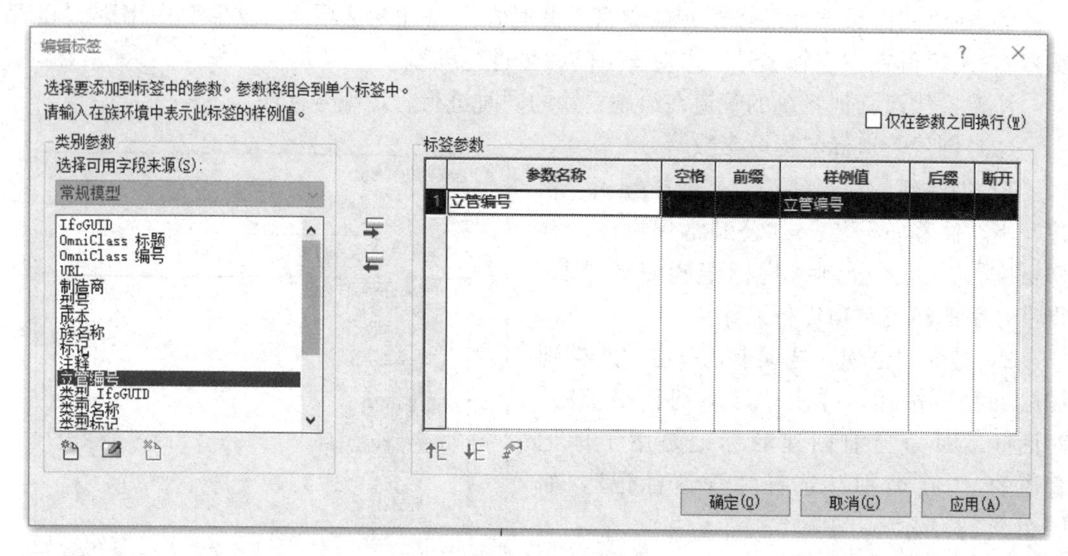

图 2.3.30　添加标签参数

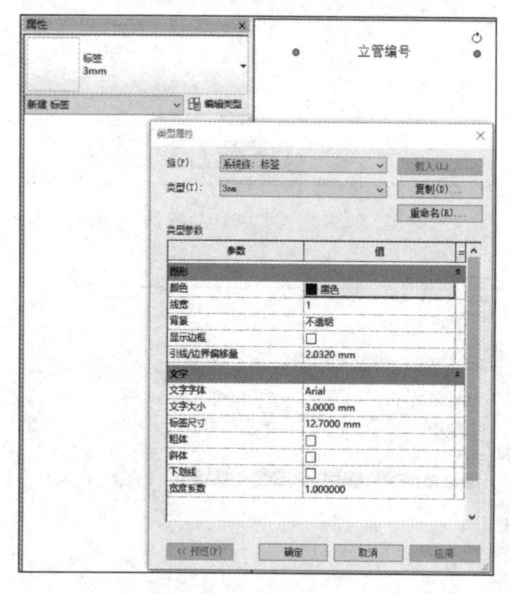

图 2.3.31　标签类型参数设置

4）选择该标签进入“属性”选项板单击“编辑类型”项进入类型属性根据实际情况修改注释标记的文字大小及字体样式，如图 2.3.31 所示。

5）修改完成后单击标记，进入“修改 | 标签”选项卡，选择“载入到项目”或“载入到项目并关闭”选项，将创建完成的标记族符号载入项目中。

6）进入“注释”选项卡，选择“全部标记”选项，进入“标记所有未标记的对象”对话框。在“管道标记”中选择刚刚载入的“立管编号”，并单击“确定”按钮。

2. 管道尺寸标注

Revit 自带的管道注释符号族“管道尺寸标记”可以用来进行管道尺寸标注，添加管道尺寸标注方式有以下两种：

（1）管道绘制同时进行管道尺寸标注：进入绘制管道模式后，进入“修改 | 放置管道”选项卡，选择“在放置时进行标记”选项，绘制管道即可出现管道尺寸。

（2）管道绘制后再进行管道尺寸标注：进入“注释”选项卡，选择“标记”下拉列表，进入“载入的标记和符号”对话框，查看当前项目文件中加载的所有标记族。当某个族类别下加载多个标记族时，排在第一位的标记族为默认标记族。将“类别”下“管道/管道占位符”设置为“管道尺寸标记”。当选择“按类别标记”选项后，将默认使用“管道尺寸标记”对管道族进行标记。

进入“注释”选项卡，选择“按类别标记”选项，将鼠标指针移至待标注的管道上，小范围移动鼠标指针可以选择标注出现在管道上方还是下方，确定注释位置后，单击即完成管道管径标注。

3. 管道系统类型标注

样板中自带管道系统缩写标记，能自动提取管道系统“缩写”参数，在标注时进行以下两个步骤。

（1）提前将管道系统里对应的管道“缩写”进行填写。

（2）进入“注释”选项卡，选择“标记”下拉列表，进入“载入的标记和符号”对话框，将“类别”下“管道/管道占位符”设置为“管道系统缩写标记”。

4. 标高标注

用户可以通过进入“注释”选项卡，选择“高程点”选项来标注管道标高。在“修改 | 放置尺寸标注”选项栏中，提供了“实际（选定）高程”“顶部高程”“底部高程”和“顶部高程和底部高程”四种选择。在剖面视图、立面视图和三维视图中，管道单线显示，标注的为管中心标高；双线显示，标注的则为捕捉的管道位置的实际高程。

5. 坡度标注

用户可以通过进入“注释”选项卡，选择“高程点坡度”选项来标注管道的坡度。坡度的单位格式可进入“类型属性”对话框中，在“单位格式”中进行设置。在“修改 | 高程点坡度”选项栏中，“相对参照的偏移”表示坡度标注线和管道外侧的偏移距离。“坡度表示”选项仅在立面视图中可选，坡度表示方式有“箭头”和“三角形”两种。

6. 文字标注

在 Revit 中提供两种文字：一种是在“注释”选项卡下的文字，属于二维族，另一种是在“建筑”选项卡下的模型文字，它是基于工作平面的三维文字。

在施工图标注中可以通过进入“注释”选项卡，选择“文字”选项，标识叙述性文字标注。在绘图区域所需位置单击后输入文字，单击文字后进入“修改 | 放置文字”选项卡，选择添加文字引线。可以添加直线引线、弧线引线或多根引线，还能编辑引线位置、编辑文字格式及查找替换功能。文字属性：在“类型属性”对话框中，可以对文字的颜色、字体、大小进行编辑。

7. 尺寸定位

（1）进入“注释”选项卡，选择“对齐”选项。

（2）激活命令后，用鼠标指针可连续选择标注边线，被选中的边线会亮显，选择标线完成后，用鼠标指针点选空白区域，完成标注。点选标注族，标注两端均出现两点，拖拽 1 号点可控制标注一端引线的长短，可使出图时图面整洁美观，拖拽 2 号点可重新拾取新的标注边线，如建筑边线比较密集，标注错误时可使用此方法重新拾取。

（3）单击标注好的尺寸标注，进入“修改 | 尺寸标注”选项卡，选择“编辑尺寸界线”选项可继续之前标注，使得标记连贯不断开。

（4）单击标注好的尺寸标注，“属性”选项板会出现该族的相关属性，通过“类型属性”对话框可修改该族的线宽、颜色等。需注意，在此修改的数据会影响到项目中所有使用该类型的标记族。

8. 管道标注格式

进行管道“标记”时，先单击“修改 | 标记”选项卡，勾选“引线”复选框可控制标

注线的显示与隐藏；“引线”下拉选项为“附着端点”时，引线不可操作且为直线；“引线”下拉选项为“自由项点”时，引线可自由转向；在选择“附着端点”时，可对引线的长度进行设置，选择适当的引线长度。

技能拓展

【2-3-4 项目任务】某一层建筑物，层高 4.2m，其中门底高度为 0m，柱尺寸为 300mm×300mm，柱轴线居中，墙体尺寸厚度 300mm，楼板厚度 150mm，未标明尺寸自行设置。

请根据“图 2.2.4 一层建筑消火栓平面图”创建消火栓给水系统 BIM 模型，其中消火栓管道中心对齐，消火栓管道中心标高 3.2m；消火栓箱采用室内组合消火栓箱，放置高度为 1.1m，尺寸与放置位置自定义；其中管道、阀门、消火栓箱（明装）均需建模，管道与消火栓需正确连接。

系统名称及颜色编号

系统类型	系统缩写	颜色编号(RGB)
排风	PF	255,159,127
新风	XF	0,0,255
消火栓管	XH	255,0,0
喷淋管	PL	255,0,255
照明桥架	EL	0,255,0

图例

图例	名称
	单层百叶风口
Ⓛ	水流指示器
	室内组合消火栓箱
	蝶阀
	信号闸阀

【任务来源：2022 年第一期“1+X”建筑信息模型（BIM）职业技能等级考试——初级——实操试题】

任务训练

【2-3-5 项目任务】某喷淋稳压罐，尺寸如图 2.3.32 所示，请按以下要求完成创建“喷淋稳压罐”族：

（1）使用“公制常规模型”族样板建立。

（2）在罐体表面添加“喷淋稳压罐”标识。

（3）设置罐体材质为“红色油漆”，并在视图中能正确显示红色。

（4）设置罐体总高度、罐体半径、底座高为可变尺寸参数。

（5）在管道连接处添加管道连接件，设置连接件半径为“50”。

（6）选择该族的族类别为“机械设备”，最后生成“喷淋稳压罐 .rfa”族文件保存到相应文件夹。

【任务来源：2021 年第三期“1+X”建筑信息模型（BIM）职业技能等级考试——中级（建筑设备方向）——实操试题——设备族创建】

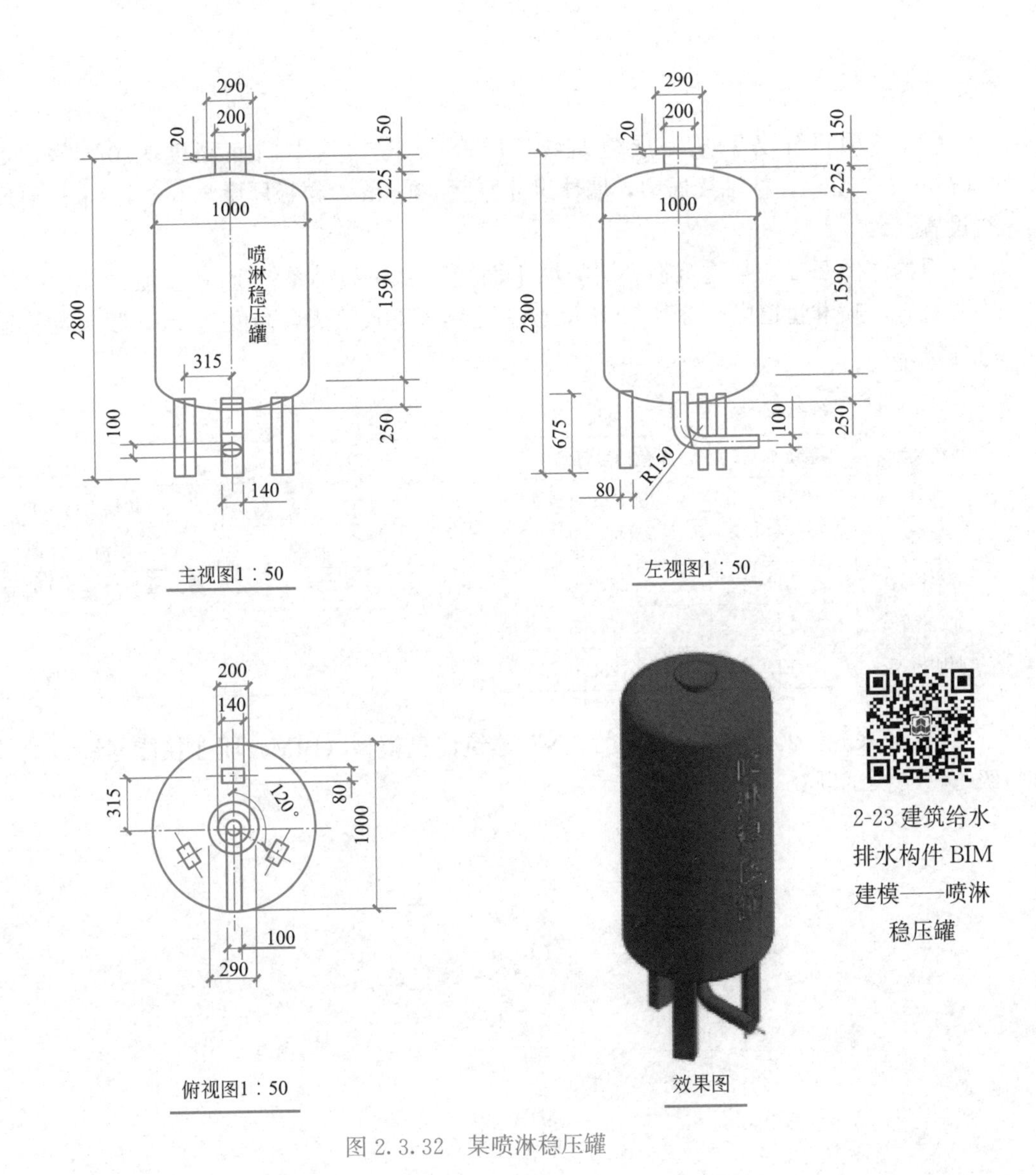

图 2.3.32　某喷淋稳压罐

项目小结

本项目主要由建筑给水排水系统安装、建筑给水排水施工图识读、建筑给水排水 BIM 模型创建三大任务模块组成。在建筑给水排水系统安装模块，主要了解建筑给水排水系统的分类与组成，熟悉建筑给水排水系统常用管材与设备，掌握其性能、特点及安装要求；掌握建筑给水排水系统施工流程，能进行科学合理预留、预埋，做好与土建及装饰施工间协调配合等。在建筑给水排水施工图识读模块，主要是了解建筑给水排水施工图组成，熟悉建筑给水排水施工图常用图例及图示内容，掌握建筑给水排水施工图识读方法，能熟练识读建筑给水排水施工图。在建筑给水排水 BIM 实务模块，主要是引入行业新技术 BIM，创建建筑给水排水构件 BIM 模型、建筑给水排水系统 BIM 模型，为后期专业工程信息化施工、管理、运维奠定基础。

项目拓展

【2-3-6项目任务】某一层建筑物，层高4.2m，其中门底高度为0m，柱尺寸为300mm×300mm，柱轴线居中，墙体尺寸厚度300mm，楼板厚度150mm，未标明尺寸自行设置。

根据“图2.2.5某建筑物一层喷淋平面图”创建喷淋系统BIM模型，其中喷淋管道中心对齐，喷淋管道中心标高3.8m，喷头选用下垂式喷头，高度3.2m，喷头与管道需正确连接。

系统名称及颜色编号

系统类型	系统缩写	颜色编号(RGB)
排风	PF	255,159,127
新风	XF	0,0,255
消火栓管	XH	255,0,0
喷淋管	PL	255,0,255
照明桥架	EL	0,255,0

图例

图例	名称
	单层百叶风口
Ⓛ	水流指示器
	室内组合消火栓箱
	蝶阀
	信号闸阀

【任务来源：2022年第一期“1+X”建筑信息模型（BIM）职业技能等级考试——初级——实操试题】

项目 3 建筑暖通空调工程

学习目标

1. 知识目标

了解建筑暖通空调系统分类与组成；熟悉建筑暖通空调系统常用材料与设备；掌握建筑暖通空调系统施工流程与安装工艺；掌握建筑暖通空调施工图识读方法与步骤；熟悉建筑暖通空调系统 BIM 建模流程及方法。

2. 技能目标

能利用 BIM 模型认知建筑暖通空调系统分类、组成、材料及设备；能应用 BIM 建模熟练识读建筑暖通空调施工图；能运用 BIM 技术进行建筑暖通空调系统虚拟精益施工。

3-1 建筑暖通空调-让生活更舒适

3. 素质目标

养成认真负责、精益求精的工作态度；养成良好的组织协调、团结协作及创新能力；养成节能环保、质量至上、绿色低碳等意识，树立节能、低碳、绿色的可持续发展理念。

课程思政

本项目模块课程思政实施见表 3.0.1。

"建筑暖通空调工程"课程思政实施要点 表 3.0.1

序号	教学任务	课程思政元素	教学方法与实施
1	建筑暖通空调系统安装	节能环保、安全意识、规范意识、质量意识	引入项目任务，采用任务驱动式教学，严格按照节能标准选用材料及设备，引导学生养成绿色节能的良好习惯，树立节约能源、绿色低碳发展理念；严格按照建筑暖通空调工程施工相关规范要求进行施工安装及质量验收，引导学生养成规范意识、安全意识、质量意识、精益求精的工匠精神
2	建筑暖通空调施工图识读	标准意识、规范意识	引入工程案例，采用案例教学法，严格按照建筑暖通空调工程相关标准进行设计、制图、识图，引导学生养成标准意识、规范意识
3	建筑暖通空调 BIM 模型创建	精益求精、团结协作、创新意识、智慧意识	引入 BIM 技术，培养学生创新意识及职业信息素养；通过 BIM 实操训练，引导学生养成精益求精的工匠品质；通过分组教学，引导学生养成协作及竞争意识

标准规范

(1)《暖通空调制图标准》GB/T 50114—2010

(2)《建筑防烟排烟系统技术标准》GB 51251—2017

(3)《民用建筑供暖通风与空气调节设计规范》GB 50736—2012

(4)《建筑给水排水及采暖工程施工质量验收规范》GB 50242—2002

(5)《通风与空调工程施工质量验收规范》GB 50243—2016

(6)《地面辐射供暖系统施工安装》12K404

项目导引

暖通空调，是为了向人们提供舒适高品质的生活以及室内生活生产热环境。主要包括对空气温度、湿度、气流速度以及人体本身与周围建筑环境，如墙面等之间的辐射热交换的改善。一般家用空调能够保持人体热平衡以满足人体感官舒适需求，而大型企业用空调系统则提供生产作业所需的恒温恒湿环境，满足生产工艺要求。

暖通空调系统涵盖的范围比较广泛，采暖、通风、空调、冷热源系统均属于暖通空调系统。暖通空调系统为建筑内部空间提供舒适的工作条件、生活条件，可以说建筑的外在美要看建筑造型和立面，内在美则要看暖通空调系统运行的效果，所以暖通空调系统在建筑中占有很重要的地位。

本项目模块学习任务主要有建筑暖通空调系统安装、建筑暖通空调施工图识读、建筑暖通空调 BIM 模型创建三大任务，具体详见图 3.0.1。

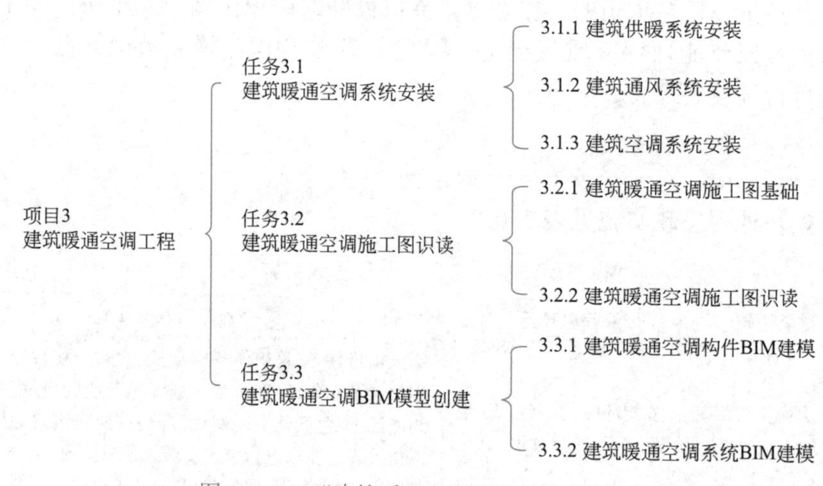

图 3.0.1 “建筑暖通空调工程”学习任务

任务 3.1 建筑暖通空调系统安装

任务引入

暖通空调的任务就是为避免冬季、夏季室内温度、湿度过低或过高，室内工作和生活的人员产生不舒适感，采用人工方式，消耗一定的能源，按需要搬运转移空气中的热量、水分，营造使人体感觉舒适的室内环境。也为使在建筑物内部工作的机器、设备及部件正常运转，维持室内合乎机器设备正常运转的温湿度。按消防法规要求，暖通空调工程还担负着为在火灾发生时利用机械通风设备，强制排出火灾燃烧烟气和强制输入室外新鲜空气的作用。在大多数附有地下室或无外部通风构造的室内空间的建筑物中，暖通空调工程利用机械通风设备强制实现室内外空气的交换。

作为工程施工及管理人员，为使建造的产品符合标准规范要求，保证施工顺利进行，首先需对建筑暖通空调系统基础知识有一个基本认知：一是了解施工范围，熟悉建筑暖通空调系统的分类与组成；二是熟悉建筑暖通空调系统常用管材与设备，掌握其性能、特点及安装要求；三是熟悉建筑暖通空调系统施工流程，能进行科学合理预留、预埋，做好与土建及装饰施工间协调配合等。

本节任务的学习内容详见表 3.1.0。

“建筑暖通空调系统安装”学习任务表　　表 3.1.0

任务	子任务	技能与知识	拓展
3.1 建筑暖通空调系统安装	3.1.1 建筑供暖系统安装	3.1.1.1 建筑供暖系统分类、组成与原理 3.1.1.2 建筑供暖系统常用材料与设备 3.1.1.3 建筑供暖系统布置与施工	建筑燃气供应系统
	3.1.2 建筑通风系统安装	3.1.2.1 建筑通风系统分类、组成与原理 3.1.2.2 建筑通风管道、设备和部件 3.1.2.3 建筑通风系统布置与施工	建筑防排烟系统
	3.1.3 建筑空调系统安装	3.1.3.1 建筑空调系统分类、组成与原理 3.1.3.2 建筑空调系统常用材料与设备 3.1.3.3 建筑空调系统布置与施工	建筑节能

任务实施

3.1.1　建筑供暖系统安装

随着新时代的科技发展，我国家庭采暖也历经了几十年的发展，从最落后的柴火取暖到家庭式暖气供暖再到现如今的集体供暖。供暖技术在不断的发展，不断的为人类提供更舒适、更健康的生活和工作环境。

3.1.1.1　建筑供暖系统组成、分类与原理

3-2 建筑供暖系统分类、组成与原理

1. 建筑供暖系统组成

建筑供暖系统是建筑工程中一个重要的组成部分。供暖系统是由热源、供热管道和散热设备三个基本部分组成的。

（1）热源，是指热介质制备设备，如锅炉等，此外还可以利用工业余热、太阳能、地热能等作为供暖系统的热源。

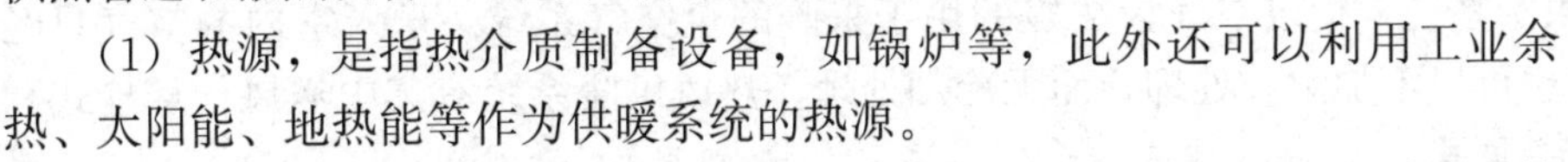

（2）供热管网，指热媒的输送管网，包括室内外供暖管道，分为供水管和回水管。

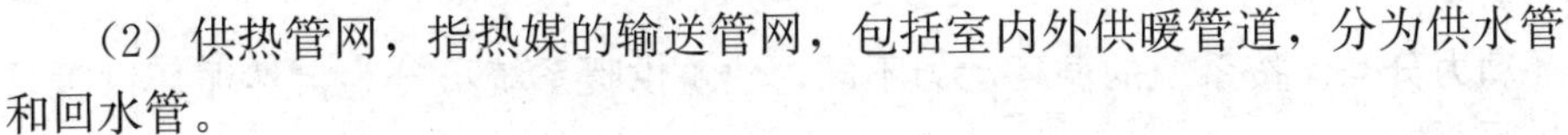

（3）散热设备，指将热量传送给室内空气的设备，如各种类型的散热器、风机盘管和散热板等。

2. 建筑供暖系统分类

（1）按作用范围分类。按照作用范围不同，供暖系统可分为局部供暖系统、集中供暖

系统和区域供暖系统。

1）局部供暖系统，指热源、供热管道和散热设备都在供暖房间内的系统，如火炉供暖、燃气供暖、电暖气等，这种系统的作用范围小。

2）集中供暖系统，由单独设在锅炉房内的锅炉，通过管道同时向一幢或多幢建筑物供暖的系统。如图 3.1.1 所示。

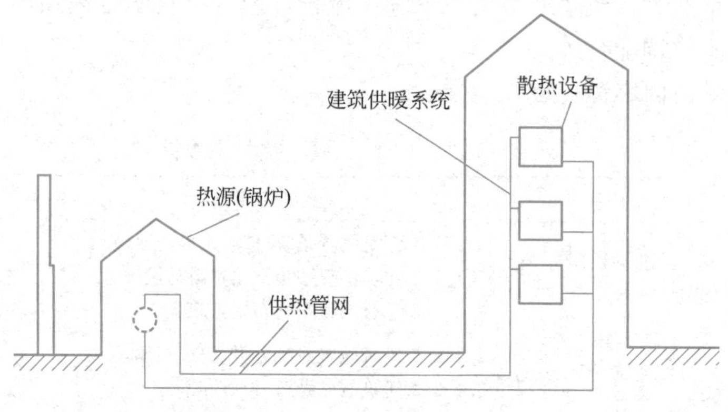

图 3.1.1 集中供暖系统示意图

3）区域供暖系统，利用集中热源，一般采用蒸汽或者是热水作为媒质，通过供热管网，从热源向全市或者是某一地区的用户来供应生活或者是生产所需要的热量。

（2）按热媒的种类分类。按照系统中采用热媒的种类不同，建筑供暖系统可分为热水供暖系统、蒸汽供暖系统和热风供暖系统。

1）热水供暖系统，指以热水为热媒的供暖系统。一般居民小区均采用这种系统。按热水温度的不同又可分为低温热水供暖系统（热媒温度低于 100℃）和高温热水供暖系统（热媒温度高于 100℃）。民用建筑的集中供暖系统应采用热水做热媒，传统热水供暖系统中设计供水、回水温度多数采用 98℃/70℃，少数采用 85℃/60℃。民用建筑采用低温热水地板辐射供暖时，供水温度不应超过 60℃，供水、回水温差一般小于或等于 10℃。在工业建筑中，当厂区只有供暖用热或以供暖用热为主时，一般采用高温水做热媒。

2）蒸汽供暖系统，指以蒸汽为热媒的供暖系统。一般情况下有条件的工业厂房采用此类热媒。当蒸汽压力高于 70kPa 时为高压蒸汽供暖系统；当蒸汽压力低于 70kPa 时为低压蒸汽供暖系统；当蒸汽压力小于大气压时为真空蒸汽供暖系统。

3）热风供暖系统，指以空气为热媒的用于采暖的全空气系统。送入室内的空气只经加热和加湿（也可以不加湿）处理，而无冷却处理。热风供暖系统有集中送风、悬挂式和落地式暖风机等形式。

（3）按循环动力分类。按系统的循环动力不同，建筑供暖系统可分为自然循环供暖系统和机械循环供暖系统。

1）自然循环供暖系统，指不需要外力，而是依靠水自身的密度变化流动的系统。自然循环热水供暖系统又称重力循环热水供暖系统，该系统循环的动力来自供、回水的容重差。蒸汽供暖系统重力回水系统凝水回到锅炉依靠的是水的重力和管道的坡度设置。由于这类系统作用压力小，管内流速低，因此仅适用于小型的供暖系统。

2）机械循环供暖系统，指在管路上安装了循环水泵，管路中的水依靠水泵提供的动力流动的系统。机械循环热水供暖系统循环的主要动力是水泵提供的机械能。蒸汽供暖系统机械回水系统凝水回到锅炉的主要动力来自凝水泵提供的能量。这类系统作用半径大，锅炉安装的位置不受限制，系统布置灵活，但投资较大，电耗高，运行管理复杂，适用于较大的系统中。

（4）根据热水供暖系统供暖管道敷设方式的不同，热水供暖系统可分为垂直式供暖系统和水平式供暖系统。各层散热设备间通过立管进行连接的称为垂直式供暖系统。同层散热设备间通过水平管道进行连接的称为水平式供暖系统。

（5）根据散热器供水、回水方式的不同，热水供暖系统可分为单管热水供暖系统和双管热水供暖系统。热水经供水立管或水平供水管顺序流过多组散热器的热水供暖系统称为单管热水供暖系统。热水经供水立管或水平供水管平行地分配给多组散热器的热水供暖系统称为双管热水供暖系统。

（6）按循环环路的长度是否相等分类。按循环环路的长度是否相等，建筑供暖系统可分为同程式系统和异程式系统。在布置供回水干管时，让连接立管的供回水干管中的水流方向一致，使通过各个立管的循环环路的长度基本相等的系统称为同程式系统，反之不相等时称为异程式系统。为避免供暖系统出现远冷近热的现象，应采用同程式系统供暖。

（7）按散热设备散热方式不同分类。可分为对流采暖和辐射采暖。对流采暖系统中的散热设备是散热器，因而这种系统也称为散热器采暖系统。辐射采暖系统的散热设备主要采用金属辐射板或以建筑物部分顶棚、地板或墙壁作为辐射散热面。

3. 建筑供暖系统的主要形式

（1）传统室内热水供暖系统主要形式

传统室内热水供暖系统是针对分户供暖系统而言的，以整幢建筑物作为一个对象。

1）自然循环热水供暖系统形式

自然循环热水供暖系统由热源、管道、散热设备、膨胀水箱以及附件组成，如图 3.1.2 所示。运行前，先将系统内充满水，水在锅炉中被加热后，密度减小，水向上浮升，经供水管道送至散热器，在散热设备中热水放出热量，水温降低，密度增加，水再沿回水管道返回锅炉，再次被加热。

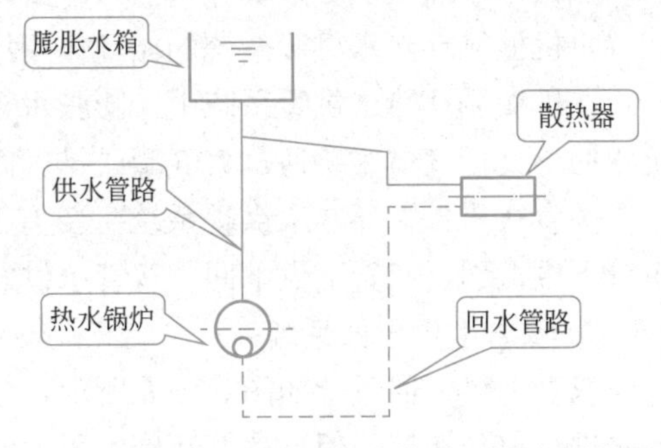

图 3.1.2　自然循环热水供暖系统示意图

在水的循环流动过程中，供水和回水由于温度差的存在，产生了密度差，系统就是靠供回水的密度差作为循环动力的，水被连续不断地加热、散热、流动循环，因此自然循环热水供暖系统循环作用压力的大小取决于供水、回水的容重差及散热器和锅炉间的高差。

自然循环热水供暖系统常采用的形式有单管上供下回式（图 3.1.3）、双管上供下回式（图 3.1.4）和单户式（图 3.1.5）。

单管上供下回系统简单，水力稳定性好。双管上供下回系统易产生垂直失调，多用于三层以下的建筑。

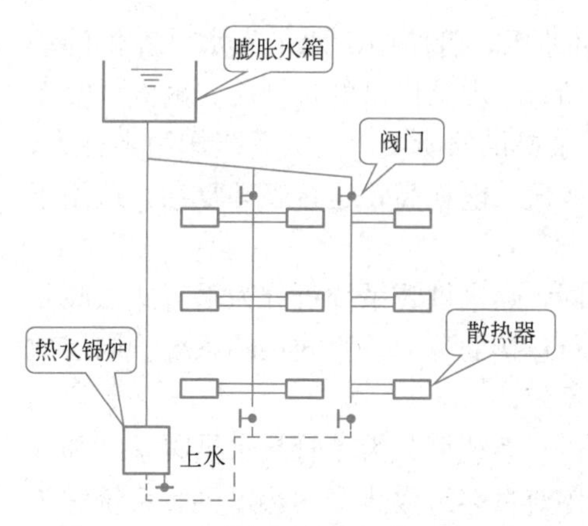

图 3.1.3　自然循环单管上供下回系统

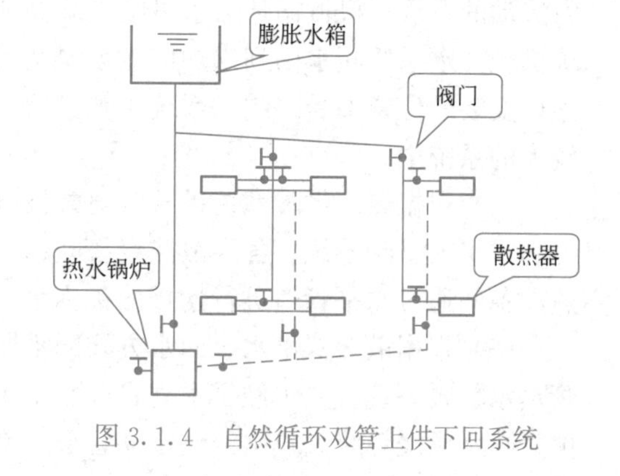

图 3.1.4　自然循环双管上供下回系统

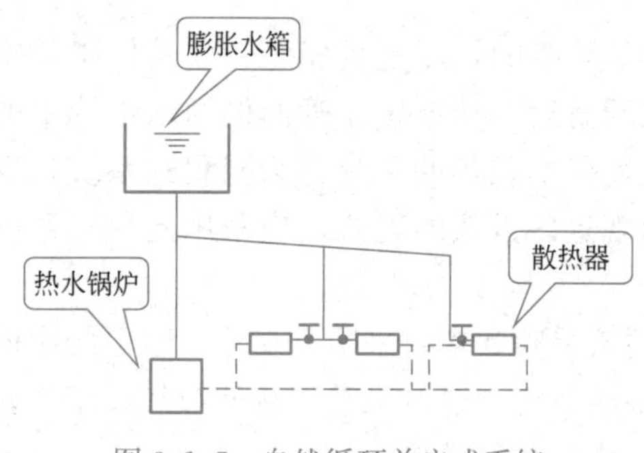

图 3.1.5　自然循环单户式系统

自然循环热水供暖系统的供水干管必须要有向膨胀水箱方向上升的 0.5%～1.0% 的坡度，散热器的支管一般也要保持 1.0%的坡度，这样布置是为了保证系统中的空气顺利地聚集排出，保证水的正常循环和散热。为了保证回水能顺利地流回到锅炉，回水干管应有以锅炉方向向下的坡度。

自然循环热水供暖系统升温慢，管径大，作用压力小，作用范围受到限制，通常其作用半径不宜超过 50m。但自然循环热水供暖系统组成简单，运行时不消耗电能，且无噪声。

2）机械循环热水供暖系统形式

机械循环热水供暖系统和自然循环热水供暖系统的主要区别是增加了循环水泵和排气装置，机械循环热水供暖系统的循环作用压力主要来源于水泵提供的机械能。

在机械循环热水供暖系统中，膨胀水箱仍然具有接收水的膨胀体积和定压的作用，系统中的不凝性气体主要通过集气罐或排气阀排除。

垂直式机械循环热水供暖系统主要有双管上供下回、单管上供下回、双管下供上回、单管下供上回、双管下供下回、双管中供式和混合式等系统形式。

① 双管上供下回系统

双管上供下回系统如图 3.1.6 所示，该系统各层散热器并联在立管上，可用阀门对散热器进行单独调节。但自然循环作用压力的影响仍存在，垂直失调现象仍很严重。

② 单管上供下回系统

单管上供下回系统如图 3.1.7 所示，该系统水力稳定性好、排气方便、构造简单，通常用于多层建筑。

③ 双管下供上回系统

如图 3.1.8 所示，该系统中空气与水的流动方向一致，空气可以通过膨胀水箱排出。该系统底层供水温度高，所以底层散热器的面积减小，便于布置。在相同的立管供水温度下，散热器面积要比上供下回式双管系统的面积大。

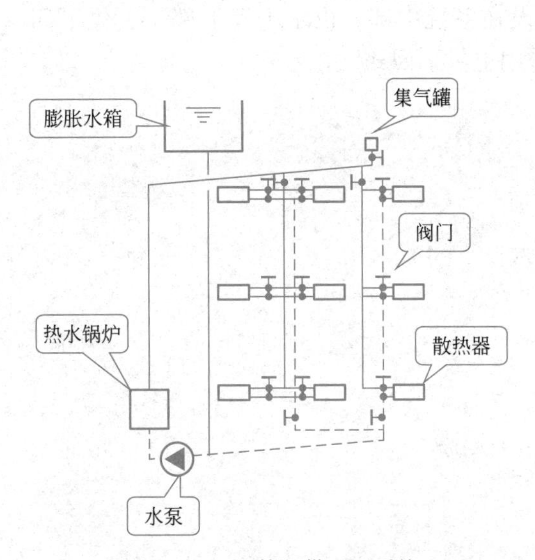

图 3.1.6　双管上供下回系统

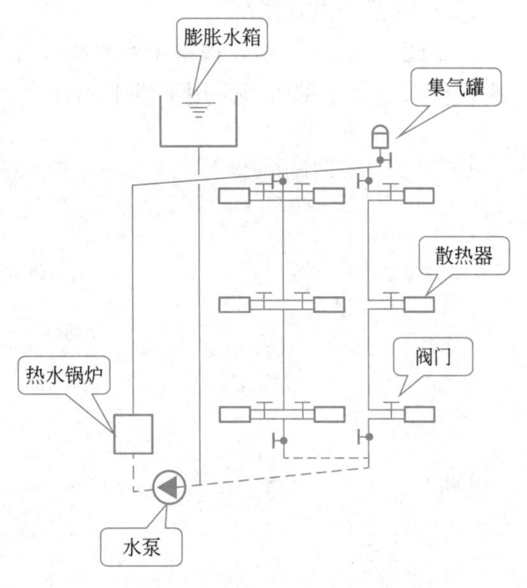

图 3.1.7　单管上供下回系统

④ 单管下供上回系统

如图 3.1.9 所示，该系统多用于热源为高温水的多层建筑。

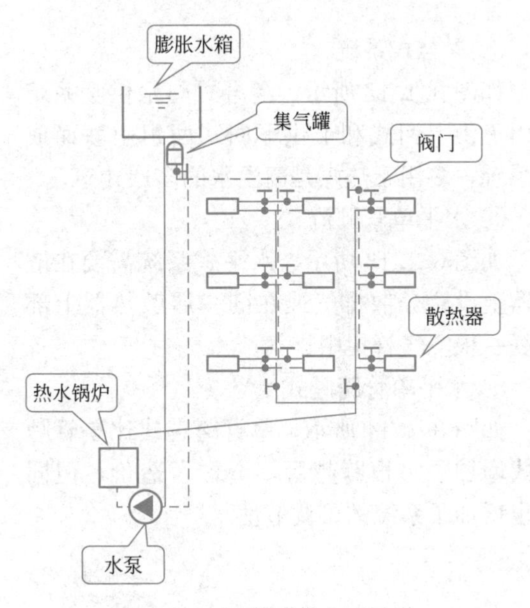

图 3.1.8　双管下供上回系统

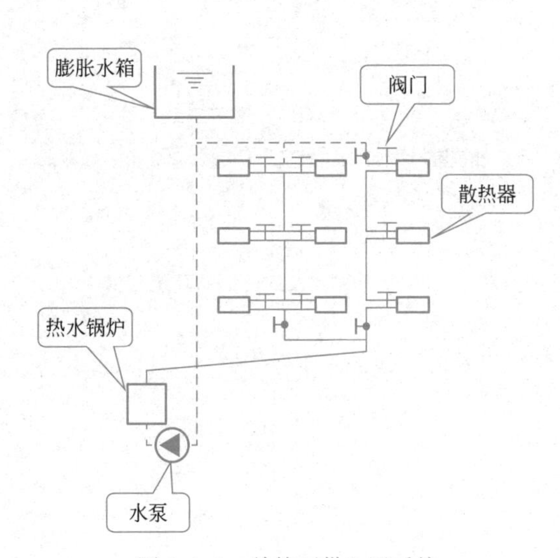

图 3.1.9　单管下供上回系统

⑤ 双管下供下回系统

如图 3.1.10 所示，该系统一般适用于平屋顶建筑物的顶层难以布置干管的场合，以及有地下室的建筑。系统的供水、回水干管都敷设在底层散热器下面，系统内空气的排除较为困难。排气方法主要有两种：一种是通过顶层散热器的冷风阀，手动分散排气；另一种是通过专设的空气管，手动或集中自动排气。

⑥ 双管中供式系统

如图 3.1.11 所示，该系统水平供水干管敷设在系统中部。供水干管下部呈上供下回式，供水干管上部可以采用下供下回式，也可采用上供下回式。

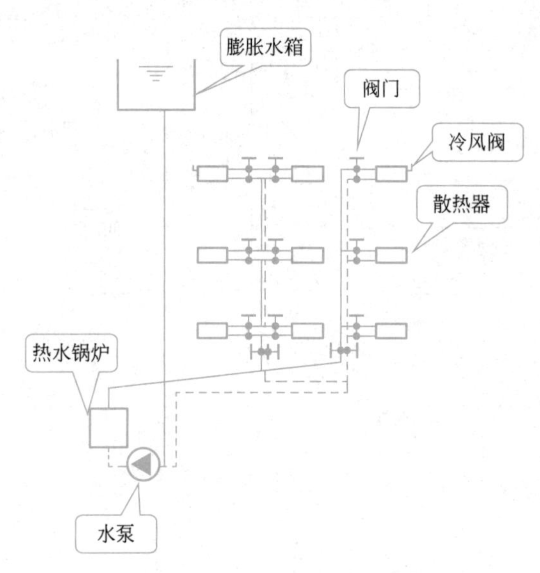

图 3.1.10　双管下供下回系统

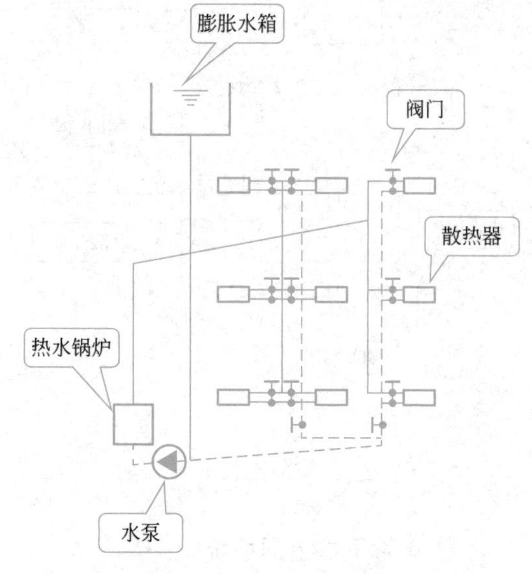

图 3.1.11　双管中供式系统

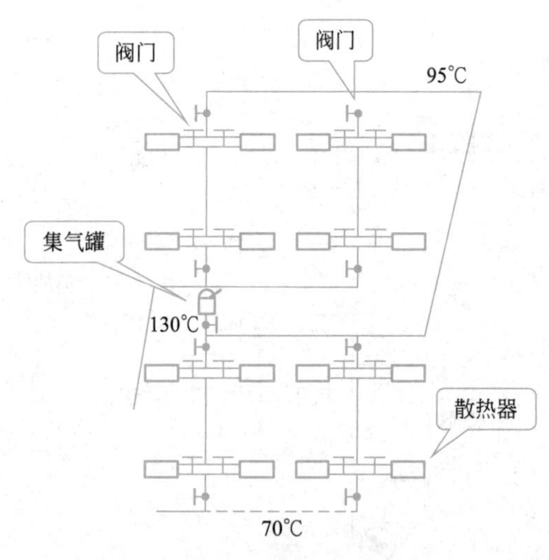

图 3.1.12　混合式系统

⑦ 混合式系统

如图 3.1.12 所示，混合式热水供暖系统是由下供上回式和上供下回式两组串联而成的系统，多用于热媒是高温水的多层建筑。

⑧ 水平单管顺流式

如图 3.1.13 所示，水平式系统需要在散热器上设置分散排气或在同一层散热器上部串联一根空气管集中排气。

⑨ 水平单管跨越式

如图 3.1.14 所示，单管跨越式比单管顺流式增加了一根跨越管，增加了造价，但同时也增加了系统的可调节性。

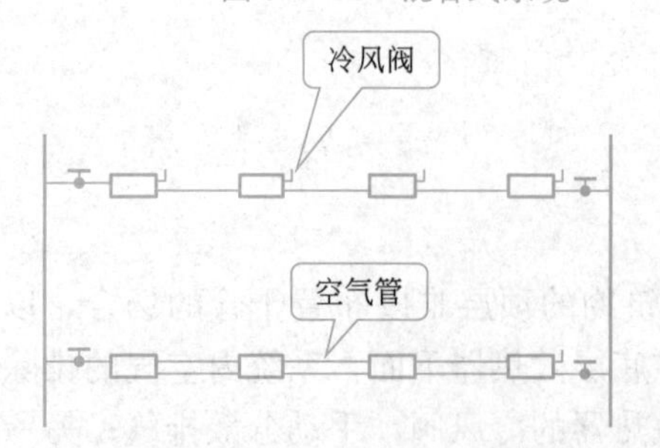

图 3.1.13　水平单管顺流式系统

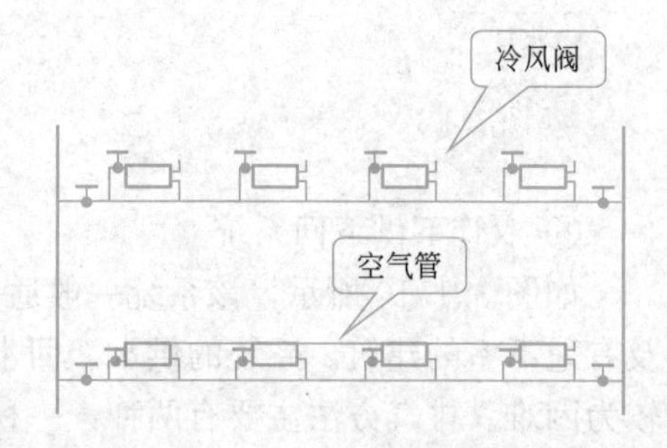

图 3.1.14　水平单管跨越式系统

⑩ 异程式系统和同程式系统

通过各个立管的循环环路的总长度不相等的系统称为异程式系统。异程式系统各个环路间阻力不容易平衡。通过各个立管的循环环路的总长度相等的系统称为同程式系统。同程式系统管道的消耗量通常多于异程式系统，但同程式系统阻力相对容易平衡，所以在较大建筑中，建议采用同程式。图 3.1.6～图 3.1.11 采用的是同程式。

(2) 低压蒸汽供暖系统主要形式

低压蒸汽供暖系统主要有两种形式，即双管式和单管式。

双管式包括上供下回式（如图 3.1.15 所示，该系统易上热下冷，常用于室温需调节的多层建筑）、下供下回式（如图 3.1.16 所示，该系统的供汽管和凝水管都设在下面，一般需要设置地沟，适用于室温需调节的多层建筑）和中供式（如图 3.1.17 所示，该系统可以用于顶层无法设置供汽干管的多层建筑）。

单管式包括下供下回式（如图 3.1.18 所示，室内顶层不设供汽干管，为了美观，供汽管一般要设置在地沟内。由于汽水两相在同一管道内流动，管径相对较大。多适用于三层以下建筑）和上供下回式（如图 3.1.19 所示）。

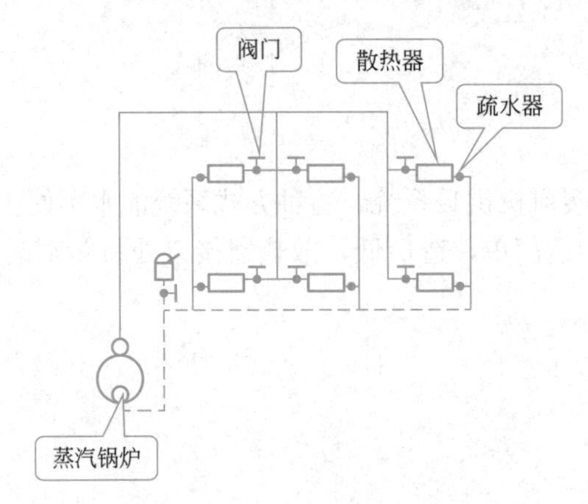

图 3.1.15 双管上供下回式

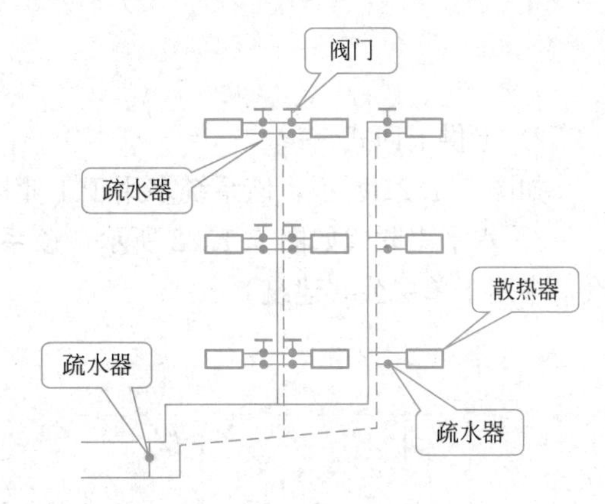

图 3.1.16 双管下供下回式

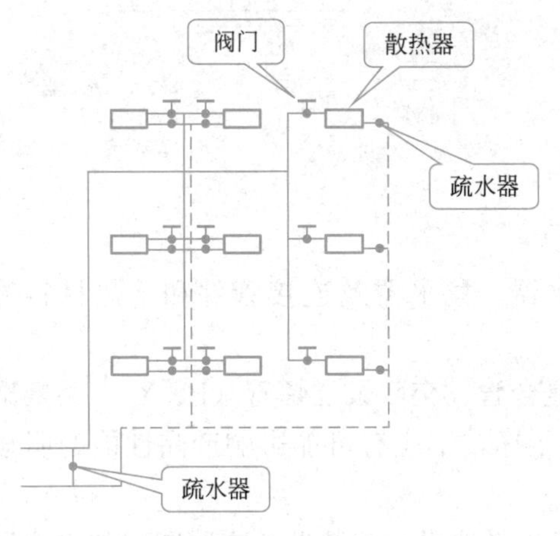

图 3.1.17 双管中供式

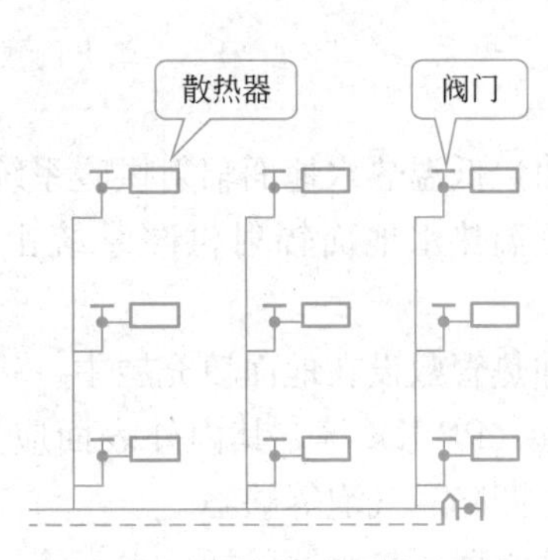

图 3.1.18 单管式下供下回式

(3) 高压蒸汽供暖系统主要形式

在工厂中，生产工艺用热往往需要使用较高压力的蒸汽，因此可以利用高压蒸汽作为热媒向工厂车间及其辅助建筑物进行供暖。

1) 上供下回式

如图 3.1.20 所示，高压供汽管在上，凝水管在下。多用于单层公共建筑或工业厂房。

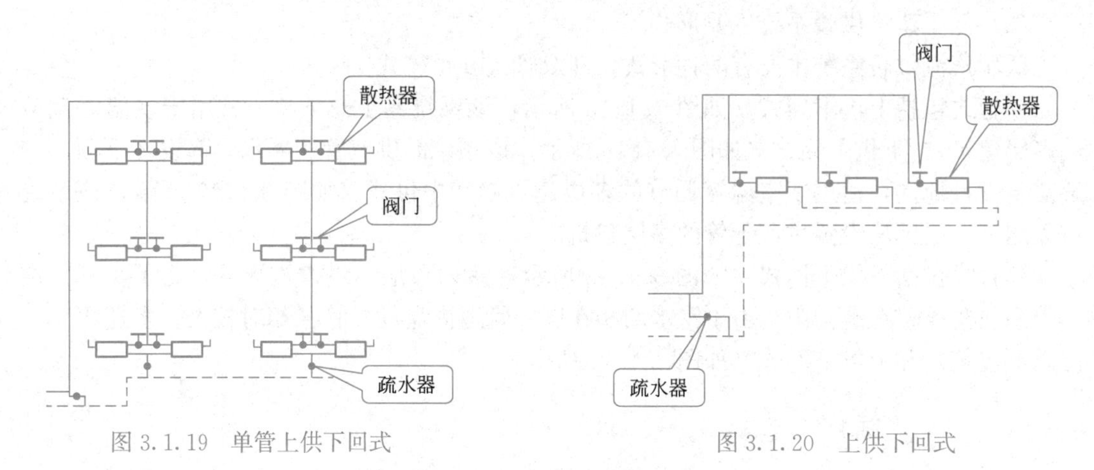

图 3.1.19　单管上供下回式　　　　图 3.1.20　上供下回式

2) 上供上回式

如图 3.1.21 所示，该系统多用于工业厂房暖风机供暖系统，这种方式系统泄水不便。

3) 水平串联式如图 3.1.22 所示，该系统构造简单，造价低，散热器接口处易漏水漏汽，多用于单层公共建筑。

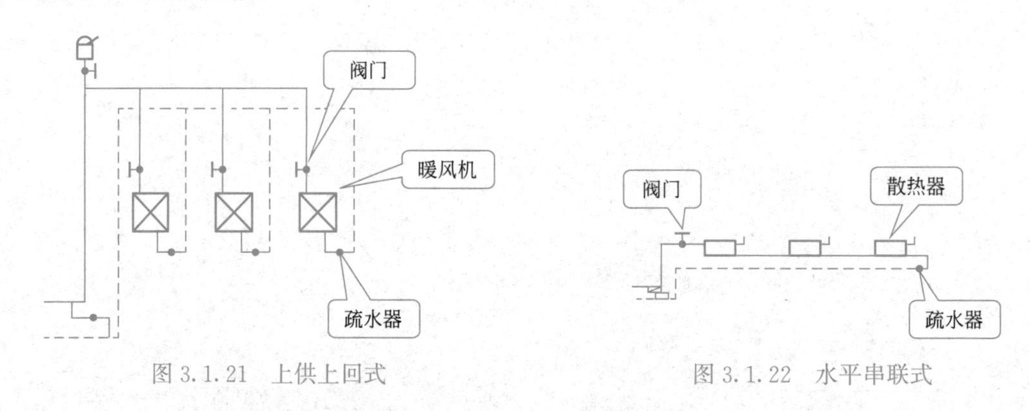

图 3.1.21　上供上回式　　　　图 3.1.22　水平串联式

(4) 低温热水地面辐射供暖系统的组成

低温热水地面辐射供暖系统由加热管、分水器、集水器及连接管件和绝热材料等组成。

加热管敷设在地面填充层中，一般采用铝塑复合管、交联聚乙烯管（PE-X）、共聚聚丙烯管（PP-R）等，其内外表面应光滑、平整、干净，不应有可能影响产品性能的明显划痕、凹陷、气泡等缺陷。

分水器、集水器包括分水干管、集水干管、排气及泄水试验装置、支路阀门和连接配件等，分水器和集水器宜为铜质。

绝热材料应采用热导率小、难燃或不燃并具有足够承载能力的材料，且不宜含有殖菌源，不得散发异味及可能危害健康的挥发物，常用的绝热材料为聚苯乙烯保温板。

（5）发热电缆地面辐射供暖系统的组成

发热电缆指以供暖为目的、通电后能够发热的电缆，由冷线、热线和冷热线接头组成。其中，热线由发热导线、绝缘层、接地屏蔽层和外保护套等部分组成，其外径不宜小于 6mm。发热电缆的型号和商标应有清晰的标志，冷热线接头位置应有明显标志。发热电缆必须有接地屏蔽层，其发热导体宜使用纯金属或金属合金材料。发热电缆的冷热导线接头应安全可靠，并应满足至少 50 年的非连续正常使用寿命。发热电缆应经国家电线电缆质量监督检验部门检验合格。

（6）金属辐射板供暖系统的形式

金属辐射板为钢制散热器，常见形式如图 3.1.23 所示。

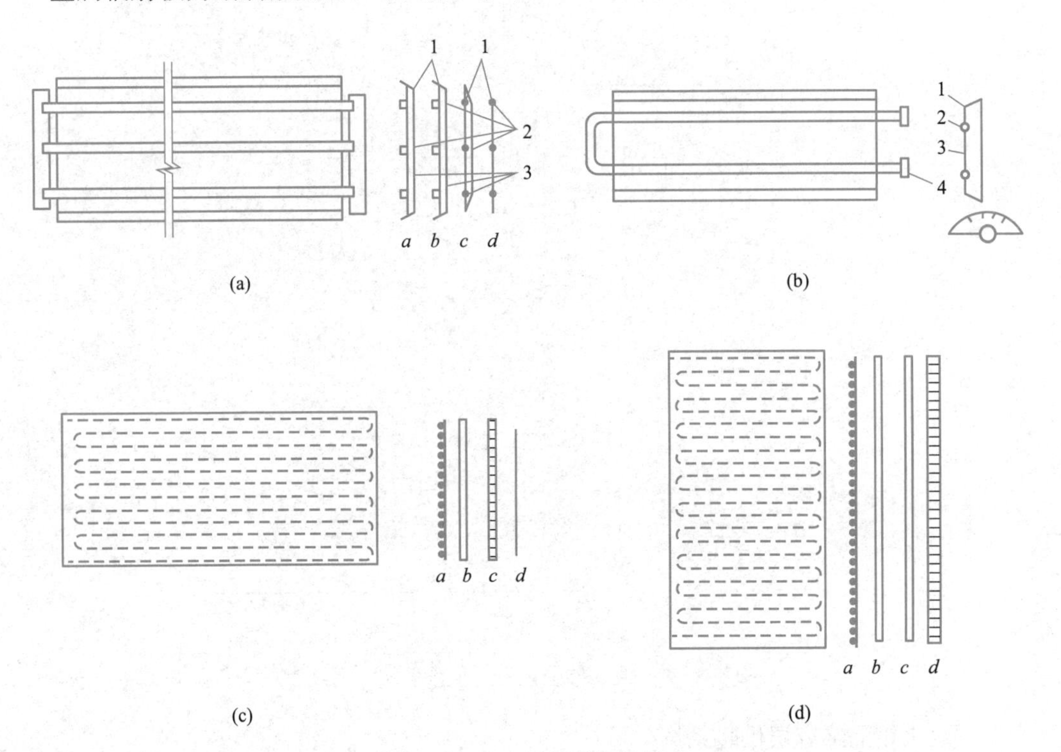

图 3.1.23　金属辐射板的形式

（a）钢制辐射板；（b）采用焊接的辐射板；（c）加热管与长边平行的盘管辐射板；

（d）加热板与短边平行的盘管辐射板

1—钢板；2—加热管；3—保温层；4—法兰

4. 高层建筑供暖系统

我国《建筑设计防火规范（2018 年版）》GB 50016—2014 规定，十层及十层以上的居住建筑（包括首层设置商业服务网点的住宅）和建筑高度超过 24m 的公共建筑为高层建筑。建筑高度是从建筑物室外地面到其檐口或屋面面层的高度。

高层建筑供暖系统常用的形式有：

（1）高承压系统

高承压系统一般要在整个系统内采用高承压的散热器、管材、阀门及其他附件。系统一般用于建筑高度不大于 50m 的情况，可采用垂直单管形式。系统运行平稳，但造价和运行费用都较高。

（2）换热器隔绝分层供暖系统

如图 3.1.24 所示。由于高层建筑层数多，易引起垂直失调，所以在室内供暖系统形式上，可以在垂直方向分两个或两个以上的独立系统，即分区。低区通常与室外管网直接连接，它的高度主要取决于室外管网的压力和该区独立供暖系统所使用散热器和管材的承压能力。高区系统与外网通过换热器隔绝连接，所以高区系统的水压不直接受到外网水压的影响。该种方式运行安全平稳，但造价和运行费用都较高，热源为蒸汽和高温水时多采用。

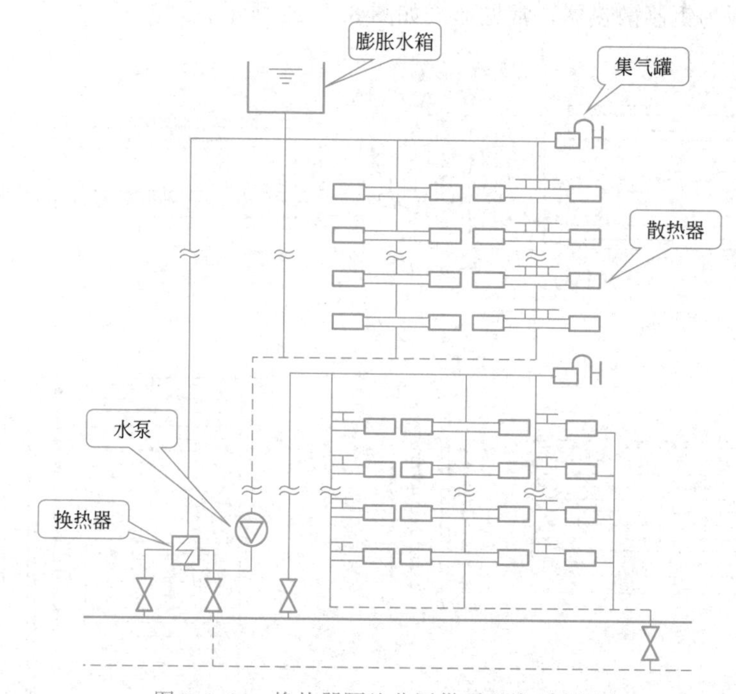

图 3.1.24　换热器隔绝分层供暖系统示意图

（3）双水箱隔绝分层供暖系统

如图 3.1.25 所示，当外网供水温度较低，使用换热器所需加热面积过大而不经济时，可以采用双水箱的分区供暖系统形式。这种形式把高区的供暖系统连接在高位进水箱和低位回水箱之间，运行时先将热水用水泵送到高位水箱，依靠水的重力，热水在高区系统中自上而下地流动放热后进入低位水箱。这种方式运行平稳，但不易调节工况，且由于水箱是开式的，易腐蚀。

（4）用静压隔断器的供暖系统

如图 3.1.26 所示，该系统采用静压隔断器等流体装置将高低区的水流隔断。该系统结构简单，造价低，运行安全，但调试较复杂，有时易产生噪声。此外，由于系统是开式，易腐蚀。

（5）双线式供暖系统

双线式供暖系统可分为垂直双线式和水平双线式两种形式。

垂直双线式热水供暖系统（图 3.1.27）的立管是Ⅱ形的单管，热水沿着立管从一端进入到最高处，然后再从立管的另一端流出来，因此可以近似地认为各层散热器内热媒的平均温度是相同的，从而有效地避免了垂直失调。

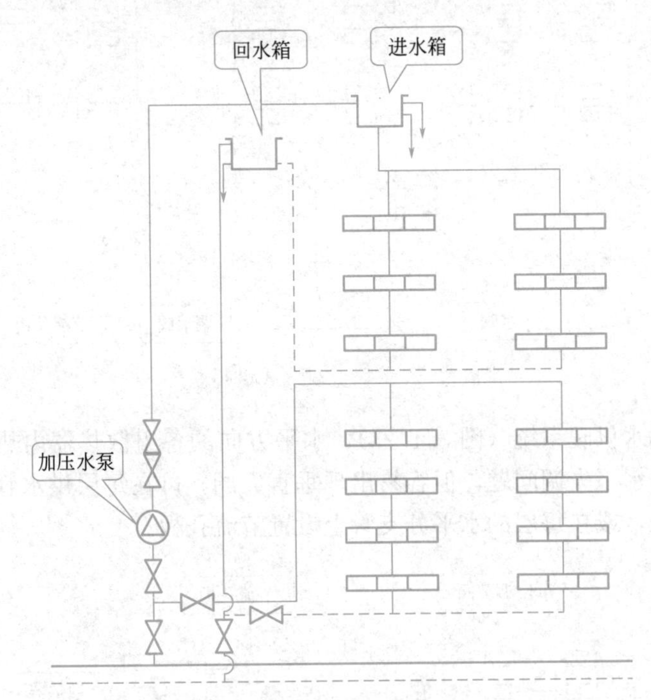

图 3.1.25　双水箱隔绝分层供暖系统示意图

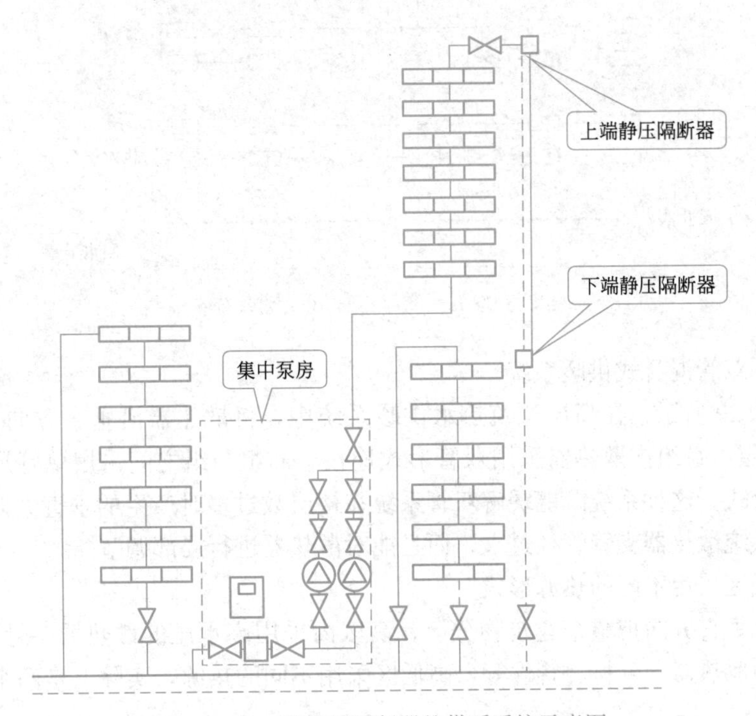

图 3.1.26　用静压隔断器的供暖系统示意图

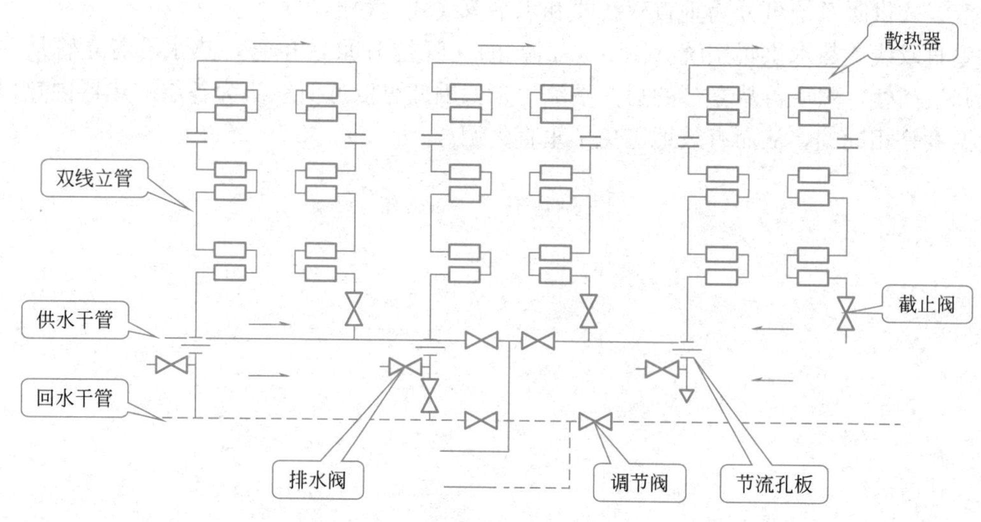

图 3.1.27　垂直双线式供暖系统

水平双线式热水供暖系统（图 3.1.28），水平方向的各组散热器内热媒的平均温度近似相同，可以避免水平失调问题，但容易出现垂直失调，可在每层供水管线上设置调节阀进行分层流量调节，或在每层的水平分支管上设置节流孔板。

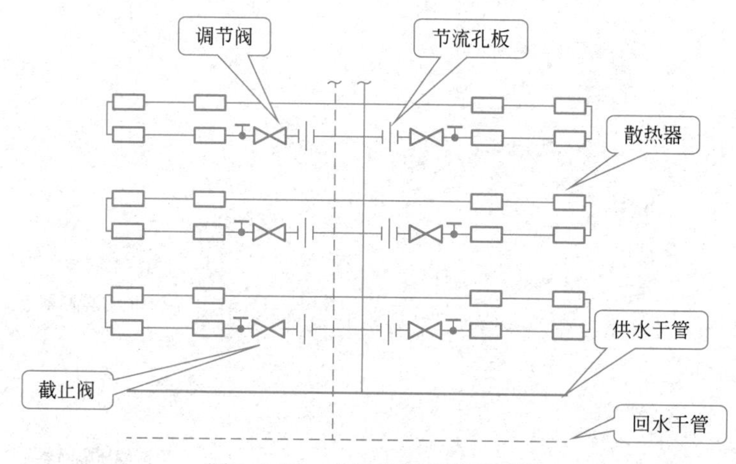

图 3.1.28　水平双线式供暖系统

（6）单、双管混合式供暖系统

如图 3.1.29 所示，在高层建筑热水供暖系统中，将散热器沿垂直方向分成若干组，每组有 2～3 层，每组内散热器采用双管形式连接，而组与组之间采用单管形式连接，即单、双管混合式。这种系统既能缓解双管系统在楼层数过多时产生的垂直失调，又能避免单管顺流式系统散热器支管管径过大，而且能对散热器进行局部调节。

（7）高低区采用不同的热源形式

该系统沿垂直方向把整个建筑物分区，高区内采用高承压的散热器、管材、管件等，低区用常规的散热器、管材、管件等，高低区采用不同的热源，实际上是两个独立的供暖系统。

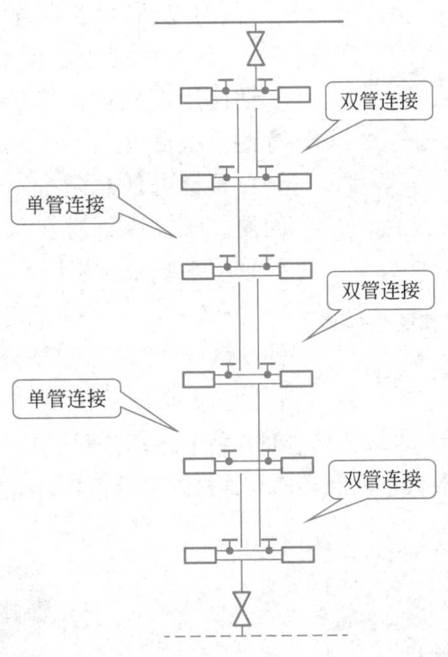

图 3.1.29　单、双管混合式供暖系统

3.1.1.2　建筑供暖系统常用材料与设备

1. 建筑供暖系统管材的选择

(1) 钢管

钢管是水暖工程施工中的主要材料之一，具有质地均匀，抗拉强度高，塑性和韧性好并且能承受冲击和振动荷载，容许较大变形，易于装配施工等特点，在供暖工程中应用广泛。

3-3 建筑供暖系统常用材料与设备

钢管分为焊接钢管和无缝钢管两种，适用于输送水、压缩煤气、冷凝水等介质和用作供暖管道。

(2) 给水聚丙烯塑料管（PP-R 管）

给水聚丙烯（PP-R 管）塑料管具有强度高、质量轻、韧性好、耐冲击、耐热性高、无毒、无锈蚀、安装方便等特点。

PP-R 管件有很多种，可采用螺纹（丝扣）、法兰和热熔等多种连接方式。图 3.1.30 为丝扣连接的聚丙烯管件，图 3.1.31 为法兰连接的聚丙烯管件结构图。

图 3.1.30　螺纹连接的聚丙烯管件

(a) 内螺纹弯头；(b) 外螺纹弯头；(c) 内螺纹三通；(d) 外螺纹三通；(e) 内螺纹活接

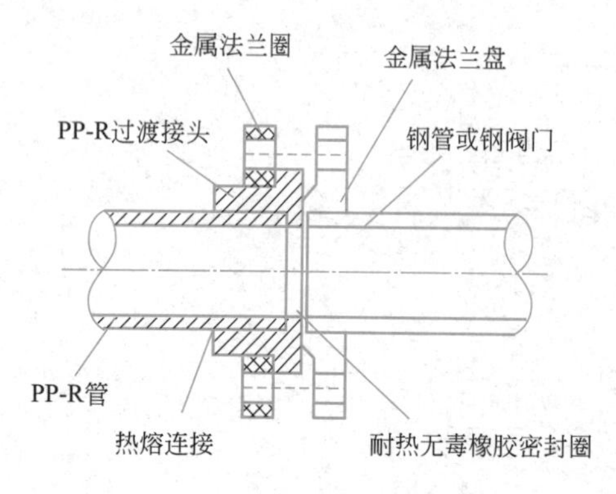

图 3.1.31 法兰连接的聚丙烯管件结构图

（3）交联聚乙烯管（PE-X 管）

PE-X 管使用温度范围广，可在－70～95℃下长期使用；质地坚实、韧性好、抗内压强高；无毒性、不霉变、不生锈、不结垢；隔热保温性能好；管材可任意弯曲；质量轻、搬运方便、安装简便。所以该管材在采暖系统尤其是低温热水辐射采暖系统中应用广泛。

PE-X 管的连接方式有螺母连接和卡环式连接两种。螺母连接方式是将螺母和 C 型铜环套入 PE-X 管上，再将内芯接头插入 PE-X 管，用扳手将螺母拧紧即可，如图 3.1.32 所示；卡环式连接时，将卡环套在管材上，然后将管材插入管件，再用专用夹紧钳用力压紧，使接头体上的凸环槽与管材内壁紧紧咬合密封，如图 3.1.33 所示。

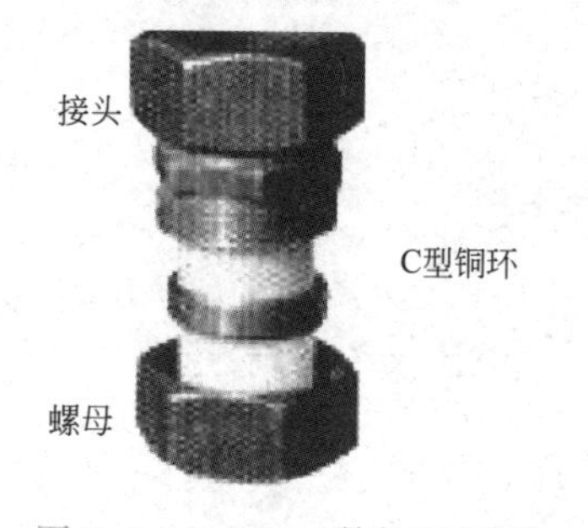

图 3.1.32 PE-X 管螺母连接

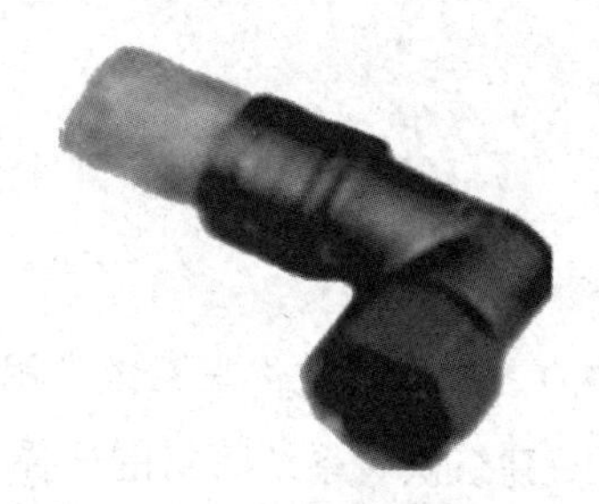
图 3.1.33 铜制卡环式

（4）非交联聚乙烯管（PE-RT 管）

PE-RT 管是一种可以用于热水管的非交联的聚乙烯，又称作耐高温非交联聚乙烯。其具有性能稳定、耐压抗热变形、抗冲击性好、安全性高、耐老化、寿命长、管材质地均匀、易于弯曲、施工简单、维修方便等优点。PE-RT 管主要为热熔连接，目前，在低温热水地面辐射采暖系统中应用广泛。

（5）铝塑稳态管

铝塑稳态管最常用的是 PP-R 稳态管，它结合普通 PP-R 管和金属管道的优点于一体，其结构为在 PP-R 管中加装铝层以稳定状态，可增加管道硬度，耐高温，减少膨胀系数，明装不变形，其中的铝层还可以起到阻氧和降低透光率的作用。PP-R 稳态管采用与普通 PP-R 管同样的热熔承插连接方式，连接前用专用卷削工具剥去外覆铝塑复合层，然后与同材质的 PP-R 管件进行热熔连接，以保证管材管件的一体化，杜绝连接部位渗漏。

2. 散热器的选择

散热器是安装在供暖房间内的散热设备，它把热媒的部分热量以传导、对流、辐射等方式传给室内空气，以补偿建筑物的热量损失，从而维持室内正常工作和学习所需的温度。

散热器按材质分为铸铁散热器、钢制散热器、铜铝复合散热器、钢铝复合散热器和铝合金散热器等；按形状可分为翼型、柱型、串片式、板式、扁管式和光管式等。

（1）铸铁散热器

铸铁散热器是目前使用最多的散热器，根据形状可分为柱型及翼型两种，见表 3.1.1。

铸铁散热器的类型　　表 3.1.1

类别	组成规格	图示	实物图	特点	适用范围
柱型散热器	主要有二柱、四柱、五柱三种类型	四柱型　五柱型		传热系数高，外形美观，不易积灰，表面光滑，容易清扫，但造价高，金属热强度低，组片接口多，承压能力不高	广泛用于住宅和公共建筑中
翼型散热器	有圆翼型和长翼型两种，外表面上有许多肋片	翼型管　圆翼型		承压能力低，表面易积灰、难清扫，外形不美观，但散热面积大，加工制造容易，造价低	多用于工业厂房内

(2) 钢制散热器

钢制散热器主要有排管型、闭式钢串片、板式、柱型和扁管型几大类，见表 3.1.2。

钢制散热器的类型　　表 3.1.2

类别	组成规格	图示	实物图	特点	适用范围
排管型散热器	用钢管焊接或弯制而成，其规格尺寸由设计决定，可按国标选用	堵板　排管　接管　立管　H　L　L　接管　排管　立管　堵板		其优点是承压能力高，表面光滑，易于清除灰尘，加工制造简便；缺点是耗钢量大，占地面积大，不美观	一般用于灰尘较多的工业厂房内
闭式钢串片散热管	由钢管、钢片、联箱、放气阀及管接头组成，其散热量随热媒参数、流量和其构造特征的改变而改变	ϕ25×2.5　长度规格　末片　首片　管接头　放气阀　70　联箱　40　翅片　8.5　0.5　30		优点是承压高，体积小，重量轻，容易加工，安装简单和维修方便；缺点是薄钢片间距密，不宜清扫，耐腐蚀性差	多用于工业厂房内

续表

类别	组成规格	图示	实物图	特点	适用范围
钢制柱式散热器	其构造与铸铁散热器相似。每片也有几个中空的立柱。由厚度为1.25～1.5mm的冷轧钢板压制成单片然后焊接而成	640 120 φ40 35 50 500 50		外形与铸铁散热器基本相同，且同时具有钢串片散热器和铸铁柱型散热器的优点	广泛用于住宅和公共建筑中
板式散热器	由面板、背板、对流片和水管接头及支架等部件组成	正面 背面		外形美观，散热效果好，节省材料但承压能力低	广泛用于住宅和公共建筑中
扁管式散热器	由数根扁管焊接面成，扁管规格为52mm×11mm×1.5mm，分单板、双板、带对流片与不带对流片四种结构形式	20 H H-40 20 L 35 35 40 放气丝堵 供水 回水		具有金属耗量少，耐压强度高，外形美观整洁，体积小，占地少，易于布置等优点，但易受腐蚀，使用寿命短	多用于高层建筑和高温水供暖系统中，不能用于蒸汽供暖系统中，也不宜用于湿度较大的供暖房间内

（3）铝合金散热器

铝合金散热器的耐压性和传热性明显优于传统的铸铁散热器，其外观雅致，具有较强的装饰性和观赏性；体积小，重量轻，结构简单，便于运输安装；耐腐蚀，寿命长。其主要类型如图3.1.34所示。

（4）散热器的选择与布置

散热器种类繁多，在设计供暖系统时，应根据散热器的热工、经济、使用和美观等多方面的要求，以及供暖房间的用途、安装条件以及当地产品来源等因素合理选用。

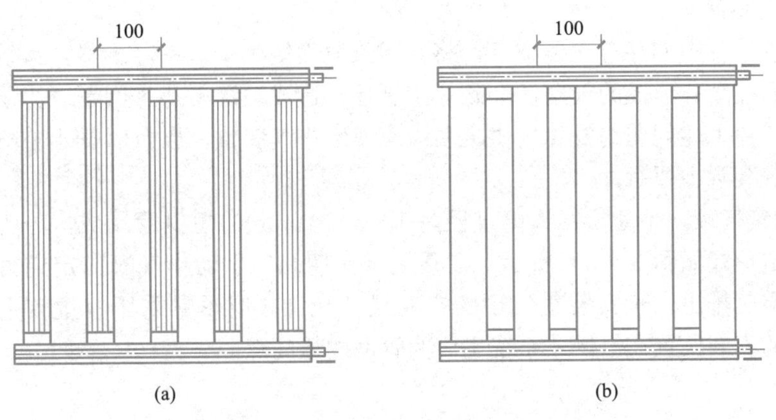

图 3.1.34　铝合金散热器

(a) 翼型；(b) 闭合型

室内的散热器一般布置在房间外窗的窗台下。这样布置可以使从窗缝渗入的室外冷空气迅速加热后沿外窗上升，形成室内冷暖气流的自然对流，令人感到舒适。但当房间进深小于 4m，且外窗台下无法装置散热器时，散热器可靠内墙放置。

楼梯间的散热器应尽量布置在底层，被散热器加热的空气流能够自由上升补偿楼梯间上部空间的耗热量；若底层楼梯间的空间不具备安装散热器的条件时，应把散热器尽可能地布置在楼梯间下部的其他层。

3. 供热附属设备与附件

(1) 膨胀水箱

膨胀水箱在热水采暖系统中起着容纳系统膨胀水量、排除系统空气、为系统补水及定压的作用，是热水采暖系统中的重要辅助设备之一。

膨胀水箱一般用钢板制成，通常是圆形或矩形。箱上设有膨胀管、溢流管、信号管、排水管及循环管等管路，其构造与配管如图 3.1.35 所示。

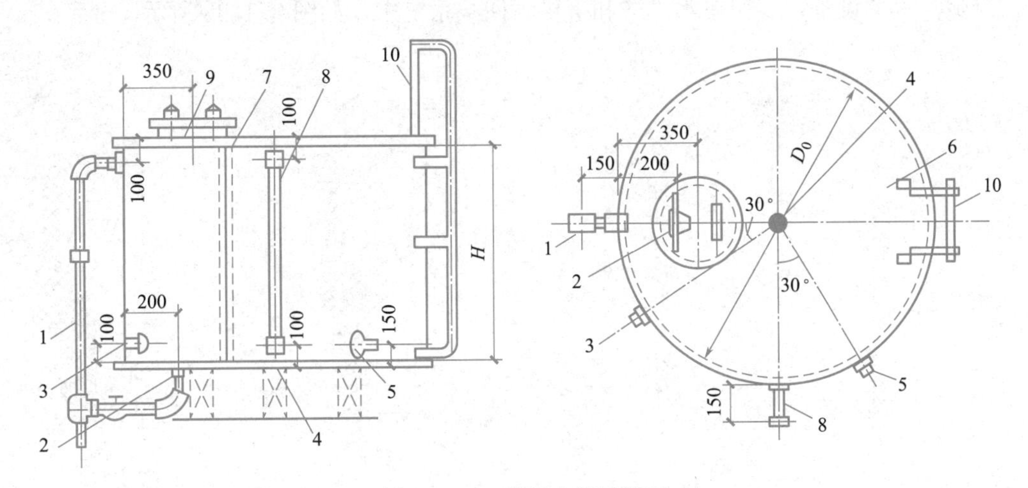

图 3.1.35　膨胀水箱结构图

1—溢流管；2—排水管；3—循环管；4—膨胀管；5—信号管；6—箱体；
7—人梯；8—水位计；9—人孔；10—外人梯

(2) 排气装置

热水供暖系统中如存有大量空气，将会导致散热量减少，室温下降，系统内部受到腐蚀，使用寿命缩短；形成的气塞还会破坏水循环，造成系统不热等问题。为了保证系统的正常运行，避免上述问题的发生，供暖系统应安装排气装置，以及时排出空气。供暖系统中常用的排气装置主要有：

1) 手动集气罐。手动集气罐由直径为 100～250mm 的短钢管制成，分为立式和卧式两种，其构造形式如图 3.1.36 所示。在系统工作期间，手动集气罐应定期打开阀门将积聚在罐内的空气排出。若安装集气罐的空间尺寸允许，应尽量采用容量较大的立式集气罐。集气罐的安装位置在上供式系统中应为管网的最高点。

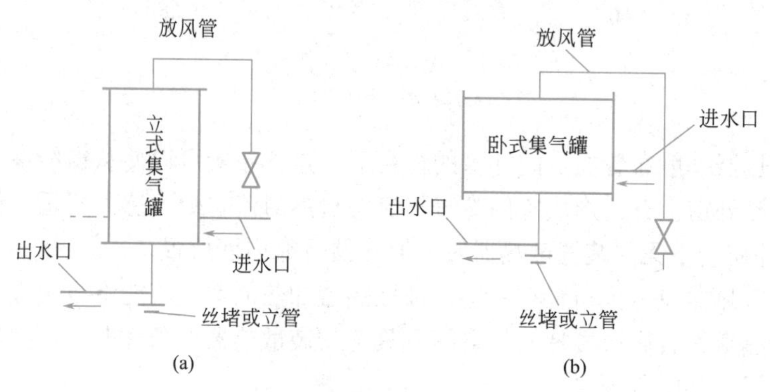

图 3.1.36 手动集气罐

(a) 立式集气罐；(b) 卧式集气罐

2) 自动排气阀。自动排气阀是一种依靠自身内部机构将系统内的空气自动排出的新型排气装置。它的工作原理就是依靠罐内水对浮体的浮力，通过内部构件的传动作用自动排气，如图 3.1.37 所示。自动排气阀近年来应用较广，其优点是管理简单、使用方便、节能。

3) 冷风阀。冷风阀又称为手动排气阀，是旋紧在散热器上部专设的丝孔上，以手动方式排除空气的设备，多用在水平式和下供下回式系统中，如图 3.1.38 所示。

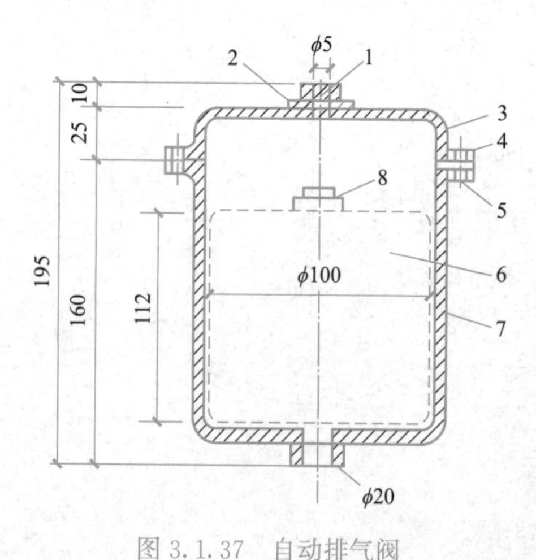

图 3.1.37 自动排气阀

1—排气口；2—橡胶石棉垫；3—罐盖；4—螺栓；5—橡胶石棉垫；6—浮体；7—罐体；8—耐热橡皮

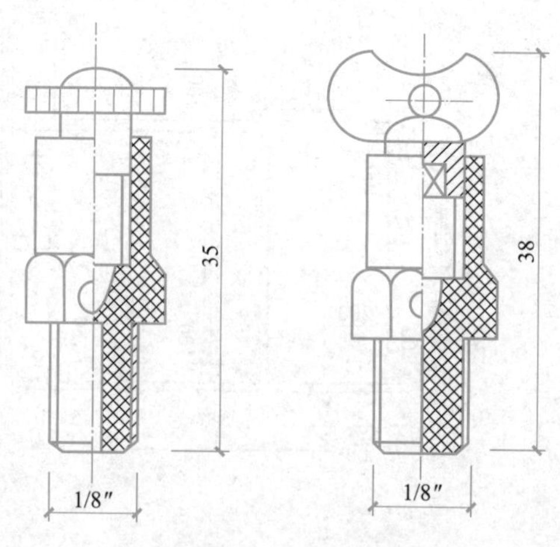

图 3.1.38 冷风阀

(3) 疏水器

疏水器用于蒸汽供暖系统中，其作用是自动而迅速地排出散热设备及管网中的凝结水，并阻止蒸汽逸漏。按其工作原理，疏水器可分为机械型、恒温型、热力型三种。图 3.1.39 为恒温型疏水器。

(4) 除污器

除污器是热水供暖系统中保证系统管路畅通无阻，用来清洗和过滤热网中污物的设备，一般设置在供暖系统用户引入口的供水总管上、循环水泵的吸入管段上、热交换设备进水管段等位置。除污器有立式和卧式两种，立式除污器如图 3.1.40 所示。

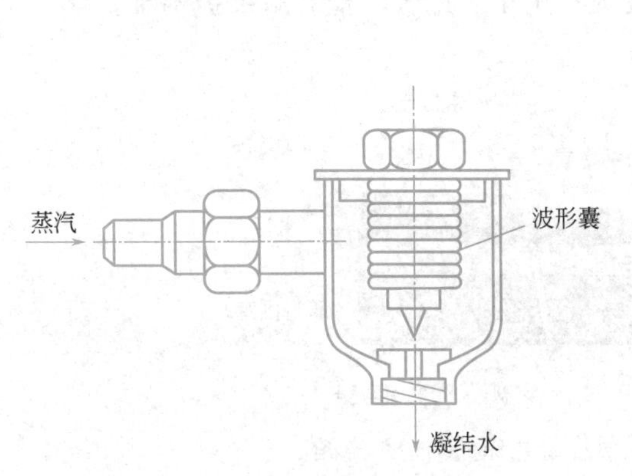

图 3.1.39　恒温型疏水器

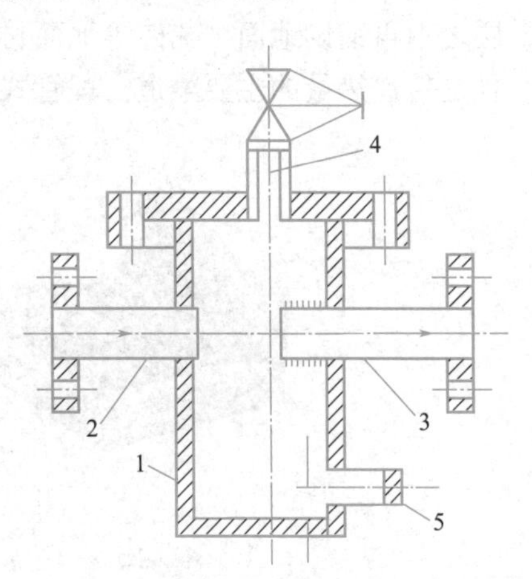

图 3.1.40　立式除污器

1—筒体；2—进水管；3—出水管；
4—排气管及阀；5—排污丝堵

(5) 散热器温控阀

散热器温控阀是一种自动控制散热器散热量的设备，如图 3.1.41 所示。它由阀体和感温元件两部分组成。温控阀控温范围在 13～28℃之间，温控误差为±1℃。

(6) 热计量表

热计量表是进行热量测量和计算，并作为结算热量消耗依据的计量仪器，主要由一个流量传感器、一对温度传感器和一个积分仪三部分组成，如图 3.1.42 所示。按流量传感器形式的不同，热量表可分为机械式、超声波式和电磁式三种类型。

图 3.1.41　散热器温控阀外形图

图 3.1.42　超声波式热计量表

4. 辐射供暖末端设备

辐射供暖末端设备有低温热水地面供暖中使用的埋地塑料管及铝塑复合管，有电供暖中使用的发热电缆和电热膜，有中温热水辐射供暖中使用的辐射板，还有高温辐射供暖中使用的辐射器和辐射管等。

（1）低温热水地面辐射供暖末端设备

低温热水地面辐射供暖末端设备多为塑料管或铝塑复合管，其安装方式有埋管式（又称湿式）和组合式（又称干式）两种。

如图 3.1.43 所示，埋管式安装就是指用混凝土把地暖管道包埋起来，然后在混凝土层之上再铺设地面、瓷砖等地面材料。混凝土层不仅起到保护、固定水暖管道的作用，而且是传递热量的主要渠道。埋管式安装施工难度大、施工工期长、安装后维护困难。

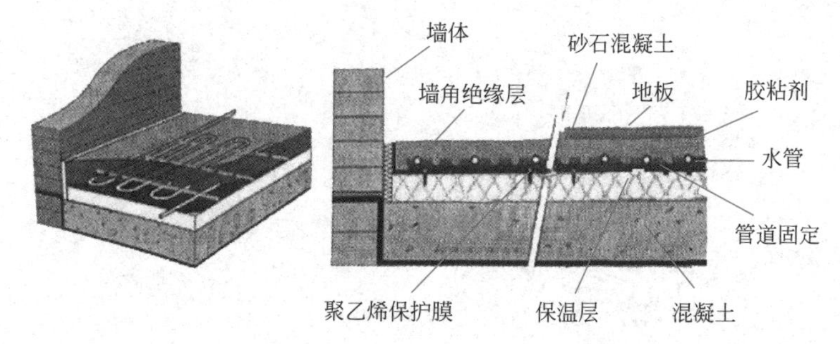

图 3.1.43　低温热水地面辐射供暖埋管式地面构造示意图

如图 3.1.44 所示，组合式安装采用特制的干式地暖模块或塑料模板，将管道卡在模板的管槽中，地板则直接铺设在干式模块或模板表面。热量通过模块铝板导热层或模板抹灰层均衡传给地板。

图 3.1.44　低温热水地面辐射供暖组合式安装示意图和模板图

（2）热水吊顶辐射板

如图 3.1.45 所示，热水吊顶辐射板为金属辐射板的一种，可用于层高 3～30m 的建筑物的全面供暖和局部区域或局部工作地点供暖，可在维修大厅、生产加工中心、建材市场、购物中心、展览会场、多功能体育馆和娱乐大厅等许多场合使用，具有节能、舒适、卫生、运行费用低等特点。

热水吊顶辐射板的供水温度宜采用 40～140℃的热水，其水质应满足产品要求。在非供暖季节供暖系统应充水保养。

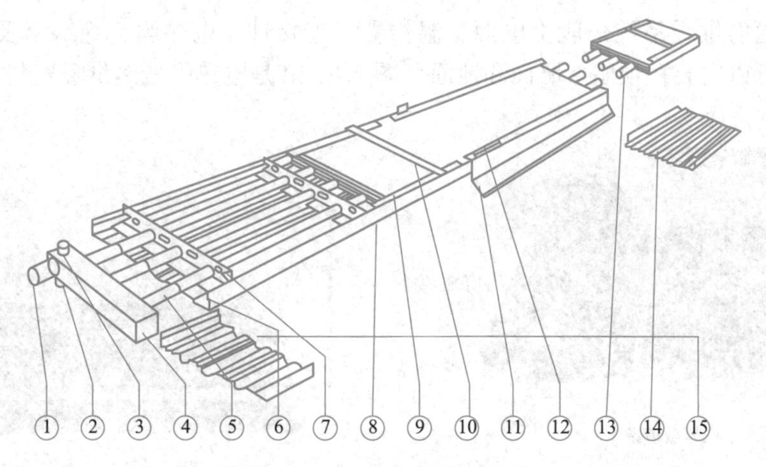

图 3.1.45　热水吊顶辐射板

①—进水管；②—泄水口；③—排空阀接口；④—集水管；⑤—换热管；⑥—辐射面板；
⑦—吊架；⑧—高温隔热棉；⑨—侧面压条；⑩—隔热面压条；⑪—防对流裙板（订制）；
⑫—固定卡；⑬—接口；⑭—接头盖板；⑮—接头盖板（首、末端）

（3）燃气红外线辐射器

燃气红外线辐射器利用燃气燃烧时产生的热量直接加热设备，能释放出像太阳光一样的红外线。可以用于全面供暖，也可用于局部供暖。

常用的燃气红外线辐射器有燃气辐射板和燃气辐射管，如图 3.1.46 和图 3.1.47 所示。

图 3.1.46　燃气辐射板

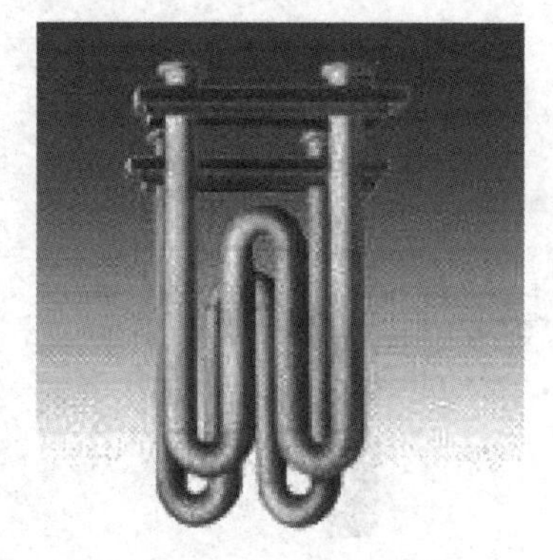

图 3.1.47　燃气辐射管

燃气辐射板由外壳、燃烧器组件、陶瓷板和金属格栅组成。向外辐射热量的多孔陶瓷板利用燃气能加热到 1000℃。辐射板气源可以是天然气，也可以是液化石油气。

燃气辐射管由燃烧器、辐射管、反射板、排烟风机、排烟接头等组成。

（4）电热膜和发热电缆

电热膜是通电后的发热体，是由电绝缘材料柔性薄片与封装的加热电阻组成的复合体。如图 3.1.48 所示，该电热膜表材是特制的聚酯薄膜，膜片中间是可导电油墨。通电后可发热。电热膜的两边为金属载流条，是用来连接油墨电阻的，作用相当于导线。

电热膜辐射供暖系统一般由电源、温控器、连接件、电热膜、绝缘罩及饰面层等组成。电热膜可以安装在顶棚、墙面和地面。图 3.1.49 是电热膜地热供暖安装示意图。

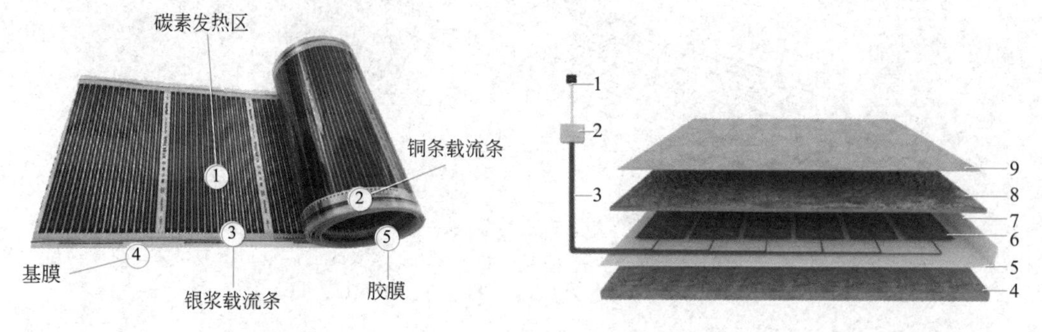

图 3.1.48　电热膜

图 3.1.49　电热膜地热供暖安装示意图

1—智能温度控制器；2—地暖专用接线盒；3—一体导线；4—初始地面；5—绝热材料；6—电热膜；7—侧面绝热层；8—填充层；9—饰面层

发热电缆是发热电缆供暖系统的主要元件，如图 3.1.50 所示，发热电缆通常由合金电阻丝、绝缘层、接地线、屏蔽层和外护套等组成。

发热电缆供暖系统由发热电缆、温控器、传感器等构成，发热电缆供暖常采用地板式安装。图 3.1.51 是埋地发热电缆供暖安装示意图。

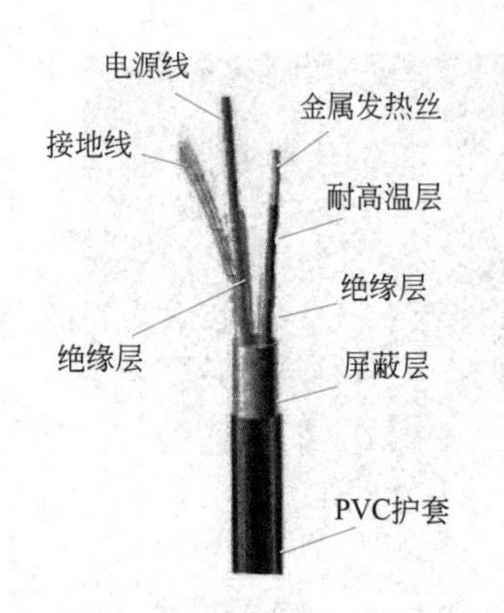

图 3.1.50　发热电缆

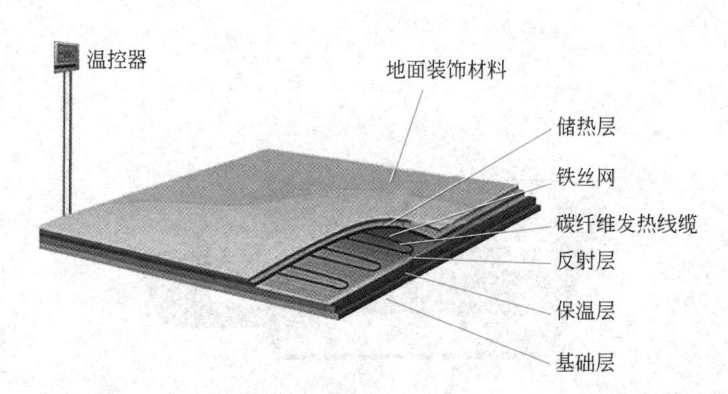

图 3.1.51　埋地发热电缆供暖安装示意图

(5) 空气幕与暖风机

1) 空气幕

空气幕亦称风帘机、风幕机，用于需要防尘、隔热、保温的商场、厂房、宾馆、饭店等门口。

空气幕按送风形式可分为上送式、侧送式和下送式三种。按送出气流的处理状态，空气幕可分为冷空气幕和热空气幕。按安装方式，空气幕可分为水平安装和垂直安装两种。按配用风机形式，空气幕可分为离心式（图 3.1.52)、贯流式（图 3.1.53）和轴流式（图 3.1.54)。按热源种类，空气幕的热源有热水、蒸汽和电。

图 3.1.52　离心式空气幕

图 3.1.53　贯流式空气幕

图 3.1.54　轴流式空气幕

2）暖风机

暖风机是热风供暖系统的末端设备，通常由风机、电动机及空气加热器组合而成。

根据风机型式，暖风机可分为轴流式和离心式两种，常称为小型暖风机和大型暖风机。暖风机所采用的热源可以是热水、蒸汽，也可以是蒸汽和热水两用的。如图 3.1.55～图 3.1.57 所示。

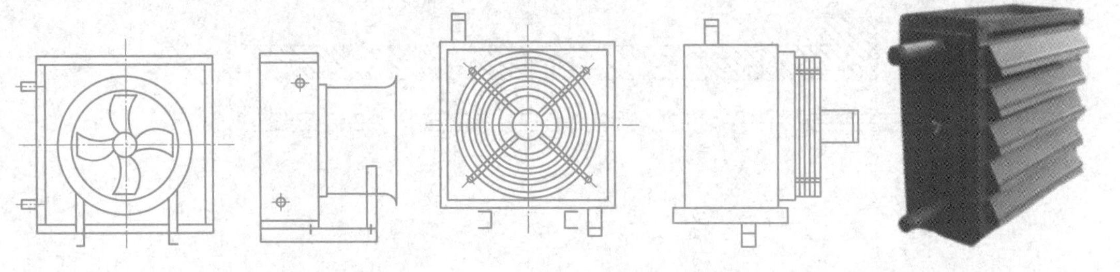

图 3.1.55　NZ 型暖风机　　图 3.1.56　Q 型暖风机　　图 3.1.57　NC 型暖风机

3.1.1.3　建筑供暖系统布置与施工

1. 建筑供暖管道系统布置

建筑供暖管道的布置应在保证使用效果的前提下，力求简单、美观，各分支环路负荷均衡，阻力平衡，安装与维修方便。

3-4 建筑供暖系统布置与施工

（1）热力引入口

室内供暖系统与室外供热管网是通过引入口连接起来的。其主要作用是分配、转换和调节供热量。热力引入口的形式主要根据供热管网提供的热媒形式和用户的要求确定，一般由相应设备、阀门及监测计量仪表等组成。引入口一般每个用户只设一个，可设在建筑物底层的地下室、专用房间和地沟内，图 3.1.58 是设在地沟内的热力引入口。当管道穿越基础、墙或楼板时应按照规范预留孔洞。

（2）干管的布置

为了合理地分配热量，以达到便于控制、调节和维修的目的，供暖系统通常被划分为几个分支环路。环路划分时应尽量使各环路的阻力平衡，较小的供暖系统可不设分支环路。

供暖管道敷设方式有明装、暗装两种。除了在装饰方面有较高要求的房间内采用暗装外，一般采用明装。这样有利于散热器的传热和管道的安装、检修。暗装时应确保施工质

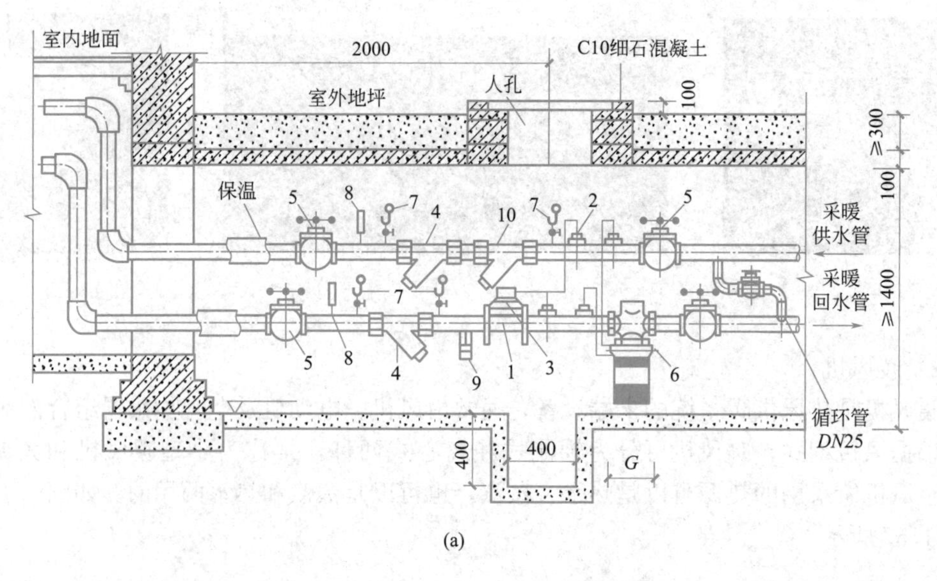

(a)

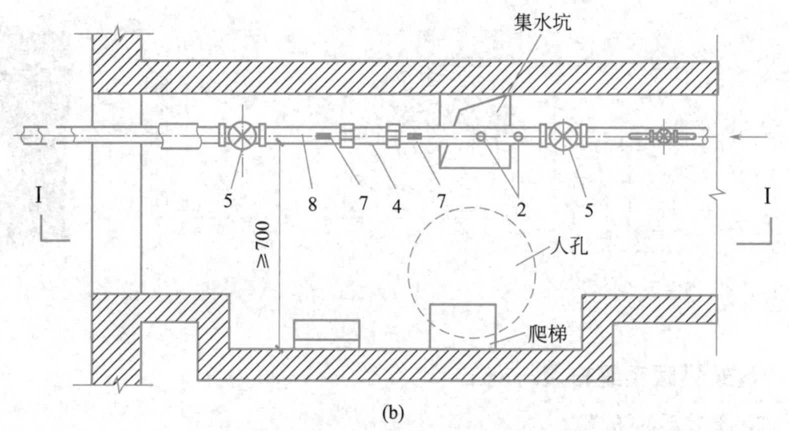

(b)

图 3.1.58　地沟（检查井）内的热力入口

（a）Ⅰ-Ⅰ剖面；（b）入口平面

1—流量计；2—温度压力传感器；3—积分仪；4、10—过滤器；

5—截止阀；6—自力式压差控制阀；7—压力表；8—温度计；9—泄水阀

量，并具备必要的检修措施。

供暖供水干管明装可沿墙敷设在窗过梁和顶棚之间的位置；暗装则布置在建筑物顶部的设备层中或吊顶内。回水干管或凝结水管一般敷设在建筑物地下室顶板之下或底层地板之下的管沟内；也可以沿墙明装在底层地面上，但当干管必须穿越门洞时，应局部暗装在沟槽内。

（3）立管的布置

立管可布置在房间外窗之间或墙身转角处，对于有两面外墙的房间，立管宜设置在温度较低的外墙转角处。楼梯间的立管尽量单独设置。立管应垂直于地面安装，穿越楼板时应设套管加以保护，以保证管道自由伸缩且不损坏建筑结构，套管内应填充柔性材料。

暗装立管可敷设在墙体内预留的沟槽中，也可以敷设在管道竖井内。管道竖井应每层用隔板隔断，以减少井中空气对流而形成无效的立管传热损失。此外，每层还应设检修门供维修之用。

(4) 支管的布置

散热器支管的布置与散热器的位置、进水口和出水口的位置有关。支管与散热器的连接方式一般采用上进下出、同侧连接的方式，这种连接方式具有传热系数大、管路短、美观的优点。

散热器的供、回水支管应按沿水流方向下降的坡度敷设，如图 3.1.59 所示。如坡度相反，则易造成散热器上部存气，或者下部水排不干净。按照施工与验收规范的规定，支管坡度以 1%为宜。

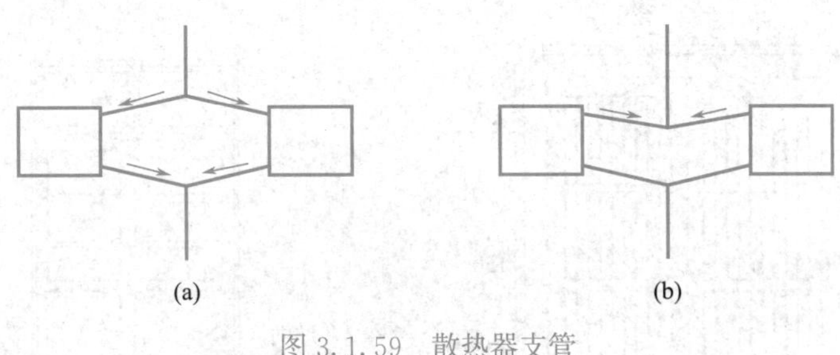

图 3.1.59　散热器支管

(a) 正确方法；(b) 错误方法

(5) 补偿器的设置

在供暖系统设计和施工安装中，应注意金属管道受热而伸长的问题。通常采用的处理方法是在供热管道的固定支架之间设置各种形式的补偿器，以补偿该管段的热伸长从而减弱或消除因膨胀产生的应力，防止管道胀坏。补偿器有多种形式，如自然补偿器、套管式补偿器、方形补偿器等。由于自然补偿器是利用管道自然转弯来吸收热伸长量的，故选用补偿器时应优先考虑自然补偿器。

2. 建筑供暖系统安装施工

室内外供暖系统以入口阀门或距建筑物外墙 1.5m 为界。供暖系统为闭路循环管路，供暖系统的坡向和坡度必须严格按设计施工，以保证顺利排除系统中的空气和收回供暖回水。不同热媒的供暖系统有不同的坡向和坡度要求，在安装水平干管时，绝对不允许倒坡。室内管道要做到横平竖直、规格统一、外观整齐，不能影响室内的美观。

(1) 建筑供暖管道系统的安装

建筑供暖系统的安装应按照支吊架安装→干管安装→立管安装→散热器安装→支管安装→试压→冲洗→防腐与保温→调试的程序进行。

1) 安装干管

室内供暖系统中，供热干管是指供水管、回水管及与数根供暖立管相连接的水平管道部分，包括供热干管及回水干管两类。

① 画线定位。首先应根据施工图所要求的干管走向、位置、标高和坡度，检查预留孔洞，挂通线弹出管道安装的坡度线；为便于管道支架制作和安装，取管沟标高作为管道坡度线的基准。

② 管段加工预制。按施工草图进行管段的加工预制，包括断管、套丝、上零件、调

直，核对好尺寸后，按环路分组编号并码放整齐。

③ 安装支吊架。按设计要求或规定间距安装支吊架。吊卡安装时，先把吊杆按坡向、顺序依次穿在型钢上，吊环按间距位置套在管道上，再把管道抬起穿上螺栓拧上螺母并固定。安装托架上的管道时，先把管道就位在托架上，把第一节管道装好 U 形卡，然后安装第二节管道，以后各节管道均照此进行，紧固好螺栓。

④ 干管就位安装。干管安装应从进户或分支路点开始，装管前要检查管腔并清理干净。管道地上明设时，可在底层地面上沿墙敷设，过门时设过门地沟或绕行，如图 3.1.60 所示。

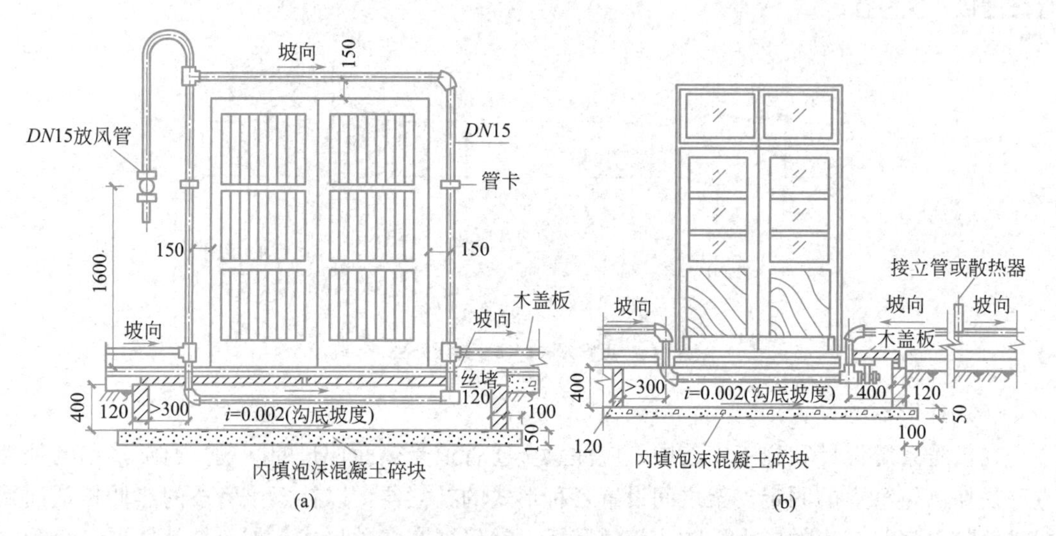

图 3.1.60 供暖干管过门的安装

干管与分支干管连接时，应避免使用 T 形连接，否则，当干管伸缩时有可能将直径较小的分支干管的焊口拉断，正确的连接方法如图 3.1.61 所示。

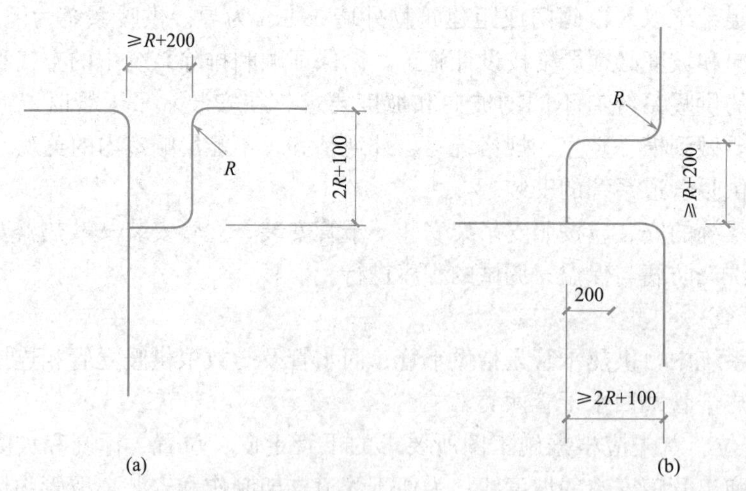

图 3.1.61 主干管与分支干管连接

（a）水平连接；（b）垂直连接

管道安装完，首先检查坐标、标高、预留口位置和管道变径等是否正确，然后找直，用水平尺校对复核坡度，调整合格后，再调整吊卡螺栓 U 形卡，使其松紧适度，平正一致，最后焊牢固定卡处的止动板。供暖干管管道变径的做法如图 3.1.62 所示。

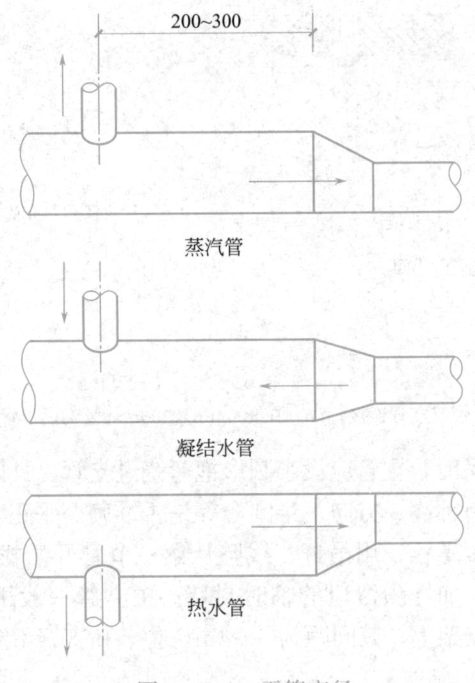

图 3.1.62　干管变径

2）立管安装

立管安装一般在墙面抹灰后进行，如需在地面施工之前进行，则要求土建的地面标高必须准确。具体安装程序如下：

① 复核预留孔洞和现场预制加工。

核对各层预留孔洞位置是否正确、垂直，然后吊线、剔眼、栽埋管卡。在施工现场按照图纸下料，将管道预组装并按组装好的顺序编号，然后将预制好的管道按编号顺序运到安装地点。

② 管道安装。

安装前先卸下阀门盖，有钢套管的先穿到管上，按编号从第一节开始安装。依顺序向上或向下安装，直至全部立管安装完成。

供暖干管一般布置在离墙面较远处，需要通过干、立管间的连接短管使立管能沿墙边而下，少占建筑面积，还可减少干管膨胀对支管的影响，其连接形式如图 3.1.63 和图 3.1.64 所示。

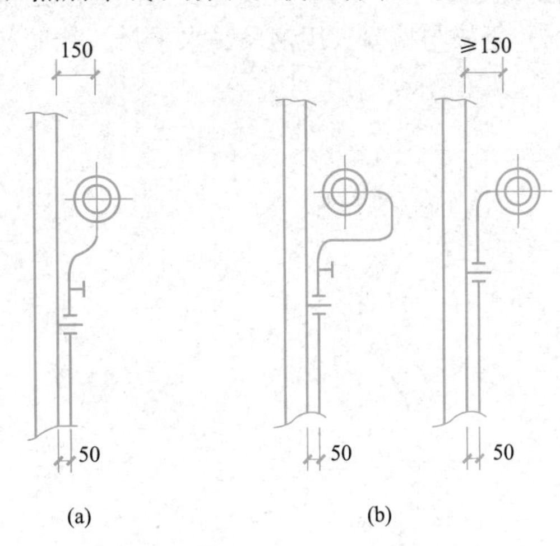

图 3.1.63　干管与顶部立管的连接
（a）供暖供水管；（b）蒸汽管

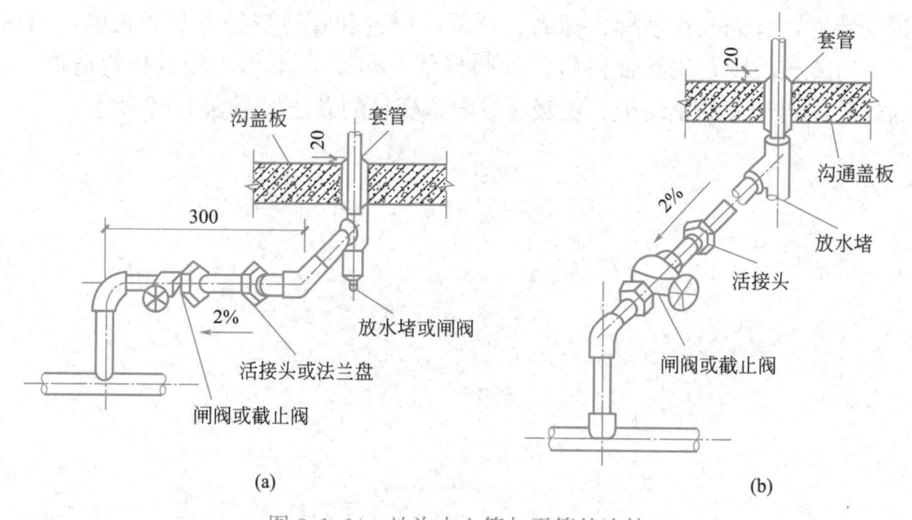

图 3.1.64 地沟内立管与干管的连接

(a) 地沟内干管与立管连接；(b) 在 400mm×400mm 管沟内干管与立管连接

当立管与支管垂直交叉时，立管应设半圆形抱弯绕过支管，具体做法如图 3.1.65 所示。

检查立管的每个预留口标高、方向、半圆弯等是否准确、平正。将事先栽埋好的管卡松开，把管道放入管卡内拧紧螺栓，用吊杆、线坠从第一节管开始找好垂直度，扶正钢套管，填塞套管与楼板间的缝隙，加好预留口的临时封堵。主立管一般用管卡或托架安装在墙壁上，下端要支撑在坚固的支架上，其间距为 3～4m，管卡和支架不能妨碍主立管的胀缩。

3）支管的安装

支管的安装应在立管与干管安装完毕后进行。

① 检查预留预埋情况。检查散热器安装位置及立管预留口是否正确，量出支管尺寸和乙字弯的大小。

② 配支管。量出支管的尺寸，减去乙字弯的尺寸，然后断管、套丝、制作乙字弯和调直管段。将乙字弯两头抹铅油缠麻，装好活接头，连接散热器，并把麻头清洗干净，支管与散热器的连接如图 3.1.66 所示。立支管变径，不宜使用铸铁补芯，应使用变径管箍或焊接法。

4）复核与检验。用钢尺、水平尺、线坠校对支管的坡度和距墙尺寸，并复查立管及

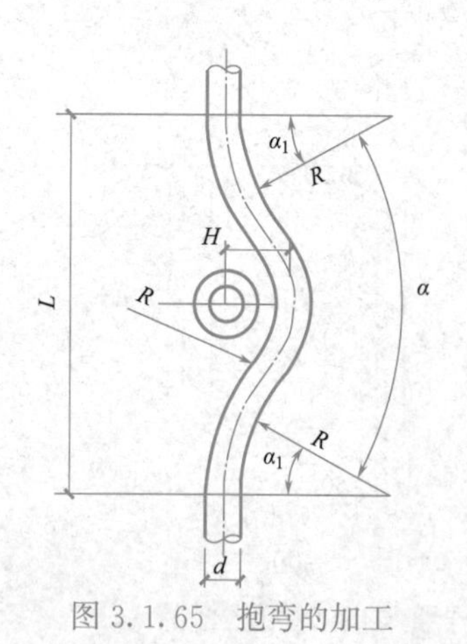

图 3.1.65 抱弯的加工

图 3.1.66 支管的安装

1—闸阀；2—活接头；3—回水干管

散热器有无偏移。按设计或规定的压力进行系统试压及冲洗，合格后办理验收手续，并将水泄净。

(2) 散热器的安装

散热器有明装和暗装两种安装方式，普通建筑中多采用明装，在标准较高的房间中，可装设在窗下的壁龛内用装饰板加以遮盖。散热器的安装应按照以下程序进行：

1) 画线、定位。根据设计图纸和标准图集，或由施工方案、技术交底确定安装位置和安装高度，在墙上画出散热器的安装中心线和标高控制线。

2) 散热器支架的安装。散热器安装时采用的支架主要有托钩、固定卡、托架、落地架等。

① 柱型散热器的固定卡及托钩的加工。固定卡及托钩应按图 3.1.67 进行加工。

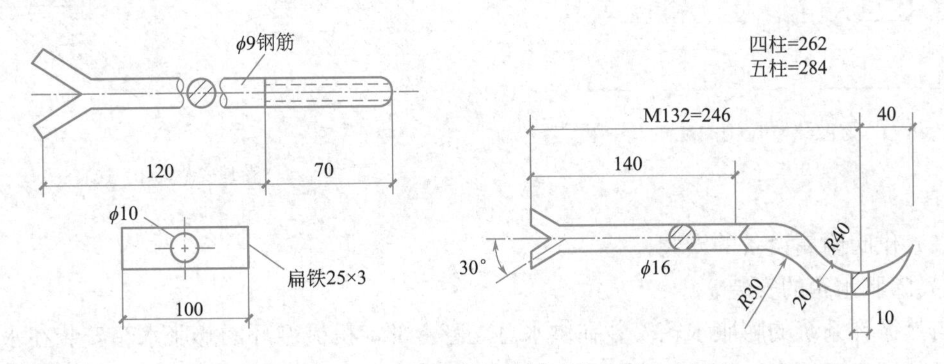

图 3.1.67 柱型散热器固定卡及托钩

② 确定柱型带腿散热器固定卡的安装位置。在地面到散热器总高的 3/4 处画水平线，与散热器中心线交点画印记，此为 15 片以下的双数片散热器的固定卡位置。单数片则向一侧错过半片。16 片以上应栽两个固定卡，高度仍在散热器 3/4 高度的水平线上，从散热器两端各进去 4～6 片的地方栽入。

③ 确定柱型散热器挂装托钩的安装位置。托钩高度应按设计要求并从散热器距地高度上返 45mm 画水平线。托钩水平位置采用画线尺来确定。画线时应根据片数及托钩数量分布的相应位置，画出托钩安装位置的中心线，挂装散热器的固定卡高度从托钩中心上返散热器总高的 3/4 画水平线，其位置与安装数量同带腿散热器安装。如图 3.1.68 所示。

④ 栽埋固定卡及托钩。用錾子或冲击钻等在墙上按画出的位置打孔。固定卡孔洞的深度不少于 80mm，托钩孔洞的深度不少于 120mm，在现浇混凝土墙上打孔的深度为 100mm。

用水冲净洞内杂物，填入 M20 水泥砂浆到洞深的一半时，将固定卡、托钩插入洞内，塞紧，用画线尺或 ϕ70 的管道放在托钩上，用水平尺找平找正，填满砂浆并抹平。

3) 散热器的固定。散热器支、托架达到安装强度后方可安装散热器，一般散热器垂直安装，但圆翼型散热器应水平安装。搬动散热器时必须轻抬轻放。为防止对丝断裂，对丝连接的散热器应立着搬运，带腿散热器安装不平稳时，可在腿下加垫铁找平。挂装散热器应轻轻抬放在托钩上，扶正、立直后将固定卡摆正拧紧。柱型散热器的安装如图 3.1.69 所示。

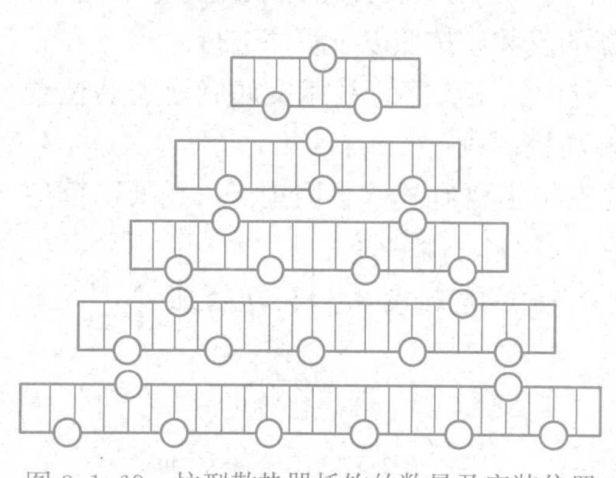

图 3.1.68 柱型散热器托钩的数量及安装位置

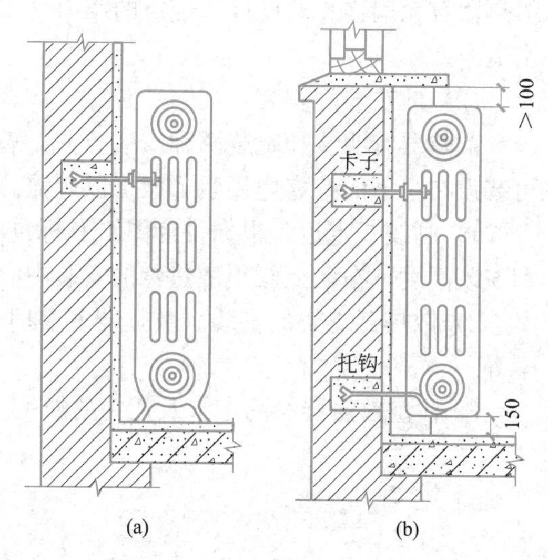

图 3.1.69 柱型散热器的安装

（a）落地安装；（b）挂装

（3）供暖附属设备的安装

1）膨胀水箱的安装

自然循环系统的膨胀水箱安装在供水总立管上部，机械循环的膨胀水箱安装在水泵吸入口处的回水干管上，安装高度要超过系统的最高点 1m 左右。膨胀水箱的安装方法与给水系统中的高位水箱基本相同，具体方法可参见高位水箱的安装。

2）排气装置的安装

① 集气罐的安装。集气罐应安装在供暖系统的最高点。施工前应仔细核对坡度，做好管道坡度的交底，安装管道时应控制好坡度。为利于空气的排除，集气管的安装高度必须低于膨胀水箱，安装好的集气罐应横平竖直，与主管道相连处应安装可拆卸件。

② 自动排气阀的安装。自动排气阀一般设置在系统的最高点及每条干管的高点和终端，在管道系统试压和冲洗合格后，方可安装。施工时，先安装自动止断阀，然后拧紧排气阀。

③ 冷风阀的安装。将冷风阀旋紧在散热器上专设的丝孔上即可。有的冷风阀设置锁闭装置，必须使用专用钥匙才能开启，以防止人为放水。

3）疏水器的安装

疏水器安装时，应先根据设计图纸要求的规格组配后再进行安装。

① 疏水器的组配。按设计选定的型号，先进行疏水器的定位、画线，然后根据图 3.1.70 进行试组配。组配时，为利于排水，其阀体应与水平回水干管相垂直，不得倾斜；其介质流向与阀体标志应一致；同时安排好旁通管、冲洗管、检查管、止回阀、过滤器等部件的位置，为便于检修拆卸，需设置必要的法兰、活接头等零件。

② 疏水器的安装。疏水器一般靠墙布置，安装时先在疏水器两侧阀门以外适当处设置型钢托架，托架栽入墙内的深度不得小于 120mm。找平找正，待支架埋设牢固后，将疏水器搁在托架上就位。疏水器中心离墙不应小于 150mm。

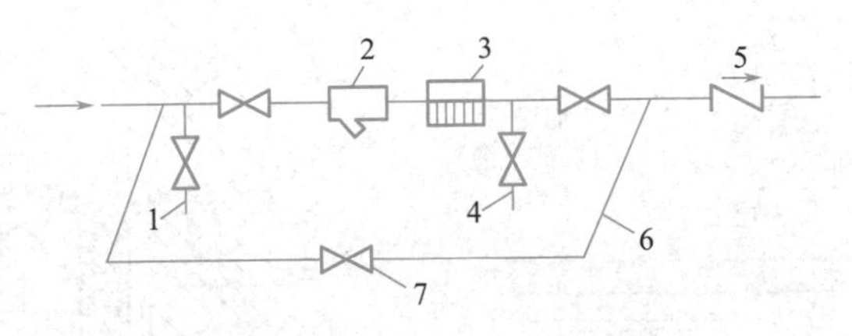

图 3.1.70　疏水器组装示意图

1—冲洗管；2—过滤器；3—疏水器；4—检查管；5—止回阀；6—旁通管；7—截止阀

4）除污器的安装

除污器在安装前应先安装支架。支架的安装应避免妨碍收集清理污物，要避开排污口。为保证除污和耐腐的功能，除污器在安装前应检查过滤网的材质、规格是否符合设计要求和产品质量标准的规定。除污器内应设有挡水板，出口处必须有小于 5mm×5mm 的金属网或钢管板孔，上盖用法兰连接，盖上安装放气管，底部安装排污管及阀门。安装时应找准安装位置和出入口方向，不得装反。还应配合土建在排污口的下方设置排污（水）坑。

5）热量表的安装

热量表应水平安装在进水管或出水管上，进口前必须安装过滤器。选型时应根据系统水流量确定，一般热量表管径比入户管管径小。整体式热量表的安装如图 3.1.71 所示，此外，还可将显示部分与主体部分分体安装，以实现远程集中抄表。

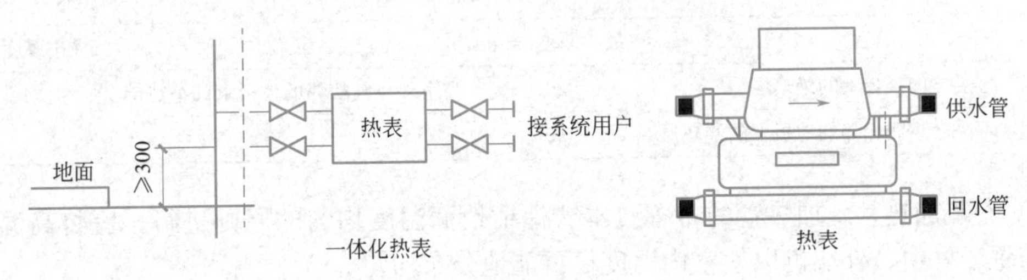

图 3.1.71　整体式热量表的安装

3. 低温热水地面辐射供暖系统安装

（1）低温热水地面辐射供暖系统的地面构造

低温热水地面辐射供暖系统的地面由楼板或与土壤相邻的地面、防潮层、绝热层、加热管、填充层、隔离层（潮湿房间）、找平层、面层组成。地面构造如图 3.1.72 所示。

（2）低温热水地面辐射供暖系统施工

低温热水地面辐射供暖系统的施工应在土建专业已完成墙面内粉刷（不含面层），外窗、外门已安装完毕，并已将地面清理干净；厨房、卫生间做完闭水试验并经过验收；相关电气预埋等工程已完成；施工的环境温度不低于 5℃的条件下进行。

低温热水地面辐射供暖系统应按铺设保温板→安装加热管→系统试压→回填豆石混凝土→安装分水器和集水器→系统调试初次启动的程序进行施工。

1）铺设保温板。保温板铺设前，应按设计图中的房间面积大小和管路的分布状况下料，然后将保温板按从里向外的顺序铺设在水泥砂浆找平层上，使保温板带有铝箔的一面向上，平整铺设，其接缝应严密，不得起鼓。保温板的接缝应严密、对齐并用专用胶带纸

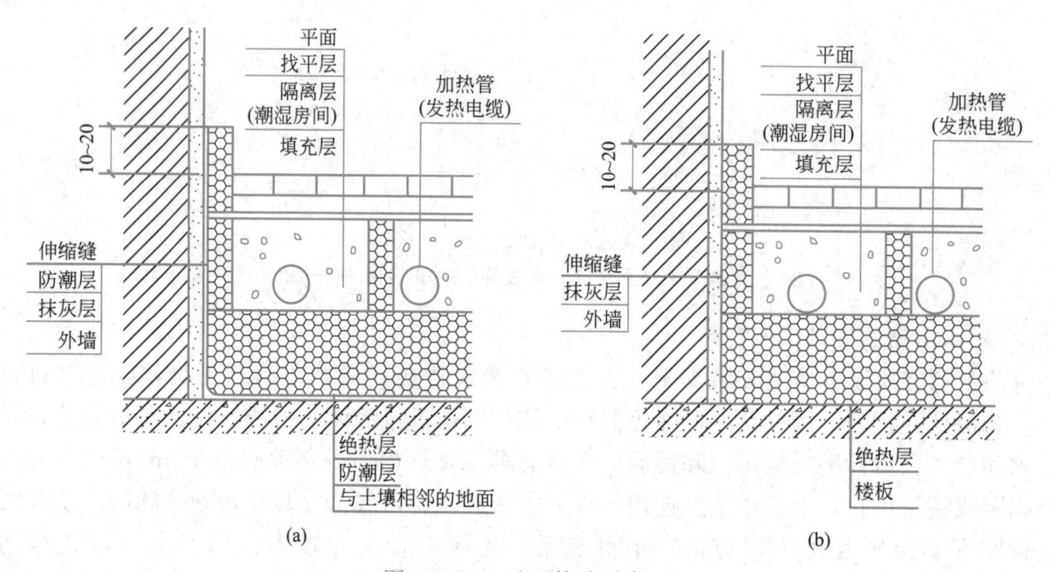

图 3.1.72 地面构造示意图

(a) 与土壤相邻的地面构造；(b) 楼层地面构造

封贴牢固。地面辐射供暖系统绝热层采用聚苯乙烯保温板时，其厚度不应小于表 3.1.3 中的规定。

聚苯乙烯保温板绝热层厚度　　表 3.1.3

位置	最小厚度/mm	位置	最小厚度/mm
楼层之间楼板上的绝热层	20	与室外空气相邻的地板上的绝热层	40
与土壤或不采暖房间相邻的地板上的绝热层	30		

2）安装加热管。加热管的布置应本着保证地面温度均匀的原则进行，宜将高温管段优先布置于外窗、外墙侧以使室内温度尽可能地分布均匀。

管材在进场开箱后，正式排放管道前，必须认真检查其外观，同时检查和清除管材、管件内的污垢和杂物。然后根据图纸设计的要求，定位，放线，敷设加热管。

敷设加热管时，应按设计图纸标定的管间距和走向敷设，管间距应大于 100mm 小于或等于 300mm，在分水器、集水器附近，当管间距小于 100mm 时，应在加热管外部设置柔性套管。连接在同一分水器、集水器上的同一管径的各回路，其加热管的长度宜接近。地面固定的设备和卫生器具下不应布置加热管。

加热管的切割应采用专用工具，以保证切口平整，断口面应垂直管轴线，加热管安装时应防止管道扭曲。加热管应用专用管卡固定，不得出现“死折”，一般直管段上固定点的间距不应大于 500mm，弯曲管段不应大于 250mm。在施工过程中严禁人员踩踏加热管。

埋设于填充层的加热管不应有接头。如必须增设接头时，必须报建设单位和监理单位并提出书面方案，经批准后方可实施，增设的接头应在竣工图上标示出来，并记录归档。

3）系统试压。加热盘管安装完毕后，应先进行水压试验，然后才能进行混凝土面层的施工。试压前要先接好临时管路及试压泵，再打开进水阀向系统进水，同时打开排气阀排除管内空气，当排气阀处有水流出时关闭排气阀。检查管道接口无渗漏后，应缓慢向管内加压，加压过程中注意观察管道接口，如发现渗漏应立即停止加压，进行接口处理后再增压。当压力达到 0.6MPa 后，稳压 1h，且压力降不大于 0.05MPa 为合格。

4）回填豆石混凝土。试压合格后，应立即回填豆石混凝土，混凝土的强度不低于 C15，豆石粒径 5～12mm。混凝土应采用人工进行捣固密实，严禁采用机械振捣，严禁踩踏管路。在混凝土填充施工时，应保证加热管内的水压不低于 0.6MPa。系统初始加热前，填充层混凝土应养护不少于 21 天，养护过程中，系统水压不低于 0.4MPa。

当地板面积超过 30m² 或边长超过 6m 时，填充层应设置间距不大于 6mm 宽度不小于 5mm 的伸缩缝，并在缝中填充弹性膨胀材料。

5）安装分水器和集水器。水平安装时，分水器安装在上，集水器安装在下，中心距为 200mm，集水器中心距地面应不小于 300mm，如图 3.1.73 所示。加热管始末端出地面至连接配件的管段，应设置在硬质套管内，然后与分（集）水器进行连接。在分水器之前的供水管上顺水流方向应安装阀门、过滤器、热计量装置、阀门及泄水管，在集水器之后的回水管上应安装泄水阀及调节阀（或平衡阀）。每个供、回水环路上均应安装可关断阀门。分水器、集水器上均应设置手动或自动排气阀。在安装仪表、阀门、过滤器等时，要注意方向，不得装反。

6）系统调试与初次启动。系统施工完成且混凝土填充层养护期满后应进行冲洗，冲洗合格后，再次进行水压试验。水压试验应以每组分水器、集水器为单位，逐回路进行。

为避免对系统造成损坏，地面辐射供暖系统未经调试，严禁运行使用。调试应在正常供暖条件下进行，当系统竣工验收时不具备采暖条件的，经与使用单位协商后，可延期进行调试。调试工作由施工单位在使用单位的配合下进行。调试开始初始加热时，热水升温应平缓，最好分次逐渐提高，升温过程中注意检查接口有无渗漏，直至温度达到供水温度为止。

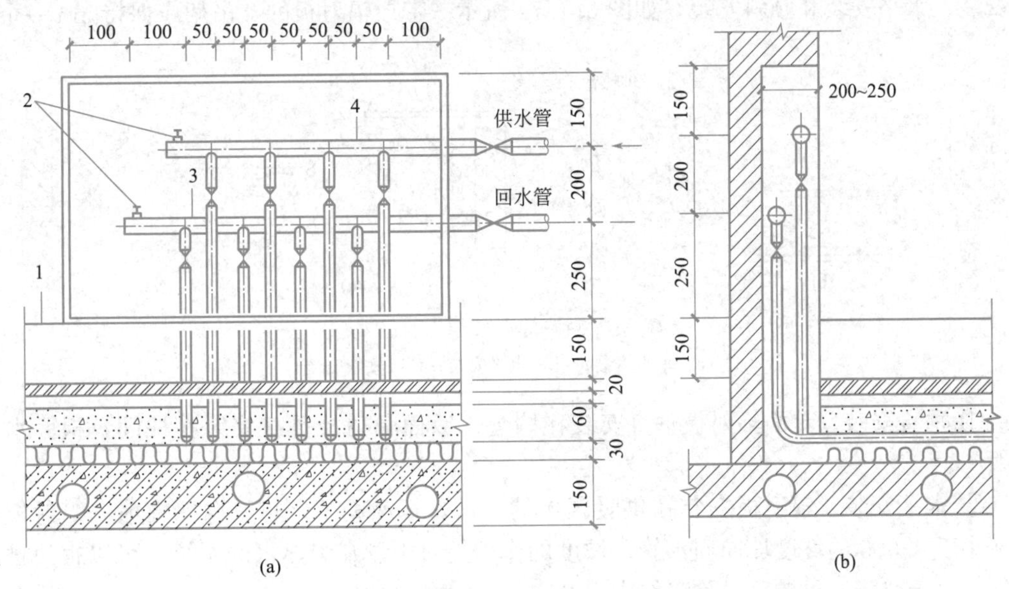

图 3.1.73　分水器、集水器安装示意图

（a）正视图；（b）侧视图

4. 发热电缆地面辐射供暖系统的安装

(1) 敷设发热电缆。发热电缆安装前应测试标称电阻和绝缘电阻，并做自检记录。发热电缆出厂后严禁剪裁和拼接，有外伤或破损的发热电缆严禁敷设。发热电缆的热线部分严禁进入冷线预留管。靠近外窗、外墙等局部热负荷较大区域，发热电缆应较密敷设。发热电线下应敷设钢丝网或金属固定带，采用扎带将发热电缆固定在钢丝网上，或直接用金属固定带固定，发热电缆不得压入绝热材料中。发热电缆的布置可采用旋转型或直列型，发热电缆的最大间距不宜超过 300mm，且不应小于 50mm，距外墙内表面不得小于 100mm，任何位置电缆的弯曲半径不得小于产品规定值，且不得小于 6 倍电缆直径，其冷热线接头应设在填充层内。每个房间宜独立安装一根发热电缆，不同温度要求的房间不宜共用一根发热电缆。每个房间宜通过发热电缆温控器单独控制温度。发热电缆安装完毕，应检测发热电缆的标称电阻和绝缘电阻，并进行记录。

(2) 安装温控器。发热电缆温控器的工作电流不得超过其额定电流。发热电缆温控器应水平安装，并应固定，温控器应设在通风良好且不被风直吹处，不被家具遮挡的位置，且温控器的四周不得有热源。

5. 金属辐射板供暖系统的安装

(1) 系统安装

1) 制作辐射板。将几根 *DN*15、*DN*20 等管径的钢管制成钢排管，然后嵌入预先压出与管壁弧度相同的薄钢板槽内，并用 U 形卡子固定；薄钢板厚度为 0.6～0.75mm 即可，板前可刷无光防锈漆，板后填保温材料，并用铁皮包严。当嵌入钢板槽内的排管通入热媒后，很快就通过钢管把热量传递给紧贴着它的钢板，使板面具有较高的温度，并形成辐射面向室内散热。

2) 组装辐射板。辐射板的组装一般采用焊接和法兰连接，并按设计要求进行施工。

3) 安装辐射板支、吊架。一般支吊架的形式按其辐射板的安装形式分为三种，即垂直安装、水平安装和倾斜安装，如图 3.1.74 所示。带形辐射板的支吊架应保持 3m 一个。

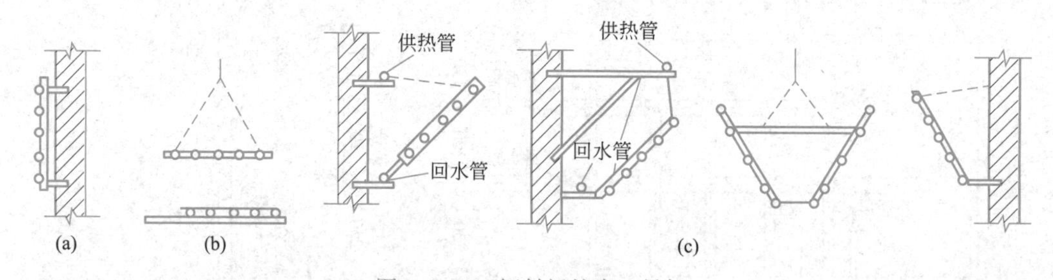

图 3.1.74 辐射板的支、吊架

(a) 垂直安装；(b) 水平安装；(c) 倾斜安装

① 垂直安装。单面辐射板垂直安装在墙上；双面辐射板垂直安装在柱间，板面水平辐射。

② 水平安装。辐射板安装在供暖区域的上部，板面朝下，热量向下辐射。辐射板应有不小于 0.005 的坡度坡向回水管。坡度的作用是对于热媒为热水的系统，可以很快排除空气；对于热汽，可顺利排除凝结水。

③ 倾斜安装。辐射板安装在墙上、柱上或柱间，板面倾斜向下，安装时应保证辐射

板中心的法线穿过工作区。

4）安装辐射板。辐射板的安装可采用现场安装和预制装配两种方法。块状辐射板宜采用预制装配法，为便于和干管连接，每块辐射板的支管上可先配上法兰；带状辐射板由于太长可采用分段安装。

① 块状辐射板不需要每块板设一个疏水器，可在一根管路的几块板之后装设一个疏水器。

② 接往辐射板的送水、送汽管和回水管，不宜和辐射板安装在同一高度上。送水、送汽管宜高于辐射板，回水管宜低于辐射板，并且有不小于 0.005 的坡度坡向回水管。

③ 背面须做保温的辐射板，保温应在防腐、试压完成后进行。

（2）质量检验

1）辐射板在安装前应做水压试验，如设计无要求时，试验压力应为工作压力的 1.5 倍，但不得小于 0.6MPa。

检验方法：试验压力下 2～3min，压力不降且不渗不漏为合格。

2）水平安装的辐射板应有不小于 5‰的坡度坡向回水管。

检验方法：水平尺、拉线和尺量检查。

建筑燃气供应系统

燃气是气体燃料的总称。燃气作为清洁能源与液体燃料和固体燃料相比，具有易于点火、燃烧完全、热能利用率高、清洁卫生并且还可以利用管道输送的优势。这对改善生活条件、减少空气污染和环境保护，具有十分重要的意义。但是燃气也存在易燃、易爆、火灾危险性大的缺点，因此，对于燃气管道及设备的设计、加工和敷设有严格的要求，在安装过程中必须严格遵守有关的操作规程，采取相关的措施，确保燃气系统的安全。

1. 燃气的种类与利用

燃气种类很多，主要包括天然气、液化石油气、人工煤气、工业余气、沼气等，燃气主要用于城市燃气、燃气发电、天然气化工和工业用气。

2. 建筑燃气系统的组成

燃气可通过城市燃气输配管网输送至各民用建筑内。建筑燃气系统主要采用低压进户的形式，近年来，有一些城市也开始采用中压进户表前调压的系统。

建筑燃气供应系统如图 3.1.75 所示，主要由用户引入管、水平干管、立管、用户支管、燃气计量表、用具连接管及燃气用具等组成。

3. 常见的燃气管材

最常用的燃气管材有钢管、塑料管，铸铁管已很少使用。

（1）钢管

钢管在燃气工程中应用最广泛，因为钢管抗压强度大，抗腐蚀能力强，机械强度大，使用寿命长。在建筑燃气系统中优先选用无缝钢管。

（2）塑料管

塑料管种类繁多，燃气用塑料管最多的是聚乙烯（PE）管。因为 PE 管具有抗腐蚀能

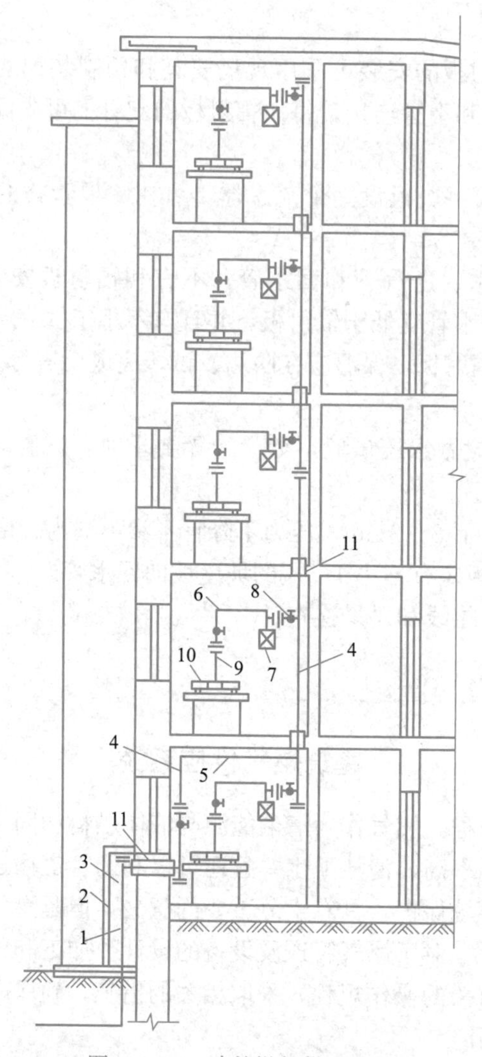

图 3.1.75 建筑燃气供应系统

1—用户引入管；2—砖台；3—保温层；4—立管；5—水平干管；6—用户支管；
7—燃气计量表；8—表前阀门；9—燃气灶具连接管；10—燃气灶；11—套管

力强、材料轻、接头少、便于安装的优点，但是其承压能力较低，易老化，所以不能用于压力较高的管道中，也不能架空敷设。

4. 建筑燃气管道及设备安装

建筑燃气管道系统包括居民住宅、公共建筑和工业企业车间内部燃气管道。这里只介绍居民住宅系统的安装。

（1）建筑燃气系统安装工艺流程

建筑燃气管道系统安装前需要根据图纸设计要求，结合施工现场条件选择合理规范的施工方案和顺序。一般应按照以下程序施工：测量吊线→剔凿洞眼→绘制安装简图→现场配管→管道安装→设备安装→检查试验→置换→点火→验收。

（2）建筑燃气管道系统安装

1）定位画线，剔凿洞眼。根据设计图纸确定总引入管、立管、用户引入管的位置，对管道进行准确定位，必要时画线表明具体位置。燃气管道穿墙和楼板时，如果没有预留孔洞或孔洞不符合要求，必须进行剔凿洞眼。剔凿洞眼时应从顶层开始，依次分层吊线确定下一孔位，洞眼尺寸以刚好能穿过套管为宜。

2）绘制安装图。剔凿洞眼工作完成后，即可以测量各管段的建筑长度，绘制安装图，为配管和安装做指导。建筑长度指管道系统中，零件与零件或零件与设备间的尺寸，如三通与三通中心距离，管件与设备间的中心距离，不同于安装长度，如图 3.1.76 所示。

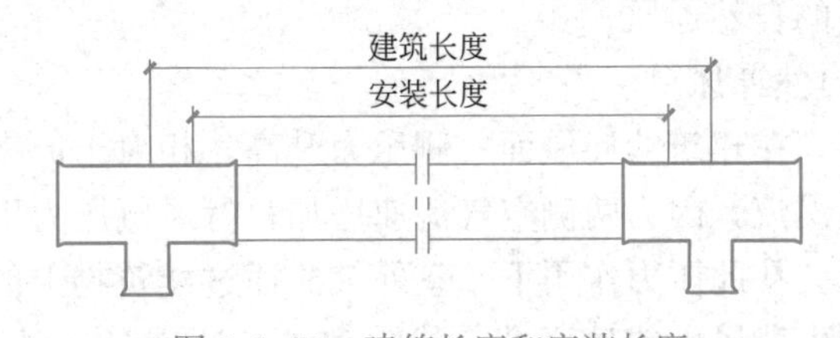

图 3.1.76　建筑长度和安装长度

3）配置管道。配置管道前，需对管道进行除锈，刷防锈漆。配管制作顺序通常为安装管径由大到小，由干管到支管，直至灶具和热水器前管道。

4）套管制作安装。套管是燃气管道穿越楼板和墙体时为了保护燃气管道而设置。通常为钢制管材。燃气管道、套管直径不应小于表 3.1.4 中的要求。

燃气管道套管直径　　**表 3.1.4**

燃气管道直径	DN15	DN20	DN25	DN32	DN40	DN50	DN65	DN80
套管直径	DN32	DN40	DN50	DN65	DN65	DN80	DN100	DN120

5）管道安装。燃气管道安装顺序一般应按先装引入管，再装总水平管、立管、用户引入管，最后是热水器和灶具支管进行。

（3）燃气用具安装

燃气用具的安装需要严格按照安装规范执行，不可以为了方便随意安装布置。燃气用具应安装在通风良好的房间内，安装灶具的房间净高不低于 2.2m，安装热水器的房间净高不低于 2.4m。连接灶具支管跟灶具的橡胶软管长度不应超过 2m，且不宜小于 1m。燃气用具与燃气流量表的水平净距应大于 300mm。安装燃气用具的房间最好设置燃气泄漏报警装置，报警装置周围不能有其他刺激性气体。热水器安装高度要考虑操作旋钮的方便，有观火孔时，常要求观火孔与人眼平齐。液化石油气气瓶必须定期检查，不允许超装，必须直立放置，禁止用火烤、用开水烫等手段加热气瓶。

3.1.2　建筑通风系统安装

通风工程是送风、排风、除尘、气力输送以及防、排烟系统工程的总称。其任务是把室外的新鲜空气送入室内，把室内污浊的空气排至室外，为人们的健康和生产的正常进行提供良好的环境条件。

3.1.2.1　建筑通风系统分类、组成与原理

不同类型的建筑，因为空气污染的来源不同，对于室内空气质量的要求也不同，所以

通风装置在不同场合的具体任务和形式也不尽相同。

3-5 建筑通风系统分类、组成与原理

1. 建筑通风系统的分类

通风的方式根据空气流动的作用动力不同，可分为自然通风和机械通风，而机械通风按照作用范围可分为全面通风和局部通风。

（1）自然通风

自然通风可分为风压作用下的自然通风、热压作用下的自然通风和热压与风压共同作用下的自然通风。

1）风压作用下的自然通风

当风吹过建筑物时，在建筑的迎风面一侧压力升高，相对于原来大气压力而言，产生了正压；在背风侧产生涡流，因为两侧空气流速增加，背风侧压力下降，相对原来的大气压力而言，产生了负压。在此压力作用下，室外气流通过建筑物上的门、窗等孔口，由迎风面进入，室内空气则由背风面或侧面孔口排出室外。这就是在风压作用下的自然通风。通风强度与正压侧和负压侧的开口面积及风力大小有关。图 3.1.77 为风压作用下的自然通风。建筑物在迎风的正压侧有窗，当室外空气进入建筑物后，建筑物内的压力水平就升高，而在背风侧室内压力大于室外，空气由室内流向室外，这就是通常所说的“穿堂风”。

2）热压作用下的自然通风

热压是由于室内外空气温度不同而形成的重力压差。图 3.1.78 为热压作用下的自然通风。当室内空气温度高于室外空气温度时，室内热空气因其密度小而上升，造成建筑内上部空气压力比建筑外大，空气从建筑物上部的孔洞（如天窗等）处逸出；同时在建筑下部压力变小，室外较冷而密度较大的空气不断地从建筑物下部的门、窗补充进来。这种以室内外温度差引起的压力差为动力的自然通风称为热压作用下的自然通风。热压作用产生的通风效应又称为“烟囱效应”。其强度与建筑高度和室内外温差有关。一般情况下，建筑物越高，室内外温差越大，“烟囱效应”越强烈。

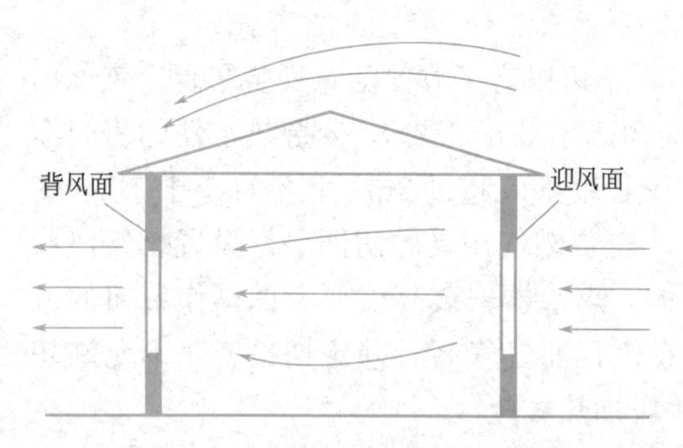

图 3.1.77　风压作用下的自然通风

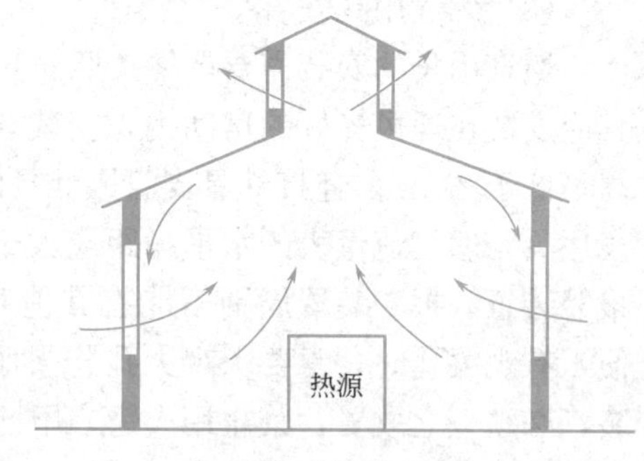

图 3.1.78　热压作用下的自然通风

3）热压与风压共同作用下的自然通风

其效果可认为是风压和热压作用的叠加。当热压和风压共同作用时，在下层迎风侧进风量增加，下层的背风侧进风量减少，甚至可能出现排风；上层的迎风侧排风量减少，甚至可能出现进风。上层的背风侧排风量增加，在中和面附近迎风面进风、背风面排风。实测分析表明：对于高层建筑，在冬季（室外温度低）时，即使风速很大，上层的迎风面房间仍然是排风的，热压起了主导作用，高度低的建筑，风速受邻近建筑影响很大，因此也影响了风压对建筑的作用。

影响自然通风的因素很多，如室内外空气的温度、空气的流速和风向、车间门窗孔洞以及缝隙的大小及位置等，其风量是变化的，所以要根据各种情况不断调节进、排风口的开启度来满足需要。自然通风具有投资小、经济效益好的优点，但是其作用和适用范围小，主要用于工业热车间。

自然通风不需要专门设置动力设备，使用简单，节约能源，噪声污染小。利用自然通风进行换气对于产生大量余热的生产车间来说是一种经济而有效的通风降温方法。在考虑通风的时候，应优先采用这种方法。但是，自然通风也有其缺点：从室外进入的空气一般不能预先进行处理，因此对空气的温度、湿度、清洁度要求高的车间来说就不能满足要求；从建筑物排出来的脏空气也不能进行净化处理。对于粉尘污染严重的工厂来说，排出来的空气可能会污染周围的环境；自然通风的效果极易受自然条件的影响，风力不大、温差较小时，通风量就少，因而效果就较差。比如风力和风向一变，空气流动的情况就变了，而且一年四季气温也总是不断变化的，依靠的热压力也很不稳定，冬季温差较大，夏季温差较小，这些都使自然通风的使用受到一定的限制。

另外，对于一般建筑来说，自然通风效果好坏还与门窗的大小、形式、位置有关。在有些情况下，自然通风与机械通风混合使用，可以达到较好的效果。

（2）机械通风

机械通风是利用通风机产生的动力进行换气的方式，是进行有组织通风的主要技术手段。其主要特点是系统的风量和风压稳定，不随自然环境的变化而变化，作用范围大，调节方便；缺点是投资大，运行成本高。

按机械通风的作用范围不同可分为全面通风和局部通风。

1）全面通风。全面通风是指用室外的清洁空气稀释室内空气中的有害物，不断把污染空气排至室外，使室内空气中有害物的浓度不超过卫生标准规定的最高允许浓度。因此，全面通风又叫作稀释通风。其特点是作用范围广、风量大、投资和运行费用高。全面通风可分为全面排风、全面送风和全面送排风。全面机械送风如图 3.1.79 所示，全面机械排风如图 3.1.80 所示。

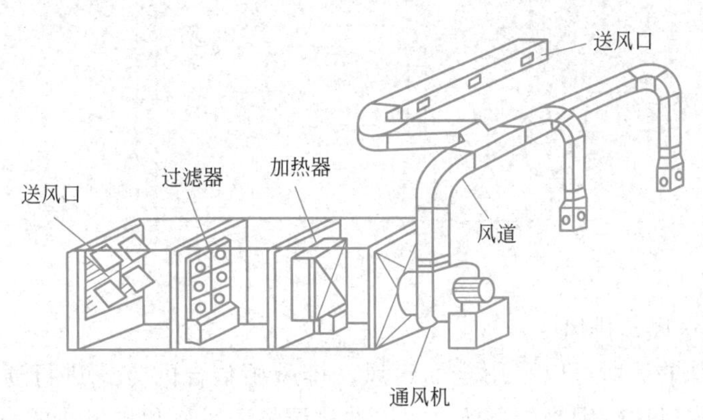

图 3.1.79　全面机械送风（一）

① 全面机械排风

为了使室内产生的有害物尽可能不扩散到其他区域或邻室去，可以在有害物比较集中

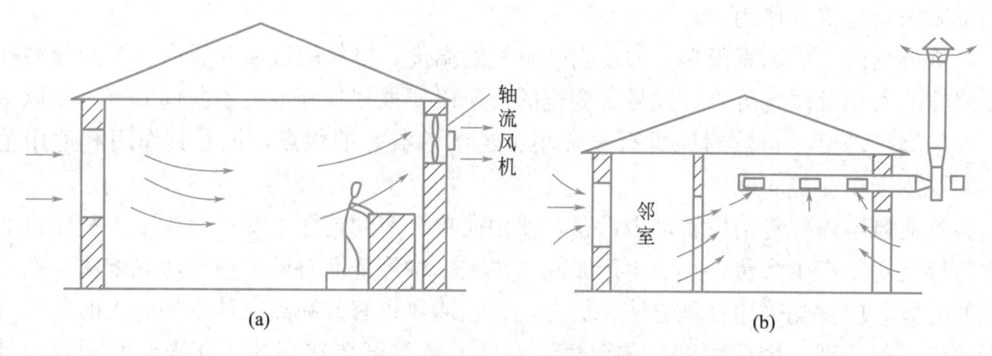

图 3.1.80　全面机械排风

产生的区域或房间采用全面机械排风。图 3.1.80（a）所示是在墙上装有轴流风机的全面排风示意图，是一种利用轴流式风机的全面排风方式。该方式利用墙上的轴流式风机把室内的空气强制排至室外，此时，室内处于负压状态，即室内压力低于室外空气压力，在室内外压力差的作用下室外新鲜空气经过窗口进入室内稀释有害物。图 3.1.80（b）所示是室内设有排风口，有害物含量大的室内空气从专设的排气装置排入大气的全面机械排风系统。

② 全面机械送风

当不希望邻室或室外空气渗入室内，而又希望送入的空气是经过简单过滤、加热处理的情况下，常采用如图 3.1.81 所示的全面机械送风系统。该系统利用离心式风机把室外新鲜空气或经过处理的空气通过送风管和送风口直接送到指定地点，对整个房间进行换气，稀释室内有害物。由于室外空气的不断进入，室内空气压力升高，使室内压力高于室外空气压力，在这个压力作用下，室内污浊空气经门、窗排至室外。这种方式适用于室内空气清洁度要求较高的房间，例如手术室等。

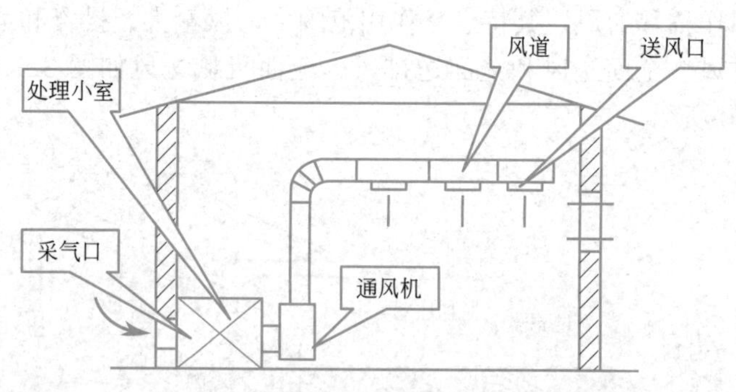

图 3.1.81　全面机械送风（二）

③ 全面机械送风、排风

对于某些特殊的场所可以采用全面送风、排风相结合的方式进行通风。例如门窗紧闭、自行送风或排风比较困难的场所，可以通过调整送风量和排风量的大小来维持室内空气的正压或负压。如图 3.1.82 所示。

全面通风的效果不仅与全面通风量有关，还与通风房间的气流组织有关。全面通风的进、排风应使室内气流从有害物浓度较低地区流向较高的地区，特别是应使气流将有害物

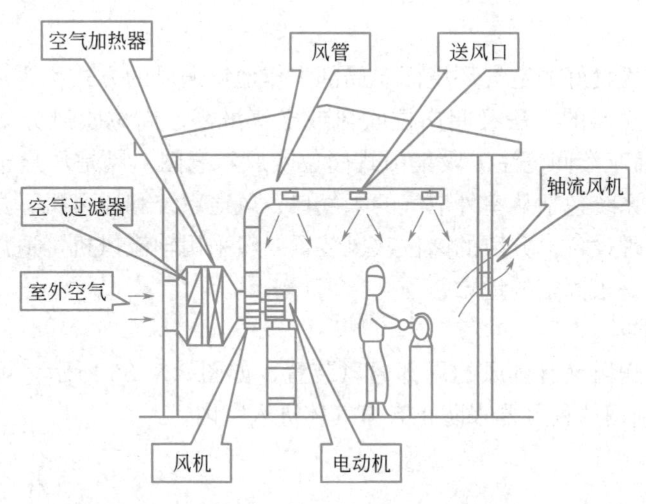

图 3.1.82　全面机械送风、排风

从人员停留区带走。在通风房间的气流组织中，送风口应靠近工作区，使室外新鲜空气以最短的距离到达工作地点，减少在途中被污染的可能。排风口则应当布置在有害物的产生地点或有害物浓度较高的地方，以便迅速地排除污染过的空气。当有害气体的密度小于空气的密度时，排风口应布置在房间的上部，送风口布置在房间的下部；反之，当有害气体的密度大于空气的密度时，在房间的上、下位置都要设置排风口。但是，如果有害气体的温度高于周围空气的温度，或车间内有上升的热气流时，则不论有害气体的密度大于还是小于空气的密度，排风口都应布置在房间的上部，送风口应布置在房间的下部。

2）局部通风。局部通风可分为局部排风和局部送风。局部排风是将有害物就地捕捉、净化后排放至室外。而局部送风则是将经过处理的符合要求的空气送到局部工作地点，以保证局部区域的空气条件。局部通风的特点是控制有害物效果好、风量小、投资小、运行费用低。

① 局部排风

在局部工作地点排除被污染气体的系统称局部排风系统。该系统是为了尽量减少工艺设备产生的有害物对室内空气环境的直接影响，用各种局部排气罩（柜），在有害物产生时就立即随空气一起吸入罩内，最后经排风帽排至室外。局部排风是一种污染扩散小、通风量小的有效通风方式，如图 3.1.83 所示，局部机械送风如图 3.1.84 所示。

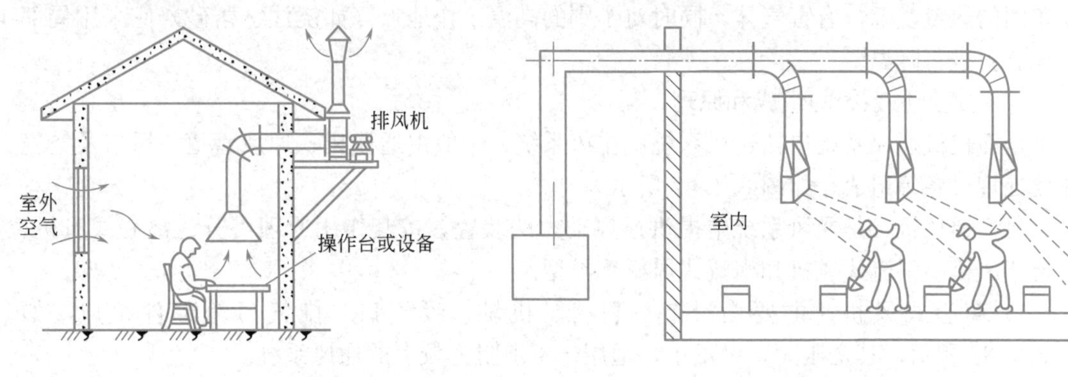

图 3.1.83　局部机械排风

图 3.1.84　局部机械送风

② 局部送风

为了保证工作区良好的空气环境而向局部工作地点送风的方式称为局部送风。这种直接向工作地或人体送风的方法又叫岗位吹风或空气淋浴。岗位吹风分集中式和分散式两种。图 3.1.85 是铸工车间浇注工段集中式岗位吹风示意图。风是从集中式送风系统的特殊送风口送出的，系统包括从室外取气的采气口、风道系统和通风机，送风需要进行处理时，还需有空气处理设备。分散的岗位吹风装置一般采用轴流风机，适用于空气处理要求不高，工作地点不是很固定的地方。

③ 局部送、排风

有时采用既有送风又有排风的局部通风装置，如图 3.1.86 所示，可以在局部地点形成一道“风幕”，利用这种风幕来防止有害气体进入室内。

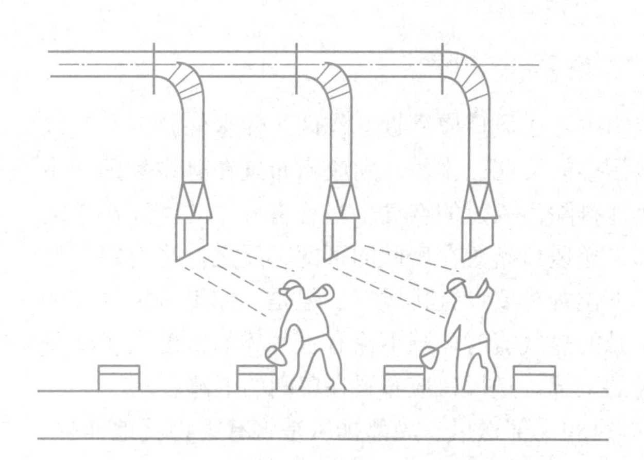

图 3.1.85 集中式岗位吹风示意图

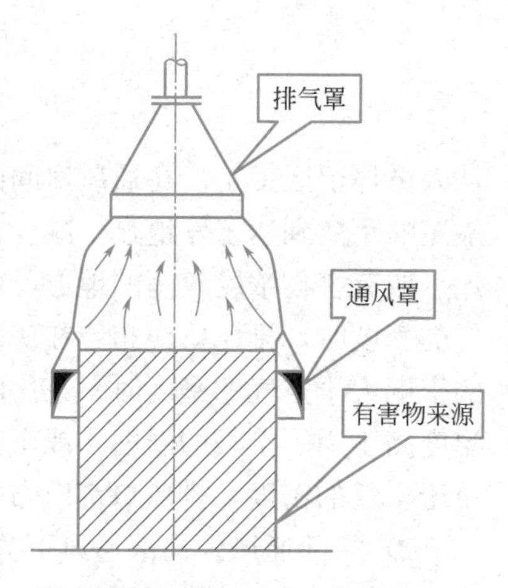

图 3.1.86 局部送、排风

从技术经济角度出发，选择通风方式时，应优先考虑自然通风，当其不能满足需要时可采用机械通风；采用机械通风时应优先考虑采用局部机械通风，当其不能满足需要时可采用全面机械通风。

在实际工程中，单独采用一种通风方式往往达不到需要的效果，通常是多种通风方式联合使用。如机械通风和自然通风的联合使用，全面通风和局部通风的联合使用。如在铸造车间，一般采用局部排风捕集粉尘和有害气体。用全面的自然通风则可以消除散发到整个车间的热量及部分有害气体，同时对个别的高温工作地点（如浇注、落砂）应采用局部送风装置进行降温。

2. 建筑通风系统的组成和原理

全面机械通风系统包括送风系统和排风系统，一般由通风机、通风管道、风口及空气净化处理设备等组成，如图 3.1.87 所示。

（1）通风机，是通风系统中提供通风动力的装置，按其作用原理可分为离心式风机、轴流式风机、斜流式风机和横流式风机等类型。

1）离心式风机，主要由叶轮、机壳、机轴、吸气口、排气口等部件组成，如图 3.1.88 所示，其全压大，风量小，适用于管道阻力较大的通风系统。

离心式风机是以动力机（主要是电动机）驱动叶轮在蜗形机壳内旋转，空气经吸气口

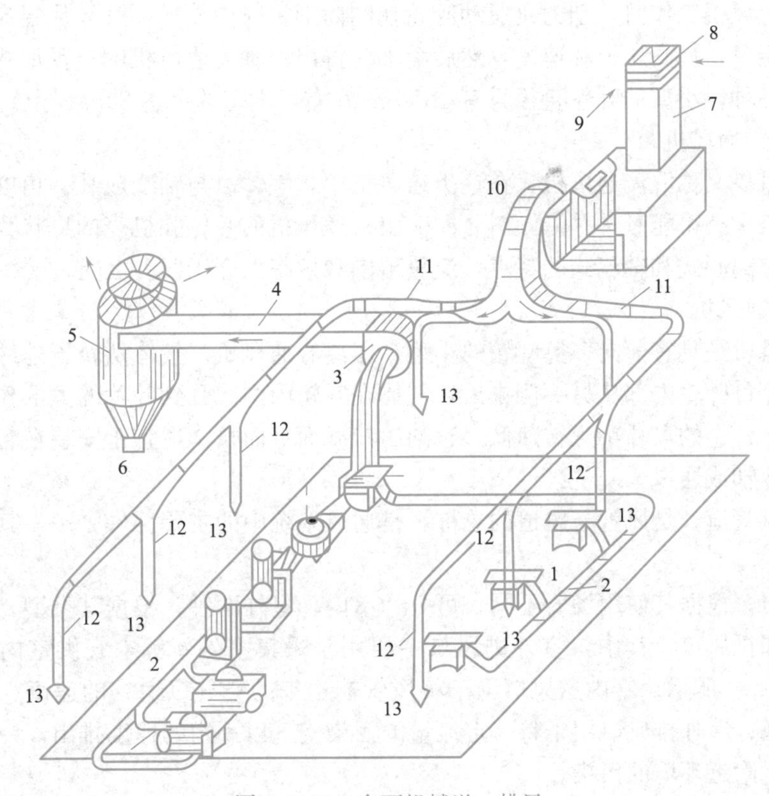

图 3.1.87　全面机械送、排风

1—排气口；2—排风管；3—排风机；4—总排风管；5—除尘器；6—集尘箱；7—进风井；8—百叶窗；9—进风室；10—送风机；11—风道；12—支管；13—送风口

从叶轮中心处吸入。由于叶片对气体的动力作用，气体压力和速度得以提高，并在离心力作用下沿着叶道甩向机壳，从排气口排出。因气体在叶轮内的流动主要是在径向平面内，故又称径流通风机。

2）轴流式风机，如图 3.1.89 所示，其全压小，风量大，一般用于不需要设置管道，或管道阻力较小的场合。

图 3.1.88　离心式风机

图 3.1.89　轴流式风机

轴流式通风机工作时，动力机驱动叶轮在圆筒形机壳内旋转，气体从集流器进入，通过叶轮获得能量，提高压力和速度，然后沿轴向排出。轴流通风机的布置形式有立式、卧式和倾斜式三种，小型的叶轮直径只有 100mm 左右，大型的可达 20m 以上。

3）斜流式通风机

斜流通风机又称混流通风机，在这类通风机中，气体以与轴线成某一角度的方向进入叶轮，在叶道中获得能量，并沿倾斜方向流出。通风机的叶轮和机壳的形状为圆锥形。这种通风机兼有离心式和轴流式的特点，流量范围和效率均介于两者之间。

4）横流通风机

横流通风机是具有前向多翼叶轮的小型高压离心通风机。气体从转子外缘的一侧进入叶轮，然后穿过叶轮内部从另一侧排出，气体在叶轮内两次受到叶片的力的作用。在相同性能的条件下，它的尺寸小、转速低。它的出口截面窄而长，适宜于安装在各种扁平形的设备中用来冷却或通风。

（2）通风管道，是风管与风道的总称，是通风系统中的主要部件之一，其作用是用来输送空气。

（3）风口，根据其使用场所不同，可分为室内、室外两种；根据其类型，可分为进风口、送风口和排风口。其中，室外进风口主要用于采集室外新鲜空气供室内送风系统使用，如图 3.1.90 所示；室内送风口用于将风管输送来的空气以适当的速度、流量和角度送到工作地区；室外排风口用于将一定流量的污染空气以一定的速度排出，一般从屋顶排出，以减轻对附近环境的污染。

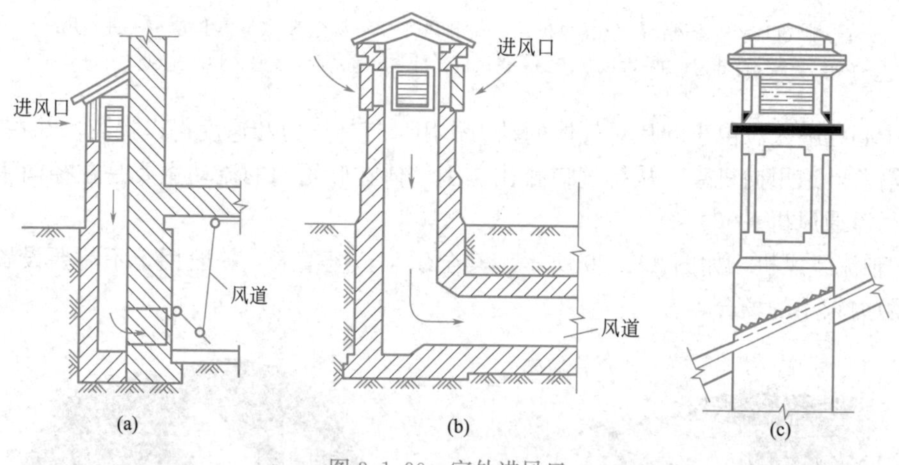

图 3.1.90　室外进风口

（a）墙壁式百叶进风口；（b）专业进风塔；（c）屋顶进风塔

（4）空气处理设备，指送风系统中用于处理净化室外的新鲜空气；在排风系统中对超过国家规定卫生许可标准的被污染空气在排放前进行净化处理的设备，常用的有除尘器、吸收塔等。

3.1.2.2　建筑通风管道、设备和部件

1. 风管

在通风和空气调节系统中，通风管道起着输送空气的作用，是风道与风管的总称，是

通风和空调系统的重要组成部分。

3-6 建筑通风管道、设备和部件

风道是指用砖、钢筋混凝土、矿渣石膏板、石棉水泥或矿渣混凝土板等制成的输送空气的通道。

风管是指用金属板材、非金属板材制成的用于输送空气的管道。常用的金属材料有普通酸洗薄钢板、镀锌薄钢板和型钢等黑色金属材料，若有防火防腐等特殊要求时，可采用不锈钢板、铝板等；常用的非金属板材有玻璃钢板和硬聚乙烯板。近年来，由于玻璃钢材料的防火阻燃性能得到了改善，其使用日趋广泛。风管的分类如下。

(1) 按截面形状，风管可分为圆形风管，矩形风管，扁圆风管等多种，其中圆形风管阻力最小但高度尺寸最大，制作复杂，所以一般以矩形风管为主。圆形风道的强度大，耗用材料少，但占用空间大，一般不易布置得美观，通常用于暗装风道。矩形风道易于布置，弯头及三通均比圆形风道小，可明设或暗设，故采用较为普遍。有时为利用空间，风管也可做成三角形和多边形。通风管道除直管外，还有弯头、三通、四通、变径等管件，如图 3.1.91 所示。

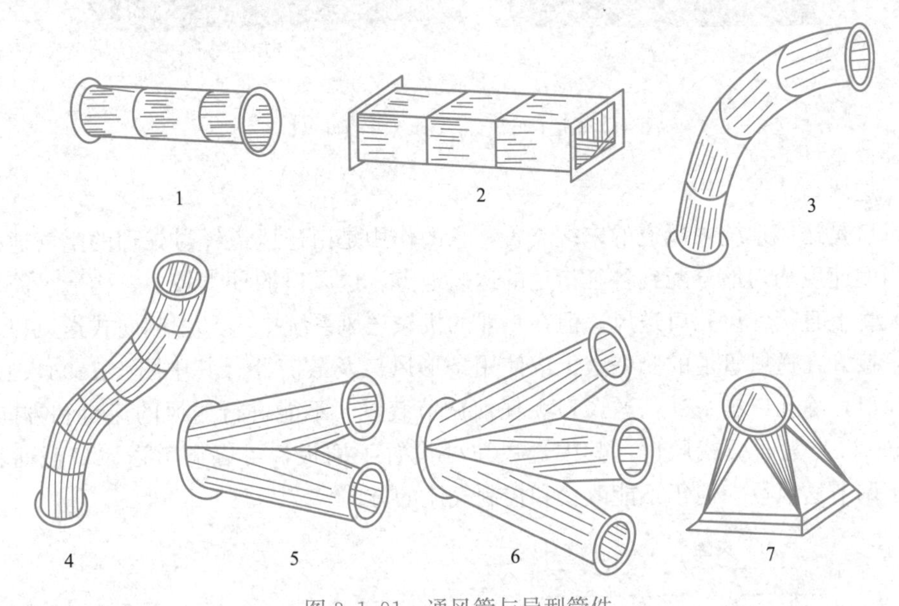

图 3.1.91　通风管与异型管件

1—圆形风管；2—矩形风管；3—弯头；4—来回弯；5—三通；6—四通；7—变径管（天圆地方）

(2) 按材质，风管可分为金属风管和非金属风管。金属风管有镀锌钢板风管、不锈钢板风管、铝板风管等。非金属风管有塑料类风管（聚氯乙烯板风管、PP 板风管）、树脂类风管（玻璃钢风管、酚醛树脂风管）、纤维类风管（玻纤复合风管、纤维布制风管）。对洁净要求高或有特殊要求的工程，可采用铝板或不锈钢板制作。对于有防腐要求的工程，可采用塑料或玻璃钢制作。采用建筑风道时，宜用钢筋混凝土制作。

(3) 按压力，风管可分为低压风管（$P \leqslant 500$Pa）、中压风管（$500\text{Pa} < P \leqslant 1500$Pa）、高压风管（$P > 1500$Pa）。

(4) 按输送介质速度，风管可分为低速风管（$V \leqslant 15$m/s）、高速风管（$V > 15$m/s）。

(5) 按制作风管的板材厚度，风管可分为薄板风管（$t \leqslant 1.5$mm）、中板风管（1.5mm$<t\leqslant$3mm）、厚板风管（3mm$<t$）。

2. 风口

(1) 进风口

进风口的作用是采集室外的新鲜空气。进风口要求设在空气不受污染的外墙上。进风口上设有百叶风格或细孔的网格，以便挡住室外空气中的杂物进入送风系统。百叶风格式的进风口又称做百叶窗，百叶窗上可设置保温阀，其作用是：当机械送风系统停止工作时（特别是寒冷地区的冬季），可以防止大量室外冷空气进入室内，如图 3.1.92 所示。

图 3.1.92　百叶式风口

(a) 单层百叶风口；(b) 双层百叶风口

(2) 送风口

送风口是送风系统中风道的末端装置，它的作用是由送风道经过处理的空气通过送风口以适当的速度均匀地分配到各个指定的送风地点。送风口的种类较多，构造最简单的形式是在风管上直接开设孔口送风，但在一般的机械送风系统中多采用侧向式送风口，即将送风口直接开在送风管道的侧壁上，或使用条形风口及散流器。其中图 3.1.93 (a) 为风管侧送风口，除孔口本身外，送风口无任何调节装置，不能进行送风的流量和方向调节；图 3.1.93 (b) 为插板式风口，其中送风口处设置了插板，可以调节送风口截面积的大小，便于调节送风量，但仍不能改变和控制气流的方向。

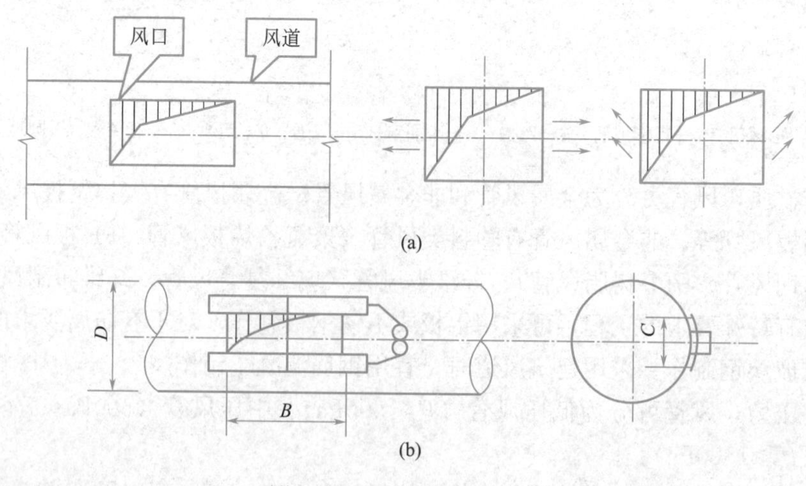

图 3.1.93　送风口示意图

室内送风口通常采用百叶式送风口，可以在风道、风道末端或墙上安装。如图 3.1.94 所示，对于布置在墙内或暗装的风道可采用这种送风口，将其安装在风道末端或墙壁上。百叶式送风口有单层、双层和活动式、固定式之分，一般由铝合金制成。其中双层百叶式送风口不仅可以调节控制气流速度，还可以调整气流的角度。

(a)　　(b)

图 3.1.94　百叶式送风口

(a) 单层百叶式送风口；(b) 双层百叶式送风口

(3) 排风罩

排风罩的作用是将污浊或含尘的空气收集并吸入风道内。排风罩如果用在除尘系统中，则称作吸尘罩。排风罩的种类有：

1) 伞形罩

伞形罩一般设置在产生有害气体或含尘空气的设备及工作台的上方，这样可以直接将设备或工作台产生的有害气体或含尘空气由设备的上部吸走排出，避免有害气体或含尘空气在室内扩散，形成大范围内的空气污染。图 3.1.95 为热源上的伞形罩。

图 3.1.95　热源上的伞形罩

2) 条缝罩

条缝罩（图 3.1.96）多用于电镀槽、酸洗槽上的有害蒸气的排除。因含有酸蒸气的空气不能直接排入大气，所以一般要设中和净化塔对含酸蒸气的空气进行净化处理，达标后才能排入室外的大气中。

3) 密闭罩

密闭罩主要用于产生大量粉尘的设备上。它是将产生粉尘的设备尽可能地进行全部密闭，以隔断在生产过程中造成的一次尘化气流与室内二次尘化气流的联系，防止粉尘随室内气流飞扬传播而形成大面积的污染。若设备密闭好，只需要较小的风量就能获得理想的防尘效果。图 3.1.97 为轮碾密闭罩。

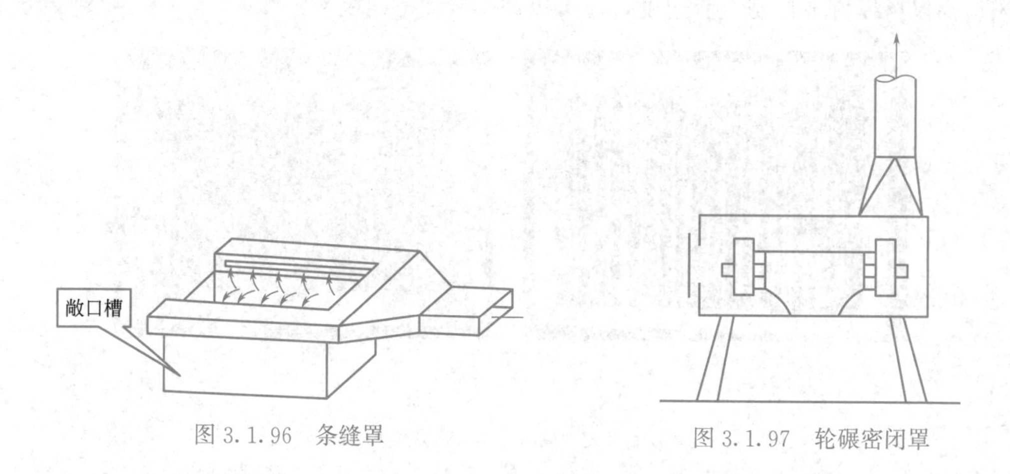

图 3.1.96　条缝罩　　　　图 3.1.97　轮碾密闭罩

4）吹吸罩

由于受生产条件的限制，有时用单纯的吸气罩不能有效地将距离较远的有害物吸入罩内及时排出，这时采用吹吸罩能够达到较理想的效果。吹吸罩是利用射流能量密度高、速度衰减慢的特点，用吹出气流把有害物质输送到设在另外一侧的吸风口，还可以利用吹出气流在有害物源周围形成一道气幕，像密闭罩一样把有害无控制在最小的范围内，保证局部通风系统获得良好的效果，如图 3.1.98 所示。

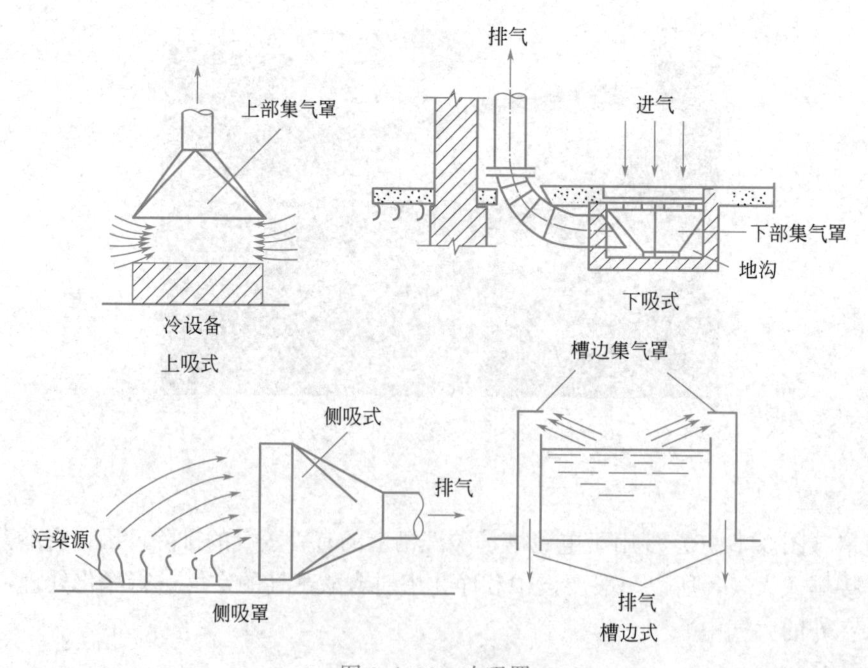

图 3.1.98　吹吸罩

3. 阀门

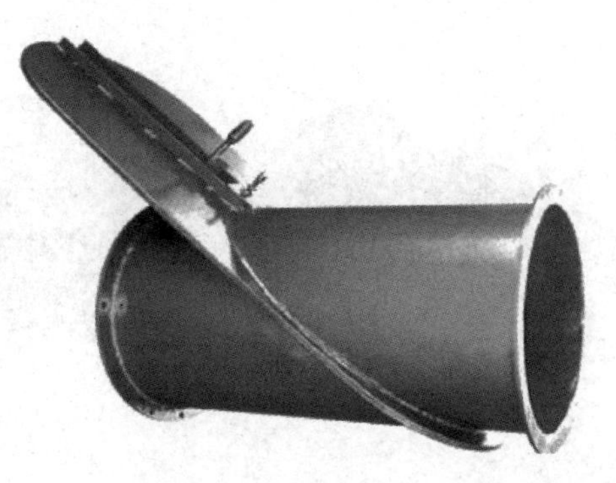

图 3.1.99　斜插板阀

通风与空调系统中的阀门主要是用来启动风机、调节风量和平衡系统阻力的装置，阀门的加工制作均应符合国家标准，阀门安装时应保证其制动装置动作灵活。

(1) 斜插板阀，如图 3.1.99 所示。一般用于除尘系统，安装时应考虑不致积尘，因此对水平管上安装的斜插板阀应顺气流安装；而垂直安装（气流向上）时，斜插板阀就应逆气流安装。

(2) 蝶阀，是空调通风系统中常见的一种风阀，由阀体、阀瓣和启闭装置组成，如图 3.1.100 所示。按其断面形状不同，蝶阀有圆形、方形和矩形三种；按其调节方式有手柄式和拉链式两种形式。蝶阀可用于分支管上或室内送风口前，起风量调节作用。由于其严密性较差，故不宜做关断阀门使用。

图 3.1.100　蝶阀

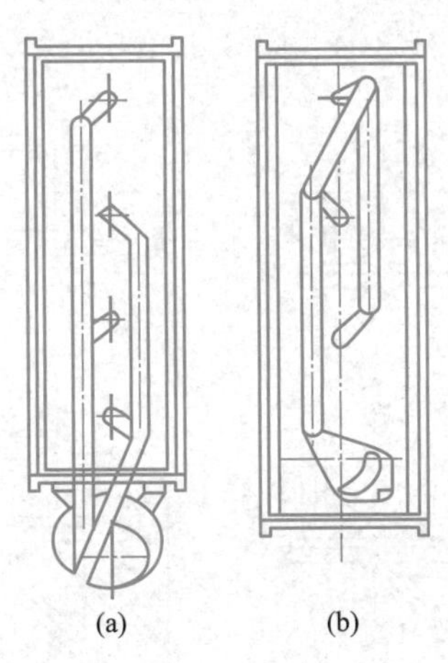

图 3.1.101　对开多叶调节阀

(a) 手动阀门；(b) 电动阀门

(3) 多叶调节阀，有手动式和电动式两种，如图 3.1.101 所示。这种调节阀装有 2～8 个叶片，每个叶片轴端装有摇柄，各摇柄的联动杆与调节手柄相连。操作手柄，各叶片就能同步开合，调整完毕，拧紧蝶形螺母，就可以固定位置。如将调节手柄取消，把连动杆与电动执行机构相连，就成为电动式多叶调节阀，可以遥控和自动调节。

(4) 止回阀，常装设于风机出口处，以防止风机停止运转后气流倒流，其形式如图 3.1.102 所示。

(5) 风管防火阀，是通风空调系统中的安全装置，对其质量要求非常严格，要保证在发生火灾时易熔片熔化，阀门关闭，将系统切断，其结构如图 3.1.103 所示。

4. 风管支吊架

(1) 风管的托架

风管沿墙、柱敷设时，常采用托架来承托管道的重量，风管能否安装得平直、稳定，

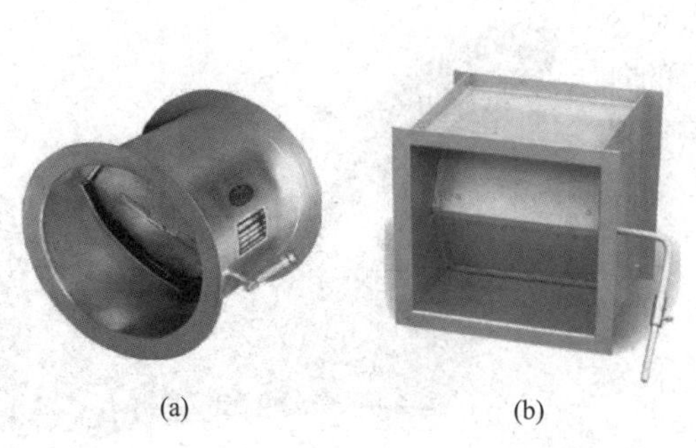

图 3.1.102　止回阀
（a）圆形风管止回阀；（b）矩形风管止回阀

图 3.1.103　风管防火阀

主要取决于支架安装的是否合适。托架是由横梁和抱箍两部分构成，当风管断面尺寸较大，重量较重时，在托架横梁和墙壁之间还应增加一个斜撑。安装时，托架横梁固定在墙壁或柱子上，风管安装在横梁上，然后用抱箍将风管固定在托架横梁上。托架的安装形式如图 3.1.104、图 3.1.105 所示。

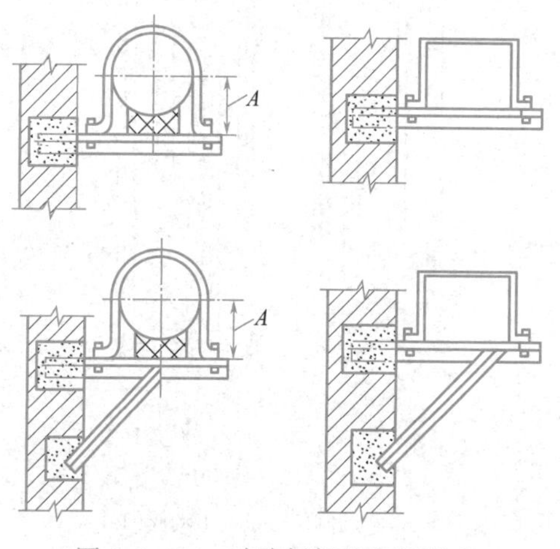

图 3.1.104　砖墙托架的安装形式

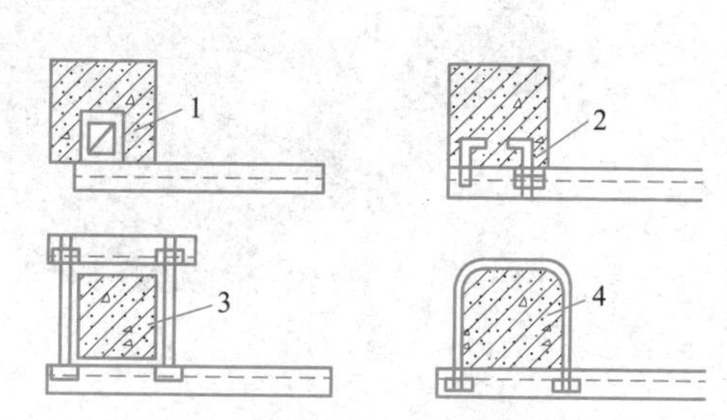

图 3.1.105　柱上托架的安装形式
1—预埋件焊接；2—预埋螺栓紧固；
3—双头螺栓紧固；4—抱箍紧固

（2）吊架

风管在梁、楼板、屋面及桁架等下面敷设时，由于风管距墙壁较远，无法在墙上进行固定，这时应采用吊架将风管吊装在梁或楼板上。吊架分为单杆和双杆两种形式，矩形风管的吊架由吊杆和横梁构成，圆形风管的吊架由吊杆和抱箍构成，如图 3.1.106 所示。

3.1.2.3　建筑通风系统布置与施工

1. 风管制作

（1）展开下料

下料前应依据加工草图放大样，画展开图，并加放咬口或搭接的留量，制作样板，并

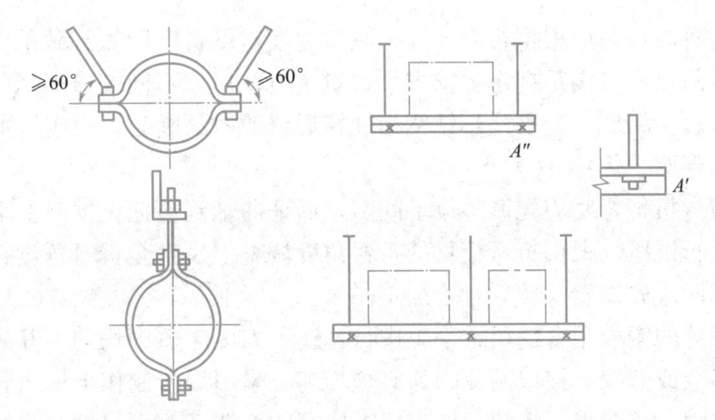

图 3.1.106　风管吊架的形式

应与图纸尺寸详细校对无误后方可成批画线下料。对形状复杂或数量较多的管件，宜先制作样品，经检查合格后，方可继续制作。在不锈钢板、铝板上下料画线时，应使用铅笔或色笔，不得在板材表面用金属划针划线。

3-7 建筑通风系统布置与施工

圆形风管的三通或四通的支管与主管的夹角宜为 15°～60°，制作偏差应小于 3°。

空气净化系统风管板材应减少拼接。矩形风管底边小于或等于 900mm 时不得有拼接缝；大于 900mm 时应减少拼接缝，且不得有横向拼接缝。

（2）板材剪切

用龙门剪板机剪切批量板料时，板材可不画线，只需将剪床限位标尺按所需尺寸定位固紧。剪下第一块板后复核尺寸，无误后批量剪切。若剪切工作中断后再次剪切，必须复核限位标尺，确认无误后方可剪切。

（3）咬口制作

镀锌钢板风管制作采用咬口连接，其他见表 3.1.5。

金属风管接缝　　**表 3.1.5**

板厚/mm	材质		
	钢板	不锈钢板	铝板
$\delta \leqslant 2.0$	咬接	咬接	咬接
$\delta > 2.0$	焊接	焊接(氩弧焊)	焊接(气焊或氩弧焊)

咬口连接形式如图 3.1.107 所示。

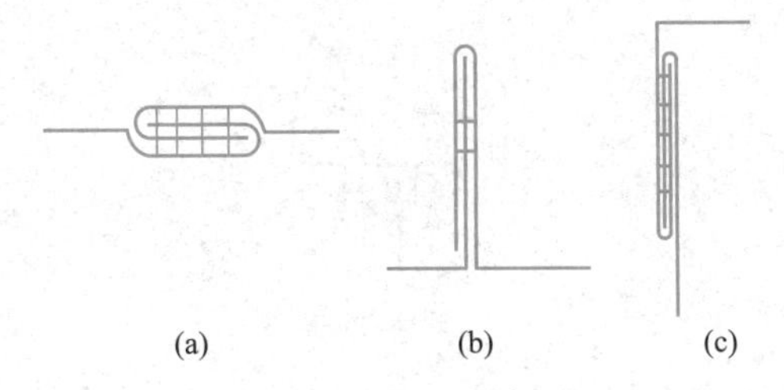

图 3.1.107　咬口连接形式

（a）单平咬口；（b）单立咬口；（c）转角咬口

机械轧制各种咬口前应根据板料厚度、咬口宽度对设备间隙做细致的调整，并进行试轧，直到咬口成形良好、满足规定要求方可批量进行轧口。不同咬口形式的板料应分类堆放，分批轧口，以免错轧。特别是不锈钢板轧错后修改时易断裂，更应特别注意。

（4）折方、卷圆、焊接

采用压力折方机折弯时应先调整设备间隙，保证曲轴到最低位置时上下模之间有适当间隙。调好后进行试压，根据折弯板材的折弯角度调整上模直至折弯角度符合要求。同规格风管批量卷圆时应先试卷，然后批量加工。

折方或卷圆后的钢板用合缝机或手工进行合缝，力度应适中均匀，并应防止咬缝因打击振动而造成半咬或开咬。接口两侧圆弧必须均匀。采用焊接制作金属风管时，可采用气焊、电焊、氩弧焊、接触焊。焊缝形式应根据风管的构造、钢板厚度、焊接方式选用，焊接形式如图 3.1.108 所示。焊接完成后需对风管整体进行防腐处理。

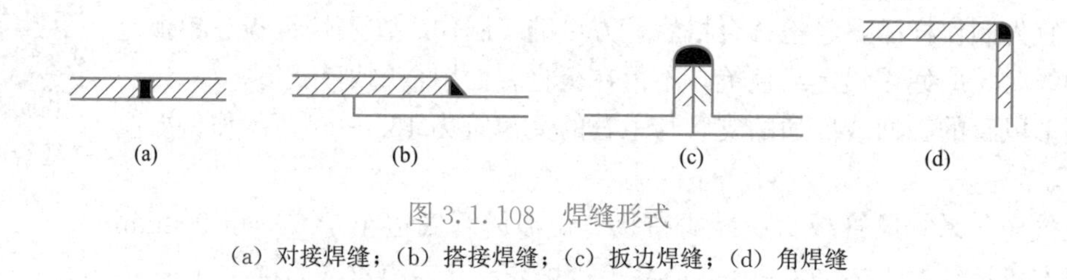

图 3.1.108　焊缝形式

（a）对接焊缝；（b）搭接焊缝；（c）扳边焊缝；（d）角焊缝

（5）风管加固

当矩形风管边长大于或等于 630mm、保温风管边长大于或等于 800mm 且其管段长度大于 1250mm 或低压风管单边面积大于 1.2m²、中压和高压风管单边面积大于 1.0m²时，均应采取加固措施。边长小于或等于 800mm 的风管宜采用压筋加固。边长为 400～630mm、长度小于 1000mm 的风管也可采用压制十字交叉筋的方式加固。圆形风管（不包括螺旋风管）直径大于或等于 800mm 且其管段长度大于 1250mm 或总表面积大于 4m²时，均应采取加固措施。加固形式如图 3.1.109 所示。

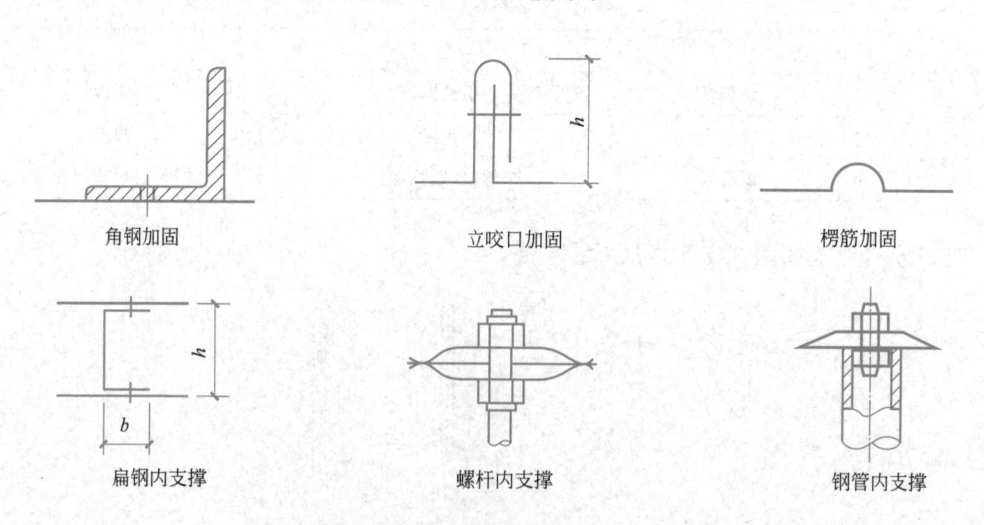

图 3.1.109　风管的加固形式（一）

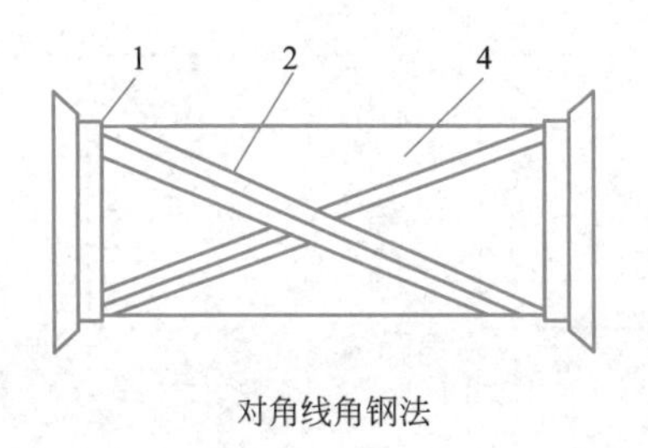

对角线角钢法

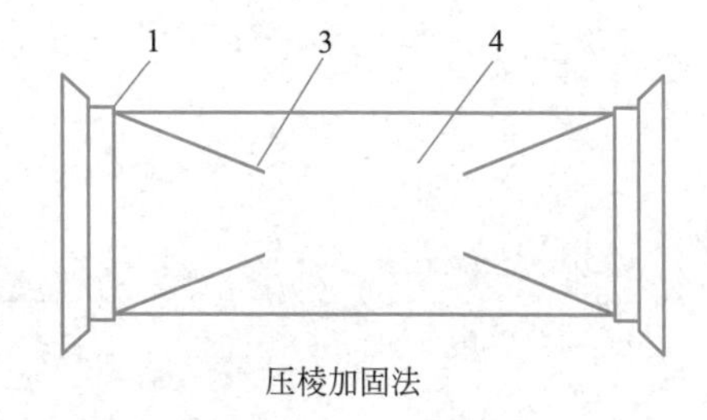

压棱加固法

图 3.1.109　风管的加固形式（二）

1—法兰；2—角钢；3—棱；4—矩形风管

（6）金属法兰制作

1）矩形法兰制作

矩形法兰材料应采用型钢切割机剪切，严禁气割。可采用型钢调直机或手工调直。下料调直后应采用冲床或钻床钻法兰螺栓和铆钉孔。为便于安装时互换使用，同规格法兰盘的螺栓孔或铆钉孔的位置均应先做出标准样板，并经检查无误后按样板进行钻孔。

2）圆形法兰制作：按所需法兰直径调整法兰摵弯机上辊至适宜位置，将调直后的整根角钢或扁钢卷成螺旋形状，然后画线、切割、找圆、找平、焊接、打孔。

（7）风管与法兰装配

风管与角钢法兰连接时，如果管壁厚度小于或等于 1.5mm，可采用翻边铆接，翻边尺寸不应小于 6mm，但不得遮挡螺栓孔。铆钉规格、铆孔尺寸见表 3.1.6。

圆、矩形风管法兰铆钉规格及铆孔尺寸（单位：mm）　　表 3.1.6

类型	风管规格	铆孔尺寸	铆钉规格
方法兰	120～630	Φ4.5	Φ4×8
	800～2000	Φ5.5	Φ5×10
圆法兰	200～500	4.5	4×8
	530～2000	5.5	Φ5×10

风管壁厚大于 1.5mm 时可采用翻边点焊或沿风管管口周边满焊。风管与扁钢法兰连接时可采用翻边连接或焊接。不锈钢风管的法兰采用碳素钢时，型钢表面应镀铬或镀锌。铆接应采用不锈钢铆钉。铝板风管的法兰采用碳素钢时，型钢表面应镀锌或涂绝缘漆，铆接应采用铝铆钉。装配时，法兰盘平面与风管或部件的中心线应相互垂直，风管翻边应平整，并与法兰靠平。空气净化系统风管应符合洁净等级或设计要求。咬口缝处所涂密封胶宜在正压侧。镀锌钢板风管的咬口缝、折边和铆接等处有损伤时，应进行防腐处理。风管成品经检测合格后应按系统及连接顺序对风管进行编号。

2. 风管配件制作

矩形风管的弯管、三通、异径管及来回弯管等配件所用材料厚度、连接方法及制作要求应符合风管制作的相应规定。矩形弯管如图 3.1.110 所示。

矩形弯管的制作应符合下列要求：矩形弯管宜采用内外同心弧型。弯管曲率半径宜为一个平面边长，圆弧应均匀。矩形内外同心弧型弯管平面边长大于 500mm，且内弧半径（r）与弯管平面边长（a）之比小于或等于 0.25 时应设置导流片。矩形内弧外直角型弯管

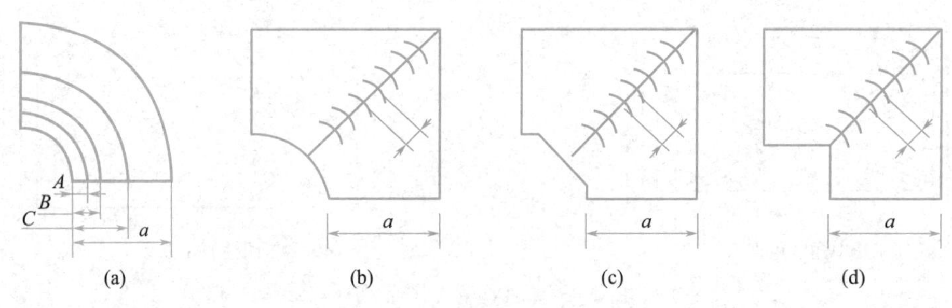

图 3.1.110　矩形弯管示意图

(a) 内外同心弧型；(b) 内弧外直角型；(c) 内斜线外直角型；(d) 内外直角型

以及边长大于 500mm 的内弧外直角形、内斜线外直角形弯管应按图 3.1.111 选用单弧形或双弧形等圆弧导流片。非金属矩形弯管的导流片，宜采用与风管材质性能相同或相一致的材料。圆形三通、四通、支管与总管夹角宜为 15°～60°，制作偏差应小于 3°。插接式三通管段长度宜为 2 倍支管直径加 100mm、支管长度不应小于 200mm，止口长度宜为 50mm。三通连接宜采用焊接或咬接形式，如图 3.1.112 所示。

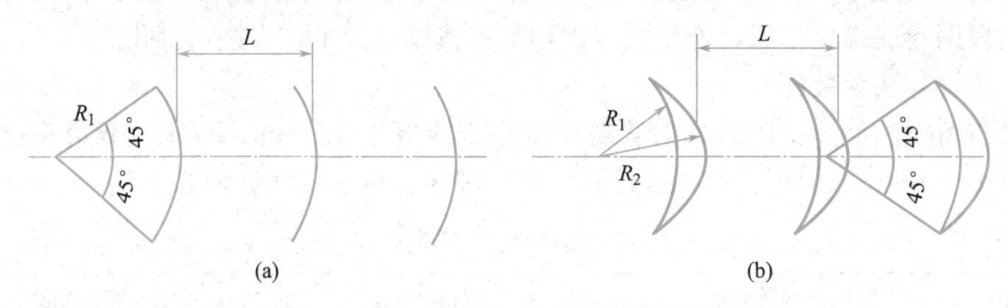

图 3.1.111　单弧形或双弧形导流片形式

(a) 单弧形；(b) 双弧形

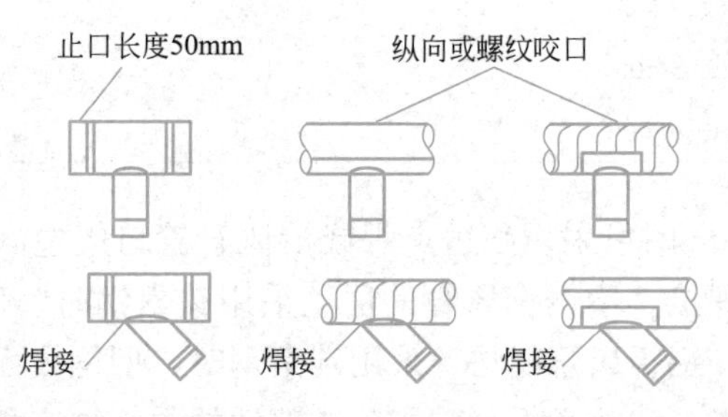

图 3.1.112　三通连接形式

3. 风管系统安装

(1) 现场测量放线

根据设计图纸并参照土建基准线找出风管安装标高。矩形风管标高从管底算起，而圆形风管是从风管中心算起。

确定风管主、支管安装平面位置，可在建筑物顶部用墨线划出风管主、支管安装中心轴线。

(2) 制作支、吊架

按照风管系统所在空间位置和风系统的形式、结构，确定风管支、吊架形式，具体形式如图 3.1.104～图 3.1.106 所示。

支、吊架间距应符合下列规定：

1）不保温风管水平安装，直径或大边长小于 400mm，其间距不超过 4m；大于或等于 400mm，不应大于 3m。螺旋风管的支、吊架间距可分别延长到 5m 和 3.75m；对于薄钢板法兰的风管，其支、吊架间距不应大于 3m。

2）不保温风管垂直安装其间距不应大于 4m，单根直管上不少于 2 个固定点。非金属风管支架间距不应大于 3m。

3）当水平悬吊的主、干风管长度超过 20m 时，应设置防止摆动的固定点，每个系统不应少于 1 个。

4）支吊架不宜设置在风口、阀门、检查门的自控机构处，离风口或接管的距离不宜小于 200mm。

5）保温风管的支、吊架间距必须符合要求，设计无要求时应根据支、吊架的实际承重核算间距。

6）对消声器、加热器等在风管上安装的设备，其两端风管应各设一个支、吊点。

风管支、吊架制作具体做法和用料规格应参照国家通风安装标准图集。支、吊架的钻孔位置在调直后划出，严禁使用气割螺孔。扁钢抱箍形状应与风管相符，其周长应略小于风管，风管卡紧后两抱箍之间应保持 5mm 左右间隙。吊杆、抱箍螺栓应螺纹完整，调节灵活，吊杆螺纹部分的长度应为 40～80mm，吊杆焊接拼接宜采用搭接，搭接长度不应少于吊杆直径的 6 倍，并应在两侧焊接。支、吊架制作完毕后，应进行除锈，刷一遍防锈漆。用于不锈钢、铝板风管的支、吊架应做防腐绝缘处理，防止电化学或晶间腐蚀。

（3）安装支、吊架

1）支架安装

砖墙上安装支架，根据支架标高确定打洞位置，洞的深度应比支架的埋入长度深 20mm。洞内应用水冲洗干净，先在洞内填一些 1：2 水泥砂浆，插入支架。支架埋入墙内部分不得有油漆或油污等杂物，埋入长度应做好标记，一般为 150～200mm。支架埋入后应平直、标高准确，砂浆填充应密实，表面应平整、美观。

支架采用膨胀螺栓或过墙螺栓固定时，先找出螺栓位置。对于膨胀螺栓孔，应严格按照螺栓直径钻孔，不得偏大。支架的水平度应采用钢垫片调整，过墙螺栓的背面必须加挡板。

支架安装在现浇混凝土墙、柱上时，可将支架焊接在预埋件上。如果无预埋件，应用膨胀螺栓固定支架。柱上安装支架也可用螺栓、角铁或抱箍将支架卡箍在柱上。

2）吊架安装

按风管中心线找出吊杆敷设位置，双吊杆吊架应以风管中心轴线为对称轴敷设。吊杆应离开管壁 20～30mm。吊架的固定点设置形式可焊接或挂设在预埋件上。无预埋件可采用膨胀螺栓。靠墙安装的垂直风管应用悬臂托架或有斜撑支架。不靠墙、柱穿楼板安装的垂直风管宜采用抱箍支架。在室外或屋面安装立管应用井架或拉索固定。为防止圆形风管安装后变形，应在风管支、吊架接触处设置托座。

（4）风管预组配

安装前应根据加工草图和现场测量情况对预制管件进行预组配。对管件的长度、角度、法兰连接情况作一次检查，并按安装顺序编号。若发现有遗漏损坏和质量问题等影响安装的因素，应及时采取措施进行补救。

(5) 风管连接

风管的连接方式有法兰连接、插条式连接、抱箍式连接、插接式连接。风管的连接长度应根据风管的壁厚、法兰与风管的连接方法、安装的结构部位和吊装方法等因素决定。为了安装方便，尽量在地面上进行连接。

直径为 120～1000mm 的圆形风管可采用插接式连接及抱箍连接，连接形式如图 3.1.113 所示。

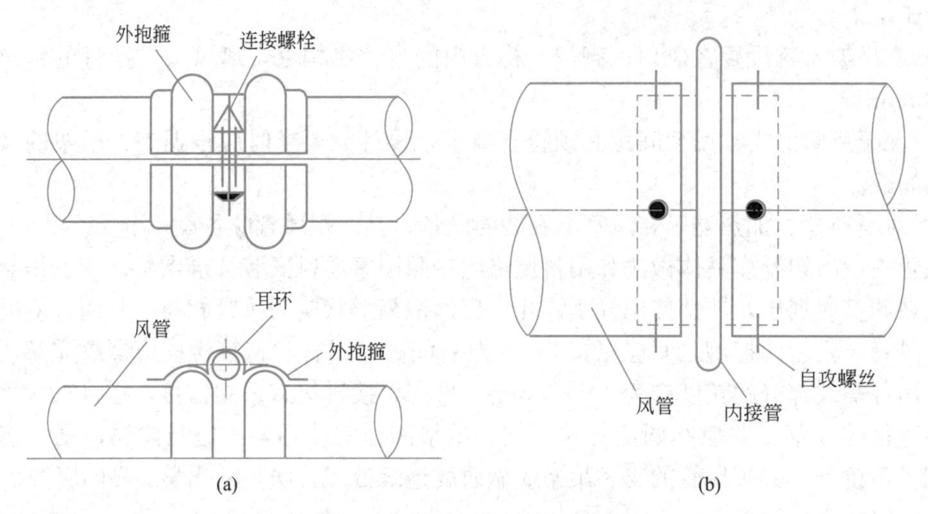

图 3.1.113　圆风管插式连接形式

(a) 抱箍连接；(b) 插接式连接

采用插接式连接时，插件之间应配合紧密，插入深度应满足要求，风管连接后应保持同心，不扭曲变形，并应在接口处缠裹密封胶带或采取其他密封措施。

(6) 风管安装就位，找平、找正

风管吊装前应对连接好的风管平直度及支管、阀门、风口等的相对位置进行复查，并应进一步检查支、吊架的位置以及标高、强度，确认无误后按照先干管后支管、先水平后垂直的顺序进行安装。

(7) 风帽安装

风帽安装高度若超过屋面 1.5mm，应设拉索固定。拉索的数量不应少于 3 根，且应设置均匀、牢固。不连接风管的筒形风帽，可用法兰直接固定在混凝土或木板底座上。当排送湿度较大的气体时，应在底座设置滴水盘并有排水措施。

(8) 风口安装

风口安装应横平、竖直、严密、牢固，表面平整。带风量调节阀的风口在安装时应先安装调节阀框，后安装风口的叶片框。同一方向的风口的调节装置应设在同一侧。散流器风口在安装时应注意风口预留孔洞要比喉口尺寸大，要留出扩散板的安装位置。洁净系统的风口在安装前应将风口擦拭干净，其风口边框与洁净室的顶棚或墙面之间应采用密封胶或密封垫料封堵严密，不能漏风。球形旋转风口连接应牢固，不得晃动，球形旋转头转动要灵活。排烟口与送风口的安装部位应符合设计要求，与风管或混凝土风道的连接应牢固、严密。

（9）风阀安装

在风阀安装前应检查框架结构是否牢固，调节、制动、定位等装置是否准确灵活。风阀的安装要求同风管的安装，应将其法兰与风管或设备的法兰对正，加上密封垫片，上紧螺栓，使其与风管或设备连接牢固、严密。在风阀安装时应使阀件的操纵装置便于人工操作，其安装方向应与阀体外壳标注的方向一致。安装完的风阀，应在阀体外壳上有明显和准确的开启方向及开启程度的标志。防火阀的易熔片应安装在风管的迎风侧，其熔点温度应符合设计要求。

知识拓展

建筑防排烟系统

在现代高层建筑设计时除了要考虑通风还要特殊考虑防排烟问题。因为在高层建筑火灾事故中，死伤者大多数是由于烟气的窒息或中毒所造成。由于建筑物内部有大量的火源和可燃物、各种装修材料在燃烧时产生有毒气体，以及高层建筑中各种竖向管道产生的烟囱效应，使火灾产生的烟气更加容易迅速地扩散到各个楼层，不仅会造成人身伤亡和财产损失，而且由于烟气遮挡视线，还使人们在疏散时产生心理上的恐慌，给消防抢救工作带来很大困难。因此，在高层建筑的设计中，必须认真慎重地进行防火排烟设计，以便在火灾发生时顺利地进行人员疏散和消防灭火工作。

根据现行国家规范《建筑设计防火规范》GB 50016 的规定，对于建筑高度超过 24m 的新建、扩建和改建的高层民用建筑（不包括单层主体建筑高度超过 24m 的体育馆、会堂、影剧院等公共建筑以及高层民用建筑中的人民防空地下室）及与其相连的裙房，都应进行防火设计。其中，需要设置防烟排烟设施的部位有：一类高层建筑和建筑高度超过 32m 的二类高层建筑的下列部位：长度超过 20m 的内廊、面积超过 100m²，且经常有人停留或可燃物较多的房间、高层建筑的中厅和经常有人停留且可燃物较多的地下室；防烟楼梯间及其前室，消防电梯前室或合用前室；封闭避难层（间）。

高层建筑防排烟系统通常分为自然排烟、机械防烟和机械排烟系统。

（1）自然排烟

高层建筑自然排烟的方式主要有外窗或排烟窗排烟、排烟竖井排烟等两种，自然排烟的优点有：①结构简单；②不需要电源和复杂的装置；③运行可靠性高；④平常可用于建筑物的通风换气。自然排烟方式的主要缺点是排烟效果受风压、热压等因素的影响，排烟效果不稳定，设计不当时会适得其反。因此，要使自然排烟设计能够达到预期的防灾减灾目的，需要了解影响自然排烟的主要因素以及在自然排烟设计中如何减少和利用这些影响因素。

（2）机械防烟

机械防烟是利用风机造成的气流和压力差来控制烟气流动方向的一种防烟技术。它是在火灾发生时用气流造成的压力差阻止烟气进入建筑物的安全疏散通道内，从而保证人员疏散和消防扑救的需要。机械加压防烟技术具有系统简单、可靠性高、建筑设备投资比机械排烟系统少等优点，近年来在高层建筑的防排烟设计中得到了广泛的应用。

(3) 机械排烟

机械排烟就是使用排烟风机进行强制排烟，以确保疏散时间和疏散通道安全的一种排烟方式。机械排烟可分为局部排烟和集中排烟两种方式。局部排烟是在每个房间内设置排烟风机进行排烟，适用于不能设置竖风道的空间或旧建筑。集中排烟是将建筑物分为若干个区域，在每个分区内设置排烟风机，通过排烟风道排出各房间内的烟气。通常，对于重要的疏散通道必须排烟，以便在火灾发生时保证对疏散时间和疏散通道安全的要求。

3.1.3 建筑空调系统安装

空调工程是空气调节、空气净化与洁净空调系统的总称。其任务是提供空气处理的方法，净化或者纯净空气，保证生产工艺和人们正常生活所要求的清洁度；通过加热或冷却、加湿或除湿来控制空气的温度和湿度，并且不断地进行调节。它还可以为工业、农业、科研、国防等特殊场所创造具有恒温恒湿、高清洁度、适宜的气流速度的空气环境以及模拟自然气候。

3.1.3.1 建筑空调系统分类、组成与原理

1. 空调系统的分类

3-8 建筑空调系统分类、组成与原理

(1) 按空气处理设备的位置情况分类。

1) 集中式空调系统，指空气处理设备（过滤、加热、冷却、加湿设备和风机等）集中设置在空调机房内，空气处理后，由风管送入各房间的系统。这种系统处理空气量大，有集中的冷源和热源，运行可靠，便于管理和维修，但是空调机房和风管占地面积大。

2) 半集中式空调系统，指集中处理部分或全部风量，然后送往各房间，在各房间中进行处理的系统，包括集中处理新风，经诱导器送入室内或各室内有风机盘管的系统，也包括分区机组系统等。这种系统由于设有末端装置，故可满足不同空调房间的使用者对空气温、湿度的不同要求。

3) 分散式空调系统，也称局部系统或局部机组，是指将整体组装的空调器直接放在空调房间内或放在空调房间附近，每个机组只供一个或几个小房间使用，或一个房间内放几个机组的系统。分散式空调系统又可分为窗式空调系统、分体式空调系统和柜式空调系统。这种系统使用灵活，安装方便，节省风管。

(2) 按负担室内热湿负荷所用的介质来分类。

1) 全空气系统，指空调房间的热、湿负荷全部由经过处理的空气来承担的空调系统。由于空气的比热较小，此系统需要较多的空气才能达到消除余热余湿的目的。因此，这种系统风道尺寸大，占用建筑空间较多。

2) 全水系统，指空调房间的热湿负荷全部由水来负担的空调系统。由于水的比热比空气大得多，在相同负荷情况下此系统只需要较少的水量，因而输送管道占用的空间较少。但是，这种系统解决不了空调房间的通风换气问题，室内空气品质较差，因此较少采用。

3) 空气-水系统，指由空气和水共同负担空调房间的热、湿负荷的空调系统。该系统

既可解决全空气系统风道尺寸较大的问题，又可向空调房间提供一定的新风换气，是较常采用的一种系统。

4）制冷剂系统，是把制冷系统的蒸发器直接放在室内来吸收空调房间的余热、余湿的空调系统，常用于分散安装的局部空调机组。

（3）按集中式系统处理的空气来源分类，空调系统可分为全回风系统、全新风系统和新回风混合系统。

1）全回风系统，又称封闭式系统，指全部采用再循环空气的系统，如图 3.1.114（a）所示。室内空气经处理后，再送回室内以消除室内的热、湿负荷。

2）全新风系统，又称直流式系统，指全部采用室外新鲜空气（新风）的系统，如图 3.1.114（b）所示。新风经处理后送入室内，消除室内的热、湿负荷后，再排到室外。

3）新回风混合系统，又称混合式系统，指采用一部分新鲜空气和室内空气（回风）混合的全空气系统，如图 3.1.114（c）所示。新风与回风混合并经处理后，送入室内消除室内的热、湿负荷。

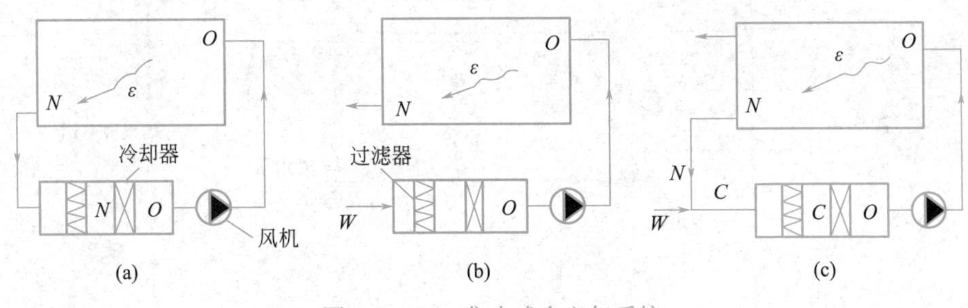

图 3.1.114　集中式全空气系统

（a）封闭式；（b）直流式；（c）混合式

（4）按风管中空气流速分类：低速系统和高速系统。低速系统民用建筑主风管风速低于 10m/s，工业建筑主风管风速低于 15m/s；高速系统民用建筑主风管风速高于 12m/s，工业建筑主风管风速高于 15m/s。

（5）集中式空调系统按风量是否变化可分为定风量空调系统、变风量空调系统。

（6）按空调的用途分为工艺性空调系统、舒适性空调系统。

（7）按系统控制精度不同分为一般空调系统、高精度空调系统。

2. 空调系统的组成

空调系统主要由空气处理设备、空气输送设备和空气分配装置组成，此外还有冷热源以及自动调节控制设备等。图 3.1.115 为典型的集中式空调系统，下面将以此为例说明空调系统的组成。

（1）空气处理设备。空气处理设备是对空气进行热湿处理和净化处理的主要设备。如表面式冷却器、喷水室、加热器、加湿器、空气过滤器等。集中式空调系统的空气处理部分是一个包含各种处理设备的空气处理室。可以按设计图纸在施工现场建造，也可以选用工厂制造的定型产品。图 3.1.116 所示为组合式空调机组，其处理部分的功能如下：

1）新风采入。新鲜空气自室外风口被吸入，新风与回风在混合段进行混合。在寒冷地区进风口还应设密闭的保温窗，以防止系统停止运行时，冻坏设备。

2）空气净化。空气净化包括除尘、消毒、除臭和离子化等，其中除尘是最常见的处

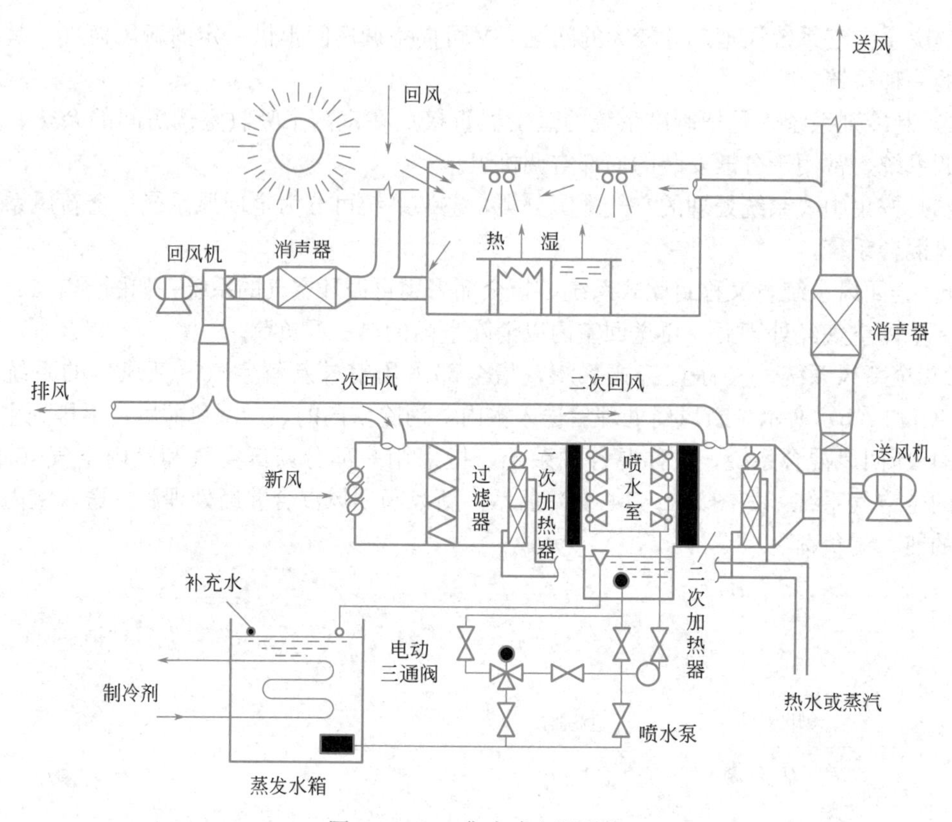

图 3.1.115 集中式空调系统

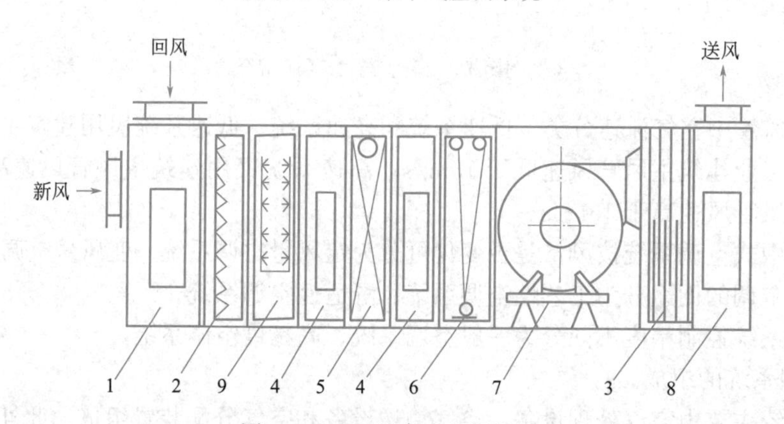

图 3.1.116 组合式空调机组

1—混合段；2—初效过滤段；3—消声段；4—中间段；5—表冷段；6—电热段；7—送风机段；8—送风段；9—喷水室

理部分。除尘处理通常使用过滤器。

3）空气加湿与减湿。空气的加湿和减湿处理可以在喷水室内完成，夏季在喷水室喷低温水对空气进行冷却减湿处理，其他季节可以喷循环水对空气进行加湿处理。

4）空气加热与冷却。集中式空调处理多采用以热水或蒸汽作为热媒的表面式空气加热器对送风进行加热处理，也可采用表面式空气冷却器使空气冷却。表面式空气冷却器与加热器的构造相同，只是将热媒换成冷媒（冷水）而已。

（2）空气输送设备。空气输送设备主要由风机、消声减振设备、风道以及各种阀门、附件等组成。其作用是将已经处理的符合要求的空气，由送风机通过风道送到各空调房间内，然后再把等量室内的空气经回风口、风道用排风机排出。风机包括送风机、回风机和排风机；消声减振设备采用消声器和减振器；风道指送风、排风、回风所需的管道系统。

（3）空气分配装置。空气分配装置是指设在空调房间内的各种类型的送风口、回风口和排风口。其作用是合理地组织室内气流，以保证空调间内环境参数的均衡和精度。空调房间的送风口有侧向送风口、散流器、孔板送风口等几种形式，如图 3.1.117～图 3.1.119 所示。室内排（回）风口通常在房间的下部，可安装于风管、墙侧壁，或安装于地面上，如图 3.1.120 所示。气流组织形式应根据室内温、湿度，活动区的允许风速，室内消声及防火要求，以及建筑条件、装饰等因素综合考虑计算确定。

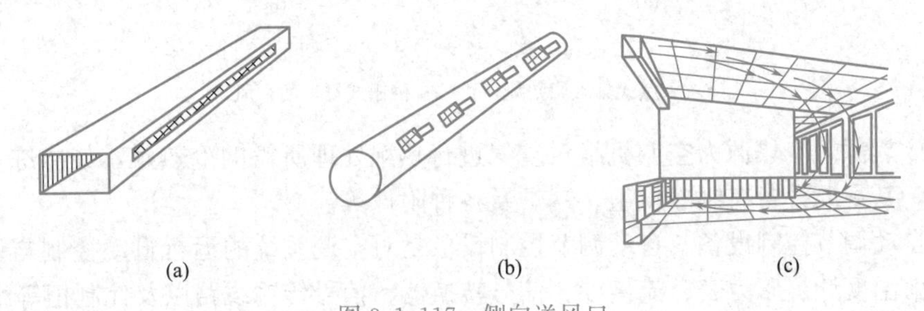

图 3.1.117　侧向送风口

（a）设在矩形风道上；（b）设在圆形风道上；（c）上送下回风气流组织

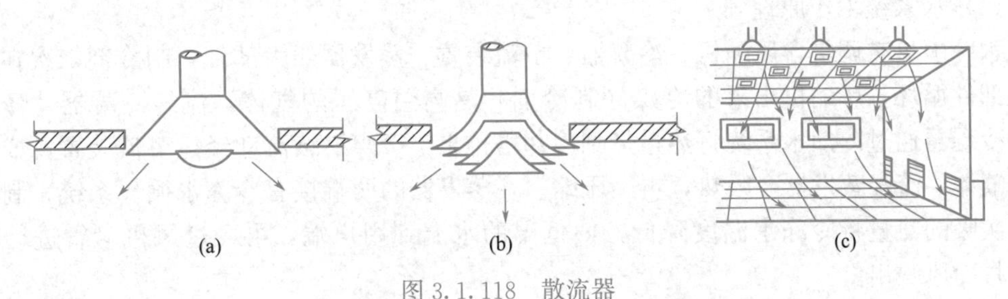

图 3.1.118　散流器

（a）盘式；（b）流线型；（c）散流器送风气流组织

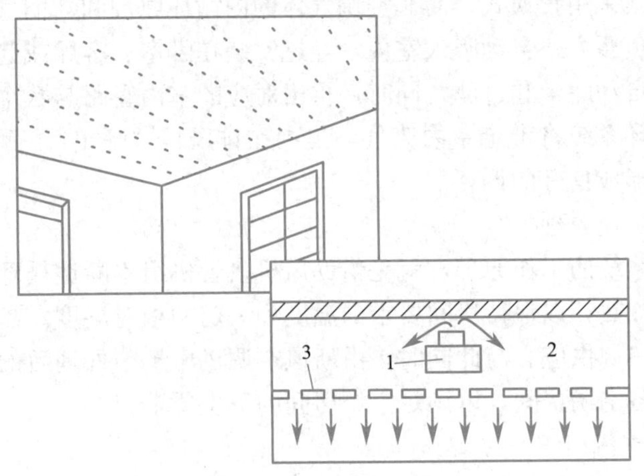

图 3.1.119　孔板送风口

1—风管；2—静压层；3—孔板

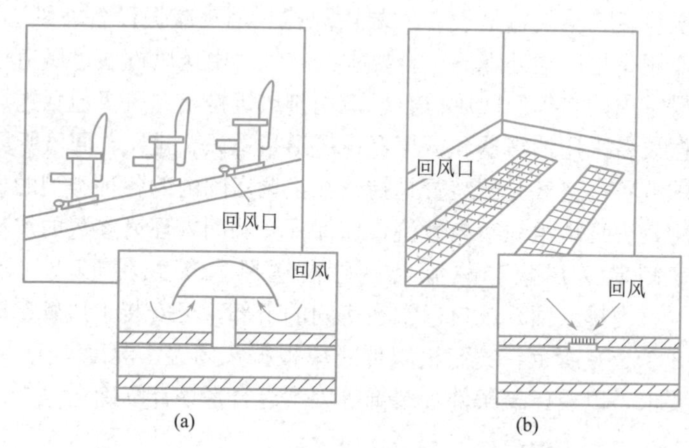

图 3.1.120　地面散点式和格栅式排（回）风口

（a）散点式排（回）风口；（b）格栅式排（回）风口

（4）冷热源。冷热源为空调机组对空气进行热湿处理所需的冷热媒，如冷冻水、热水或蒸汽等，其主要设备有制冷机组、锅炉及各种附件等。

（5）自动调节控制设备。自动调节控制设备是对空调系统的运行自动控制与调节的部分，主要由温度计、压力表、流量计、信号转换器、信号传输线路以及控制柜等组成。

3. 空调系统工作原理

（1）水系统工作原理

水冷中央空调包含压缩机、冷凝器、节流装置、蒸发器四大部件，制冷剂依次在上述四大部件循环，压缩机出来的冷媒（制冷剂）是高温高压的气体，流经冷凝器，降温降压，冷凝器通过冷却水系统将热量带到冷却塔排出，冷媒继续流动经过节流装置，成低温低压液体，流经蒸发器，吸热，再经压缩。在蒸发器的两端接有冷冻水循环系统，制冷剂在此次吸的热量将冷冻水温度降低，使低温的水流到用户端，再经过风机盘管进行热交换，将冷风吹出。

（2）风系统工作原理

新风的传输方式采用置换式，而非空调气体的内循环原理和新旧气体混合的做法，户外的新鲜空气通过负压方式自动吸入室内，经过安装在卧室、客厅或起居室窗户上的新风口进入室内时，会自动除尘和过滤。同时，再由对应的室内管路与数个功能房间内的排风口相连，构成的循环系统将带走室内废气，集中在排风口"呼出"，而排出的废气不再做循环运用，新旧风形成良好的循环。

（3）盘管系统工作原理

风机盘管空调系统的工作原理，就是借助风机盘管机组不断地循环室内空气，使之通过盘管而被冷却或加热，以保持房间要求的温度和一定的相对湿度。盘管使用的冷水或热水，由集中冷源和热源供应。与此同时，由新风空调机房集中处理后的新风，通过专门的新风管道分别送入各空调房间，以满足空调房间的卫生要求。

4. 空调房间的气流组织

经过空调系统处理的空气，由送风口进入空调房间，与室内空气进行热质交换后从回风口排出，必然引起室内空气的流动，形成某种形式的气流流型和速度场。速度场往往是其他场（如温度场、湿度场和浓度场）存在的基础和前提，所以不同恒温精度、洁净度和不同使用要求的空调房间，往往也要求不同形式的气流流型和速度场。所以空调的气流组织就是组织空气在空调室内的合理流动与分布。

气流组织的设计任务是合理地组织室内空气的流动，使室内工作区空气的温度、湿度、速度和洁净度能更好地满足工艺要求及人们的舒适感要求。空调房间气流组织是否合理，不仅直接影响房间的空调效果，而且也影响空调系统的能耗量。

按照送风口位置的相互关系，气流组织的送风方式一般分为以下几种：

（1）上送下回形式

由空间上部送入空气，由下部排出，这种形式是传统的基本方式。图 3.1.121 表示了三种不同的上送下回方式，其中图 3.1.121（a）可根据空间的大小扩大为双侧，图 3.1.121（b）根据需要可增加散流器的数目。上送下回送风气流不直接进入工作区，有较长的与室内空气混掺的距离，能够形成比较均匀的温度场和速度场，方案图 3.1.121（c）尤其适用于温湿度和洁净度要求高的场合。

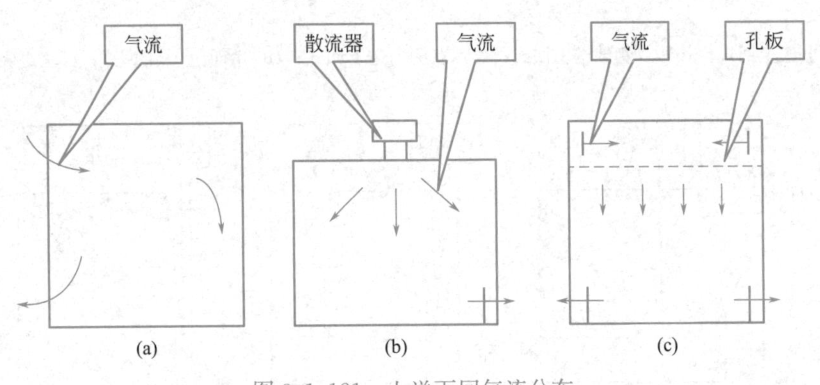

图 3.1.121　上送下回气流分布

（a）侧送侧回；（b）散热器送风；（c）孔板送风

（2）上送上回形式

上送风上回风的几种形式如图 3.1.122 所示。图 3.1.122（a）为单侧上送上回式；图 3.1.122（b）和图 3.1.122（c）为双侧外送上回式和双侧内送上回式，适合于房间进深较大的情况。这三种方式送回风管叠置在一起，明装在室内，施工比较方便，但影响房间净空的使用。如果房间净高允许，则可设置吊顶，将管道暗装，如图 3.1.122（d）所示。或者采用图 3.1.122（e）的送吸式散流器，这种布置比较适用于有一定美观要求的民用建筑。

（3）下送上回形式

图 3.1.123 所示的三种“下送上回”的气流方式，其中图 3.1.123（a）为地板送风，图 3.1.123（b）为末端装置送风，图 3.1.123（c）为下侧送风。下送方式除图 3.1.123（b）外，要求降低送风温差，控制工作区内的温度，但其排风温度高于工作区温度，故具有一定的节能功效，同时有利于改进工作区的空气质量。

（4）中送风形式

在某些高大的空间内，若实际工作区在下部，则不需要将整个空间都作为控制调节的对象，采用如图 3.1.124 的中送风方式可节省能耗。但这种气流分布会造成空间的竖向温度分布不均匀，存在温度“分层”现象。

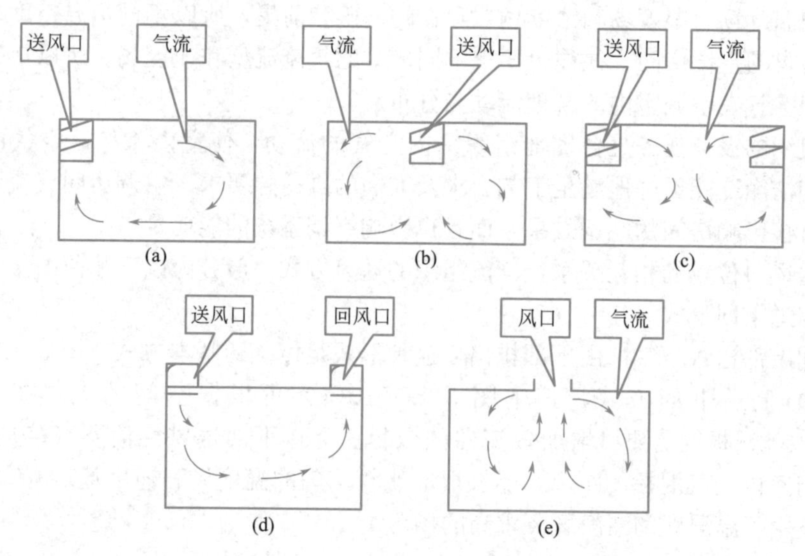

图 3.1.122　上送上回气流分布

（a）单侧上送上回式；（b）双侧外送上回式；（c）双侧内送上回式；（d）吊顶上送上回式；（e）送吸式散流器

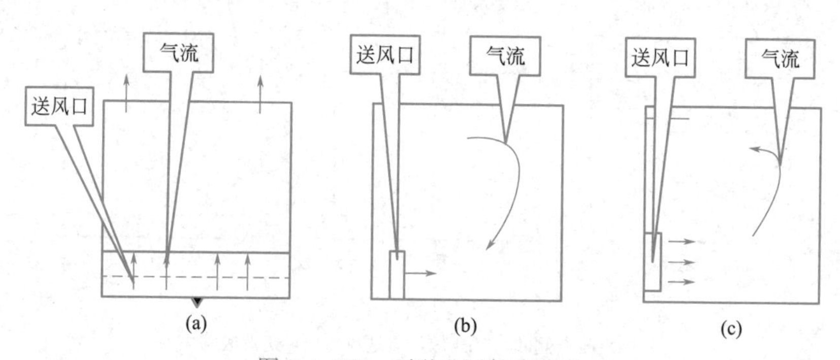

图 3.1.123　下送上回气流分布

（a）地板送风；（b）末端装置送风；（c）下侧送风

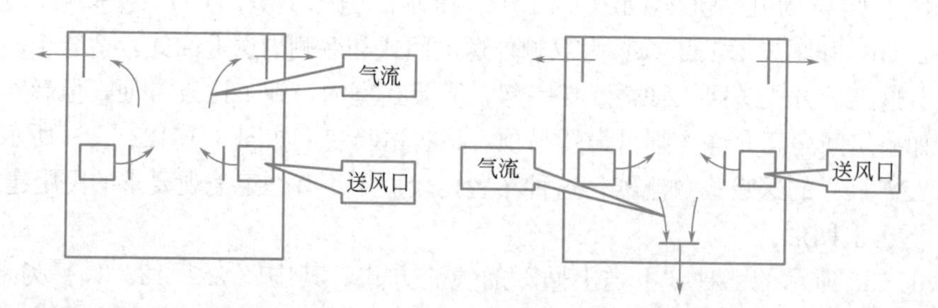

图 3.1.124　中送风气流分布

上述各种气流分布形式的具体应用要考虑空间对象的要求和特点，同时还应考虑实现某种气流分布的现场条件。

3-9 建筑空调系统常用材料与设备

3.1.3.2　建筑空调系统常用材料与设备

中央空调系统主要由冷热源系统、空气热湿处理系统、空气输送与分配系统、空调水循环系统、冷却塔以及电气控制系统等几部分组成，由它们来共同完成室内空气的温湿度调节和通风等任务。不同种类的空调系统上述各部分的组合方式也不同。

中央空调系统的基本组成如图 3.1.125 所示。

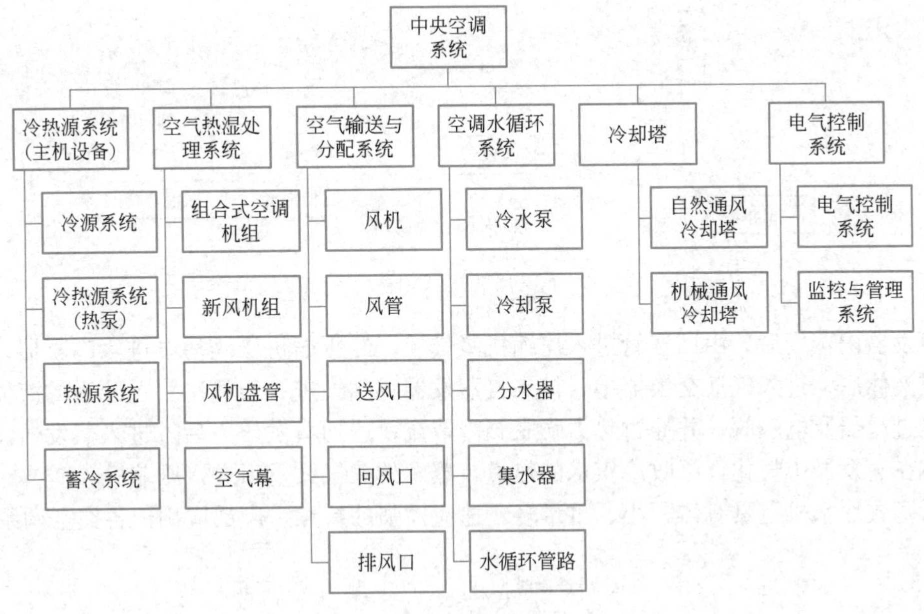

图 3.1.125　中央空调系统的基本组成

1. 冷热源设备

为实现空调系统室内温湿控制的要求，夏季必须要有充足的冷源，而冬季又必须要有充足的热源。中央空调冷热源设备有纯制冷的制冷机组、单纯供热的热源系统、既能制冷又能供热的直燃机组及热泵系统等不同类型，可根据不同的条件及环境要求，选择不同类型的冷热源设备。

（1）蒸汽压缩式制冷系统

1）工作原理

制冷压缩机将蒸发器中的制冷剂高温低压蒸汽吸入压缩机内，经过压缩机的压缩做功，使制冷剂变成压力和温度升高的蒸汽进入冷凝器，在冷凝器内，由冷却水吸收制冷剂气体的热量，送入冷却塔并释放到大气中，使高温高压制冷剂蒸汽冷凝为低温高压液体，该低温高压液态制冷剂经膨胀阀后体积增大，变为低温低压气液混合物，膨胀阀与蒸发器相连，制冷剂进入蒸发器后体积进一步增大，压力骤降，制冷剂立即气化，并从冷水中大量吸热，使冷水温度降低并提供给用户，蒸发器中制冷剂吸热后成为高温低压蒸汽再进入压缩机，如此往复循环，完成蒸汽压缩制冷循环过程。如图 3.1.126 所示。

2）系统类型

蒸汽压缩式制冷系统分为活塞式、螺杆式、离心式和涡旋式四种类型。

① 活塞式

活塞式压缩机结构图及实物图如图 3.1.127 和图 3.1.128 所示。该冷水机组主要包括压缩机、冷凝器、蒸发器、热力膨胀阀、开关箱和控制柜等几部分。其工作原理是：制冷

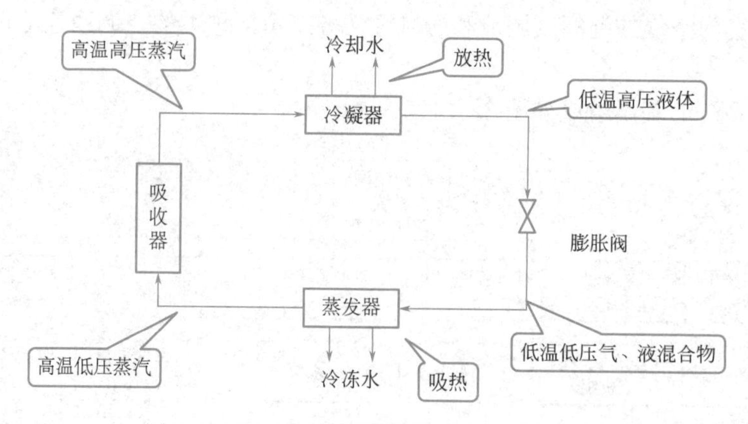

图 3.1.126　蒸汽压缩式制冷系统工作原理图

剂在蒸发器内蒸发后，由回气管进入压缩机吸气腔，经压缩机压缩后，进入冷凝器，蒸气冷凝成液体后，进入气液交换器中，被来自蒸发器的蒸气进一步过冷，过冷后的液体，流经干燥过滤器及电磁阀，并通过热力膨胀阀内节流，达到蒸发压力后，进入蒸发器。制冷剂液体在蒸发器中气化，吸收冷媒水的热量，蒸发的蒸气又重新进入压缩机。

活塞式冷水机组具有体积小、重量轻、适应性强的特点，广泛应用于各类空调系统。

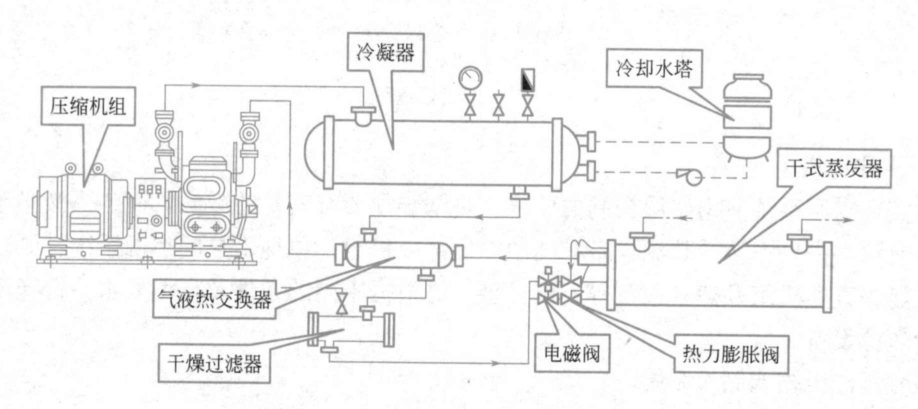

图 3.1.127　活塞式压缩机结构示意图

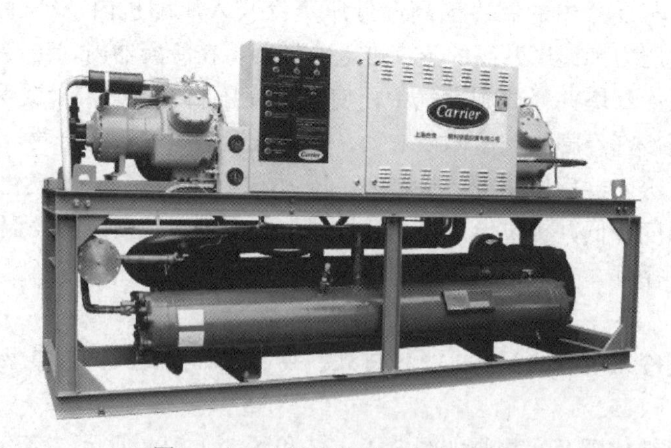

图 3.1.128　活塞式冷水机组实物图

② 螺杆式

螺杆式冷水机组结构图和实物图分别如图 3.1.129 和图 3.1.130 所示。

该冷水机组主要由压缩机、冷凝装置、润滑处理装置、过滤装置、各种阀门、电气控制箱等组成。其工作原理是：机组由蒸发器出来的气体冷媒，经压缩机绝热压缩后变成高温高压状态。被压缩后的气体冷媒，在冷凝器中等压冷却冷凝，经冷凝后变化成液态冷媒，再经节流阀膨胀到低压，变成气液混合物。其中低温低压下的液态冷媒，在蒸发器中吸收被冷却物质的热量，重新变成气态冷媒。气态冷媒经管道重新进入压缩机，开始新的循环。

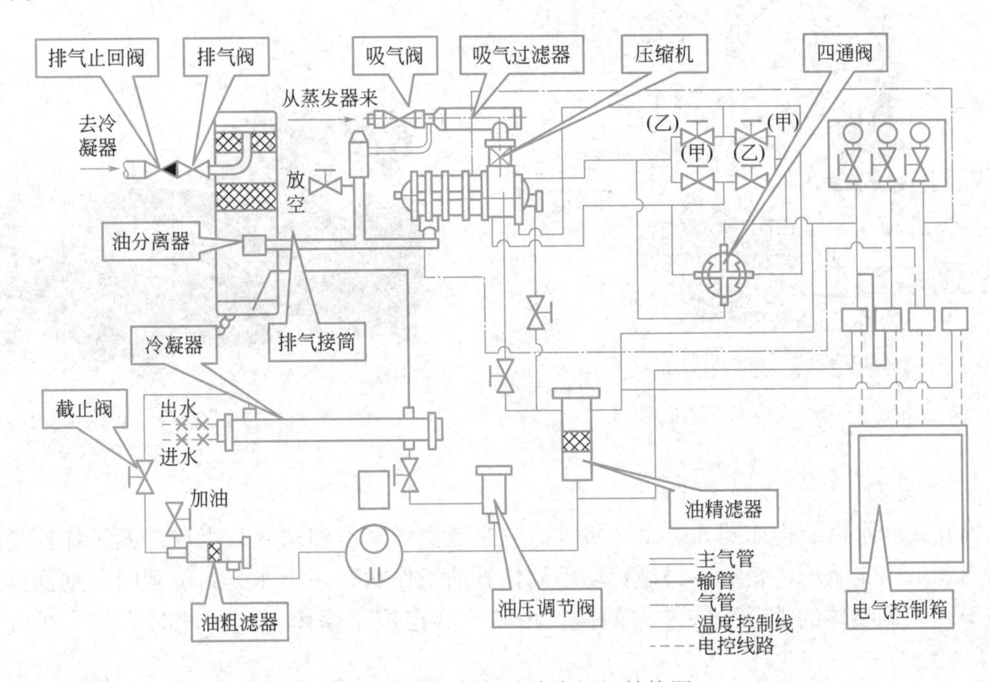

图 3.1.129 螺杆式冷水机组结构图

图 3.1.130 螺杆式冷水机组实物图

③ 离心式

离心式冷水机组的原理图和实物图如图 3.1.131 和图 3.1.132 所示。该冷水机组主要由压缩机、冷凝器、蒸发器、节流装置及控制箱等组成。其工作原理是利用电作为动力源，氟利昂制冷剂在蒸发器内蒸发吸收冷水的热量进行制冷，蒸发吸热后的氟利昂湿蒸气被压缩机压缩成高温高压气体，经冷凝器冷凝后变成液体，通过膨胀阀进行流量控制，进入蒸发器再循环。

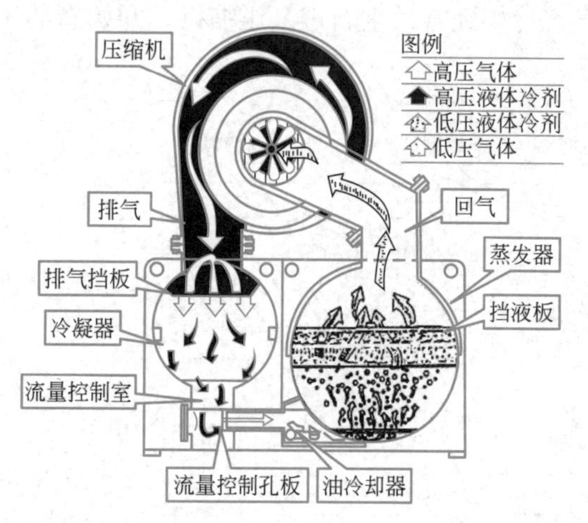

图 3.1.131 离心式冷水机组原理图

图 3.1.132 离心式冷水机组实物图

④ 涡旋式

涡旋式冷水机结构如图 3.1.133 所示。它主要由静涡盘和动涡盘组成。其工作原理示意如图 3.1.134 所示，表示了涡盘转动不同位置的工作状态，当在起始位置时，动涡盘位置处于 0°，涡线体的啮合线在左右两侧，由啮合线组成了封闭空间，此时完成了吸气过

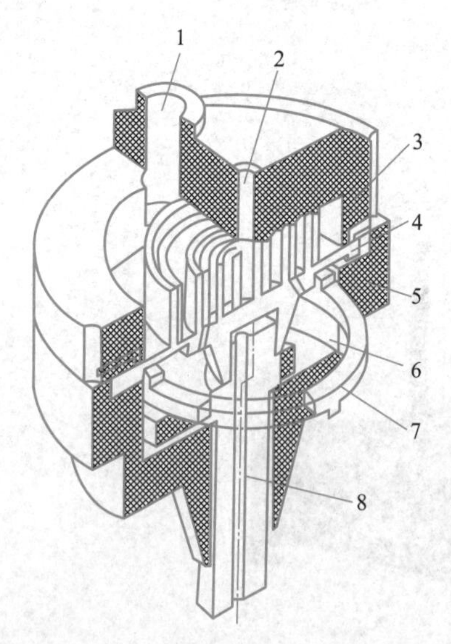

图 3.1.133 涡旋式冷水机结构图

1—吸气口；2—排气孔；3—静涡旋体；4—动涡旋体；5—机座；6—背压腔；7—十字联接环；8—曲轴

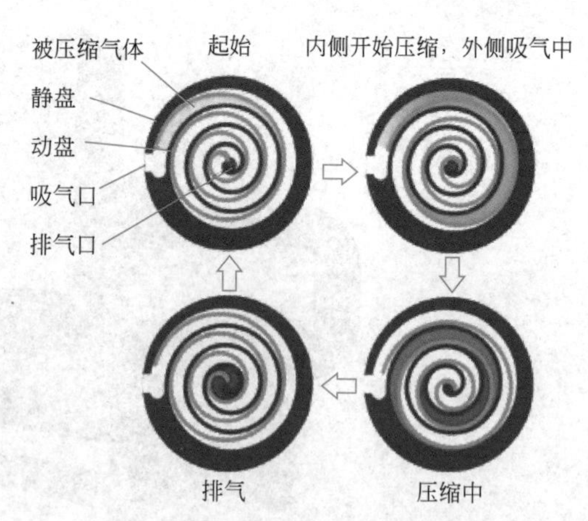

图 3.1.134 涡旋式冷水机工作原理图

程；当动涡盘顺时针方向公转 90°时，啮合线也移动 90°，处于上、下位置，封闭空间的气体被压缩，与此同时，涡线体的外侧进行吸气过程，内侧进行排气过程；接下来是压缩过程，即动涡盘公转 180°，涡线体的外、中、内侧分别继续进行吸气、压缩和排气过程；到排气过程中，动涡盘继续公转至 270°，内侧排气过程结束，中间部分的气体压缩过程也随之结束，外侧吸气过程仍然继续进行；当动涡盘转至最初的起始位置时，外侧吸气过程结束，内侧排气过程仍在进行。如此反复循环。

(2) 吸收式制冷系统

吸收式制冷系统由发生器、冷凝器、蒸发器和吸收器等四个热交换设备组成，简单吸收式制冷系统的原理图如图 3.1.135 所示。

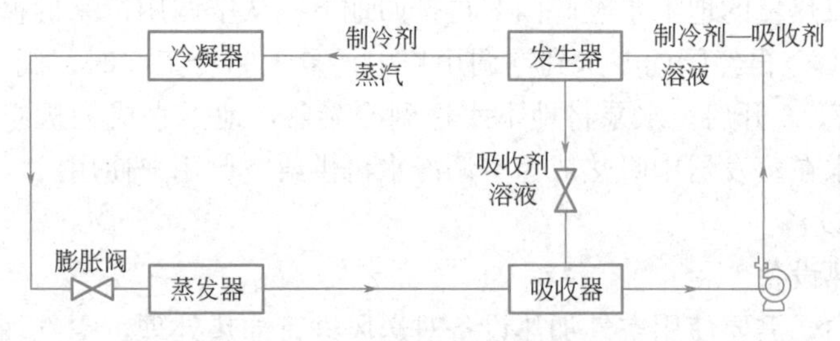

图 3.1.135　简单吸收式制冷系统

(3) 热泵机组

热泵是夏季能制冷，冬季又能供热的设备，是以消耗部分能量作为补偿条件，使热量从低温物体转移到高温物体的装置。热泵的节能性和环保性优势明显，近年来发展较快。它能够把空气、土壤、水中所含不能直接利用的热能、太阳能、工业废热等转换为可以利用的热能。在空调系统中，可以用热泵作为空调系统的热源提供 100℃以下的低温用能。

热泵有各种类型，其分类方法也各不相同。热泵按低温热源所处的几何空间不同可分为大气源热泵和地源热泵两大类，地源热泵又进一步分为地表水热泵、地下水热泵和地下耦合热泵；按热泵机组工作原理分类可以分为机械压缩式热泵、吸收式热泵、热电式热泵和化学式热泵；按驱动能源的种类不同热泵又可分为电动热泵、燃气热泵和蒸气热泵；按低位热源分类，可分为空气源热泵系统、水源热泵系统、土壤源热泵系统和太阳能热泵系统。

1) 空气源热泵

空气源热泵系统原理图及机组实物图如图 3.1.136 和图 3.1.137 所示。

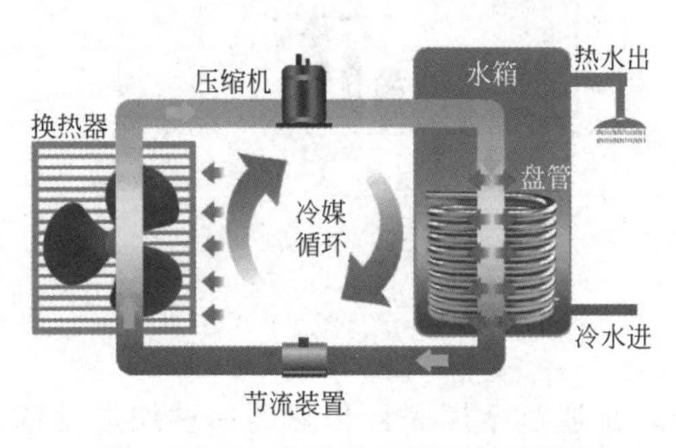

图 3.1.136　空气源热泵系统原理图

图 3.1.137　空气源热泵机组

空气源热泵系统的制热与制冷功能切换是通过换向阀改变热泵工质的流向来实现的。冬季按制热循环运行时，工质-水换热器是冷凝器，为空调系统提供热水作热源用。夏季按制冷循环运行时，工质-水换热器是蒸发器，为空调系统提供冷水作冷源用。其工作原理是：冬天热泵以制冷剂为热媒，在空气中吸收热能，经压缩机将低温热能提升为高温热能；夏天热泵以制冷剂为冷媒，在空气中吸收冷量，经压缩机将高位热能降为冷能，制冷系统循环水，从而使不能直接利用的热能或冷能再生为可直接利用的热能或冷能。

2）水源热泵

水源热泵工作原理如图 3.1.138 所示。水源热泵系统以地下水（或湖水、海水）作为热源。冬天制热工况时，阀门 2、3、7、6 关闭，阀门 1、4、5、8 开启，水泵将地下水送到蒸发器，被吸取热量的地下水经阀门 8 再排回地下，从空调用户来的循环水在冷凝器中被加热到 45～50℃，再经阀门 5 送到空调用户中。夏天制冷工况时，阀门 1、4、5、8 关闭，阀门 2、3、7、6 开启，水泵将地下水送到冷凝器，地下水成为机组的冷却水，从空调用户来的循环水在蒸发器中吸热成为空调冷水再供给空调用户使用。

2. 空气处理设备

（1）空气加热设备

在空调系统中，需要使用空气加热设备对送风进行加热处理，空气加热设备主要有表面式空气加热器和电加热器两种。前者主要用于各种集中式空调系统的空气处理室和半集中式空调系统的末端装置中，后者主要用于各空房间的送风支管上。

1）表面式空气加热器

表面式空气加热器如图 3.1.139 所示。

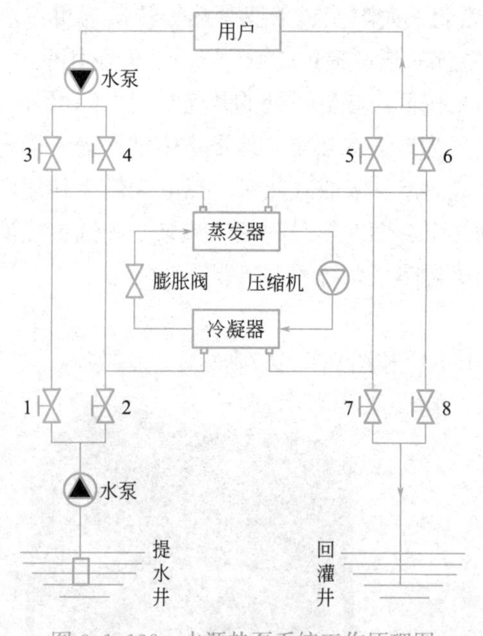

图 3.1.138　水源热泵系统工作原理图

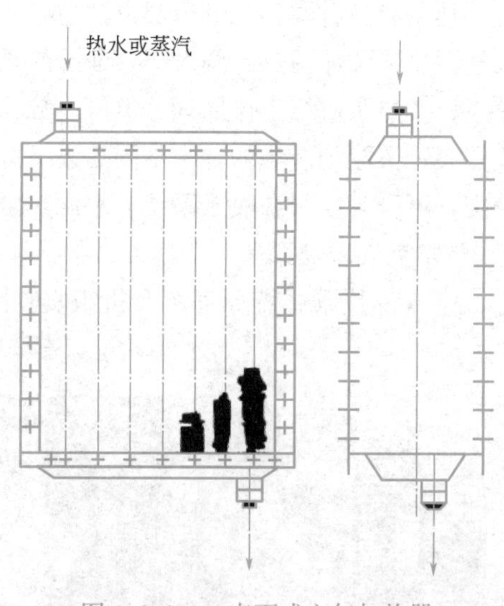

图 3.1.139　表面式空气加热器

表面式空气加热器以热水或蒸汽作为热源，是通过金属表面传热的一种加热设备。在进行空气加热处理时，工作介质不与被处理的空气直接接触，而是通过换热器的金属表面与被处理的空气进行热湿交换，当表面式加热器中通入热水或蒸汽时，根据热交换原理，利用边界的温度与周围空气温度差，实现热能交换，从而可以实现对空气的加热。

2）电加热器

电加热器是利用电能加热空气的设备，其工作原理是：在电阻丝两端输入交流电，则电阻丝产生电流而使电阻丝发热，通过热传导对空气加热。电加热器可分为裸线电加热器和管式电加热器两种。

裸线电加热器如图 3.1.140 所示。它结构简单、加热迅速，但由于电阻丝容易烧断，使用安全性差，因此采用这种加热器时，必须有可靠的安全措施。

管式电加热器如图 3.1.141 所示。它是把电阻丝装在特制的金属套管内，套管中填充有导热性好，但不导电的材料，这种电加热器具有加热均匀、热量稳定、安全可靠、结构紧凑、使用寿命长等特点，但是热惰性大，构造复杂。

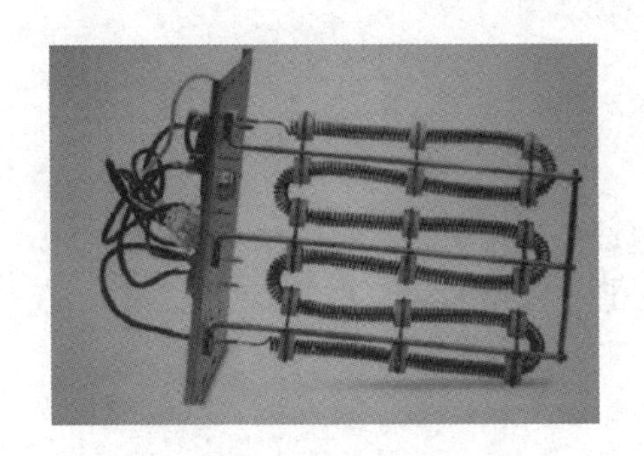

图 3.1.140　裸线电加热器

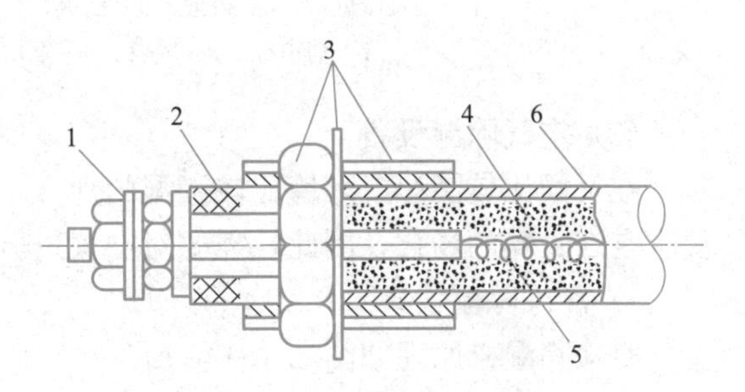

图 3.1.141　管式电加热器结构图

1—接线端子；2—瓷绝缘子；3—紧固装置；4—绝缘材料；5—电阻丝；6—金属套管

(2) 空气加湿设备

空气加湿方式有两种：一种是在空气处理室或空调机组中进行的集中加湿方式；另一种是在房间内直接加湿的局部补充加湿方式。

在实际工程中常用的集中加湿方式有两种。

1）干蒸汽加湿器

干蒸汽加湿器结构如图 3.1.142 所示。它将锅炉等加热设备生产的蒸汽通过蒸汽喷管引入加湿器中，对空气进行加湿处理。为防止蒸汽喷管中产生凝结水，蒸汽先进入喷管外套，对管中的蒸汽加热，然后经过导流板进入加湿器筒体，分离出凝结水后，再经过导流箱和导流管进入加湿器内筒体，最后进入喷管，喷出干蒸汽。

2）电加湿器

电加湿器是使用电能产生蒸汽来对空气加湿的装置。主要有电热式加湿器、电极式加湿器、红外线加湿器等。图 3.1.143 是电极式加湿器原理图。它是利用三根铜棒或不锈钢棒做电极，将其插入水中，当电极通电后，电流从水中流过，电能转换成热能，水被加热直到沸腾，产生大量蒸汽，通过蒸汽管散到空气中，从而加湿空气。这种加湿器的特点是结构紧凑，加湿量易于控制，但耗电量较大。

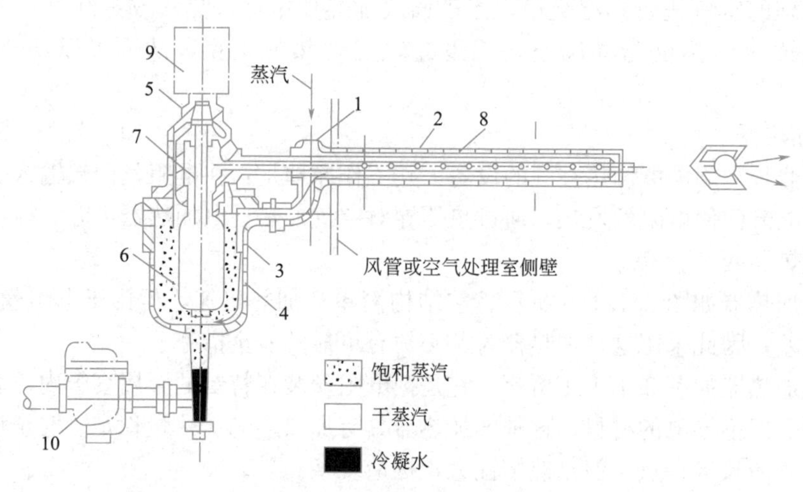

图 3.1.142　干蒸汽加湿器原理图

1—进口；2—外套；3—挡板；4—分离室；5—阀孔；6—干燥室；
7—消声腔；8—喷管；9—电动或气动执行机构；10—疏水器

(3) 空气除湿设备

在气候比较潮湿或环境比较潮湿的地方，由于某些生产工艺、产品储存、书画保管等要求空气干燥的场合，因此，需要对空气进行减湿处理。常用的除湿方法有两种。

1) 冷冻除湿设备

冷冻除湿机原理如图 3.1.144 所示。

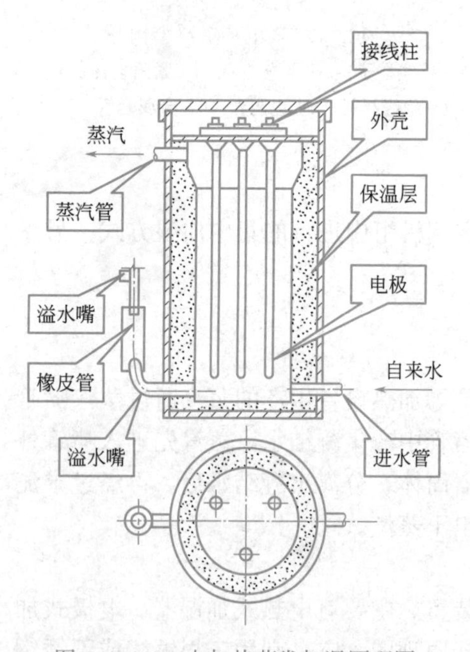

图 3.1.143　电加热蒸发加湿原理图

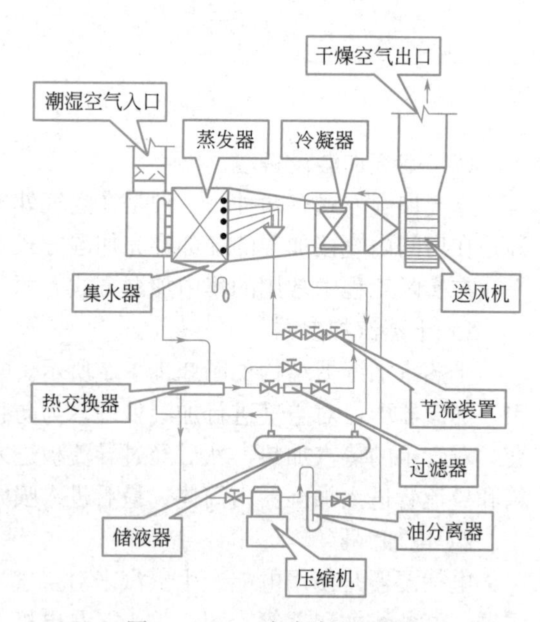

图 3.1.144　冷冻除湿机原理

冷冻除湿机主要由制冷压缩机、蒸发器、冷凝器、膨胀阀（节流装置）以及送风机、风阀等部件组成。整个除湿过程可分为内循环和外循环两个循环过程，从而使能量转换，完成整个特定空间的除湿过程。

2）固体除湿

固体除湿是利用固体吸湿剂吸湿。固体除湿剂有两种类型：一种是具有吸附性能的多孔材料，如硅胶、铝胶等，吸湿后，材料的固体形态并不改变；另一种是具有吸收能力的固体，如氯化钙等，这种材料吸湿后，由固态变为液态，最后失去吸湿能力。固体吸湿剂的吸湿能力不是固定不变的，使用一段时间后会失去吸湿能力，需要进行再生处理，即用高温空气将吸附的水分带走或用加热蒸煮法使吸收的水分蒸发掉。

（4）空气净化设备

1）用途

室内新风和室内循环回风是空调系统中空气的来源，由于室内外环境中的尘埃或空调房间内环境影响均会造成不同程度的污染，所以需要采用空气净化处理设备除去空气中的尘埃，以及对空气进行消毒、除臭和离子化处理。净化处理技术除了应用于一般的工业与民用建筑空调系统中外，还应用于电子、精密仪器以及生物医学科学等方面。在空调系统中，送风的除尘处理，通常使用空气过滤器。空气过滤除尘方法主要有过滤分离、离心分离、重心分离、电力分离和洗涤分离五种。

2）空气过滤器的分类

根据过滤效率的高低，可将空气过滤器分为粗效过滤器、中效过滤器、亚高效过滤器和高效过滤器四种类型。

① 粗效过滤器。图 3.1.145 所示为自动卷绕式人字形粗效过滤器结构原理图。粗效过滤器主要由上料箱、下料箱、立框、挡料栏、传动机构及滤料卷组成。该过滤器是空气净化系统除尘空气的第一级过滤，同时也作为中效过滤器前的预过滤，对后级过滤器起到一定的保护作用。

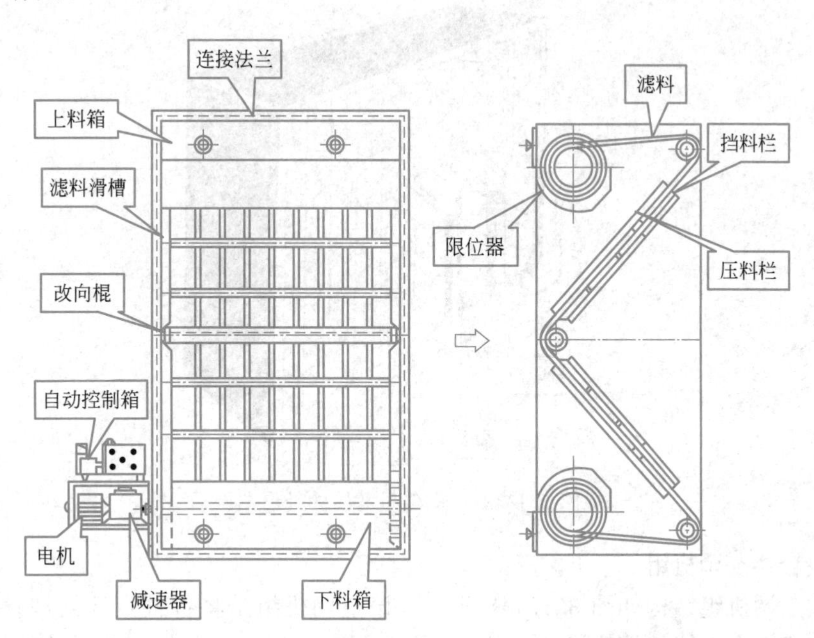

图 3.1.145　自动卷绕式人字形粗效过滤器结构原理图

② 中效过滤器。图 3.1.146 为泡沫塑料中效过滤器的外形图。该过滤器在净化系统中用作高效过滤器的前级预过滤，对高效过滤器起到保护作用，也可以在一些要求较高的空调系统中单独使用，以提高空气的洁净度。

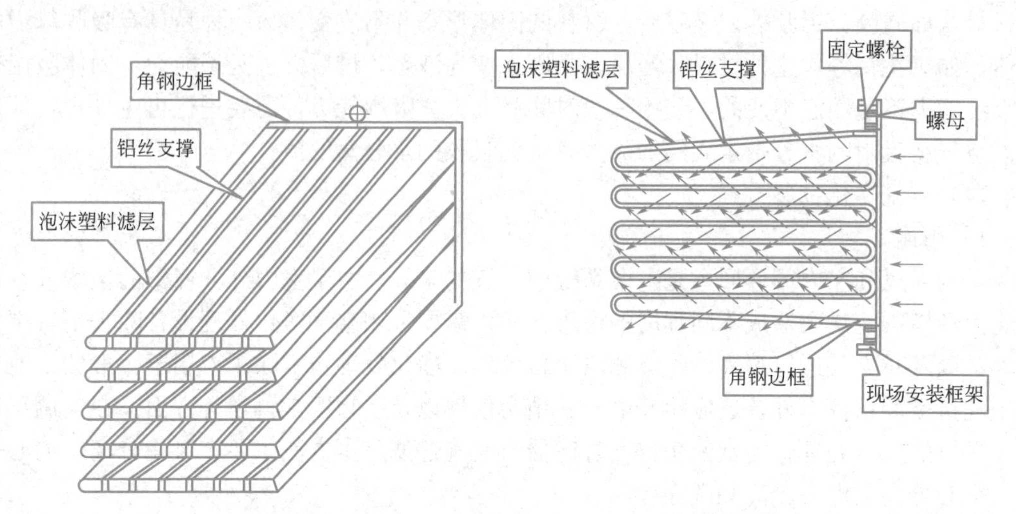

图 3.1.146　泡沫塑料中效过滤器的外形图

③ 高效过滤器。高效过滤器的外形如图 3.1.147 所示。高效过滤器（包括亚高效过滤器）主要用于过滤 0.1μm 以下的微粒，同时还能有效地滤除细菌，以满足超净化和无菌净化要求，主要由过滤器的箱体、接管、扩散孔板等组成。高效过滤器在净化系统中作为三级过滤器的末级过滤器。高效过滤器的滤料一般是超细玻璃纤维或合成纤维加工而成的滤纸。

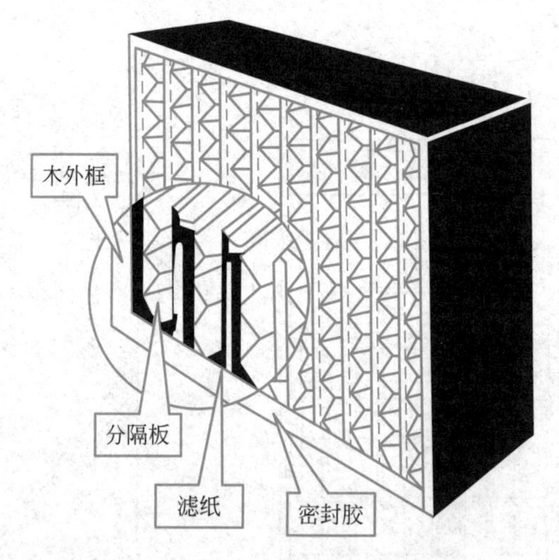

图 3.1.147　高效过滤器的外形图

（5）组合式空调机组

组合式空调机组结构如图 3.1.148 所示。该空调机组是将各种空气处理设备、风机、阀门等组合成一个整体的箱形设备，箱内的各种设备可以根据空气调节系统的组合顺序排列在一起，以实现加热、冷却、加湿、净化、喷水、混风、过滤等各种空气的处理功能。

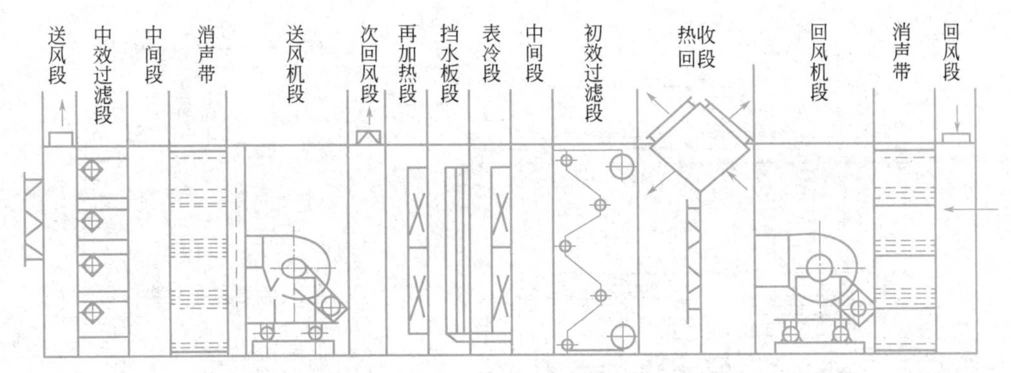

图 3.1.148　组合式空调机组

组合式空调机组其工作过程主要分为：回风段、混风段、过滤段、喷淋段、表冷段和送风段等。在回风部分，内装轴流风机，以克服回风风道内阻力，保证回风量；混风部分是将新风和回风通过有效控制，达到要求的空气清新度；过滤部分完成对送风的过滤；喷淋部分可以使空气加湿、降温和除尘；表冷器的作用是当送风温度高时，通过表冷器对空气降温。

（6）新风机组

新风机组是提供新鲜空气的一种空气调节设备，主要由风机、加热器、表冷器、过滤器等组成，其工作原理是：在室外抽取新鲜空气，经过除尘、除湿（或加湿）、降温（或升温）等处理后，通过风机送到室内，替换室内原有空气，从而提高室内空气质量。一般新风机组通常做成卧式，其结构如图 3.1.149 所示。

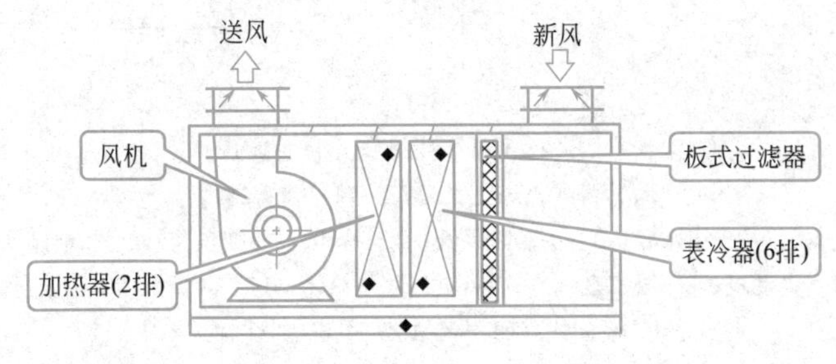

图 3.1.149　新风机组结构图

新风机组的控制主要包括：送风温度控制、送风相对湿度控制、防冻控制、CO_2 浓度控制等。

（7）风机盘管系统

图 3.1.150 和图 3.1.151 分别为风机盘管系统结构图和实物图。该系统主要由风机、电动机、盘管、空气过滤器、控制器和箱体等组成，其工作原理是：风机不断循环所在房间的空气，使之不断地通过通有冷水或热水的盘管冷却或加热，以保证房间的温度，在风机盘管系统中安装的过滤器，主要是过滤室内循环空气的灰尘，以改善房间的空气质量，同时还可以保护盘管不被灰尘阻塞，确保风量和换热效果。

风机盘管系统的主要特点是：噪声较小、易于系统分区控制、布置安装方便。

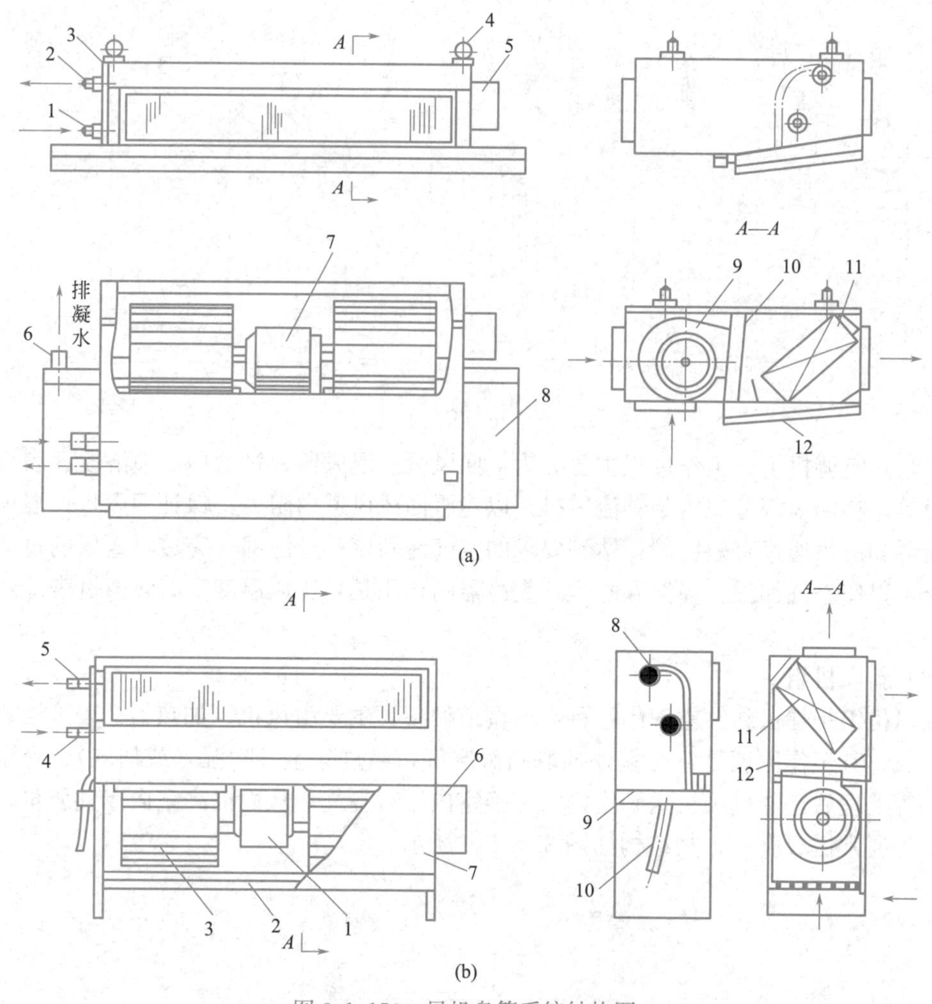

图 3.1.150　风机盘管系统结构图

(a) 卧式（FP—XAWZ）风机盘管结构

1—进水管；2—出水管；3—手动跑风阀；4—吊环；5—变压器；6—排凝结水管；7—电动机；8—凝水盘；9—通风机；10—箱体；11—盘管；12—保温层

(b) 立式（EP—XALZ）风机盘管结构

1—电动机；2—过滤器；3—通风机；4—进水管；5—出水管；6—变压器；7—机体；8—手动跑风阀；9—凝水槽；10—排凝结水槽；11—盘管；12—保温层

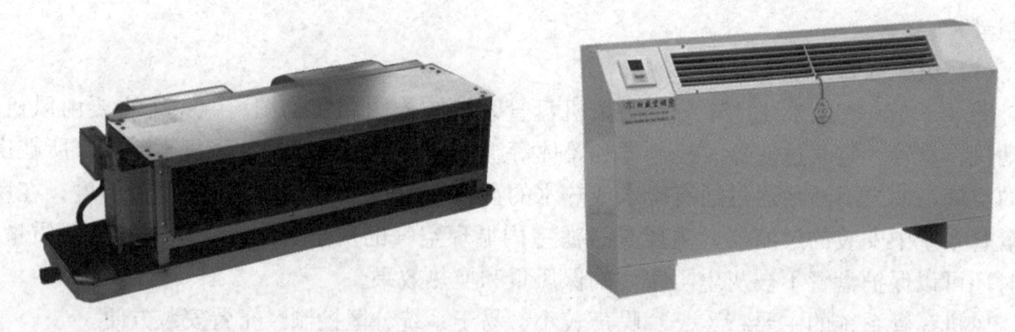

图 3.1.151　风机盘管实物图

(8) 空气幕

空气幕是由空气处理设备、通风机、风管系统及空气分布器组成，也被称为风幕机或风幕。该装置是利用条形空气分布器喷出一定速度和温度的幕状气流，借以封闭建筑物的大门、门厅、通道、门洞和柜台等特殊通风系统和设备。空气幕近年来已广泛用于中央空调和通风系统的局部封闭场所，以维持室内舒适性和洁净性环境条件，并减少系统的冷(热) 能耗。

其作用如下：减少或隔绝外界气流的侵入，以维持室内或工作区域的封闭环境条件，具有隔热、隔冷作用。阻挡外界尘埃、有害气体及昆虫等进入室内，具有隔尘、隔害作用。

3. 空气输送和分配设备

(1) 风机

风机是输送空气的动力装置，在空调系统中常用的风机有离心式、轴流式、贯流式三种。图 3.1.152 为风机的实物图。

图 3.1.152　风机实物图

(2) 风口

送风口是空气分配设备，它对室内空气状态的分布影响很大。常用的送风口名称与适用范围见表 3.1.7。

送风口名称及适用范围　　表 3.1.7

送风口类型	送风口名称	适用范围
侧送风口	格栅送风口	要求不高的一般空调系统
	单层百叶送风口	用于一般精度空调系统
	双层百叶送风口	公共建筑的舒适性空调,精度较高的工艺性空调系统
	条缝形百叶送风口	风机盘管出风口,一般空调系统
散流器	圆(方)形直片式	公共建筑的舒适性空调,精度较高的工艺性空调系统
	流线型	公共建筑的舒适性空调,精度较高的工艺性空调系统
	方(矩)形	净化空调系统
	条缝(线)形	公共建筑的舒适性空调系统
喷射式送风口	圆形喷口	公共建筑和高大厂房的一般空调系统
	矩形喷口	公共建筑和高大厂房的一般空调系统
	圆形旋转风口	空调和通风岗位送风

续表

送风口类型	送风口名称	适用范围
无芯管旋流送风口	圆柱形旋流风口	公用建筑和工业厂房的一般空调系统
	旋流吸顶散流器	公用建筑和工业厂房的一般空调系统
	旋流凸缘散流器	公用建筑和工业厂房的一般空调系统
条形送风口	活叶条形散流器	公共建筑的舒适性空调系统
扩散孔板送风口	扩散孔板送风口	洁净室的末端送风装置,净化系统送风口

在空调系统中，除单层百叶风口、固定百叶直片条缝风口等作回风口外，还有活动篦板式回风口、篦孔回风口、网板/孔板回风口、蘑菇形回风口等。

4. 空调水循环系统

空调水循环系统主要由冷水泵、冷却水泵、分水器、集水器、除污器、水过滤器及水管等构成。其中冷水泵用于向用户供给冷水，冷却水泵将冷却水送至冷却塔，分水器向用户分配冷却水，集水器收集用户冷却回水返回制冷机组。冷水泵、冷却水泵、集水器和分水器的外形结构分别如图 3.1.153～图 3.1.156 所示。

图 3.1.153　冷水泵

图 3.1.154　冷却水泵

图 3.1.155　集水器

图 3.1.156　分水器

5. 冷却塔

根据冷却塔内空气流动的动力不同，冷却塔可分为自然通风冷却塔和机械通风冷却塔两种。根据空气与水的相对流向不同，冷却塔又可分为逆流式冷却塔（水和空气平行流动，但方向相反）和横流式冷却塔（水和空气互相垂直流动）。按水气接触方式分，主要可分为开式冷却塔、闭式冷却塔。按风机运行方式分，主要可分为抽风式冷却塔和鼓风式冷却塔。

机械通风式冷却塔的结构如图 3.1.157 所示。它主要由塔体、风机、电动机和风叶片减速器、布水器、淋水装置、填料、进出水管和塔体支架等组成。塔体一般由上塔体、中塔体及进风百叶窗组成，其材料为玻璃钢，风机为立式全封闭防水电动机，圆形冷却塔的风叶直接装于电动机轴端，而对于大型冷却塔风叶则采用减速装置驱动，以实现风叶平稳运转。

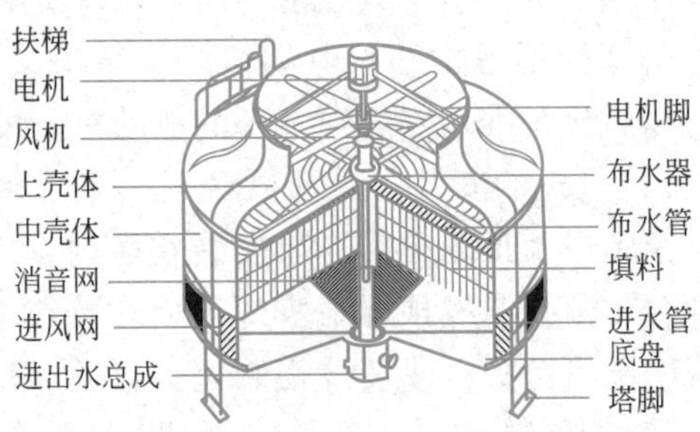

图 3.1.157　逆流式冷却塔实物图及结构图

横流式冷却塔是指在塔内，借助于通风机的强制通风或自然通风，使空气横向流入，而水滴则借助重力在填料中由上而下流动，两种流体的流动方向呈 90°夹角，在填料中进行传质传热。如图 3.1.158 所示。

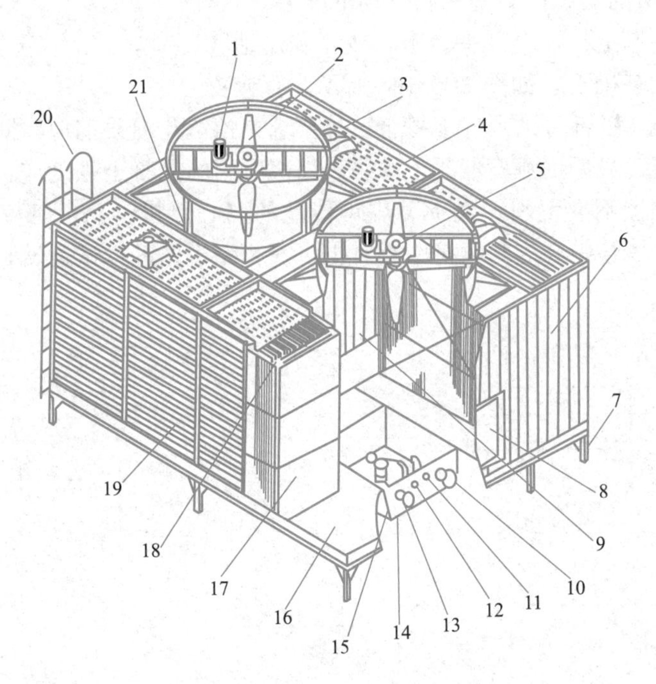

图 3.1.158　方形横流式冷却塔结构图

1—电机；2—风机；3—循环水输入口；4—布水槽；5—减速机；6—面板；7—塔体钢架；8—检修门；9—隔风板；10—循环水输出口；11—手动补水管；12—自动补水管；13—溢流管；14—排污管；15—水箱；16—集水盘；17—吊挂式填料；18—散水片；19—百叶窗；20—钢梯；21—导风筒

3.1.3.3　建筑空调系统布置与施工

1. 风机与空气处理设备

（1）风机安装

3-10 建筑空调系统布置与施工

风机就位前，应按设计图纸并依据建筑物的轴线、边缘线及标高线放出安装基准线。将设备基础表面的油污、泥土杂物清除和地脚螺栓预留孔内的杂物清除干净。风机的基础应符合设计要求。预留孔灌浆前应清除杂物，灌浆应用细石混凝土，其强度等级应比基础的混凝土高一级，并应捣固密实，地脚螺栓不得歪斜。电动机应水平安装在滑座上或固定在基础上，找正应以风机为准，安装在室外的电动机应设防雨罩。

1）轴流式风机的安装。轴流式风机一般安装在墙壁、柱子、窗上以及顶棚下，如果安装在墙内，应在土建施工时配合预留孔洞或预埋地脚螺栓，安装在外墙上时，应装设防雨雪弯头，或装设铝制调节百叶。轴流式风机大多用角钢制作支架沿墙敷设，其安装如图 3.1.159 所示。支架应按图纸要求的位置和标高安装牢固，支架螺孔位置应和风机底座螺孔尺寸相符。支架与风机底座间宜用橡胶板找平找正，然后把螺栓拧紧。安装时要注意气流方向与风机叶轮转向，防止反转。

图 3.1.159　轴流式风机在支架上安装

2）离心式风机的安装。小型直联传动的离心风机，可以用支架安装在墙上、柱上及平台上，或者利用地脚螺栓安装在混凝土基础上，如图 3.1.160 所示。直接安装在基础上的风机，各部分的尺寸应符合设计要求，预留孔灌浆前应清除杂物，将通风机用成对斜垫铁找平，最后用豆石混凝土灌浆。灌浆所用的混凝土强度应比基础高一级，并捣固密实，地脚螺栓不准歪斜。大中型皮带传动的离心风机，一般都安装在混凝土基础上。连接风管时，风管中心应与风机中心对正，安装完毕先进行试运转，正常后才允许投入使用。

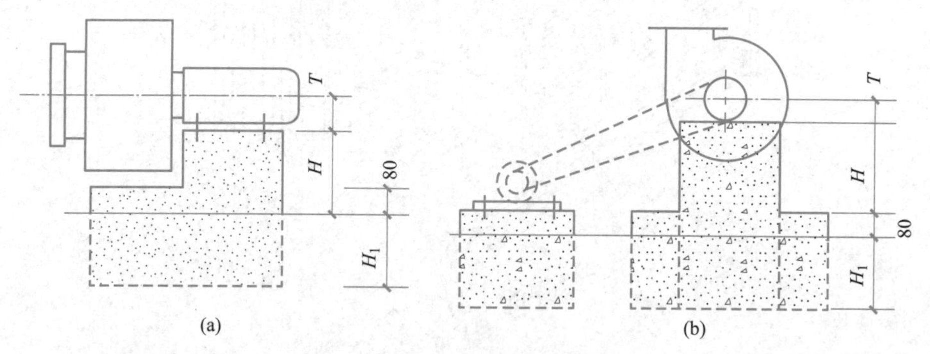

图 3.1.160　离心式风机的安装

（a）直联式；（b）皮带传动式

（2）一般装配式空调机组安装

机组阀门启闭应灵活，阀叶须平直。表面式换热器应有合格证，在规定期间内且外表面无损伤时，安装前可不做水压试验，否则应做水压试验。水压试验的压力等于系统最高工作压力的 1.5 倍，且不低于 0.4MPa，试验时间为 2～3min。试验期间压力不得下降。空调器内挡水板可阻挡喷淋处理后的空气夹带水滴进入风管内，以使空调房间湿度稳定。挡水板在安装时前后不得装反。安装后机组应清理干净，箱体内无杂物。

若现场有多套空调机组，在安装前应将段体进行编号，切不可将段位互换调错。应按厂家说明书，分清左式、右式，段体排列顺序应与图纸吻合。

从空调机组的一端开始，逐一将段体抬上底座，就位找正，加衬垫，将相邻两个段体用螺栓连接牢固严密。每连接一个段体前，在将内部清扫干净。组合式空调机组各功能段间连接后，整体应平直，门开启要灵活，水路应畅通。

加热段与相邻段体间应采用耐热材料作为垫片，表面式换热器之间的缝隙应用耐热材料堵严；喷淋段连接处要严密，牢固可靠，不得渗漏。积水槽应清理干净，以保证冷凝水流畅，不溢水；空气过滤器应安装平整、牢固、方向正确。过滤器与框架、框架与维护结构之间应严密无缝隙。

(3) 风机盘管及诱导器的安装

1) 风机盘管的安装

风机盘管的安装步骤与方法是：根据设计要求确定安装位置；根据安装位置选择支、吊架的类型，并进行支、吊架的制作和安装；风机盘管安装并找平找正、固定。

安装前应检查每台电机壳体及表面交换器有无损伤、锈蚀等缺陷；安装时应使风机盘管保持水平；机组凝结水管不得受损，并保证坡度，以顺畅排除凝结水；各连接处应严密不渗不漏；风机盘管、诱导器同冷热媒管道连接，应在管道系统冲洗排污合格后进行，以防堵塞热交换器。

2) 诱导器安装

诱导器安装前必须逐台进行质量检查，各连接部分不得有松动、变形和产生破裂等情况；喷嘴不能脱落、堵塞。静压箱封头处缝隙密封材料不能有裂痕和脱落；一次风调节阀必须灵活可靠，并调到全开位置。

诱导器经检查合格后按设计要求就位安装，并检查喷嘴型号是否正确。暗装卧式诱导器应用支、吊架固定，并便于拆卸和维修。诱导器与一次风管连接处应严密，防止漏风。诱导器水管接头方向和回风面朝向应符合设计要求。对于立式双面回风诱导器，为了利于回风，靠墙一面应留 50mm 以上空间。对于卧式双回风诱导器，要保证其靠楼板一面留有足够空间。

(4) 消声器安装

消声器的安装方向必须正确，与风管或管件的法兰连接应保证严密、牢固。当通风、空调系统有恒温、恒湿要求时，消声设备外壳应做保温处理。消声器等安装就位后，可用拉线或吊线尺量的方法进行检查，对位置不正、扭曲、接口不齐等不符合要求的部位应进行修整，达到设计和使用的要求。

(5) 除尘器的安装

除尘器安装前，应对设备基础进行全面的检查，外形尺寸、标高、坐标应符合设计，基础螺栓预留孔位置、尺寸应正确。基础表面应铲出麻面，以便二次灌浆。大型除尘器在安装前对基础尚须进行水平度测定，允许偏差值±3mm。除尘器的整体安装用于湿式除尘机组和袋式除尘机组，安装时靠机组的支撑底盘或支撑脚架支撑在地面基础的地脚螺栓上。除尘器在地面钢支架上安装的钢结构构件是由各类型钢制成，型钢类型的选择、支架的结构、尺寸等要根据除尘器的类型、规格和设计要求确定。除尘器在地面钢支架上的安装如图 3.1.161 所示。除尘器在墙上的安装及在楼板孔洞内的安装应符合设计要求。

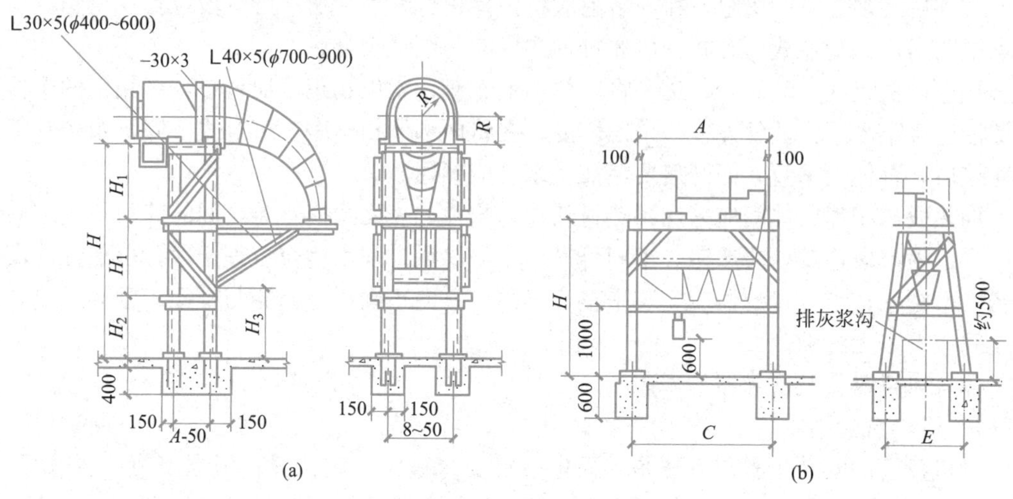

图 3.1.161　除尘器在地面钢支架上的安装

(a) XNX 旋风除尘器；(b) 卧式旋风除尘器

除尘器设备安装就位前，应按照设计图纸，并根据建筑物的轴线、边缘线及标高线测放出安装基准线，将设备基础表面的油污、泥土杂物清除掉，将地脚螺栓预留孔内的杂物冲洗干净。

2. 空调水系统管道与设备

(1) 水泵安装

核对水泵基础和有关施工记录，应符合相应基础的技术标准与施工验收规范的要求。混凝土基础应表面平整，位置、尺寸、标高等均应符合设计要求。

在减振器下方加设相应厚度的钢板。基础抹灰时应保证减振器底面与基础面正好相平。对减振要求较高的场合，水泵可设置整体式减振台板，减振台板与基础间设置减振器。水泵底座或减振台板安装后应设置限位装置，防止水泵水平位移。

(2) 冷却塔安装

冷却塔吊装前应核对设备重量，吊运捆扎应稳固，主要受力点应高于设备重心。成排冷却塔就位时，先在基础上用红外激光水平仪放一条线，保证所有冷却塔在一条线上。垫铁安装应在冷却塔就位时完成。垫铁应符合设备安装的有关规定。

冷却塔基础标高应符合设计规定，允许偏差为±20mm；冷却塔安装应水平，单台冷却塔安装水平度和垂直度允许偏差均为 2‰。

冷却塔找平找正后，对称地拧紧地脚螺栓。拧紧地脚螺栓后的安装精度应在允许偏差之内。设备找正后，应及时进行二次灌浆。灌浆用的混凝土强度等级应高一级，并应捣固密实。混凝土达到规定强度后应再次找平。如果冷却塔固定采用的是焊接连接，应先在每个焊接部位点焊。

冷却塔出水口及喷嘴的方向和位置应正确，积水盘应严密无渗漏，分水器布水均匀，转动部分灵活；风机叶片端部与塔体四周的径向间隙应均匀，对于可调整角度的叶片，角度应一致。

(3) 管道安装

空调水系统中的管道主要采用镀锌钢管螺纹连接，当管径大于 $DN100$ 时，可采用卡箍式、法兰或焊接连接，但应对焊缝和热影响区的表面进行防腐处理。管道安装离墙距离的要求与暖通空调管道安装相同。管道和设备的连接应在设备安装完毕后进行，与水泵、制冷机组的接管必须采用柔性接口。

1) 干管安装

① 干管若为吊卡固定时，在安装管道前，必须先把地沟或顶棚内吊卡按坡向顺序依次穿在型钢上，安装管路时先把吊卡按卡距套在管道上，把吊卡抬起，将吊卡长度按坡度调整好，再穿上螺栓螺母，将管安装好。

② 托架上安管时，把管先架在托架上，上管前先把第一节管带上 U 形卡，然后安装第二节管，各节管段照此进行。

③ 管道安装应从进户处或分支点开始，安装前要检查管内有无杂物。在丝头处抹上铅油缠好麻丝，一人在末端找平管道，另一人在接口处把第一节管相对固定，对准丝口，依丝扣自然锥度，慢慢转动入口，到用手转不动时，再用管钳咬住管件，用另一管钳上管，松紧度适宜，外露 2～3 扣为好。最后清除麻头。

④ 焊接连接管道的安装程序与丝接管道相同，从第一节管开始，把管扶正找平，使甩口方向一致，对准管口，调直后即可用点焊，然后正式施焊。

⑤ 遇有方形补偿器，应在安装前按规定做好预拉伸，用钢管支撑，点焊固定，按位置把补偿器摆好，中心加支、吊托架，按管道坡向用水平尺逐点找好坡度，再把两边接口对正、找直、点焊、焊死。待管道调整完，固定卡焊牢后，方可把补偿器的支撑管拆掉（图 3.1.162）。

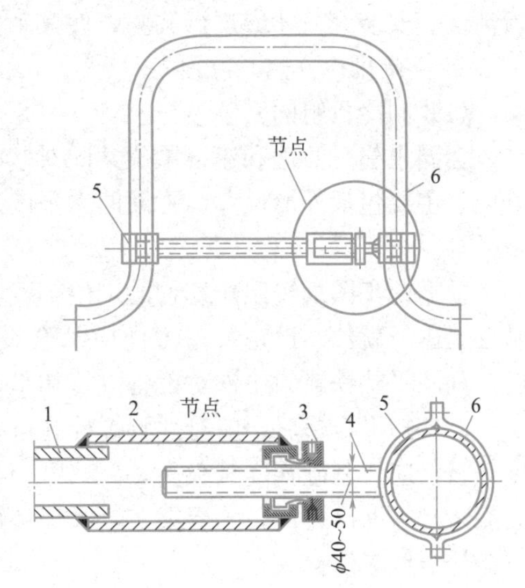

图 3.1.162　拉补偿器用的螺丝杆

⑥ 按设计图纸或标准图中的规定位置、标高，安装阀门、集气罐等。

⑦ 管道安装完，首先检查坐标、标高、坡度，变径、三通的位置等是否正确。用水平尺核对、复核调整坡度，合格后将管道固定牢固。

⑧ 要装好楼板上的钢套管，摆正后使套管上端高出地面面层 20mm（卫生间 30mm），下端与顶棚抹灰相平。水平穿墙套管与墙的抹灰面相平。

2) 立管安装

① 首先检查和复核各层预留孔洞、套管是否在同一垂直线上。

② 安装前，按编号从第一节管开始安装，由上向下，一般两人操作为宜，先进行预安装，确认支管三通的标高、位置无误后，卸下管道抹油缠麻，将立管对准接口的丝扣扶

正角度慢慢转动入扣，直至手拧不动为止，用管钳咬住管件，用另一把管钳上管，松紧适宜，外露 2～3 扣为宜。

③ 检查立管的每个预留口的标高、角度是否准确、平正。确认后将管道放入立管管卡内紧固，然后填塞套管缝隙或预留孔洞。预留管口暂不施工时，应做好保护措施。

3）支管安装

① 核对各设备的安装位置及立管预留口的标高、位置是否准确，做好记录。风机盘管、诱导器应采用柔性连接，柔性短管自带活套连接时，可不采用活接头，否则应增加活接头。

② 安装活接头时，子口一头安装在来水方向，母口一头安装在去水方向。

③ 丝头抹油缠麻，用手托平管道，随丝扣自然锥度入扣，手拧不动时，用管钳将管道拧到松紧适度，丝扣外露 2～3 扣为宜。然后对准活接头，把麻垫抹上铅油套在活接口上，对正子母口，带上锁母，用管钳拧到松紧适度，清净麻头。

④ 用钢尺、水平尺、线坠校核支管的坡度和距墙尺寸，复查立管及设备有无移动。合格后固定管道和堵抹墙洞缝隙。

（4）阀门安装

安装前，应仔细核对型号与规格是否符合设计要求，检查阀杆和阀盘是否灵活，有无卡住和歪斜现象，并按有关规定对阀门进行强度试验和严密性试验，不合格者不得进行安装。

水平管道上的阀门，阀杆宜垂直向上或向左右偏 45°，也可水平安装，但不宜向下；垂直管道上的阀门阀杆，必须顺着操作巡回线方向安装。

阀门安装时应保持关闭状态，并注意阀门的特性及介质流动方向。对带操作机构和传动装置的阀门，应在阀门安装好后，再安装操作机构和传动装置，且在安装前先对它们进行清洗，安装完后还应进行调整，使其动作灵活、指示准确。

3. 空调用冷（热）源设备

（1）制冷机组的安装

会同土建、监理和建设单位共同对基础质量进行检查，确认合格后进行中间交接，检查内容主要包括外形尺寸、平面的水平度、中心线、标高、地脚螺栓孔的深度和间距、埋设件等。

根据施工图纸按照建筑物的定位轴线弹出设备基础的纵横向中心线，将设备吊至设备基础上进行就位。设备管口方向应符合设计要求，将设备的水平度调整到接近要求的程度。利用平垫铁或斜垫铁对设备进行初平，垫铁的放置位置和数量应符合设备安装要求。

设备初平合格后，应对地脚螺栓孔进行二次灌浆，所用的细石混凝土或水泥砂浆的强度等级，应比基础强度等级高 1～2 级。灌浆前应清理孔内的污物、泥土等杂物。每个孔洞灌浆必须一次完成，分层捣实，并保持螺栓处于垂直状态。待其强度达到 70%以上时，方能拧紧地脚螺栓。

设备精平后应及时点焊垫铁，设备底座与基础表面间的空隙应用混凝土填满，并将垫铁埋在混凝土内，灌浆层上表面应略有坡度，以防油、水流入设备底座，抹面砂浆应密实、表面光滑美观。

（2）制冷系统管道安装

1）管道预制

制冷系统的阀门，安装前应按设计要求对型号、规格进行核对检查，并按照规范要求做好清洗和强度、严密性试验。制冷剂和润滑油系统的管道、管件应将内外壁铁锈及污物清除干净，除完锈的管道应将管口封闭，并保持内外壁干燥。

紫铜管连接宜采用承插焊接，或套管式焊接，承口的扩口深度不应小于直径，扩口方向应迎介质流向。紫铜管切口表面应平齐，不得有毛刺、凹凸等缺陷。乙二醇系统管道连接时严禁焊接，应采用丝接或卡箍连接。

2）阀门安装

阀门安装的位置、方向、高度应符合设计要求，不得反装。安装带手柄的手动截止阀，手柄不得向下。电磁阀、调节阀、热力膨胀阀、升降式止回阀等，阀头均应向上竖直安装。

3）仪表安装

所有测量仪表按设计要求均采用专用产品，并应有合格证书和有效的检测报告。所有仪表应安装在光线良好、便于观察、不妨碍操作和检修的地方。压力继电器和温度继电器应装在不受振动的地方。

4. 管道防腐与绝热

（1）管道的防腐

管道外部直接与大气或土壤接触，将产生化学腐蚀和电化学腐蚀。影响腐蚀的因素有材料性能、空气湿度、环境中腐蚀性介质的含量、土壤的腐蚀性和均匀性以及杂散电流的强弱等。为了避免和减少这种腐蚀，延长管道的使用寿命，需对金属管道和设备进行防腐处理。

1）常用的防腐涂料

防腐涂料主要由液体材料、固体材料和辅助材料三部分组成，用于涂覆管道、设备和附件的表面，以形成薄薄的液态膜层，干燥后附着于被涂表面起到防腐和保护作用，同时还可以起到警告及提示、区别介质种类和美观装饰作用。

涂料按其作用可分为底漆和面漆，一般施工时，先用底漆打底，再用面漆罩面。常见的涂料有：

① 防锈漆，有硼钡酚醛防锈漆、铝粉硼酚醛防锈漆、红丹防锈漆、铁红油性防锈漆、铁红酚醛防锈漆和酚醛防锈漆等。

② 底漆，有7108稳化型带锈底漆、X06-1磷化底漆、F069铁红纯酚醛底漆、H06-2铁红环氧底漆等。

③ 沥青漆，常用于设备、管道表面，防止工业大气和土壤水的腐蚀。常用的沥青漆有L501沥青耐酸漆、L01-6沥青漆、L04-2铝粉沥青磁漆等。

④ 面漆，用来罩光、盖面，用作表面保护和装饰。常用的面漆有银粉漆和调和漆等。

防锈漆和底漆均能防腐，都可以用于打底。他们的区别在于底漆的颜料成分高，可以打磨；而防锈漆料偏重于耐水、耐碱等性能要求。另外，沥青漆一般用于暗装管道的防腐，而面漆则用于明装管道的防腐。

2）涂料的选用

涂料的选用一般应考虑以下因素：使用场合和环境是否含有化学腐蚀作用的气体，是否为潮湿的环境；是用在钢铁上，还是用在其他材料制成的风管上；是打底用，还是罩面用；按工程质量要求、技术条件、耐久性、经济效果、非临时性工程等因素，来选择适当的涂料品种。

3）管道设备的防腐施工

防腐施工应按照表面处理→基层处理→刷面漆的程序进行。

防腐施工应掌握好涂装现场的温、湿度等环境因素。在室内涂装的适宜温度为20～25℃，相对湿度65%以下。在室外施工时应无风沙、细雨，气温不宜低于5℃，不宜高于40℃，相对湿度不宜大于85%，涂装现场应有防风、防火、防冻、防雨等措施；操作区域应有良好的通风及除尘设备，以防止中毒事故发生。

（2）管道的绝热

管道绝热是工程上减少系统热量向外传递的保温和减少外部热量传入系统的保冷的统称，是设备安装工程的重要施工内容之一。绝热的主要目的是减少热量、冷量的损失，节约能源，提高系统运行的经济性和安全可靠性。对于高温设备和管道，保温能改善劳动环境，防止操作人员不被烫伤，有利于安全生产；对于低温设备和管道，保冷能提高外表面温度，避免出现结露和结霜现象。

1）常用的绝热材料

空调工程中的绝热材料用量较大，而且安装于吊顶内的保温风管占多数，因此，选择绝热材料时，对其防火性能要求至为重要，必须首先考虑；其次绝热材料的导热系数要低，一般用于保温材料的热导率$\lambda \leqslant 0.12$W/（m·K），用于保冷材料的热导率$\lambda \leqslant 0.064$W/（m·K）；再次，绝热材料还应具有耐水性好、吸湿性小、便于施工，不易燃烧等特点。

常见的绝热材料中，不燃材料有岩棉、矿渣棉等；难燃材料有玻璃纤维制品、自熄性聚苯乙烯等；可燃性材料主要有软木、聚苯乙烯、聚氨酯泡沫塑料等。

2）绝热结构形式

绝热结构由内到外一般由防锈层、绝热层、防潮层、保护层、防腐及识别标志层组成。

① 防锈层，指管道及设备表面除锈后涂刷防锈底漆1～2遍。

② 绝热层，是管道保温结构的主体部分，起着减少能量损失，防止管道设备外表面结露的作用，应根据工艺介质需要、介质温度、材料供应、经济性和施工条件来选择。

③ 防潮层，用于防止空气中的水汽侵入绝热层，常用的有沥青油毡、玻璃丝布、聚氯乙烯膜等。

④ 保护层，其作用为保护保温层和防潮层，应具有重量轻，耐压强度高，化学稳定性好，不易燃烧等特点。常用的保护层有金属保护层、包扎式复合保护层和涂抹式保护层。

⑤ 防腐及识别标志层，主要用于保护保温结构不受环境侵蚀，用不同颜色的油漆涂抹，既做防腐又起到标识作用。

3）管道设备的绝热施工

管道设备的绝热施工应按照绝热层→防潮层→保护层的顺序进行。

① 绝热层施工。管道绝热层的施工方法有涂抹法、绑扎法、预制块法、缠绕法、粘贴法、填充法和保温钉法等，如图3.1.163所示。保温层施工应在管道（设备）试压合格及防腐合格后进行，保温前必须除去管道（设备）表面的脏物和铁锈，刷两道防锈漆。

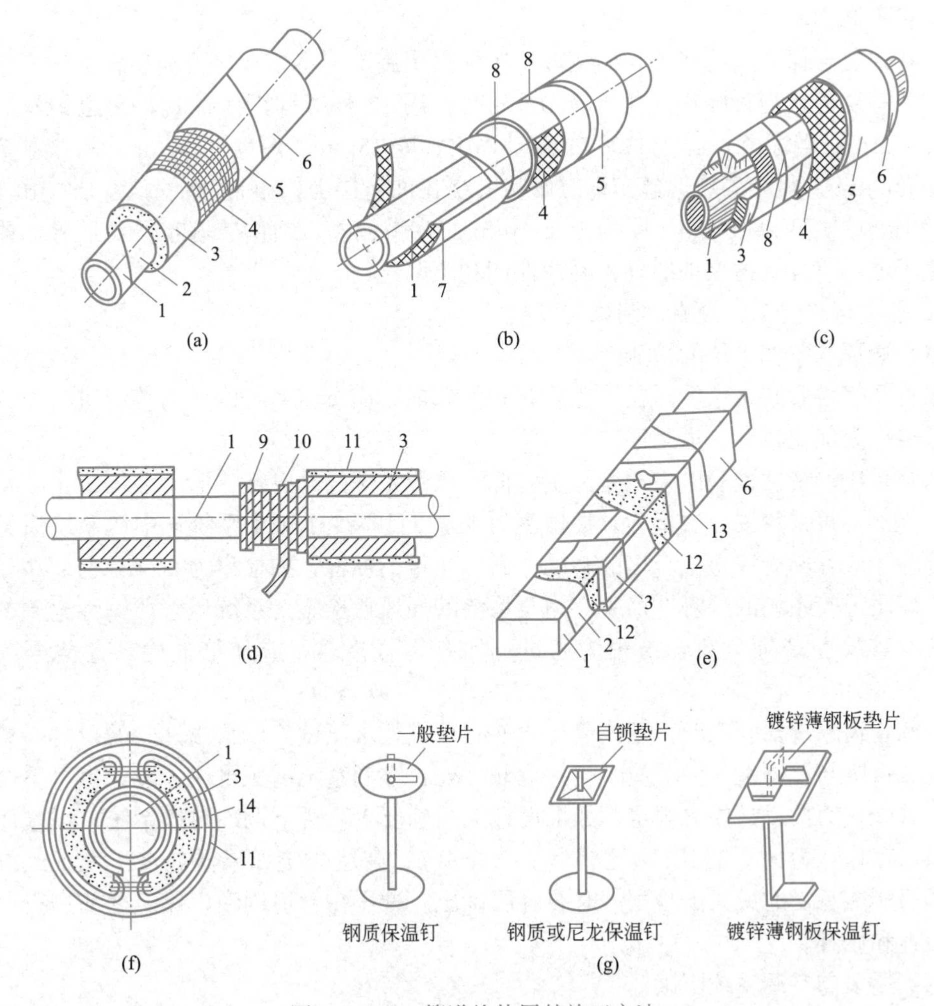

图 3.1.163 管道绝热层的施工方法

(a) 涂抹法；(b) 绑扎法；(c) 预制块法；(d) 缠绕法；(e) 粘贴法；(f) 填充法；(g) 保温钉法

1—管道；2—防锈漆；3—保温层；4—镀钢丝网；5—保护层；6—防腐层；7—绝热毡或布；8—镀锌钢丝；9—法兰；10—石棉绳；11—石棉水泥保护壳；12—胶粘剂；13—玻璃丝布；14—支撑环

② 防潮层施工。对保冷管道及室外保温管道架空露天敷设时，需增设防潮层。目前，常用的防潮材料有沥青胶或水冷胶玻璃布及沥青玛脂玻璃布和石油沥青油毡。

沥青胶或防水冷胶玻璃布及沥青玛脂玻璃布防潮层的施工方法：先在保温层上涂抹沥青或防水冷胶料或沥青玛脂，厚度均为 3mm，再将厚度为 0.1～0.2mm 的中碱粗格平纹玻璃布贴在沥青层上，其纵向、环向缝搭接不应小于 50mm，搭接处必须粘贴密封，然后用 16～18 号镀锌钢丝捆扎玻璃布，每 300mm 捆扎一道。待干燥后在玻璃布表面再涂抹厚度为 3mm 的沥青胶或防水冷胶料，最后将玻璃布密封。

石油沥青油毡防潮层施工方法：先在保温层上涂沥青玛脂，厚度为 3mm，再将石油沥青油毡粘在沥青玛琋脂上，油毡搭接宽度 50mm，然后用 17～18 号镀锌钢丝或铁箍捆扎油毡，每 300mm 捆扎一道，在油毡上涂厚度 3mm 的沥青玛脂，并将油毡封闭。

③ 保护层施工。无论是保温结构还是保冷结构，均应设置保护层。施工方法因保护

层的材料不同而不同。

包扎式复合保护层的施工。油毡玻璃布保护层施工。将 350 号石油沥青油毡卷包在保温层或防潮层外，当管径小于等于 450mm 时，用 18 号镀锌钢丝捆扎，两道钢丝间距为 250～300mm；当管径为 450～1000mm 时，用宽度 15mm、厚度 0.4mm 的钢带扎紧，钢带间距 300mm。将中碱玻璃丝布以螺旋状紧绕在油毡层上，布带两端每隔 3～5m，用 18 号镀锌钢丝或宽度为 15mm、厚度为 0.4mm 的钢带捆扎。油毡玻璃布保护层外，刷涂料或冷底子油，室外管道保护层外，刷油性调和漆两道。

5. 通风与空调系统检测、调试与验收

（1）通风与空调系统的检测

风管及管件安装结束后，在管道防腐和保温前，应按照系统的压力等级进行严密性试验，合格后方能交付下一道工序。

风管系统严密性检验以主干管为主。低压风管系统的严密性检验，在加工工艺得到保证的前提下，可采用漏光法检验。抽检率为 5%，且不少于 1 个系统；中压系统风管的严密性检验，应在漏光法检验合格的基础上做漏风量的抽检，抽检率为 20%，且不少于 1 个系统；高压风管系统的严密性检验应为全系统的漏风量检验。系统风管严密性检验的被抽检系统，其检验结果全数合格视为通过；如有不合格时，应加倍抽检，直至全数合格为止。

空调管道系统安装完毕，正式运行之前必须进行水压试验。水压试验的目的是检查管路的机械强度与严密性。为了便于查找泄漏之处，空调系统试压可以分段，也可整个系统进行。试验压力按设计要求规定，如果设计无明确要求，对空调冷热媒系统，试验压力为系统顶点工作压力加 0.1MPa，且不小于 0.3MPa。高层建筑如果低处水压大于风机盘管或空调箱所能承受的最大试验压力时要分层试压。试压在管道刷油、保温之前进行，以便外观检查和修补。

（2）通风与空调系统调试

通风与空调系统施工完毕后，施工单位应编制调试与运行方案报送专业监理工程师审核批准；调试结束后，必须提供完整的调试资料和报告。系统的调试应由施工单位负责，监理单位监督，设计单位与建设单位参与配合，系统调试的实施可以是施工企业本身或委托具有调试能力的其他单位进行。

1）设备的单机试运转

设备的单机试运转主要包括：风机、空调机、水泵、制冷机、换热器、净化设备、冷却塔等的单机试运行。设备在单机试运转时应符合下列规定。

① 风机叶轮的旋转方向正确，运转平稳，无异常振动与声响，运转过程中产生的噪声不超过产品性能说明书的规定值；

② 水泵叶轮的旋转方向应正确，运转过程中不应有异常振动和声响，壳体密封处不得渗漏，紧固连接部位不应松动，轴封的温升正常。

设备的试运行要根据各种设备的操作规程进行，运转后要检查设备的减振器是否有位移的现象，并做好记录。

2）无负荷的联合试运转

通风与空调系统的试运行分无负荷联合试运转和带负荷的综合效能试验与调整两个阶

段。前一阶段的试运转由施工单位负责，是安装工程施工的组成部分；后一阶段的试验与调整由建设单位负责，设计与施工单位配合在工程验收后进行。这里重点介绍无负荷的联合试运转。

通风与空调系统工程无生产负荷的联合试运转及调试，应在制冷设备和通风与空调设备单机试运转合格后进行。试运转前，应编制无负荷联合试运转方案，并制订具体实施办法，以保证联合试运转的顺利进行。试运转的目的是检验通风与空调系统的温度、湿度、流速和洁净度等是否达到了标准的规定，也是考核设计、制造和安装质量等能否满足生产工艺的要求。空调系统带冷（热）源的正常联合试运转的时间不应少于 8h，当竣工季节与设计条件相差较大时，可只做不带冷（热）源的试运转。通风、除尘系统的连续试运转时间不应少于 2h。

（3）通风与空调系统竣工验收

施工单位在空调工程竣工后、交付使用前，应先办理竣工验收手续。竣工验收由建设单位组织设计、施工、监理等有关单位共同参加，对设备安装工程进行检查，然后进行单机试运转和在无负荷情况下的联合试运转。当设备运行正常（系统连续正常运转不少于 8h 后），即可认为该工程已达到设计要求，可以进行竣工验收。

1）验收时应提交的资料

施工单位在进行了无负荷联合试运转后，应向建设单位提供以下验收资料：

① 设计修改的证明文件、变更图和竣工图；

② 主要材料、设备、仪表、部件的出厂合格证或检验资料；

③ 隐蔽工程验收单和中间验收记录；

④ 分部、分项工程质量评定记录；

⑤ 制冷系统试验记录；

⑥ 空调系统无生产负荷联合试运转记录。

2）竣工验收

由建设单位组织，在质量监督部门监督下逐项进行验收，待验收合格后方可将工程正式移交由建设单位管理。

3）综合效能试验

空调系统应在人员进入室内及工艺设备投入运行的状态下，进行一次带生产负荷的联合试运转试验，即综合效能试验，检验各项参数是否达到设计要求。一般由建设单位负责组织，设计和施工单位配合进行。

综合效能试验主要是针对空调房间的温度、湿度、洁净度、气流组织、正压值、噪声级等进行测定，每一项空调工程都应根据工程需要对其中若干项目进行测定。如果在带生产负荷的综合效能试验时发现问题，应与建设单位，设计、施工单位共同分析，分清责任及时采取处理措施。

 知识拓展

建筑节能

建筑节能是指建筑材料在生产、运输，房屋建筑在施工、拆除及使用过程中，合理地

使用、有效地利用能源，以便在满足同等需要或达到相同目的条件下，尽可能降低能耗，以达到提高建筑舒适性和节省能源的目标。据统计，人类每年所消耗的能源，其中以建筑耗能最多。建筑总能耗约占全部总能耗的 30%。随着社会经济的发展，能耗必然还将增加。

自 1973 年发生世界性的石油危机以来，建筑节能的含义经历了三个阶段：第一阶段，称为在建筑中节约能源，我国称为建筑节能；第二阶段，称为建筑中保持能源，意为在建筑中减少能源的散失；第三阶段，近年来普遍称为在建筑中提高能源利用率，意为不是消极意义上的节省，而是积极意义上的提高能源利用率。在我国，现在仍然通称为建筑节能，但含义应该是上述第三层意思，即在建筑中合理使用或有效利用能源，不断提高能源利用效率。

1. 我国建筑能耗状况

（1）建筑能耗构成

建筑能耗主要包括建筑采暖、空调、热水供应、照明、家电、炊事和电梯的使用能耗。由于建筑物功能不同，因此实现功能的各系统的能耗比例是不一样的。又由于建筑物所处的环境地区（气候带）不同，建筑设备各系统能耗的比例也会有差别。据统计，我国居住建筑能耗中采暖空调能耗约占生活用能的 60%。在公共建筑的全年能耗中大约 50%～60%用于空调制冷与采暖系统，20%～30%用于照明。北京市普通公共建筑的用电消耗为 40～60kWh/m^2，而普通住宅的用电消耗为 10～20kWh/m^2。

（2）建筑能耗特点

1）夏季空调用电负荷大。1997 年以来，中国每年发电量按 5%～8%的速度增长，工业用电量每年减少 17.9%。由于空调耗电大，使用集中，有些城市的空调负荷甚至占到尖峰负荷的 50%以上。许多城市如上海、北京、济南、武汉、广州等普遍存在夏季缺电现象。

2）冬季采暖能耗。中国的东北、华北和西北地区，城镇建筑面积约占全国的近 50%，达 40 多亿平方米，年采暖用能约 1.3 亿 t 标准煤，占全国能源消费量的 11%，占采暖地区全社会总能耗的 21.4%。在一些严寒地区城镇建筑能耗已占到当地全社会总能耗的一半以上。

2. 建筑节能的意义

（1）建筑节能是中国可持续发展的需要

我国能源生产的增长速度长期滞后于国内生产总值的增长速度，能源短缺是制约国民经济发展的根本性因素。因此，节约能源我国的一项基本国策，是中国可持续发展的必然选择。

（2）建筑节能是改善环境的重要途径

建筑节能可改善大气环境。我国建筑采暖能源以煤炭为主，约占采暖能源总量的 75%。目前，我国采暖燃煤排放二氧化碳每年约 1.9 亿 t，排放二氧化硫近 300 万 t，烟尘约 300 万 t，采暖期城市大气污染指标普遍超过标准，造成严重大气环境污染。二氧化碳造成的地球大气外层的“温室效应”，严重危害人类生存环境；烟尘、二氧化硫和氮氧化物也是呼吸道疾病、肺癌等许多疾病的根源，酸雨也是破坏森林、损坏建筑物的罪魁祸首。显然，降低建筑能耗，提高建筑节能效果是改善大气环境的重要途径。

建筑节能可改善室内热环境。适宜的室内热环境，可使人体易于保持平衡，从而使人产生舒适感。节能建筑则可改善室内环境，做到冬暖夏凉。对符合节能要求的采暖居住建筑，屋顶保温能力约为一般非节能建筑的 1.5～2.6 倍，外墙的保温能力约为非节能建筑的 2.0～3.0 倍，窗户约为 1.3～1.6 倍。节能建筑的采暖能耗仅为非节能建筑的一半左右，且冬季室内温度可保持在 18℃左右，并使围护结构内表面保持较高的温度，从而避免其结露、长霉，显著改善冬季室内热环境。由于节能建筑围护结构热绝缘系数较大，对夏季隔热也极为有利。

任务训练

1. 什么是同程式系统？它与异程式系统有什么区别？
2. 机械循环热水供暖系统的方式有哪几种？
3. 供热管道为什么要设置补偿器？
4. 矩形风管为什么要加固？加固的方法有几种？
5. 通风工程中常用的阀门有哪几种？
6. 输冷（热）管道（设备）为什么要做防腐和绝热保温处理？

3-11 建筑暖通空调系统安装-测试卷

任务 3.2　建筑暖通空调施工图识读

任务引入

一套完整的施工图一般包括建筑施工图、结构施工图、给水排水施工图、采暖通风施工图及电气施工图等专业图纸，也可将给水排水、采暖通风和电气施工图合在一起统称建筑设备施工图。识读建筑设备施工图是安装工程施工的重要环节，也是建筑施工的重要组成部分。无论将来从事现场管理还是工程计量计价工作，对于图纸的识读都是非常重要的。

建筑暖通空调施工图是建筑暖通空调工程施工的依据，可使施工人员明白设计人员的设计意图，进而贯彻到工程施工的过程当中。建筑暖通空调施工图包括文字部分和图示部分，文字部分包括图纸目录、设计施工说明、设备材料表和图例等，图示部分包括平面图、系统图和安装详图等。

通过本节学习，了解建筑暖通空调施工图的组成，熟悉建筑暖通空调施工图识图基本知识，掌握建筑暖通空调施工图识读方法与步骤，能熟练识读建筑暖通空调施工图。

本节任务的学习内容详见表 3.2.0。

“建筑暖通空调施工图识读”学习任务表　　表 3.2.0

任务	子任务	技能与知识
3.2 建筑暖通空调施工图识读	3.2.1 建筑暖通空调施工图基础	3.2.1.1 建筑暖通空调施工图基本组成 3.2.1.2 建筑暖通空调施工图常用图例 3.2.1.3 建筑暖通空调施工图识读方法
	3.2.2 建筑暖通空调施工图识读	3.2.2.1 建筑采暖施工图识读 3.2.2.2 建筑通风空调施工图识读

任务实施

3.2.1 建筑暖通空调施工图基础

建筑暖通施工图的内容一般有：设计施工说明；图例、设备材料表；平面图（如风管、水管平面；设备平面）；详图（如冷冻、空调机房平剖面节点平剖面）；系统图（风系统；水系统）；流程图（热力、制冷流程、空调冷热水流程）等。

3-12 建筑暖通空调施工图构成

3.2.1.1 建筑暖通空调施工图基本组成

1. 图纸的相关规定

（1）图纸的幅面

图纸是用标明尺寸的图形和文字来说明工程建筑、机械、设备等的结构、形状、尺寸及其他要求的一种技术文件。图纸的幅面按国际标准分为五种，具体尺寸见表 3.2.1。

基本幅面尺寸（mm）　表 3.2.1

幅面代号	A0	A1	A2	A3	A4
宽×长（$B \times L$）	841×1189	594×841	420×591	297×420	210×297
留装订边时的边宽（c）	10			5	
不留装订边时的边宽（e）	20		10		
装订侧边宽（a）	25				

（2）图线与字体

绘制施工图所用的各种线条统称为图线。为了在施工图上表示出图中的不同内容，并且能够分清主次，绘图时必须选用不同的线型和不同线宽的图线。根据《房屋建筑制图统一标准》GB/T 50001—2017、《建筑给水排水制图标准》GB/T 50106—2010、《暖通空调制图标准》GB/T 50114—2010 和《建筑电气制图标准》GB/T 50786—2012 中对图线和线型的规定，图线的宽度 b 宜为 0.7mm 或 1.0mm。建筑设备施工图线型及含义见表 3.2.2。

建筑设备施工图线型及其含义　表 3.2.2

名称		线型	线宽	一般用途
实线	粗		b	单线表示的供水管线
	中粗		$0.7b$	本专业设备轮廓、双线表示的管道轮廓
实线	中		$0.5b$	尺寸、标高、角度等标注线及引出线；建筑物轮廓
	细		$0.25b$	建筑布置的家具、绿化等；非本专业设备轮廓

续表

名称		线型	线宽	一般用途
虚线	粗		b	回水管线及单根表示的管道被遮挡的部分
虚线	中粗		0.7b	本专业设备及双线表示的管道被遮挡的轮廓
	中		0.5b	地下管沟、改造前风管的轮廓线;示意性连线
	细		0.25b	非本专业虚线表示的设备轮廓等
波浪线	中		0.5b	单线表示的软管
	细		0.25b	断开界线
单点长画线			0.25b	轴线、中心线
双点长画线			0.25b	假想或工艺设备轮廓线
折断线			0.25b	断开界线

建筑设备施工图中所用的汉字应采用长仿宋体，字母或数字可以采用正体或斜体。

(3) 比例

比例为图形大小与物体实际大小之比，施工图中的各个图形，都应分别注明其比例。当整张图纸的图形都采用同一比例绘制时，则可将比例统一注写在标题栏内。系统图的比例一般与平面图相同，特殊情况下可以不按比例绘制。总平面图、平面图的比例，宜与工程项目设计的主导专业一致，其余可按表 3.2.3 选用。

比例　　表 3.2.3

图名	常用比例	可用比例
剖面图	1∶50、1∶100	1∶150、1∶200
局部放大图、管沟断面图	1∶20、1∶50、1∶100	1∶25、1∶30、1∶150、1∶200
索引图、详图	1∶1、1∶2、1∶5、1∶10、1∶20	1∶3、1∶4、1∶15

(4) 暖通施工图的一般规定

1) 标高

① 标高应以 m 为单位，一般注写到小数点后第三位。

② 管沟或管道应标注起讫点、转角点、连接点、变坡点和交叉点的标高；沟道宜标注沟内底标高；压力管道宜标注管中心标高；室外重力管道宜标注管内底标高；必要时，室内架空重力管道宜标注管中心标高，但图中应加以说明。矩形风管一般标注管底标高，圆形风管及水、汽管道一般标注管中心标高。

③ 管道标高在平面图、系统图中的标注如图 3.2.1 所示。

2) 管径

① 管径尺寸应以 mm 为单位。

② 水煤气输送钢管（镀锌或非镀锌）、铸铁管，管径以公称通径 DN 表示，如

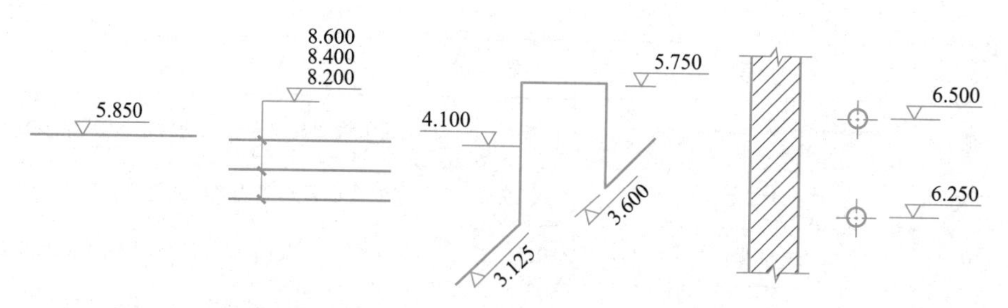

图 3.2.1 管道标高的标注方法

$DN15$，$DN50$。混凝土管和陶土管等，管径以内径 d 表示，如 $d380$。无缝钢管、焊接钢管、不锈钢管等，管径以外径 $D\times$壁厚 δ 表示，如 $D108\times4$，$D159\times4.5$ 等。圆形风管的截面尺寸应以直径 ϕ 表示，如 $\phi100$，矩形风管的截面尺寸应以 $A\times B$ 表示，如 200×100。

③ 管径的标注方法如图 3.2.2 所示。

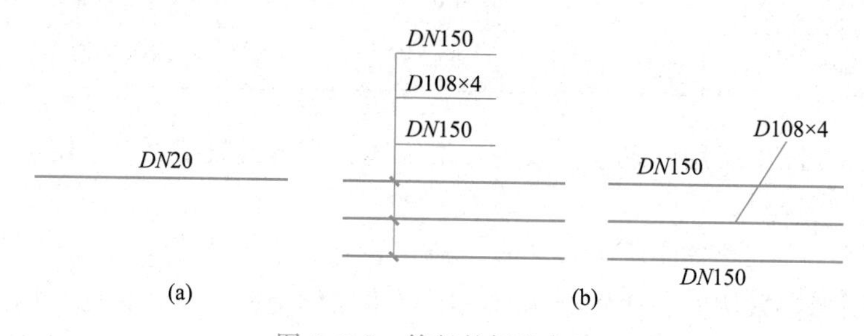

图 3.2.2 管径的标注方法

（a）单管管径表示法；（b）多管管径表示法

3）坡度及坡向

管道的敷设坡度用符号 i 表示，坡向用箭头表示，如图 3.2.3 所示。

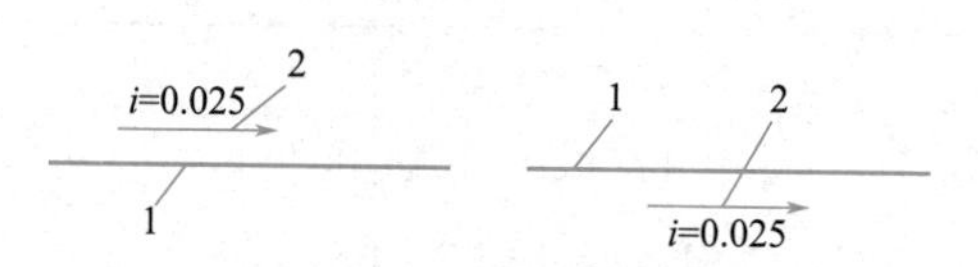

图 3.2.3 坡度及坡向的表示方法

1—管线；2—表示坡向的箭头

4）编号

一个工程设计中同时有供暖、通风、空调等两个及以上的不同系统时，应进行系统编号。暖通空调系统编号、入口编号，应由系统代号和顺序号组成。系统代号用大写拉丁字母表示（表 3.2.4）。

系统代号 表 3.2.4

序号	字母代号	系统名称	序号	字母代号	系统名称
1	N	(室内)供暖系统	4	K	空调系统
2	L	制冷系统	5	J	净化系统
3	R	热力系统	6	C	除尘系统

续表

序号	字母代号	系统名称	序号	字母代号	系统名称
7	S	送风系统	12	JY	加压送风系统
8	X	新风系统	13	PY	排烟系统
9	H	回风系统	14	P(PY)	排风兼排烟系统
10	P	排风系统	15	RS	人防送风系统
11	XP	新风换气系统	16	RP	人防排风系统

为了便于平面图与轴测图相对应，管道应按系统加以编号。

① 进出口编号。给水系统以每一条引入管为一个系统，排水系统以每一条排出管或几条排出管汇集至室外检查井为一个系统；室内供暖系统以每一组出入口为一个系统。当超过一个系统时，应进行编号。

② 立管编号。立管在平面图上一般用小圆圈表示，建筑物内的立管，其数量超过 1 根时，应进行编号。

③ 管道编号、系统编号的表示方法如图 3.2.4 和图 3.2.5 所示。

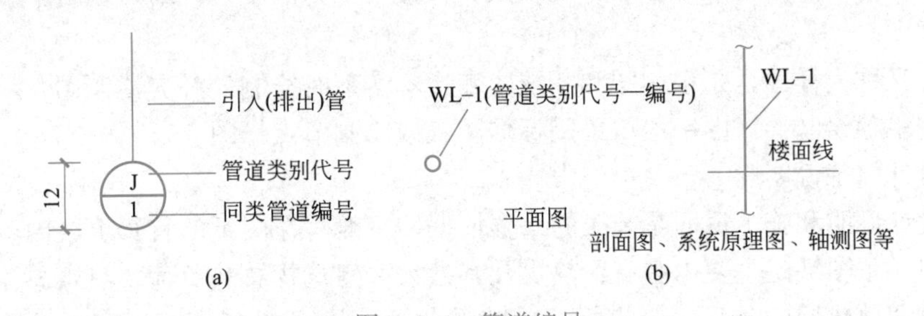

图 3.2.4 管道编号

(a) 进出口编号；(b) 立管编号

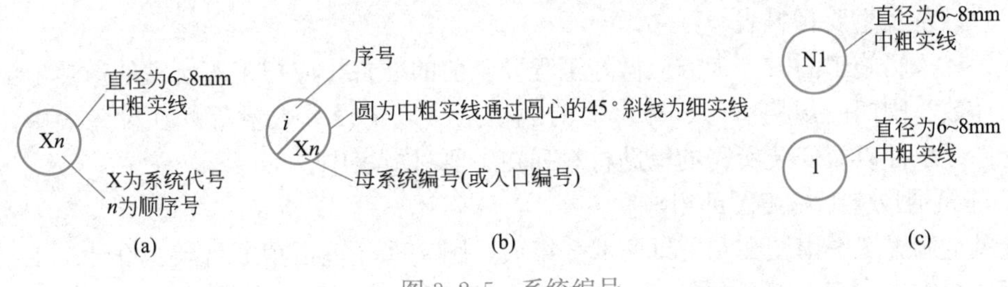

图 3.2.5 系统编号

(a) 系统编号；(b) 分支系统的编号；(c) 立管编号

5) 管道转向、交叉的表示

管道的转向、交叉应按图 3.2.6 所示的方法表示。管道交叉时，前面的管线为实线，被遮挡的管线应断开，供暖系统中管道重叠、密集处可断开引出绘制。

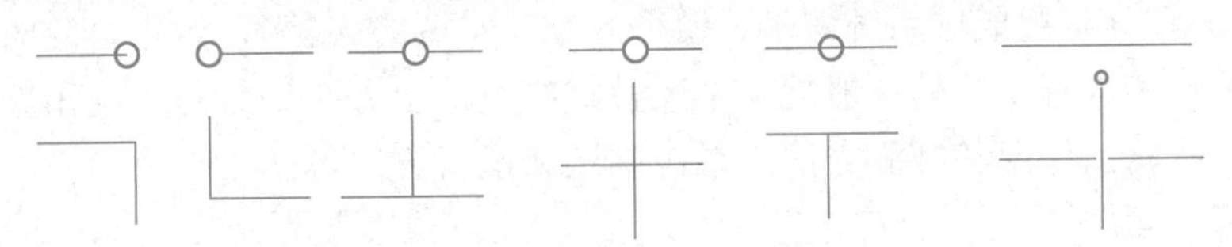

图 3.2.6 管道转向、交叉的表示方法

2. 建筑供暖施工图的组成

建筑供暖施工图包括供暖平面图、系统图和详图，此外还有设计说明、图纸目录和设备材料明细表等。

（1）供暖平面图

建筑供暖平面图主要表示供暖管道、附件及散热器在建筑平面图上的位置，以及它们之间的相互关系，是施工图中的重要图样。供暖平面图由楼层平面图、顶层平面图和底层平面图组成。中间层（标准层）平面图中，应标明散热设备的安装位置、规格、尺寸及安装方式，水平干管的位置、立管的位置及数量等；热水采暖系统中还应标明膨胀水箱、集气罐等设备的位置、规格及管道连接情况。底层平面图还应标明供热引入口的位置、管径、坡度及采用标准图号（或详图号）等。

（2）供暖系统图

供暖系统图通常用正面斜二轴测法绘制，是表明从供暖总管入口至回水总管道、散热设备、主要附件的空间位置和相互关系，其与平面图配合，反映了供暖系统的全貌。系统图上应标注各管段管径的大小，水平管的标高、坡度、散热器及支管的连接情况等。供暖系统图应绘制在一张图纸上，除非系统较大、较复杂，一般不允许断开绘制。

（3）详图

详图，又称大样图，是平面图和系统图表达不清楚时绘制的补充说明图，一般需要局部放大比例单独绘制。详图一般可采用标准图集或绘制节点详图。

（4）设计施工说明

采暖设计说明和施工说明是施工的重要依据，一般写在图纸的首页上，内容较多时也可单独使用一张图纸。主要内容有：热媒及其参数，建筑物总热负荷，热媒总流量，系统形式，管材和散热器的类型，管道标高是指管中心标高还是指管底标高，系统的试验压力，保温和防腐的规定以及施工中应注意的问题等。

（5）设备及主要材料表

在设计采暖施工图时，为方便做好工程开工前的准备，应把工程所需的散热器的规格和分组片数、阀门的规格型号、疏水器的规格型号以及设计数量等列在设备表中，把管材、管件、配件以及安装所需的辅助材料列在主要材料表中。

3. 建筑通风空调施工图的组成

通风空调施工图由图文和图纸两部分组成。图文部分包括图纸目录、设计施工说明和设备材料明细表；图纸部分包括通风空调系统平面图、剖面图、系统图（轴测图）、原理图和详图等。

（1）设计施工说明

设计施工说明主要包括通风空调系统的概况，系统采用的设计气象参数，房间的设计条件（冬季、夏季空调房间的空气温度、相对湿度、平均风速、新风量、噪声等级、含尘量等），系统的划分与组成（系统编号、服务区域、空调方式等），要求自控时的设计运行工况，风管系统和水管系统的一般规定、风管材料及加工方法、管材、支吊架及阀门安装要求和方法，防腐、保温和减震方法，系统调试和运行方法等。

（2）系统平面图

平面图应标明各层、各空调房间的通风与空调系统的风管及空调设备布置情况，进风管、排风管、冷冻水管、冷却水管和风机盘管的平面位置。它主要包括通风空调系统的平面图、空调机房平面图和制冷机房平面图等。具体内容包括：

1）根据风管的尺寸大小，在房屋平面图上按比例绘出风管的平面位置，用图例符号绘出送风口、回风口及各种阀门的位置。

2）标明各段风管的详细尺寸。

3）标明风管的风量、风速等。

4）标注平面图的定位轴线尺寸及轴线编号。

（3）系统剖面图

对于在平面图上难以表达清楚的风管和设备的位置等，应加绘剖面图。剖面图主要有系统剖面图、机房剖面图、冷冻机房剖面图等，一般采用与平面图相同的比例绘制。剖面位置的选择要能反映该风管和设备的全貌，并给出设备、管道中心（或管底）标高和注出距该层地面的高度。

（4）系统图（轴测图）

系统图是采用斜等轴测投影法绘出的立体图，它应标明通风空调系统的空间情况，应包括风管的上下楼层间的关系、风管的位置关系、管径和标高等。系统图可用单线绘制也可用双线绘制。

（5）原理图

原理图是综合性的示意图，它将空气处理设备、通风管路、冷热源管路、自动调节及检测系统连接成一个整体。表达了系统的工作原理及各环节间的关系，常用于比较复杂的通风空调系统中。

（6）详图

详图是表示通风与空调系统设备的具体构造和安装情况的图样，并应标明相应的尺寸。一般常需绘制制冷机房安装详图、新风机房安装详图等，也可采用国家标准图集。

3.2.1.2 建筑暖通空调施工图常用图例

1. 水、汽管道

（1）水、汽管道可用线型区分，也可用代号区分。水、汽管道代号宜按表 3.2.5 采用。

水、汽管道代号 表 3.2.5

序号	代号	管道名称	备注	序号	代号	管道名称	备注
1	RG	采暖热水供水管	可附加 1、2、3 等表示一个代号、不同参数的多种管道	7	LRG	空调冷、热水供水管	—
2	RH	采暖热水回水管	可通过实线、虚线表示供、回关系省略字母 G、H	8	LRH	空调冷、热水回水管	—
3	LG	空调冷水供水管	—	9	LQG	冷却水供水管	—
4	LH	空调冷水回水管	—	10	LQH	冷却水回水管	—
5	KRG	空调热水供水管	—	11	n	空调冷凝水管	—
6	KRH	空调热水回水管	—	12	PZ	膨胀水管	—

续表

序号	代号	管道名称	备注	序号	代号	管道名称	备注
13	BS	补水管	—	28	JY	加药管	—
14	X	循环管	—	29	YS	盐溶液管	—
15	LM	冷媒管	—	30	XI	连续排污管	—
16	YG	乙二醇供水管	—	31	XD	定期排污管	—
17	YH	乙二醇回水管	—	32	XS	泄水管	—
18	BG	冰水供水管	—	33	YS	溢水(油)管	—
19	BH	冰水回水管	—	34	R_1G	一次热水供水管	—
20	ZG	过热蒸汽管	—	35	R_1H	一次热水回水管	—
21	ZB	饱和蒸汽管	可附加1、2、3等表示一个代号、不同参数的多种管道	36	F	放空管	—
22	Z2	二次蒸汽管	—	37	FAQ	安全阀放空管	—
23	N	凝结水管	—	38	O1	柴油供油管	—
24	J	给水管	—	39	O2	柴油回油管	—
25	SR	软化水管	—	40	OZ1	重油供油管	—
26	CY	除氧水管	—	41	OZ2	重油回油管	—
27	GG	锅炉进水管	—	42	OP	排油管	—

（2）水、汽管道阀门和附件的图例宜按表3.2.6采用。

水、汽管道阀门和附件图例　　表3.2.6

序号	名称	图例	备注	序号	名称	图例	备注
1	截止阀		—	14	自动排气阀		—
2	闸阀		—	15	集气罐、放气阀		—
3	球阀		—	16	节流阀		—
4	柱塞阀		—	17	调节止回关断阀		水泵出口用
5	快开阀		—	18	膨胀阀		—
6	蝶阀			19	排入大气或室外		—
7	旋塞阀		—	20	安全阀		—
8	止回阀			21	角阀		—
9	浮球阀		—	22	底阀		—
10	三通阀		—	23	漏斗		—
11	平衡阀		—	24	地漏		—
12	定流量阀		—	25	明沟排水		—
13	定压差阀		—	26	向上弯头		—

续表

序号	名称	图例	备注	序号	名称	图例	备注
27	向下弯头		—	42	除垢仪	E	—
28	法兰封头或管封		—	43	补偿器		—
29	上出三通		—	44	矩形补偿器		—
30	下出三通		—	45	套管补偿器		—
31	变径管		—	46	波纹管补偿器		—
32	活接头或法兰连接		—	47	弧形补偿器		—
33	固定支架		—	48	球形补偿器		—
34	导向支架		—	49	伴热管		—
35	活动支架		—	50	保护套管		—
36	金属软管		—	51	爆破膜		—
37	可屈挠橡胶软接头		—	52	阻火器		—
38	Y形过滤器		—	53	节流孔板、减压孔板		—
39	疏水器		—	54	快速接头		—
40	减压阀		左高右低	55	介质流向	→或⇨	在管道断开处时，流向符号宜标注在管道中心线上，其余可同管径标注位置
41	直通型(或反冲型)除污器		—	56	坡度及坡向	$i=0.003$ →或→ $i=0.003$	坡度数值不宜与管道起、止点标高同时标注，标注位置同管径标注位置

2. 风道

风道代号宜按表3.2.7采用。

风道代号　　表3.2.7

序号	代号	管道名称	备注	序号	代号	管道名称	备注
1	SF	送风管	—	6	ZY	加压送风管	—
2	HF	回风管	一、二次回风可附加1、2区别	7	P(Y)	排风排烟兼用风管	—
3	PF	排风管	—	8	XB	消防补风风管	—
4	XF	新风管	—	9	S(B)	送风兼消防补风风管	—
5	PY	消防排烟风管	—				

风道、阀门及附件的图例宜按表3.2.8和表3.2.9采用。

风道、阀门及附件图例　　表 3.2.8

序号	名称	图例	备注
1	矩形风管	***×***	宽×高(mm)
2	圆形风管	ϕ***	中直径(mm)
3	风管向上		—
4	风管向下		—
5	风管上升摇手弯		—
6	风管下降摇手弯		—
7	天圆地方		左接矩形风管,右接圆形风管
8	软风管		—
9	圆弧形弯头		—
10	带导流片的矩形弯头		—
11	消声器		
12	消声弯头		—
13	消声静压箱		—
14	风管软接头		—
15	对开多叶调节风阀		—
16	蝶阀		—
17	插板阀		—
18	止回风阀		—
19	余压阀	DPV	—
20	三通调节阀		—
21	防烟、防火阀	*** ／ ***	***表示防烟、防火阀名称代号
22	方形风口		—
23	条缝形风口		—
24	矩形风口		—
25	圆形风口		—
26	侧面风口		—
27	防雨百叶		—
28	检修门	J ／ J	—
29	气流方向		左为通用表示法,中表示送风,右表示回风
30	远程手控盒	B	防排烟用
31	防雨罩		—

风口和附件代号　　表 3.2.9

序号	代号	名称	备注
1	AV	单层格栅风口,叶片垂直	—
2	AH	单层格栅风口,叶片水平	—
3	BV	双层格栅风口,前组叶片垂直	—
4	BH	双层格栅风口,前组叶片水平	—
5	C*	矩形散流器,*为出风面数量	—
6	DF	圆形平面散流器	—
7	DS	圆形凸面散流器	—
8	DP	圆盘形散流器	—
9	DX*	圆形斜片散流器,*为出风面数量	—
10	DH	圆环形散流器	—
11	E*	条缝形风口,*为条缝数	—
12	F*	细叶形斜出风散流器,*为出风面数量	—

续表

序号	代号	名称	备注	序号	代号	名称	备注
13	FH	门铰形细叶回风口	—	21	L	天花板回风口	—
14	G	扁叶形直出风散流器	—	22	CB	自垂百叶	—
15	H	百叶回风口	—	23	N	防结露送风口	冠于所用类型风口代号前
16	HH	门铰形百叶回风口	—	24	T	低温送风口	冠于所用类型风口代号前
17	J	喷口	—	25	W	防雨百叶	—
18	SD	旋流风口	—	26	B	带风口风箱	—
19	K	蛋格形风口	—	27	D	带风阀	—
20	KH	门铰形蛋格式回风口	—	28	F	带过滤网	—

3. 暖通空调设备

暖通空调设备的图例宜按表 3.2.10 采用。

暖通空调设备图例　　表 3.2.10

序号	名称	图例	备注
1	散热器及手动放气阀	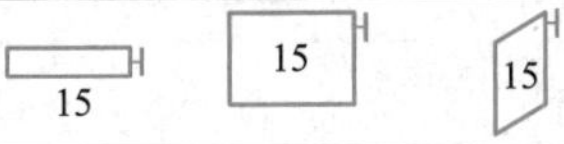 15　15　15	左为平面图画法，中为剖面图画法，右为系统图(Y 轴侧)画法
2	散热器及温控阀	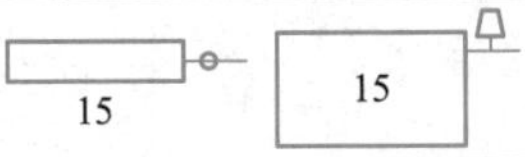 15　15	—
3	轴流风机		—
4	轴(混)流式管道风机	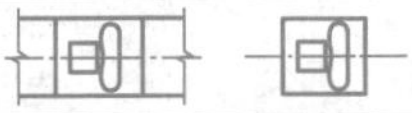	—
5	离心式管道风机	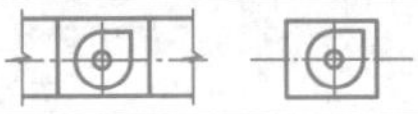	—
6	吊顶式排气扇		—
7	水泵		—
8	手摇泵		—
9	变风量末端	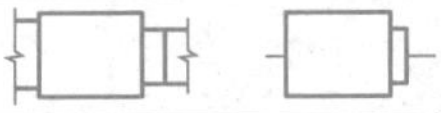	—
10	空调机组加热、冷却盘管	 +　−　+ −	从左到右分别为加热、冷却及双功能盘管
11	空气过滤器		从左至右分别为粗效、中效及高效
12	挡水板		—
13	加湿器		—
14	电加热器		—
15	板式换热器	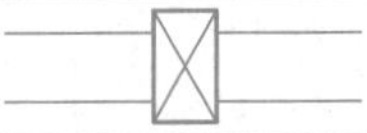	—

续表

序号	名称	图例	备注
16	立式明装风机盘管		—
17	立式暗装风机盘管		—
18	卧式明装风机盘管		—
19	卧式暗装风机盘管		—
20	窗式空调器		—
21	分体空调器	室内机 室外机	—
22	射流诱导风机		—
23	减振器		左为平面图画法，右为剖面图画法

4. 调控装置及仪表

调控装置及仪表的图例宜按表 3.2.11 采用。

调控装置及仪表图例　　表 3.2.11

序号	名称	图例	序号	名称	图例
1	温度传感器	T	14	弹簧执行机构	
2	湿度传感器	H	15	重力执行机构	
3	压力传感器	P	16	记录仪	
4	压差传感器	ΔP	17	电磁(双位)执行机构	
5	流量传感器	F	18	电动(双位)执行机构	
6	烟感器	S	19	电动(调节)执行机构	
7	流量开关	FS	20	气动执行机构	
8	控制器	C	21	浮力执行机构	
9	吸顶式温度感应器	T	22	数字输入量	DI
10	温度计		23	数字输出量	DO
11	压力表		24	模拟输入量	AI
12	流量计	F.M	25	模拟输出量	AO
13	能量计	E.M			

3.2.1.3 建筑暖通空调施工图识读方法

1. 建筑采暖施工图识读方法

3-13 建筑暖通空调施工图识读方法

(1) 采暖施工图识读要求

识读室内采暖工程图时需先熟悉图纸目录，了解设计说明，了解主要的建筑图（总平面图及平、立、剖面图）及有关的结构图，在此基础上将采暖平面图和系统图联系起来对照识读，同时再辅以有关详图配合识读。

1）对图纸目录和设计说明的要求

① 熟悉图纸目录。从图纸目录中可以知道工程图样的种类和数量，包括所选用的标准图或其他工程图样，从而可以粗略得知工程的概貌。

② 了解设计和施工说明，它一般包括以下几点：设计所使用的有关气象资料、卫生标准、热负荷量、热指标等基本数据；采暖系统的型式、划分及编号；统一图例和自用图例符号的含义；图中未加注或不够明确而需特别说明的一些内容；统一做法的说明和技术要求。

2）平面图的识读

① 明确室内散热器的平面位置、规格、数量以及散热器的安装方式（明装、暗装或半暗装）。散热器一般布置在窗台下，以明装为多，如为暗装或半暗装则一般都在图纸说明中注明。散热器的规格较多，除了可以依据图例加以识别外，一般在施工说明中也有注明。散热器的数量均标注在散热器旁，这样就可以一目了然。

② 了解水平干管的布置方式。识读时需注意干管是敷设在最高层、中间层，还是在底层，以了解采暖系统是上分式、中分式或下分式还是水平式系统。在底层平面图上还会出现回水干管或凝结水干管（虚线），识图时也要注意。此外，还应搞清干管上的阀门、固定支架、补偿器等的位置、规格及安装要求等。

③ 通过立管编号查清立管系统数量和位置。

④ 了解采暖系统中膨胀水箱、集气罐（热水采暖系统）、疏水器（蒸汽采暖系统）等设备的位置、规格以及设备管道的连接情况。

⑤ 查明采暖入口及入口地沟或架空情况。当采暖入口无节点详图时，采暖平面图中一般将入口装置的设备（如控制阀门、减压阀、除污器、疏水器、压力表、温度计等）表达清楚，并注明规格、热媒来源、流向等。若采暖入口装置采用标准图，则可以按注明的标准图号查阅标准图。当有采暖入口详图时，可以按图中所注详图编号查阅采暖入口详图。

3）系统图的识读

① 按热媒的流向确认采暖管道系统的形式及其连接情况，各管段的管径、坡度、坡向，水平管道和设备的标高以及立管编号等。采暖管道系统图完整地表达了采暖系统的布置形式，清楚地表明了干管与立管，以及立管、支管与散热器之间的连接方式。散热器支管有一定的坡度，其中，供水支管坡向散热器，回水支管则坡向回水立管。

② 了解散热器的规格及数量。当采用柱形或翼形散热器时，要弄清散热器的规格与片数（以及带脚片数）。当为光滑管散热器时，要弄清其型号、管径、排数及长度。当采用其他采暖设备时，应弄清设备的构造和标高（底部或顶部）。

③ 注意查清其他附件与设备在管道系统中的位置、规格及尺寸，并与平面图和材料

表等加以核对。

④ 查明采暖入口的设备、附件、仪表之间的关系，热媒来源、流向、坡向、标高、管径等。如有节点详图，则要查明详图编号，以便查阅。

(2) 采暖施工图识读步骤

识读采暖施工图的基本方法是将平面图与系统图对照，从系统入口（热力入口）开始，沿水流方向按供水干管、立管、支管到散热器，再由散热器开始，按回水支管、立管、干管到出口为止的顺序进行阅读。

1) 识读供暖平面图

首先查明采暖总干管和回水总干管的出入口位置，了解采暖水平干管与回水水平干管的分布位置及走向；查看立管编号，了解整个采暖系统立管的数量和安装位置；查看散热器的布置位置；了解系统中设备附件的位置与型号，如热水系统中要查明膨胀水箱、集气罐的位置、型号及连接方式，蒸汽系统中则要查明疏水器的位置和规格等；查看管道的管径、坡度及散热器片数等。

采暖系统的供水管一般用粗实线表示，回水管用粗虚线表示，供回水管通常沿墙布置。散热器一般布置在窗口处，其片数一般标注在图例旁边。

2) 识读采暖系统图

首先沿热媒流动的方向查看采暖总管的入口位置，与水平干管的连接及走向，立管的分布及散热器通过支管与立管的连接形式；再从每组散热器的末端起查看回水支管、立管、回水干管，直至回水总干管出口的整个回水管路，了解管路的连接、走向及管道上的设备附件、固定支点等情况；然后查看管径、坡度和散热器片数；最后查看地面标高，管道的安装标高，从而掌握管道的安装位置。

在热水采暖系统中，供水水平干管的坡度顺水流方向越走越高，回水水平干管的坡度顺水流方向越走越低。

3) 识读详图

建筑供暖详图一般包括热力入口、管沟断面、设备安装、分支管大样等。

2. 通风空调施工图识读方法

(1) 通风空调施工图识读要求

通风空调系统施工图复杂性较大，识读过程中要切实掌握各图例的含义，把握风系统与水系统的独立性和完整性，识读时要弄清系统，摸清环路，分系统进行阅读。

1) 认真阅读图纸目录。根据图纸目录了解该工程图纸的张数、图纸名称及编号等概况。

2) 认真阅读领会设计施工说明。从设计施工说明中了解系统的形式、系统的划分及设备布置等工程概况。

3) 仔细阅读有代表性的图纸。在了解工程概况的基础上，根据图纸目录找出反映通风空调系统布置、空调机房布置、冷冻机房布置的平面图，从总平面图开始阅读，然后阅读其他平面图。

4) 辅助性图纸的阅读。平面图不能清楚全面地反映整个系统情况时，应结合平面图上提示的辅助图纸（如剖面图、详图）进行阅读。对整个系统情况，还可配合系统图阅读。

5) 其他内容的阅读。在读懂整个系统的前提下，再回头阅读施工说明及设备材料明细表，了解系统的设备安装情况、零部件加工安装详图，从而把握图纸的全部内容。

6）区分送风管与回风管、供水管与回水管。

① 送风管与回风管的区别

以房间为界，送风管一般将送风口在房间内均匀布置，管路复杂；送风口一般为双层百叶、方形（圆形）散流器、条缝送风口等。回风管一般集中布置，管路相对简单些；回风口一般为单层百叶、单层格栅，较大。

② 供水管与回水管的区别

一般而言回水管与水泵相连，经过水泵接至冷水机组，经冷水机组冷却后送至供水管。回水管基本上与膨胀水箱的膨胀管相连，空调施工图基本上用粗实线表示供水管，用粗虚线表示回水管。

总之，通风空调工程施工图的识读，只要在掌握各系统的基本原理、基本理论，掌握各系统施工图的投影的基本理论，掌握正确识图方法的基础上，再经过较长时间的识图实践锻炼，即可达到比较熟练的程度。

（2）通风空调施工图识读方法

1）熟悉图纸目录。从图纸目录中可知工程图样的种类和数量，包括所选用的标准图或其他工程图样，从而可以粗略地了解工程的概貌。

2）了解设计和施工说明。它一般包括以下几点：

① 设计所依据的有关气象资料、卫生标准等基本数据。

② 通风系统的形式、划分及编号。

③ 统一图例和自用图例符号的含义。

④ 图中未表明或不够明确而需特别说明的一些内容。

⑤ 统一做法的说明和技术要求。

3）按平面图→剖面图→系统图→详图的顺序依次识读，并随时互相对照。

① 平面图：查明系统的编号与数量；查明末端装置的种类、型号规格与平面布置位置；查明风管材料、形状、规格尺寸，设备布置及型号。

② 剖面图：选择表达清楚的位置剖，用左视图和上视图。查明系统风管、水管、设备、部件在在竖直方向的布置与标高；查明设备与风管、水管之间在竖直方向连接及其规格型号；查明末端装置的种类、型号规格、尺寸，并与平面图对照。

③ 系统图：系统中的风管用单线绘制。查明系统中的编号，设备规格型号，管段标高及规格型号、尺寸、坡度、坡向，以及它们之间在系统中的布置情况。

4）识读每种图样时均应按通风系统和空气流向顺次看图，逐步搞清每个系统的全部流程和几个系统之间的关系，同时按照图中设备及部件编号与材料明细表对照阅读。

5）在识读通风工程图时需相应地了解主要的土建图纸和相关的设备图纸，尤其要注意与设备安装和管道敷设有关的技术要求，如预留孔洞、管沟、预埋件管等。

3.2.2 建筑暖通空调施工图识读

3-14 建筑采暖施工图识读

3.2.2.1 建筑采暖施工图识读

参照图 3.2.7～图 3.2.10，以某小学教学楼室内采暖施工图为例，学习其识读方法。

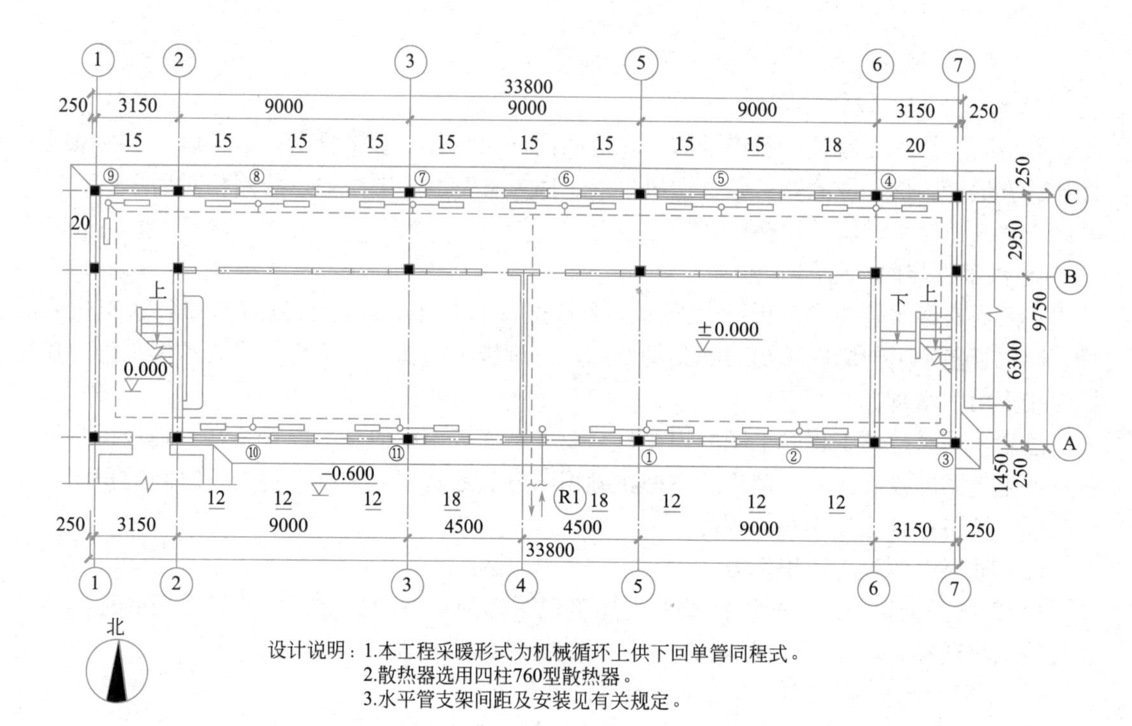

图 3.2.7　某小学教学楼底层采暖平面图

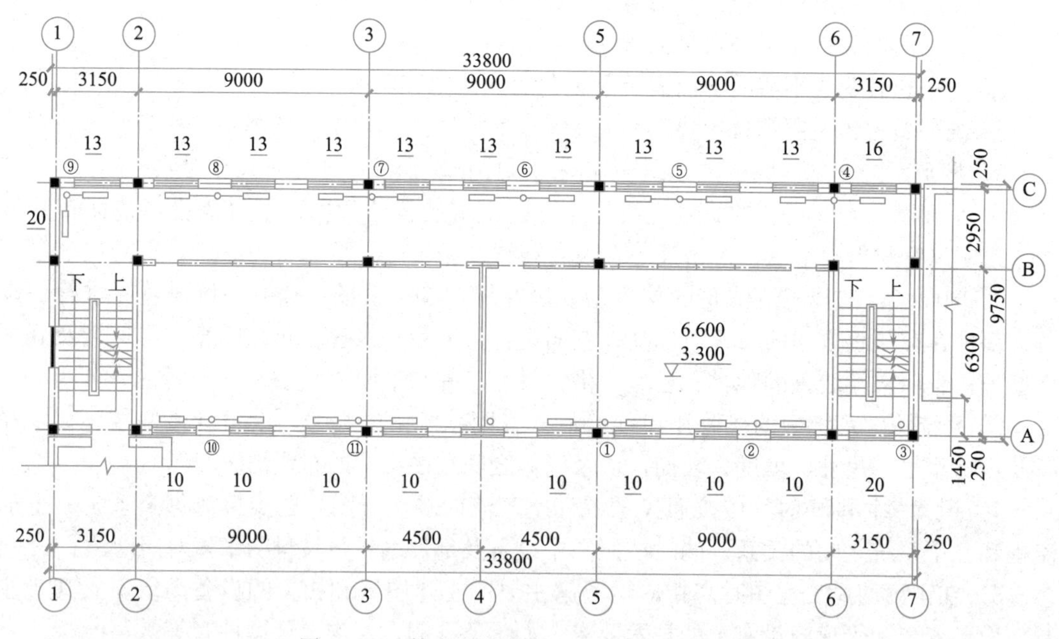

图 3.2.8　某小学教学楼二、三层供暖平面图

1. 阅读设计施工说明

该建筑为四层，热负荷为 160kW，与供热外网直接连接，供暖热媒为热水，供回水设计温度为 95/70℃；管道材质为非镀锌钢管，$DN\leqslant 32$mm 时采用螺纹连接，$DN>32$mm 时采用焊接；阀门均采用闸阀；散热器采用四柱 760 型铸铁散热器，并落地安装；管道与散热器均明装，并刷防锈漆两道，调和漆两道；敷设在地沟内的供回水干管均刷防锈漆两

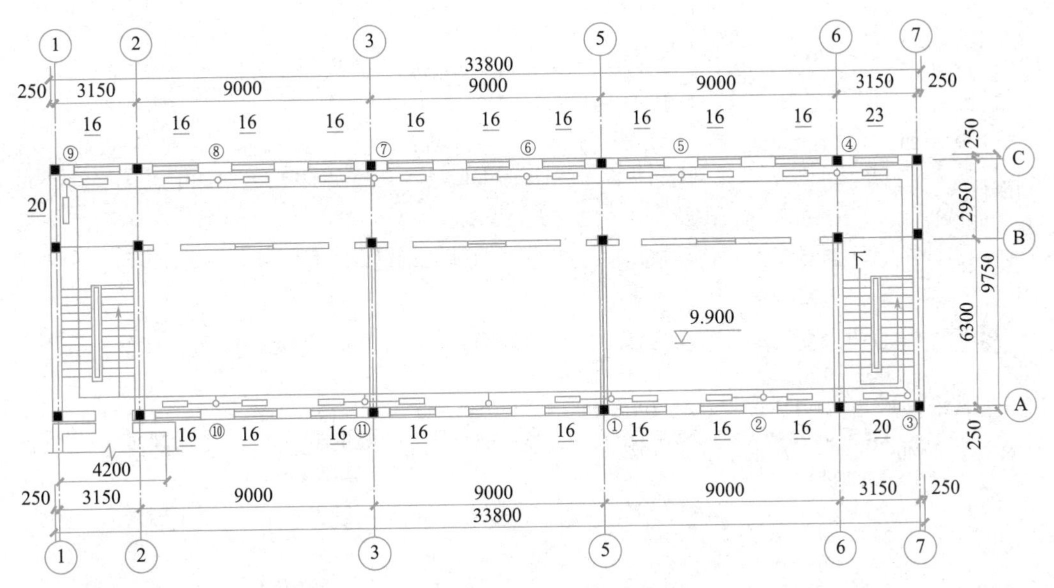

图 3.2.9　某小学教学楼四层采暖平面图

道，并做保温处理；系统试验压力为 0.3MPa；其他按现行施工验收规范执行。

2. 识读室内采暖平面图

图 3.2.7 为底层采暖平面图。系统供回水总管设置在④轴线右侧，回水干管在室内地沟内敷设，供水管用实线绘制，回水管用虚线绘制。该系统中共 11 根供水立管，散热器位于外墙窗下，该层每个散热器的组数可由平面图查出。

图 3.2.8 为二、三层采暖平面图。由此可以看出供水立管的位置、立管的编号、散热器的位置及标注的散热器数量等。

图 3.2.9 为四层采暖平面图。图上标注了供水立管的编号，可以看到各组散热器的位置及数量。

3. 识读室内采暖系统图

如图 3.2.10 所示，供暖热水自总供水管开始，按水流方向依次经供水干管在系统内形成分支，经供水立管、支管到散热器，再由支管、回水立管到回水干管流出室内并汇集到室外回水管网中。系统采用的是上供下回式单立管顺流式系统。由于各立管供回水循环环路长度基本相等，所以该系统还是同程式系统。

该系统供、回水总管标高均为−1.800m，管径均为 $DN50$，共有 11 根供水立管把热水供给 2～4 层的散热器，热水在散热器中散热后，经立管收集后进入下一层散热器，回水干管始末端的管径为 25～50mm，各分支汇集后从回水总管流至外网。

由系统图还可看出，供回水干管的坡度 $i=0.003$，坡向供暖系统入口处。供水立管支管的管径分别为 $DN25\times20$。图中还标注了各组散热器的数量。供水立管始端和一层散热器回水支管上设置阀门，以方便检修。为便于排气在 4 层供水干管的末端（6、7 号立管顶端）均安装放气阀。

3.2.2.2　建筑通风空调施工图识读

1. 识读某大厦多功能厅通风空调施工图

由图 3.2.11 可以看出该空调系统的空调箱设在机房内，空调机房Ⓒ轴线外墙上有一带

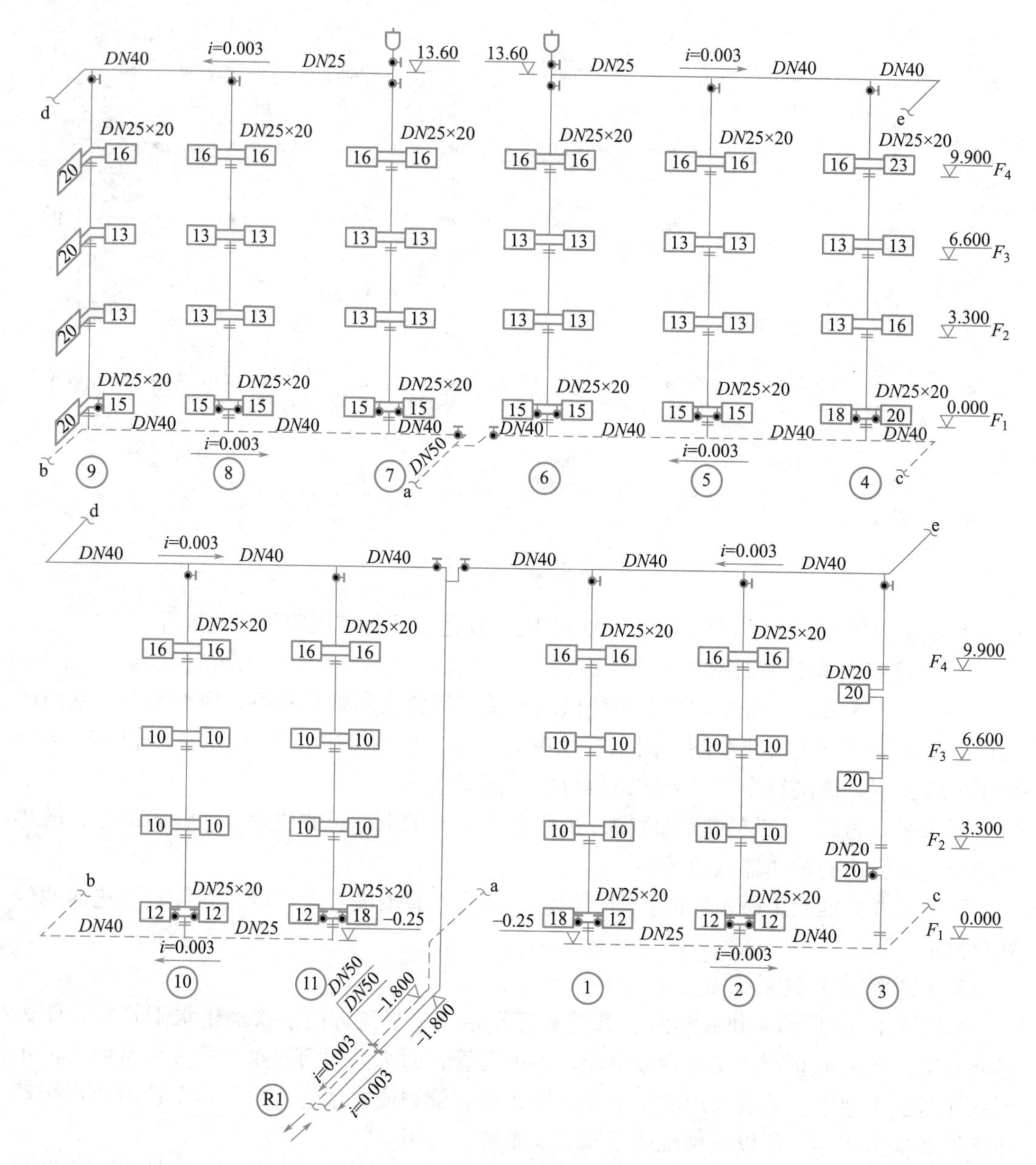

图 3.2.10 某小学教学楼采暖系统图

调节风阀的风管，即新风管，管径为 630mm×1000mm。空调系统的新风由室外经新风管补充到室内。在空调机房②轴线的内墙上，有一回风管消声器，室内大部分空气经此吸入，并回到空调机房。空调机房内设空调箱，空调箱侧下部有一接风管的进风口，新风与回风在空调机房内混合后，被空调箱由此吸入进风口，经冷热处理后，经空调箱顶部的出风口送至送风干管。

3-15 建筑通风空调施工图识读

送风经过防火阀，然后经消声器，流入管径为 1250mm×500mm 的送风管，在这里分出一路管径为 800mm×500mm 的分支管；继续向前，经管径为 800mm×500mm 的管道，分支出管径为 800mm×250mm 的第二个分支管，再向前又分支出第三个管径为

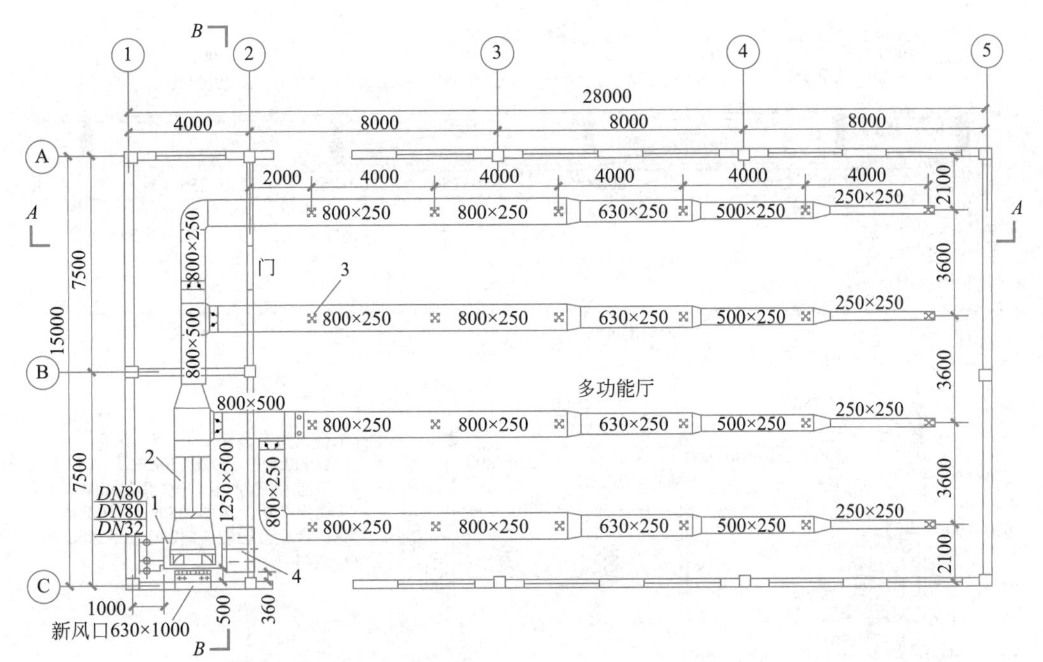

图 3.2.11　多功能厅通风空调平面图

800mm×250mm 的分支管。在每个分支管上有尺寸为 240mm×240mm 的送风口 6 只，整个系统共 4 路分支管，共 24 只送风口。送风口采用方形散流器，其间距可由图中查出。空气通过散流器将送风送入多功能厅，然后大部分回风经消声器回到空调机房，与新风混合被吸入空调箱的进风口，完成一次循环。另一小部分室内空气经门窗缝隙渗至室外。

由图 3.2.12 中 A-A 剖面图可以看出，房间高度为 6m，吊顶距地面高度为 3.5m，风管暗装在吊顶内，送风口直接嵌在吊顶面上，风管底标高为 4.250m，气流组织为上送下回式。

由图 3.2.12 中 B-B 剖面图可以看出，送风管通过软接头直接从空调箱上接出，沿气流方向高度不断减小，由 500mm 变为 250mm。从该剖面图上还可以看到三个送风支管在总风管上的接口位置，支管断面尺寸分别为 500mm×800mm、250mm×800mm 和 250mm×800mm。

图 3.2.13 所示系统图则清楚地表明了该空调系统的构成、管道的走向及设备位置等内容。

将平面图、剖面图、系统图对应起来看，可以清楚地了解这个多功能厅空调系统的情况，首先是多功能厅的空气从地面附近通过消声器被吸入空调机房，同时新风也从室外被吸入到空调机房，新风与回风混合后从空调箱进风口被吸入到空调箱内，经过空调箱处理后经送风管送至多功能厅方形散流器，空气便送入多功能厅。这显然是一个一次回风（新风与室内回风在空调箱内混合一次）的全空气系统。

2. 识读空调冷热媒管道施工图

对空调送风系统而言，处理空气的空调需供给冷冻水、热水或蒸汽。制造冷冻水就必

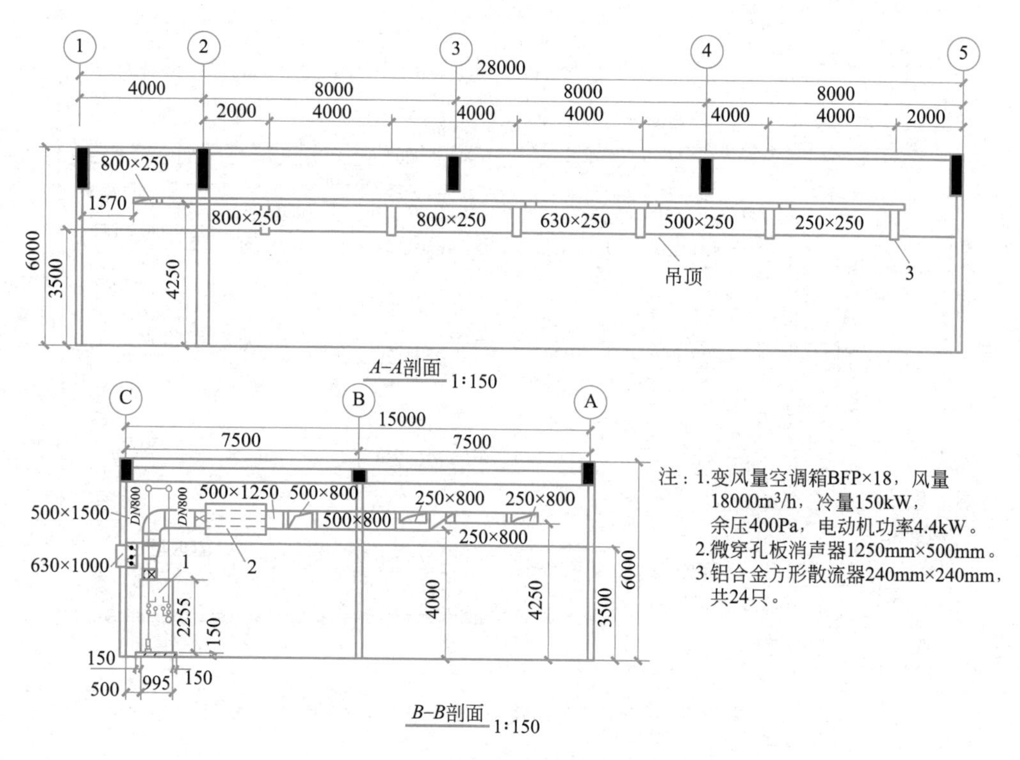

图 3.2.12　多功能厅空调剖面图

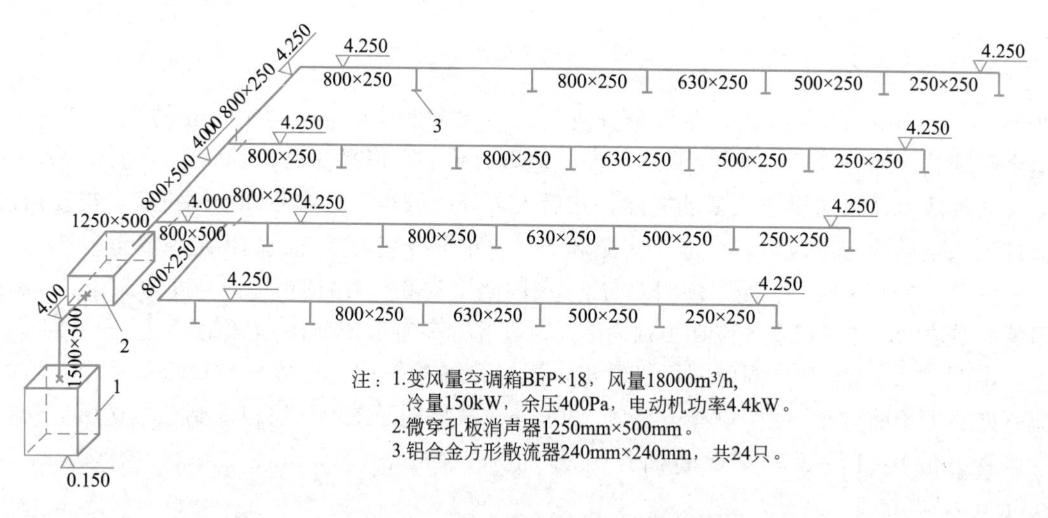

图 3.2.13　多功能厅空调系统图

须设置制冷系统。安装制冷设备的房间则称为制冷机房。制冷机房制造的冷冻水，通过管道送至机房内的空调箱中，使用过的冷水则需送回机房经处理后循环使用。

由此可见，制冷机房和空调机房内均有许多冷、热媒管道，分别与相应的设备相连接。在多数情况下，可以利用已在空调机房和制冷机房剖面图中绘制出的部分表达其含义，或用平面图和系统图表示。一般用单线绘制即可。

如图 3.2.14～图 3.2.16 所示，以某空调系统中冷、热媒管道施工图为例，说明其识读方法。

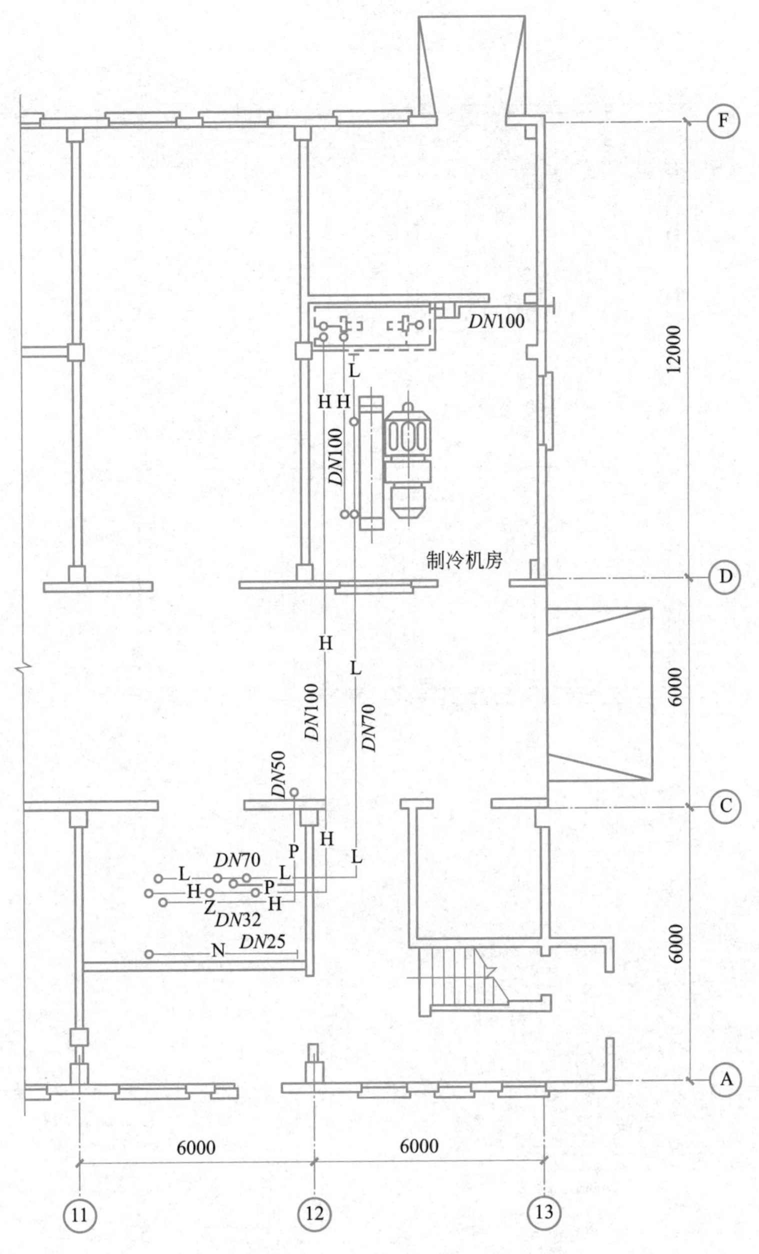

图 3.2.14　冷、热媒管道底层平面图

图 3.2.14 和图 3.2.15 所示为冷、热媒管道系统的底层平面图和二层平面图。由图 3.2.14 可以看出从制冷机房接出的两条长管道即冷水供水管（L）与冷水回水管（H），水平转弯后，就垂直向上走。在这个房间内还有蒸汽管（Z）、凝结水管（N）和排水管（P），它们都吊装在该房间靠近顶棚相同的位置上，与设置在二层的空调箱相连。对照图 3.2.15 二层平面中调-1 空调机房的布置情况，它们和一层中的管道是相对应的，并可以看出各类管道的布置情况。在制冷机房平面图中还有冷水箱、水泵及相连的各种管道。

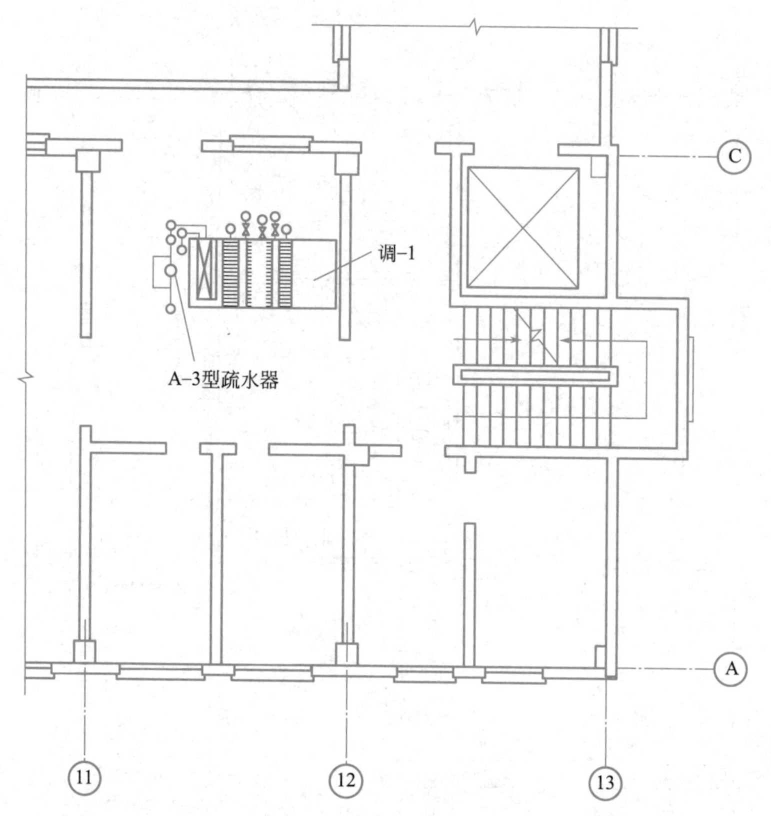

图 3.2.15　冷、热媒管道二层平面图

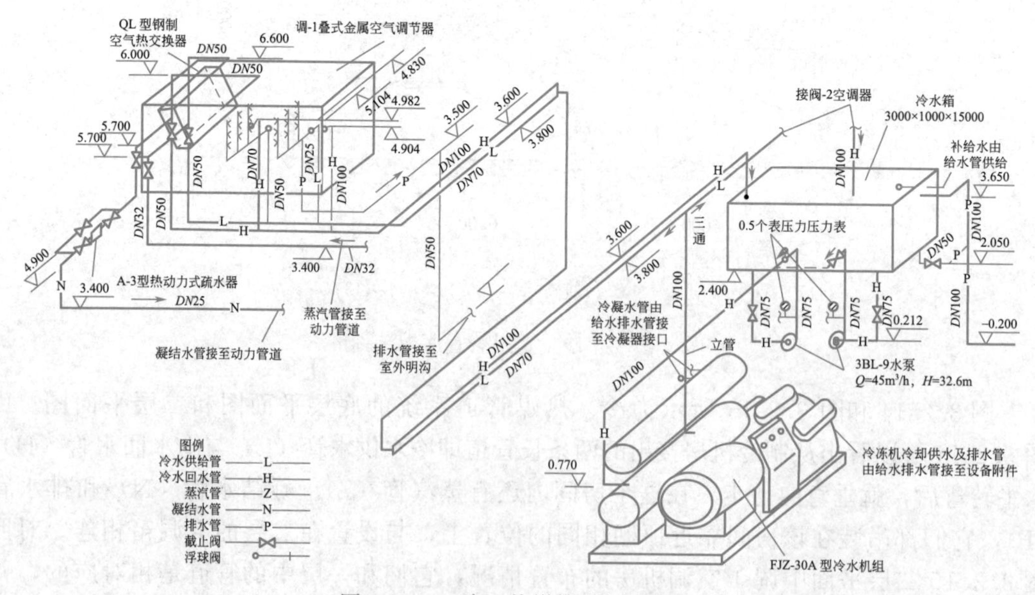

图 3.2.16　冷、热媒管道的系统图

各管道在空间方向的情况，可由图 3.2.16 所示冷、热媒管道的系统图来表示。从图 3.2.16 中可以看到制冷机房和空调机房的设备与管路的布置，冷、热媒系统的工作运行情况。由调-1 空调箱分出三根支管，一、二分支管把冷冻水分别送到二排喷水管的喷嘴喷出。为标明喷水管，假想空调箱箱体是透明的，可以看到其内部的管道情况。第三分支管通往热交换器，使热交换器表面温度降低，导致经换热器的空气得到冷却降温。如需要加热，则关闭冷水供水管（L）上的阀门，打开蒸汽管（Z）上的阀门将蒸汽供给热交换器；从热交换器出来的冷水经冷水回水管（H），并与空调箱下部接出的两根回水管汇合（这两根回水管与空调箱的吸水管和溢水管相接），用管径为 *DN* 100 的管道接到冷水箱。冷水箱中的水要进行再降温时，由水箱下面的冷水回水管（H）接至水泵，送到制冷机组进行降温。

3-16 建筑暖通空调施工图识读-测试卷

当空调系统不使用时，冷水箱和空调箱水池中存留的水都经排水管（P）排净。

任务训练

1. 建筑采暖施工图是由哪些部分组成的?
2. 标高的单位是什么？一般注写到小数点后几位?
3. 建筑通风空调施工图是由哪些部分组成的?
4. 建筑通风空调系统平面图的具体内容包括什么?
5. 识读某办公楼通风平面图（图 3.2.17）。

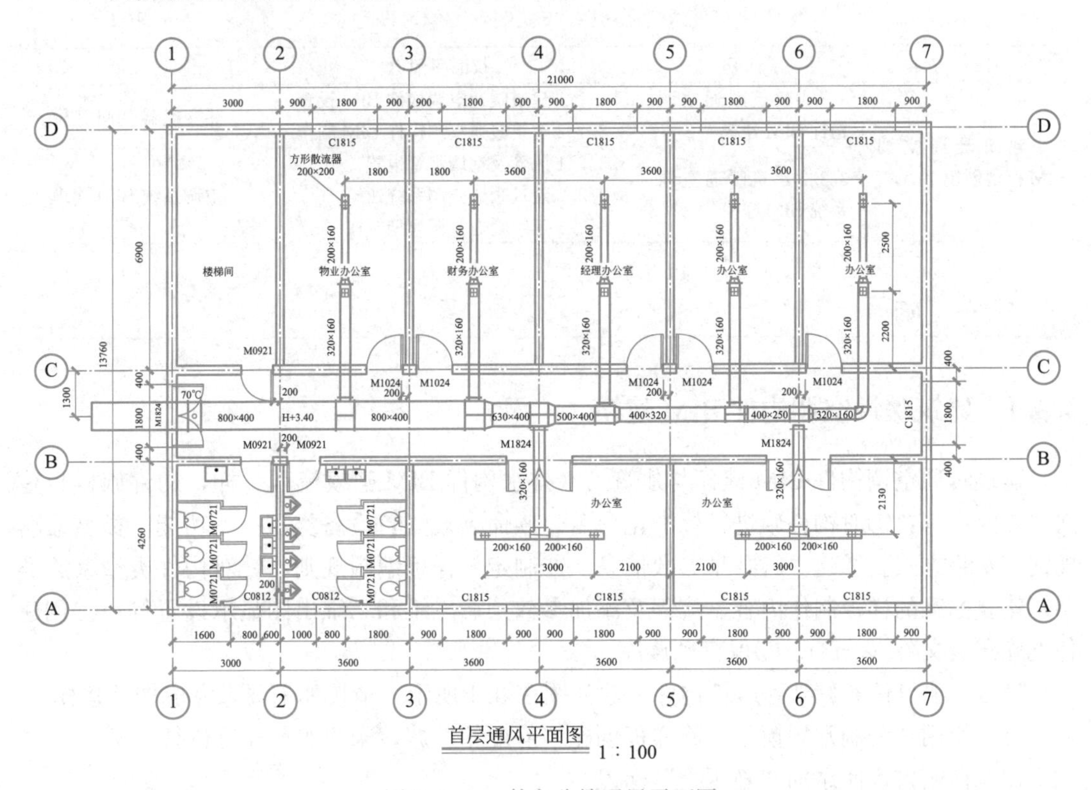

图 3.2.17　某办公楼通风平面图

（1）该通风系统主管管径为______________________________。主管上有________根支管，管径为______________________________。

（2）此系统采用的送风口为______________，其尺寸为________________。

（3）[符号] 表示的是________________________。

任务 3.3　建筑暖通空调 BIM 模型创建

任务引入

通过本节学习，熟悉建筑暖通空调系统 BIM 建模软件界面，具备熟练操作软件的能力；熟悉风管、空调水管、附件、设备等构件创建的步骤与方法，具有按要求创建和编辑建筑设备构件模型的能力；熟悉建筑暖通空调系统布置的一般流程，具备运用 BIM 相关标准进行建筑暖通空调系统 BIM 建模的能力。

建筑暖通空调系统 BIM 建模一般按采暖系统、通风系统、空调系统等分系统进行，建模流程一般为：创建准备→参数化构件制作→管道绘制→附件放置→设备放置连接→模型标注。

本节任务的学习内容详见表 3.3.0。

"建筑暖通空调 BIM 模型创建"学习任务表　　表 3.3.0

任务	子任务	技能与知识	拓展
3.3 建筑暖通空调 BIM 模型创建	3.3.1 建筑暖通空调构件 BIM 建模	3.3.1.1 建筑暖通空调构件 BIM 设置 3.3.1.2 建筑暖通空调构件 BIM 制作	热交换器 BIM 建模
	3.3.2 建筑暖通空调系统 BIM 建模	3.3.2.1 风管及空调水管设置 3.3.2.2 建筑暖通空调系统建模 3.3.2.3 建筑暖通空调模型标注	空调系统 BIM 建模

任务实施

3.3.1　建筑暖通空调构件 BIM 建模

建筑暖通空调构件 BIM 建模与建筑给水排水构件 BIM 建模流程一样，构件族样板建立主要内容有：①对构件族进行标准化命名。族命名规则：设备类型——功能；类型命名规则：安装方式。②建立族共享参数信息。③制定族样板编制规则，针对构件类型（族类型）建立标准的样板制作内容、流程及添加参数项、三维和二维出图显示设置等。④创建各类族样板文件（.rfa）。⑤保存到族库。

【3-3-1 项目任务】某静压箱构件尺寸如图 3.3.1 所示，请按如下要求完成构件建模。

（1）使用"公制常规模型"族样板创建"静压箱"族，未注明尺寸可自行定义。

（2）在箱体表面添加"静压箱"标识。

（3）为模型添加材质参数，且将箱体材质设置为"钢"。

(4) 将箱体的长度、宽度、高度设置为可变参数。

(5) 在风管连接处添加风管连接件，连接件的尺寸需与风口的尺寸一致。

(6) 选择该族的族类别为“机械设备”。

【任务来源：2021 年第五期“1+X”建筑信息模型（BIM）职业技能等级考试——中级（建筑设备方向）——实操试题——设备族创建】

3-17 建筑暖通空调构件 BIM 建模——静压箱

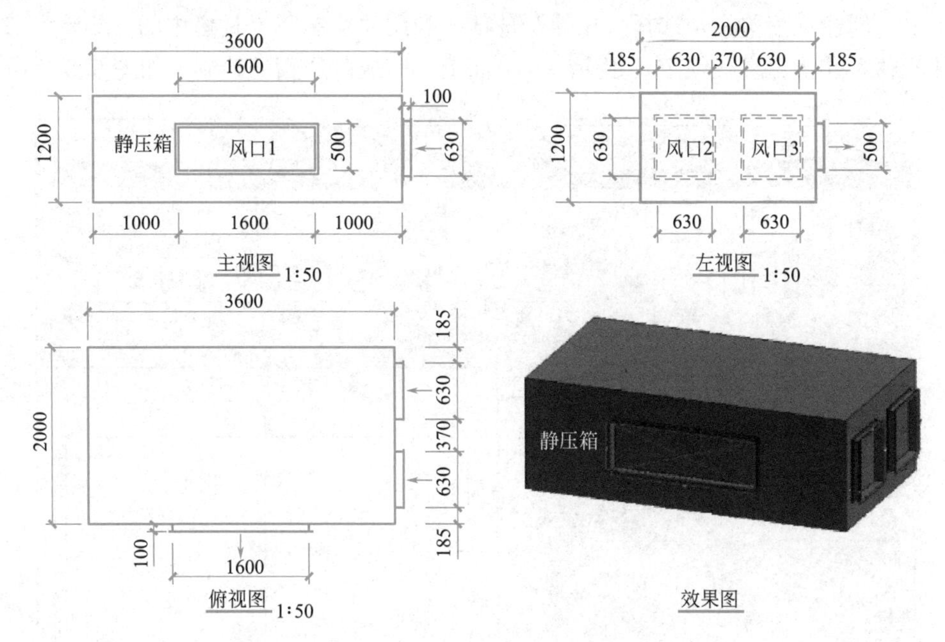

图 3.3.1 静压箱构件三视图

3.3.1.1 建筑暖通空调构件 BIM 设置

1. 插入点设置

需保证构件在布置时可以快速捕捉到建筑构件边界面，保持表面贴合，并准确设定安装高度。

2. 可见性设置

可见性设置与相应系统的可见性保持一致，即视图详细程度为粗略和中等时显示图例，精细程度下显示实体。

3. 连接件设置

连接件一般放置在构件平面，属性参数需要按照工程实际进行设置并关联对应的族参数。

4. 参数属性设置

参数属性设置包括宽度、高度、深度、安装高度等几何参数设置，编号、材质等非几何参数设置。

3.3.1.2 建筑暖通空调构件 BIM 制作

1. 绘制静压箱

(1) 选择构件样板文件

打开软件，点击“族”→“新建”，选择“公制常规模型”，单击“打开”，完成样板文件选择。

（2）生成参照标高视图

单击“项目浏览器→视图→楼层平面”，生成“参照标高”视图。

（3）创建参照平面。

单击菜单栏“创建”，选择“参照平面”选项，按提示及构件尺寸，创建参照平面。

（4）绘制静压箱轮廓

单击“创建”菜单栏，选择“拉伸”选项，利用“绘制”工具栏中的“矩形”按钮绘制拉伸轮廓，并将轮廓线锁定到相应参照平面上，完成静压箱的绘制，如图 3.3.2 所示。

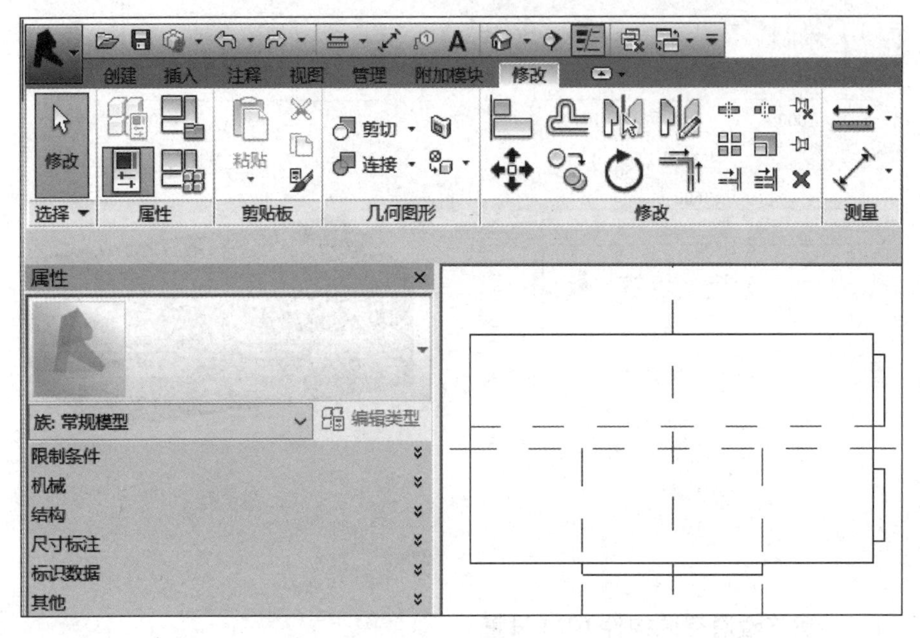

图 3.3.2　绘制静压箱

2. 添加“静压箱”标识

单击菜单栏“创建”，选择“模型文字”选项，弹出“编辑文字”对话框，输入“静压箱”，单击“确定”。拾取“前立面”，将标识放置于前立面上，如图 3.3.3 所示。

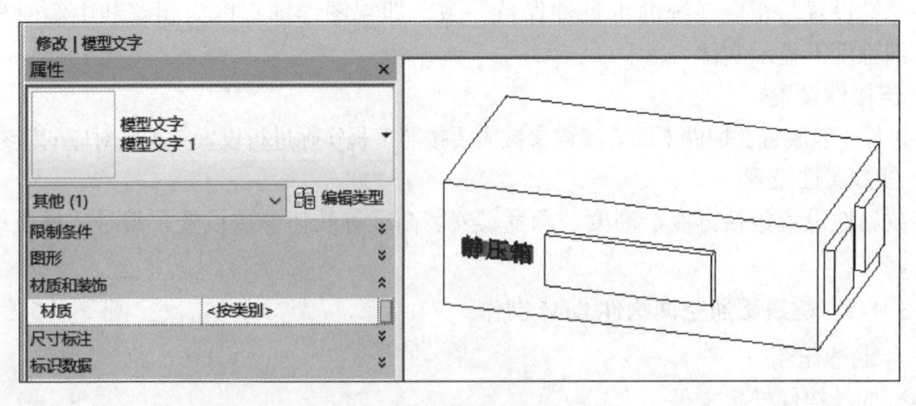

图 3.3.3　添加“静压箱”标识

3. 设置材质

选中“静压箱”，单击“属性”对话框中的“材质”选项卡，弹出“材质浏览器”对话框，设置项目材质“钢”，单击“打开/关闭资源源浏览器”按钮，完成“外观”选择，点击“确定”，如图 3.3.4 所示。

图 3.3.4　设置材质

4. 设置可变参数

进入“参照标高”楼层平面视图，选择“注释”→“对齐”命令，进行“宽度”尺寸标注。选中宽度尺寸标注，单击“标签”下拉列表中的“添加参数”选项卡。弹出“参数属性”对话框，“名称”为“宽度”，点击“确定”。以此类推，完成长度、高度参数设置，如图 3.3.5 所示。

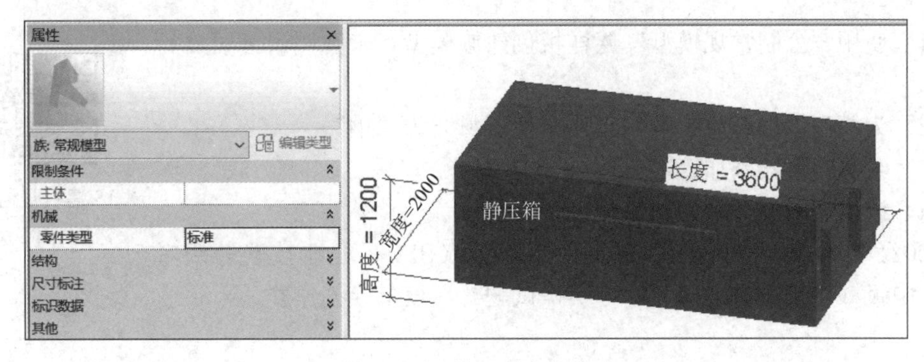

图 3.3.5　设置可变参数

5. 添加风管连接件

进入“创建”选项卡，选择“风管连接件”，在“修改 | 放置 风管连接件”栏中，选择“放置面”后确定。再双击“风管连接件”，单击“修改 | 连接件图元→属性→尺寸标注”后的选项框，输入“高度”“宽度”等参数，单击确定，完成管道连接件绘制。

6. 设置族类别

单击“修改”选项卡中的“族类别和族参数”按钮，弹出“族类别和族参数”对话框，对该族进行归类，将其归在“机械设备”类别，单击“确定”，完成族类别设置。

7. 保存模型文件。

将文件命名为“静压箱 . rfa”保存到相应位置。创建的“静压箱”族效果如图 3.3.6 所示。

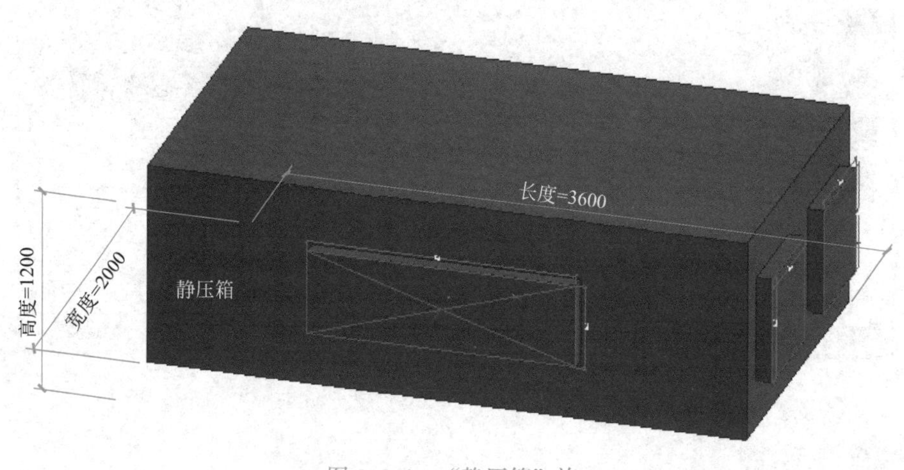

图 3.3.6 “静压箱”族

技能拓展

【3-3-2 项目任务】某热交换器，构件尺寸如图 3.3.7 所示，请按如下要求完成构件建模。

(1) 使用“公制常规模型”族样板创建族模型，未注明尺寸可自行定义。

(2) 为模型添加材质参数，且热交换器材质为“钢”。

(3) 给热交换器添加管道连接。

(4) 该模型的族类别为“机械设备”。

【2021 年第六期“1＋X”建筑信息模型（BIM）职业技能等级考试——中级（建筑设备方向）——实操试题——设备族创建】

3-18 建筑暖通空调构件 BIM 建模——热交换器

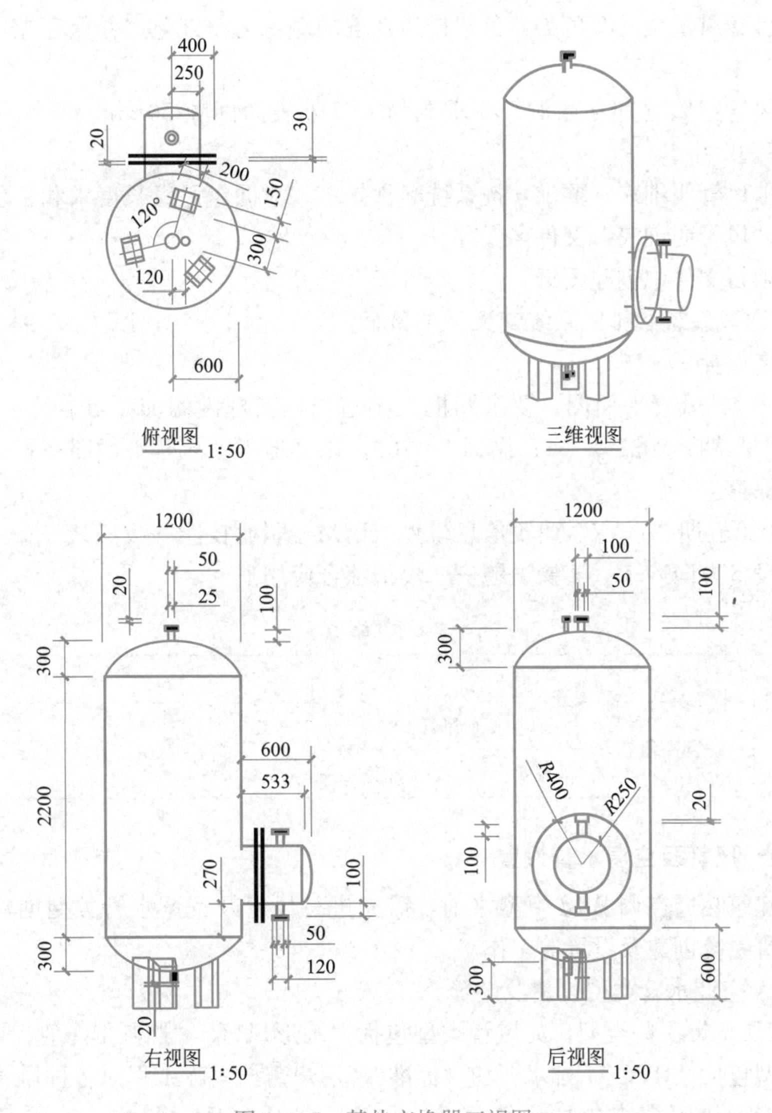

图 3.3.7　某热交换器三视图

3.3.2　建筑暖通空调系统 BIM 建模

建筑暖通空调系统 BIM 模型创建主要由风管及空调水管设置、系统建模、模型标注三块内容组成。

【3-3-3 项目任务】某建筑物的地下室一楼，楼板和地面均为现浇，楼板厚 150mm，其通风系统施工图如图 3.3.8 所示，根据提供的信息，按如下要求完成建筑暖通空调 BIM 模型创建。

（1）根据图纸和风管系统效果图，在建筑模型上绘制送风系统和排风系统。作为项目文件保存，文件命名为“机电风管模型”。

（2）在建筑模型－1F 层平面图中轴网没有显示，请将它们显示出来，并保存在项目文件“机电风管模型”中。

(3) 设置送风系统的颜色为蓝色，排风系统的颜色为粉红色，并保存在项目文件“机电风管模型”中。

(4) 在风管穿墙处加穿墙洞，要求洞与风管外表面间隙 50mm，并保存在项目文件“机电风管模型”中。

(5) 输出风管明细表，要求：按系统名称排序、对同组风管长度求和、求总长，其表头如表，以“风管明细表”文件名保存。

(6) 在项目文件中创建图纸。

① 创建送风系统和排风系统交叉处的剖面图，比例 1∶20，以“2-2 剖面图”文件名保存。

② 创建−1F 风管平面图，要求图框大小适当，图框内添加项目名称：综合楼；出图日期：2021-07-01；比例 1∶100。以“地下室风管平面图布置图”文件名保存。

3-19 建筑通风系统 BIM 建模

【2021 年第五期“1＋X”建筑信息模型（BIM）职业技能等级考试——中级（建筑设备方向）——实操试题——模型综合应用】

风管明细表

A	B	C	D	E	F	G
系统名称	底部高程	矩形风管		尺寸	直径	长度
		宽度	高度			

3.3.2.1 风管及空调水管设置

在创建建筑暖通空调 BIM 模型之前，需先进行风管及空调水管类型创建及设置、风管及空调水管系统创建及设置等工作。

1. 风管及空调水管类型创建及设置

Revit 默认自带一些类型，如风管类型包括“圆形风管”“椭圆形风管”“矩形风管”，空调水管类型包括“PVC-U-排水”和“标准”，用户需据实际工程对各种风管及空调水管类型进行设置，设置内容包括风管尺寸、角度、管道材质和规格、管道尺寸、相应管件等。

(1) 风管类型设置

1) 进入“系统”选项卡，选择“风管”选项，通过绘图区域左侧的“属性”选项板选择和编辑风管的类型，风管类型与风管连接方式有关，如图 3.3.9 所示。

2) 单击“编辑类型”按钮，打开“类型属性”对话框，可以对风管类型进行设置，如图 3.3.10 所示。

单击“复制”按钮，可以根据已有风管类型添加新的风管类型。

单击“编辑”按钮，进入“布管系统配置”对话框，配置各类型风管管件族，可以指定绘制风管时自动添加到风管管路中的管件，以及编辑风管的常用尺寸。不能在列表中选项的管件类型，需要手动添加到风管系统中。

单击“风管尺寸”按钮，可以直接打开“机械设置”对话框，编辑风管尺寸。

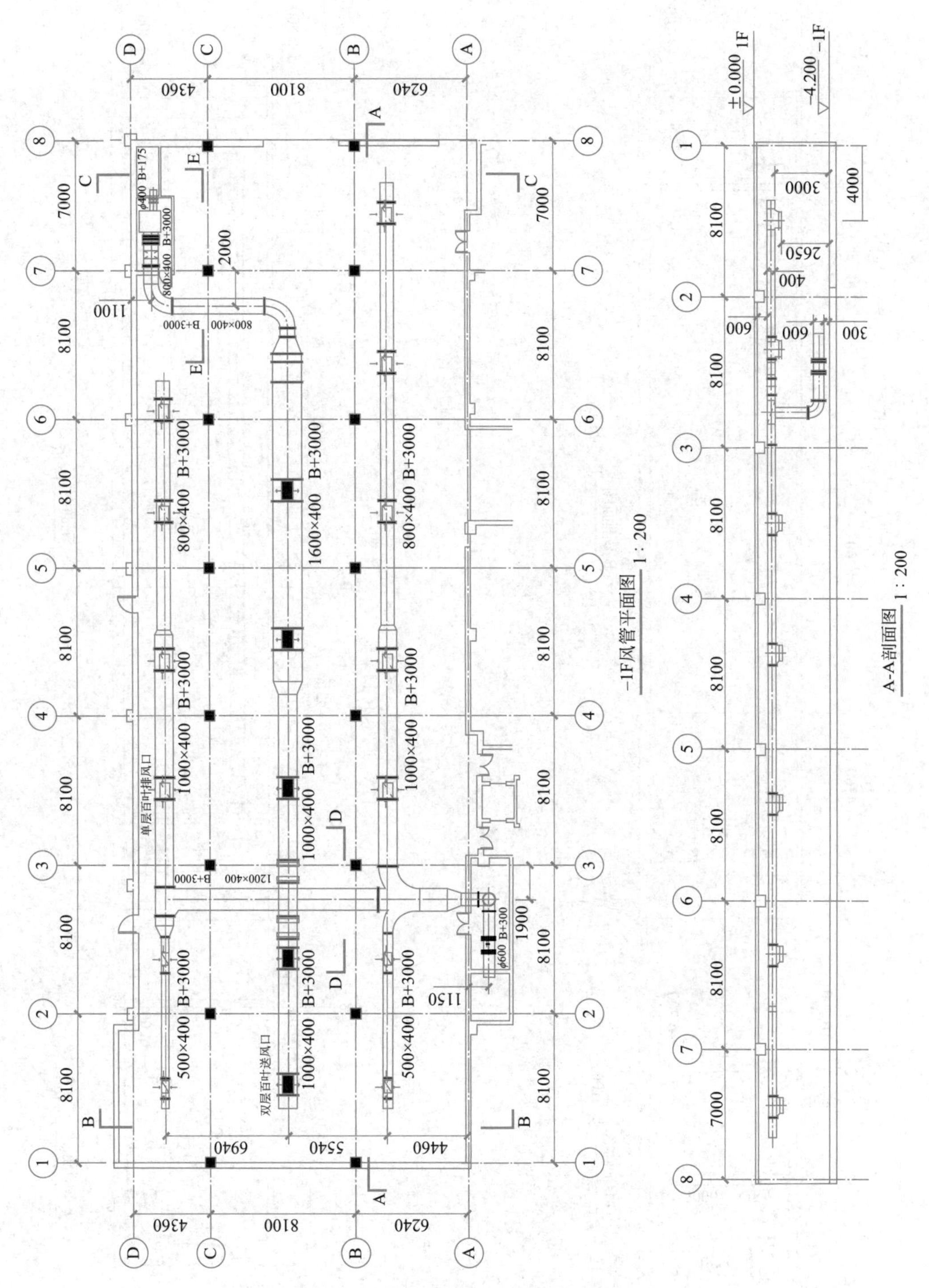

图 3.3.8 某建筑物通风系统施工图（一）

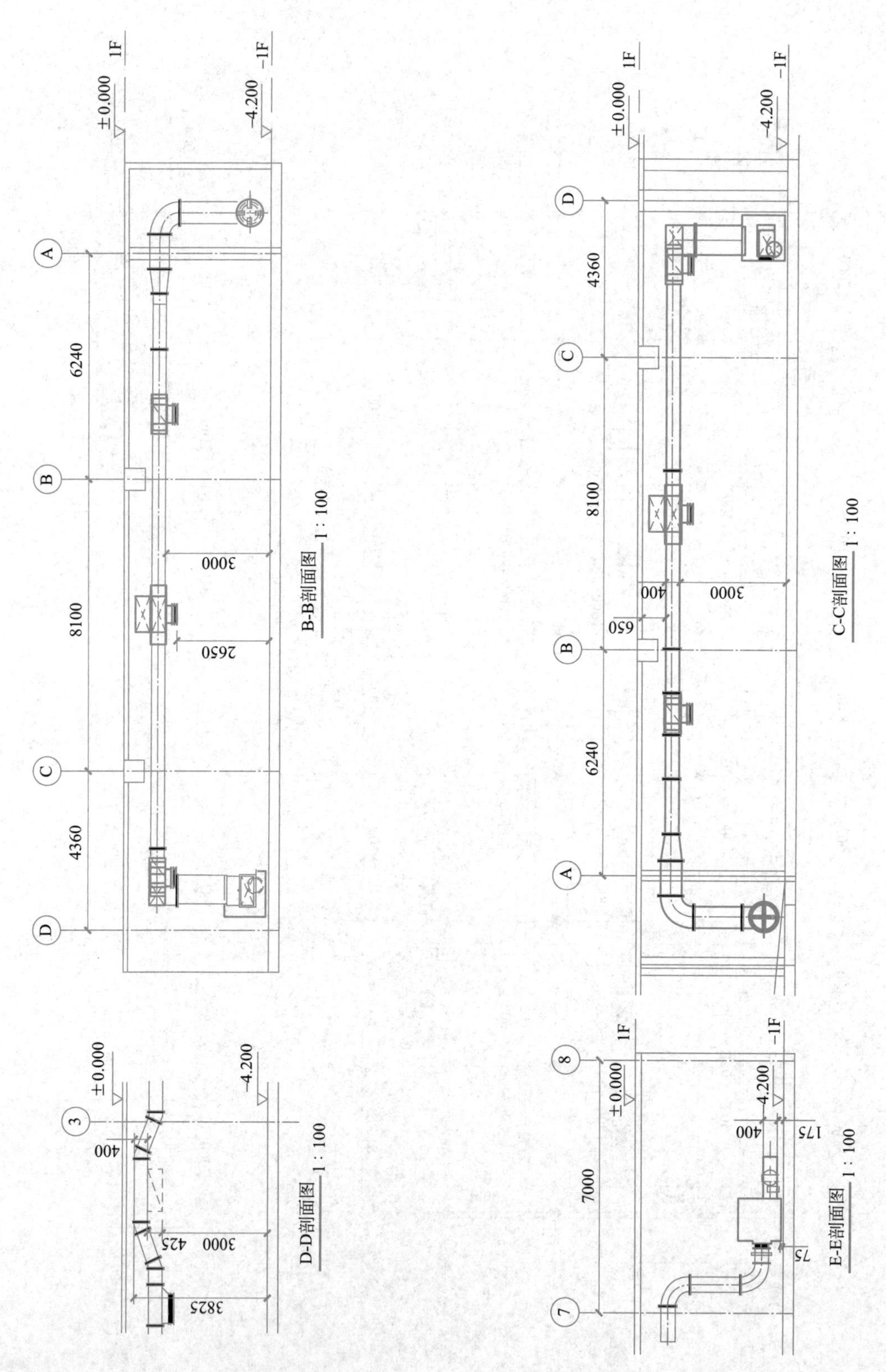

图 3.3.8　某建筑物通风系统施工图（二）

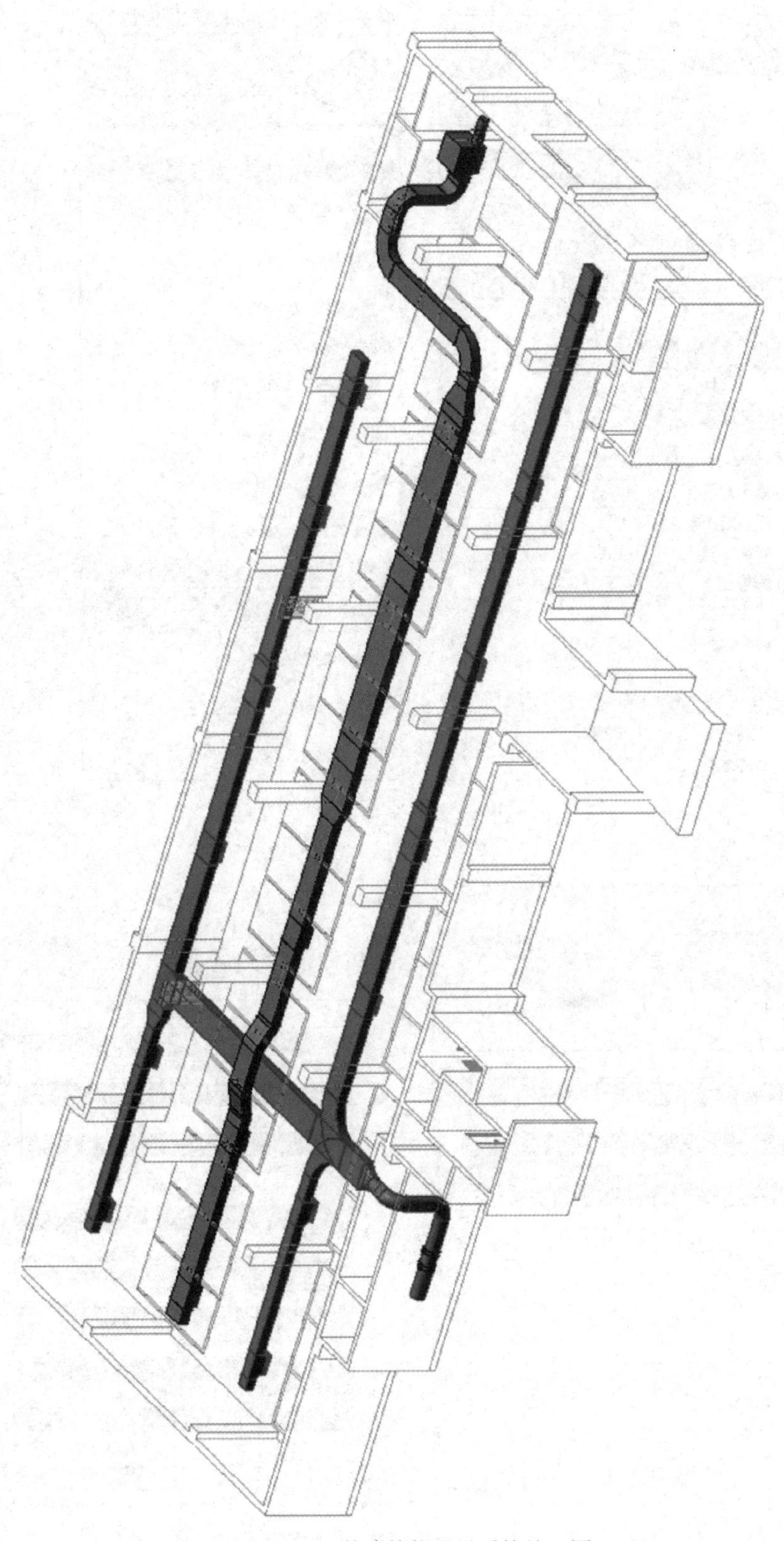

图 3.3.8　某建筑物通风系统施工图（三）

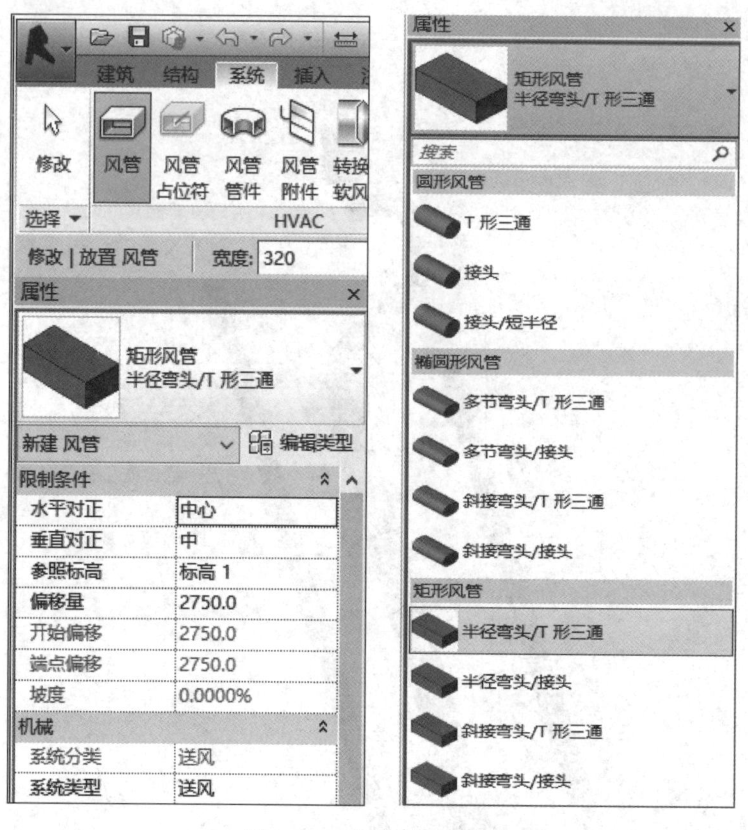

图 3.3.9 风管类型设置

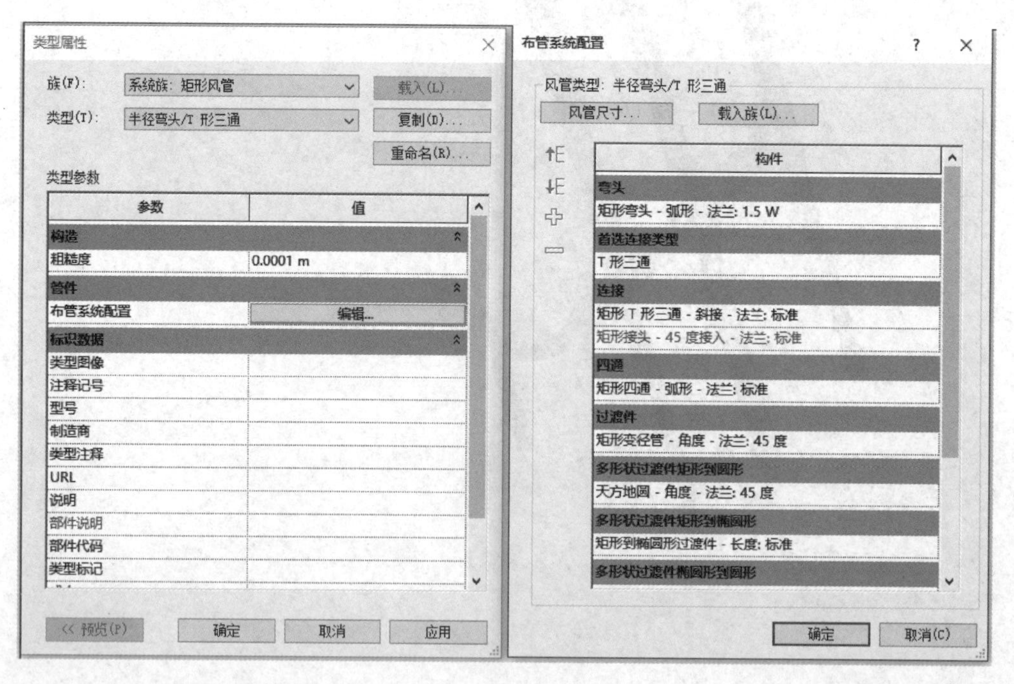

图 3.3.10 风管类型属性设置

“机械设置”中的“转换”选项可以定义送风，回风和排风这三种基本风系统分类，及绘制风管时默认使用的风管类型，如图 3.3.11 所示。例如：在“送风”系统分类下，默认选择“矩形风管：半径弯头/T 形三通绘制干管和支管偏移”为 2750，支管末端不使用软管。用户可根据项目要求自定义不同风系统分类下所绘制风管时的默认值。

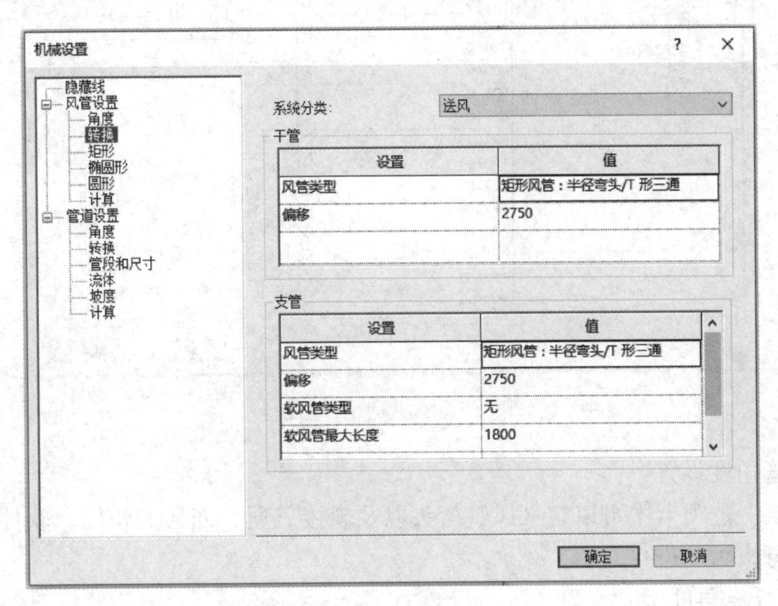

图 3.3.11　风管转换设置

(2) 风管尺寸设置

在 Revit 中，通过“机械设置”对话框查看、添加、删除项目文件中的风管尺寸信息。

1）打开“机械设置”对话框

进入“管理”选项卡，选择“MEP 设置”→“机械设置”选项；或进入“系统”选项卡，选择“机械”选项。

2）添加、删除风管尺寸

打开“机械设置”对话框后，单击“矩形”“椭圆形”“圆形”选项可以分别定义对应的风管尺寸，如图 3.3.12 所示。单击“新建尺寸”或者“删除尺寸”按钮可以添加或删除风管的尺寸。软件不允许重复添加列表中已有的风管尺寸。如果在绘图区域已绘制了某尺寸的风管，该尺寸在“机械设置”尺寸列表中将不能删除。如需删除该尺寸，可以先删除项目中的风管，再删除“机械设置”尺寸列表中的尺寸。

3）尺寸应用

通过勾选“用于尺寸列表”和“用于调整大小”复选都可以定义风管尺寸在项目中的应用。如果勾选某一风管尺寸的“用于尺寸列表”复选框，该尺寸就会出现在风性“修改｜放置风管”选项栏中。在绘制风管时可以直接选择选项栏中“宽度”“高度”“直径”下拉列表中的尺寸。如果勾选某一风管尺寸的“用于调整大小”复选推，该尺寸可以应用于“修改｜风管”选项卡中的“调整风管/管道大小”功能。

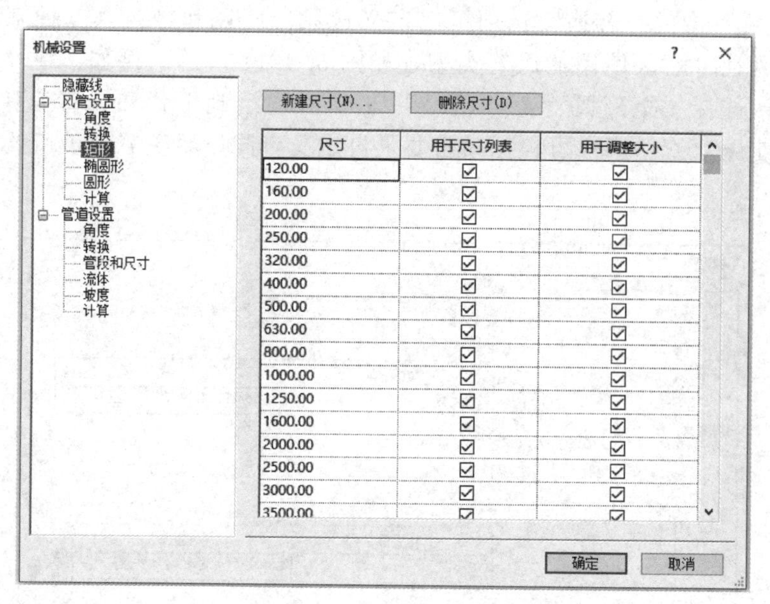

图 3.3.12　风管尺寸设置

（3）风管角度设置

在“角度”选项卡中可以定义风管弯头以及斜接三通、四通的角度。软件提供三种定义方式，以弯头为例进行介绍。

1）使用任意角度

选择使用任意角度模式，可以绘制任意角度的风管。

2）设置角度增量

该模式用于设置固定的角度增量。如果设定角度增量为 5°时，所绘制的风管倾斜角度将始终保持 5°的倍数。

3）使用特定的角度

选择该模式后，可以将绘制风管的角度限制为表格中特定的角度。如果需要绘制角度为 60°的弯管，只需绘制相近的角度，如 55°，无需精准定位，绘制完成后风管即为表格中规定的角度。

（4）空调水管类型创建及设置

空调水管类型创建及设置操作方法与建筑给水排水系统管道相同，这里不再描述。

2. 风管及空调水管系统创建及设置

在创建建筑暖通空调 BIM 模型之前，需要对风管系统进行创建和设置。Revit 默认提供一些系统类型，如风管系统包括“回风”“排风”和“送风”，空调水系统包括“循环供水”“循环回水”等，用户需要根据实际工程新增系统类型或者更改已有系统类型并对其进行设置，设置内容包括系统名称、系统线图形、材质和装饰等。

（1）风管系统创建与设置

在“项目浏览器”下拉列表窗口中选择“族”并单击“+”符号展开下拉列表，选择“风管系统”选项，可以查看项目中的风管系统。可以基于自带的三种系统分类（回风、排风和送风）来添加新的风管系统，所有风管系统创建后都隶属于自带的三种风管系统中的一种。可以添加属于“送风”分类下的风管系统类型，如办公室送风、办公室新风等，“防排烟”系统可使用“排风”系统分类。

使用鼠标右键单击任一风管系统，可以对当前风管系统进行编辑。

1）复制：可以添加与当前系统分类相同的系统。

2）删除：删除当前系统，如果当前系统是该系统分类下的唯一一个系统，则该系统不能删量件会自动弹出一个错误报告；如果当前系统类型已经被项目中某个风管系统使用，该也不能删除。

3）重命名：可以重新定义当前系统名称。

4）选择全部实例：可以选择项目中所有属于该系统的实例。

5）类型属性

选择类型属性选项，打开风管系统“类型属性”对话框，可以对该风管系统进行设置，如图 3.3.13 所示。

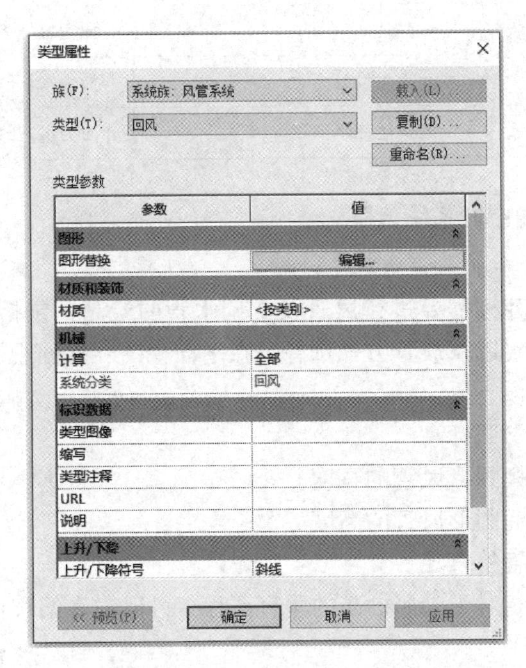

图 3.3.13　风管类型属性设置

图形替换：用于控制风管系统的显示。单击“编辑”按钮后，在弹出的“线图形”框中，定义风管系统线的“宽度”“颜色”和“填充图案”。

材质：可以选该系统所采用风管材料。单击右侧按钮后，弹出“材质浏览器”对话框，可定义风管材质并应用于渲染。

“机械”分组：计算——控制是否对该系统进行计算，“全部”表示计算流量和压降，“仅流量”表示计算流量，“无”表示流量和压降都不计算。系统分类——该选项始终灰显，用来获知该系统类型的名称。

标识数据：可以为系统添加自定义标识，方便过滤或选择该风管系统。

上升/下降符号：不同的系统类型可定义不同的升降符号。单击“升降符号”相应“值”后边的按钮，打开“选择符号”对话框，选择所需的符号。

注意：在剖面或立面视图中对风管进行标注，有时可能无法捕捉到风管边界。需要在“可见性/图形替换”对话框中取消勾选风管的“升”和“降”子类别，才能捕捉到风管边界。

（2）空调水管系统创建及设置

空调水系统通常包含冷冻水系统和冷却水系统两部分。不同空调水系统在 Revit 中的管道系统分类不同，见表 3.3.1。

空调水管系统创建及设置操作方法与建筑给水排水系统相同，这里不再描述。

水系统与管道系统分类对照 表 3.3.1

暖通空调专业常用水系统	Revit 管道系统分类	特点
冷却水/冷冻水/采暖的供水	循环供水	介质为水、蒸汽、制冷剂等闭式系统
冷却水/冷冻水/采暖的回水	循环回水	介质为水、蒸汽、制冷剂等闭式系统
制冷剂供/回、蒸汽供/回、燃气供/回	其他	介质为燃气等的流体
冷水排水、泄水	卫生设备	介质为水，开式系统
补水	家用冷水	介质为水，开式系统

3.3.2.2 建筑暖通空调系统建模

1. 风管及空调水管绘制

建筑暖通空调系统建模需要进行风管及空调水管的绘制，包括管道类型、系统类型、尺寸、偏移量等参数设置以及放置方式选择。在平面视图、立面视图、剖面视图和三维视图中均可绘制风管。

标高：指定风管的参照标高。

宽度：指定矩形或椭圆形风管的宽度。

高度：指定矩形或椭圆形风管的高度。

直径：指定圆形风管的直径。

偏移量：指定风管相对于参照标高的垂直高程。可以输入偏移值或从建议偏移值列表中选择值。

锁定/解锁：锁定/解锁管段的高程。锁定后，管段会始终保持原高程，不能连接处于不同高程的管段。

（1）风管绘制

进入“系统”选项卡，选择“风管”选项，进入风管绘制模式。

进入风管绘制模式后，“属性”选项板与“修改｜放置风管”选项栏被同时被激活，如图 3.3.14 所示。

以矩形风管绘制为例，按照以下步骤手动绘制风管。

1）选择风管类型

在风管“属性”选项板中选择所需要绘制的风管类型。

2）选择系统类型

在风管“属性”选项板的“系统类型”中选择所需的系统类型。

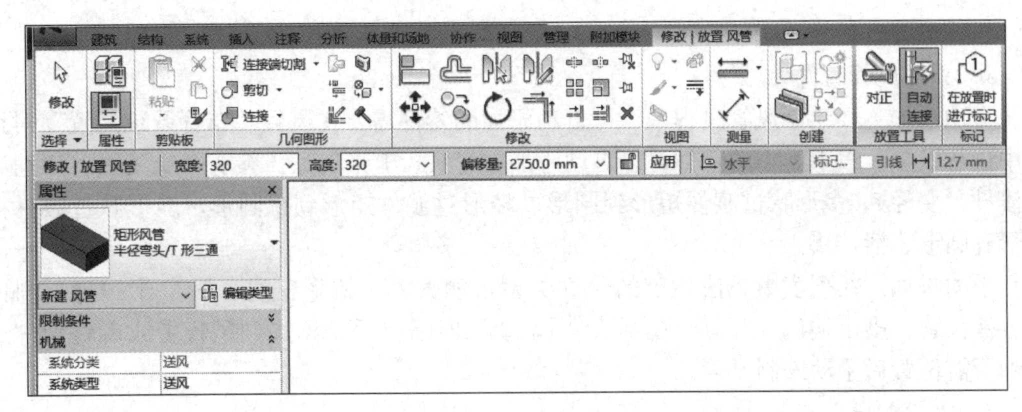

图 3.3.14　风管绘制模式

3）选择风管尺寸

在“修改 | 放置风管”选项栏“宽度”和“高度”的下拉列表中，选择在“机械设置”中设定的风管尺寸。如果在下拉列表中没有所需尺寸，可以直接在“宽度”和“高度”中输入需要绘制的尺寸。

4）指定风管偏移量

默认“偏移量”是指风管中心线相对于“属性”选项板中所选参照标高的距离。在“偏移量”选项中单击下拉按钮，可以选择项目中已经用到的风管偏移量，也可以直接输入自定义的偏移量数值，默认单位为 mm。

5）指定风管起点和终点

将鼠标指针移至绘图区域，单击鼠标指针指定风管起点。移动至终点位置，再次单击完成一段风管的绘制。

注意：绘制垂直风管时，可在立面视图或剖面视图中直接绘制，也可以在平面视图绘制；在选项栏上改变将要绘制的下一段水平风管的“偏移量”，就能自动连接出一段垂直风管。

6）风管放置方式

在绘制风管时，可以使用“修改 | 放置风管”选项卡内“放置工具”面板上的命令指定风管的放置方式。

对正：“对正”命令用于指定风管的对齐方式。此功能在立面和剖面视图中不可用。

自动连接：“放置工具”面板的“自动连接”命令用于自动捕捉相交风管，并添加管件完成连接。在默认情况下，该功能处于激活的状态。

继承高程和继承大小：默认情况下，这项未处于激活状态。如果选中“继承高程”选项，新绘制的风管将继承与其连接的风管或设备连接件的高程。如果选中“继承大小”选项，新绘制的风管将继承与其连接的风管或设备连接件的尺寸。

（2）空调水管绘制

空调水管的绘制方法与建筑给水排水系统管道相同，这里不再描述。

2. 风管及空调水管管件、附件和设备的放置

建筑暖通空调系统除风管、空调水管外，还包括风管和空调水管的管件、附件以及各种设备，例如三通、弯头、各种阀门、锅炉、排烟风机、风机盘管、膨胀水箱等。因此，风管和空调水管绘制完成后，需要放置管件、附件、设备，并与风管和空调水管进行连接。

（1）风管管件放置

1）添加风管管件

自动添加：在绘制风管过程中，可自动添加的管件需要在风管“布管系统配置”对话框中进行设置。以下类型的管件可以自动添加：弯头、T形三通、接头、交叉线（四通）、过渡件（变径）、多形状过渡件矩形到圆形、多形过渡件矩形到桃圆形，多形状过渡件椭圆形到圆形、活接头。

手动添加：在列表中无法指定的管件类型，如偏移、Y形三通、斜T形三通、斜四通、裤衩管、多个端口（对应非规则管件），使用时需要手动添加到风管中或者将管件放置到所需位置后手动绘制风管。

2）放置管帽

风管管帽的放置方法与建筑给水排水系统管道相同。

3）编辑风管管件

在绘图区域中单击某一管件后，管件周围会显示一组管件控制柄，可用于修改管件尺寸，调整管件方向、进行管件升级或者降级。

（2）风管附件放置

在平面视图、立面视图、剖面视图和三维视图中均可放置风管附件。进入“系统”选项卡，选择“风管附件”选项，在“属性”选项板中选择需要放置的风管附件，放置到风管中。也可以在“项目浏览器”下拉列表窗口中，展开“族”—“风管附件”选项，直接以拖拽的方式将风管附件拖到绘图区域所需位置进行放置。

（3）设备的放置

下面以风口放置为例进行讲解。

安装在天花板上的风口，可以直接选用“基于面的公制常规模型.rft”模板创建Revit自带族库中，这类风口的名字常带有后缀“基于面附着”或者“天花板安装”等。这类风口添加到项目中时，可以直接捕捉所要附着的面，如天花板、墙面等。

使用“公制常规模型.rft”模板创建的风口，无法自动捕捉所要附着的面，需手动确定放置位置。

旋转设备有两种方法：①选择已放置的设备，单击功能区中“⟳”符号，指定旋转方向后输入“角度”的数值。默认的旋转中心是图元的插入点，如果需要自定义旋转中心，拖曳或单击原旋转中心，以指定新的旋转中心。②在放置设备时，直接按“空格”键进行90°方向旋转；对已经放置的设备，单击设备，按“空格”键也可以进行90°方向旋转。

（4）设备连管

设备的风管连接件可以连接风管，设备连管的几种方法如下：

1）选中设备，单击设备的风管连接件进口或出口符号创建风管。或者选中设备，使用鼠标右键单击设备的风管连接件，选择“绘制风管”选项。

2）直接拖动已绘制的风管到相应设备的风管连接件，风管将自动捕捉设备上的风管连接件，完成连接。

3）使用“连接到”命令。单击需要连管的设备，进入“修改｜机械设备”选项卡，选择“连接到”选项，如果设备包含一个以上的连接件，将打开“选择连接件”对话框，选择需要连接风管的连接件，完成后单击“确定”按钮。然后单击该连接件所要连接到的风管，完成设备与风管的自动连接。

注意：不能使用“连接到”命令将设备连接到软风管上。

(5) 风管的隔热层和内衬

1) 添加风管隔热层和内衬

选中所要添加隔热层或内衬的管段，激活“修改｜风管”选项卡中“添加隔热层”“添加内衬”命令，如图 3.3.15 所示。

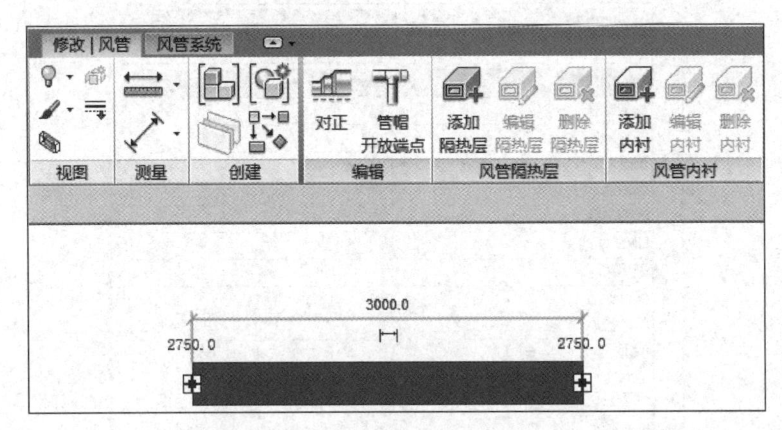

图 3.3.15　添加风管隔热层及内衬

添加隔热层：单击“添加隔热层”按钮，打开“添加风管隔热层”对话框，选择需要添加的“隔热层类型”，输入需要添加的隔热层“厚度”，完成后单击“确定”按钮。

添加内衬：单击“添加内衬”按钮，打开“添加风管内衬”对话框，选择需要添加的“内衬类型”，输入需要添加的内衬“厚度”，完成后单击“确定”按钮。

选中带有隔热层或内衬的风管后，进入“修改｜风管”选项卡，可以“编辑隔热层”“删除隔热层”或“编辑内衬”“删除内衬”。

2) 设置隔热层和内衬

在“项目浏览器”下拉列表窗口中可以查看和编辑当前项目中风管隔热层和风管内衬类型。使用鼠标右键单击风管隔热层或风管内衬的任一类型，可以对当前类型进行编辑，如图 3.3.16 所示。

复制：可以添加一种隔热层或内衬类型。

删除：删除当前隔热层或内衬类型。如果当前隔热层或内衬类型是隔热层或内衬下的唯一类型，则该隔热层或内衬类型不能删除，软件会自动弹出一个错误报告。

重命名：可以重新定义当前隔热层或内衬类型名称。

选择全部实例：可以选择项目中属于该隔热层或内衬类型的所有实例。

类型属性：选择“类型属性”选项，打开风管隔热层或风管内衬“类型属性”对话框可以对该隔热层或内衬类型进行设置，如图 3.3.17 所示。

材质：设置当前风管隔热层或内衬的材质。

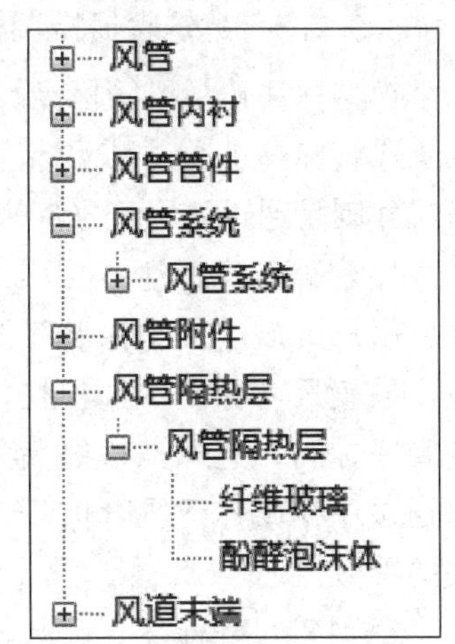

图 3.3.16　设置隔热层类型

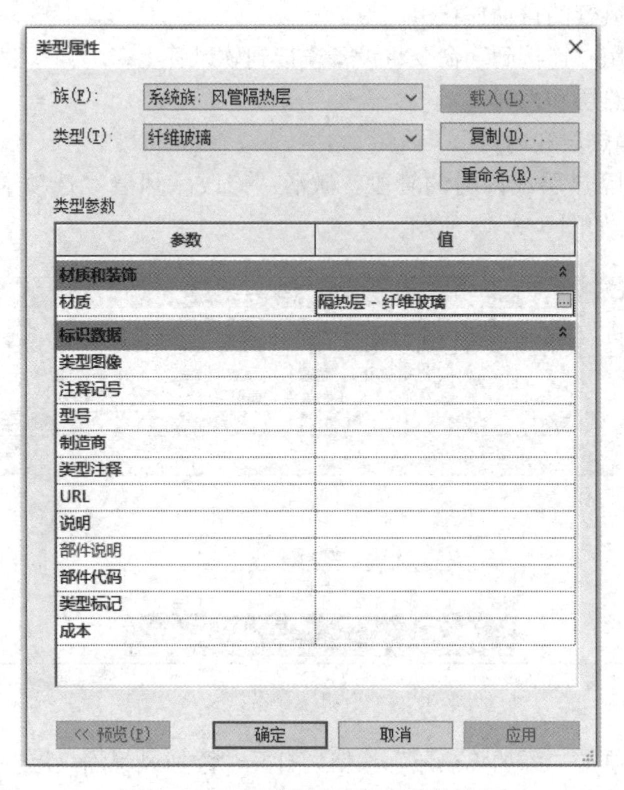

图 3.3.17 风管隔热层类型属性设置

标识数据：用于添加当前风管隔热层或内衬的标识，便于过滤和制作明组表在三维视图中。

三维视图，当风管添加隔热层或内衬后，可以通过设置“可见性/图形替换”中风管、风管隔热层和风管内衬的“透明度”选项，更直观地显示风管隔热层和内衬。

(6) 空调水管管件、附件、设备的放置

空调水管管件、附件、设备的置方法与建筑给水排水系统相同。

3.3.2.3 建筑暖通空调模型标注

模型标注包括风管标高标注、风管尺寸标注等。

风管标高是通过尺寸标注系统族来标注，在平面、立面、剖面和三维视图均可使用，管尺寸则是通过注释符号族来标注，在平面、立面、剖面和锁定的三维视图可用。

1. 风管标高标注

用户可以进入“注释”选项卡，选择“高程点”选项来标注风管标高，可在“修改 | 放置尺寸标注”选项栏中指定“显示高程”，如选择“底部高程”选项将标注风管的管底标高；选择“顶部高程”选项将标注风管的管顶标高，如图 3.3.18 所示。也可以通过注释族标记风管标高，族类型为“风管标记”的风管注释族，可以标记与风管相关的参数。

2. 风管尺寸标注

风管的尺寸标注方法与建筑给水排水系统管道的尺寸标注方法相同。

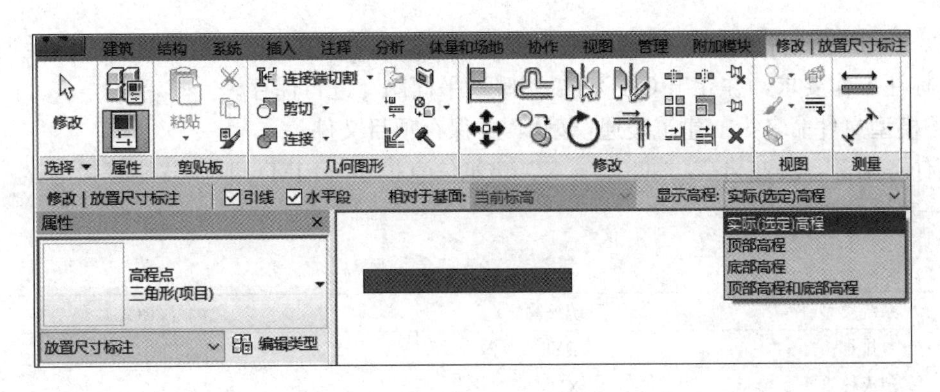

图 3.3.18　风管标高标注

技能拓展

【3-3-4 项目任务】某一层建筑物，层高 5.4m，其中门底高度为 0m，窗底标高为 1.2m，柱尺寸为 600mm×600mm，墙体尺寸厚度 200mm，底部楼板厚度 300mm，顶部楼板厚度 150mm，所有柱及墙体未注明为轴线居中布置，外墙与柱边对齐。

根据某建筑物一层暖通平面图（图 3.3.19）创建暖通风管模型，其中风管中心对齐，风管安装高度底高度为 4.00m，排烟风口为 1000mm×800mm 的排烟格栅，风管底部安装，排烟风阀需要建模。

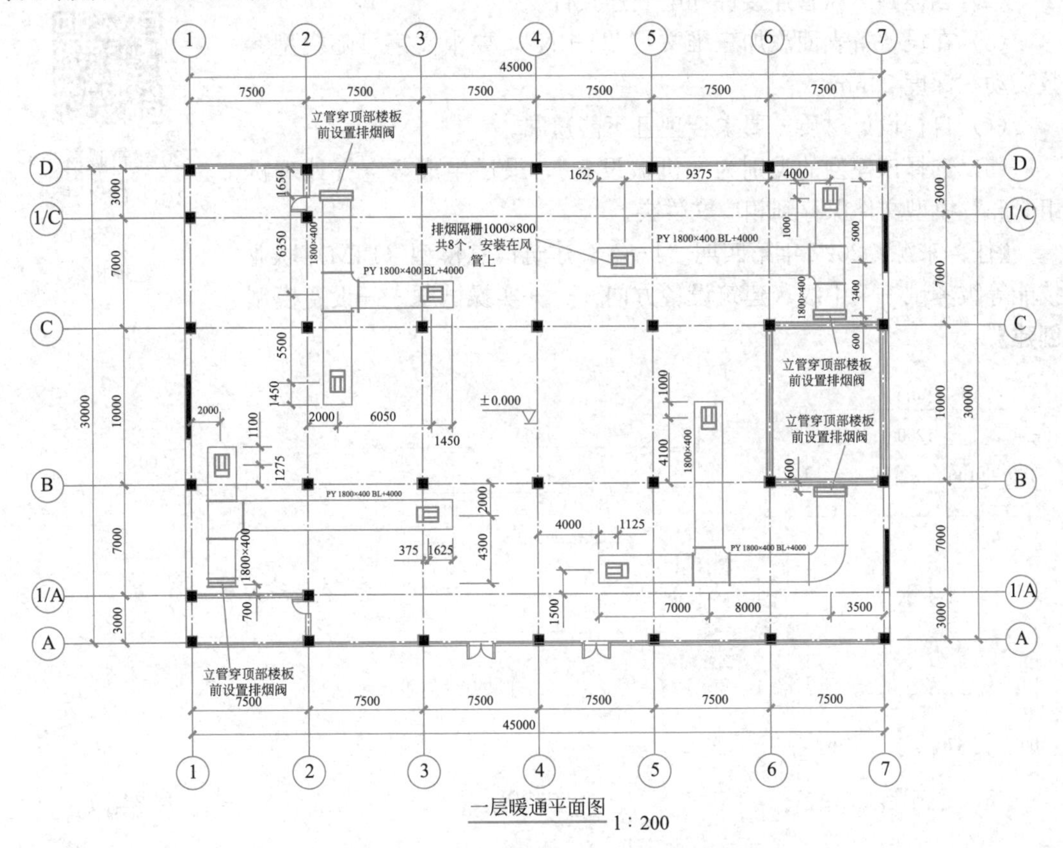

图 3.3.19　某建筑物一层暖通平面图

以“一层暖通平面图”创建图纸，要求 A3 图框，比例 1∶200，图名为“暖通平面图”，标注不作要求，并导出 CAD，以“暖通平面图”进行保存。

将模型文件命名为“建筑暖通模型”，并保存项目文件。

【任务来源：2022 年第二期“1+X”建筑信息模型（BIM）职业技能等级考试——初级——实操试题】

系统名称及颜色编号

系统类型	系统缩写	颜色编号(RGB)
排烟	PY	255,128,0
消火栓管	XH	255,0,0
喷淋管	PL	255,0,255
动力桥架	QD	0,0,255
消防桥架	XD	255,255,0

任务训练

【3-3-5 项目任务】某空气处理机组，尺寸如图 3.3.20 所示，请按以下要求完成创建“空气处理机组”模型：

（1）使用“公制常规模型”样板建立，要求设备长宽高参数可调整，未注明尺寸自行定义。

（2）创建圆形风管连接件和电气连接件。

（3）在设备备表面添加三维文字“1+X”，要求文字可随模型参数变动，深度 20mm。

（4）自行设计材质，要求合理且不能遗漏。

（5）选择该模型的类别为“机械设备”，最后生成“空气处理机组.rfa”模型文件保存到相应文件夹。

【任务来源：2022 年第四期“1+X”建筑信息模型（BIM）职业技能等级考试——中级（建筑设备方向）——实操试题——设备模型创建】

3-20 建筑暖通空调构件 BIM 建模——空气处理机组

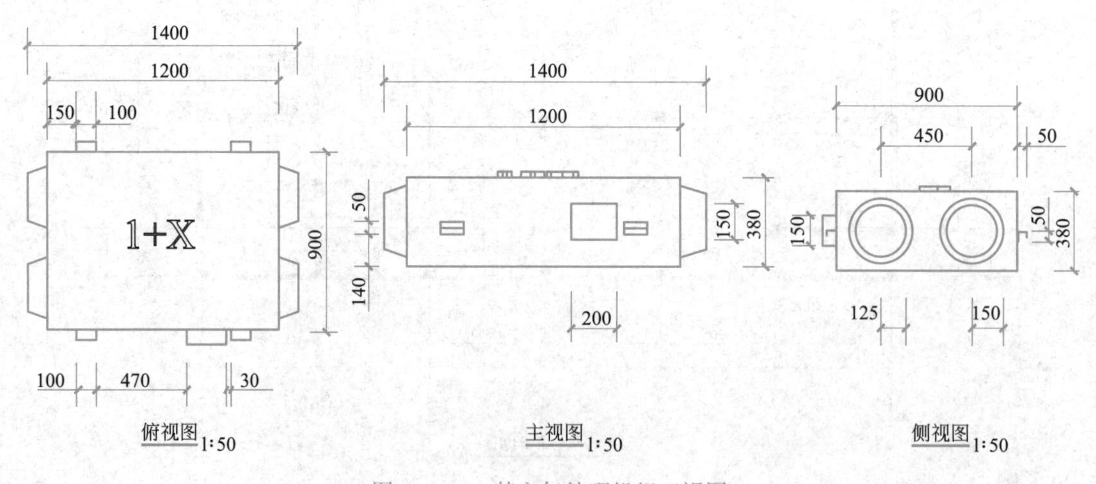

图 3.3.20 某空气处理机组三视图

项目小结

本项目主要由建筑暖通空调系统安装、建筑暖通空调施工图识读、建筑暖通空调 BIM 模型创建三大任务模块组成。在建筑暖通空调系统安装模块，主要了解建筑暖通空调系统的分类与组成，熟悉建筑暖通空调系统常用管材与设备，掌握其性能、特点及安装要求；掌握建筑暖通空调系统施工流程，能进行科学合理预留、预埋，做好与土建及装饰施工间协调配合等。在建筑暖通空调施工图识读模块，主要是了解建筑暖通空调施工图组成，熟悉建筑暖通空调施工图常用图例及图示内容，掌握建筑暖通空调施工图识读方法，能熟练识读建筑暖通空调施工图。在建筑暖通空调 BIM 模型创建模块，主要是引入行业新技术 BIM，创建建筑暖通空调构件、建筑暖通空调系统 BIM 模型，为后期专业工程信息化施工、管理、运维奠定基础。

项目拓展

【3-3-6 项目任务】某一层建筑物，层高 4.2m，其中门底高度为 0m，柱尺寸为 300mm×300mm，柱轴线居中，墙体尺寸厚度 300mm，楼板厚度 150mm，未标明尺寸自行设置。

请根据某建筑一层暖通平面图（图 3.3.21），创建暖通系统模型，其中风管中心对齐，风管安装高度见图纸，风管底部安装风口，风机设备、风阀均需要建模。

【任务来源：2022 年第一期“1+X”建筑信息模型（BIM）职业技能等级考试——初级——实操试题】

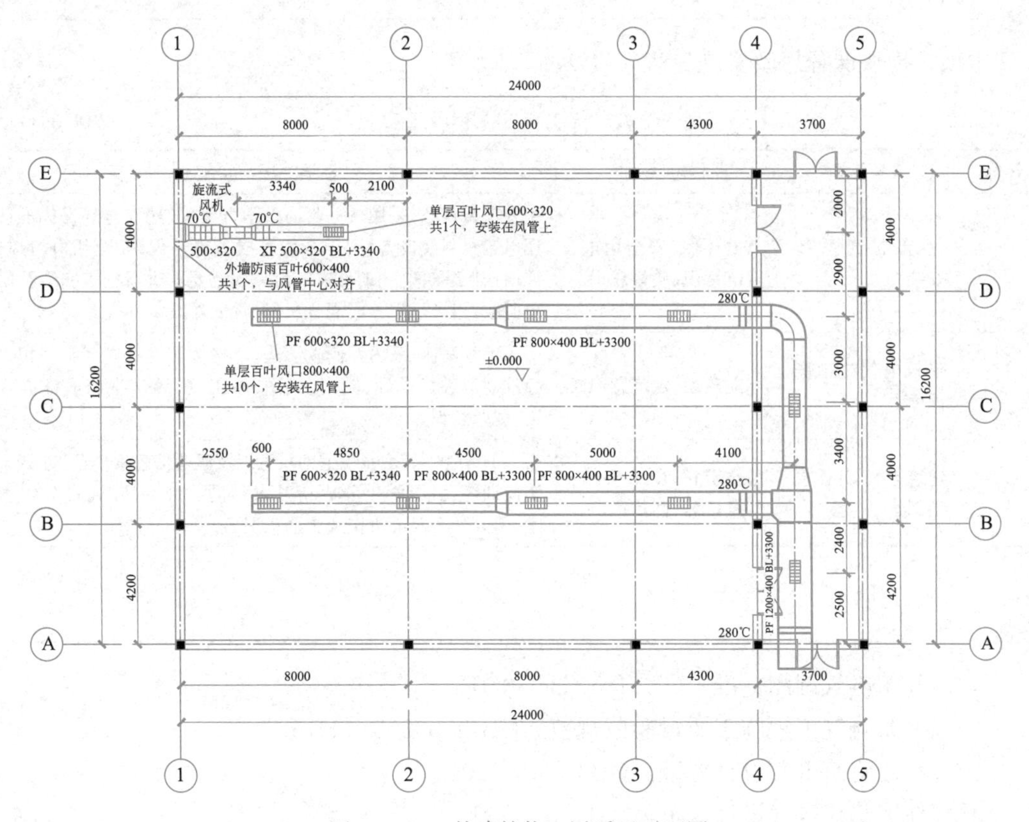

图 3.3.21　某建筑物一层暖通平面图

项目 4　建筑电气工程

学习目标

1. 知识目标

了解建筑电气工程系统分类与组成；熟悉建筑电气工程常用材料与设备；掌握建筑电气工程施工流程与安装工艺；掌握建筑电气施工图识读方法与步骤；熟悉建筑电气 BIM 建模流程及方法。

2. 技能目标

能利用 BIM 模型认知建筑电气工程分类、组成、材料及设备；能应用 BIM 建模熟练识读建筑电气施工图；能运用 BIM 技术进行建筑电气工程虚拟精益施工。

3. 素质目标

养成认真负责、精益求精的工作态度；养成良好的组织协调、团结协作及创新能力；养成节电环保、质量至上、安全用电等意识，服务于智能建筑发展。

4-1 建筑电气-让生活更智能

课程思政

本项目模块课程思政实施见表 4.0.1。

"建筑电气工程"课程思政实施　　表 4.0.1

序号	教学任务	课程思政元素	教学方法与实施
1	建筑电气系统安装	节电环保、安全用电、规范意识、质量意识	引入项目任务，采用任务驱动教学，严格按照安全环保标准选用电工材料及设备，引导学生养成节电环保、安全用电习惯；严格按照建筑电气工程施工相关规范要求进行施工安装及质量验收，引导学生养成规范意识、质量意识
2	建筑电气施工图识读	标准意识、规范意识	引入工程案例，采用案例教学法，严格按照建筑电气工程相关标准规范进行设计、制图、识图、施工，引导学生养成标准意识、规范意识
3	建筑电气 BIM 模型创建	精益求精、团结协作、信息素养、创新意识	引入 BIM 技术，培养学生创新意识及职业信息素养；通过 BIM 实操训练，引导学生养成精益求精的工匠品质；通过分组教学，引导学生养成协作及竞争意识

标准规范

(1)《建筑电气制图标准》GB/T 50786—2012

(2)《建筑电气工程施工质量验收规范》GB/T 50303—2015

(3)《民用建筑电气设计标准》GB 51348—2019

(4)《住宅建筑电气设计规范》JGJ 242—2011

(5)《建筑物防雷设计规范》GB 50057—2010

(6)《电气装置安装工程接地装置施工及验收规范》GB 50169—2016

(7)《建筑物防雷工程施工与质量验收规范》GB 50601—2010

(8)《建筑电气工程施工安装》(18D802)

项目导引

建筑电气是建筑工程的基本组成部分之一，建筑的现代化程度主要靠越来越先进和完善的众多电气系统来体现。建筑电气涉及的系统很多，内容十分庞杂，而且随着科技的发展和人们对建筑功能要求的不断提高，这些子系统将会越来越多。从电能的传送和使用上来看，建筑电气包括供配电系统、照明系统、动力系统、安全防灾系统、信息系统等。

近年来，随着建筑物功能复杂化和智能化的发展，各电气系统在功能和使用领域上都在飞快地扩展，建筑电气对整栋建筑物乃至区域建筑群的建筑功能的发挥、建筑环境的改善、建筑艺术的体现和建筑管理的智能化都有着重要的影响，绿色建筑、智能建筑的兴起，使得现代计算机技术、现代控制技术和现代通信技术在建筑电气领域广泛应用。传统的建筑电气系统越来越多地通过建筑物智能化实现自动化管理，而电能作为信息传递的主要能源，必定要求建筑物的智能化依靠安全、可靠的电力供应作保证。

本项目模块学习任务主要有建筑电气系统安装、建筑电气施工图识读、建筑电气 BIM 模型创建三大任务，具体详见图 4.0.1。

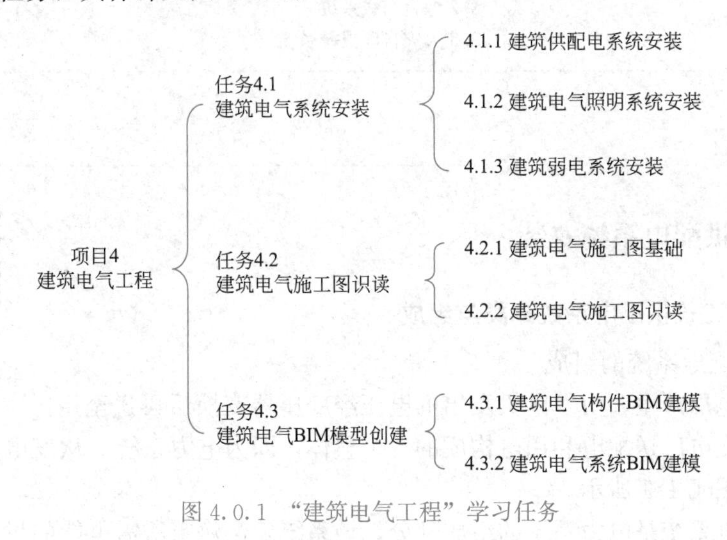

图 4.0.1 “建筑电气工程”学习任务

任务 4.1 建筑电气系统安装

任务引入

建筑电气系统是指电能（强电）和电信号（弱电）在建筑物中的输送、分配及应用的系统，由配电线路、控制和保护设备、用电设备三大基本部分所组成。根据上述三大基本部分的性质不同，可以构成种类繁多的各种建筑电气系统。

从电能的供入、分配、输运和消耗使用来看，建筑电气系统可分为：建筑供配电系统、建筑用电系统两大类。

建筑供配电系统是指接受发电厂电源输入的电能，并进行检测、计算、变压等，然后向用户和用电设备分配电能的系统。

建筑用电系统中根据用电设备的特点和系统中所传递能量的类型，又可将用电系统分为两种类型，分别为建筑强电系统、建筑弱电系统。

本节任务的学习内容详见表 4.1.0。

“建筑电气系统安装”学习任务表　　表 4.1.0

任务	子任务	技能与知识	拓展
4.1 建筑电气系统安装	4.1.1 建筑供配电系统安装	4.1.1.1 建筑供配电系统分类与组成 4.1.1.2 建筑供配电系统常用电工材料 4.1.1.3 建筑供配电系统布置与施工	安全用电
	4.1.2 建筑电气照明系统安装	4.1.2.1 建筑电气照明系统分类与组成 4.1.2.2 建筑电气照明系统常用材料与设备 4.1.2.3 建筑电气照明系统布置与施工	绿色照明
	4.1.3 建筑弱电系统安装	4.1.3.1 通信网络信息系统 4.1.3.2 综合布线系统 4.1.3.3 火灾自动报警系统	智能建筑

任务实施

4.1.1 建筑供配电系统安装

4-2 建筑供配电系统分类与组成

4.1.1.1 建筑供配电系统分类与组成

1. 建筑供配电系统的组成

电能由发电厂产生，由发电机发出的电压经变压器变换后再送至用户，即发电、变电、送配电和用电构成的一个整体，即为电力系统。从发电厂到电力用户的送电过程如图 4.1.1 所示。

建筑供配电系统是电力系统的组成部分，该系统确保建筑所需电能的供应和分配。建筑供配电系统包括从电源进入建筑物（或小区）起到所有用电设备终端止的整个电路，主要功能是完成在建筑内接受电能、变换电压、分配电能、输送电能的任务。建筑供配电系统由总降压变电所（或高压配电所）、高压配电线路、分变电所、低压配电线路及用电设备组成。

（1）发电厂

发电厂是把其他形式的能量，如水能、热能、太阳能、风能、核能等转换成电能的工厂。根据所利用的能量形式不同，发电厂可分为水力发电厂、火力发电厂、风力发电厂、核能发电厂、地热发电厂等。

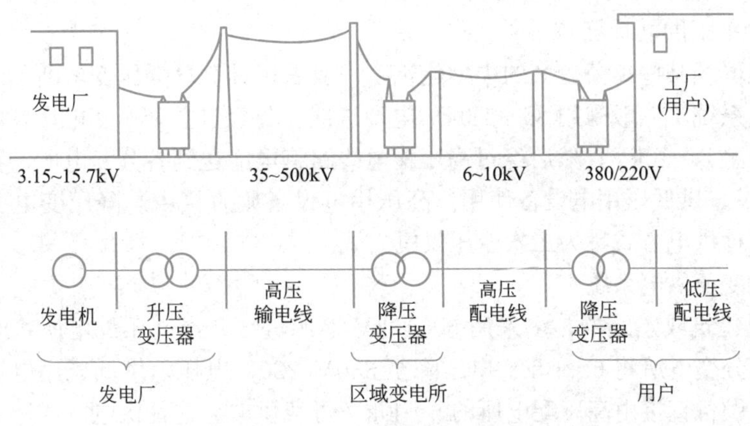

图 4.1.1　发电送变电过程

（2）电力网

电力网是连接发电厂和用户中间的环节，包括变配电所和输电线路。变电所是改变电压等级的场所，配电所是不改变电压等级只进行电力分配场所，输电线路一般有架空线路和埋地电缆线路。

根据《标准电压》GB/T 156—2017 的规定，电力网标准电压包括以下等级：0.4kV、3kV、6kV、10kV、35kV、66kV、110kV、220kV、330kV、500kV、750kV。就整个电力网而言，0.4kV 作为低压配电电压，3kV、6kV、10kV 作为中压配电电压，35kV、66kV、110kV 作为高压配电电压，220kV、330kV、500kV 作为高压输电（送）电压，750kV 及以上作为超高压输电（送）电压。我国城市电力网目前一般采用五级电压，即 0.4/10/35/110/220kV 或 330kV。

建筑供配电线路的额定电压等级一般为 10kV 线路和 380V 线路。俗称的强电一般是 110V 以上，而弱电一般是 36V 以下。

（3）电力用户

所有的用电单位均称为用户，用户的电源引入电压为 1kV 以上称为高压用户；1kV 以下为低压用户。

电力网上用电设备所消耗的电功率称为电力负荷。根据其重要性和中断供电后在政治上、经济上所造成的损失或影响的程度分为三级，即一级负荷、二级负荷、三级负荷。

1）一级负荷

一级负荷应由两个独立电源供电，特别重要负荷的供电还必须增设应急电源，并严禁将其他负荷接入应急供电系统。

2）二级负荷

二级负荷应由双回线路供电，供电变压器亦应有两台。做到当电力变压器发生故障或电力线路发生常见故障时，不致中断供电或中断后能迅速恢复。

3）三级负荷

三级负荷属于不重要负荷，对供电无特殊要求。但在允许情况下，应尽量提高供电的可靠性和连续性。

2. 建筑供配电系统的供电方式

(1) 二次变压供电系统

大型建筑群和某些负荷较大的中型建筑，一般采用具有总降压变电所的二次变压供电系统。该供电系统，一般采用 35～110kV 电源进线。先经过总降压变电所，将 35～110kV 的电源电压降至 6～10kV，然后经过高压配电线路将电能送到各分变电所，再由 6～10kV 降至 380/220V，供低压用电设备使用。高压用电设备则直接由总降压变电所的 6～10kV 母线供电。这种供电方式称为二次变压供电方式。

(2) 一次变压供电系统

一般中型建筑或建筑群，多采用 6～10kV 电源进线，经高压配电所将电能分配给各分变电所，由分变电所将 6～10kV 电压降至 380V/220V 电压，供低压用电设备使用。同样，高压用电设备直接由高压配电所的 6～10kV 母线供电。这种供电方式称为一次变压供电方式。

(3) 小型低压供电系统

某些小型建筑或建筑群，也采用 380V/220V 低压电源进线，只需设置一个低压配电室，将电能直接分配给各低压用电设备使用。

3. 建筑供配电系统的接线方式

建筑供配电系统的接线方式应满足安全性、可靠性、经济性、灵活性四个方面的要求。根据不同的连接方式，供配电网络主要分为放射式、树干式和环式等几种形式。对于高压系统，常见形式有环式、放射式和树干式；对于低压系统，常见形式为树干式和放射式。

(1) 放射式

电源端采用一对一的方式直接向用户供电，每一条线路只向一个用户供电，中间不连接其他负荷，用户与用户之间互不影响，适用于供电可靠性要求高、单台设备容量较大或容量比较集中的场所，缺点是材料和设备用量大，线路敷设工程量也相对大。如图 4.1.2 所示。

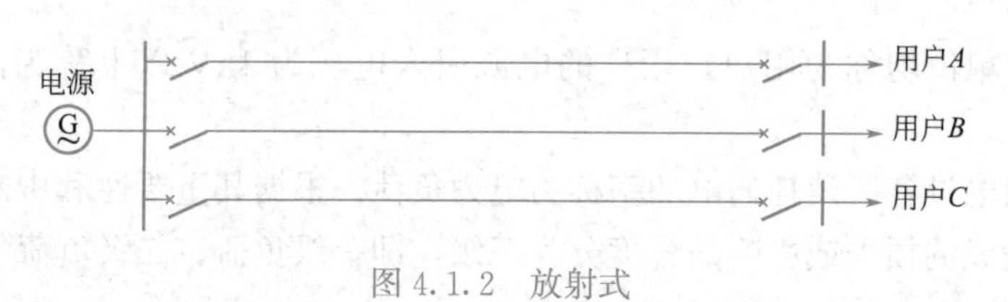

图 4.1.2 放射式

(2) 树干式

这种网络结构的优点是电源出线回路数较少，节约一次投资，但可靠性较差，配电干线发生故障或检修时，所有用户都将停电，一般只能向三级负荷供电，适用供电可靠性要求不高的场所，优点是相对节约材料和设备，线路敷设工程量相对小。如图 4.1.3 所示。

(3) 环式

这种供电网络结构的特点是正常运行时开环运行，以避免故障影响的范围扩大和便于实现保护动作的选择性，适用负荷密度大，且供电要求较高的用户，如图 4.1.4 所示。

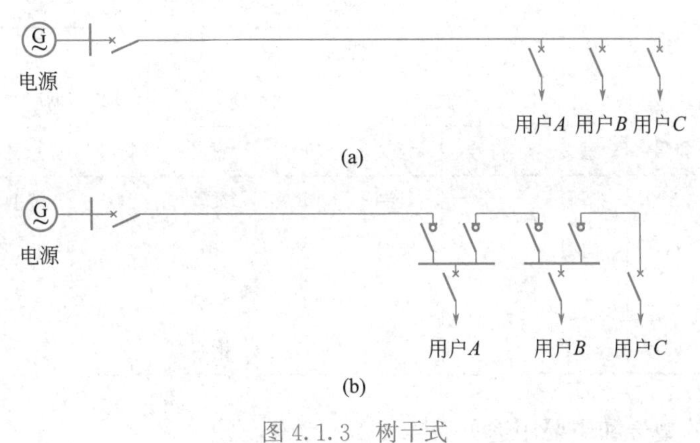

图 4.1.3　树干式

(a) 接线方式 1；(b) 接线方式 2

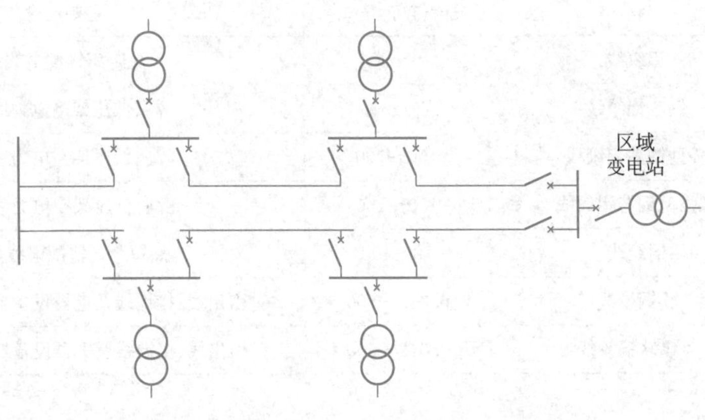

图 4.1.4　环式

4.1.1.2　建筑供配电系统常用电工材料

1. 导电材料

建筑供配电输电线路导电材料主要有导线和电缆、硬母线等。

4-3 建筑供配电系统常用材料与设备

(1) 导线

导线又称为电线，常用导线可分为绝缘导线和裸导线。导线的线芯要求导电性能好、机械强度大、质地均匀、表面光滑、无裂纹、耐蚀性好。

导线的绝缘层要求绝缘性能好，质地柔韧且具有相当的机械强度，能耐酸、碱、油、臭氧的侵蚀。

1) 裸导线

无绝缘层的导线称为裸导线。裸导线主要由铝、铜、钢等制成。裸导线分为裸单线(单股线)和裸绞线(多股绞合线)两种。裸绞线按材料分为铝绞线、钢芯铝绞线、铜绞线；按线芯的性能可分为硬裸导线和软裸导线。硬裸导线主要用于高、低压架空电力线路输送电能，软裸导线主要用于电气装置的接线、元件的接线及接地线等。裸导线文字符号含义见表 4.1.1。

裸导线文字符号含义　　表 4.1.1

线芯材料		特性								派生	
		形状		加工		软、硬		轻、加强			
符号	意义	符号	意义	符号	意义	符号	意义	符号	意义	符号	意义
T	铜线	Y	圆形	J	绞制	R	柔软	Q	轻型	1	第一种
L	铝线	G	沟型	X	镀锡	Y	硬	J	加强型	2	第二种
						F	防腐			3	第三种
						G	钢芯				

常用裸导线的型号和主要用途见表 4.1.2。

常用裸导线的型号和主要用途　　表 4.1.2

型号	名称	导线截面/mm^2	主要用途
LJ	铝绞线	10～800	短距离输配电线路
LGJ	钢芯铝绞线	10～800	高、低压架空电力线路
LGJQ	轻型钢芯铝绞线	150～700	高、低压架空电力线路
LGJJ	加强型钢芯铝绞线	150～400	高、低压架空电力线路
TJ	铜绞线	10～400	短距离输配电线路
TJR	软铜绞线	0.012～500	引出线、接地线及电器设备器件间连接用
TJRX	镀锡软铜绞线	0.012～500	引出线、接地线及电器设备器件间连接用

2）绝缘导线

具有绝缘包层（单层或数层）的电线称为绝缘导线。绝缘导线按线芯材料分为铜芯和铝芯；按线芯股数分为单股和多股；按结构分为单芯、双芯、多芯等；按绝缘材料分为橡皮绝缘导线和塑料绝缘导线等。绝缘导线文字符号含义见表 4.1.3。

绝缘导线文字符号含义　　表 4.1.3

性能		分类代号或用途		线芯材料		绝缘		护套		派生	
符号	意义	符号	意义	符号	意义	符号	意义	符号	意义	符号	意义
ZR	阻燃耐火	A	安装线			V	聚氯乙烯	V	聚氯乙烯	P	屏蔽
NH		B	布电线			R	氟塑料	H	橡套	R	软
		Y	移动电器线	T	铜(省略)	Y	聚乙烯	B	编织套	S	双绞
		T	天线	L	铝	X	橡皮	N	尼龙套	B	平型
		HR	电话软线			F	氯丁橡皮	SK	尼龙丝	D	带形
		HP	电话配线			ST	天然丝	L	腊克	P1	缠绕屏蔽

橡皮绝缘导线主要用于室内外敷设，长期工作温度不得超过 60℃，额定电压不大于 250V 的照明线路。常用橡皮绝缘导线的型号及主要用途见表 4.1.4。

橡皮绝缘导线的型号和主要用途　　表 4.1.4

型号	名称	导线截面/mm^2	主要用途
BX	铜芯橡皮线	0.75～500	用于交流 500V 及以下，直流 1000V 及以下的户内外架空、明设、穿管固定敷设的照明及电气设备电路
BLX	铝芯橡皮线	2.5～700	
BXR	铜芯橡皮软线	0.75～400	用于交流 500V 及以下，直流 1000V 及以下电气设备及照明装置要求电线比较柔软的室内安装
BXF	铜芯氯丁橡皮线	0.75～95	用于交流 500V 及以下，直流 1000V 及以下的户内外架空、明设、穿管固定敷设的照明及电气设备(尤其适用于户外)
BLXF	铜芯氯丁橡皮线	2.5～95	

塑料绝缘导线具有耐油、耐酸、耐腐蚀、防潮、防霉等特点，常用作 500V 以下室内照明线路，可穿管敷设及直接敷设在空心板或墙壁上。常用塑料绝缘导线的型号和主要用途见表 4.1.5。

塑料绝缘导线的型号和主要用途　　表 4.1.5

型号	名称	导线截面/mm^2	主要用途
BLV	铝芯塑料线	1.5～185	交流电压 500V 以下，直流电压 1000V 及以下室内固定敷设
BV	铜芯塑料线	0.03～185	
ZR-BV	阻燃铜芯塑料线	0.03～185	交流电压 500V 以下，直流电压 1000V 及以下室内较重要场所固定敷设
NH-BV	耐火铜芯塑料线	0.03～185	交流电压 500V 以下，直流电压 1000V 及以下室内重要场所固定敷设
BVR	铜芯塑料软线	0.75～50	交流电压 500V 以下，要求电线比较柔软的场所固定敷设
BLVV	铝芯塑料护套线	1.5～10	交流电压 500V 以下，直流电压 1000V 及以下室内固定敷设
BVV	铜芯塑料护套线	0.75～10	
RVB	铝芯平行塑料连接软线	0.012～2.5	250V 室内连接小型电器，移动或半移动敷设用
RVS	铜芯双绞塑料连接软线	0.012～2.5	
RV	铜芯塑料连接软线	0.012～6	

(2) 电缆

电缆是一种多芯导线，即在一个绝缘软套内裹有多根相互绝缘的线芯。电缆的基本结构是由缆芯、绝缘层、保护层三部分组成，如图 4.1.5 所示。电缆按导线材质可分为：铜芯电缆、铝芯电缆；按用途可分电力电缆、控制电缆、通信电缆、其他电缆；按绝缘可分橡皮绝缘、油浸纸绝缘、塑料绝缘；按芯数可分为单芯、双芯、三芯、四芯及多芯。

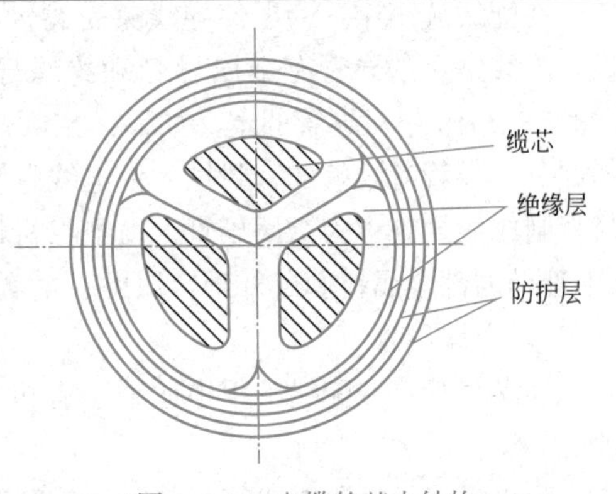

图 4.1.5　电缆的基本结构

电力电缆是用来输送和分配大功率电能的导线。无铠装的电缆适用于室内、电缆沟内、电缆桥架内和穿管敷设，但不可承受压力和拉力。钢带铠装电缆适用于直埋敷设，能承受一定的正压力，但不能承受拉力。

常用电力电缆的型号及名称见表 4.1.6。

电力电缆的型号及名称　　表 4.1.6

型号		名称
铜芯	铝芯	
VV	VLV	聚氯乙烯绝缘聚氯乙烯护套电力电缆
VV_{22}	VLV_{22}	聚氯乙烯绝缘钢带铠装聚氯乙烯护套电力电缆
ZR-VV	ZR-VLV	阻燃聚氯乙烯绝缘聚氯乙烯护套电力电缆
ZR-VV_{22}	ZR-VLV_{22}	阻燃聚氯乙烯绝缘钢带铠装聚氯乙烯护套电力电缆
NH-VV	NH-VLV	耐火聚氯乙烯绝缘聚氯乙烯护套电力电缆
NH-VV_{22}	NH-VLV_{22}	耐火聚氯乙烯绝钢带铠装缘聚氯乙烯护套电力电缆
YJV	YJLV	交联聚氯乙烯绝缘聚氯乙烯护套电力电缆
YJV_{22}	$YJLV_{22}$	交联聚氯乙烯绝缘钢带铠装聚氯乙烯护套电力电缆

例：VV_{22}-4×70＋1×25 表示四芯截面为 70mm² 和 1 芯截面为 25mm² 的铜芯聚氯乙烯绝缘钢带铠装聚氯乙烯护套电力电缆。

（3）母线

母线（又称汇流排）是用来汇集和分配电流的导体，有硬母线和软母线之分。软母线用在 35kV 及以上的高压配电装置中，硬母线用在工厂高、低压配电装置中。

硬母线按材料分为硬铜母线（TMY）和硬铝母线（LMY），其截面形状有矩形、管形、槽形等。

2. 常用安装材料

电气设备的安装材料主要分为金属材料和非金属材料两类。金属材料中常用的有各种类型的钢材及铝材，如水煤气管、薄壁钢管、角钢、扁钢、钢板、铝板等。非金属材料常用的有塑料管、瓷管等。

（1）常用导管

在配线施工中，为了使导线免受腐蚀和外来机械损伤，常把绝缘导线穿在导管内敷设，配线常用的导管有金属导管和绝缘导管。《建筑电气工程施工质量验收规范》GB 50303—2015 中对导管的定义如下：在电气安装中用来保护电线或电缆的圆形或非圆形的一部分，导管有足够的密封性，使电线电缆只能从纵向引入，而不能从横向引入。由金属材料制成的导管称为金属导管。由绝缘材料制成的导管称为绝缘导管，没有任何导电部分(不管是内部金属衬套或外部金属网、金属涂层等均不存在)。

1）金属导管

水煤气管：在配线工程中适用于有机械外力或潮湿、直埋地下的场所作明敷设或暗敷设。

薄壁钢管：又称电线管，其管壁较薄（1.5mm 左右），管子的内、外壁均涂有一层绝缘漆，适用于干燥场所敷设。

金属软管：金属软管又称蛇皮管。金属软管由厚度为0.5mm以上的双面镀锌薄钢带加工压边卷制而成，轧缝处有的加石棉垫，有的不加。金属软管既有相当的机械强度，又有很好的弯曲性，常用于弯曲部位较多的场所及设备的出线口等处。

2）绝缘导管

绝缘导管有硬塑料管、半硬塑料管、软塑料管、塑料波纹管等。其特点是常温下抗冲击性能好，耐碱、耐酸、耐油性能好，但易变形老化，机械强度不如钢管。硬型管适用于腐蚀性较强的场所作明敷设和暗敷设，软型管质轻、刚柔适中，适用作电气导管。

PVC塑料管：PVC硬质塑料管适用于民用建筑或室内有酸、碱腐蚀性介质的场所。在经常发生机械冲击、碰撞、摩擦等易受机械损伤和环境温度在40℃以上的场所不应使用。

半硬塑料管：半硬塑料管多用于一般居住和办公建筑等干燥场所的电气照明工程中，暗敷设配线。半硬塑料管可分为难燃平滑塑料管和难燃聚氯乙烯波纹管。

（2）电工常用成型钢材

钢材具有品质均匀、抗拉、抗压、抗冲击等特点，并且具有良好的可焊、可铆、可切割、可加工性，因此在电气设备安装工程中得到广泛的应用。

1）扁钢

扁钢可用来制作各种抱箍、撑铁、拉铁和配电设备的零配件、接地母线及接地引线等。

2）角钢

角钢是钢结构中最基本的钢材，可作单独构件或组合使用，广泛用于桥梁、建筑、输电塔构件、横担、撑铁、接户线中的各种支架及电器安装底座、接地体等。

3）工字钢

工字钢由两个翼缘和一个腹板构成。其规格以腹板高度h×腹板厚度d（mm）表示，型号以腹高（cm）数表示，如10号工字钢，表示其腹高为10cm。工字钢广泛用于各种电气设备的固定底座、变压器台架等。

4）圆钢

圆钢主要用来制作各种金具、螺栓、接地引线及钢索等。

5）槽钢

槽钢规格的表示方法与工字钢基本相同，槽钢一般用来制作固定底座、支撑、导轨等。常用槽钢的规格有5号、8号、10号、16号等。

6）钢板

薄钢板分镀锌钢板（白铁皮）和不镀锌钢板（黑铁皮）。钢板可制作各种电器及设备的零部件、平台、垫板、防护壳等。

7）铝板

铝板常用来制作设备零部件、防护板、防护罩及垫板等。铝板的规格以厚度表示，其常用规格有（mm）：1.0、1.5、2.0、2.5、3.0、4.0、5.0等，铝板的宽度为400～2000mm不等。

4.1.1.3 建筑供配电系统布置与施工

1. 建筑供配电设备布置与安装

建筑供配电设备安装施工内容主要包括变压器安装、高低压两侧的柜屏台安装、母线安装等。

4-4 建筑供配电系统布置与施工

(1) 变压器安装

建筑供配电系统中使用的变压器均是三相电力变压器。由于电力变压器容量大，工作温度升高，因此要采用不同的结构方式加强散热，按散热方式分为油浸式和干式两大类。

油浸式变压器：油浸式变压器是把绕组和铁芯整个浸泡在油中，用油作为介质散热。因容量和工作环境不同，油浸式可以分为自然风冷却式、强迫风冷式、强迫油循环风冷式等。如图 4.1.6 所示。

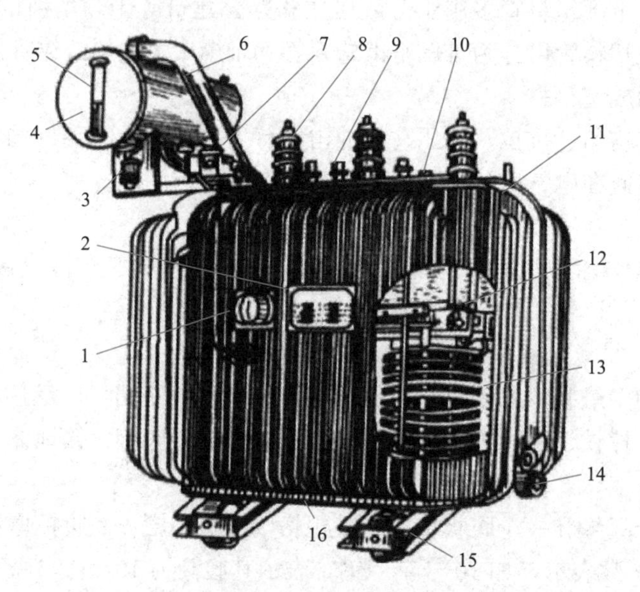

图 4.1.6 三相油浸式电力变压器

1—信号温度计；2—铭牌；3—吸湿器；4—油枕（储油柜）；5—油位指示器（油标）；6—防爆管；7—瓦斯继电器；8—高压套管；9—低压套管；10—分接开关；11—油箱；12—铁心；13—绕组及绝缘；14—放油阀；15—小车；16—接地端子

1) 变压器型号

变压器型号用汉语拼音和数字表示，其排列顺序如图 4.1.7 所示。

例如 S_8-500/10 表示三相油浸自冷式铜绕组变压器，高压侧的额定电压为 10kV，额定容量为 500kVA。

2) 变压器和箱式变电所的安装要点

变压器安装。油浸式变压器安装在室内，要有独立的变压器室。变压器放在混凝土梁上，要做型钢基础，如图 4.1.8 所示。变压器安装应位置正确，附件齐全，油浸变压器油位正常，无渗油现象。变压器的安装程序包括基础施工、变压器吊装、变压器的高低压接线、接地线的连接等。

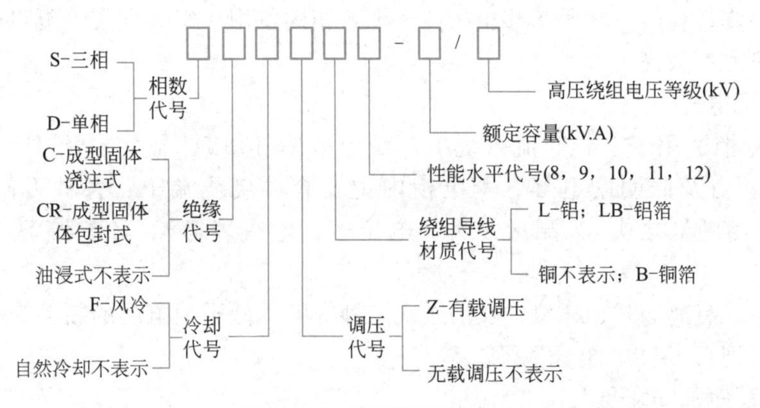

图 4.1.7 变压器型号表示

箱式变电所也叫箱式变电站，又叫成套变电站或组合式变电站，它是一种无人值班和监护的集受、变、馈电为一体的成套电气装置。将变压器和高、低压配电装置装在一个大铁柜子里，安装在路边事先准备好的基础上，如图 4.1.9 所示。

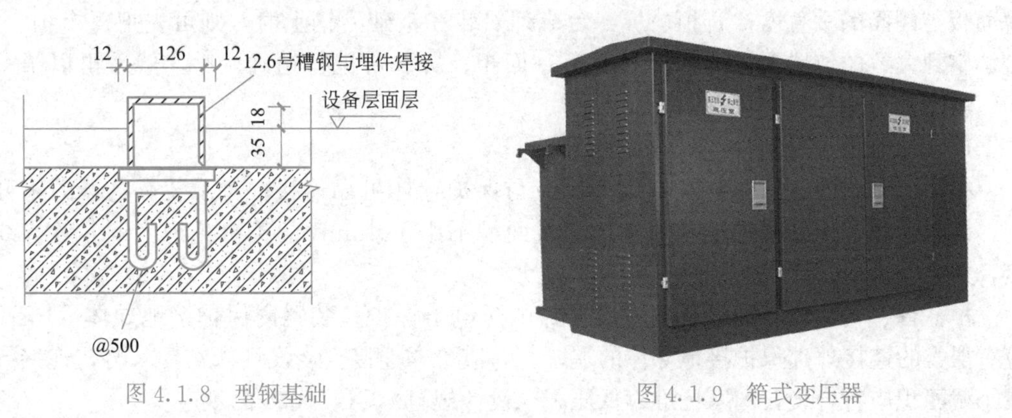

图 4.1.8 型钢基础

图 4.1.9 箱式变压器

安装时应注意，箱式变电所的安装基础应符合设计技术要求。变电所周围应排水畅通，距人行道边不小于 1m，距主体建筑不小于 1.5m。变电所进出线应符合电力安全标准。箱式变电所的就位吊装应利用底座的吊装孔进行，就位后用地脚螺栓固定；对自由安放式箱式变电所，以安放平整为宜。

（2）高低压两侧的柜、台、箱安装

柜、台、箱指的是成套配电柜，控制台（箱）。

1）高压开关柜

把同一回路的开关电器（开关分为隔离开关、负荷开关和断路器）、测量仪表、保护电器（熔断器和避雷器）和辅助设备大多装配在全封闭或半封闭的金属柜内，称为开关柜，将开关柜组合构成成套配电装置。

高压开关柜分为固定式和手车式。固定式开关柜是将高压断路器、互感器和避雷器等件固定安装在配电柜内，具有结构简单、便于安装和成本低的优点，但是在发生故障或设备检修时，需要长时间停电，故障排除或检修结束后才能恢复供电。手车式高压开关柜中的某些主要电器元件如高压断路器、电压互感器和避雷器等安装在可移开的手车上面，当发生故障或检修设备时，将手车移出柜体，推入相同备用手车，即可恢复供电，只需短时停电，供电可靠性较高。

2）低压配电柜

低压配电柜适用于三相交流系统中，额定电压500V、额定电流1500A及以下低压配电室的电力及照明配电等。配电柜内主要有：接线端子、各种刀闸、保护设备（空气开关、熔断器之类）、测量设备（电压表、电流表等）、计量设备（有功、无功功率表）。

低压配电屏有离墙式、靠墙式及抽屉式三种类型。低压配电屏的新型产品有：低压抽式开关柜GCS型、GDL8组合型等。

3）安装程序及安装要点

成套配电柜，控制台（箱）安装施工程序为：设备开箱检查→二次搬运→基础型钢制作安装→柜（台）母线配制→柜（台）二次回路接线→试验调整→送电运行验收。

首先对成套配电柜或控制柜（屏、台）进行设备号和位置号编排，然后依次将柜、屏、台安放到基础型钢上。若柜、屏、台单独安装在基础型钢上时，则只需找正柜、屏、台面板与侧面的垂直度；若柜、屏、台成列安装在基础型钢上时，则可先把每个柜、屏、台调整到大致的位置上，待就位后对第一面柜、屏、台进行精确调整，然后再以第一面柜、屏、台为基准逐台进行调整找正。

成套配电柜，控制台（箱）安装要求：

柜、台、箱的金属框架及基础型钢应与保护导体可靠连接；对于装有电器的可开启门，门和金属框架的接地端子间应选用截面积不小于4mm^{2}的黄绿色绝缘铜芯软导线连接，并应有标识。

柜、台、箱、盘等配电装置应有可靠的防电击保护；装置内保护接地导体（PE）排应有裸露的连接外部保护接地导体的端子，并应可靠连接。当设计未作要求时，连接导体最小截面积应符合现行国家标准《低压配电设计规范》GB 50054的规定。

手车、抽屉式成套配电柜推拉应灵活，无卡阻碰撞现象。动触头与静触头的中心线应一致，且触头接触应紧密，投入时，接地触头应先于主触头接触；退出时，接地触头应后于主触头脱开。

高压成套配电柜应按规定进行交接试验，并应合格。

（3）母线安装施工

开关柜中的接线称作母线，柜之间连接的母线称作主母线，从开关电器连接到主母线的母线称作支母线。支母线在厂家生产时已安装就位。一般小容量变配电室常用铜或铝质的矩形母线（也称带形母线），矩形母线的截面从15mm×3mm到120mm×10mm，矩形铜母线的型号TMY，铝母线的型号LMY。

1）硬母线安装

硬母线通常作为变配电装置的配电母线，一般多采用硬铝母线。当安装空间较小，电流较大或有特殊要求时，可采用硬铜母线。硬母线还可作为大型车间和电镀车间的配电干线。裸母线多作为动力配电干线，采用沿墙、梁、柱或跨梁、柱的敷设方式。不管采用哪种敷设方式，其安装内容都基本相同，包括支架的加工固定、绝缘子的加工安装、母线在绝缘子上的固定、补偿装置的安装以及拉紧装置的安装等（图4.1.10）。

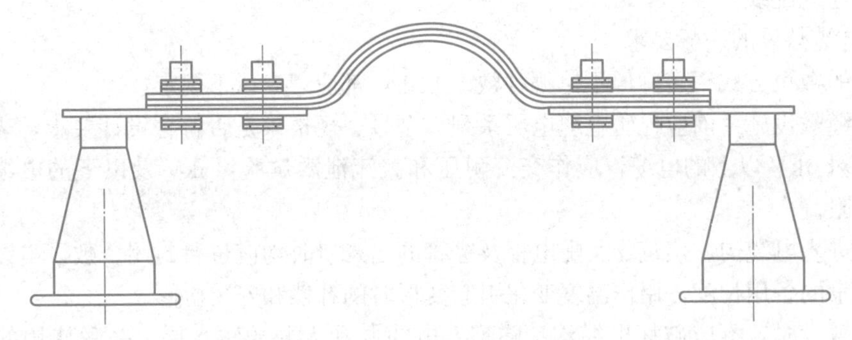

图 4.1.10 母线伸缩补偿装置

2）封闭插接母线安装

封闭式插接母线是一种以组装插接方式引接电源的新型电器配线装置，用于额定电压380V，额定电流 2500A 及以下的三相四线配电系统中。封闭母线是由封闭外壳、母线本体、进线盒、出线盒、插座盒、安装附件等组成。

封闭母线有单相二线、单相三线、三相三线、三相四线及三相五线制式，可根据需要选用。封闭母线的施工程序为：设备开箱检查调整→支架制作安装→封闭插接母线安装→通电测试检验。

封闭式插接母线安装如图 4.1.11 所示。

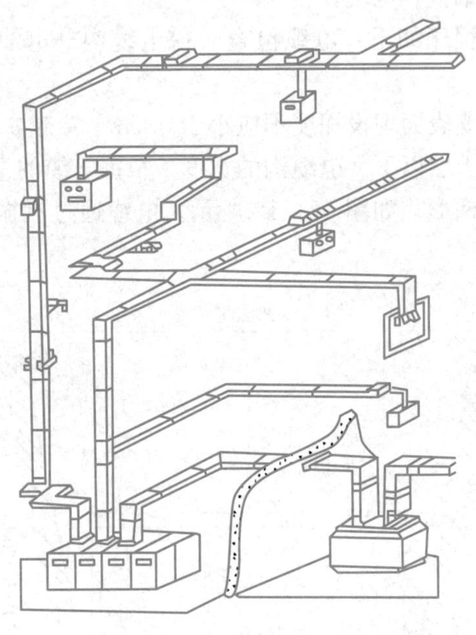

图 4.1.11 封闭插接母线安装示意图

2. 供配电线路施工

供配电线路工程分外线工程和内线工程，外线工程指脱离建筑物进行施工，但又要与建筑物发生关联，主要分为电缆线路工程和架空线路工程；内线工程是指建筑物内的电气线路工程，要依托建筑物进行施工，主要有线槽配线，钢索敷设，导管敷设等。

(1) 电缆配线

1) 电缆敷设的一般要求

电缆的敷设方式很多，但不论哪种敷设方式，都应遵守以下规定：

在电缆敷设施工前应检验电缆电压系列、型号、规格等是否符合设计要求，表面有无损伤等。对6kV以上的电缆，应作交流耐压和直流泄露试验，6kV及以下的电缆应测试其绝缘电阻。

电缆进入电缆沟、建筑物、配电柜及穿管的出入口时均应进行封闭。敷设电缆时应留有一定余量的备用长度，用作温度变化引起变形时的补偿和安装检修。

电缆敷设时，不应破坏电缆沟、隧道、电缆井和人井的防水层。并联使用的电力电缆，应采用型号、规格及长度都相同的电缆。

电缆敷设时，应将电缆排列整齐，不宜交叉，并应按规定在一定间距上加以固定，及时装设标志牌。

2) 电缆的敷设方法

电缆的敷设方式有直接埋地敷设、电缆隧道敷设、电缆沟敷设、电缆桥架敷设、电缆排管敷设、穿钢管、混凝土管、石棉水泥管等管道敷设以及用支架、托架、悬挂方法敷设等。

① 电缆直埋敷设

埋地敷设的电缆宜采用有外护层的铠装电缆。在无机械损伤的场所，可采用塑料护套电缆或带外护层的（铅、铝包）电缆。

电缆直埋敷设的施工程序如下：电缆检查→挖电缆沟→电缆敷设→铺砂盖砖→盖盖板→埋标桩。

直埋电缆敷设时，电缆表面埋设深度不应小于0.7m，穿越农田时不应小于1m。在寒冷地区，电缆应埋设于冻土层以下。电缆沟的宽度，根据电缆的根数与散热所需的间距而定。电缆沟的形状一般为梯形，如图4.1.12所示。电缆通过有振动和承受压力的地段应穿保护管。

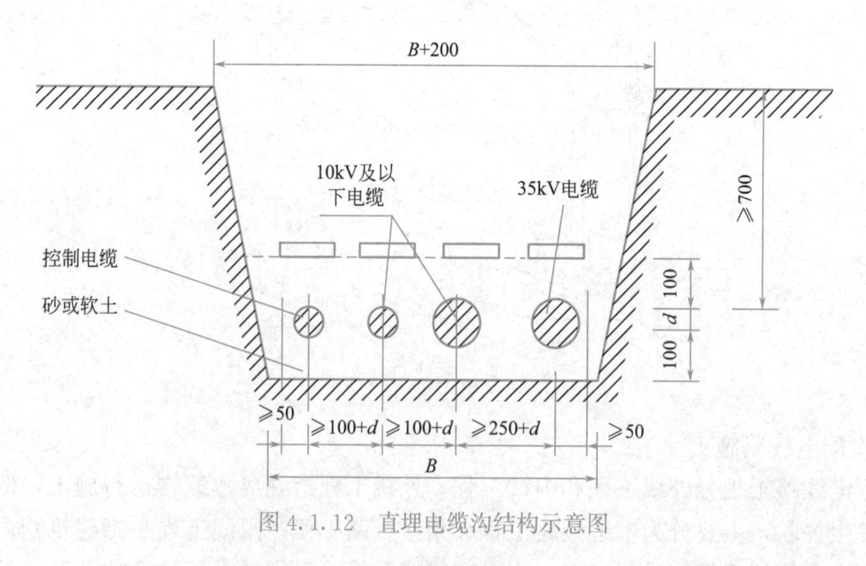

图4.1.12 直埋电缆沟结构示意图

② 电缆沟内敷设

电缆在专用电缆沟或隧道内敷设，是室内外常见的电缆敷设方法。电缆沟一般设在地面下，由砖砌成或由混凝土浇筑而成，沟顶部用混凝土盖板封住。室内外电缆沟如图 4.1.13 所示。

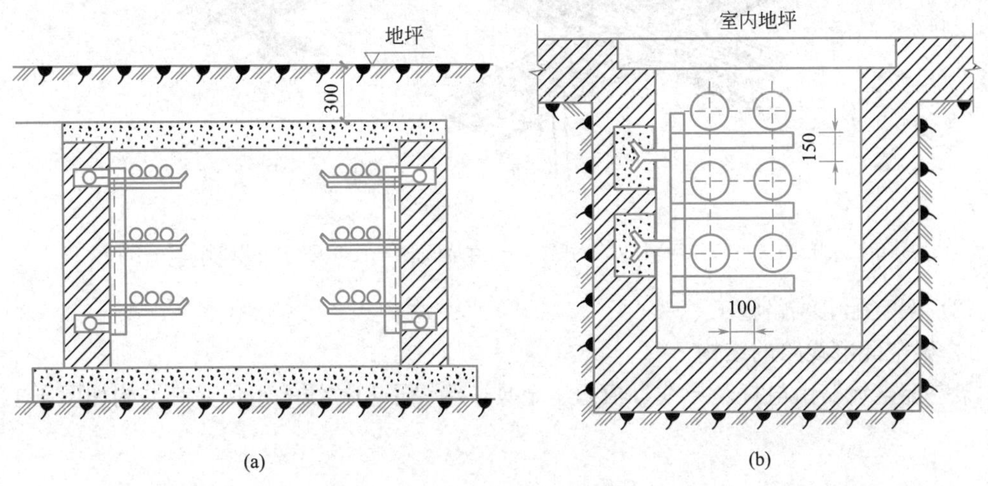

图 4.1.13 室内外电缆沟

(a) 室外电缆沟；(b) 室内电缆沟

③ 电缆桥架敷设

架设电缆的构架称为电缆桥架。电缆桥架按结构形式分为托盘式、梯架式、组合式、全封闭式；按材质分为钢电缆桥架和铝合金电缆桥架。电缆桥架是指金属电缆有孔托盘、无孔托盘、梯架及组合式托盘的统称。无孔托盘结构如图 4.1.14 所示。桥架布置如图 4.1.15 所示。

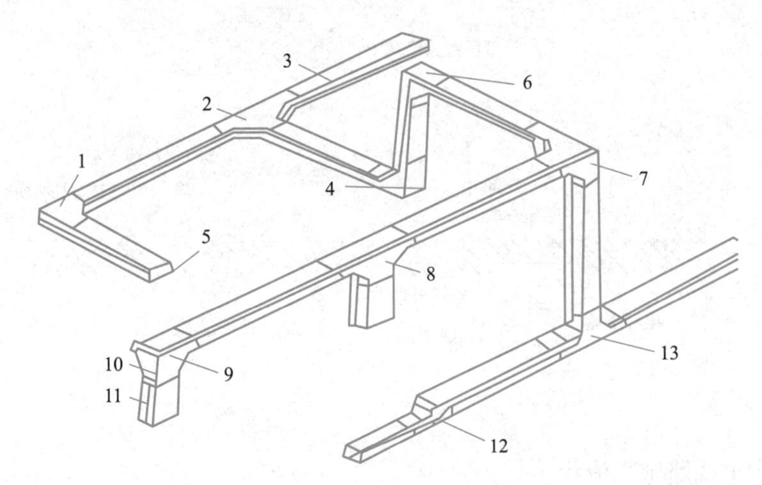

图 4.1.14 无孔拖盘结构示意

1—水平弯通；2—水平三通；3—直线段桥架；4—垂直下弯通；5—终端板 6—垂直上弯通山；7—上角垂直三通；8—上边垂直三角；9—垂直右上弯通；10—连接螺栓；11—扣锁；12—异径接头；13—下边垂直三角

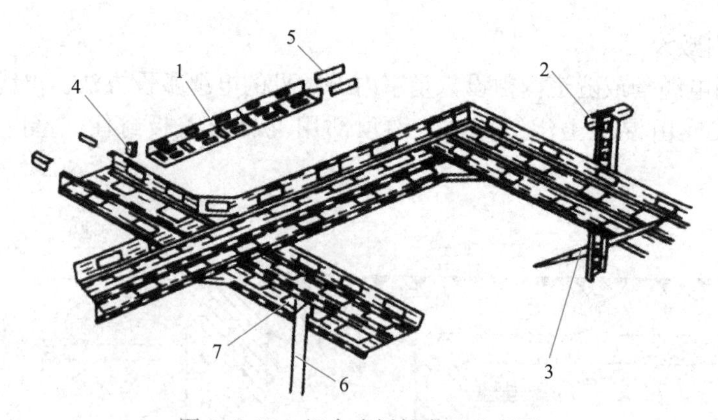

图 4.1.15 组合式桥架布置示意图

1—组装式托盘；2—工字钢立柱；3—托臂；4—直角板；5—直角板；6—引线管；7—管接头

（2）架空配电线路施工

1）架空配电线路的结构

架空配电线路由电杆、导线、横担、金具、绝缘子和拉线等组成，其结构如图 4.1.16 所示。

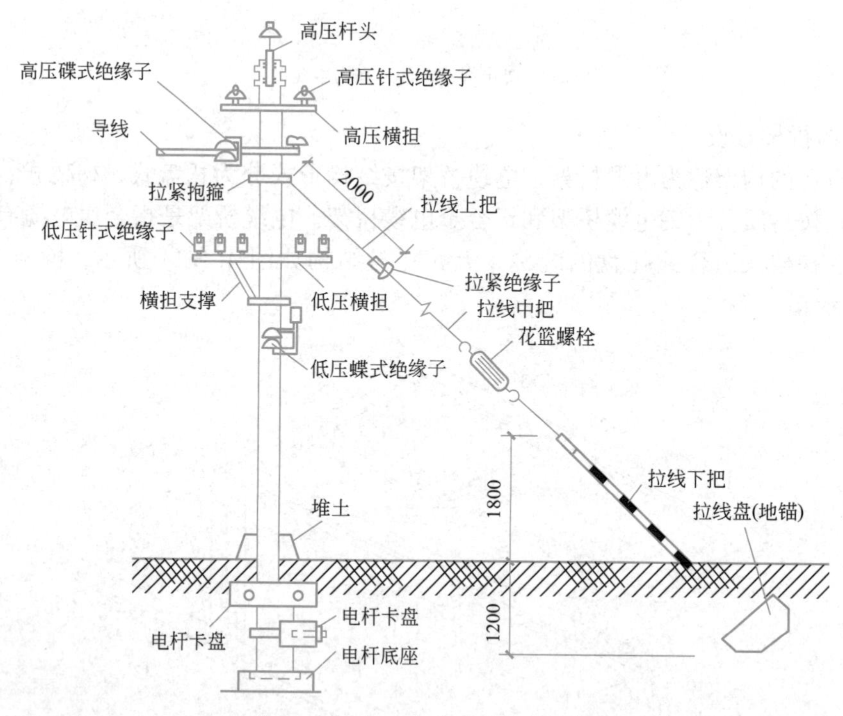

图 4.1.16 架空电力线路电杆结构

2）架空配电线路施工流程

架空配电线路施工包括定位挖坑、立杆、组横担、做拉线、放线、架线、紧线和绑线等工程内容。

（3）线槽配线

线槽配线的施工程序，施工准备→线槽安装→线槽配线→绝缘测试。

1）金属线槽配线

金属线槽多由厚度为0.4～1.5mm的钢板制成，金属线槽配线一般适用于正常环境的室内干燥场所明配，但不适用于有严重腐蚀的场所。具有槽盖的封闭式金属线槽，其耐火性能与钢管相似，可敷设在建筑物的顶棚内。

2）地面内暗装金属线槽配线

地面内暗装金属线槽配线是一种新型的配线方式。该配线方式是将电线或电缆穿在经过特制的壁厚为2mm的封闭式金属线槽内，直接敷设在混凝土地面，现浇钢筋混凝土楼板或预制混凝土楼板的垫层内。暗装金属线槽组合安装如图4.1.17所示。

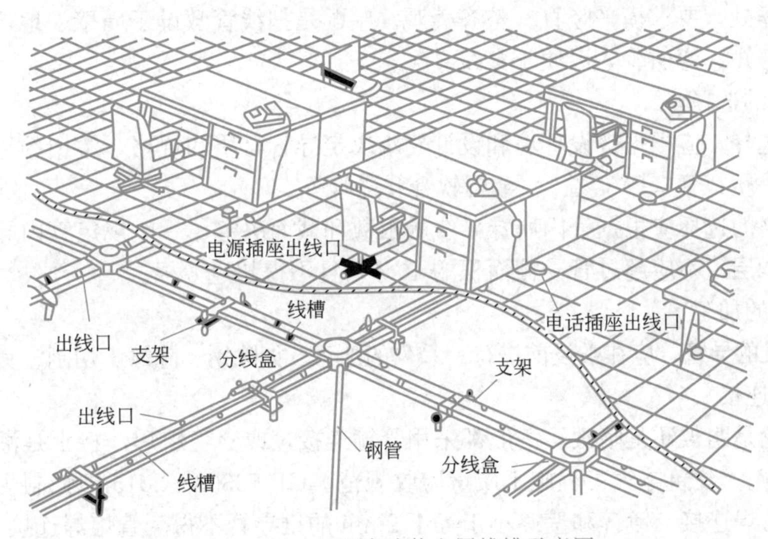

图4.1.17　地面内暗装金属线槽示意图

3）塑料线槽配线

塑料线槽配线适用于正常环境的室内场所，特别是潮湿及酸碱腐蚀的场所，但在高温和易受机械损伤的场所不宜使用。

（4）钢索架设

钢索配线主要用于大跨度的高大厂房的照明配线，借助钢索的支持，采用悬挂线管配线或塑料护套线配线。钢索配线的钢索，通过支架、抱箍、预埋件固定在墙、柱、梁、电杆上，用花篮螺栓从建筑物一边或两边把钢索拉紧，再把导线敷设和灯具悬挂在钢索上，如图4.1.18所示。

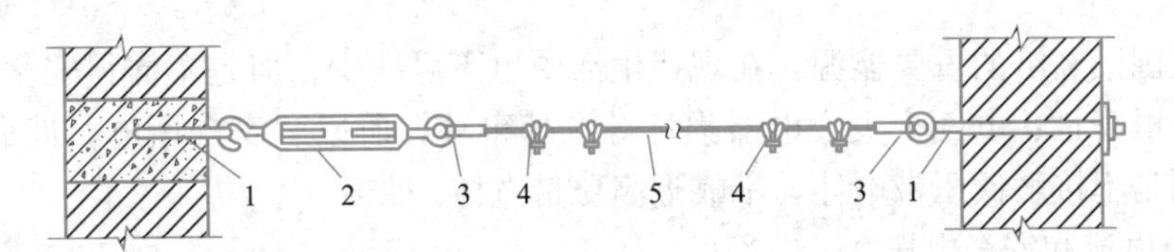

图4.1.18　钢索配线示意图

1—终端耳环；2—花篮螺栓；3—心形环；4—钢丝绳卡子；5—钢丝绳

（5）塑料护套线配线

采用塑料夹固定塑料护套线的配线方式，称为塑料护套线配线。塑料护套线具有防潮和耐腐蚀等性能，可用于比较潮湿和有腐蚀性的特殊场所。塑料护套线多用于照明线路，可以直接敷设在楼板、墙壁等建筑物表面上，但不得直接埋入抹灰层内暗设或建筑物顶棚内。室外受阳光直射的场所不宜明配塑料护套线。

（6）导管配线

将绝缘导线穿在管内敷设，称为导管配线。导管配线安全可靠，可避免腐蚀性气体的侵蚀和机械损伤，更换导线方便。导管配线普遍应用于重要公用建筑和工业厂房中以及易燃、易爆和潮湿的场所。

导管配线通常有明配和暗配两种。明配是把线管敷设于墙壁、柱、梁、顶棚、支架桁架等表面明露处，要求横平竖直、整齐美观。暗配是把线管敷设于墙壁、地坪或楼板内等处，要求管路短、弯曲少，以便于穿线。

1）导管的选择

导管的选择，应根据敷设环境和设计要求决定导管材质和规格，常用的导管有水煤气管、薄壁管、塑料管（PVC管）、金属软管和瓷管等。

导管规格的选择应根据管内所穿导线的根数和截面决定，一般规定管内导线的总截面积（包括外护层）不应超过管子截面积的40%，且不得超过8根。

2）导管的加工

需要敷设的导管，应在敷设前进行一系列的加工、如除锈、除漆、切割、套丝和弯曲。

3）导管连接

钢管不论是明敷还是暗敷，一般都采用管箍连接，或套管熔焊，特别是潮湿场所及埋地和防爆导管。《建筑电气工程施工质量验收规范》GB 50303—2015中强制规定，金属导管严禁对口熔焊连接；镀锌和壁厚小于等于2mm的钢导管不得套管熔焊连接。

4）导管敷设

导管敷设一般从配电箱开始，逐段配至用电设备处，或者可从用电设备端开始，逐段配至配电箱处。

5）扫管穿线

管内穿线工作一般应在管子全部敷设完毕及土建地坪和粉刷工程结束后进行。在穿线前应将管中的积水及杂物清除干净。

 知识拓展

安全用电

电力是国民经济的重要能源，在现代生活中也不可缺少。但是不懂得安全用电知识就容易造成触电身亡、电气火灾、电器损坏等意外事故，所以“安全用电，性命攸关”。安全用电原则是不接触低压带电体，不靠近高压带电体。

1. 安全电流和安全电压

安全电流指的是人体触电后最大的摆脱电流，我国规定，30mA（50Hz交流）为安全电流值，但要求其触电时间不超过1s。

安全电压指的是不致人直接致死或致残的电压，我国规定的安全电压标准有：42V、36V、24V、12V、6V。

2. 保护接地

用电设备的接地可分为保护性接地和功能性接地。为保障人身安全，防止间接触电而将设备的外露可导电部分进行接地，称为保护接地。低压配电系统按保护接地的形式不同，分为 TN 系统，TT 系统和 IT 系统。在民用建筑中一般均采用 TN 系统，TN 系统又依据其 PE 线的设置形式分为 TN-C 系统、TN-S 系统和 TN-C-S 系统。

TN 系统的电源中性点直接接地，并引出有 N 线，属三相四线制系统。当其设备发生一相接地故障时，就形成单相短路，其过电流保护装置动作，迅速切除故障部分。

3. 重复接地

在电源中性点直接接地的 TN 系统中，为确保公共 PE 线或 PEN 线安全可靠，除在电源中性点进行工作接地外，还必须在 PE 线或 PEN 线的下列地方，进行必要的重复接地：

(1) 在架空线路的干线和分支线的终端及沿线每 1km 处。

(2) 电缆和架空线在引入建筑物处。

施工时，一定要保证 PE 线和 PEN 线的安装质量，运行中也要特别注意对 PE 线和 PEN 线状况的检查，PE 线和 PEN 线上一般均不允许装设开关或熔断器。

4. 等电位联结

我们常做的安全接地其实就是等电位联结，它以地电位作为基准电位，由于它联结的范围大、线路距离长，减少故障接触电压的效果并不好。在建筑物内用几根导线作等电位联结可大大减少接触电压，而被联结的金属管道，结构本身往往就是接地电阻小、寿命长的自然接地极，因此除有特殊要求外，做等电位联结后人工接地极没有多大意义。

民用建筑中需进行等电位联结的部位有：

(1) 电缆桥架、设施管道、金属门框架、金属地板、电梯轨道等大尺寸的内部导电物，其等电位联结应以最短路径连到最近的等电位联结带。

(2) 电力线、通信线和外来导电物均应在进入建筑物处做等电位联结。

(3) 信息系统的所有外露导电物应建立一个等电位联结网，并与建筑物的共用接地系统等电位联结。

4.1.2 建筑电气照明系统安装

建筑电气照明系统是建筑供配电系统的一个组成部分，良好的照明是保证安全生产提高劳动生产率和保护工作人员视力健康的必要条件，不同场合对照明装置和线路安装的要求不同。本节主要介绍建筑照明系统的分类、组成，常用材料与设备，照明系统的布置与施工等内容。

4.1.2.1 建筑电气照明系统分类与组成

1. 照明方式

根据工作场所对照度的不同要求，照明方式可分为一般照明、局部照明、混合照明三种方式。

4-5 建筑电气照明系统分类与组成

(1) 一般照明

在工作场所设置人工照明时，只考虑整个工作场所对照明的基本要求，而不考虑局部场所对照明的特殊要求，这种人工设置的照明称为一般照明。

采用一般照明方式时，要求整个工作场所的灯具采用均匀布置的方案，以保证必要的照明均匀度。

(2) 局部照明

在整个工作场所内，某些局部工作部位对照度有特殊要求时，为其所设置的照明，称为局部照明。例如，在工作台上设置工作台灯，在商场橱窗内设置的投光照明，都属于局部照明。

(3) 混合照明

在整个工作场所内同时设置了一般照明和局部照明，称为混合照明。

三种照明方式如图 4.1.19 所示。

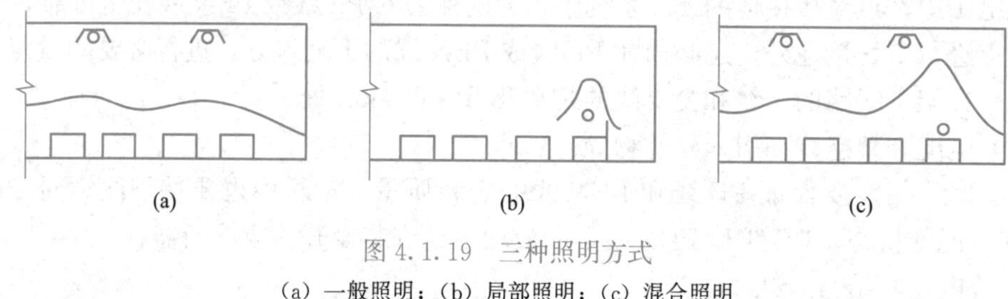

图 4.1.19 三种照明方式

(a) 一般照明；(b) 局部照明；(c) 混合照明

2. 照明种类

照明种类按其功能划分为：正常照明、应急照明、值班照明、警卫照明、障碍照明、装饰照明和艺术照明等。

(1) 正常照明

是指保证工作场所正常工作的室内外照明。正常照明一般单独使用，也可与应急照明和值班照明同时使用，但控制线路必须分开。

(2) 应急照明

在正常照明因故障停止工作时使用的照明称为应急照明。应急照明又分为：

1) 疏散照明

用于确保疏散通道被有效地辨认和使用的照明。在正常照明因故障熄灭后，为了避免发生意外事故，而需要对人员进行安全疏散时，在出口和通道设置的指示出口位置及方向的疏散标志灯，和照亮疏散通道而设置的照明。

2) 备用照明

备用照明是在正常照明发生故障时，用以保证正常活动继续进行的一种应急照明。凡存在因故障停止工作而造成重大安全事故，引起爆炸、火灾、人身伤亡等，或造成重大政治影响和经济损失的场所必须设置备用照明，且备用照明提供给工作面的照度不能低于正常照明的 10%。

3) 安全照明

在正常照明发生故障时，为保证处于危险环境中工作人员的人身安全而设置的一种应急照明，称为安全照明，照度不应低于一般照明正常照度的 5%。

(3) 值班照明

在非工作时间供值班人员观察用的照明称为值班照明。值班照明可单独设置，也可利用正常照明中能单独控制的一部分或利用应急照明的一部分作为值班照明。

(4) 警卫照明

用于警卫区内重点目标的照明称为警卫照明，通常可按警戒任务的需要，在警卫范围内装设，应尽量与正常照明合用。

(5) 障碍照明

为保证飞行物夜航安全，在高层建筑或烟囱上设置障碍标志的照明称为障碍照明。一般建筑物或构筑物的高度不小于60m时，需装设障碍照明，且应装设在建筑物或构筑物最高部位。

(6) 装饰照明

为美化和装饰某一特定空间而设置的照明称为装饰照明。装饰照明可为正常照明和局部照明的一部分。

(7) 艺术照明

通过运用不同的灯具，不同的投光角度和不同的光色，制造出一种特定空间气氛的照明称为艺术照明。

3. 建筑电气照明系统的组成

建筑电气照明系统一般由进户线、总配电箱、干线、分配电箱、支线和用电设备（灯具、插座等）组成，如图4.1.20所示。

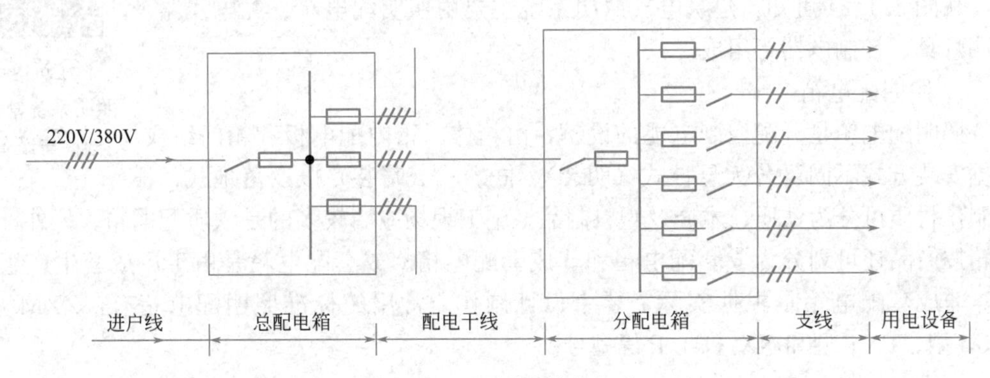

图4.1.20 照明系统的组成

4. 建筑电气照明控制线路

(1) 一只开关控制一盏灯或多盏灯的电气照明图，如图4.1.21所示，注意开关必须接在相线上，零线上不接开关，直接接灯座。这样在开关切断后，灯头就不会带电，以保证使用和维修的安全。一只开关控制多盏灯时，几盏灯均应并联接线，而不是串联接线。

(2) 两只双控开关在两处控制一盏灯的电气照明图，如图4.1.22所示。该线路通常用于楼梯、过道等处。在楼上楼下或走廊两端均可控制灯的接通和断开。

(3) 荧光灯控制线路。荧光灯接线必须要有配套的镇流器、启动器（起辉器）等附件。其接线图如图4.1.23所示，往往在平面图上把灯管、镇流器、启动器等作为一个整体反映出来。

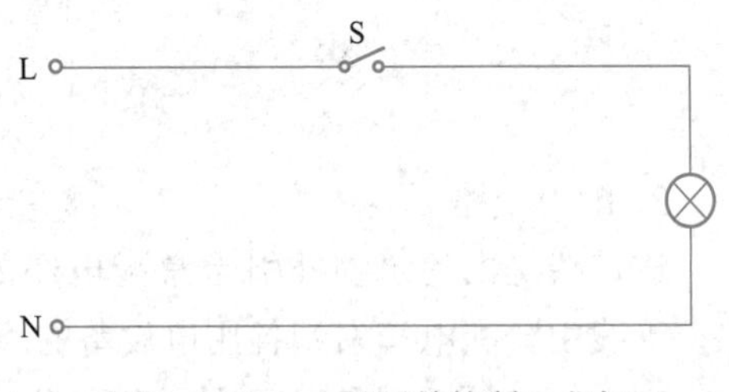

图4.1.21 一只开关控制一盏灯

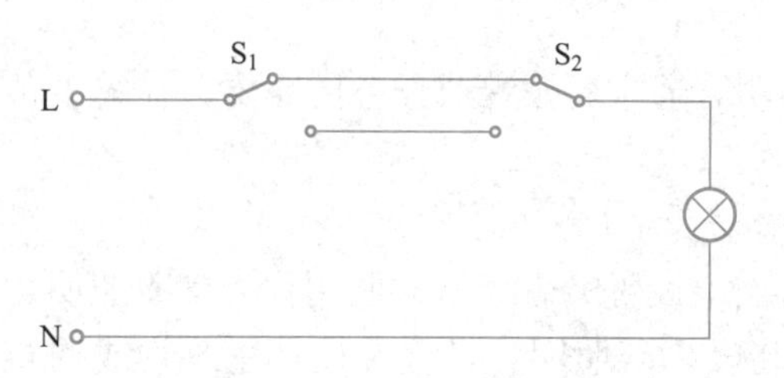

图 4.1.22　两只双控开关在两处控制一盏灯

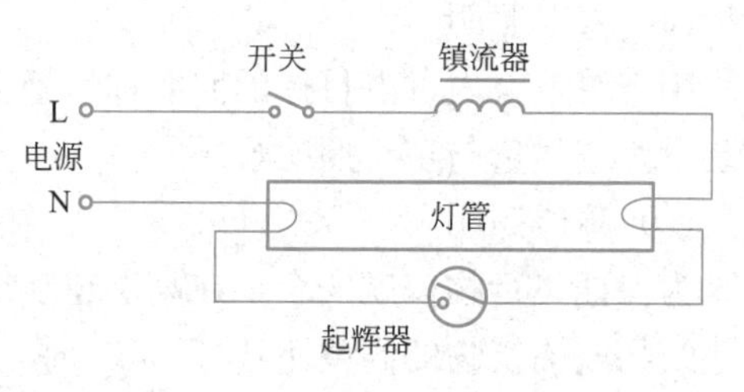

图 4.1.23　荧光灯控制线路

(4) 楼梯灯兼作应急疏散照明的控制线路

高层住宅楼梯灯往往兼作应急灯作疏散照明。楼梯灯一般采用节能延时开关控制。当发生火灾时，由于正常照明电源停电，可将应急照明电源强行切入线路供电，使楼梯灯点亮作为疏散照明。在正常照明时，楼梯灯通过接触器的常闭触头供电，由于接触器常开触头不接通而使应急照明电源处于备用供电状态。当正常照明停电后，接触器断电动作，其常闭触点断开，常开触点闭合，应急照明电源接入楼梯灯线路，使楼梯灯直接点亮，作为火灾时的疏散照明。

4.1.2.2　建筑电气照明系统常用材料与设备

4-6 建筑电气照明系统常用材料与设备

从图 4.1.24 可知，建筑电气照明系统主要由照明配电箱、配电线路及照明灯具、控制电器等组成。

1. 照明配电箱

照明配电箱是分配控制电能的设备，由箱体、箱内配电板和箱门组成。根据安装方式不同可分为悬挂式（明装）、嵌入式（暗装）以及落地式；根据制作材质可分为铁质、木质及塑料制品。施工现场应用较多的是铁质配电箱。另外，配电箱按产品还可划分为成套配电箱和非成套配电箱。成套配电箱是由工厂成套生产组装的；非成套配电箱是根据实际需要来设计制作。常用的标准照明配电箱有：XXM 型、XRM 型、PXT 型和 XX（R）P 等型号。

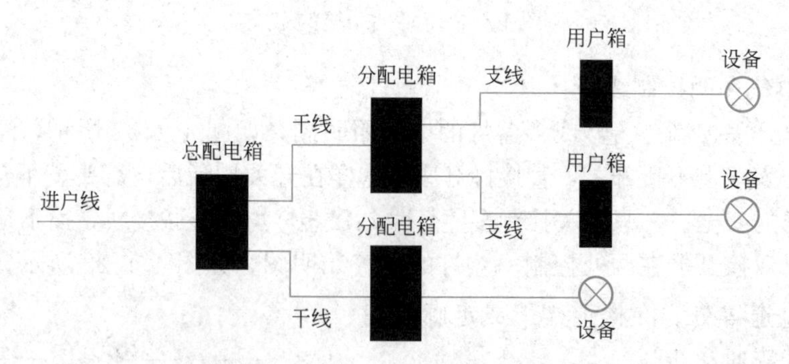

图 4.1.24　建筑电气照明系统

2. 配电线路

进户线是由建筑物外引至总配电箱的一段线路。干线是从总配电箱到分配电箱的线路。支线由分配电箱引到各用电设备的线路。

室内、室外照明工程配线，应采用电压不低于 500V 的绝缘导线。按线芯材料分，有铜芯和铝芯两种，民用建筑内推荐采用铜芯绝缘导线。按绝缘材料分，有橡皮绝缘导线和塑料绝缘导线两种。室内敷设应优先选用塑料绝缘导线，室外敷设应优先选用橡皮绝缘导线。常用绝缘导线见表 4.1.7。

常用绝缘导线　　表 4.1.7

序号	导线型号	名称
1	BV(BLV)	铜(铝)芯聚氯乙烯(PVC)绝缘导线
2	BVV(BLVV)	铜(铝)芯聚氯乙烯绝缘聚氯乙烯护套导线
3	BX(BLX)	铜(铝)芯橡皮绝缘导线
4	BVVB(BLVVB)	铜(铝)芯聚氯乙烯绝缘聚氯乙烯护套平型导线
5	BVR	铜芯聚氯乙烯绝缘软导线
6	BXR	铜芯橡皮绝缘软导线
7	BXS	铜芯橡皮绝缘双股软导线

例如，某导线，型号为 BLV-500-（3×50＋1×25＋PE25），表示铝芯塑料绝缘导线，额定电压 500V，三根相线截面均为 $50mm^2$，一根中性线截面为 $25mm^2$，一根 PE 保护线截面为 $25mm^2$。

3. 常见电光源和灯具

(1) 电光源的分类

根据光的产生原理，电光源主要分为两大类。一类是热辐射光源，利用物体加热时辐射发光的原理所制造的光源，包括白炽灯和卤钨灯。另一类是气体放电光源，利用气体放电时发光的原理所制造的光源，如荧光灯、高压汞灯、高压钠灯、金属卤化物灯和氙灯都属此类光源。

1) 普通白炽灯

发光体是用金属钨拉制的灯丝（钨丝熔点很高，即使在高温下仍能保持固态），点亮时白炽灯的灯丝温度高达 3000℃，炽热的灯丝便产生了光辐射，使白炽灯发出了明亮的光芒。白炽灯有普通照明灯泡和低压照明灯泡两种。普通灯泡额定电压一般为 220V，功率为 10～1000kW，其中 100W 以上者一般采用瓷质螺纹灯头，用于常规照明。低压灯泡额定电压为 6～36V，功率一般不超过 100W，用于局部照明，移动照明和机床电路中的指示灯。白炽灯由玻璃外壳、灯丝、支架、引线、灯头等组成，普通白炽灯的结构如图 4.1.25 所示。

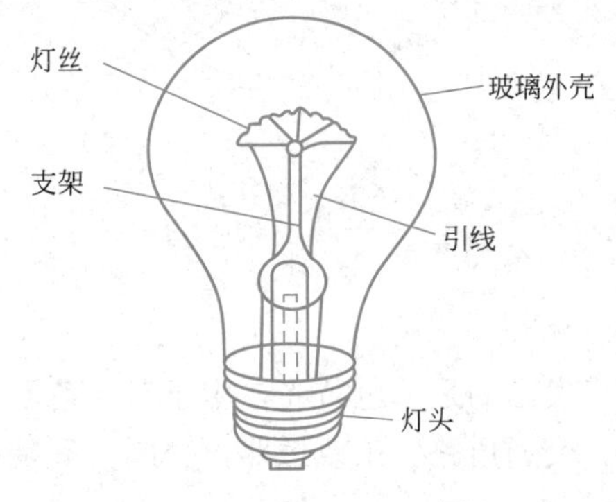

图 4.1.25　普通白炽灯结构

普通白炽灯泡的规格有 15W、25W、40W、60W、100W、150W、200W、300W、500W 等。常用型号有 PZ220、PQ220 等。特点是安装及使用容易、立即启动、成本低，应用广泛。

2）卤钨灯

卤钨灯工作原理与普通白炽灯一样，突出特点是在灯管（泡）内充入惰性气体的同时加入了微量的卤素物质，所以称为卤钨灯。目前国内用的卤钨灯主要有两类：一类是灯内充入微量碘化物，称为碘钨灯，如图 4.1.26 所示；另一类是灯内充入微量溴化物，称为溴钨灯。卤钨灯多制成管状，灯管的功率一般都比较大，特点是体积小、寿命长、发光效率高、色温稳定、显色性好，适用于体育场、广场、机场等场所。常用卤钨灯的型号为 LZC220。

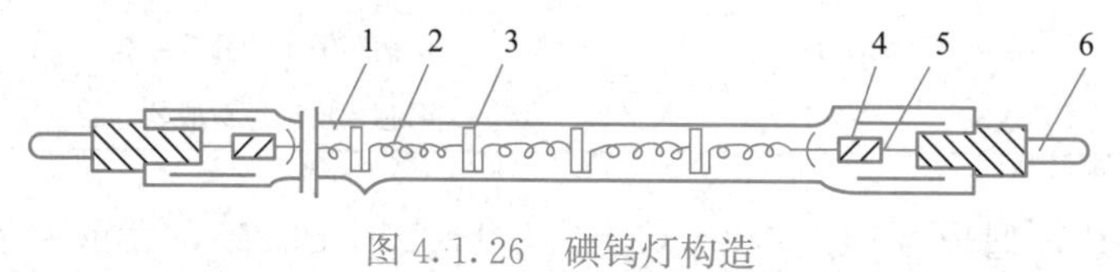

图 4.1.26　碘钨灯构造

1—石英玻璃管；2—灯丝；3—支架；4—钼箔；5—导丝；6—电极

3）低压气体放电灯

① 荧光灯

荧光灯是一种预热式低压汞蒸气放电灯。由放电产生的紫外线辐射激发荧光粉而发光。荧光灯的构造如图 4.1.27 所示。荧光灯主要类型有直管型荧光灯、异型荧光灯和紧凑型荧光灯等。直管型荧光灯品种较多，在一般照明中使用非常广泛。直管型荧光灯有日光色、白色、暖白色及彩色等多种灯管。异型荧光灯主要有 U 型和环形两种，不但便于照明布置，而且更具装饰作用。紧凑型荧光灯是一种新型光源，有双 U 型、双 D 型、H 型等，具有体积小、光效高、造型美观、安装方便等特点，有逐渐替代白炽灯的发展趋势。荧光灯特点是结构简单、制造容易、价格便宜并且发光效率高、光色好、寿命长。

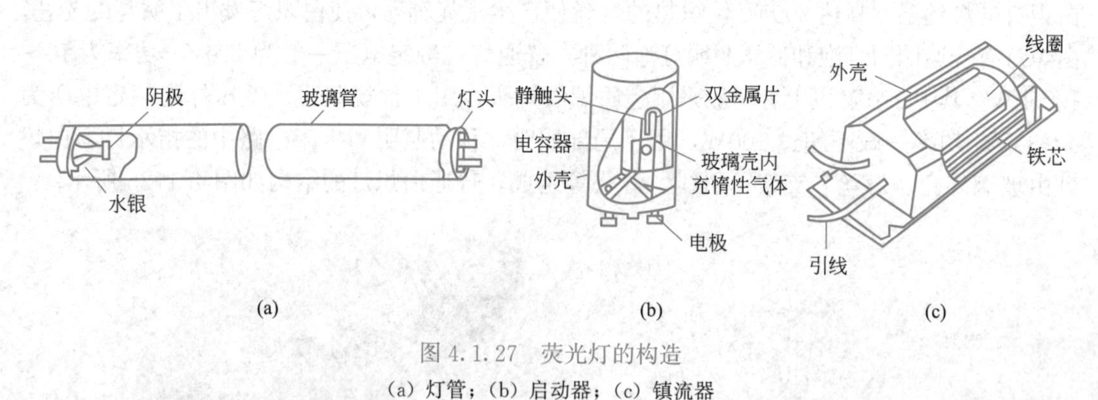

图 4.1.27　荧光灯的构造

（a）灯管；（b）启动器；（c）镇流器

② 低压钠灯

利用低压钠蒸气放电发光的光源。低压钠灯发出的是单色黄光，用于对光色没有要求的场所，透雾性好，节能，特别适合高速公路，交通道路、市政道路，公园，庭院照明及光学仪器中的单色光源。

4）高强度气体放电灯

① 高压汞灯

又称高压水银灯，高压汞灯的主要辐射来源于汞原子激发，以及通过泡壳内壁上的荧光粉将激发后产生的紫外线转换为可见光。按结构可分为外镇流式和自镇流式两种，具有功率大、光效高、耐震、耐热、寿命长、显色性差的特点，如图 4.1.28 所示。自镇流式高压汞灯使用方便，在电路中不用安装镇流器，不能瞬间点燃、启动时间长，适用于大空间场所的照明，如礼堂、展览馆、车间、码头等。常用型号有 GGY50、GGY80 等。

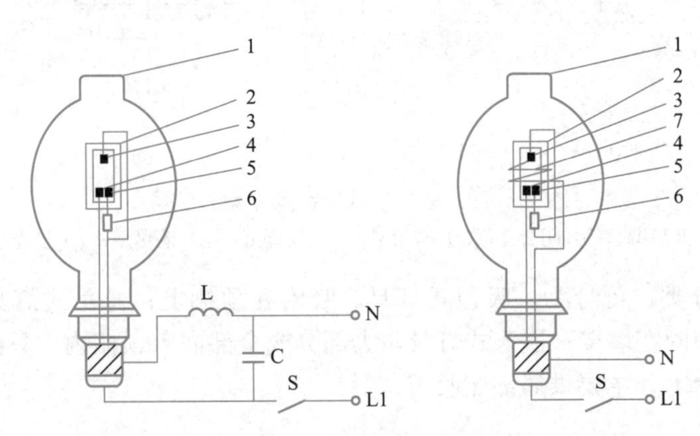

图 4.1.28　高压汞灯的构造

1—外泡壳；2—放电管；3、4—主电极；5—辅助电极；6—限流电阻；
7—自镇流灯丝；L—外镇流器；C—补偿电容器；S—开关

② 高压钠灯

利用高压钠蒸气放电发光的光源。使用时发出金白色光，具有光效高、寿命长、紫外线辐射小、透雾性能好、不诱虫、省电、受电压影响大，再次启动需 10～15s 等特点，适用于道路、隧道及植物栽培等场所照明。常用型号有 NG-110、NG-250 等。

③ 金属卤化物灯

金属卤化物灯的结构与高压汞灯非常相似，除了在放电管中充入汞和氩气外，还填充了各种不同的金属卤化物。按填充的金属卤化物的不同，主要钠铊铟灯、镝灯、钪钠灯等，金卤灯具有发光效率高、显色性能好、寿命长等特点。

④ 氙灯

氙灯是一种弧光放电灯，在放电管两端装有钍钨棒状电极，管内充有高纯度的氙气。具有功率大、光色好、体积小、亮度高、启动方便等优点，被人们誉为“小太阳”多用于广场、车站、码头、机场等大面积场所照明。

⑤ 霓虹灯（半导体发光二极管）

又称氖气灯、年红灯。霓虹灯不作为照明用光源，常用于建筑灯光装饰、娱乐场所装、商业装饰，是用途最广泛的装饰彩灯。

（2）常用灯具

灯具主要由灯座和灯罩等部件构成。灯具的作用是固定和保护电源、控制光线、将光源光通量重新分配，以达到合理利用和避免眩光的目的。

按其结构特点可分为开启型、闭合型（保护式）、密闭型、防爆式等，如图 4.1.29 所示。在正常环境中，可选用开启型灯具，在潮湿、多灰尘的场所，应选用密闭型防水、防潮、防尘灯。

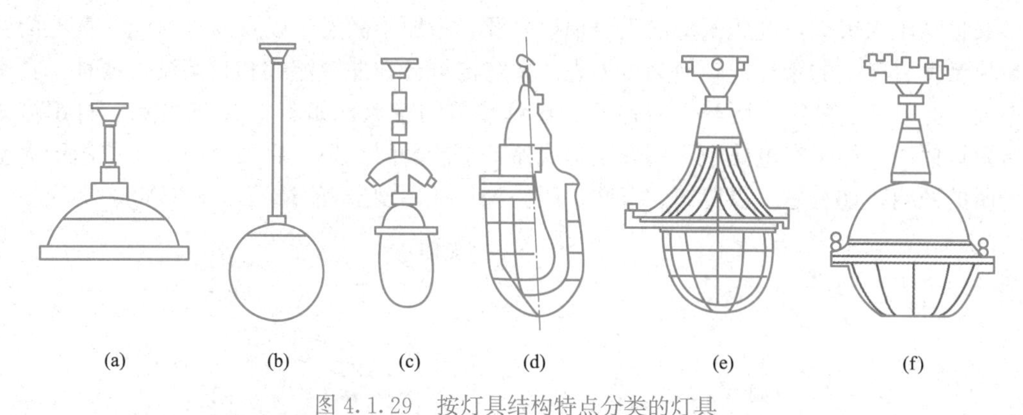

图 4.1.29　按灯具结构特点分类的灯具

(a) 开启型；(b) 闭合型；(c) 密闭型；(d) 防爆型；(e) 隔爆型；(f) 安全型

按安装方式分类，可分为：吸顶式灯具，吸附在顶棚上；悬吊式灯具，挂吊在顶棚上；壁式灯具，吸附在墙壁；嵌入式灯具，大部分或全部嵌入顶棚内，只露出发光面；台式灯具，置于桌台上，主要供局部照明用。

4. 灯开关

灯开关按其安装方式可分为明装开关和暗装开关两种；按其开关操作方式分为接线开关、扳把开关、跷板开关、声光控开关、节能开关、床头开关等；按其控制方式有单控开关和双控开关；按灯具开关面板上的开关数量可分为单联开关、双联开关、三联开关和四联开关等。

(1) 单控开关

单控开关在照明电路中是最常见的，也就是一个开关控制一个回路，根据所联回路的数量又可以分为单控单联、单控双联、单控三联、单控四联等多种形式。如使用单控单联的开关，一个开关控制一组照明灯光，如有多组回路，那么可以用一个单控多联的开关来控制。

(2) 双控开关

双控开关就是两个开关同时控制一个回路，根据所联回路的数量还可以分双联单开、双联双开等多种形式。

5. 插座

插座是各种移动电器的电源接取口，插座的分类有单相双孔插座、单相三孔插座、三相四孔插座、三相五孔插座、防爆插座、地插座、安全型插座等。插座的规格有 10A、15A、30A、60A 等（单相、三相插座相同）。插座的安装分为明装和暗装。

4.1.2.3　建筑电气照明系统布置与施工

1. 照明配电箱的安装

照明配电箱型号繁多，但其安装方式主要有悬挂式明装和嵌入式暗装两种。照明配电箱的安装高度应符合施工图纸要求。若无要求时，一般底边距地面为 1.5m，安装垂直偏差不应大于 3mm。配电箱上应注明

4-7 建筑电气照明系统布置与安装

用电回路名称。

(1) 悬挂式配电箱的安装方法

悬挂式配电箱可安装在墙或柱子上。直接安装在墙上时，可用埋设固定螺栓，或用膨胀螺栓。

施工时，先量好配电箱安装孔的尺寸，然后在墙上定位打洞，埋设螺栓，待填充的混凝土牢固后，便可安装配电箱。安装配电箱时，要用水平尺放在箱顶上，测量箱体是否水平。

配电箱安装在支架上时，应先加工好支架，然后将支架埋设固定在墙上，或用抱箍固定在柱子上，再用螺栓将配电箱安装在支架上，并对其进行水平调整和垂直调整。照明配电箱安装应牢固，其安装高度应按施工图纸要求。

(2) 暗装式配电箱的安装方法

配电箱暗装（嵌入式安装）通常是配合土建砌墙时将箱体预埋在墙内。面板四周边缘应紧贴墙面，箱体与墙体接触部分应刷防腐漆；按需要砸下敲落孔压片；有贴脸的配电箱，应把贴脸揭掉。

(3) 照明配电箱安装要求

施工现场常使用的是成套配电箱，其安装程序是：成套铁制配电箱箱体现场预埋→管与箱体连接→安装盘面→装盖板（贴脸及箱门）。

《建筑电气工程施工质量验收规范》GB 50303—2015 对照明配电箱（盘）的安装有明确要求：

位置正确，部件齐全，箱体开孔与导管管径适配，暗装配电箱箱盖紧贴墙面，箱（盘）涂层完整。

箱（盘）内接线整齐，回路编号齐全，标识正确。

箱（盘）不采用可燃材料制作。

箱（盘）安装牢固，垂直度允许偏差为 1.5%；底边距地面为 1.5m，照明配电板底边距地面不小于 1.8m。

箱（盘）内配线整齐，无铰接现象。导线连接紧密，不伤芯线，不断股。垫圈下螺栓两侧压的导线截面积相同，同一端子上导线连接不多于 2 根，防松垫圈等零件齐全。

箱（盘）内开关动作灵活可靠，带有漏电保护的回路，漏电保护装置动作电流不大于 30mA，动作时间不大于 0.1s。

照明箱（盘）内，分别设置零线（N）和保护地线（PE 线）汇流排，零线和保护地线经汇流排配出。

2. 配管配线

照明线路和线管在建筑物、构筑物内的敷设，统称室内配管配线。根据房屋建筑结构及要求的不同，配管配线又分为明配和暗配两种，明配是导线沿墙壁、天花板、横梁及柱子等表面敷设，暗配是指导线穿管敷设于墙壁、顶棚、地面及楼板等处的内部。

(1) 常用配线方法

常用配线方法有导管配线、线槽配线、塑料护套配线、钢索配线等。

(2) 室内布线的工艺步骤

室内布线无论何种方式，主要有以下工序：

按设计图样确定灯具、插座、开关、配电箱等装置的位置。

勘察建筑物情况，确定导线敷设的路径，穿越墙壁或楼板的位置。

在土建未涂灰之前，打好布线所需的孔眼，预埋好螺钉、螺栓或木榫。暗敷线路，还要预埋接线盒、开关盒及插座盒等。

装设绝缘支撑物、线夹或管卡。

进行导线敷设，导线连接、分支或封端。

将出线接头与电器装置或设备连接。

(3) 室内布线的技术要求

室内布线不仅要使电能安全、可靠地传送，还要使线路布置正规、合理、整齐和牢固，其技术要求如下：

所用导线的额定电压应大于线路的工作电压，导线的绝缘应符合线路的安装方式和敷设环境的条件。导线的截面积应满足供电安全电流和机械强度的要求，一般的家用照明线路选用 2.5mm² 的铝芯绝缘导线或 1.5mm² 的铜芯绝缘导线为宜。

布线时应尽量避免导线有接头，若必须有接头时，应采用压接或焊接，连接方法按导线的电连接中的操作方法进行，然后用绝缘胶布包缠好。穿在管内的导线不允许有接头，必要时应把接头放在接线盒、开关盒或插座盒内。

布线时应水平或垂直敷设，水平敷设时导线距地面不小于 2.5m，垂直敷设时导线距地面不小于 2m，布线位置应便于检查和维修。

导线穿过楼板时，应敷设钢管加以保护，以防机械损伤。导线穿过墙壁时，应敷设塑料管保护，以防墙壁潮湿产生漏电现象。导线相互交叉时，应在每根导线上套绝缘管，并将套管牢靠固定，以避免碰线。

为确保用电的安全，室内电气线路及配电设备和其他管道、设备间的最小距离，应符合有关规定，否则应采取其他保护措施。

3. 灯具安装

(1) 材料要求

灯具的型号、规格必须符合设计要求和现行国家标准的规定。灯内配线严禁外露，灯具配件齐全，无机械损伤、变形、油漆剥落，灯罩破裂，灯箱歪翘等现象。所有灯具应有产品合格证。

照明灯具使用的导线其电压等级不应低于交流 750V，其最小线芯截面应符合表 4.1.8 所示的要求。

导线线芯最小允许截面 **表 4.1.8**

安装场所的用途		线芯最小截面/mm		
		铜芯软线	铜线	铝线
照明用灯头线	民用建筑室内	0.5	0.5	2.5
	工业建筑室内	0.5	1.0	2.5
	室外	1.0	1.0	2.5
移动式用电设备	生活用	0.5	—	—
	生产用	1.0	—	—

(2) 灯具安装

灯具安装包括普通灯具安装、装饰灯具安装、荧光灯具安装、工厂灯及防水防尘灯安装、工厂其他灯具安装、医院灯具安装和路灯安装等。常用安装方式有悬吊式、壁装式、吸顶式、嵌入式等。悬吊式又可分为软线吊灯、链吊灯、管吊灯。灯具安装方式如图 4.1.30 所示。

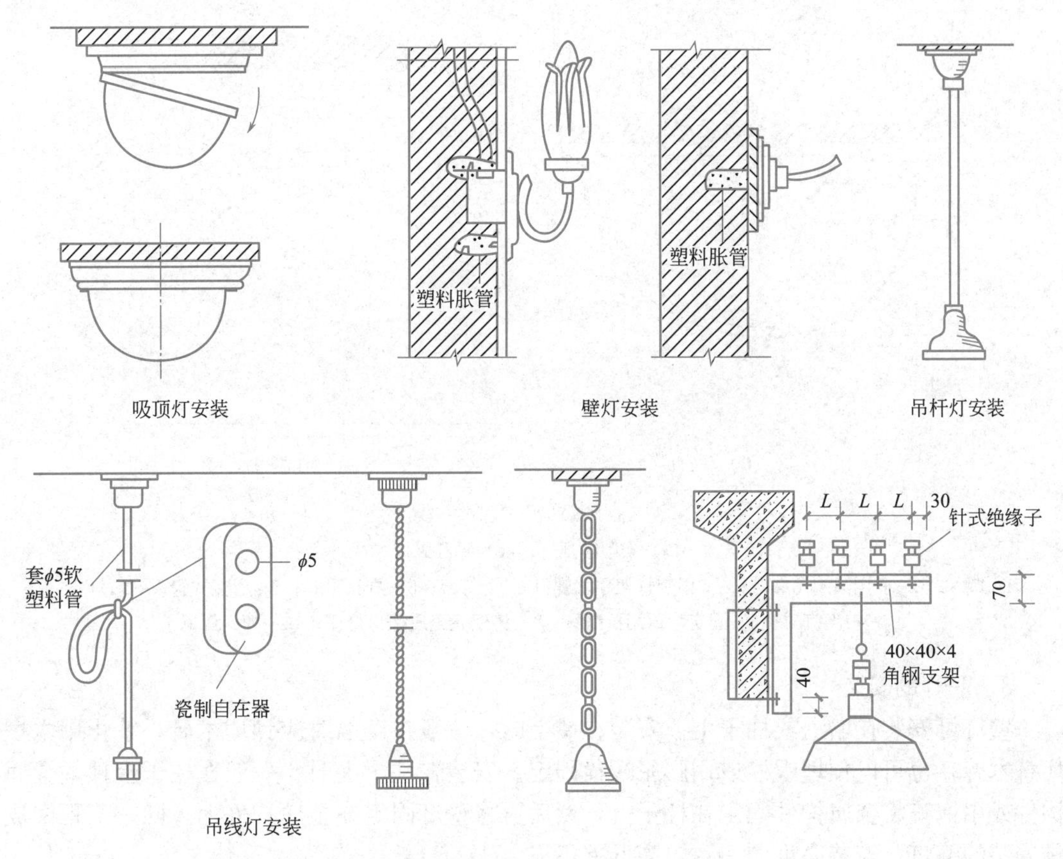

图 4.1.30 灯具安装方式

1) 吊灯的安装

吊灯安装包括软吊线白炽灯、吊链白炽灯、防水软线白炽灯；其主要配件有吊线盒、木台、灯座等。吊灯的安装程序是测定、划线、打眼、埋螺栓、上木台、灯具安装、接线、接焊包头。依据《建筑电气工程施工质量验收规范》GB 50303—2015 对吊灯的安装要求是：

灯具重量大于 3kg 时，固定在螺栓或预埋吊钩上。

软线吊灯，灯具重量在 0.5kg 及以下时，采用软电线自身吊装；大于 0.5kg 的灯具采用吊链，且软电线编叉在吊链内，使电线不受力。

灯具固定牢固可靠，不使用木楔。每个灯具固定用螺钉或螺栓不少于 2 个；当绝缘台直径在 75mm 及以下时，采用 1 个螺钉或螺栓固定。

花灯吊钩圆钢直径不应小于灯具挂销直径，且不应小于 6mm。大型花灯的固定及悬吊装置，应按灯具重量的 2 倍做过载试验。

2）吸顶灯的安装

吸顶灯安装包括圆球吸顶灯、半圆球吸顶灯以及方形吸顶灯等。吸顶灯的安装程序与吊灯基本相同。对装有白炽灯的吸顶灯具、灯泡不应紧贴灯罩；当灯泡与绝缘台间距离小于 5mm 时，灯泡与绝缘台间应采取隔热措施，如图 4.1.31 所示。

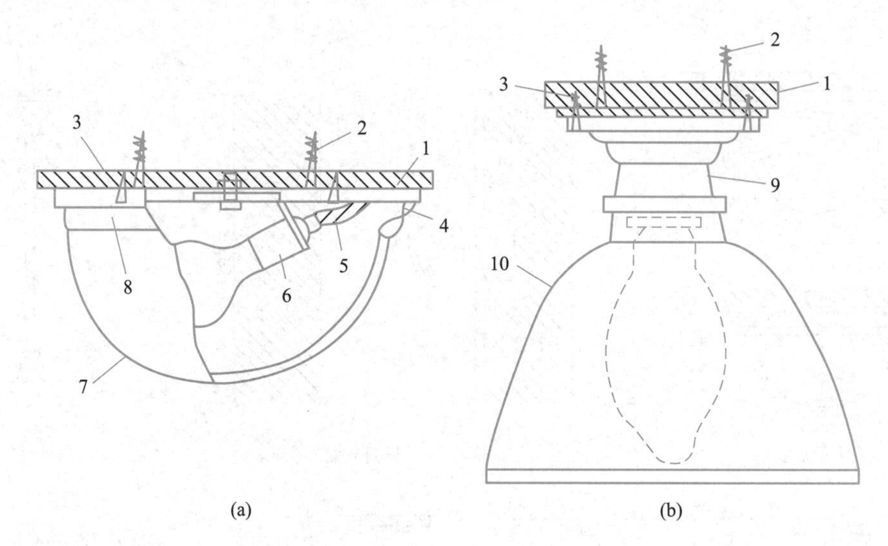

图 4.1.31　吸顶灯的安装

（a）半圆吸顶灯；（b）平圆罩灯

1—圆木；2—固定圆木用螺钉；3—固定灯架用木螺钉；4—灯架；5—灯头引线；6—管接式瓷质螺口灯座；7—玻璃灯罩；8—固定灯罩用机螺钉；9—铸铝壳瓷质螺口灯座；10—搪瓷灯罩

3）壁灯的安装

壁灯可安装在墙上或柱子上。安装在墙上时，一般在砌墙时应预埋木砖，禁止用木楔代替木砖，也可以预埋螺栓或用膨胀螺栓固定。安装在柱子上时，一般在柱子上预埋金属构件或用抱箍将金属构件固定在柱子上，然后再将壁灯固定在金属构件上。同一工程中成排安装的壁灯，安装高度应一致，高低差不应大于 5mm。

4）荧光灯的安装

荧光灯是由灯管、启辉器、镇流器、灯座和灯架等部件组成的。在灯管中充有水银蒸气和氩气，灯管内壁涂有荧光粉，灯管两端装有灯丝，通电后灯丝能发射电子轰击水银蒸气，使其电离，产生紫外线，激发荧光粉而发光。

荧光灯发光效率高、使用寿命长、光色较好、经济省电，故也被广泛使用。荧光灯按功率分，常用的有 6W、8W、15W、20W、30W、40W 等多种；按外形分，常用的有直管形、U 形、环形、盘形等多种；按发光颜色分，又分有日光色、冷光色、暖光色和白光色等多种。

荧光灯的安装方式有悬吊式和吸顶式。应注意灯管、镇流器、启动器、电容器的互相匹配，不能随便代用。特别是带有附加线圈的镇流器，接线不能接错，否则会毁坏灯管。吸顶式安装时，灯架与顶棚之间应留 15mm 的间隙，以利通风。

具体安装步骤如下：

安装前的检查。安装前先检查灯管、镇流器、启辉器等有无损坏，镇流器和启辉器是否与灯管的功率相配合。特别注意，镇流器与日光灯管的功率必须一致，否则不能使用。

各部件安装。悬吊式安装时，应将镇流器用螺钉固定在灯架的中间位置；吸顶式安装时，不能将镇流器放在灯架上，以免散热困难，可将镇流器放在灯架外的其他位置。将启辉器座固定在灯架的一端或一侧边上，两个灯座分别固定在灯架的两端，中间的距离按所用灯管长度量好，使灯脚刚好插进灯座的插孔中。

5）嵌入式灯具的安装

嵌入顶棚内的灯具应固定在专设的框架上，导线不应贴近灯具外壳，且在灯盒内应留有余量，灯具的边框应紧紧贴在顶棚面上。矩形灯具的边框宜与顶棚面的装饰直线平行，其偏差不应大于5mm。

为了保证用电安全，《建筑电气工程施工质量验收规范》GB 50303—2015中对灯具的安装有以下规定：

一般敞开式灯具，灯头对地面距离不小于下列数值（采用安全电压时除外），室外2.5m；厂房2.5m；室内2m。

危险性较大及特殊危险场所，当灯具距地面高度小于2.4m时，使用额定电压为36V及以下的照明灯具，或有专用保护措施。

当灯具距地面高度小于2.4m时，灯具的可接近裸露导体必须接地（PE）可靠或接零（PEN）可靠，并应有接地螺栓，且有标识。

4. 灯开关安装

为了装饰美观，安装在同一建筑物、构筑物内的开关，宜采用同一系列的产品，开关的通断位置应一致，且操作灵活、接触可靠。并列安装的相同型号开关距地面高度应一致，高度差不应大于1mm；同一室内安装的并列高度差应不大于5mm；并列安装的拉线开关的相邻间距不应小于20mm。

跷板式开关只能暗装，其通断位置如图4.1.32所示，扳把开关可以明装也可暗装，但不允许横装。扳把向上时表示开灯，向下时表示关灯，如图4.1.33所示。

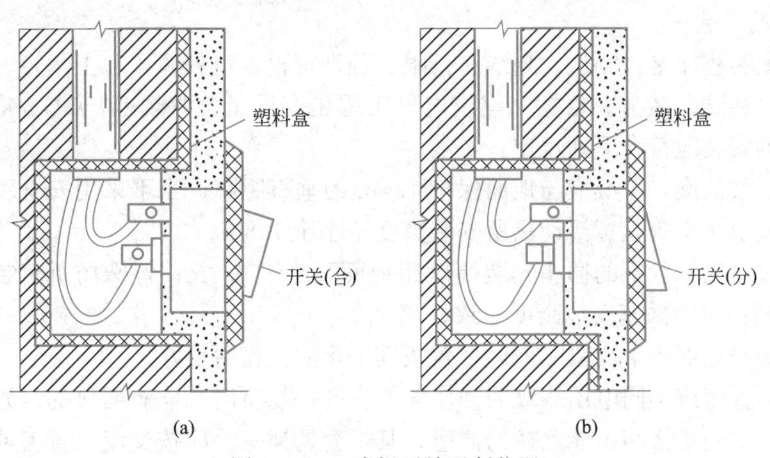

图4.1.32　跷板开关通断位置

（a）开关处在合闸位置；（b）开关处在断开位置

开关安装要求：

接线开关距地面的高度一般为2～3m；距门口为150～200mm；且拉线的出口应

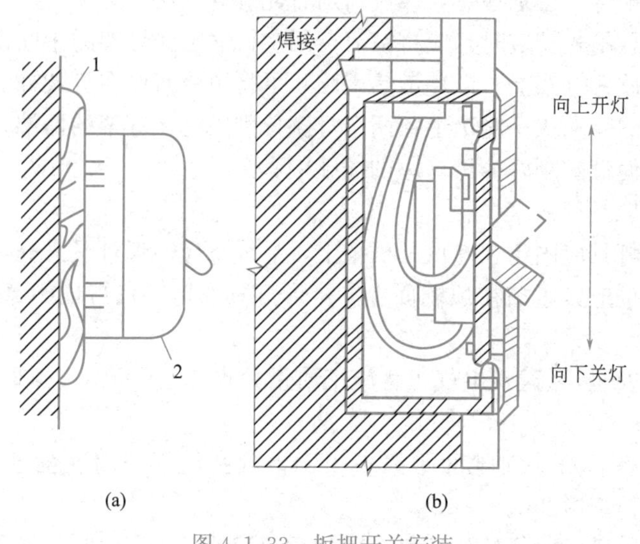

图 4.1.33　扳把开关安装

(a) 明装；(b) 暗装

向下；

扳把开关距地面的高度为 1.4m，距门口为 150～200mm，开关不得置于单扇门后；

暗装开关的面板应端正、严密并与墙面平；

开关位置应与灯位相对应，同一室内开关方向应一致；

成排安装的开关高度应一致，高低差不大于 2mm，拉线开关相邻间距一般不小于 20mm；

多尘潮湿场所和户外应选用防水瓷质拉线开关或加装保护箱；

在易燃、易爆和特别潮湿的场所，开关应分别采用防爆型、密闭型，或安装在其他处所控制。

5. 插座的安装

插座的安装程序是：测位、划线、打眼、预埋螺栓、清扫盒子、上木台、缠钢丝弹簧垫、装插座、接线、装盖。根据《建筑电气工程施工质量验收规范》GB 50303—2015 中指出，插座的安装应符合下列规定：

插座的安装高度，一般应与地面保持 1.4m 的垂直距离，当不采用安全型插座时，托儿所、幼儿园及小学等儿童活动场所安装高度不小于 1.8m。

车间及试（实）验室的插座安装高度距地面不小于 0.3m；特殊场所暗装的插座不小于 0.15m；同一室内插座安装高度一致。

插座面板与地面齐平或紧贴地面，盖板固定牢固，密封良好。

当交流、直流或不同电压等级的插座安装在同一场所时，应有明显的区别，且必须选择不同结构，不同规格和不能互换的插座；其配套的插头，应按交流、直流或不同电压等级区别使用。

插座的接线应符合下列要求：

单相两孔插座，面对插座的右孔或上孔与相线连接，左孔或下孔与零线连接；单相三孔插座，面对插座的右孔与相线连接，左孔与零线连接。

单相三孔、三相四孔及三相五孔插座的接地线或接零线均应接在上孔。如图 4.1.34 所示。插座的接地端子不应与零线端子直接连接。

接地（PE）或接零（FEN）线在插座间不串联连接。

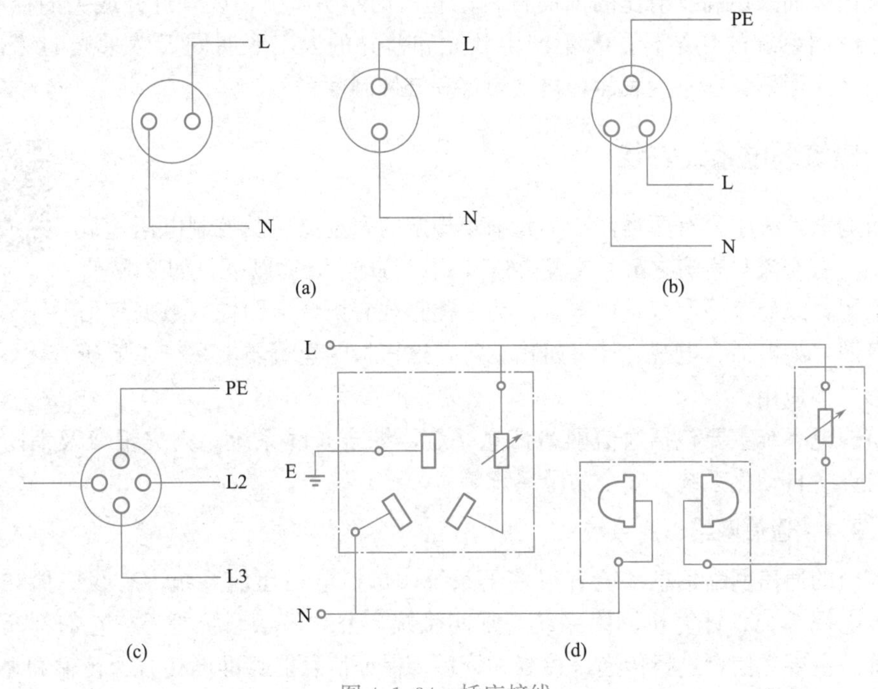

图 4.1.34 插座接线

（a）单相两孔插座；（b）单相三孔插座；（c）三相四孔插座；（d）安全型插座

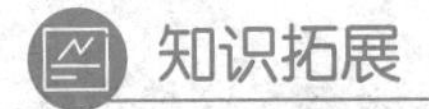

知识拓展

绿色照明

绿色照明是指通过科学的照明设计施工，采用效率高、寿命长、安全和性能稳定的照明电器产品（电光源、灯用电器附件、灯具、配线器材以及控光器件），改善提高人们工作、学习、生活的条件和质量，从而创造一个高效、舒适、安全、经济、有益的环境并充分体现现代文明的照明。

绿色照明概念是在 1991 年由美国首先提出来的，其目的在于节约能源，保护地球环境和提高照明质量。目前，世界上许多国家都在积极开展实施绿色照明计划。

从 1996 年开始，我国组织实施了“中国绿色照明工程”。其主要目的是促进我国高效照明电器产品的发展，提高生产企业的产品质量，引导和规范市场秩序，扩大优质照明电器产品的市场份额；通过宣传教育，提高消费者照明节电意识和对高效照明产品的认识，增进产品的市场消费，逐步建立一个健康的高效照明产品市场服务体系。2001 年国家经贸委与联合国开发计划署（UNDP）和全球环境基金（GEF）共同启动了“中国绿色照明工程促进项目”。该项目由国家经贸委资源节能与综合利用司负责组织实施，并成立了中国绿色照明工程促进项目办公室。

绿色照明的原则是必须在保证有足够照明数量和质量的前提下，尽可能节约照明用电。主要有以下几个方面：①根据视觉工作需要，决定照度水平；②得到所需照度水平的节能照明设计；③在考虑显色性的基础上采用高光效光源；④采用不产生眩光的高效率灯具；⑤室内表面采用高反射比的饰面材料；⑥根据照明需要，设置灯开或关的控制装置；⑦照明和空调系统的热结合；⑧不产生眩光和差异的人工照明同天然采光的综合利用；⑨定期清洁照明器具和室内表面，建立换灯和维修制度。

4.1.3 建筑弱电系统安装

4-8 建筑弱电系统概述

建筑弱电系统主要有两类，一类是国家规定的安全电压及控制电压等低电压电能，有交流与直流之分，交流 36V 以下，直流 24V 以下，如 24V 直流控制电源，或应急照明灯备用电源。另一类是载有语音、图像、数据等信息的信息源，如电话、电视、计算机信息等，这里指的建筑弱电系统主要研究的是第二类应用。

建筑弱电系统主要包括通信网络信息系统、综合布线系统、火灾报警及消防联动系统、建筑设备自动化系统、安全防范系统等。

4.1.3.1 通信网络信息系统

建筑内的通信网络信息系统有很多子系统，包括电话通信系统、有线广播和扩声系统、有线电视系统、计算机网络系统、呼叫系统、公共显示系统等等。它们都属于“弱电”系统。主要对信息进行传递、控制和管理，保证信息能够准确接收、传输和显示，以满足人们对各种信息的需要。

1. 电话通信系统

（1）电话通信系统的组成

电话通信系统有三个组成部分：电话交换设备、传输系统和用户终端设备。交换设备主要就是电话交换机，是接通电话用户之间通信线路的专用设备。电话交换机的发展很快，它从人工电话交换机发展到自动电话交换机，又从电子式自动电话交换机发展至如今普遍应用的数字程控电话交换机。数字式程控交换机的工作原理是预先把电话交换的功能编制成相应的程序，并把这些程序和相关的数据都存入存储器中，当用户呼叫时，由处理机根据程序所发出的指令来控制交换机的操作，以完成通信接续功能。

电话传输系统按传输媒介分为有线传输和无线传输。建筑内通信系统主要指有线传输。有线传输按信息工作方式又可分为模拟传输和数字传输两种。模拟传输是将信息转换成为与之相应大小的电流模拟量进行传输，例如普通电话就是采用模拟语言信息传输。

用户终端设备，以前主要指电话机，随着通信技术的迅速发展，现在又增加了许多新设备，如传真机、计算机终端等。它直接实现用户对信息的需求。

（2）电话通信系统的配线方式

在民用建筑中，电话通信系统实际上可根据有无程控交换机分为两类：一类为无中继线，全体用户均为直拨电话的系统，用户电话线经适当处理后直接进入市话网络，称为直线配线方式；另一类则设有专用的程控交换机，由市话网引来电缆（包括中继线和直拨电话），先经总配线架再进入程控交换机（中继线）或直接经总配线架—各楼层分线箱—用户（直拨和分机配线），称为交接变线方式。前一类系统多应用于住宅建筑和较小规模商业建筑；后一类多应用于综合性办公楼、大型宾馆等终端用户业务量较大、信息功能较复杂的建筑。图 4.1.35 为典型的电话通信系统。

（3）电话通信系统的室内线路

建筑内电话系统的室内线路有明线和暗线两种敷设方式，除了既有的标准不高的建筑使用明配线外，一般新建与改建民用建筑都采用暗配线方式。在进行电话系统暗配线设计时，一般应注意：

在考虑线路和交接箱、上升电缆、分线箱的容量时，应该以楼房用户的最大可能使用量作为依据。

在有用户交换机的建筑物内一般将配线架设在电话站（机房）内，在无用户交换机的建筑物内，一般在首层或二层设交接箱。

高层建筑中应设置弱电专用竖井，从电话站（机房）或交接箱出来的分支电缆一般采用桥架、线槽或钢管敷设至电气竖井，分支电缆在竖井内应穿钢管、线槽或电缆桥架沿墙明敷至各层分线箱。各层分线箱一般就安装在弱电竖井里，一般为挂墙明装，距地 2.0m 左右。在多层建筑中，一般采用电缆穿管暗敷方式，电缆管上升点的位置应选在：①靠近各层分线箱：②各层的上升点位置无其他设施并且建筑结构容许设置；③上升点应与强电、煤气、给水排水管线保持一定的距离。

室内配线宜采用全铜芯电线或电缆，常用的电话线和电话电缆型号有 RVB 型（扁形无护套软线）、RVVB 型（扁形护套软线）和 HPVV 型（聚氯乙烯绝缘和护套的电话屏蔽线）等。

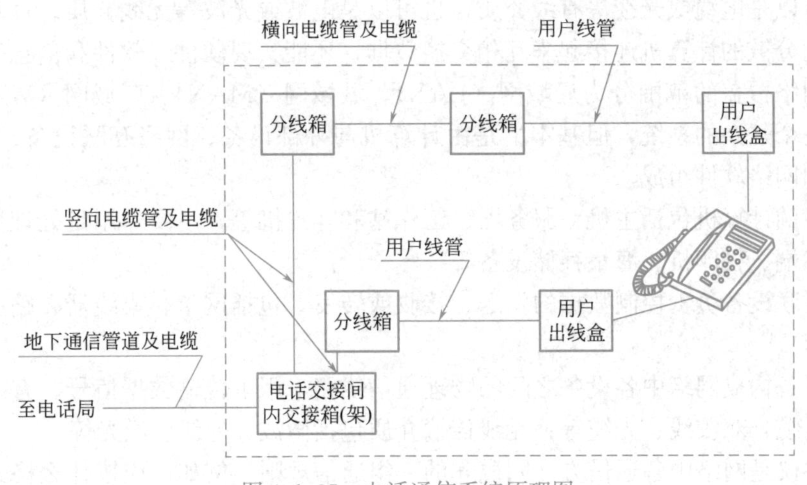

图 4.1.35　电话通信系统原理图

2. 共用天线电视系统

共用天线电视系统（CATV），具有接收、整理、传输和分配电视信号的功能，能向电视用户提供稳定的、强度合适的不失真信号。CATV 系统一般由前端、干线传输和用户分配三个部分组成。前端部分主要包括电视接收天线、频道放大器、调制器和混合器等设备。

干线传输系统是把前端接收处理、混合后的电视信号，传输给用户分配系统的一系列传输设备。一般在较大型的CATV系统中才有干线部分。

用户分配部分是CATV系统的末端部分，主要包括放大器、分配器、分支器、系统输出端以及电缆线路等。我们在建筑中一般所指的电视系统就是指的CATV系统中的用户分配系统。

3. 公共广播系统

在民用建筑中，公共广播系统是指面向公众区（广场、车站、码头、商场、餐厅、走廊、教室等）和宾馆客房的广播音响系统。它包括业务广播、背景音乐和紧急广播功能，平时播放背景音乐和其他节目，出现火灾等紧急情况时，强切转换为紧急广播。这种系统中的传声器（话筒）与向公共进行广播的扬声器一般不在同一房间内，而且其服务范围广，传输距离长。因此，虽然公共广播也是一个扩声系统，但它对音质的要求往往不如专业扩声系统那么高，而注重强调系统功能的可靠性和实用性。

公共广播系统的基本结构如图4.1.36所示。

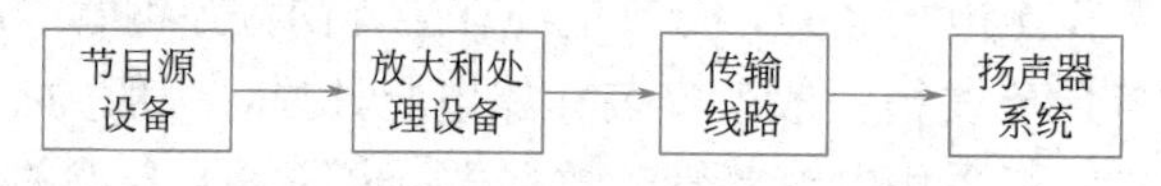

图4.1.36　公共广播系统的基本结构

公共广播系统主要由节目源设备、放大和处理设备、传输线路、扬声器系统四大部分线组成。

4. 计算机网络系统

计算机网络是由多台独立的计算机按照约定的协议，通过传输介质连接而成的集合。传输介质可以是电缆或光缆等有线介质，也可以是电波或光波等无线介质。计算机网络能使在地理上分散的计算机连接起来互相交换数据，还能实现硬件、软件和信息等资源的共享。按照网络覆盖的范围分为局域网（LAN）、城域网（MAN）、广域网（WAN）。计算机网络是一个复杂的系统，但基本上是由计算机与外部设备、网络互联设备、传输介质、网络协议和网络软件组成。

网络中的计算机包括主机、服务器、工作站和客户机等，主要作用是处理数据。外部设备包括终端、打印机、海量存储设备等。

网络互联设备负责控制数据的发送、接收或转发，包括网卡、集线器、路由器、中继器、网桥等。

传输设备构成网络中各设备之间的物理通信线路，用于传输数据信号。有线传输介质包括同轴电缆、双绞线、光缆等；无线传输介质包括微波、外线、激光等。

网络协议是网络中各通信方共同遵守的一组通信规则。例如，应按什么格式组织和传输数据，如何区分不同性质的数据等。

5. 视频安防监控系统

视频安防监控系统主要用于工业、交通、商业、金融、医疗卫生、军事及安全保卫等领域，是现代化管理、监测、控制的重要手段之一。它能实时、形象、真实地反映监控的对象，能够及时获取大量丰富的信息，有效提高管理效率和自动化水平。

一般的视频安防监控系统由摄像、传输、控制、图像处理和显示四个部分组成，摄像部分的作用是把系统所监视的目标的光、声信号变成电信号，送入系统中的传输分配部分进行传送，其核心是电视摄像机。摄像机的种类很多，不同的系统可以根据不同的使用目的选择不同的摄像机及镜头。摄像机通常安装在可水平和垂直回转的摄像机云台上。

传输分配部分的主要作用是将摄像机输出的视频和音频信号馈送到中心机房或监控室。传输分配部分一般有馈线（同轴电缆），视频分配器、视频电缆补偿器、视频放大器等设备。

控制部分的作用是在监控室通过有关设备对摄像机、云台和传输分配部分的设备进行远程控制。其功能主要是实现对摄像机的电源、旋转广角变焦的控制和实现对云台远程的驱动。

图像处理和显示部分实现对传输回来的图像综合的切换、记录、重放、加工、复制和利用监视器进行图像重现。

4.1.3.2 综合布线系统

综合布线系统是建筑物或建筑群内部之间的传输网络，使用统一的传输导线，统一的接口器件。它使建筑物或建筑群内部的语音、数据通信设备、信息交换设备、建筑物物业管理及建筑物自动化管理设备等系统之间彼此相连，也能使建筑物内通信网络设备与外部的通信网络相连。

使用综合布线时，用户不必定义某个房间信息插座的具体应用，只把某种终端设备（如电话、计算机等）插入这个信息插座，然后在管理区和设备区的连接设备上做相应的接线操作，这个终端设备就被接入各自的系统中了。综合布线可以适应各种用户的需求，不需要重复投资。

从理论上讲，综合布线系统可以支持几乎所有智能建筑中所有子系线的信号传送。但实际上综合布线系统主要传输的是通信系统和计算机网络系统的语音、数据、图形信息。在综合布线的系统设计中，不包括监控、保安、对讲传呼、时钟、消防报警等系统。

1. 综合布线系统的组成

综合布线系统的基本构架形式由机柜、交换机、配线架、双绞线电缆或光缆、信息插座、信息插头、光纤插头与光纤插座等组成，综合布线系统构成如图 4.1.37 所示。

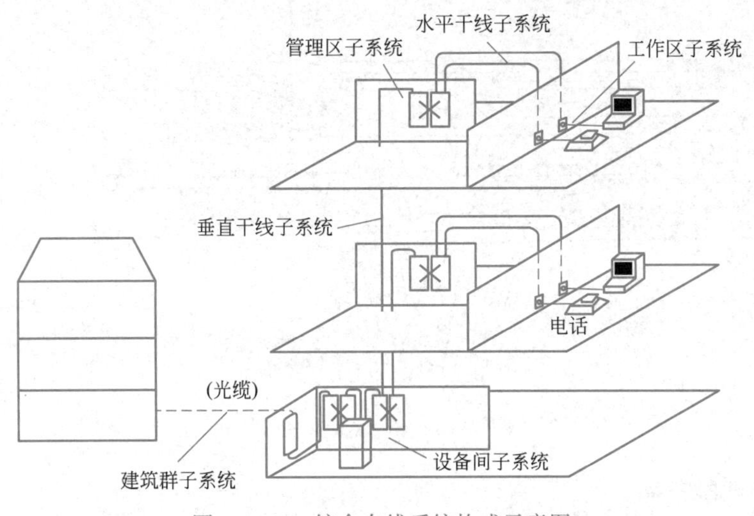

图 4.1.37 综合布线系统构成示意图

2. 综合布线系统安装

（1）信息插座的安装

信息插座由 RJ-45 信息模块和面板组成，模块嵌在面板上，接线时可以把模块取下。模块上接线叫作端接模块。如果每个房间都有信息插座，要想两台计算机同时在两个房间上网，必须使用交换机。外面来的网线先接在交换机上，再从交换机的多个输出口接到各个房间的信息插座。交换机要装在前端的接线箱内，也需要提供电源插座。

（2）制作信息插头跳线

制作信息插头跳线就是在一段 4 对线双绞线电缆的两端装上 RJ-45 信息插头，用这条线连接两个信息插座，或用来连接计算机和信息插座。信息插头跳线如图 4.1.38 所示。

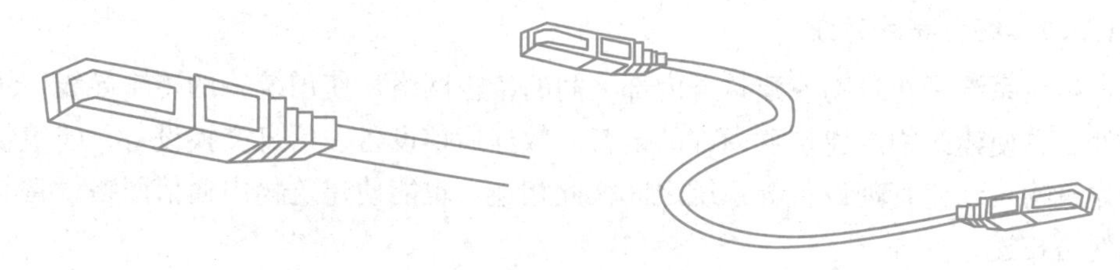

图 4.1.38　信息插头跳线

（3）制作光纤跳线

光纤跳线是在一段光缆的两端装上光纤插头，用这条线连接两个光纤插座。光纤跳线用于终端盒至光纤配线架、光纤配线架至设备、光纤配线架内跳线。

（4）配线架安装打接

配线架要安装在机架上，管路里的线缆要接在配线架上，这个接线的工作叫作打线，要使用专门的打线工具，就是把线压进 110 接线块上的 V 形卡口内。两种配线架都是采用这种连接方法。配线架安装打接如图 4.1.39 所示。

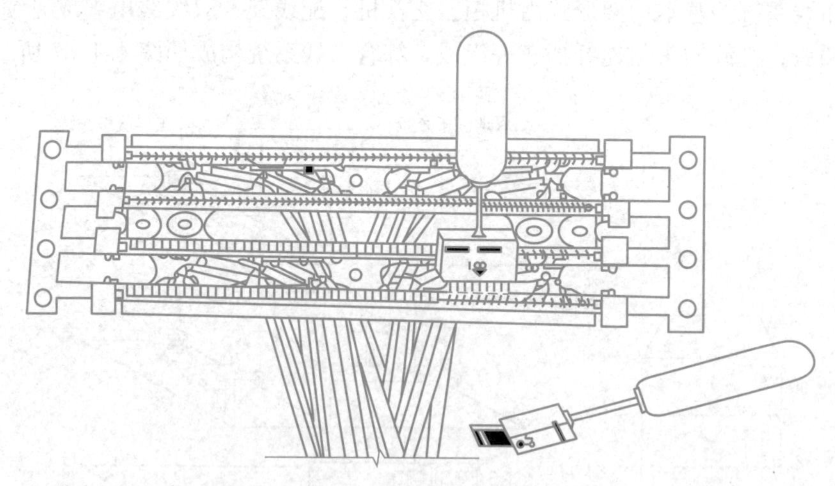

图 4.1.39　配线架安装打接

（5）线管理器安装

为了让机架上的线缆整齐，要使用理线器把线缆固定在横梁和立柱上。

(6) 安装 RJ-45 接头

如果工作区信息插座另一端直接连接到交换机上，这时线缆的一端接在信息模块上，另一端在设备间就要安装 RJ-45 接头，准备插在交换机的插座上。

(7) 跳线卡接

如果两边都是 110 配线架，中间要用跳线连接，这时直接用打线器把线缆两端打接在两边配线块上，一般用于电话线与大对数电缆连接。

(8) 光纤连接

光纤连接是指光缆长度不够，需要两段永久连接的情况。

(9) 光缆接续

光缆接续是指干线光缆到达接续位置，与分支光缆进行连接，使用插头连接的方法、连接位置是光缆终端盒，如图 4.1.40 所示。

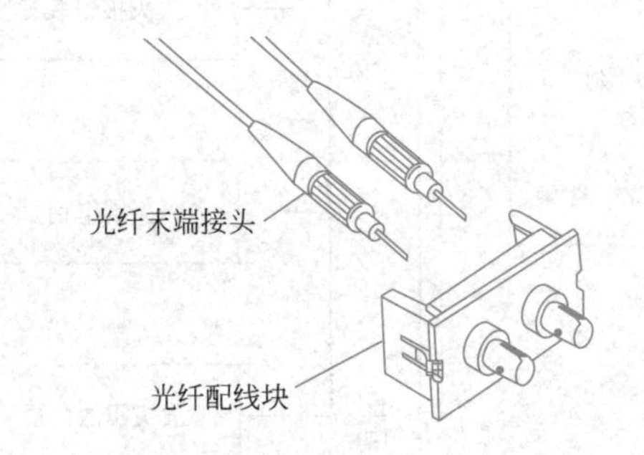

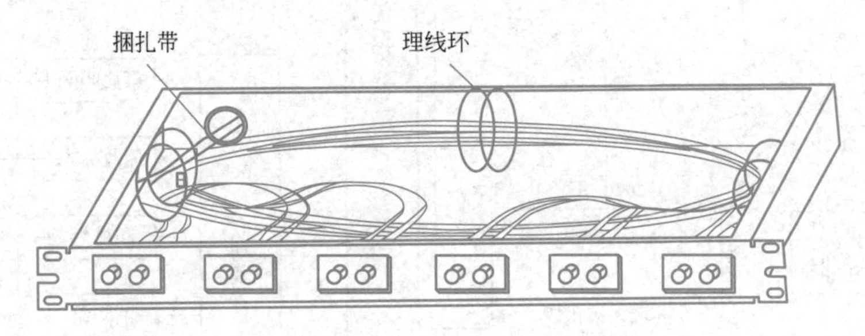

图 4.1.40　光缆终端盒

(10) 线缆测试

综合布线系统安装完成后，要对整个线路进行测试。

4.1.3.3　火灾自动报警系统

1. 火灾自动报警系统的基本概念

火灾自动报警系统是对建筑物内火灾进行监测、控制、报警、扑救的系统，是建筑防火体系的重要组成部分之一。

火灾自动报警系统的工作原理是，当建筑物内某一现场着火或已构成着火危险，各种对光、温、烟、红外线等反应灵敏的火灾探测器便把现场实际状态检测到的信息（烟气、温度、火光等）以电气或开关信号形式立即送到报警控制器，报警控制器将这些信息与现场正常状态进行比较，若确认已着火或即将着火，则输出两路信号：一路指令声光显示动作，或发出音响报警，显示火灾现场地址（楼层、房间），记录时间，通知火灾广播机工作，火灾专用电话开通向消防队报警等；另一路则指令设于现场的执行器（继电器、接触器、电磁阀等），开启各种联动消防设备，如喷淋水、喷射灭火剂、起动排烟机、关闭隔火门等。为了防止系统失灵和失控，在各现场附近还设有手动开关，用以报警和启动消防设施。

火灾自动报警系统的功能是，自动捕捉火灾检测区域内火灾发生时的烟雾或热气，能发出声光报警，并联动其他设备的输出接点，能控制自动灭火系统、事故广播、事故照明、消防给水和排烟系统，实现检测、报警和灭火的自动化。集中报警系统如图 4.1.41 所示。

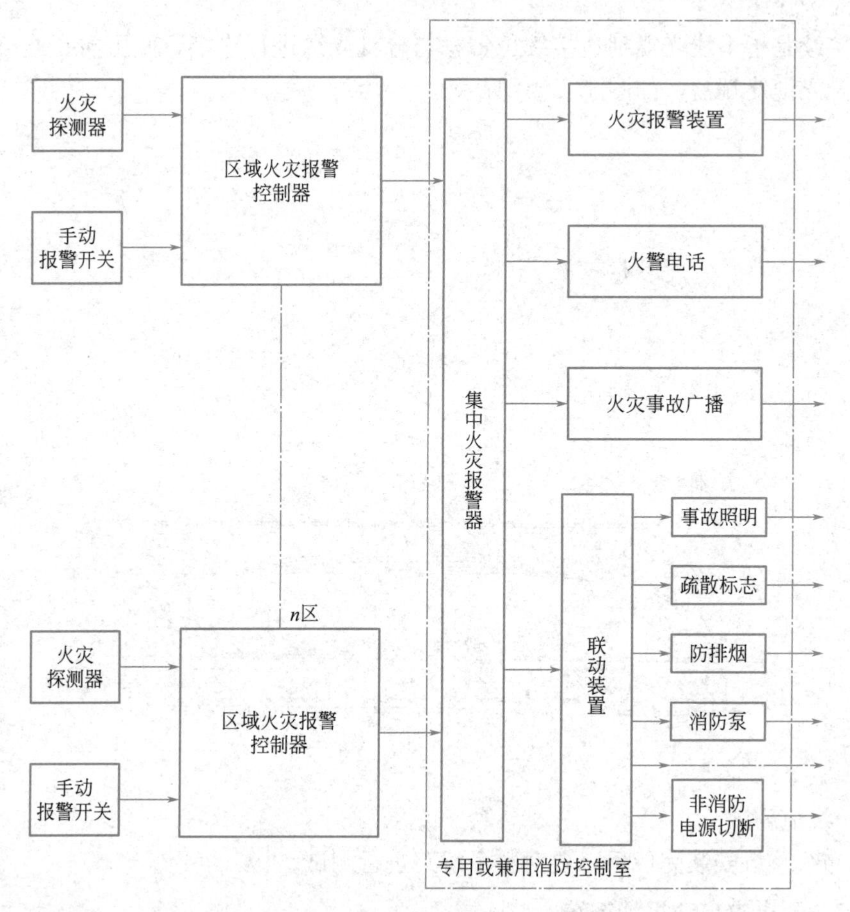

图 4.1.41　集中报警系统

2. 火灾自动报警系统的设置条件

根据《民用建筑电气设计标准》GB 51348—2019 的规定，需要设置火灾报警与消防联动控制系统的建筑有：

（1）高层建筑

1）有消防联动控制要求的一、二类高层住宅的公共场所；

2）建筑高度超过 24m 的其他民用建筑，以及与其相连的建筑高度不超过 24m 的裙房。

(2) 多层及单层建筑

1) 9层及9层以下的设有空气调节系统，建筑装修标准高的住宅；

2) 建筑高度不超过24m的单层及多层公共建筑；

3) 单层主体建筑高度超过24m的体育馆、会堂、影剧院等公共建筑；

4) 设有机械排烟的公共建筑；

5) 除开敞式汽车库以外的Ⅰ类汽车库，高层汽车库、机械式立体汽车库、复式汽车库，采用升降梯作汽车疏散口的汽车库。

(3) 地下民用建筑

铁道、车站、汽车库（Ⅰ、Ⅱ类）；影剧院、礼堂；商场、医院、旅馆、展览厅、歌舞娱乐、放映游艺场所；重要的实验室、图书库、资料库、档案库。

3. 火灾自动报警系统的组成

火灾自动报警系统由火灾探测系统、火灾自动报警系统及消防联动系统和自动灭火系统等部分组成，实现建筑物的火灾自动报警及消防联动。主要装置包括火灾探测器、报警器、声灯报警器、报警控制器和消防灭火执行装置等。

(1) 火灾探测器

火灾探测器是整个报警系统的检测单元，分为点型探测器、线型探测器、空气采样型探测器。

1) 点型探测器

点型探测器是指安装位置是一个点，一般安装在接线盒上。按工作原理分为：感温式、火焰式、可燃气体式。

2) 线型探测器

线型探测器是条索状，一般敷设在条状或大体积发热体上，如电缆、传送带、油罐等。按工作原理分为：感温电缆式、光纤式、老式空气管式。

3) 空气采样型探测器

空气采样型探测器由吸气泵通过采样管对防火分区内的空气进行采样。空气采样到主机由主机里面的激光枪进行分析，得出空气中的烟雾粒子的浓度。如果超过预定浓度，主机进行报警。

空气采样烟雾探测器多用于：烟雾探测，气体探测，极早期的报警或环境监控。能够用于电站、通信机房、矿厂、信息产业、LCD制造、半导体无尘室、监狱、仓库、冷库、肮脏及危险的环境、古建筑、博物馆，以及医院，为用户提供可靠的极早期烟雾探测报警，保护生命和财产安全，远离火灾困扰。

(2) 其他报警器材

1) 手动火灾报警按钮

手动火灾报警按钮可以起到确认火情，人工发出火警信号的作用。报警区域内每个防火分区、应至少设置一只手动火灾报警按钮。从一个防火分区内的任何位置到最邻近的一个手动火灾报警按钮的步行距离，不应大于30m。

手动火灾报警按钮应安装在建筑物内的安全出口、安全楼梯口、主要通道等经常有人通过的地方、各楼层的电梯间、电梯前室等明显便于接近和操作的部位。安装在墙上距地面高度1.5m处，且应有明显的标志。

2）消火栓报警按钮

消火栓报警按钮安装在消火栓箱内，当发生火灾使用消火栓灭火时，手动操作向消防控制室发出火灾报警信号，同时启动消防水泵。

3）声光报警器和警铃

声光报警器和警铃装在楼道里，发生火警时，控制开关闭合，接通电源发出声光报警或声音报警。

4）消防报警电话插孔

在安装手动火灾报警按钮的位置，要安装消防报警电话插孔或电话，提供保安巡逻人员与消防控制中心的联系手段，手动火灾报警按钮上一般带有电话插孔。

（3）模块

火灾自动报警系统采用总线制连接，所有的器件都接在两根导线上，连接方式与照明灯具相同。系统中的探测器件是有编码地址的，但是系统中的通用设备是没有编码地址的，如水泵、防火门、通风机、警铃、广播喇叭等，要想把这些设备接入总线制火灾自动报警系统中，就要使用一些有编码地址的控制器件，这些器件是模块。模块分为输入（信号）模块和输出（控制）模块。

使用这些控制模块的目的，是利用模块的编码功能，通过总线制接线，对设备进行有目标的控制，减少系统接线，这些模块也要占用报警器的输出端口，与编码式探测器的地位相同。模块的连接方法与探测器的连接方法相同。

模块分嵌入式安装和明装两种。嵌入式安装，安装在接线盒上。明装模块可以集中安装在模块箱中。

线路较长时，如分楼层，为了便于线路分段施工、连接，需要安装消防端子箱，像电话系统的分线箱。

（4）火灾报警控制器

火灾探测器得到的信号要送往火灾报警控制器，大系统由于探测器很多，不能都接在一个报警控制器，一般先接在区域报警控制器上，再接到集中报警控制器上，报警控制器上可以显示出报警的具体位置。集中报警控制器放在消防控制中心，由这里对火灾进行处理。

1）区域报警控制器

区域报警控制器既可以在一定区域内组成独立的火灾报警系统，也可以与集中报警控制器连接起来，组成大型火灾报警系统，并作为集中报警控制器的一个子系统。

区域报警控制器多采用小点数报警控制器，一般可以连接 16～96 只探测器，有的还可以连接 2～8 个联动装置。区域报警控制器一般为小型箱式，明装在墙壁上。

2）集中火灾报警控制器

当建筑中设置的区域火灾报警控制器数量超过 3 台时，为便于管理和减少值班人员，需安装集中火灾报警控制器，时刻采取各区域火灾报警控制器有无火灾或故障信号出现，使值班人员及时采取有效措施，扑灭火灾或排除故障。

集中火灾报警控制器可以连接 1～32 个区域火灾报警控制器，可以连接数万个编码器件。

3）联动控制主机

火灾报警控制器只是接收探测器的信号，显示报警位置，提示值班人员采取相应措施，并向消防队报警，并不能对外发出报警信号，及时采取灭火措施，这些功能要由配置的联动控制主机提供。

4）报警联动一体机

由于技术提高，现在的消防系统都是使用报警联动一体机，包括区域报警控制器都使用一体机。

5）重复显示盘

重复显示盘设置于每个楼层或消防分区，用于显示本区域内各个探测点的报警和故障情况。一台火灾报警控制器可以连接 63 个重复显示盘。重复显示盘接收控制器送来的信号，发出火警声光信号，显示报警地址。

(5) 火灾消防广播与对讲电话

发生火灾后，为了便于组织人员快速安全的疏散，以及广播通知有关救灾的事项，需要使用广播系统和警铃。火灾广播系统一般与正常广播系统合一，通过控制模块进行切换，当发生火灾时，广播系统被切换到消防广播中心，发出警报并指挥人员撤离。

扬声器的设置数量应能保证防火分区中的任何部位到最近一个扬声器的距离不超过 15m，在走道交叉处或拐弯处应设扬声器，末端最后一个扬声器离墙不大于 8m。每个扬声器的功率不小于 2W。

在消防控制中心还要安装消防对讲电话主机。

(6) 备用电源及电池主机

消防系统的设备都是工作在直流电源条件下，平时由交流电提供，发生火灾时交流电源要断电，控制中心必须准备备用直流电源，一般要求保证发生火灾报警后半小时供电。

 知识拓展

智能建筑

近年来、计算机技术和网络通信技术的发展，使社会高度信息化。建筑为适应社会信息化的要求，在建筑内部应用信息技术，将古老的建筑技术与现代化的高科技相结合，在建筑内建立起来完整的控制、管理、维护和通信设施，实现环境控制和安全管理等功能，为建筑使用者提供舒适、温馨、便利的环境和气氛。

智能建筑（Intelligent Building）的含义，在科技创新日新月异和工程技术持续提升的背景下，也是不断更新、发展、完善的。日本电机工业协会智能建筑分会把智能建筑定义为：它综合计算机信息通信等方面的最先进技术，使建筑物内的电力、空调、照明、防灾、防盗、运输设备等协调工作，实现建筑物自动化、通信和办公自动化这三种功能结合起来的建筑，就是智能建筑。国际智能工程学会对智能建筑的定义为：在一座建筑设计了可提供响应的功能以及适应用户对建筑物用途、信息技术要求变动时的灵活性。智能建筑应该是安全、舒适、系统综合、有效利用投资、节能和具备很强的使用功能，以满足用户实现高效率需要的。

我国对于智能建筑，在《智能建筑设计标准》GB 50314—2015 中定义如下：是以建筑为平台，基于对各类智能化信息的信息化综合应用，集架构、系统、应用、管理及优化

组合为一体，具有感知、传输、记忆、推理、判断和决策的综合智慧能力，形成以人、建筑、环境互为协调的整合体，为人们提供安全、高效、便利及可持续发展功能环境的建筑。由此可见，“智能”是指对信息的感受和处理、传递的能力，建筑的智能化就是指对环境和使用功能变化的感知能力，将信号传递到控制设备的能力，综合分析数据的能力，做出判断和响应的能力。

智能建筑的发展是科学技术和经济水平的综合体现，它是一个国家、地区和城市现代化水平的重要标志之一。智能建筑应是可持续发展的，可持续发展的智能建筑的建筑形式要与功能相结合，环境要和谐，要适应材料、设备和技术的要求，要体现文化传统、生活方式和社会意识。随着社会的发展和科技的进步，智能建筑的发展趋势应为：

（1）智能建筑技术将不断采用科技领域里的高新科技成果，向系统集成化、管理综合化、智能技术人性化的方向发展。

（2）多学科、多技术的不断渗透。如生态学、生物电子工程、虚拟现实等新技术的应用，不断扩展智能建筑的功能。

（3）智能建筑的多样化。智能建筑由于用途、规模的不同，将逐步区分为智能办公建筑、智能住宅建筑、智能学校建筑、智能医疗建筑等。

4-9 建筑电气系统安装-测试卷

（4）多个系统的相互交叉融合。随着信息技术的发展，智能建筑的三大系统将最终合而为一，将形成一个更具综合处理能力、性能更稳定、系统更单一的建筑智能系统。

任务训练

1. 简述建筑供配电常用接线形式及特点。
2. 简述成套配电柜安装施工程序。
3. 简述室内照明常用配线方法及室内布线的工艺步骤。
4. 简述火灾自动报警系统的组成及功能。
5. 简述综合布线系统的组成及功能。

任务 4.2 建筑电气施工图识读

任务引入

图纸是工程师的语言，设计单位用图纸表达设计思想和设计意图，施工单位用图纸指导加工与安装，任何工程技术人员和管理人员都要求具有一定的绘图能力和读图能力，读不懂图纸就不可能胜任工作。

通过本节学习，了解建筑电气施工图的基本组成，熟悉建筑电气施工图的常用图例，掌建筑电气施工图的识图方法。

本节任务的学习内容见表 4.2.0。

"建筑电气施工图识读"学习任务表　　表 4.2.0

任务	子任务	技能与知识
4.2 建筑电气施工图识读	4.2.1 建筑电气施工图基础	4.2.1.1 建筑电气施工图基本组成 4.2.1.2 建筑电气施工图常用图例 4.2.1.3 建筑电气施工图识读方法
	4.2.2 建筑电气施工图识读	4.2.2.1 建筑电气照明施工图识读 4.2.2.2 建筑电气动力施工图识读 4.2.2.3 建筑防雷接地施工图识读 4.2.2.4 建筑弱电施工图识读

4.2.1 建筑电气施工图基础

4-10 建筑电气施工图基础

4.2.1.1 建筑电气施工图基本组成

电气工程图是阐述电气工程的构成和功能，描述电气装置的工作原理，提供安装接线和维护使用信息的施工图纸。一般一项工程的电气工程图，通常由以下几部分组成：

1. 首页

首页内容包括电气工程图纸的目录、图例、设备明细表、设计说明等。图例一般是列出本套图纸涉及的一些特殊图例。设备明细表只列出该项电气工程的一些主要电气设备的名称、型号、规格和数量等。设计说明主要阐述该电气工程设计的依据、基本指导思想与原则，补充图纸中未能表明的工程特点、安装方法、工艺要求、特殊设备的使用方法及其他使用与维护注意事项等。图纸首页的阅读，虽然不存在更多的方法问题，但首页的内容是需要认真读的。

2. 系统图

建筑电气系统图主要表示整个工程或其中某一项目的供电方式和电能输送的关系。通过阅读电气系统图可以了解整个工程的供配电关系和规模，对工程有一个全面的了解。

3. 平面图

建筑电气平面图是表现各种电气设备与线路平面位置的图纸，是进行建筑电气设备安装的重要依据。电气平面图包括外电总电气平面图和各专业电气平面图。外电总电气平面布置图是以建筑专业绘制的总平面图为基础，绘出变电所、架空线路、地下电力电缆等的具体位置并注明有关施工方法的图纸。在有些总电气平面图中还注明了建筑物的面积、电气负荷分类、电气设备容量等。专业电气平面图有动力电气平面图、照明电气平面图、变电所电气平面图、防雷与接地平面图等。专业电气平面图在建筑平面图基础上绘制，电气平面图由于采用较大的缩小比例，因此不能表现电气设备的具体位置，只能反映电气设备之间的相对位置。

4. 设备布置图

设备布置图是表现各种电气设备的平面与空间的位置、安装方式及其相互关系的图纸。通常由平面图、立面图、断面图、剖面图及各种构件详图等组成。其中详图是用来详细表示设备安装方法的图纸，详图多采用全国通用电气装置标准图集。

4.2.1.2 建筑电气施工图常用图例

电气工程中使用的元件、设备、装置、连接线很多，结构类型千差万别，安装方法多种多样，因此，在电气工程图中，元件、设备、装置、线路及安装方法等，都要用图形符号和文字符号来表达。阅读电气工程图，首先要了解和熟悉这些符号的形式、内容、含义以及它们之间的相互关系。

1. 图线

绘制电气图所用的各种线条统称为图线。常用图线的形式及应用见表 4.2.1。

图线形式及应用　　表 4.2.1

图线名称	图线形式	图线应用	图线名称	图线形式	图线应用
粗实线	————————	电气线路,一次线路	点画线	-·-·-·-·-·-	控制线
细实线	————————	二次线路,一般线路	双点画线	-··-··-··-··-	辅助线框线
虚线	- - - - - - - -	屏蔽线路,机械线路			

2. 图例符号

电气施工图上的各种电气元件及线路敷设均是图例符号来表示，识图的基础是首先要明确和熟悉有关电气图例与符号所表达的内容和意义。常用电气图例符号见表 4.2.2。

常用电气图例符号　　表 4.2.2

序号	名称	图形符号	文字符号	备注
1	单极开关		Q	开关通用符号
2	双线圈变压器		T 或 TM	
3	断路器		QF、QA	QA 表示自动开关
4	负荷开关		Q	
5	隔离开关		QS	
6	电压互感器		TV	
7	避雷器		FV 或 F	

续表

序号	名称	图形符号	文字符号	备注
8	跌落式熔断器		F、FU	无指引箭头符号为熔断器开关
9	屏、台、箱、柜		AC	
10	动力或动力-照明配电箱		AP	
11	照明配电箱		AL	

3. 文字符号

图形符号提供了一类设备或元件的共同符号，为了更明确地区分不同的设备、元件。尤其是区分同类设备或元件中不同功能的设备或元件，还必须在图形符号旁标注相应的文字符号。还有一类文字标注是设备或元件的型号，这类文字大部分是汉语拼音，也有时是英文字母，要注意区分。常用电气设备文字符号见表 4.2.3。

电气设备文字符号 **表 4.2.3**

序号	标注方式	说明
1	$\frac{a}{b}$	用电设备标注 a——参照代号 b——额定容量(kW 或 kVA)
2	$-a+b/c$	系统图电气箱(柜、屏)标注 a——参照代号 b——位置信息 c——型号
3	$-a$	平面图电气箱(柜、屏)标注 a——参照代号
4	$a \quad b/c \quad d$	照明、安全、控制变压器标注 a——参照代号 b/c——一次电压/二次电压 d——额定容量
5	$a-b\frac{c\times d\times L_f}{e}$	灯具标注 a——数量 b——型号 c——每盏灯具的光源数量 d——光源安装容量 e——安装高度(m) “-”——表示吸顶安装 L——光源种类 f——安装方式

续表

序号	标注方式	说明
6	$\frac{a \times b}{c}$	电缆桥架、托盘和槽盒标注 a——宽度(mm) b——高度(mm) c——安装高度(mm)
7	$a/b/c$	光缆标注 a——型号 b——光纤芯数 c——长度

线缆敷设方式的标注见表 4.2.4。

线缆敷设方式文字符号　　表 4.2.4

序号	名称	文字符号
1	穿低压流体输送用焊接钢管(钢导管)敷设	SC
2	穿普通碳素钢电线套管敷设	MT
3	穿可挠金属电线保护套管敷设	CP
4	穿硬塑料导管敷设	PC
5	穿阻燃半硬塑料导管敷设	FPC
6	穿塑料波纹电线管敷设	KPC
7	电缆托盘敷设	CT
8	电缆梯架敷设	CL
9	金属槽盒敷设	MR
10	塑料槽盒敷设	PR
11	钢索敷设	M
12	直埋敷设	DB
13	电缆沟敷设	TC
14	电缆排管敷设	CE

线缆敷设部位的标注见表 4.2.5。

线缆敷设部位标注的文字符号　　表 4.2.5

序号	名称	文字符号
1	沿或跨梁(屋架)敷设	AB
2	沿或跨柱敷设	AC
3	沿吊顶或顶板面敷设	CE
4	沿顶内敷设	SCE
5	沿墙面敷设	WS

续表

序号	名称	文字符号
6	沿屋面敷设	RS
7	暗敷设在顶板内	CC
8	暗敷设在梁内	BC
9	暗敷设在柱内	CLC
10	暗敷设在墙内	WC
11	暗敷设在地板或地面下	FC

灯具安装方式的标注见表 4.2.6。

灯具安装方式文字符号　　表 4.2.6

序号	名称	文字符号
1	线吊式	SW
2	链吊式	CS
3	管吊式	DS
4	壁装式	W
5	吸顶式	C
6	嵌入式	R
7	吊顶内安装	CR
8	墙壁内安装	WR
9	支架上安装	S
10	柱上安装	CL
11	座装	HM

4.2.1.3 建筑电气施工图识读方法

建筑电气施工图识读前，首先需熟悉电气图例符号，弄清图例、符号所代表的内容，常用的电气工程图例及文字符号可参见国家颁布的《电气图形符号标准》。根据图纸目录，检查和了解图纸的类别及张数，应及时配齐标准图和重复利用图。识图时，应按先整体后局部、先文字说明后图样、先图形后尺寸等原则仔细阅读。

1. 识图顺序

针对一套建筑电气施工图，一般应先按以下顺序进行识读，然后再对某部分内容进行重点识读。

（1）看标题栏及图纸目录了解工程名称、项目内容、设计日期及图纸内容、数量等。

（2）看设计说明了解工程概况、设计依据等，了解图纸中未能表达清楚的各有关事项。

（3）看设备材料表了解工程中所使用的设备、材料的型号、规格和数量。

（4）看系统图了解系统基本组成，主要电气设备、元件之间的连接关系以及它们的规格、型号、参数等，掌握该系统的组成概况。

（5）看平面布置图，如照明平面图、防雷接地平面图等。了解电气设备的规格、型号、数量及线路的起始点敷设部位、敷设方式和导线根数等。平面图的阅读可按照以下顺序进行：电源进线→总配电箱→干线→支线→分配电箱→电气设备。

2. 识图要点

（1）在明确负荷等级的基础上，了解供电电源的来源、引入方式及路数。

（2）了解电源的进户方式是由室外低压架空引入还是电缆直埋引入。

（3）明确各配电回路的相序、路径、管线敷设部位、敷设方式以及导线的型号和根数。

（4）明确电气设备、器件的平面安装位置。

（5）结合土建施工图进行阅读。

电气施工与土建施工结合得非常紧密，施工中常常涉及各工种之间的配合问题。电气施工平面图只反映了电气设备的平面布置情况，结合土建施工图的阅读还可以了解电气设备的立体布设情况。

另外识图前熟悉施工顺序，便于阅读电气施工图。如识读配电系统图、照明与插座平面图时，就应首先了解室内配线的施工顺序。

识读时，施工图中各图纸应协调配合阅读。

4.2.2 建筑电气施工图识读

4.2.2.1 建筑电气照明施工图识读

4-11 建筑电气照明施工图识读

下面以某别墅电气照明施工图为例，说明照明工程图的读图方法。

本建筑为二层砖混结构，层高 3.0m，厨房、卫生间、客厅和餐厅有吊顶，室内外高差 0.6m，进线电缆埋深 0.8m，照明支路使用 SC15 焊接钢管，穿 BV-25 塑料绝缘导线。

1. 识读照明系统图

照明配电系统图是用图形符号、文字符号绘制的，用以表示建筑照明配电系统供电方式、配电回路分布及相互联系的建筑电气工程图，能集中反映照明的安装容量、计算容量、计算电流、配电方式、导线或电缆的型号、规格、数量、敷设方式及穿管管径、开关及熔断器的规格型号等。通过照明系统图，可以了解建筑物内部电气照明配电系统的全貌，它也是进行电气安装调试的主要图纸之一。

照明系统图的主要内容包括：

1）电源进户线、各级照明配电箱和供电回路，表示其相互连接形式；

2）配电箱型号或编号，总照明配电箱及分照明配电箱所选用计量装置、开关和熔断器等器件的型号、规格；

3）各供电回路的编号，导线型号、根数、截面和线管直径，以及敷设导线长度等；

4）照明器具等用电设备或供电回路的型号、名称、计算容量和计算电流等。

本工程照明系统图如图 4.2.1 所示。

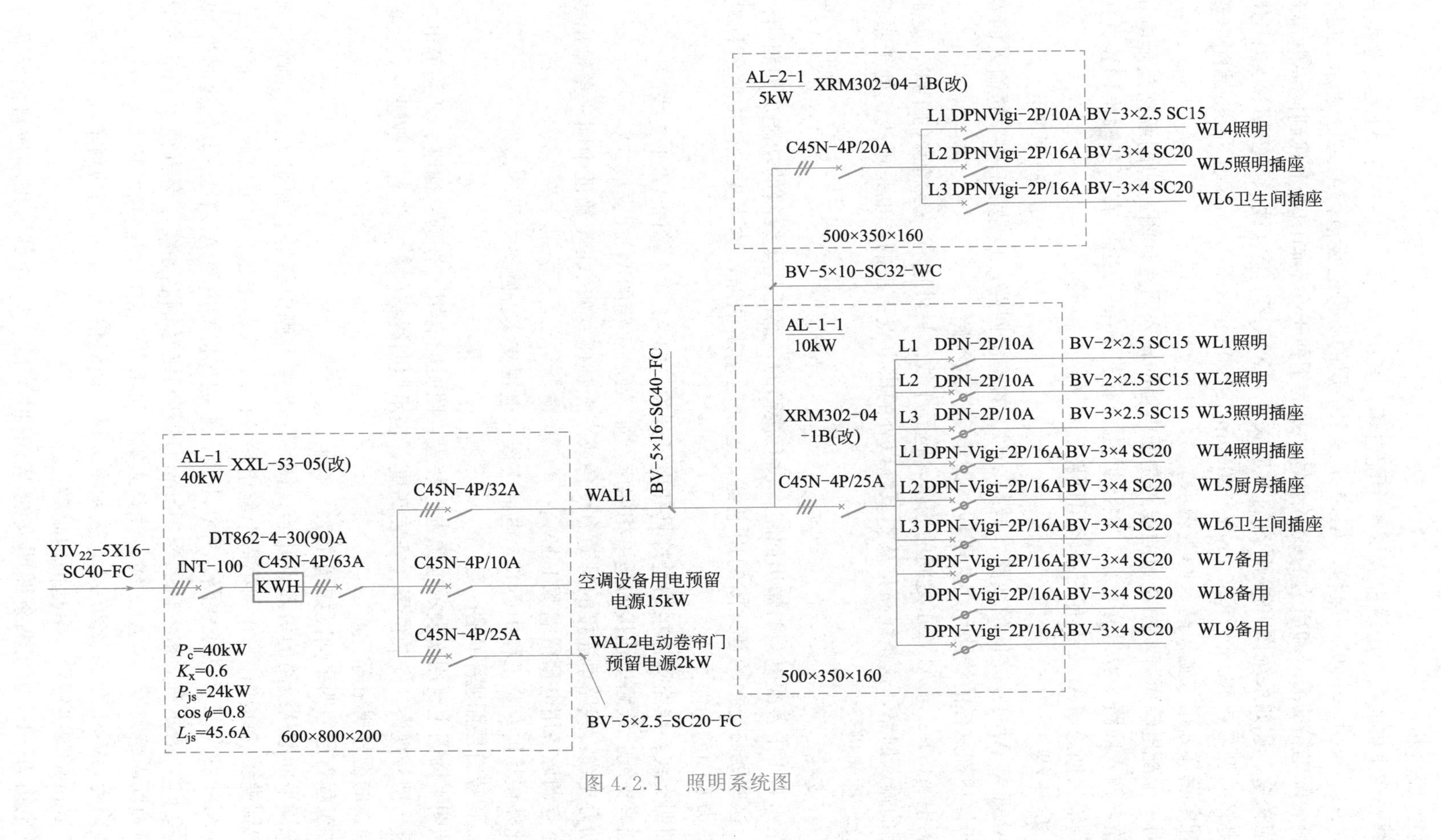

AL-1
40kW
XXL-53-05(改)
YJV22-5X16-
SC40-FC
DT862-4-30(90)A
INT-100
C45N-4P/63A
KWH
C45N-4P/32A
C45N-4P/10A
C45N-4P/25A
Pc=40kW
Kx=0.6
Pjs=24kW
cos φ=0.8
Ljs=45.6A
600×800×200
WAL1
BV-5×16-SC40-FC
空调设备用电预留
电源15kW
WAL2电动卷帘门
预留电源2kW
BV-5×2.5-SC20-FC
AL-2-1
5kW
XRM302-04-1B(改)
C45N-4P/20A
L1 DPNVigi-2P/10A BV-3×2.5 SC15 WL4照明
L2 DPNVigi-2P/16A BV-3×4 SC20 WL5照明插座
L3 DPNVigi-2P/16A BV-3×4 SC20 WL6卫生间插座
500×350×160
BV-5×10-SC32-WC
AL-1-1
10kW
XRM302-04
-1B(改)
C45N-4P/25A
L1 DPN-2P/10A BV-2×2.5 SC15 WL1照明
L2 DPN-2P/10A BV-2×2.5 SC15 WL2照明
L3 DPN-2P/10A BV-3×2.5 SC15 WL3照明插座
L1 DPN-Vigi-2P/16A BV-3×4 SC20 WL4照明插座
L2 DPN-Vigi-2P/16A BV-3×4 SC20 WL5厨房插座
L3 DPN-Vigi-2P/16A BV-3×4 SC20 WL6卫生间插座
DPN-Vigi-2P/16A BV-3×4 SC20 WL7备用
DPN-Vigi-2P/16A BV-3×4 SC20 WL8备用
DPN-Vigi-2P/16A BV-3×4 SC20 WL9备用
500×350×160

图 4.2.1 照明系统图

（1）配电箱

图 4.2.1 中的三个虚线框表示三个配电箱，其中 AL-1、AL-1-1、AL-2-1 是配电箱的编号，AL-1 表示一层的一级箱，AL-1-1 表示一层的 1 号二级箱，AL-2-1 表示二层的 1 号二级箱。配电箱的编号和后边的线路编号，是为了便于在不同图纸上找到同一电器和线路的对应关系。比如系统图和平面图的对应关系。XXL-53-05（改）、XRM302-04-1B（改）是配电箱的型号，600mm×800mm×200mm、500mm×350mm×160mm 是配电箱的尺寸，配电箱尺寸用“宽×高×厚”表示。

对一个配电箱而言，图左边的线路是配电箱的输入回路，图右边的线路是配电箱的输出回路，输入回路一般只有一条，输出回路会有若干条，AL-1 有三条输出回路，AL-1-1 有九条输出回路，AL-2-1 有三条输出回路。

（2）干线

AL-1 与 AL-1-1 之间的线路，既是 AL-1 的输出回路，也是 AL-1-1 的输入回路，为了便于描述把这样的线路称之为干线，即箱到箱的线路。

图中 AL-1-1 与 AL-2-1 之间的线路，也是干线。另外还有一条特殊的干线，就是 AL-1 左侧的输入回路，这条线路是从本系统以外的供电点引来的，也是干线，处于系统的电源入口，称为进线。

（3）支线

图 4.2.1 中各配电箱的输出回路，没有接箱的，都标注了线路的功能，如照明、照明插座，这些线路连接的是具体的用电器，这样的输出回路，称为支线。按照所标功能不同，分为不同的功能支线。

照明支线：线路里连接的是灯具和电灯开关。如 AL-1-1 箱的 WL1 支线。

插座支线：线路里连接的是单相插座。如 AL-1-1 箱的 WL3 支线。

动力支线：线路里连接的是动力设备或三相插座。如 AL-1 箱的中间一条输出线，标注的是空调设备用电预留电源 15kW。

此外在其他专业工程中还有，电话支线、电视支线、网络支线等。

2. 识读首层照明平面图

照明平面图主要用来表示电源进户装置、照明配电箱、灯具、插座、开关等电气设备的数量、型号规格、安装位置、安装高度，表示照明线路的敷设位置、敷设方式、敷设路径、导线的型号规格等。

本工程首层照明平面图如图 4.2.2 所示。

识读平面图从线路的引入点开始，图 4.2.2 中右侧中部是电源引入点，对照系统图，可以看到进线的标注，并找到第一个配电箱 AL-1。从图 4.2.2 中可以看出，配电箱 AL-1 引出 WAL1 和 WAL2 两条线路。WAL1 线，末端连接配电箱 AL-1-1，电气线路为 BV-5×16-SC40-FC，表示有 5 根，截面积 $16mm^2$ 的塑料绝缘铜芯导线，穿直径 40mm 的焊接钢管，沿地面内暗敷设。WAL2 线，线路末端连接电动卷帘门控制箱，控制箱距地 1.4m 安装；线路为 BV-5×2.5-SC20-FC，表示有 5 根，截面积 $2.5mm^2$ 的塑料绝缘铜芯导线，穿直径 20mm 的焊接钢管，沿地面内暗敷设。

配电箱 AL-1-1 引出两条照明支线 WL1 和 WL2。WL1 线，末端连接的是餐厅、客厅、书房的灯具及开关，线路为 BV-2×2.5-SC15，表示有 2 根，截面积 $2.5mm^2$ 的塑料

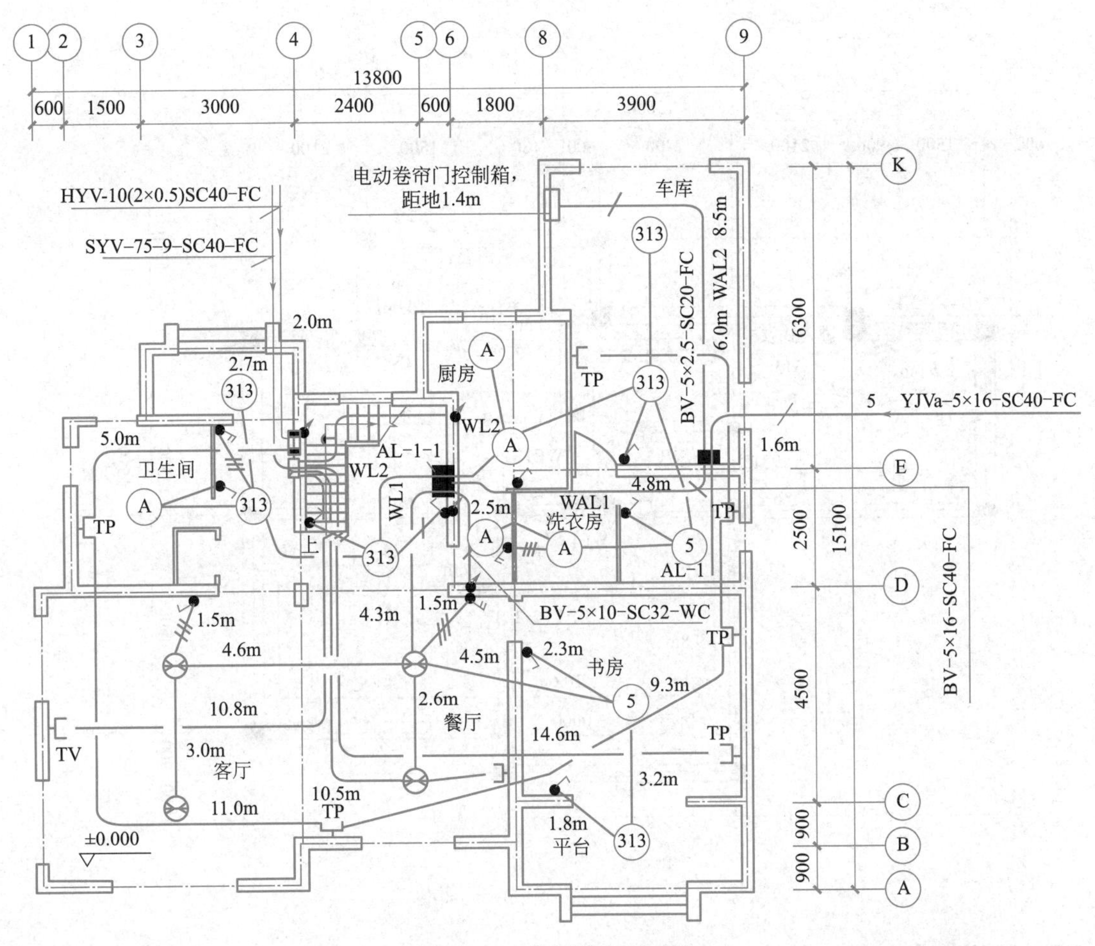

图 4.2.2 首层照明平面图

绝缘铜芯导线，穿直径 15mm 的焊接钢管。WL2 线，末端连接的是厨房、卫生间、车库、洗衣房的灯具及开关，线路为 BV-2×2.5-SC15，表示有 2 根，截面积 2.5mm^2 的塑料绝缘铜芯导线，穿直径 15mm 的焊接钢管。

在读照明支线图时要先找到灯具设备，再找到对应的开关，这样就不会有遗漏。

3. 识读二层照明平面图

本工程二层照明平面图，如图 4.2.3 所示。识读方法与步骤与一层照明平面图一致。

二层照明电源引入点在一层，从一层 AL-1-1 箱向上引，线路为 BV-5×10-SC32-WC，表示有 5 根，截面积 10mm^2 的塑料绝缘铜芯导线，穿直径 32mm 的焊接钢管，沿墙面内暗敷设。二层配电箱 AL-2-1 由线路引入箭头，表示线路从下层向上引。

二层配电箱 AL-2-1 引出一条照明支线 WL1，连接二层卫生间、卧室的灯具与开关，线路为 BV-2×2.5-SC15，表示有 2 根，截面积 2.5mm^2 的塑料绝缘铜芯导线，穿直径 15mm 的焊接钢管。

另外，楼梯间的灯与开关连接的是一层 WL2 支线

4. 识读首层插座平面图

本工程首层插座平面图如图 4.2.4 所示。从 AL-1-1 配电箱引出 WL3、WL4、WL5、

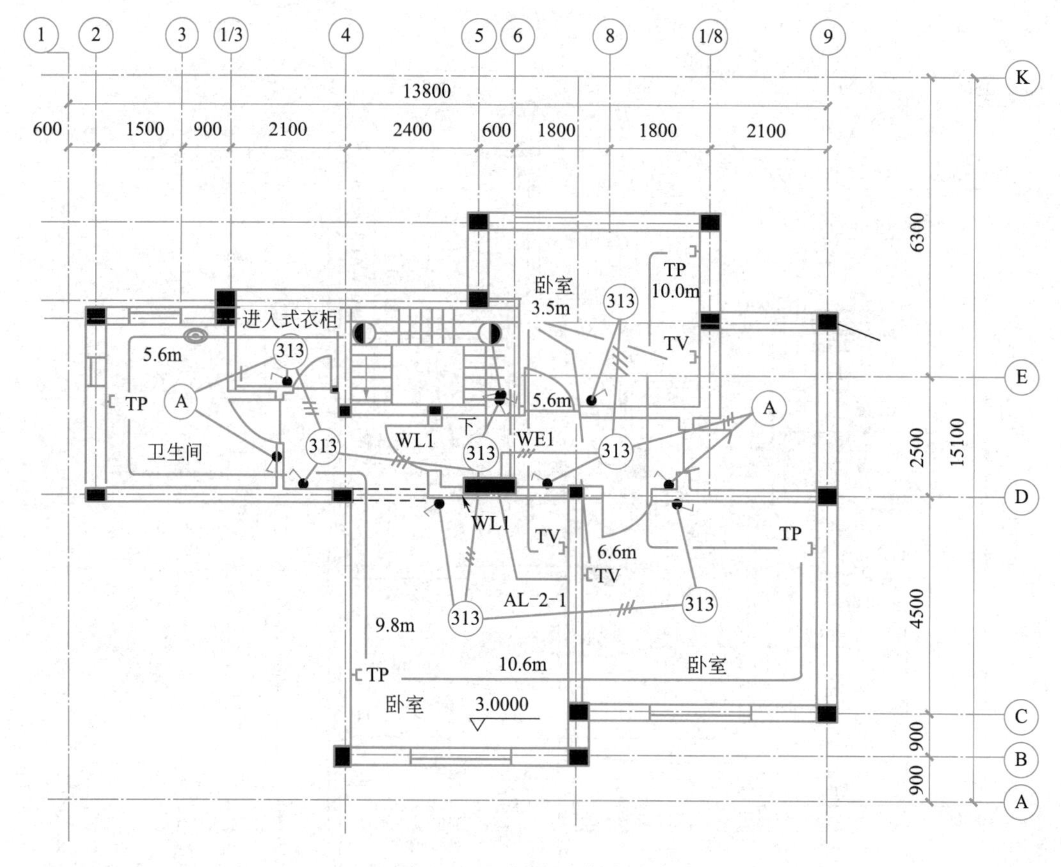

图 4.2.3　二层照明平面图

WL6 四条支线。

WL3 支线连接客厅、餐厅的插座，线路为 BV-3×2.5-SC15，表示有 3 根，截面积 $2.5mm^2$ 的塑料绝缘铜芯导线，穿直径 15mm 的焊接钢管。

WL4 支线连接工人房、车库的插座，线路为 BV-3×4-SC20，表示有 3 根，截面积 $4mm^2$ 的塑料绝缘铜芯导线，穿直径 20mm 的焊接钢管。

WL5 支线连接厨房的插座，线路为 BV-3×4-SC20，表示有 3 根，截面积 $4mm^2$ 的塑料绝缘铜芯导线，穿直径 20mm 的焊接钢管。

WL6 支线连接洗衣房、卫生间的插座，线路为 BV-3×4-SC20，表示有 3 根，截面积 $4mm^2$ 的塑料绝缘铜芯导线，穿直径 20mm 的焊接钢管。

插座线路每段线段都标三根小斜线，表示都是三根导线。单相三孔插座要接三根线，分别是 L、N、PE 线。

4.2.2.2　建筑电气动力施工图

与照明工程图相比，动力工程图要简单一些，由于动力设备数量较少，同时，每条动力支线末端只有一台设备。下面以一个锅炉房动力为例，说明照明动力工程图的读图方法。

4-12 建筑电气动力施工图识读

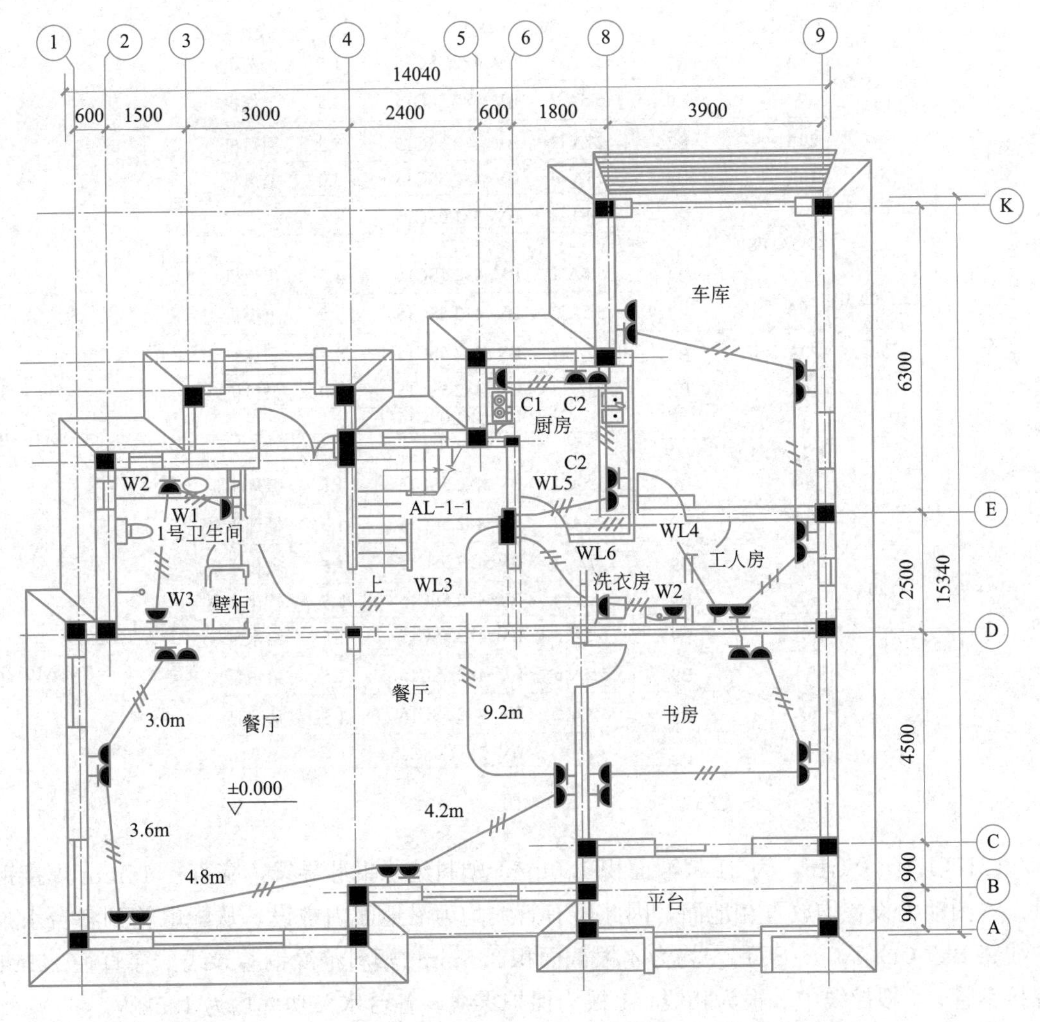

图 4.2.4 首层插座平面图

1. 识读动力系统图

动力系统图与照明系统图基本相同，如图 4.2.5 所示。

图中有三台配电箱，由于箱内装有接触器，也称控制配电箱，另有两台按钮箱。主配电箱 AP1 箱体尺寸为 800mm×800mm×120mm，配电箱 AP2、AP3 箱体尺寸为 800mm×400mm×120mm。

(1) AP1 配电箱

电源从 AP1 箱左端引入，线路为 BV（3×10+1X6）-SC32，表示使用橡胶绝缘铜芯导线（BX），3 根截面积 10mm^2，1 根截面积 6mm^2，穿直径 32mm 焊接钢管（SC）。电源进入配电箱后接主开关，开关型号为 C45AD/3P 容量 40A，D 表示短路动作电流为 10～14 倍额定电流，箱内开关均为此型号。主开关后是本箱主开关，容量为 20A 的 C45A 型断路器，AP1 箱共有 7 条输出回路，每条回路为 6A 断路器，后面接 B9 型交流接触器，作电动机控制用；热继电器为 T25 型，作电动机过载保护用，动作电流 5.5A。AP1 箱控制 7 台水泵。操作按钮装在按钮箱 AXT1 中，箱内为 7 只 LA10-2K 型双联按钮。控制线

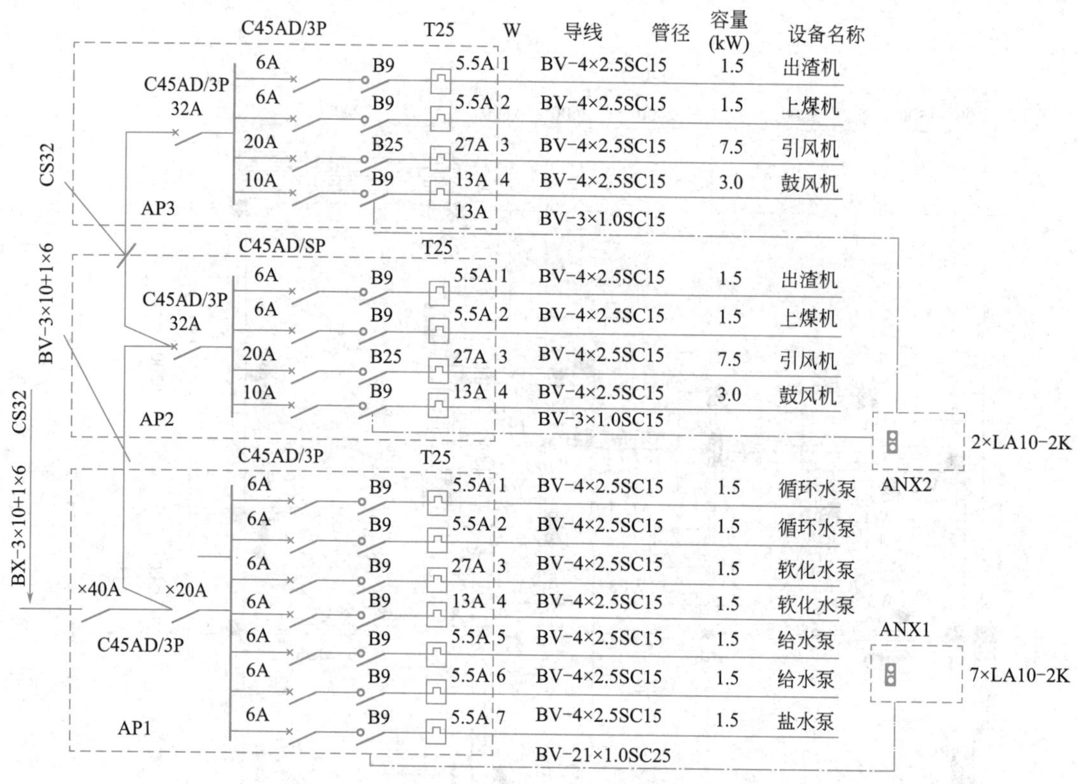

图 4.2.5　锅炉房动力系统图

BV（21×1.0）-SC15，为 21 根截面积 1.0mm² 塑料绝缘铜芯导线，穿直径 15mm 焊接钢管。本图动力设备均放置在地面，因此所有管线均为沿地面内敷设。从配电箱到各台水泵的线路 BV（4×2.5）-SC15，均为 4 根截面积 2.5mm² 塑料绝缘铜芯导线，穿直径 15mm 焊接钢管，4 根导线中 3 根为相线，1 根为保护零线。各台水泵功率均为 1.5kW。

（2）AP2 与 AP3 配电箱

AP2 与 AP3 为两台相同的配电箱，分别控制两台锅炉的风机和煤机。到 AP2 箱的电源从 AP1 箱 40A 开关下口引出，接在 AP2 箱 32A 断路器上口，导线为 BV（3×10+1×6）-SC32，塑料绝缘铜芯导线，3 根截面积为 10mm² 和 1 根截面积为 6mm²，穿直径 32mm 焊接钢管。从 AP2 箱主开关上口引出向 AP3 箱的电源线，与接入 AP2 箱的导线相同。每台配电箱内为 4 条输出回路，2 条回路为 6A 断路器、1 条回路为 20A 断路器、1 条回路为 10A 断路器，20A 回路的接触器为 B25 型，其余回路为 B9 型。热继电器为 T25 型，动作电流分别为 5A、5A、27A 和 13A。导线 BV（4×2.5）-SC15，均为 4 根截面积 2.5mm² 塑料绝缘铜芯导线，穿直径 15mm 焊接钢管。出渣机和上煤机的功率为 1.5kW，引风机功率为 7.5kW，鼓风机功率为 3.0kW。

（3）ANX2 按钮箱

两台鼓风机的控制按钮装在 ANX2 按钮箱内，其他设备的操作按钮装在配电箱门上。按钮接线 BV（3×1.0）-SC15，为 3 根 1.0mm² 塑料绝缘铜芯导线，穿直径 15mm 焊接钢管。

2. 识读动力平面图

本工程锅炉房动力平面图如图 4.2.6 所示。

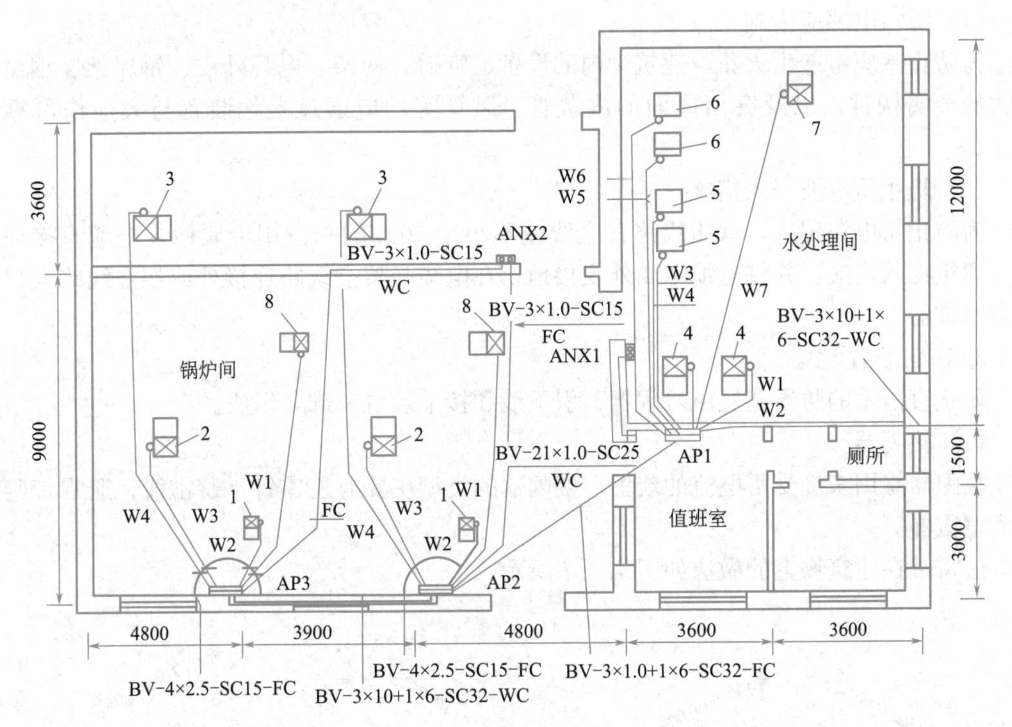

图 4.2.6 锅炉房动力平面图

图中电源进线在图右侧，沿厕所、值班室墙引入主配电箱 AP1。从 AP1 向左下为到 AP2 箱和 AP3 箱的导线。AP1 箱的 7 条引出线分别接到水处理间的 7 台水泵上，按钮箱装在水处理间侧面墙上。

AP2 与 AP3 配电箱装在锅炉房墙壁上，上煤机、除渣机在锅炉右侧，鼓风机在锅炉左侧。引风机装在锅炉房外间，按钮箱装在外间墙上，控制线接入按钮箱处有一段沿墙敷设。图中的标号与材料表中编号相对应。

4.2.2.3 建筑防雷接地施工图识读

4-13 建筑防雷接地施工图识读

1. 雷电危害

雷电的危害常见有三种形式：

（1）直接雷击

直接雷击又称直击雷。直接雷击的强大雷电流通过物体入地，在一刹那间产生大量的热能，可能使物体燃烧而引起火灾。

（2）雷电感应

雷电感应又称感应雷，分为静电感应和电磁感应两种。

（3）雷电波侵入

雷电波侵入又称高电位引入。由于架空线路或金属管道遭受直接雷击，或者由于雷云在附近放电使导体上产生感应雷电波，其冲击电压引入建筑物内，可能发生人身触电、损坏设备或引起火灾等事故。

2. 防雷措施

（1）防雷电感应措施

为防止感应雷产生火花，建筑物内的设备、管道、构架、电缆外皮、钢屋架、钢窗等较大的金属构件，以及突出屋面的放散管、风管等均应通过接地装置与大地作可靠的连接。

（2）防止雷电波侵入措施

为防止雷电波侵入，低压线路宜全线或不小于 50m 的一段用金属铠装电缆直接埋地引入建筑物入户端，并将电缆金属外皮接地。在电缆与架空线路连接处或架空线路入户端应装避雷器。

3. 防雷装置

防止直击雷的防雷装置由接闪器、引下线和接地装置三部分组成。

（1）接闪器

接闪器是用来接受雷电流的装置。接闪器的类型主要有避雷针、避雷线、避雷带避雷网和避雷器等。

避雷带在建筑物上的做法如图 4.2.7 所示。

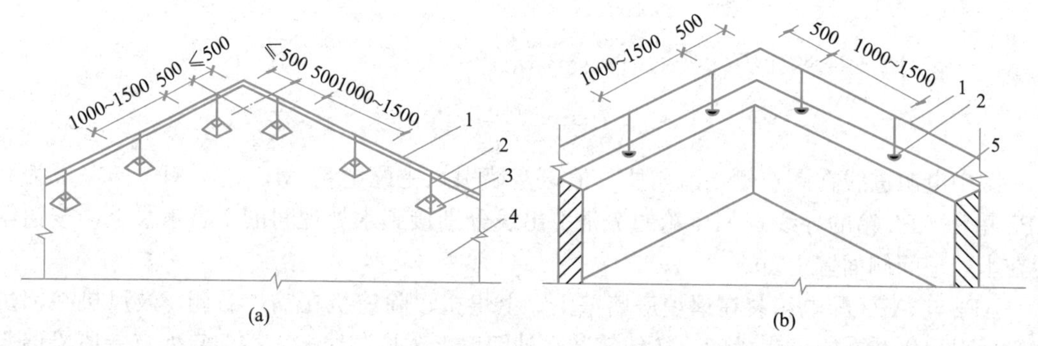

图 4.2.7 避雷带（网）做法

（a）在平面屋顶上安装；（b）在女儿墙上安装

1—避雷带；2—支架；3—支座；4—平屋面；5—女儿墙

（2）引下线

引下线有明敷设和暗敷设两种。

1）引下线明敷设

明敷设引下线使用镀锌圆钢制作，使用支持卡子，沿墙面敷设。

二类防雷以下建筑物，利用建筑物混凝土柱内主钢筋做防雷引下线。主要是对钢筋的连接点进行焊接，保证电气连接。做引下线用的柱内主筋直径不小于 10mm，每根柱子内要焊接不少于 2 根主筋。主筋直径 10mm 以下焊接 4 根，主筋直径 16mm 以上焊接 2 根。

2）引下线暗敷设

引下线暗敷设，是指某些结构要求较高的建筑，柱内主钢筋不容许作为防雷引下线使用，这时必须在柱内另外敷设作为引下线用的圆钢或铜线。

（3）接地装置

接地装置的作用可使雷电流在大地中迅速流散。埋于土壤中的人工垂直接地体宜采用角钢、钢管或圆钢；埋于土壤中的人工水平接地体宜采用扁钢或圆钢。

也可以用基础底板钢筋作为接地装置，如图 4.2.8 所示。

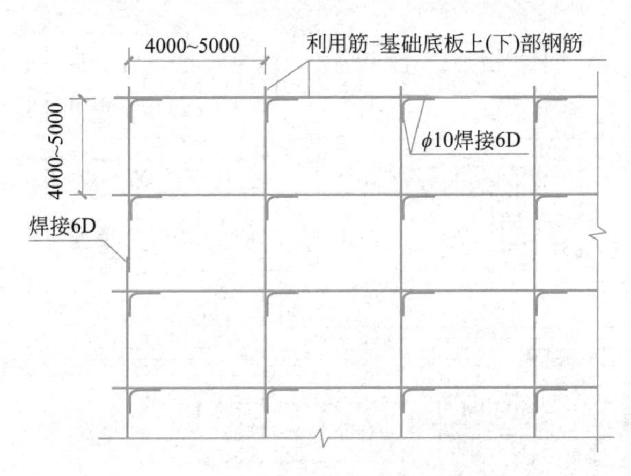

图 4.2.8　基础底板钢筋平面连接示意图

4. 识读防雷接地施工图

六层砖混住宅楼防雷接地平面图，如图 4.2.9 所示。檐高 20m，楼顶安装避雷网。楼顶四周避雷网安装在女儿墙上，中间的分隔网部分安装在混凝土块上，楼顶上突出的金属管道，要与避雷网连接。利用楼的构造柱钢筋作防雷引下线，每根构造柱内焊 4 根钢筋。每根构造柱下埋设一组接地装置，每组接地装置为 2 根 $\phi19$ 的圆钢接地极，间距 5m，图上方的接地装置距楼阳台外沿 4m，图下方的接地装置距楼阳台外沿 1.5m。接地母线在距室外地坪 0.4m 处与构造柱上引出的引下线连接，作暗装断接测试卡子。室外接地母线埋深 0.8m，使用 40mm×4mm 镀锌扁钢。

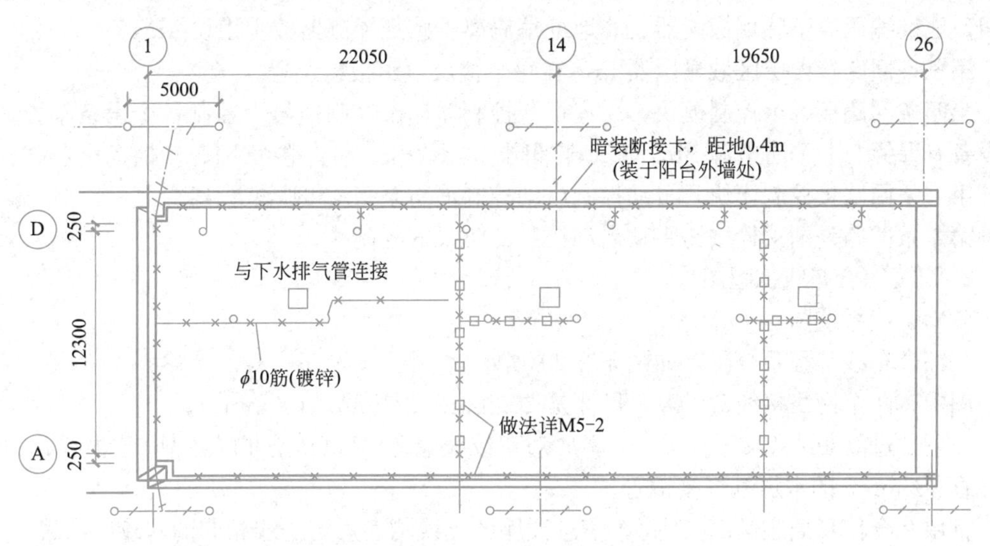

图 4.2.9　住宅楼防雷平面图

4.2.2.4 建筑弱电施工图识读

1. 识读火灾自动报警系统图

某工程火灾自动报警系统图，如图 4.2.10 所示。

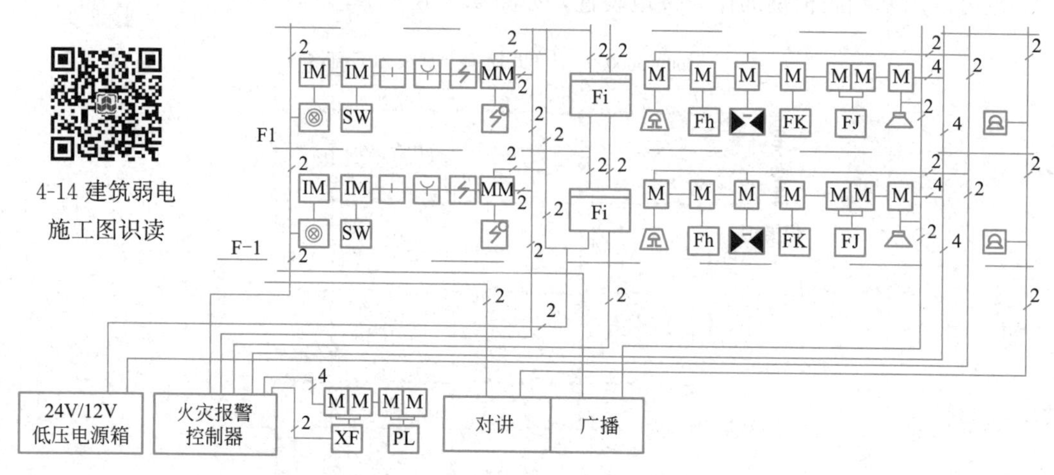

图 4.2.10 火灾自动报警系统图

图 4.2.10 中火灾报警控制器，具有集中报警和联动控制功能。报警控制器采用数字控制总线方式。在消防中心控制室还有低压电源箱，为火灾探测器和模块提供直流电源。此外在图中还有对讲电话设备和火灾广播设备。

火灾报警控制器上有 6 条输出回路，左边第一条回路接各个消火栓按钮，这些按钮并联在一起，用于手动报警和手动控制消防水泵启动。消火栓按钮上接有输入模块 IM，操作按钮时会同时发出报警信号并显示报警位置。

第二条回路接各个火灾探测器和输入模块，向火灾报警控制器输入报警信号并显示报警位置。图中有水流信号开关 SW 接输入模块 IM、电子感温探测器、地址编码手动报警按钮、地址编码离子感烟探测器、非地址编码离子感烟探测器接主模块 MM。

第三条回路接楼层区域显示器 Fi，在每个楼层显示报警位置。

第四条回路接各个控制模块，火灾报警控制器输出控制信号，控制各个设备动作。这些设备有警铃、非消防电源 Fh、防火排烟阀、空调 Fk、防火卷帘 FJ、广播扬声器等。

第五条回路接控制模块，自动控制启动控制消防泵 XF 和喷淋泵 PL。

第六条回路是消火栓按钮手动启动控制消防泵的控制线。

2. 识读综合布线工程图

(1) 识读系统图

某综合布线工程系统图，如图 4.2.11 所示。

图中有两个网络接线盒 *DN*，尺寸是 200mm×200mm×100mm。

左侧是进线 10×UTP-5，是 10 根 4 对双绞线电缆，UTP 是非屏蔽型，5 类线，RC25 是穿直径 25mm 的水煤气焊接钢管。

首层 2 个信息插座 TD。到每个信息插座的支线均使用与进线相同的双绞线电缆。

首层到二层接线盒，用的是 5×UTP-3，5 根 3 类线，同样是穿直径 25mm 的水煤气焊接钢管。

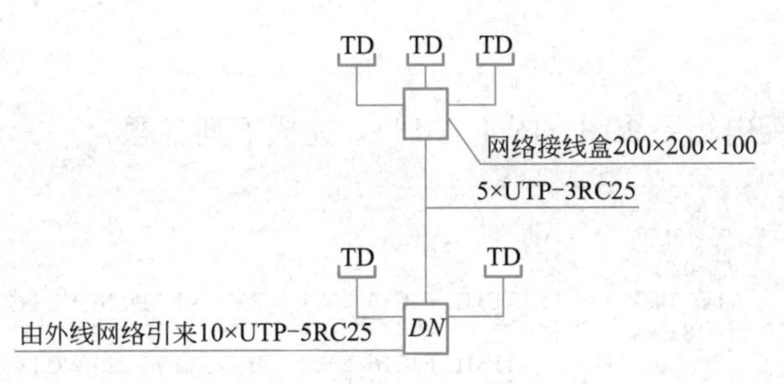

图 4.2.11　综合布线工程系统图

二层有 3 个信息插座 TD。

(2) 识读平面图

某工程综合布线工程平面图，如图 4.2.12 所示。网线由外线网络引来，使用也是埋地引人，进入厨房左侧墙壁配线箱，距地 1.4m。在一层只有 2 个信息插座 TD，1 个在客厅，1 个在书房。二层的线从厨房左侧墙壁沿墙上楼。

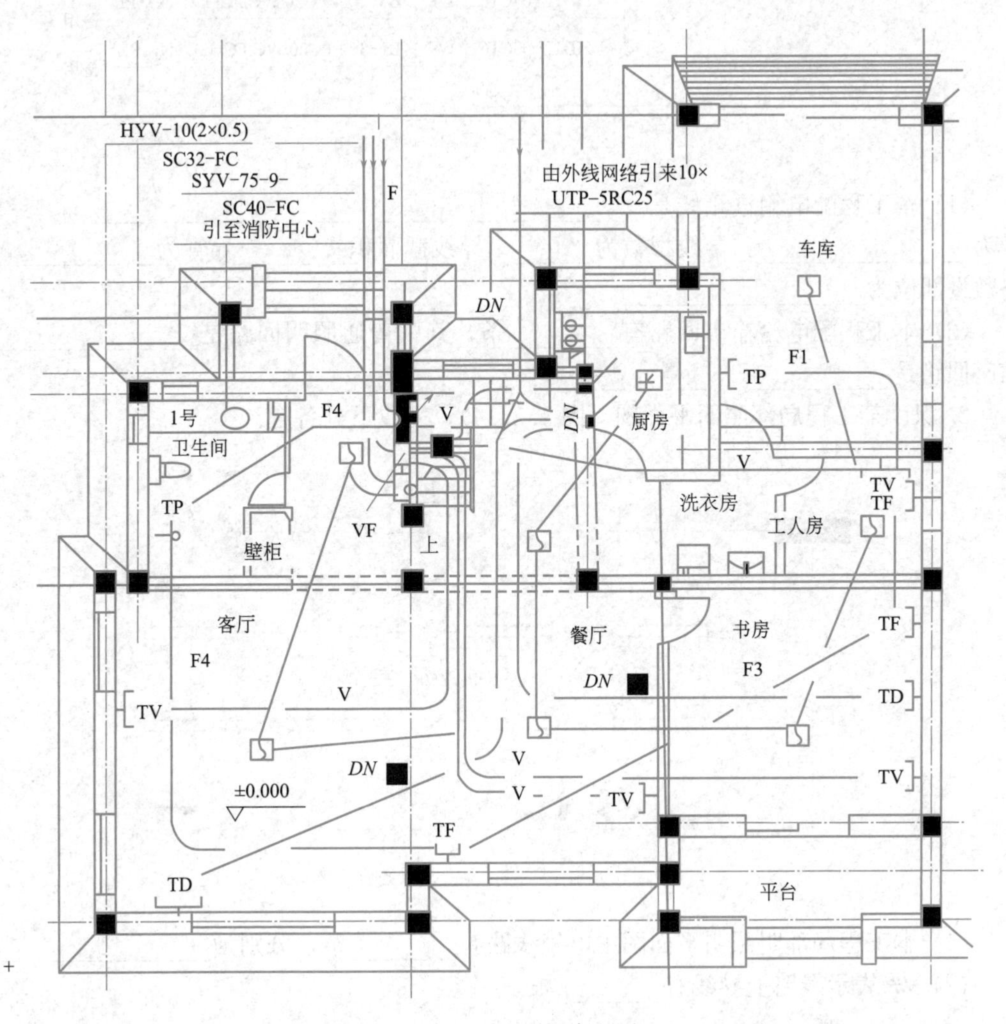

图 4.2.12　弱电平面布置图

任务训练

1. 识读某工程配电箱系统图（图 4.2.13），完成下列各题。

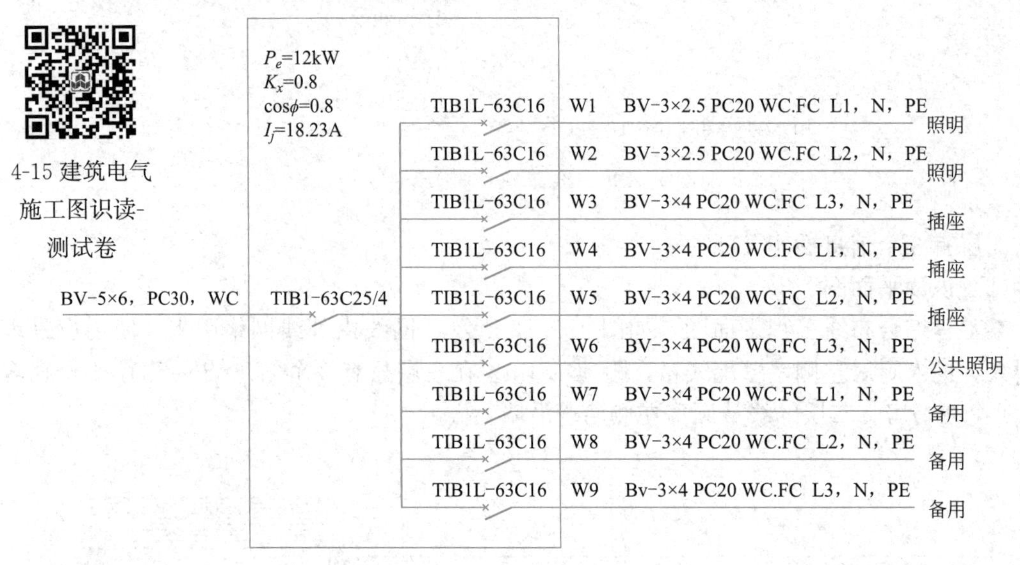

图 4.2.13 某工程配电箱系统图

（1）本工程配电箱进箱线是____________________，导线型号为__________，导线根数为______，导线截面积______，导管为________，线路敷设部位为__________。

（2）本工程配电箱输出回路有_______条，其中普通照明回路是__________，插座回路是____________。

2. 识读某工程局部照明平面图（图 4.2.14），完成下列各题。

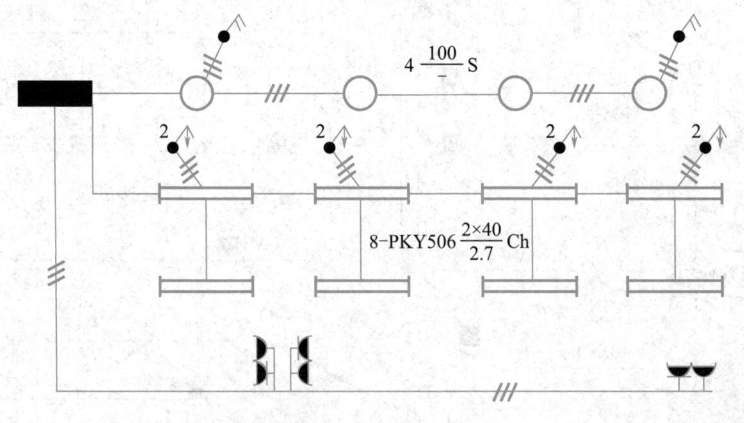

图 4.2.14 局部照明平面图

（1）本工程局部明照明平面图中电气线路有_______条，分别为__________。

（2）-///-表示线路上导线有_______根。

（3）符号$4\frac{100}{-}S$，4 代表________，100 代表__________，S 代表_______。

任务 4.3　建筑电气 BIM 模型创建

任务引入

通过本节学习，熟悉建筑电气系统 BIM 建模软件界面，具备熟练操作软件的能力；熟悉导管、导线、桥架、电气设备等构件创建的步骤与方法，具有按要求创建和编辑建筑设备构件模型的能力；熟悉建筑电气系统布置的一般流程，具备运用 BIM 相关标准进行建筑电气系统 BIM 建模的能力。

建筑电气系统 BIM 建模一般按动力系统、照明系统、弱电系统等分系统进行，建模流程一般为：创建准备→参数化构件制作→桥架绘制→线管绘制→电气设备放置连接→模型标注。

本节任务的学习内容详见表 4.3.0。

"建筑电气 BIM 模型创建"学习任务表　　　　表 4.3.0

任务	子任务	技能与知识	拓展
4.3 建筑电气 BIM 模型创建	4.3.1 建筑电气构件 BIM 建模	4.3.1.1 建筑电气构件 BIM 设置 4.3.1.2 建筑电气构件 BIM 制作	灯具 BIM 建模
	4.3.2 建筑电气系统 BIM 建模	4.3.2.1 桥架及线管设置 4.3.2.2 建筑电气系统建模 4.3.2.3 建筑电气模型标注	桥架系统 BIM 建模

任务实施

4.3.1　建筑电气构件 BIM 建模

建筑电气构件 BIM 建模与建筑给水排水构件 BIM 建模流程一样，构件族样板建立主要内容有：①对构件族进行标准化命名。族命名规则：设备类型——功能；类型命名规则：安装方式。②建立族共享参数信息。③制定族样板编制规则，针对构件类型（族类型）建立标准的样板制作内容、流程及添加参数项、三维和二维出图显示设置等。④创建各类族样板文件（.rfa）。⑤保存到族库。

【4-3-1 项目任务】某照明配电箱构件尺寸如图 4.3.1 所示，请按如下要求完成构件建模。

（1）使用"基于墙的公制常规模型"族样板，按照图 4.3.1 中尺寸建立照明配电箱。

（2）在箱盖表面添加如图所示的模型文字和模型线。

（3）设置配电箱宽度、高度、深度和安装高度为可变参数。

（4）添加电气连接件，放置在箱体上部平面中心。

（5）按表 4.3.1 配电箱族实例参数表为配电箱添加族实例参数。

（6）选择该配电箱的族类别为“电气设备”，最后生成“照明配电箱.rfa”族文件保存到相应文件夹。

配电箱族实例参数表　　表 4.3.1

序号	参数名称	分组方式
1	箱柜编号	标识数据
2	材质	材质和装饰
3	负荷分类	电气

【任务来源：2019年第一期“1＋X”建筑信息模型（BIM）职业技能等级考试——中级（建筑设备方向）——实操试题——设备族创建】

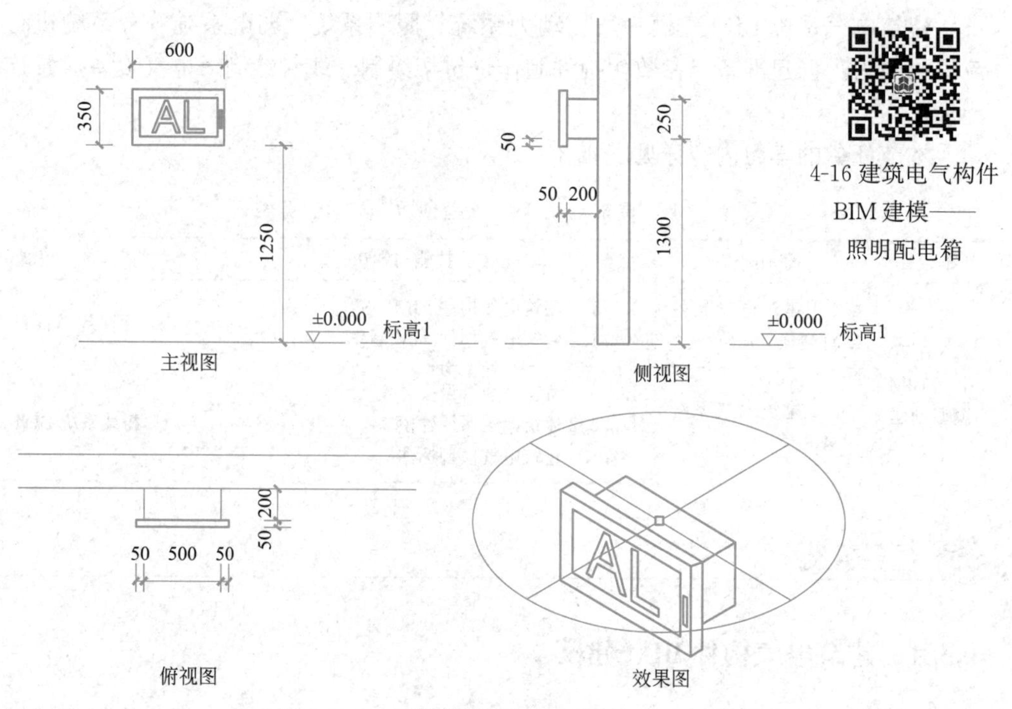

图 4.3.1　照明配电箱构件三视图

4.3.1.1　建筑电气构件 BIM 设置

1. 插入点设置

须保证构件在布置时可以快速捕捉到建筑构件边界面，保持表面贴合，并准确设定安装高度。

2. 可见性设置

与相应系统的可见性保持一致，即视图详细程度为粗略和中等时显示图例，精细程度下显示实体。

3. 连接件设置

连接件一般放置在构件平面，属性参数需要按照工程实际进行设置并关联对应的族参数。

4. 参数属性设置

包括宽度、高度、深度、安装高度等几何参数设置，编号、材质等非几何参数设置。

4.3.1.2 建筑电气构件 BIM 制作

1. 绘制照明配电箱

(1) 选择构件样板文件

打开软件，点击“族”→“新建”，选择“基于墙的公制常规模型”，点击“打开”，完成样板文件选择，如图 4.3.2 所示。

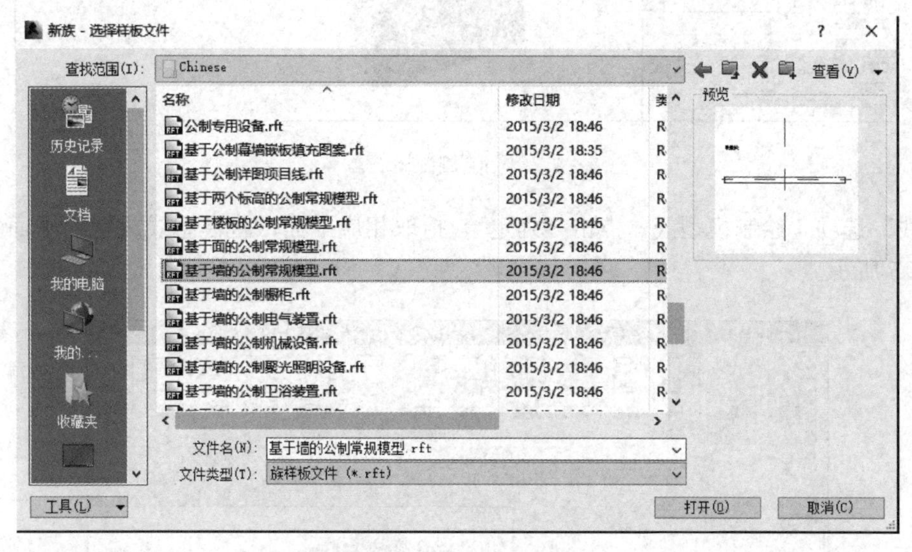

图 4.3.2 选择构件样板文件

(2) 生成“参照标高”视图和“放置边”视图

点击“项目浏览器→视图→楼层平面”，生成“参照标高”视图和“放置边”视图，如图 4.3.3 所示。

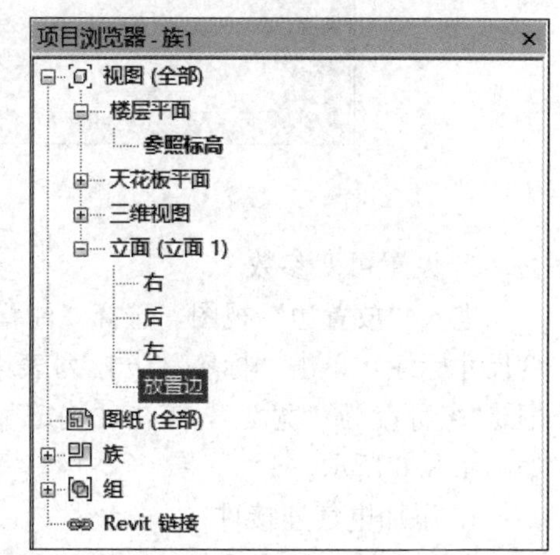

图 4.3.3 生成视图

(3) 创建参照平面

进入立面“放置边”视图，点击菜单栏“创建”选项，选择“参照平面”选项，按提示及构件尺寸，创建参照平面。

(4) 绘制配电箱箱体

点击“创建”菜单栏，选择“拉伸”选项，利用“绘制”工具栏中的“矩形”按钮绘制拉伸轮廓，并将轮廓线锁定到相应参照平面上，完成配电箱的绘制，如图 4.3.4 所示。

2. 添加模型文字与模型线

点击菜单栏“创建”，选择“模型文字”选项，弹出“编辑文字”对话框，输入“AL”，点击“确定”；拾取相应平面，将标识放置于平面上。点击菜单栏“创建”，选择

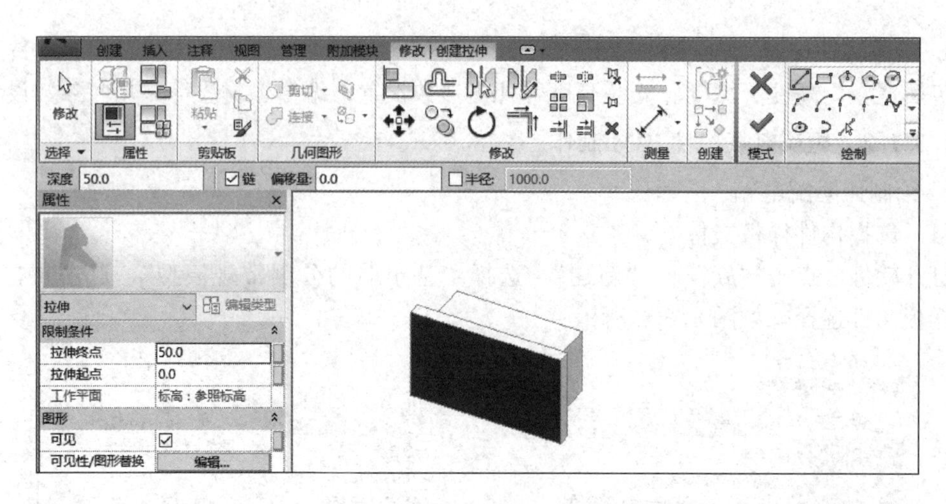

图 4.3.4　绘制配电箱箱体

“模型线”选项，绘制模型线，点击“确定”；拾取相应平面，将模型线放置于平面上。如图 4.3.5 所示。

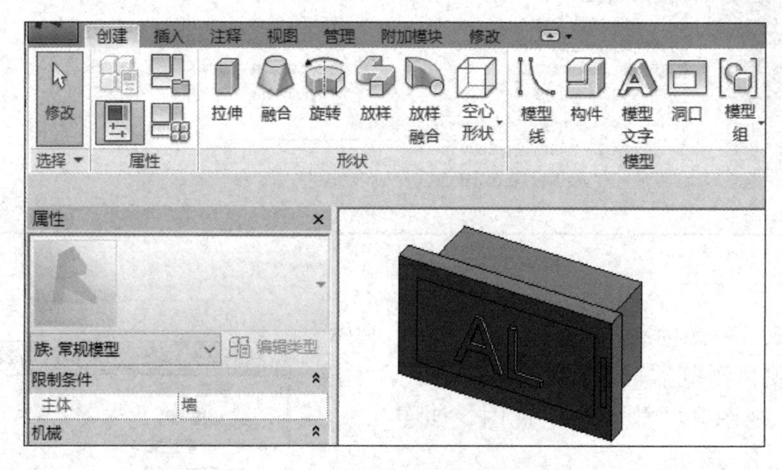

图 4.3.5　添加模型文字与模型线

3. 设置可变参数

进入“放置边”视图，选择“注释”→“对齐”命令，进行“宽”尺寸标注。选中宽度尺寸标注，单击“标签”下拉列表中的“添加参数”选项卡。弹出“参数属性”对话框，“名称”为“宽度”，点击“确定”。以此类推，完成长度、高度、安装高度参数设置，如图 4.3.6 所示。

4. 添加电气连接件

进入“创建”选项卡，选择“电气连接件”，在“修改 | 放置电气连接件”栏中，选择“放置面”后确定，完成电气连接件绘制。

5. 添加族实例参数

单击“修改”选项卡中的“族类型”按钮，弹出“族类型”对话框，点击“添加”，弹出“参数属性”对话框，勾选“实例”，“名称”填入“箱柜编号”，“规程”为“公共”，“参数类型”为“文字”，“参数分组方式”选择“标识数据”，点击“确定”，如图 4.3.7

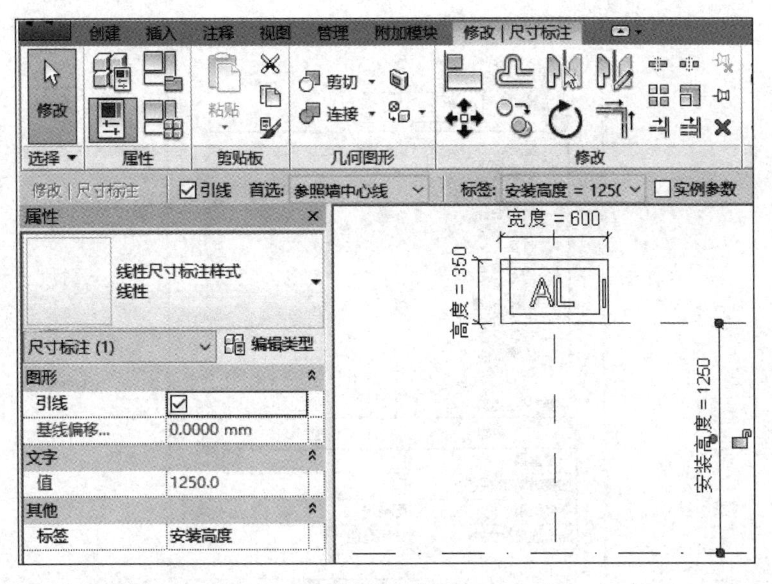

图 4.3.6 设置可变参数

所示。以此类推，完成族实例参数添加。

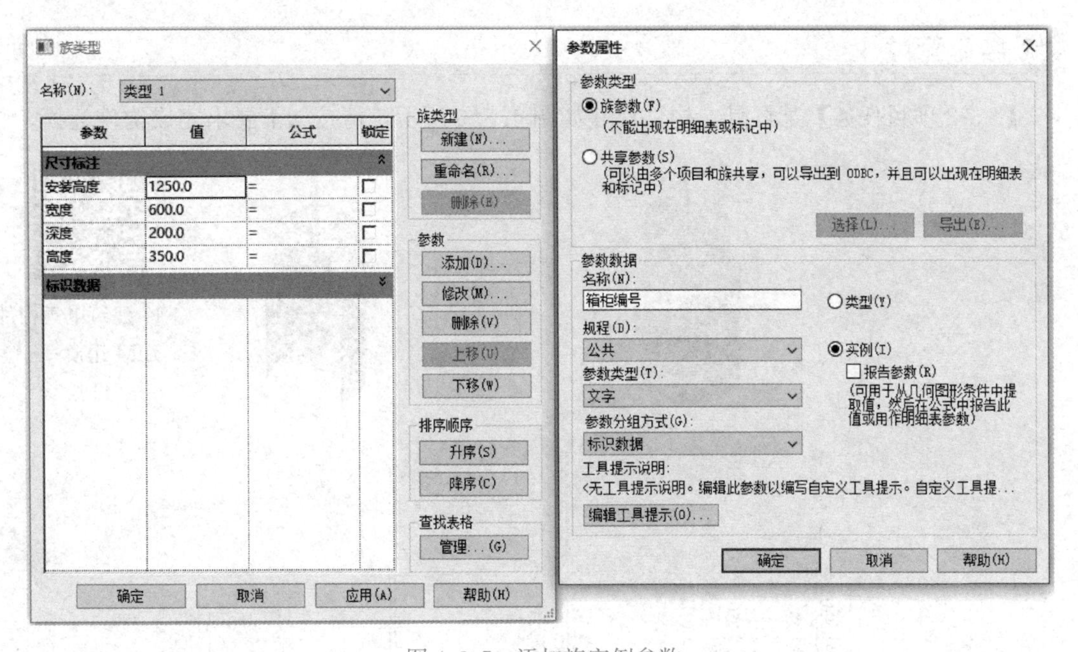

图 4.3.7 添加族实例参数

6. 设置族类别

单击“修改”选项卡中的“族类别和族参数”按钮，弹出“族类别和族参数”对话框，对该族进行归类，将其归在“电气”→“电气设备”类别，点击“确定”，完成族类别设置，如图 4.3.8 所示。

7. 保存模型文件。

将文件命名为“照明配电箱 . rfa”保存到相应位置。

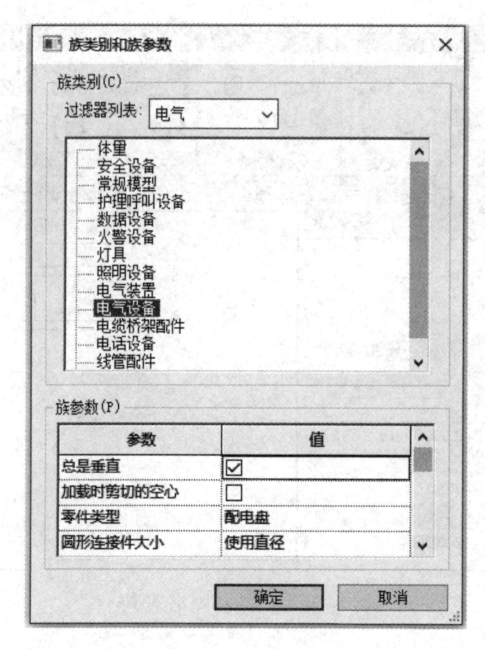

图 4.3.8　设置族类别

技能拓展

【4-3-2 项目任务】某灯具，构件尺寸如图 4.3.9 所示，请按如下要求完成构件建模。

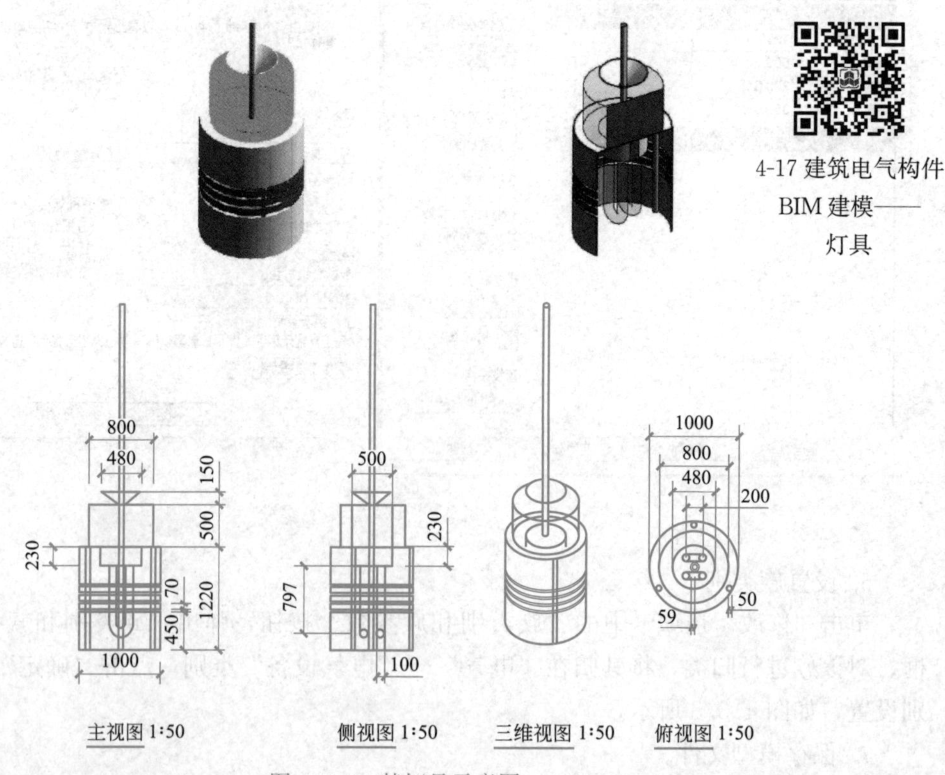

图 4.3.9　某灯具示意图

（1）运用公制照明设备族样板创建灯具模型，未注明尺寸可自行定义。

（2）为灯具添加电气连接件。

（3）创建光源，要求光线分布设置为半球形。

（4）根据图片为模型设计材质，要求材料合理且无遗漏。

（5）将模型以“灯具”命名保存到相应文件夹。

【任务来源：2022年第二期“1+X”建筑信息模型（BIM）职业技能等级考试——中级（建筑设备方向）——实操试题——设备族创建】

4.3.2 建筑电气系统BIM建模

建筑电气系统BIM模型创建主要由桥架及线管设置、系统建模、模型标注三块内容组成。

【4-3-3项目任务】某建筑物单层砖混结构，净高为4.0m，顶层楼板为现浇，厚度为150mm；建筑物室内外高差0.3m，地面场地已绘制，厚1500mm，其电气系统示意图如图4.3.10所示。

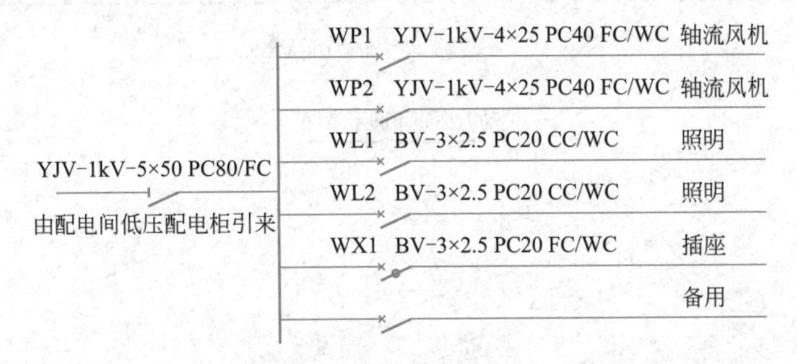

动力配电箱AP系统图

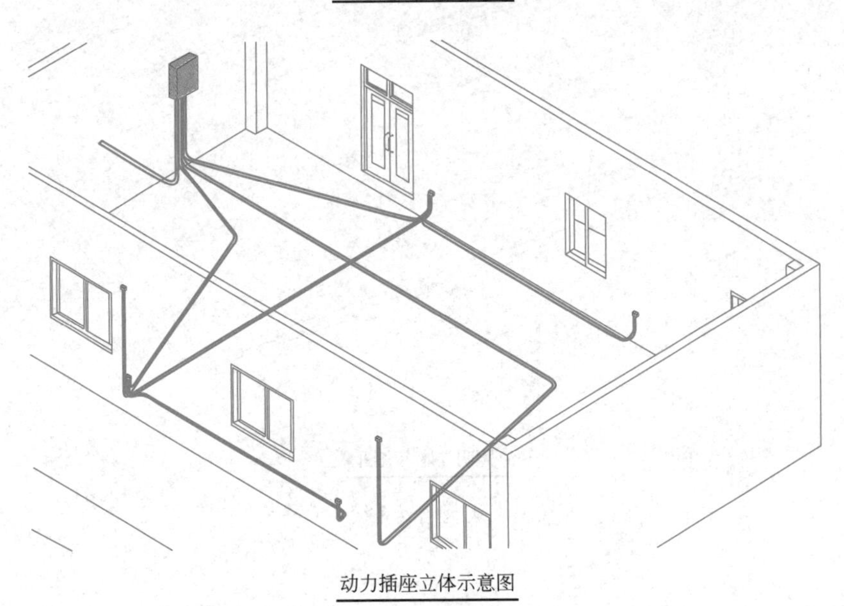

动力插座立体示意图

图4.3.10 某建筑电气系统示意图（一）

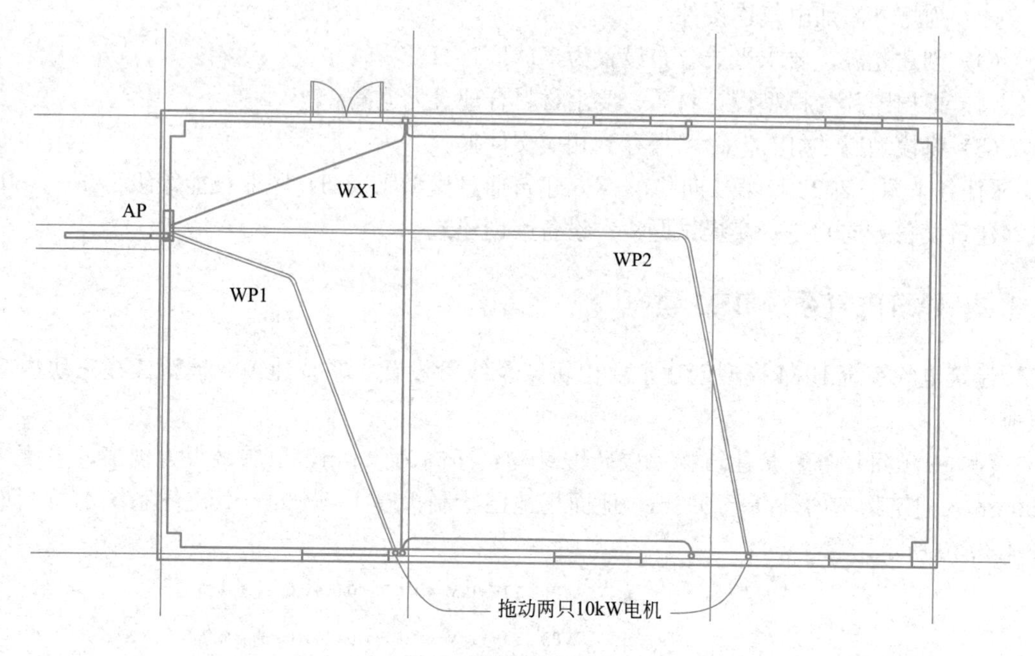

动力插座平面示意图

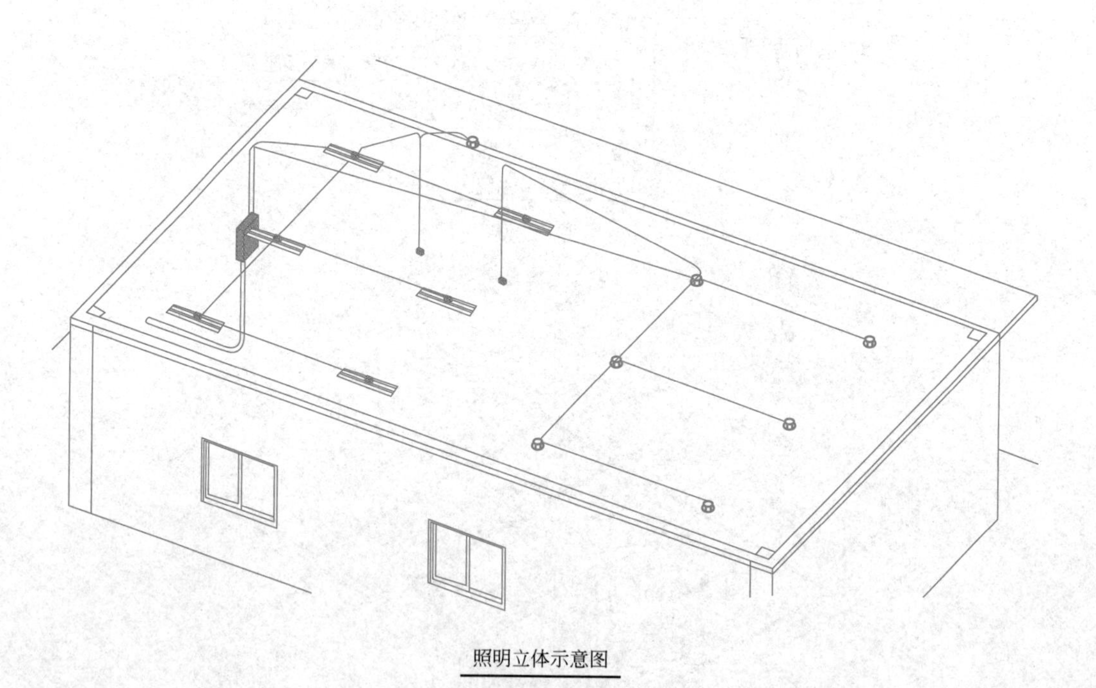

照明立体示意图

图 4.3.10 某建筑电气系统示意图（二）

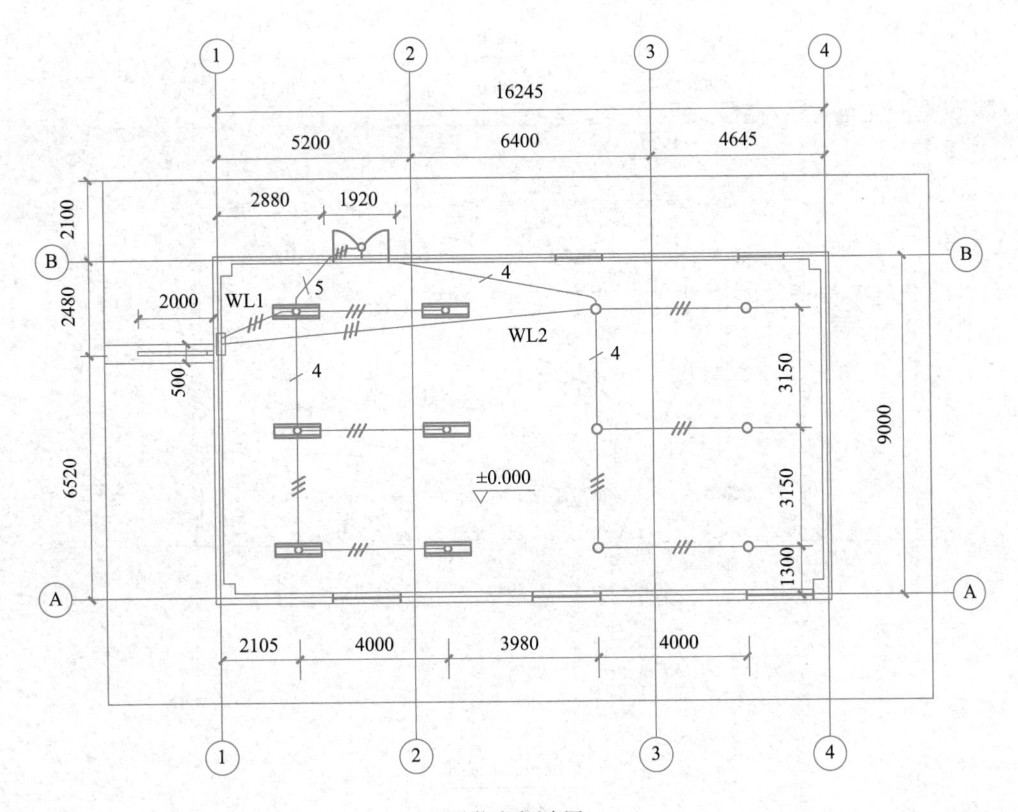

照明平面示意图

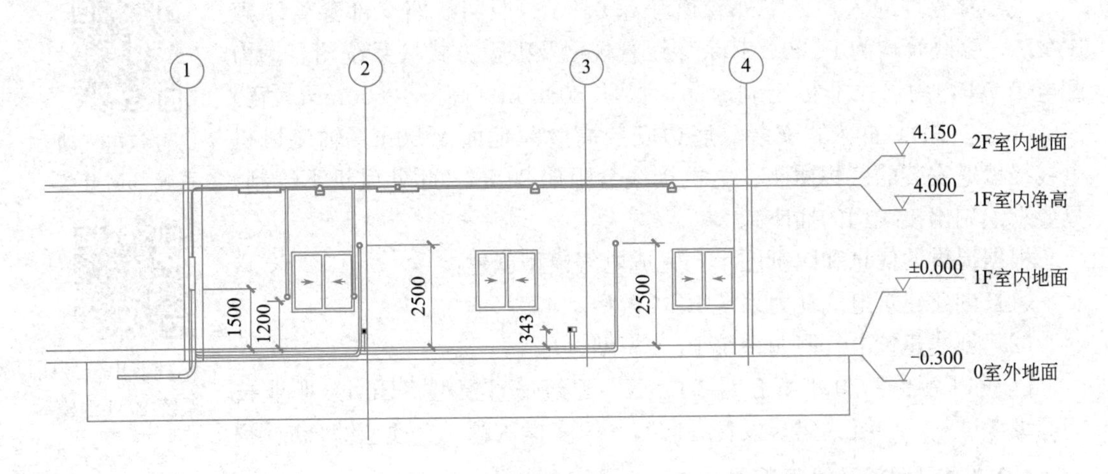

南立面示意图

图 4.3.10 某建筑电气系统示意图（三）

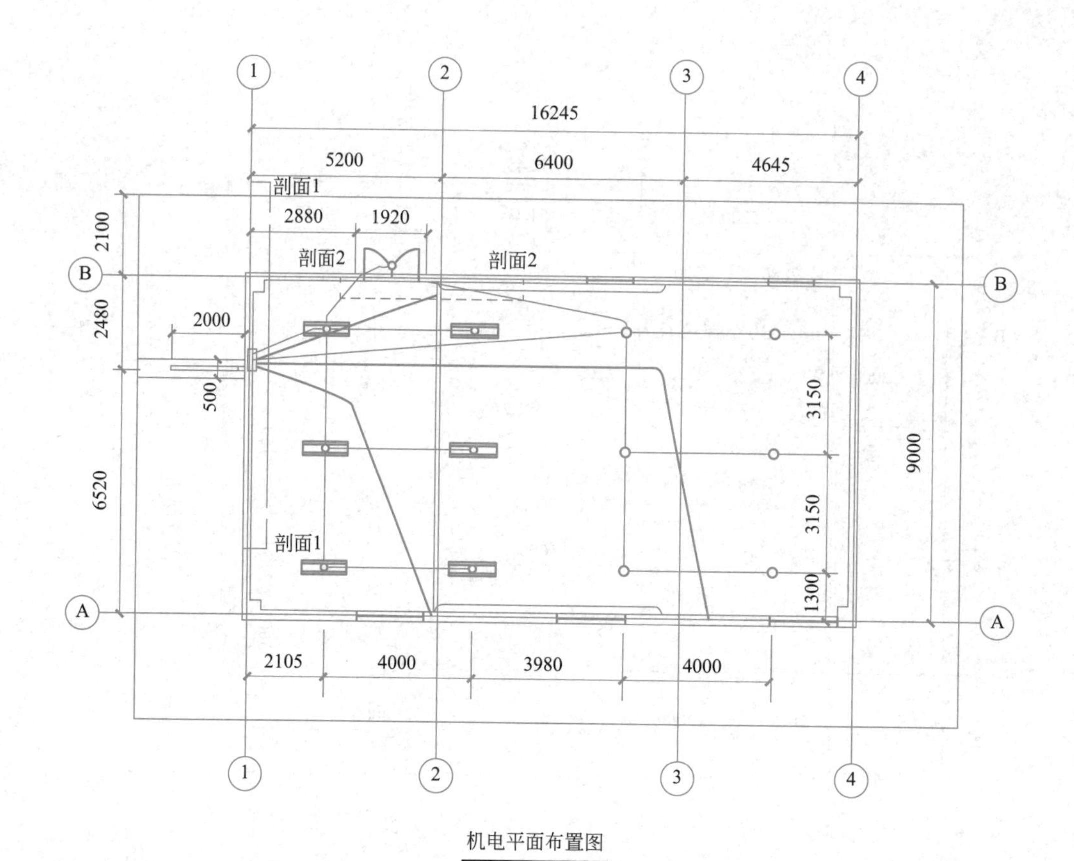

图 4.3.10　某建筑电气系统示意图（四）

电缆穿管埋地入户，室外管道埋深 0.7m。照明线路全部穿管暗敷 BV2.5，穿线管均为 PC20，其余穿线管规格及敷设方式按系统图。动力配电箱 AP，为厂家非标定制成品，尺寸 800mm（高）×600mm（宽）×200mm（深），嵌入式安装，底边安装高度距地面 1.50m。轴流风机电线接墙壁安装的三相插座，电机接线盒距地 2.5m（此处风机不绘制，只要求绘制出接线用的插座）。

4-18 建筑电气动力系统 BIM 建模

根据提供的信息和图纸图示，完成电气模型创建：

（1）创建建筑电气动力系统 BIM 模型。

（2）创建建筑电气照明系统 BIM 模型。

4-19 建筑电气照明系统 BIM 建模

【任务来源：2020 年第五期“1+X”建筑信息模型（BIM）职业技能等级考试——中级（建筑设备方向）——实操试题——模型综合应用】

4.3.2.1　桥架及线管设置

在创建建筑电气 BIM 模型之前，需要对桥架及线管的类型进行创建和设置。Revit 默认自带的电缆桥架和线管分为“带配件”和“无配件”两种类型，而工程中常用的桥架往往按系统类型的不同细分为强电金属桥架、弱电金属桥架、消防金属桥架、照明金属桥架等；按桥架的型号还可细分为梯级式电缆桥架、槽式电缆桥架、托盘式电缆桥架等。在工程上常用到的线管往往按材质不同细分为 JGD 金属导管、KBG 金属导管、SC 厚壁钢管

PVC 塑料导管等。

因此需要根据实际工程创建各种桥架及管线类型并对其进行设置，设置内容包括桥架及线管尺寸、注释比例、相应管件及配件等。

1. 电缆桥架类型创建

（1）在“项目浏览器”下拉列表窗口中选择“族”并单击“+”符号展开下拉列表，选择“电缆桥架”→“带配件的电缆桥架”选项，选择系统自带桥架选项，使用鼠标右键单击复制，选择新复制创建的桥架选项，使用鼠标右键单，将之重命名为“强电金属桥架”，如图 4.3.11 所示。使用同样的方法，可对“弱电金属桥架”“消防金属桥架”“照明金属桥架”分别进行创建。

（2）双击“强电金属桥架”选项进入“类型属性”对话框。可对其电气管件、标识数据等参数进行设置，如图 4.3.12 所示。

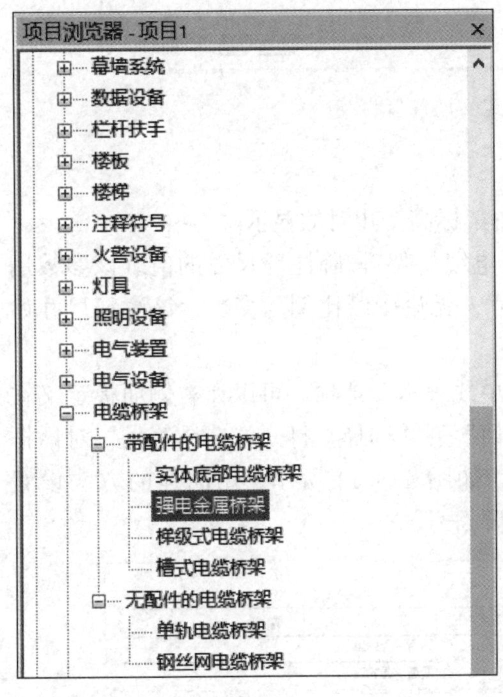

图 4.3.11　电缆桥架类型创建

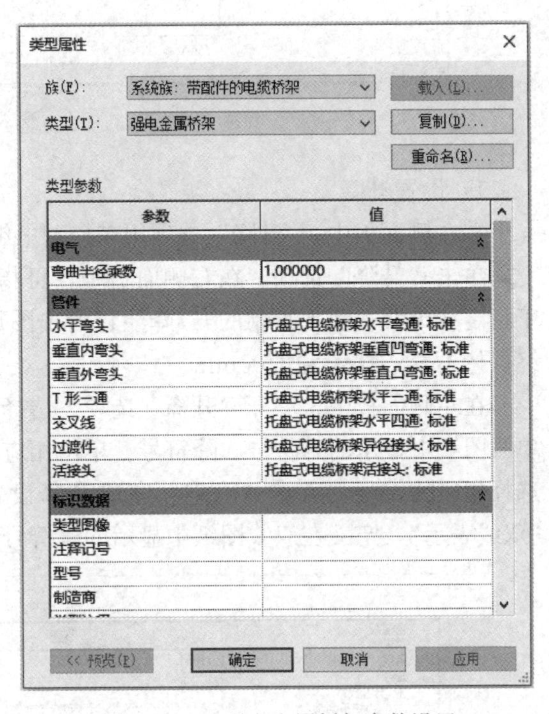

图 4.3.12　强电金属桥架参数设置

在“类型属性”对话框中，还可以通过单击“复制”创建以该类型为模板的其他类型的电缆桥架，效果与在“项目浏览器”下拉列表窗口中创建是一样的。

2. 电缆桥架设置

（1）定义设置参数

在绘制电缆桥架前，先按照设计要求对桥架进行设置。在“电气设置”对话框中定义“电缆桥架设置”：进入“管理”选项卡，选择“MEP 设置”→“电气设置”选项，弹出“电气设置”对话框，开展定义设置参数，如图 4.3.13 所示。

（2）设置“升降”和“尺寸”

展开“电缆桥架设置”选项并设置“升降”和“尺寸”。

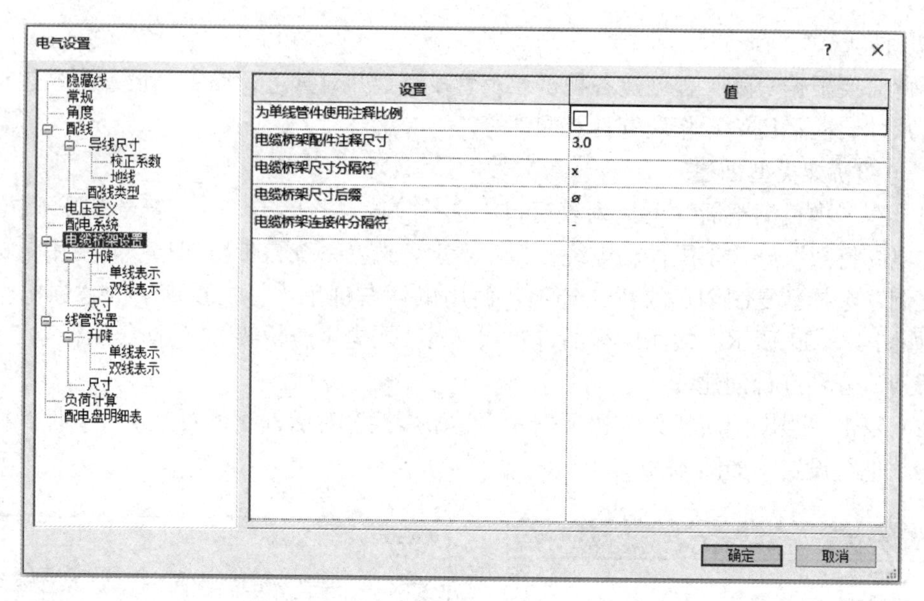

图 4.3.13　电缆桥架定义设置参数

1）设置升降

在左侧面板中，“升降”选项用来控制电缆桥架标高变化时的显示。

单击“升降”选项，在右侧面板中，可指定电缆桥架升/降注释尺寸的值。该参数用于指定在单线视图中绘制的升/降注释的出图尺寸。无论图纸比例为多少，该注释尺寸始终保持不变，默认为 3.00mm。

在左侧面板中，展开“升降”选项，选择“单线表示”选项，可以在右侧面板定义在单线图纸中显示的升符号、降符号。单击相应“值”列并选择，打开“选择符号”对话框选择相应的符号，点击“确定”完成升降设置，如图 4.3.14 所示。用同样的方法设置“双线表示”，定义在双线图纸中显示的升符号、降符号。

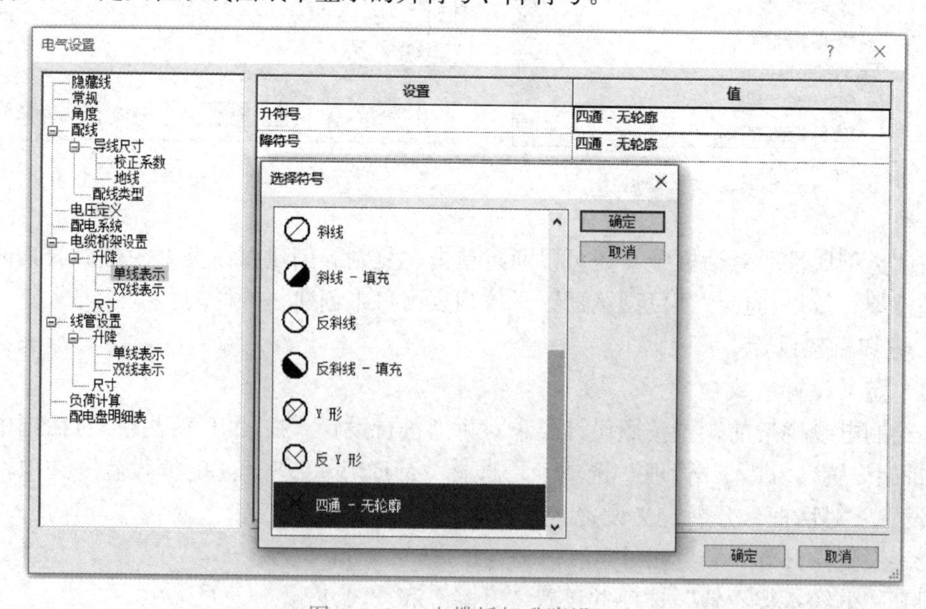

图 4.3.14　电缆桥架升降设置

2）设置尺寸

选择“尺寸”选项，在右侧面板中会显示可在项目中使用的电缆桥架尺寸表，在表中可以进行查看、修改，新建和删除操作。如图 4.3.15 所示。

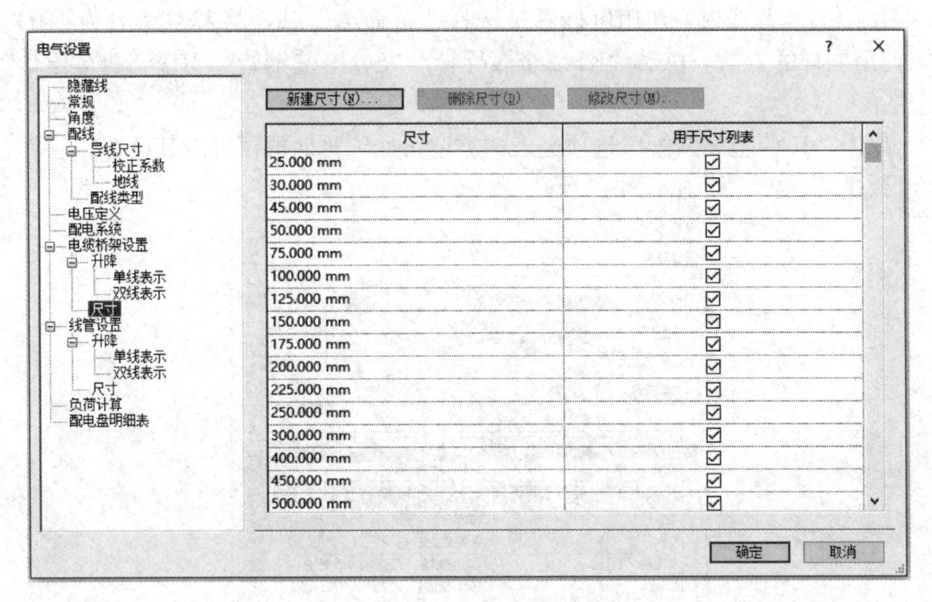

图 4.3.15　电缆桥架尺寸设置

用户可以选择特定尺寸并勾选“用于尺寸列表”，所选尺寸将在电缆桥架尺寸列表中显示；如果不勾选该尺寸，将不会出现在尺寸下拉列表中。

“电气设置”还有一个公用选项“隐藏线”，如图 4.3.16 所示，用于设置图元之间交叉、发生遮挡关系时的显示。它和“机械设置”的“隐藏线”是同一设置。

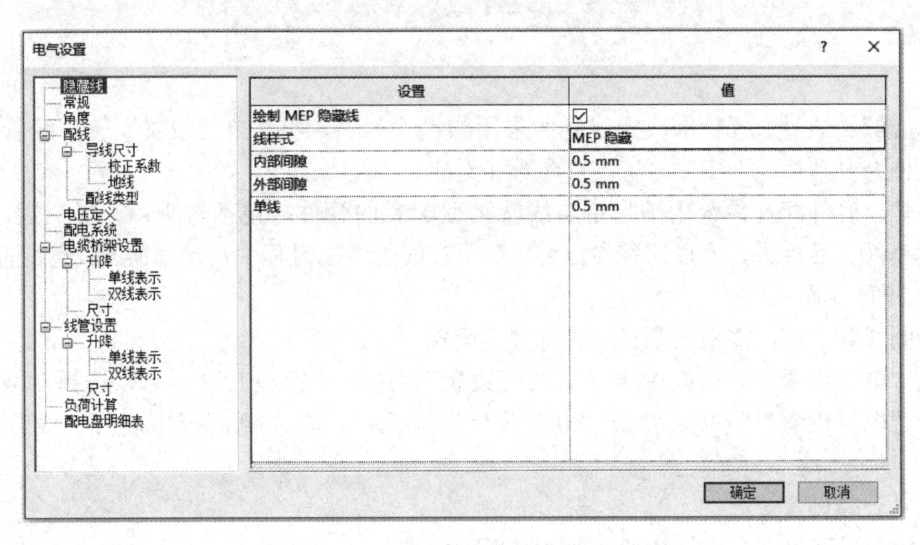

图 4.3.16　电缆桥架隐藏线设置

3. 线管类型创建

（1）在“项目浏览器”下拉列表窗口中选择“族”并单击“+”符号展开下拉列表，

选择“线管”→“带配件的线管”选项，系统自带线管类型有“刚性非金属导管（RNC-Sch40）”和“刚性非金属导管（RNC Seh80）”。选择“刚性非金属导管（INC Seh40）”选项，使用鼠标右键复制创建“刚性非金属导管（RNCSch40）2”，选择“刚性非金属导管（RNCSch40）2”选项，使用鼠标右键选择“重命名”选，将其重命名为“JDG 金属线管”。使用同样的方法，可对“KBG 金属导管”“SC 厚壁钢管”“PVC 塑料导管”分别进行创建。

（2）双击“JDG 金属线管”选项进入“类型属性”对话框，可对其电气、管件、标识数据等参数进行设置，如图 4.3.17 所示。

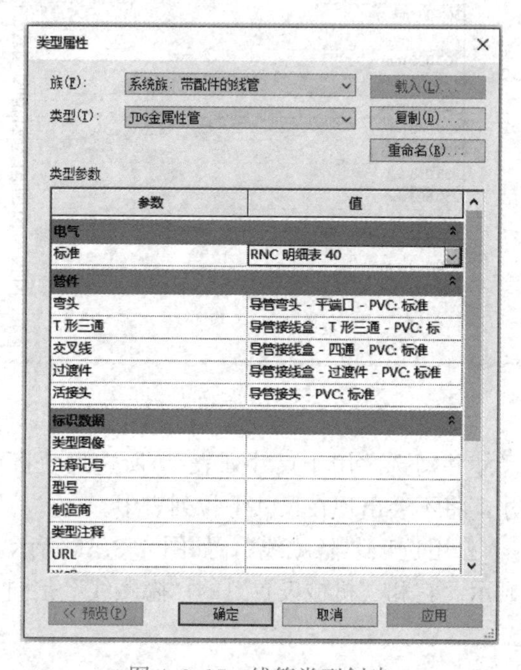

图 4.3.17　线管类型创建

“标准”：通过选择标准决定线管所采用的尺寸列表，与“电气设置”→“线管设置”→“管件”→“尺寸”中的“标准”参数相对应。

管件：管件配置参数用于指定与线管类型配套的管件，包括弯头、T 形三通、交叉线、过渡件、活接头。通过这些参数可以配置在线管绘制过程中自动添加的线管配件。

4. 线管设置

绘制线管之前，需根据项目对线管进行设置。

在“电气设置”对话框中定义“线管设置”：进入“管理”选项卡，选择“MEP 设置”→“电气设置”选项，弹出“电气设置”对话框，在左侧面板中展开“线管设置”选项。

（1）升降设置

线管的升降设置和电缆桥架类似，这里不再描述。

（2）尺寸设置

1）单击“线管设置”→“尺寸”，如图 4.3.18 所示，右侧面板可以设置线管尺寸。

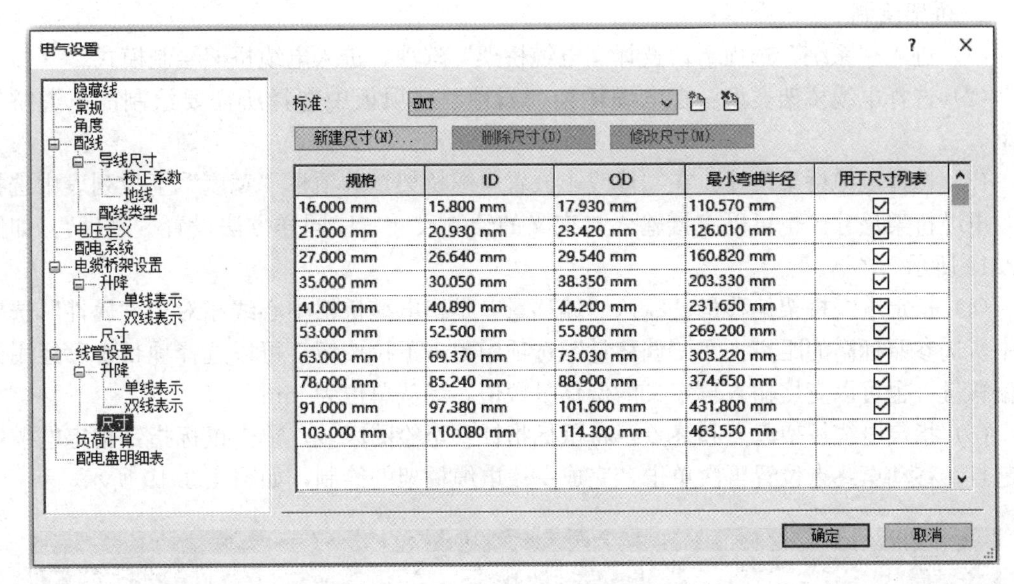

图 4.3.18 线管尺寸设置

针对不同“标准”，可创建不同的尺寸列表。单击右侧面板的“标准”下拉按钮，可以选择要编辑的“标准”；单击右侧的按钮可创建、删除当前尺寸列表。

Revin 软件自带的电气项目样板“Electrical-DefatulCHSCHs. rte”中线管尺寸默认创建了五种标准：EMT、IMC、RMC、RNC 明细表 40、RNC 明细表 80。

2）在当前尺寸列表中，可以“新建尺寸”“删除尺寸”“修改尺寸”。其中尺寸定义中：“ID”表示线管的内径；“OD”表示线管的外径；“最小弯曲半径”是指弯曲线管时所允许的最小弯曲半径。软件中弯曲半径指的是心到线管中心的断离。

新建的尺寸“规格”和现有列表不允许重复。如果在绘图区域已绘制了某尺寸的线管，该尺寸将不能被删除，需要先删除项目中的线管，才能删除尺寸列表中的尺寸。

4.3.2.2 建筑电气系统建模

建筑电气系统建模前需要进行桥架及线管的绘制，包括桥架及线管类型、尺寸、偏移量等参数设置方式选择、配件放置等。

绘制桥架及线管在平面视图、立面视图、剖面视图和三维图中均可进行。

在绘制电缆桥架或线管时使用以下设置：

标高：指定电缆桥架或线管的参照标高。

宽度：指定电缆桥架的宽度。

高度：指定电缆桥架的高度。

直径：指定线管的直径。

偏移量：指定电缆桥架或线管相对于参照标高的垂直高程。可以输入偏移值或从建议偏移值列表中选择值。

锁定/解锁：锁定/解锁电缆桥架或线管的高程。锁定后，电缆桥架或线管会始终保持原高程，不能连接处于不同高程的管段。

弯曲半径：指定电缆桥架或线管的弯曲半径。

1. 桥架绘制

（1）进入“系统”选项卡，选择“电缆桥架”选项，进入电缆桥架绘制模式。

（2）选择电缆桥架类型：在电缆桥架“属性”选项板中选择所需要绘制的电缆桥架类型。

（3）选择电缆桥架尺寸：在“修改｜放置电缆桥架”选项栏“宽度”下拉列表中选择所需电缆桥架尺寸。也可以直接输入自定义的绘制尺寸。以同样方法设置“高度”。如图 4.3.19 所示。

（4）指定电缆桥架偏移量：默认“偏移量”是指电缆桥架中心线相对于“属性”选项板中所选参照标高的距离。在“偏移量”选项中单击下拉按钮，可以选择项目中已经用到的偏移量，也可以直接输入自定义的偏移量数值，默认单位为 mm。

（5）指定电缆桥架起点和终点：将鼠标指针移至绘图区域，单击鼠标指针指定电缆桥架起点，移动至终点位置再次单击，完成一段电缆桥架的绘制，如图 4.3.19 所示。

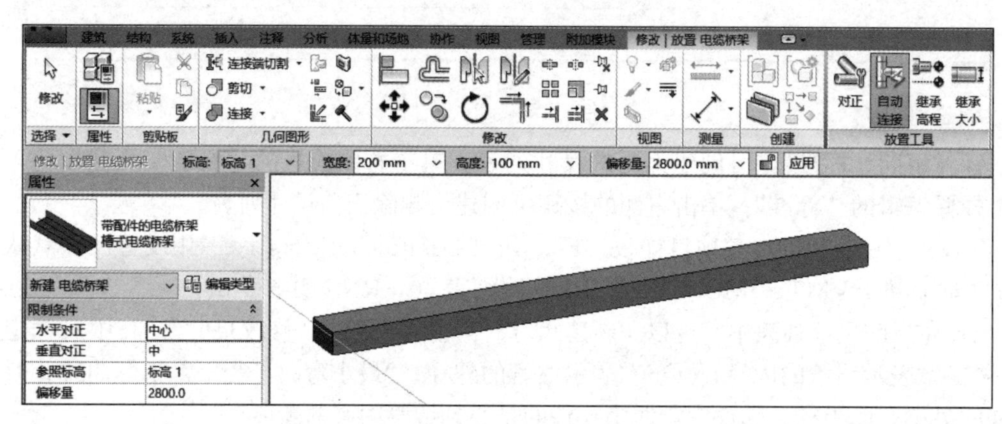

图 4.3.19　电缆桥架绘制

注意：绘制垂直电缆桥架时，可在立面视图或剖面视图中直接绘制，也可以在平面视图绘制；在选项栏上改变将要绘制的下一段水平桥架的“偏移量”，就能自动生成垂直桥架。

（6）电缆桥架放置方式：在绘制电缆桥架时，可以使用“修改｜放置电缆桥架”选项卡上的“放置工具”面板上的命令指定电缆桥架的放置方式。

1）对正：“对正”命令用于指定电缆桥架的对齐方式。此功能在立面和剖面视图中不可用。选择“对正”选项，打开“对正设置”对话框。水平对正——以电缆桥架的“中心”“左”或“右”作为参照，将相邻两段电缆桥架水平对齐，“水平对正”的效果与绘制方向有关。水平偏移——用于指定电缆桥架绘制起始点位置与实际电缆桥架位置之间的偏移距离，该功能多用于指定电缆桥架与墙体等参考图元之间的水平偏移距离，“水平偏移距离”与“水平对正”设置及绘制方向有关。垂直对正——以电缆桥架的“中”“底”或“顶”作为参照，将相邻两段电缆桥架进行垂直对齐。“垂直对正”的设置会影响电缆桥架“偏移量”。

2）自动连接：“放置工具”面板的“自动连接”命令用于自动捕捉相交电缆桥架，并添加电缆桥架配件完成连接。在默认情况下，该功能处于激活的状态。

3）继承高程和继承大小：利用这两个功能，绘制电缆桥架的时候可以自动继承捕捉到的图元的高程、大小。

（7）电缆桥架配件放置：电缆桥架的连接要使用电缆桥架配件，下面将介绍绘制电缆桥架时配件族的使用方法。

1）放置配件：在平面视图、立面视图、剖面视图和三维视图都可以放置电缆桥架配件。

自动添加——在绘制电缆桥架过程中自动添加的配件需要在电缆桥架“类型属性”对话框中的“管件”参数中指定。

手动添加——进入“系统”选项卡，选择“电缆桥架配件”选项，在“属性”选项板中选择需要放置的电缆桥架配件，放置到电缆桥架中。也可以在项目浏览器下拉列表窗口中，展开“族”→“电缆桥架配件”选项，直接以拖拽的方式将电缆桥架配件拖至绘图区域所需位置进行放置。

2）电缆桥架配件族：Revit 自带的族库中，提供了电缆桥架配件族。主要有托盘式电缆桥架、梯级式电缆桥架和槽式电缆桥架的配件族。

3）编辑电缆桥架配件：在绘图区域中单击某一电缆桥架配件后，电缆桥架周围会显示一组控制柄，可用于修改尺寸、调整方向和进行升级或者降级。

（8）带配件和无配件的电缆桥架：绘制“带配件的电缆桥架”和“无配件的电缆桥架”功能上是不同的。

绘制“带配件的电缆桥架”时，桥架直段和配件间有分隔线作为区分。

绘制“无配件的电缆桥架”时，转弯处和直段之间并没有分隔。桥架交叉时，桥架自动会打断，桥架分支时也是直接相连而不添加任何配件。

2. 线管绘制

进入“系统”选项卡，选择“线管”选项，进入线管绘制模式，如图 4.3.20 所示。

图 4.3.20　线管绘制

线管绘制的步骤和电缆桥架绘制类似，这里不再描述。本项目任务插座线路的线管模型如图 4.3.21 所示。

3. 设备的放置

建筑电气系统除桥架、线管外，还包括各种电气设备，例如各种供配电设备、用电设备电箱、灯具、开关插座等。因此，桥架及线管绘制完成后，需要放置电气设备。

电气设备可以是基于建筑结构主体的构件（如必须放置在墙上的配电盘、开关插座等），也可以是非基于主体的构件（如可以放置在视图中任何位置的变压器）。在软件中带有一些族文件，当软件自带的族文件无法满足用户设计的需求时，用户可根据需要创建电气，还可以在软件自带族的基础上进行修改，提高效率。

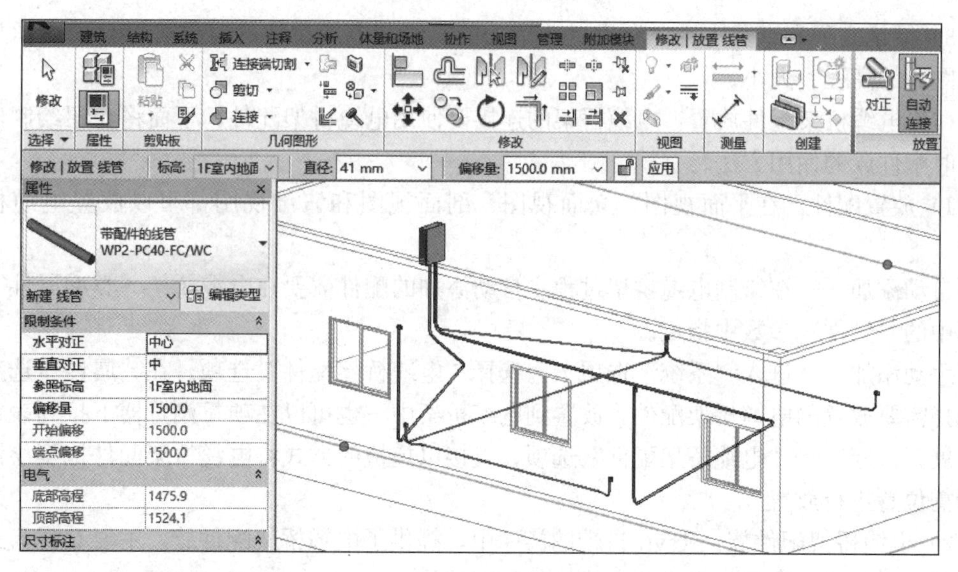

图 4.3.21　插座线路线管模型

下面以配电箱为例进行介绍。

(1) 电气设备载入

进入“系统”选项卡，选择“电气设备”选项，在“属性”选项板中选择需要的电气设备放置在绘图区域所需位置。

假如当前项目中没有所需的电气设备，可以在“属性”选项板中选择“编辑类型”选项进入“类型属性”对话框，单击“载入”按钮，进行族的载入。

(2) 电气设备放置方法

1) 放置基于面的设备时（如基于工作平面、基于墙、基于天花板等)，放置的方式有：放置在垂直面上、放置在面上和放置在工作平面上。以“放置在垂直面上”的配电箱为例，配电箱需要放置到墙体。进入“系统”选项卡，选择“电气设备”选项，在“属性”选项板中选择配电箱，软件默认“放置在垂直面上”，将标定位到所要放置的内墙上，这时才能预览到该配电箱，单击放置配电箱，如图 4.3.22 所示。

图 4.3.22　电气设备放置

2) 选择放置好的设备，修改“立面”值以编辑放置位置。

3) 配电箱命名，需选中配电箱图元，在“属性”选项板中修改“配电箱名称”。

4) 进入“注释”选项卡，选择“按类别标记”选项，单击需要标记的配电箱图元，可以看到未命名的配电箱的标记在项目中显示为“?”，可以在“属性”选项板中定义配电箱名称，也可以双击“?”标记后直接输入配电箱名称。本项目电气系统布置效果如图 4.3.23 所示。

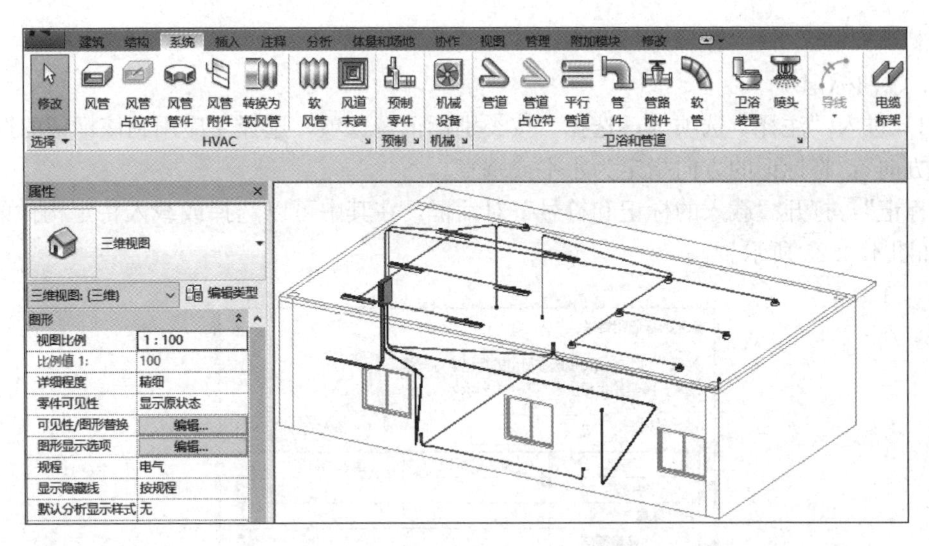

图 4.3.23　电气系统布置效果图

4.3.2.3　建筑电气模型标注

1. 载入标记族

载入标记族时，需进入“插入”选项卡，选择“载入族”→“注释”文件夹→“标记”文件夹→“电气文件夹”，如图 4.3.24 所示。载入项目文件的标记族将显示在“项目

图 4.3.24　载入电气标记族

浏览器”→“族”→“注释符号”中。

2. 添加标记

（1）进入“注释”选项卡，选择“按类别标记”选项，选择要应用到该标记的选项。

“方向”：将标记的方向指定为水平或垂直。

“标记”：打开“载入的标记和符号”对话框，在其中可以选择或载入特定构件的注标记，如图 4.3.25 所示。

图 4.3.25　载入的标记和符号

“引线”：可为该标记激活确定引线的长度和附着的参数。下拉选项为“附着端点”引线不可操作且为直线；下拉选项为“自由端点”时，引线可自由转向；在选择“附着端点”时，可对引线的长度进行设置，选择适当的引线长度。

（2）设置好标记选项后，单击要在视图中标记的电气构件，即可为其添加标记。

 技能拓展

【4-3-4 项目任务】某一层建筑物，层高 5.4m，其中门底高度为 0m，窗底标高为 1.2m，柱尺寸为 600mm×600mm，墙体尺寸厚度 200mm，底部楼板厚度 300mm，顶部楼板厚度 150mm，所有柱及墙体未注明为轴线居中布置，外墙与柱边对齐。具体如图 4.3.26 所示。

（1）根据“一层电气平面图”创建电气模型，桥架底部对齐，桥架安装底高度为 4.50m，桥架打架时上翻高度为桥架底部高度 4.70m，上翻位置自定义。

（2）以“一层电气平面图”创建图纸，要求 A3 图框，比例 1∶200，图名为“电气平面图”，标注不作要求，并导出 CAD，以“电气平面图”进行保存。

（3）将模型文件命名为“建筑电气模型”，并保存项目文件。

【任务来源：2022 年第二期“1+X”建筑信息模型（BIM）职业技能等级考试——初级——实操试题】

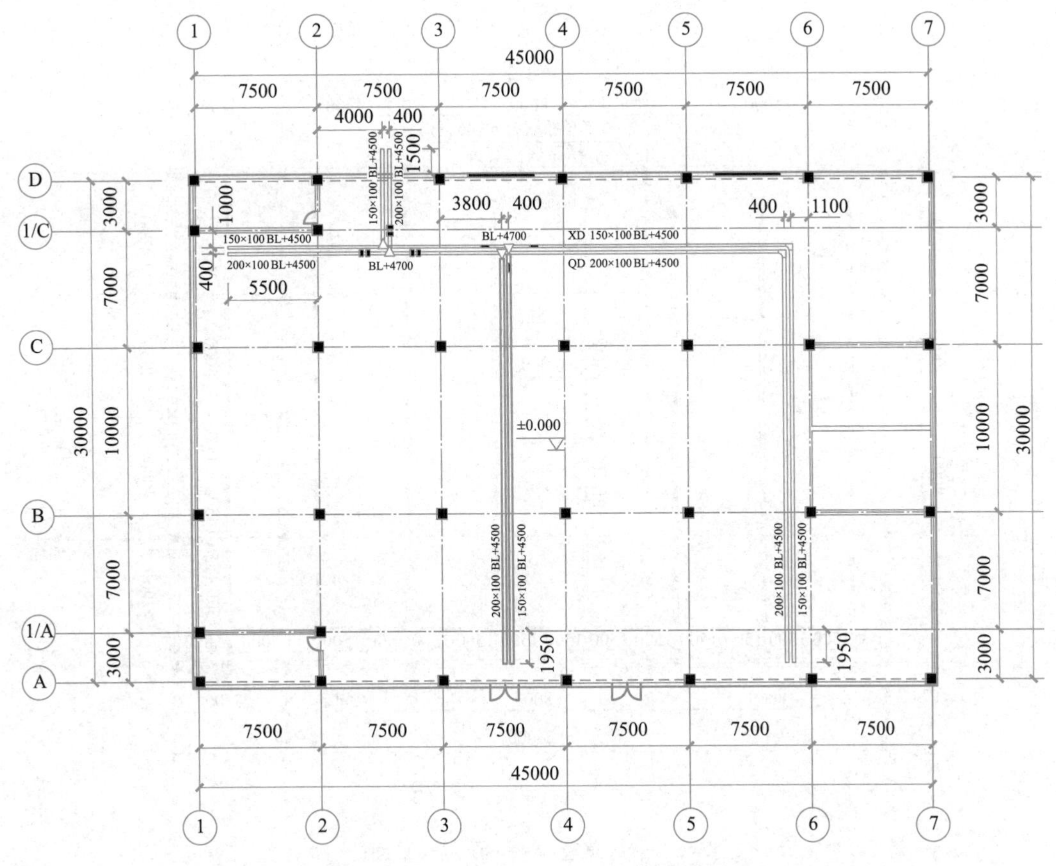

图 4.3.26　某建筑物一层电气平面图

项目小结

本项目主要由建筑电气系统安装、建筑电气施工图识读、建筑电气 BIM 模型创建三大任务组成。在建筑电气系统安装模块，主要了解建筑电气系统的分类与组成，熟悉建筑电气系统常用管材与设备，掌握其性能、特点及安装要求；掌握建筑电气系统施工流程，能进行科学合理预留、预埋，做好与土建及装饰施工间协调配合等。在建筑电气施工图识读模块，主要是了解建筑电气施工图组成，熟悉建筑电气施工图常用图例及图示内容，掌握建筑电气施工图识读方法，能熟练识读建筑电气施工图。在建筑电气 BIM 模型创建模块，主要是引入行业新技术 BIM，创建建筑电气构件、建筑电气系统模型，为后期专业工程信息化施工、管理、运维奠定基础。

项目拓展

【4-3-5 项目任务】某一层建筑物，层高 4.2m，其中门底高度为 0m，柱尺寸为 300mm×300mm，柱轴线居中，墙体尺寸厚度 300mm，楼板厚度 150mm，未标明尺寸自行设置。具体见图 4.3.27。

(1) 请根据“一层电气平面图”创建电气模型，电气桥架为照明桥架，桥架底对齐，

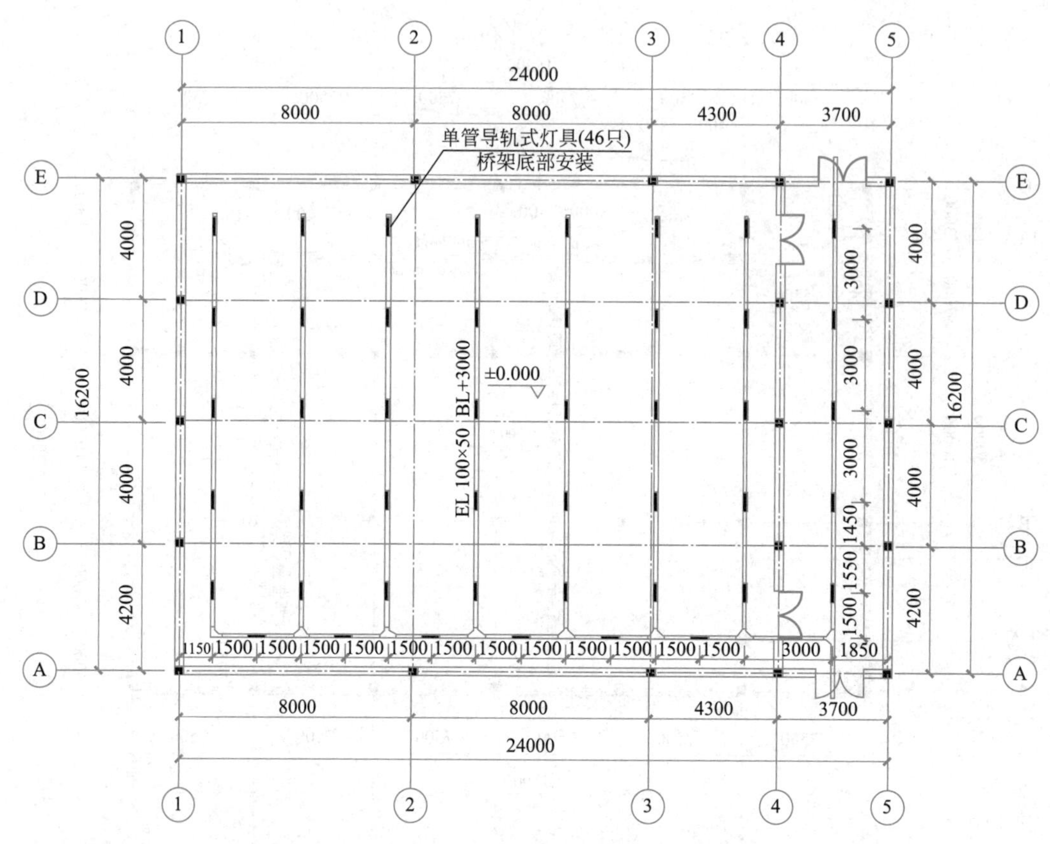

图 4.3.27 某建筑物一层电气平面图

桥架安装底高度 3m；灯具为单管导轨式灯具，桥架底部安装。

（2）将模型文件以“建筑电气模型”命名，并保存至相应项目文件。

【任务来源：2022 年第一期“1＋X”建筑信息模型（BIM）职业技能等级考试——初级——实操试题】

项目 5　建筑设备 BIM 综合应用

学习目标

1. 知识目标

熟悉建筑设备 BIM 深化设计分析内容；掌握运用 BIM 软件进行建筑设备系统分析与校核的方法；掌握运用 BIM 软件进行建筑设备系统之间及多专业之间的碰撞检查方法。掌握管线综合优化的原则及方法；掌握运用 BIM 软件进行支吊架及预留孔洞布置的方法；掌握运用 BIM 仿真软件进行模型浏览及渲染的操作方法，掌握 BIM 模型数据输出的操作方法；掌握 BIM 软件布图及出图的操作方法。

2. 技能目标

能运用 BIM 软件进行建筑设备系统的分析与校核；能运用 BIM 软件进行建筑设备系统之间及多专业之间的碰撞检查；能运用 BIM 软件进行支吊架及预留孔洞的布置；能运用 BIM 仿真软件进行模型浏览及渲染；能进行 BIM 模型数据输出；能运用 BIM 软件进行布图及出图。

3. 素质目标

5-1 建筑 BIM-让建造更智慧

养成认真负责、精益求精的工作态度；养成良好的组织协调、团结协作及创新能力；养成系统思维、标准规范、数字信息等意识，树立数字化、信息化、智慧化发展理念。

课程思政

本项目模块课程思政实施见表 5.0.1。

“建筑设备 BIM 综合应用”课程思政实施要点　　表 5.0.1

序号	教学任务	课程思政元素	教学方法与实施
1	建筑设备 BIM 综合优化	精益求精、质量安全、系统思维、信息素养	引入 BIM 技术，培养学生创新意识及职业信息素养；通过 BIM 实操训练，引导学生养成质量安全意识、精益求精的工匠品质；通过多专业协同，引导学生养成系统思维意识
2	建筑设备 BIM 成果输出	标准规范、数字信息	严格按照建筑设备工程相关标准进行布图，严格按照 BIM 数据标准及格式输出 BIM 成果，引导学生养成标准、规范、数字信息等意识

标准规范

(1)《建筑信息模型应用统一标准》GB/T 51212—2016

(2)《建筑信息模型分类和编码标准》GB/T 51269—2017

(3)《建筑信息模型施工应用标准》GB/T 51235—2017

(4)《建筑信息模型设计交付标准》GB/T 51301—2018

(5)《建筑工程设计信息模型制图标准》JGJ/T 448—2018

项目导引

随着社会的发展，建筑规模越来越大，功能越来越复杂，建筑物内设备管线错综复杂，空间占用大。为满足建筑空间的使用性、可施工性、可维护性等需求和实现项目的精细化、信息化管理，前期运用 BIM 软件建立建筑设备 BIM 模型，后期需对模型进行分析、检查、校核、优化、模拟，并将 BIM 成果进行输出存档，为项目全过程运维管理奠定基础。

本项目模块学习任务主要有建筑设备 BIM 综合优化、建筑设备 BIM 成果输出两大任务，具体如图 5.0.1 所示。

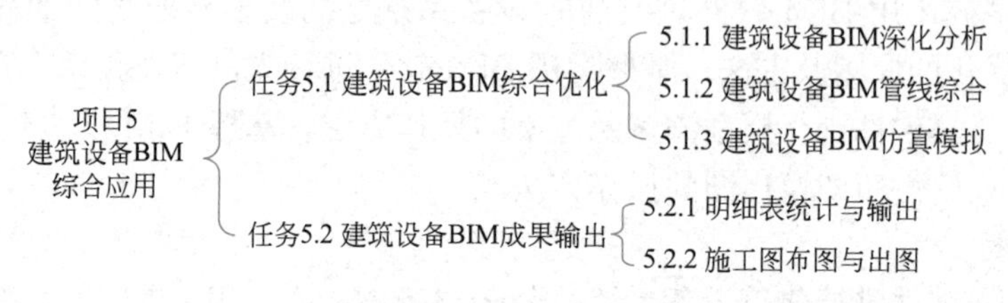

图 5.0.1 “建筑设备 BIM 综合应用”学习任务

任务 5.1　建筑设备 BIM 综合优化

任务引入

传统的建筑设备机电深化管线综合工作内容，核对过程慢，多数深层图纸问题难以发现。通过建立全专业集成 BIM 模型，并进行碰撞检查生成报告，直观解决空间关系冲突，优化工程设计，减少在建筑施工阶段可能存在的错误和返工，而且优化净空，优化管线排布方案，为项目节约了成本，缩短了工期。

建筑设备 BIM 综合优化内容主要有：首先是对设备系统 BIM 模型进行深化设计分析、检查、校核，生成各类问题报告；然后是针对各类问题，依据管线综合原则，开展设备管线优化及布置；最后是进行三维渲染漫游，开展虚拟仿真模拟。

本节任务的学习内容详见表 5.1.0。

“建筑设备 BIM 综合优化”学习任务表　　**表 5.1.0**

任务	子任务	技能与知识	拓展
5.1　建筑设备 BIM 综合优化	5.1.1 建筑设备 BIM 深化分析	5.1.1.1 净高分析 5.1.1.2 碰撞检查 5.1.1.3 问题标记及管理	系统分析
	5.1.2 建筑设备 BIM 管线综合	5.1.2.1 管线优化调整 5.1.2.2 支吊架布置 5.1.2.3 预留预埋布置	Revit 工作共享
	5.1.3 建筑设备 BIM 仿真模拟	5.1.3.1 模型漫游 5.1.2.2 模型渲染	施工工艺模拟

任务实施

5.1.1 建筑设备 BIM 深化分析

随着社会的发展，建筑规模越来越大，功能越来越复杂，建筑物内设备管线错综复杂，空间占用大。为满足建筑空间的使用性、可施工性、可维护性等需求和实现项目的精细化管理，需对施工图进行深化设计分析。深化设计分析的工作内容主要有：

(1) 熟悉合约、技术规格等技术文件及当地设计规范。

(2) 熟悉各专业施工图（包括变更与专项深化设计）的要求。

(3) 对施工图纸未充分表达部分进行补充设计，如安装节点详图、各种支架的结构图、预留孔图、预埋件位置和构造等。

(4) 在不改变原有设计的设备工程各系统的设备、材料、规格、型号及原有使用功能前提下，对布置设备的管路、路线系统进行位置的移动与管线避让，使之更趋合理，进行优化改进。

(5) 因优化设计而产生设计变化时应进行复核计算（系统的容量、负荷、管线支等），发现问题及时向建设单位提出，并提供相关的支持性文件。

5.1.1.1 净高分析

在实际的工程项目中建设方通常对功能空间的净高有较高的要求，往往会导致预留给设备管线的空间较小。在建筑的功能各不相同，结构形式多样，设备管线错综复杂的情况下，合理的布置设备管线满足净高要求需要进行全局性的设备空间规划，利用 BIM 术可视化的特点进行净高分析。采用协同的工作模式进行设计，将建筑、结构等其他专业内容进行建模，统计出建筑梁底高程、天花吊顶净高要求和功能空间净高要求并进行净高分析。进行深化设计时，净高分析模型作为设备专业管线建模的参考依据，进行设备管线深化设计，并在设计完成后进行净高复核。

【5-1-1 项目任务】某综合楼平面示意如图 5.1.1 所示，根据提供的“综合楼 .rvt”项

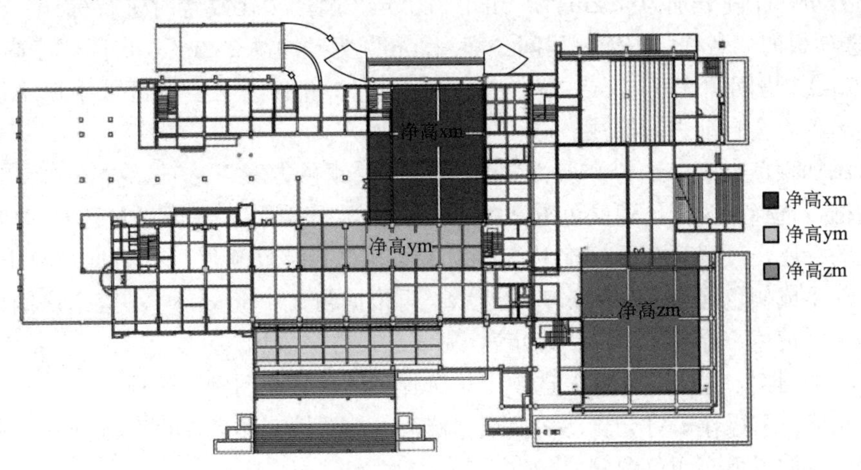

图 5.1.1 某综合楼平面示意图

目文件，请按如下要求完成 BIM 深化分析。

（1）对图 5.1.1 中的三个区域进行净高分析，分析机电管线底部净高。

（2）正确填写净高值，在视图中添加区域颜色方案进行标识，并导出图片，保存到相应文件夹。

5-2 建筑设备 BIM 净高分析

【任务来源：2021 年第二期“1＋X”建筑信息模型（BIM）职业技能等级考试——中级（建筑设备方向）——实操试题——模型综合应用】

1. 分析控制净高

在进行建筑的房间净高分析时，首先需要汇总项目信息及各方要求，统计汇总各个功能区域底板净高、梁底标高、功能区的天花高程、特殊功能区净高要求，制作汇总表。通过各功能区的净高汇总统计，分析出各功能区的控制净高，并将分析完的控制净高进行定义房间的净高，分配房间区域颜色方案。

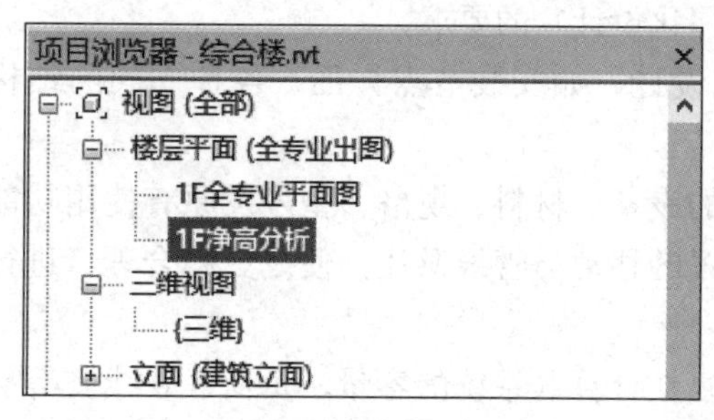

图 5.1.2　新建“1F 净高分析”平面视图

2. 分配房间区域颜色方案

（1）在 Revit 中打开项目之后在“项目浏览器”下拉列表窗口中新建平面视图“1F 净高分析”，如图 5.1.2 所示。

进入“建筑”选项卡，选择“房间”选项，如图 5.1.3 所示。

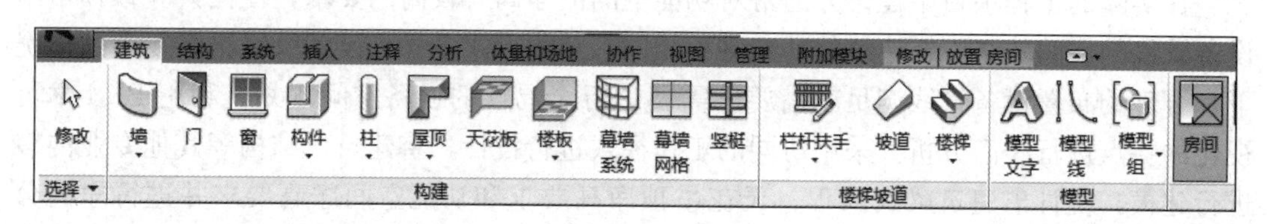

图 5.1.3　选择房间

（2）Revit 自动切换至“修改｜放置房间”选项卡，放置 x、y、z 三个房间区域，并进行净高分析，净高分别为 2.2m、2.6m、2.65m。选择“在放置时进行标记”选项，在“属性”选项板的“名称”中输入房间“净高 x m”为“净高 2.2m”，房间“净高 y m”为“净高 2.6m”，房间“净高 z m”为“净高 2.65m”，并移动至绘图区域中单击以放置房间，房间名称将会自动进行标注。

（3）添加颜色方案：选择“属性”选项板的“颜色方案”选项，弹出“编辑颜色方案”对话框，选择要为其创建颜色方案的“类别”为“房间”，选择“方案 1”选项，设置方案定义的标题，设置颜色为“名称”，将会弹出“不保留颜色”对话框，单击“确定”按钮，自动生成颜色配色，如图 5.1.4 所示。再依据题义，将 x、y、z 三个房间区域分别修改为红色、黄色、绿色，单击“确定”，完成颜色方案添加。

（4）添加图例：进入“注释”选项卡，选择“颜色填充图例”选项。

（5）完成以上操作，将会自动切换至“修改｜放置填充颜色图例”选项卡，单击绘图区域空白处，放置填充颜色图例。

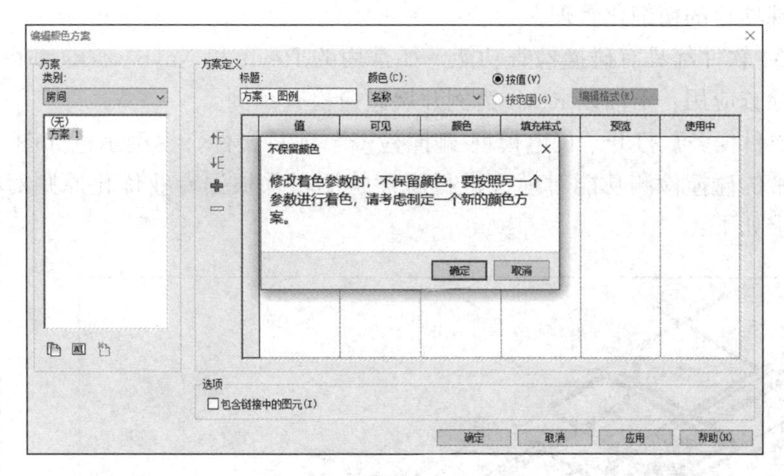

图 5.1.4　添加房间颜色方案

系统分析

Revit 提供多种分析检查功能以协助用户完成建筑设备各系统的深化设计分析。

（1）建筑给水排水系统分析

给水排水系统分析的内容主要包括检查管道系统、调整管道大小、运行系统检查器、生成管道压力损失报告等。“检查管道系统”用于检查器具和设备连接件的逻辑连接和物理连接；“调整管道大小”可以根据不同的计算方法自动计算管路系统的尺寸；“系统检查器”可以检查系统的流量和当量等信息；“管道图例”功能可以根据某一指定参数为管道系统附着颜色，协助用户检查设计；“管道压力损失报告”可以对完成逻辑连接和物理连接的水管系统进行压力损失计算并生成相应报告，辅助设计师进行管路系统水力计算。

（2）建筑暖通空调系统分析

建筑暖通空调系统分析的内容主要包括检查风管系统、调整风管｜管道大小、运行系统检查器、生成风管压力损失报告等。“检查网管系统”用于检查设备连接件的逻辑连接和物理连接；“调整风管｜管道大小”可以根据不同的计算方法自动计算管路系统的尺寸；“系统检查器”可以检查系的流量、流速、压力等信息；“颜色填充”功能可以根据某一指定参数为风管系统、水管系统和空间附着颜色，协助用户分析检查设计；“能量分析”可以在概念设计阶段对建筑体量模型进行能耗评估。

（3）建筑电气系统分析

建筑电气系统分析的内容主要包括显示电路属性、检查线路等。“电路属性”主要用于显示线路的相关电气参数，如线路总的视在和实际电流、视在和实际负荷、电压降、导线长度、尺寸和数目等；“检查线路”用于检查设备连接件的逻辑连接和物理连接。

5.1.1.2　碰撞检查

对已整合的 BIM 模型进行碰撞检查，针对相关软硬碰撞问题进行优化设计，减少施工阶段可能产生的错误损失和返工的可能性，并且优化净空、管线排布方案，从而降低安装成本，实现项目的精细化管理。

许多 BIM 软件都具有碰撞检查功能，如常用的 Revit 和 Navisworks 都可以实现设备管线的碰撞检查应用。下面以 Revit 为例开展碰撞检查示例。

【5-1-2 项目任务】打开“机电模型-碰撞检查”项目文件，模型示意如图 5.1.5 所示，运用软件自带的碰撞检测功能对模型进行碰撞检测，并根据专业优化原则对模型进行优化，具体要求如下：

5-3 建筑设备 BIM 碰撞检查

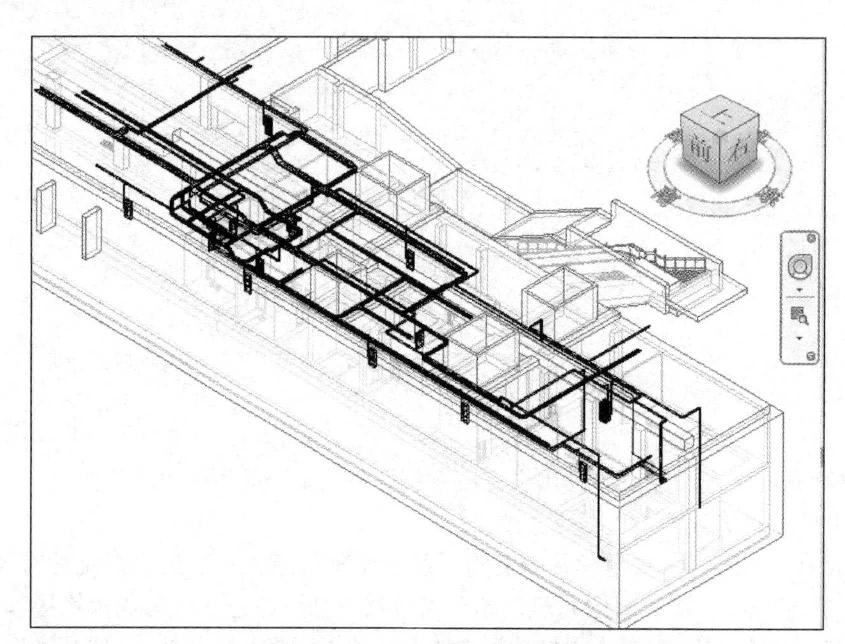

图 5.1.5　模型示意图

（1）对模型中的“管道、电缆桥架”进行碰撞检测，并导出报告。

（2）对碰撞报告中出现的各碰撞点，分别显示其碰撞的相应图元，并将它们的三维视图作为图像保存在项目中，其图像尺寸为“水平”和“1000 像素”，图像名称依次命名为“碰撞点 1”、“碰撞点 2”……“碰撞点 n”。

（3）请写出给水管、消防管、电缆桥架三者发生碰撞时的避让原则。

（4）对碰撞报告中出现的各碰撞点，根据调整原则进行调整，确保模型文件零碰撞，最后以“机电模型-碰撞检查”为文件名保存到相应文件夹。

【任务来源：2022 年第一期“1+X”建筑信息模型（BIM）职业技能等级考试——中级（建筑设备方向）——实操试题——碰撞检查】

1. 碰撞检查运行计算

（1）在 Revit 中打开项目之后，在“项目浏览器”下拉列表窗口中打开“三维视图”下的模型，进入“协作”选项卡，选择“碰撞检查”-“运行碰撞检查”选项，如图 5.1.6 所示。

（2）弹出“碰撞检查”对话框，单击选择需要进行检查碰撞的类别“管道、电缆桥架”，单击“确定”按钮，完成碰撞检查运行计算，如图 5.1.7 所示。

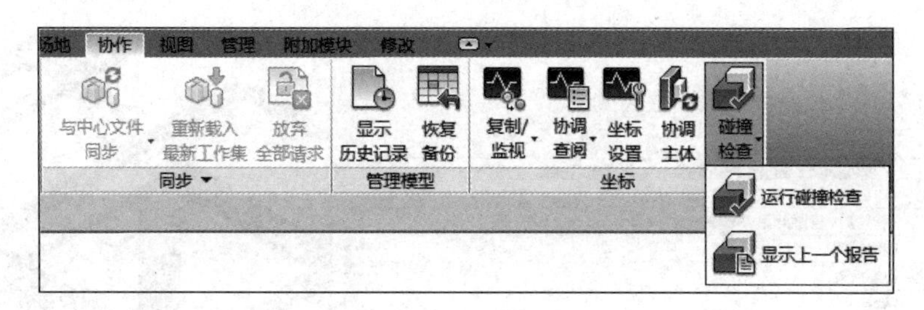

图 5.1.6　运行碰撞检查

图 5.1.7　选择碰撞检查类别

2. 碰撞图元显示保存

碰撞检查计算完成之后，弹出“冲突报告”对话框，单击其中碰撞点的“＋”符号，下拉列表显示碰撞点的图元信息。要查看其中一个有冲突的图元，可在“冲突报告”对话框中选择该图元名称，然后单击“显示”按钮，当前视图会显示出碰撞问题，如图 5.1.8 所示。

右击“项目浏览器”下拉窗中的“三维视图 三维”，选择“作为图像保存项目中”，弹出“作为图像保存项目中”，图像名称为“碰撞点 1”，图像尺寸为“水平”和“1000 像素”，单击“确定”按钮，完成碰撞图元保存，如图 5.1.9 所示。所有的图像文件保存在“项目浏览器”→“渲染”中。

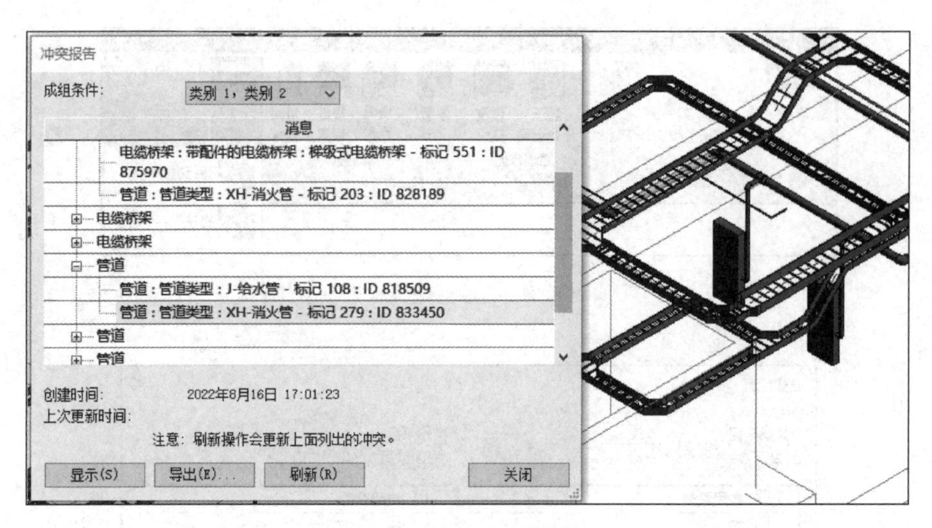

图 5.1.8　显示碰撞图元

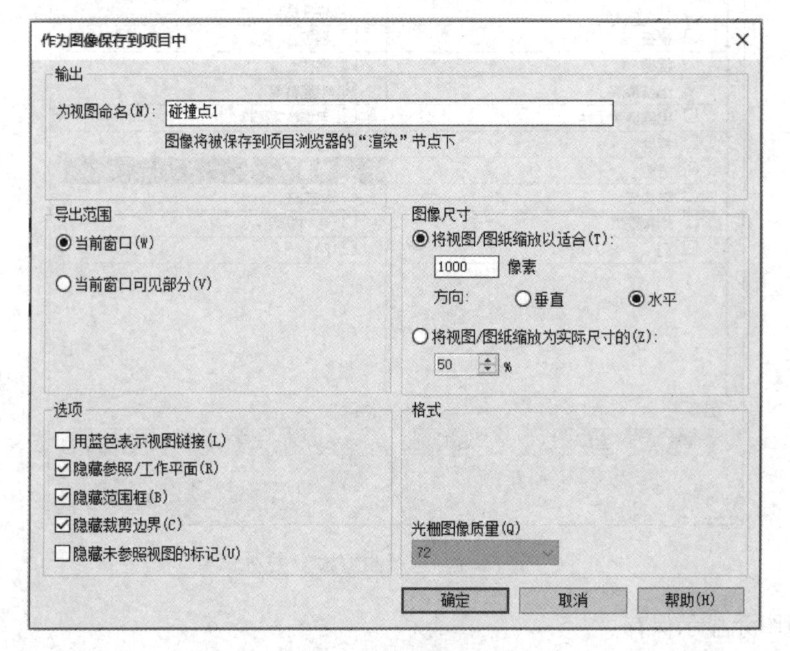

图 5.1.9　保存碰撞图元

3. 碰撞冲突解决

要解决碰撞冲突，需在视图内单击图元，然后进行修改。“冲突报告”对话框仍保持可见。解决问题后，在“冲突报告”对话框中单击“刷新”按钮。如果问题已解决，列表中删除之前发生冲突的图元消息。

4. 冲突报告导出

在“冲突报告”对话框中单击“导出”按钮，输入名称，定位保存报告的文件夹，然后单击“保存”按钮，将冲突报告保存为独立文件。

5.1.1.3 问题标记及管理

在深化分析过程中，需对模型存在的问题进行标记，保存标记及视图并进行管理，最后编制问题报告。

1. 净高检查报告表

利用BIM模型进行净高检查，将具体位置的净高检查结果进行标记描述，并将建设方案的净高汇总至表中进行比对，以便为技术交底、多方论证优化方案作准备。

2. 问题报告表

通过应用BIM技术，在BIM模型中进行问题标记，将图纸问题、设计问题与各专业碰撞的问题汇总至碰撞检查问题报告表。将具体的位置进行描述，并发送至相关参建方进行快捷的可视化沟通。碰撞检查问题报告表可用于三维图纸会审、BIM专项协调会，以便为技术交底、多方论证优化方案做好准备。

3. 审阅BIM数据模型问题批注

可以在审阅BIM模型时进行批注，记录BIM模型问题，以便后期对BIM模型进行修改。

技能拓展

【5-1-3 项目任务】打开“机电模型”项目文件，模型示意见图 5.1.10，运用软件自带的碰撞检测功能对模型进行碰撞检测，并根据专业优化原则对模型进行修改优化，并创建渲染图片。具体要求如下：

（1）对模型中的“风管”进行碰撞检测，并导出报告。对所有的“风管”与“结构框架”进行碰撞检查，并导出报告。

（2）将图中的灰色的风管全部设置成系统类型为“送风”，材质设置为“镀锌钢板送风”，并将其外观颜色设置为“绿色”、图形表面填充颜色设置为“绿色”，着色使用“渲染外观”，且着色颜色为“绿色”。

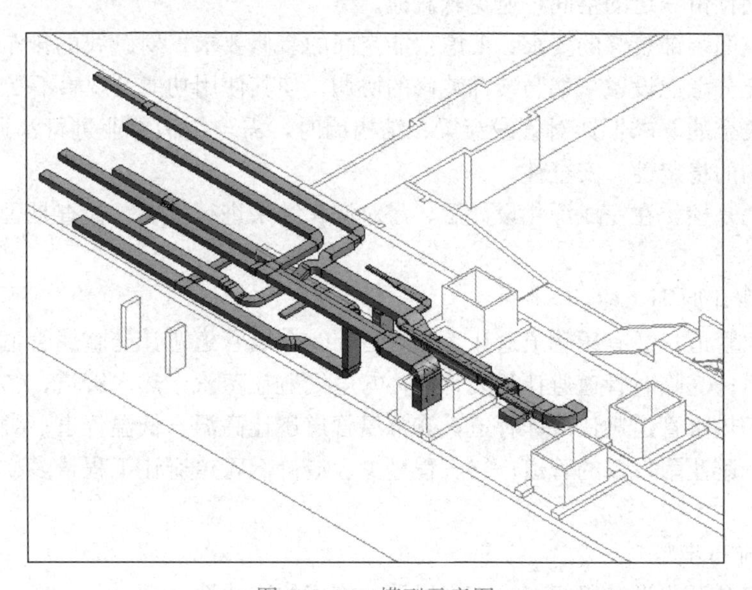

图 5.1.10 模型示意图

5-4 建筑设备 BIM 管线优化

（3）确认模型中“风管”间的碰撞点，在不同的位置创建碰撞视图，且将其作为图像保存到项目文件中，其图像像素设为“1000”，方向水平，分别命名为“碰撞点1”“碰撞点2”……

（4）将原发生碰撞的两个送风系统调整为一个送风系统，正确使用T形三通连接。

（5）在模型中解决风管间的碰撞问题，调整模型至风管间零碰撞，最后以“机电优化模型”为文件名保存到相应文件夹。

【任务来源：2021年第三期“1＋X”建筑信息模型（BIM）职业技能等级考试——中级（建筑设备方向）——实操试题——碰撞检查】

5.1.2 建筑设备BIM管线综合

通过BIM技术整合专业模型，对模型进行深化分析，汇总问题报告作为管线综合前期技术文档。根据深化设计内容与管线综合的排布原则及避让原则进行管线综合化设计。

5.1.2.1 管线优化调整

1. 管线综合的排布原则

（1）满足规范要求：设备各专业系统在进行深化设计时应遵循设计原理，确保各系统符合规范要求。各系统在安装时，需要在符合施工规范的要求下进行深化。

（2）满足建筑的空间要求：建筑特殊功能房间的净空要求，需要与建设方进行确认，以满足其使用功能；管线排布应设计合理，在满足方便施工、造价合理的前提下，尽可能地集中管线排布，系统主干管集中排布于公共区域。协调与其他各专业互相干涉及专业特殊要求。

（3）满足安装与维护要求：了解设备安装要求，满足施工安装的同时，还需要考虑设备管线的维护检修空间，以保证可维护性。尤其是设备管道、阀门、设备和开关在使用与维护时不受影响，须预留一定的空间，避免软碰撞。

（4）满足功能空间装饰装修的要求：考虑功能空间的装修要求，对管线的排布需要美观、整齐、合理，充分考虑设备末端与装饰装修的协调，使其使用功能及观感不受影响。

（5）满足结构安全的要求：针对管线穿梁、结构墙时，需与结构专业进行沟通协调，分析是否影响其结构的稳定性、安全性。

（6）功能空间的复核：在完成深化设计后，需对深化结果进行复核，检查是否满足以上要求。

2. 管线综合的避让原则

①小管道避让大管道；②有压管道避让无压管道；③金属管道避让非金属管道；④低压管道避让高压管道；⑤临时管道避让长久管道；⑥电气避让蒸汽、热水管道；⑦冷水管道避让热水管道；⑧热水管道避让冷冻管道；⑨常温管道避让高温、低温管道；⑩强弱电分设原则；⑪附件少避让附件多的管道；⑫工程量少、造价低管道避让工程量多、造价高管道。

3. 管线综合的排布步骤

（1）确定管线综合深化设计组织架构，确保设计施工的连续性。

(2) 确定设备专业各管线的大致标高与位置，规划初步的空间管理方案。

(3) 确定电气桥架、风管、管道平面的位置定位排布，以便进行管线综合。

(4) 根据满足功能空间需求、安装需求，进行管线碰撞检查，优化调整冲突位置。

4. 管线综合的优化内容

(1) 移位管线：不同专业的管线重合或局部满足不了标高要求时，可以将影响较少的管线移位。

(2) 改变管线截面尺寸：当管线无法移位，管线综合优化空间不足时，在不改变原设计参数情况下，可以采用改变管线截面尺寸的方式进行调整。

(3) 管线穿梁：遇到管道需要穿梁才可以保证净高要求时，需与结构工程师核对，进行受力验算复核，在不影响结构安全的情况下，采用穿梁安装方案。尽量安排有压管、小管道穿梁，确保结构安全。

(4) 降低净高：前期控制净高值预留的管线空间无法将管线完全排布，满足不了预设净高要求，需与建设方协商，适当降低标高。

(5) BIM 管线避让优化：确定避让优化方案→拆分管线→修改标高→连接管线。

【5-1-4 项目任务】打开“机电模型”项目文件，模型示意如图 5.1.11 所示，按“原点到原点”的方式使建筑模型、结构模型整合至机电模型中，运用软件自带的碰撞检测功能对模型进行碰撞检测，并根据机电管线基本原则进行修改，完成以下任务。

5-5 建筑设备 BIM 管线综合

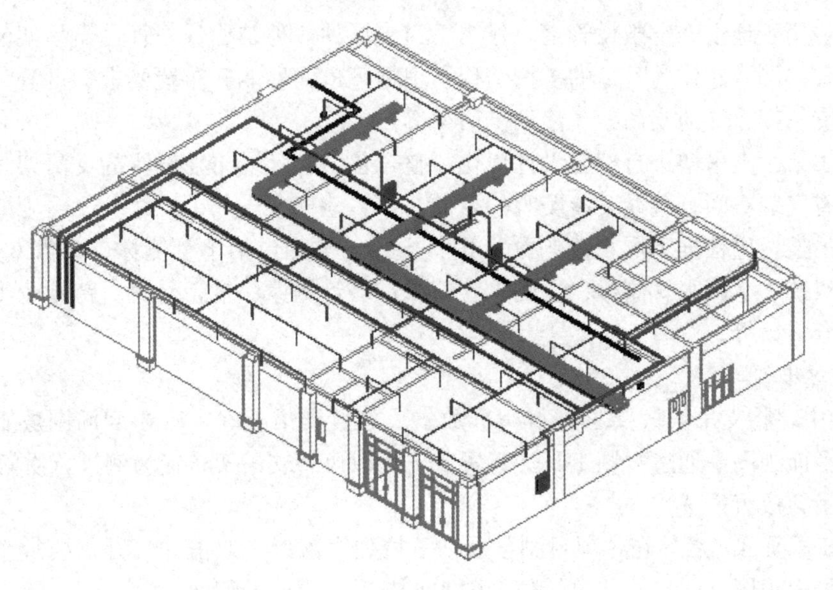

图 5.1.11 模型示意图

1. 碰撞检查报告。

(1) 对机电模型所有图元间进行碰撞检查并导出报告；

(2) 对机电模型所有图元与结构模型结构框架进行碰撞检查并导出报告；

2. 创建机电三维视图，并按以下要求设置参数。

(1) 隐藏建筑模型和结构模型；

(2) 在过滤器中增加强电桥架过滤器，填充样式设置为蓝色、实体填充，喷淋系统颜色修改为紫色；

(3) 假设吊顶高度在 2.5m，把风口高度调整到合适位置。

3. 管线优化。

(1) 按照管线布置基本原则对管线进行分层，按照“水下电上”的原则优化；

(2) 对管线碰撞点进行优化，最终优化模型无碰撞；

(3) 管线高度不低于吊顶高度（2.5m）。

4. 管线优化确认无误后，成果以“机电优化模型”保存到相应文件夹。

【任务来源：2021 年第六期“1+X”建筑信息模型（BIM）职业技能等级考试——中级（建筑设备方向）——实操试题——碰撞检查】

5.1.2.2 支吊架布置

在支吊架安装的时候，常常需要考虑支吊架垂直槽钢的放置空间、支吊架类型、支吊的生根点、锚固方式与锚栓。在已完成管线深化、碰撞优化后的管线综合 BIM 模型上进行支吊架排布，可在三维排布中直观地分析支吊架所需的空间及支吊架的类型，确定支吊架的生根点，预先在安装位置的结构里放置预埋件，避免锚栓对结构的破坏。支吊架模型应能详细地反映出整个支架的组成部件，能较好地与设备管线进行模拟安装。可通过 BIM 技术准确统计出各区域所需的支吊架及相应材料，便于施工把控，达到精细化管理。

1. 支吊架类型

(1) 支吊架：用于地上架空敷设管道，作为管道支撑的一种结构件。管道支吊架又被称作管道支座、管部等，它作为管道的支撑结构，根据管道的性能和布置要求，可分为固定支吊架、滑动支吊架、导向支吊架、滚动支吊架等。

(2) 综合支吊架：支吊架进行综合设计优化，整合各专业管线单独设置的支吊架，达到节约材料、节省安装空间且管线安装美观的目的。

(3) 抗震支吊架：应根据不同情况与计算进行选型，类型包括单管侧撑、单管双撑、风管侧撑、风管双撑、空调水管侧撑、空调水管双撑、多管侧撑、多管双撑、跨专业组合侧撑、跨专业组合双撑等。

2. 支吊架放置步骤

在 BIM 模型中，将支吊架按要求进行精准放置。放置支吊架时，可在剖面图放置管道末端支架，在平面视图中通过复制工具进行置。下面以风管支吊架布置为例进行讲解。

(1) 确定支吊架放置位置

在 Revit 中打开项目之后，在“项目浏览器”下拉列表窗口中双击并打开需要放置支吊架的相关楼层平面视图，并创建此风管位置的水平与垂直方向的剖面。

(2) 放置支吊架

进入“建筑”选项卡、选择“构件”→“放置构件”选项，如图 5.1.12 所示。

完成以上操作，界面将自动切换至“修改 | 放置构件”选项卡，在“属性”选项板中选择“吊架-风管”支吊架族，单击风管需放置支吊架处。

(3) 修改支吊架数据

根据风管的宽度、标高，及支吊架与风管之间的间距预留，确定支吊架的长度、高度。

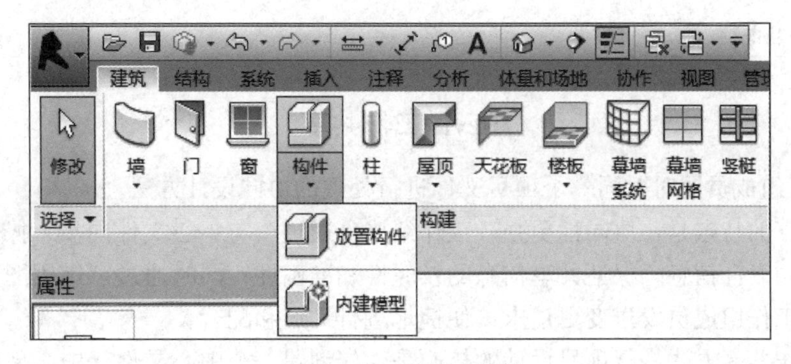

图 5.1.12　放置支吊架

（4）排布支吊架

确定支吊架间距为 2m 进行排布，在平面视图中选择已经放置完支吊架，使用“复制”命令进行排布。重复以上操作，排布剩余的支吊架。

5.1.2.3　预留预埋布置

预留预埋布置通常需要在深化设计之后，并需绘制预留套管的图纸。在施工过程中楼板、梁、墙上预留孔、洞、槽和预埋件时，应由专人按设计图纸对管道及设备的位置，标高尺寸进行测定，标好孔洞的部位，将预制好的模盒、预埋件在绑扎钢筋前按标记固定，盒内纸团等物。在浇筑混凝土过程中应有专人配合校对，以免模盒、预埋件移位。

1. 预留预埋时应注意事项

（1）在设备管道深化时，设备管道如需穿梁，则开洞尺寸必须小于 1/3 梁高度，且小于 5m 开洞位置位于梁高度的中心处。在平面的位置，位于梁跨中的 1/3 处。穿梁定位需要经过结构专业工程师确认，并在结构图纸进行标注。

（2）在剪力墙上穿洞时，如遇大于 300mm×300mm 的洞口或遇到暗梁、暗柱，需要与结构专业工程师确认，设备管线留洞在墙中心位置，不可在端点或拐角处，避免与暗柱碰撞，人防区域必须提前预留，管线综合时定位需要准确。

（3）在梁上穿洞和开洞尺寸必须小于 1/3 梁高度且小于 800mm。

（4）结构楼板上，柱帽范围不可穿洞。

（5）预埋套管管径需按技术规范确定，并进行预埋定位标注。

2. 预留预埋放置步骤

将设置好的预留孔、洞、槽和预埋件在 BIM 模型上进行放置，对墙、梁、板进行开洞操作。

（1）确定预埋套管放置位置

在 Revit 中打开项目之后，在“项目浏览器”下拉列表窗口双击并打开需要放置预埋套管的相关楼层平面视图，并创建此管道位置的垂直方向的剖面图。

（2）放置预埋套管

进入“建筑”选项卡，选择“构件”“放置构件”选项。界面将自动切换至“修改｜放置构件”选项卡，在“属性”选项板中选择“室内预埋套管”管道附件族，移动至管道处单击，套管自动拾取管道进行放置。

知识拓展

Revit 工作共享

Revit 工组成员同时对同一个项目文件进行处理的协同设计方法。

工作共享的特点是：协同性更强，工作组成员通过“与中心文件同步”操作，实时更新整个项目的设计信息，保证共享信息的及时性和准确性；同时通过“借用图元”等操作可以向其他工作组成员发送变更请求，便捷地进行沟通和配合。

采用工作共享方法进行项目设计的核心是：先创建一个中心文件，中心文件存储项目中所有工作集和图元的当前所有权信息；工作组成员通过保存各自的中心文件的本地副本(即本地文件)，编辑本地文件，然后与中心文件同步，将其更改发布到中心文件，以便其他成员随时从中心文件获取更新信息。

中心文件的选取应依据项目的规模而定，可以创建包含机电 3 个专业设计内容的中心文件，也可以创建包含一个或某几个特定专业设计内容的中心文件。使用工作共享通常有以下两种模式。

模式 1：项目规模小，建立一个机电中心文件，水、暖、电各专业建立自己的本地文件，本地文件的数量根据各专业设计员的数量而定，如图 5.1.13 所示。

模式 2：项目规模大，水、暖、电各专业分别建立自己的中心文件，各专业间再使用链接模型进行协调，如图 5.1.14 所示。设计员在本专业中心文件的本地文件上工作，如两个给水排水设计人员在一个给水排水中心文件上创建各自的给水排水文件。

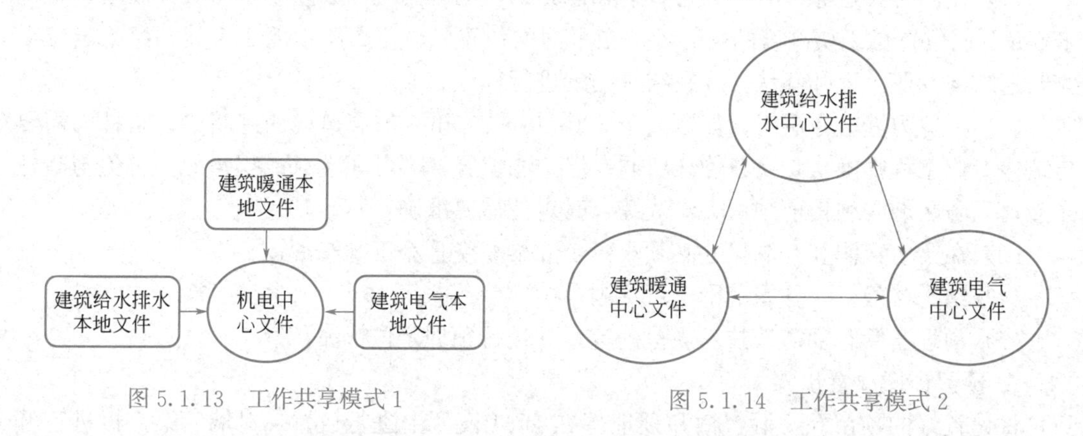

图 5.1.13 工作共享模式 1　　图 5.1.14 工作共享模式 2

模式 2 中，各专业模型是独立的，各专业中心文件的更新速度相对较快，如果需要做管综合，可以将 3 个专业的中心文件互相链接。需特别注意的是：在开始工作共享前，应确保所有工作组成员均使用同一版本的 Revit 软件。

5.1.3 建筑设备 BIM 仿真模拟

5.1.3.1 模型漫游

定义通过建筑模型的路径，并创建动画或一系列图像，向客户展示模型。漫游是指沿着定义的路径移动的相机。此路径由帧和关键帧组成。关键帧是指可在其中修改相机方向和位置的可修改帧。默认情况下，漫游创建为一系列透视图，但也可以创建为正交三维视图。

1. 创建漫游路径

(1) 打开要放置漫游路径的视图。

通常情况下，此视图为平面视图，但是也可以在其他视图（包括三维视图、立面视图及剖面视图）中创建漫游（图 5.1.15）。

(2) 单击“视图”选项卡→“三维视图”下拉列表→(漫游)。

(3) 在平面视图中，通过设置相机距所选标高的偏移，可以修改相机的高度。在“偏移”文本框内输入高度，并从“自”菜单中选择标高。这样相机将显示为沿楼梯梯段上升。

(4) 将光标放置在视图中并单击以放置关键帧。

(5) 沿所需方向移动光标以绘制路径，如图 5.1.16 所示。

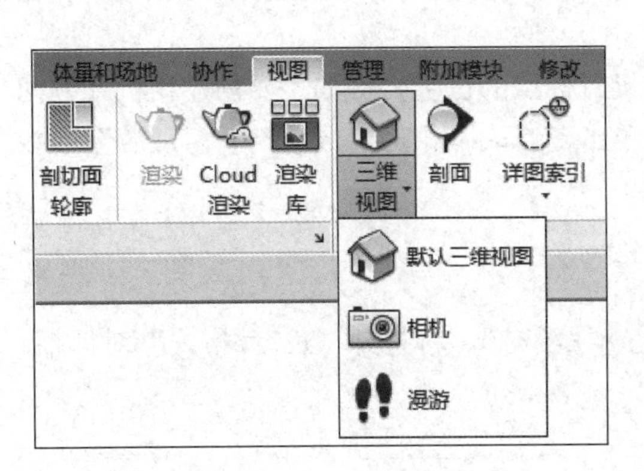

图 5.1.15　创建漫游视图

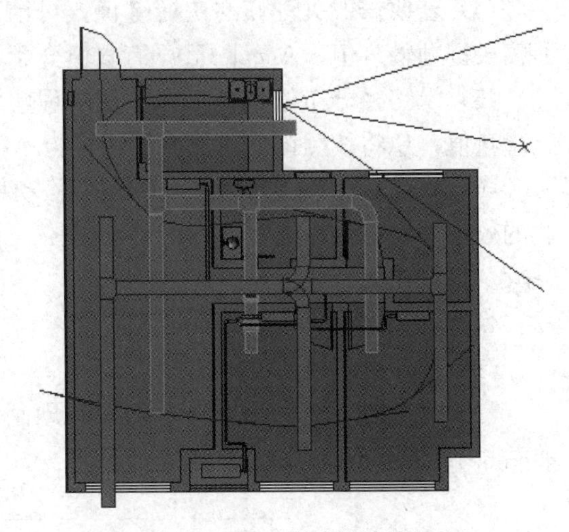

图 5.1.16　创建漫游路径

(6) 再次单击以放置另一个关键帧。可以在任意位置放置关键帧，但在路径创建期间不能修改这些关键帧的位置。路径创建完成后，可以编辑关键帧。

(7) 单击“完成漫游”或双击结束路径创建。相机关键帧放置完成后，Revit 会在“项目浏览器”的“漫游”分支下创建漫游视图，并为其指定名称“漫游 1”。

2. 编辑漫游路径

(1) 在项目浏览器中，在漫游视图名称上单击鼠标右键，然后选择“显示相机”。

(2) 要移动整个漫游路径，请将该路径拖曳至所需的位置。也可以使用“移动”工具。

(3) 若要编辑路径，请单击“修改 | 相机”选项卡→“漫游”面板→(编辑漫游)。

(4) 可以从下拉菜单中选择要在路径中编辑的控制点。控制点会影响相机的位置和方向。

3. 编辑漫游帧

（1）打开漫游，单击“修改 | 相机”选项卡→“漫游”面板→（编辑漫游）。

（2）在选项栏上单击漫游帧编辑按钮 300 。

“漫游帧”对话框中具有五个显示帧属性的列：

1）“关键帧”列显示了漫游路径中关键帧的总数。单击某个关键帧编号，可显示该关键帧在漫游路径中显示的位置。相机图标将显示在选定关键帧的位置上。

2）“帧”列显示了显示关键帧的帧。

3）Accelerator 列显示了数字控制，可用于修改特定关键帧处漫游播放的速度。

4）“速度”列显示了相机沿路径移动通过每个关键帧的速度。

5）“已用时间”显示了从第一个关键帧开始的已用时间。

（3）默认情况下，相机沿整个漫游路径的移动速度保持不变。通过增加或减少帧总数或者增加或减少每秒帧数，可以修改相机的移动速度。为两者中的任何一个输入所需的值。

（4）若要修改关键帧的快捷键值，可清除“匀速”复选框，并在 Accelerator 列中为所需关键帧输入值。Accelerator 有效值介于 0.1 和 10 之间。

（5）沿路径分布的相机：为了帮助理解沿漫游路径的帧分布，请选择“指示器”。输入增量值，您将按照该增量值查看相机指示符。

（6）重设目标点：可以在关键帧上移动相机目标点的位置，例如，要创建相机环顾两侧的效果。要将目标点重设回沿着该路径，请单击“修改 | 相机”选项卡→“漫游”面板→（重设相机）。

4. 导出漫游的步骤

（1）打开漫游视图。

（2）单击→“导出”→“图像和动画”→“漫游”，将打开“长度/格式”对话框，如图 5.1.17 所示。

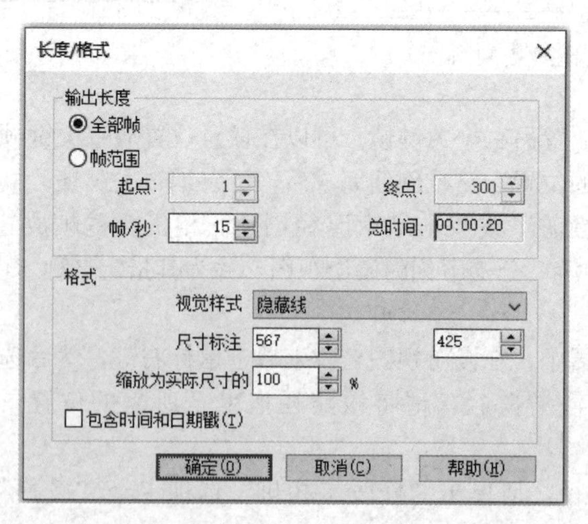

图 5.1.17　长度及格式设置

（3）“长度/格式”对话框中，开展在“输出长度”与“格式”设置。

“输出长度”：“全部帧”，将所有帧包括在输出文件中。“帧范围”，仅导出特定范围内的帧，对于此选项，请在输入框内输入帧范围。“帧/秒”，在改变每秒的帧数时，总时间会自动更新。

“格式”：将“视觉样式”“尺寸标注”和“缩放”设置为需要的值。

设置完成后，单击“确定”。

(4) 保存漫游文件。接受默认的输出文件名称和路径，或浏览至新位置并输入新名称。选择文件类型：AVI 或图像文件（JPEG、TIFF、BMP 或 PNG），单击“保存”。

在“视频压缩”对话框中，从已安装在计算机上的压缩程序列表中选择视频压缩程序。

要停止记录 AVI 文件，请单击屏幕底部的进度指示器旁的“取消”，或按 Esc 键。

5.1.3.2 模型渲染

渲染模型以创建照片级真实感图像。也可以导出三维视图，然后使用另一个软件应用程序来渲染该图像。

(1) 单击“视图”选项卡→“图形”面板→（渲染），弹出“渲染”对话框，如图 5.1.18 所示。

(2) 定义要渲染的视图区域。

(3) 在“渲染”对话框的“引擎”下，选择要使用的渲染技术（两选项均可生成高质量、真实照片级图像）。NVIDIA mental ray：脱机三维渲染技术；Autodesk Raytracer：实时三维渲染技术。

(4) 在“渲染”对话框的“质量”下，指定渲染质量。

(5) 在“输出设置”下，指定下列各项：

分辨率：要为屏幕显示生成渲染图像，请选择“屏幕”。要生成供打印的渲染图像，请选择“打印机”。

DPI：在“分辨率”是“打印机”时，请指定要在打印图像时使用的 DPI（每英寸点数）。如果该项目采用公制单位，则 Revit 会先将公制值转换为英寸，再显示 DPI 或像素尺寸。选择一个预定义值，或输入一个自定义值。

“宽度”“高度”和“未压缩的图像大小”字段会更新以反映这些设置。

(6) 在“照明”下，为渲染图像指定照明设置。

(7) 在“背景”下，为渲染图像指定背景。

(8) 为渲染图像调整曝光设置。

NVIDIA mental ray：如果您知道要使用的曝光设置，则现在可以设置它们。否则，请稍等以观察当前渲染设置的效果，并且如果需要，请在渲染图像之后调整曝光设置。这些渲染设置会作为视图属性的一部分保存。要将这些设置应用于其他三维视图，请使用视图样板。

Autodesk Raytracer：定义曝光设置，然后渲染图像。如果您希望在渲染后修改曝光设置，则必须重新渲染图像以查看结果。这些渲染设置不会作为视图属性的一部分保存。

(9) 在定义完渲染设置后，点击“显示渲染”，渲染效果如图 5.1.19 所示。

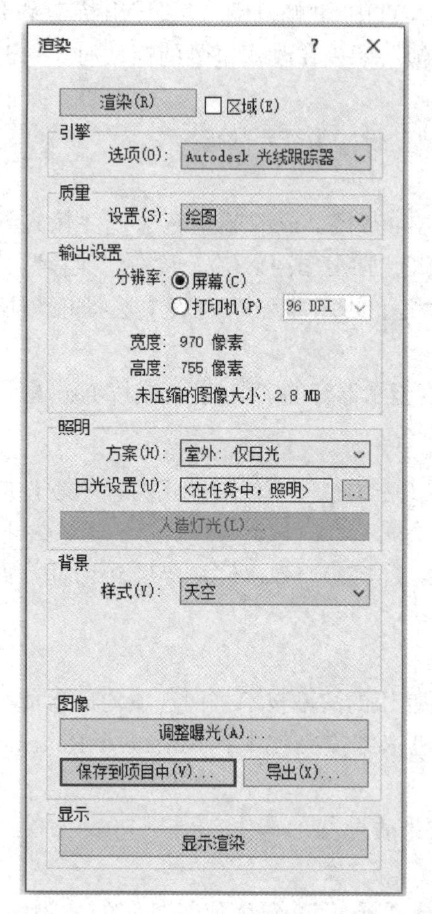

图 5.1.18　渲染设置

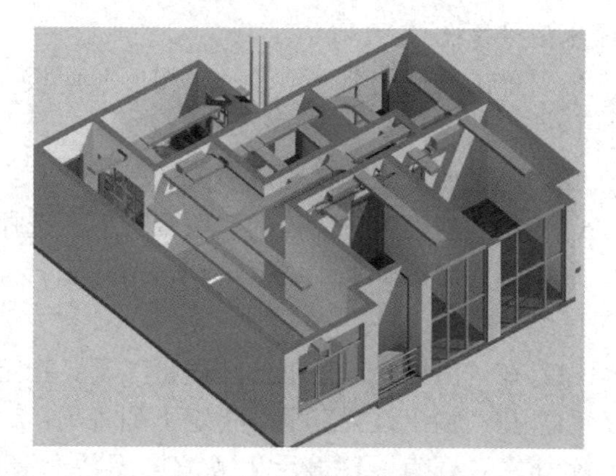

图 5.1.19　渲染效果图

知识拓展

施工工艺模拟

可通过 Navisworks 创建场景动画来进行施工工艺模拟。场景动画指的是在一定的时间、空间内发生的，为完成某一情节而定制的动画，一般情况下，它属于对象动画。对象动画可以控制模型构件的颜色、透明度、大小、角度以及位置的变化，由此衍生出各种动画行为来为用户需要表达的动画情节服务，其中就包括施工工艺模拟动画，例如机械设备动画（挖掘机动画、塔式起重机动画等工序动画），或者某一局部节点安装顺序模拟等动画。在此过程中，还可以结合视点动量使情节更加丰富。例如，漫游的过程中开门、关门，或者进行一段当前视点跟随电梯一起同步上升的运动等。

场景动画是可以在 Animator 工具窗口中创建，下面以风管安装工艺模拟为例进行讲述，操作步骤主要如下：

（1）了解风管的安装工艺流程：定位放线→安装吊架→风管排列连接一风管安装校验。

（2）打开“Animalar”动画窗口，选择“添加场景”选项，将“场景 1”命名为“风管安装”，进行动画集的制作。

（3）吊杆安装：制作用吊杆安装动画时，选中吊杆，从当前选择创建动画集“吊杆安装”。

（4）风管排列拼接：实际施工过程中，风管首先需要在地面拼接，再通过滑轮吊装到规定标高安装。制作风管拼接动画，首先选中单节风管，创建动画集，单击“平移动画集”按钮，捕捉关键帧，将其平移到地下室底板上方。平移好第一节风管后，捕捉关键帧，接着选中第二节风管，再创建一个动画集，重复之前的步骤，平移到与第一节风管同一高度，捕捉关键帧。以同样的方法制作后面风管的拼接动画。

（5）风管吊装：风管拼接完成后，可制作模拟风管吊装动画。选中全部拼接好的风管并创建动画集，单击“平移动画集”按钮，首先捕捉关键帧，设置动画时间，再向上平移到安装高度，捕捉关键帧。

（6）运用相同的方法将剩下的风管、风口按顺序添加动画集来模拟安装过程。

（7）导出动画：当动画制作完成，且播放没问题后，用户可将动画导出成视频。进入“输出”选项卡，选择“动画”选项，弹出“导出动画”对话框。进行“源”“渲染”“输出”“尺寸”“选项”等参数设置，单击“确定”，选择视频保存路径，完成视频导出。

任务训练

【5-1-5 项目任务】打开“地下室-机电”项目文件，按“自动-原点到原点”的方式链接“地下室-建筑”“地下室-结构”，并按要求完成以下内容，机电模型示意如图 5.1.20 所示。

5-6 建筑设备 BIM 综合优化-测试卷

1. 用软件的碰撞检查功能，完成下列任务：

（1）对“地下室-机电”中所有图元间进行碰撞检查并导出报告；

（2）对“地下室-机电”和“地下室-建筑”所有图元间进行碰撞检查并导出报告；

（3）将上述碰撞报告分别以“机电碰撞报告＋考生姓名 . html”“机电一结构碰撞报告＋考生姓名 . html”命名保存到考生文件夹中。

2. 创建三维轴测图，并按以下要求设置参数。

（1）隐藏建筑、结构模型，保存方向并锁定三维视图，命名为“机电三维视图”；

（2）在过滤器中喷淋系统颜色修改为紫色；消防桥架设置为红色、实体填充；增加强电桥架，填充式样设置为蓝色、实体填充；

（3）连接模型中部分未连接在风管上的风口。

3. 管线优化。

（1）对管线之间的碰撞点进行优化，解决管线中的碰撞问题；

（2）满足“水下电上”的基本原则，管线之间净间距不小于 10cm；管线最低标高不小于 2. 2m；

（3）新建 txt 文本，提出一处无法通过管线优化解决的碰撞，合理即可，需描述清楚定位和冲突图元 ID。

4. 管线优化确认无误后，最终成果以“地下室-机电 . rvt”保存到相应文件夹。

【任务来源：2021年第三期“1+X”建筑信息模型（BIM）职业技能等级考试——中级（建筑设备方向）——实操试题】

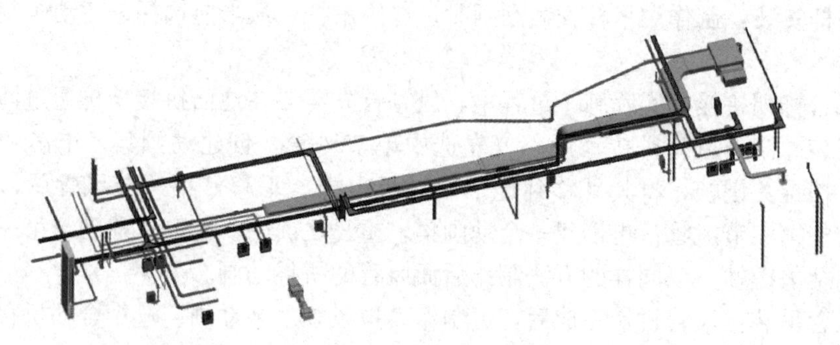

图 5.1.20　机电模型示意图

任务 5.2　建筑设备 BIM 成果输出

任务引入

作为工程施工及管理人员，需紧跟建筑产业信息化发展趋势，积极将 BIM 等新技术融入全域工程管理。通过本节学习，熟悉 BIM 模型数据标准及格式要求，具备熟练导出 BIM 模型数据的能力；熟悉视图设置及图纸布置的步骤与方法，具备利用 BIM 模型生成施工图及输出图档的能力。

本节任务的学习内容详见表 5.2.0。

“建筑设备 BIM 成果输出”学习任务表　　表 5.2.0

任务	子任务	知识与技能	拓展
5.2 建筑设备 BIM 成果输出	5.2.1 明细表统计与输出	5.2.1.1 建筑给水排水构件明细表输出 5.2.1.2 建筑暖通空调构件明细表输出 5.2.1.3 建筑电气构件明细表输出	明细表导入 CAD
	5.2.2 施工图布图与出图	5.2.2.1 施工图布图 5.2.2.2 施工图出图	Revit 图纸变更

任务实施

BIM 模型经过检查、分析、修改完善后，可以输出相关成果。BIM 成果之一是高效进行工程量统计。工程量统计是通过明细表功能来实现的，明细表是 BIM 软件的重要组成部分。通过定制明细表，用户可以从所创建的 BIM 模型中获取项目应用中所需要的各类项目信息，应用表格的形式直观地表达。BIM 成果之二是输出施工图纸，在 BIM 模型中，每一个平面、立面、剖面、透视、轴测、明细表都是一个视图。根据各专业施工图出图原则及出图标准，可以通过 BIM 模型导出 CAD 图纸，本节任务就学习 BIM 成果生成和输出的方法。

【5-2-1 项目任务】某综合楼平面示意如图 5.1.1 所示，根据提供的“综合楼.rvt”项目文件，请按如下要求完成 BIM 成果输出。

（1）创建电缆桥架明细表，字段包括类型、宽度、高度、底部高程、长度，按宽度、底部高程设置成组，按长度计算总数。

（2）创建管道明细表，字段包括类型、系统类型、直径、材质、长度，按系统类型、直径设置成组，按长度计算总数。

（3）创建风管明细表，字段包括类型、尺寸、底部高程、长度，按系统类型、尺寸设置成组，按长度计算总数。

明细表以“＊＊＊明细表.xlsx”格式保存到相应文件夹。

【任务来源：2021 年第二期“1＋X”建筑信息模型（BIM）职业技能等级考试——中级（建筑设备方向）——实操试题——模型综合应用】

5-7 建筑设备 BIM 明细表统计

5.2.1 明细表统计与输出

在 Revit 中通过创建各种类型的明细表，可以达到统计指定类型工程量的目的。明细表是模型的另一种视图，是显示项目中任意类型图元的列表。明细表以表格形式显示信息，这些信息是从项目中的图元属性中提取的。明细表可以列出要编制明细表的图元类型的每个实例，包括其数量和材质提取等信息，以确定并分析在项目中使用的构件和材质。

明细表作为模型文档，属于一种工作成果。需根据工程的功能、质量等方面的要求，提交到建筑全生命周期的下一环节。可以在设计过程中的任何时候创建明细表。如果对项目的修改会影响明细表，将自动更新以反映这些修改。

明细表类型主要有：（1）明细表/数量；（2）图形柱明细表；（3）材质提取；（4）图纸列表；（5）注释块；（6）视图列表。

下面我们以“明细表/数量”为例进行讲解。

5.2.1.1 建筑给水排水构件明细表输出

建筑给水排水专业明细表一般包括管件明细表、管道附件明细表和管道明细表三部分。下面我们以“管道明细表”为例进行讲解。

1. 明细表创建

（1）进入“视图”选项卡，选择“明细表”→“明细表/数量”选项，如图 5.2.1 所示。或者进入“分析”选项卡，选择“明细表/数量”选项，如图 5.2.2 所示。

（2）进入“新建明细表”对话框，选择所需的类别。如统计管道明细表，“类别”选择“管道”“名称”默认为“管道明细表”，用户可以根据需求进行修改，单击“确定”，完成明细表创建，如图 5.2.3 所示。

2. 明细表编辑

指定所需的明细表类型后，需要指定明细表上要包含的信息及信息的显示方式，即编辑明细表。进入“明细表属性”对话框中设置明细表属性，如图 5.2.4 所示。

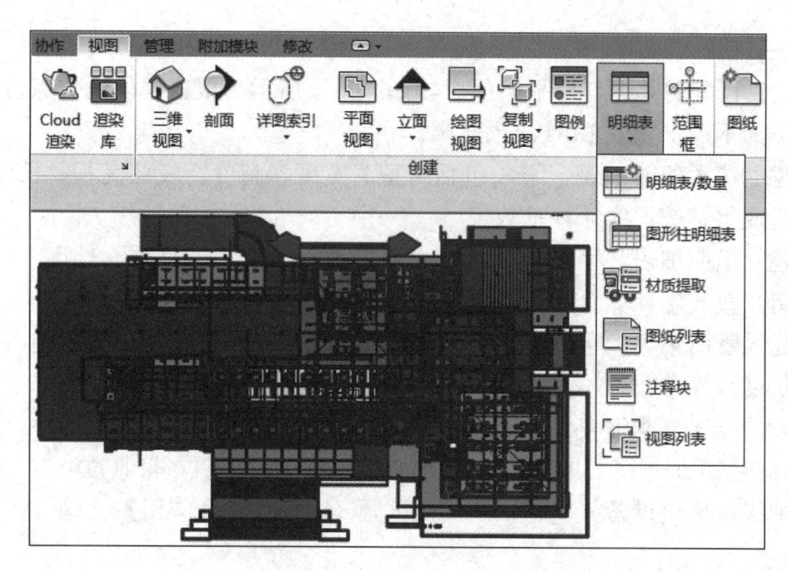

图 5.2.1　打开明细表

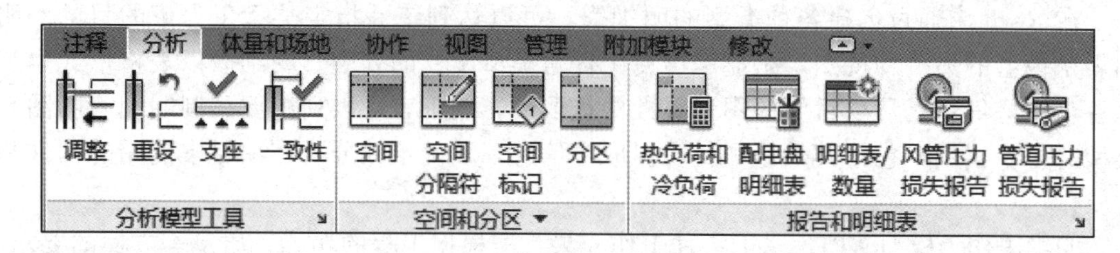

图 5.2.2　打开明细表

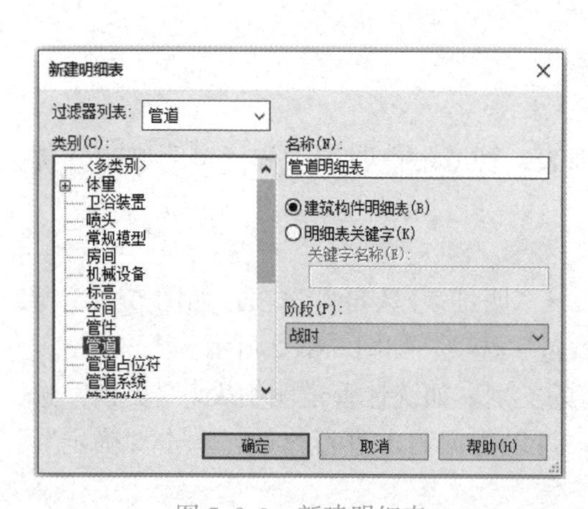

图 5.2.3　新建明细表

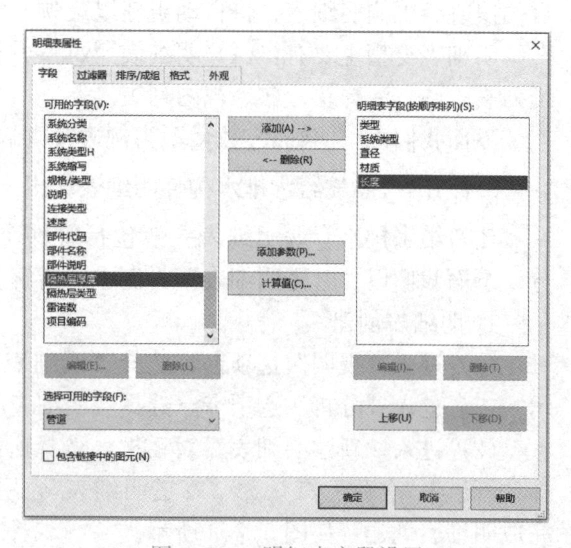

图 5.2.4　明细表字段设置

（1）字段

明细表所要统计的参数。这个字段可以是该软件自带的参数，用户也可以通过为某类族添加“共享参数”或添加“项目参数”，增加该类别在明细表统计的字段。

在以链接模型的协同方式进行工作时，如果用户勾选“包含链接中的图元”复选框，就增加“项目信息”和“RVT 链接”两个类别。

在这里字段分别选择“类型”“系统类型”“直径”“材质”和“长度”，如图 5.2.4 所示。

(2) 过滤器

根据过滤条件在明细表中只显示满足过滤条件的信息，添加过滤约束。

(3) 排列/成组

根据已添加的字段设置明细表排序。勾选“页眉”“页脚”复选框，可以为根据字段排序后的明细表添加页眉、页脚。

勾选“总计”复选框，可显示图元的总数。

勾选“逐项列举每个实例”复选框，可显示某类图元的每个实例，取消勾选该复选框可将实例属性相同的图元层叠在某一行。

排序方式先按照“系统类型”进行升序排列，然后按照“直径”进行升序排列，“总计”处不勾选，“逐项列举每个实例”在这里不选择，因为此案例不需要明细表按每个实例排列，如图 5.2.5 所示。

(4) 格式

编辑已选用“字段”的格式。

在“格式”选项卡中可以对选用的“字段”的标题和对齐方式进行编辑，还可以使用“条件格式”功能定义某一字段特定条件下的显示，帮助用户在明细表中快速定位符合条件的图元。

其中要使得“长度”列项显示长度，需要在“格式”选项卡中选择“长度”字段，并勾选“计算总数”复选框，如图 5.2.6 所示。

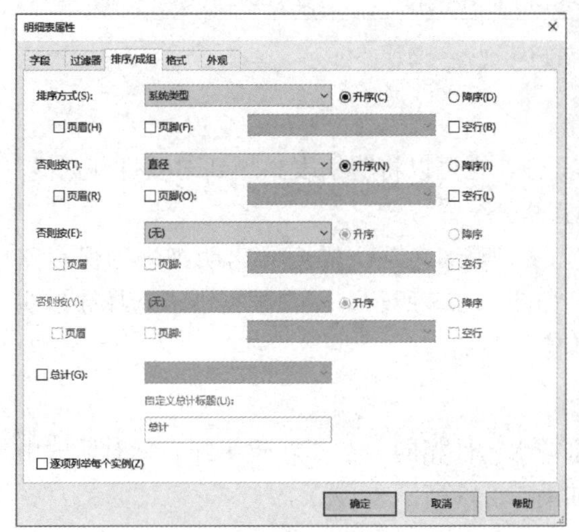

图 5.2.5 明细表排序及成组设置

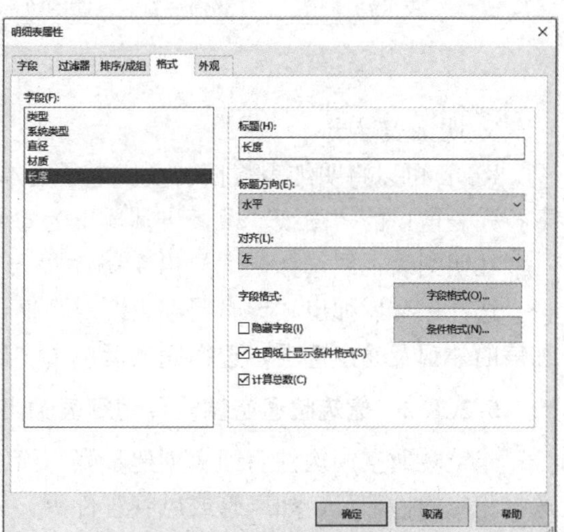

图 5.2.6 明细表格式设置

（5）外观

设置明细表显示，如方向和对齐、网格线、轮廓线和字体样式等。明细表的外观部分设置的变化要在图纸视图中才能看到。

勾选“网格线”复选框可以为表格添加网格，同时还有“细线”“宽线”“中粗线”等选择。

勾选“轮廓”复选框可以对表格最外圈轮廓进行编辑，“轮廓”下拉列表中有“细线”“宽线”“中粗线”等选项。

此外还有“管件明细表”和“管路附件明细表”。其中“管件明细表”字段选择：族与类型、尺寸、系统类型、类型、合计。“管路附件明细表”字段选择：族、族与类型、尺寸、系统类型、合计。

在文字区域可以对“标题文本”“标题”“正文”以及“标题”“页眉”是否显示进行编辑。可以通过是否勾选“显示标题”和“显示页眉”复选框实现显示或隐藏标题或页眉。

单击“确定”，弹出“管道明细表”，如图 5.2.7 所示。

<管道明细表>

A	B	C	D	E
类型	系统类型	直径	材质	长度
J_给水_PPR-	J_给水系统	15.0mm	PPR	11050
	J_给水系统	20.0mm		15416
	J_给水系统	25.0mm		119304
	J_给水系统	32.0mm		53436
	J_给水系统			43779
J_给水_衬塑	J_给水系统	65.0mm	衬塑钢管	37276
	J_给水系统	80.0mm		119640
J_给水_衬塑	J_给水系统	100.0mm	衬塑钢管	64122
J_给水_衬塑	J_给水系统	150.0mm	衬塑钢管	34781

图 5.2.7　管道明细表

3. 明细表导出

Revit 可以将明细表数据转换成电子文本文件，也可以将明细表添加到“项目浏览器”下拉列表窗口的“图纸”中，将其导出为 CAD 格式。

在明细表视图选择→“导出”→“报告”→“明细表”→需要导出明细表的保存路径。选择保存后弹出“导出明细表”对话框，如图 5.2.8 所示，用户根据需求选择导出明细表的外观及输出选项，选择完成后单击“确定”按钮。

5.2.1.2　建筑暖通空调构件明细表输出

建筑暖通空调构件明细表创建步骤与给水排水构件相同，在“新建明细表”对话框中选择相应构件即可，如风管或风管管件等，如图 5.2.9 所示。

5.2.1.3　建筑电气构件明细表输出

建筑电气构件明细表创建步骤与给水排水构件相同，在“新建明细表”对话框中选择相应构件，如电缆桥架或者电缆桥架配件等，如图 5.2.10 所示。

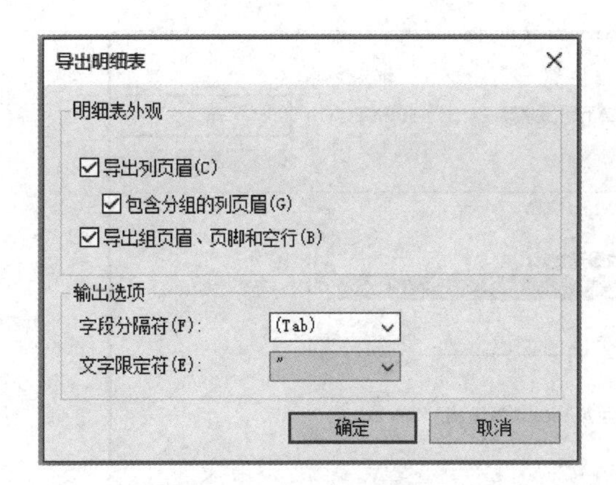

图 5.2.8 导出明细表

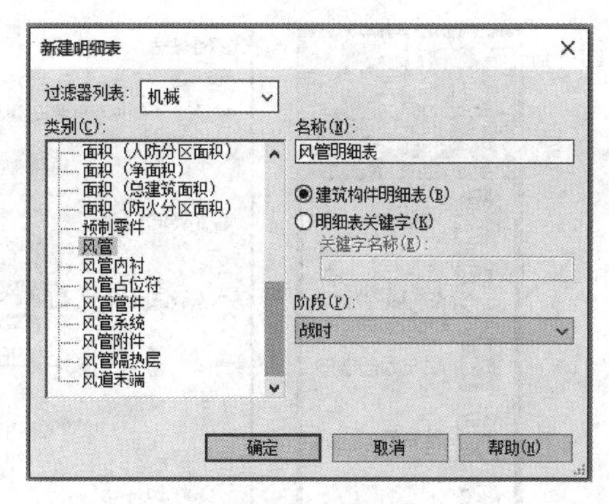

图 5.2.9 新建风管明细表

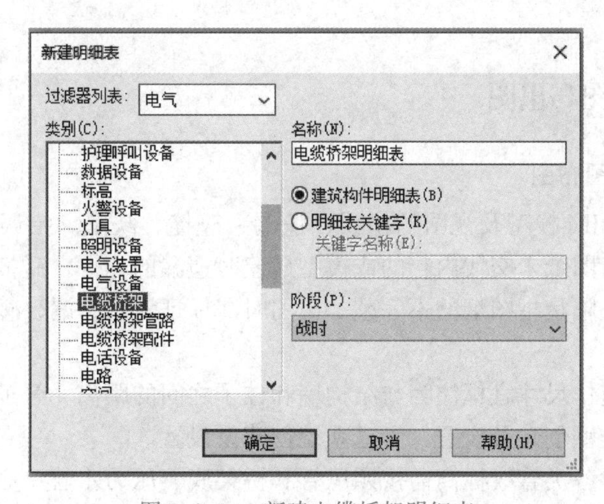

图 5.2.10 新建电缆桥架明细表

技能拓展

明细表如何导入 CAD

有时需要将 Revit 中生成的各种明细表导入到 CAD 中使用，但是在明细表视图中并没有导出 DWG 格式的选项，应该如何操作才能导出 CAD 可识别的文件呢?

方法一：将明细表在应用程序菜单中选择“导出”→“报告”→“明细表”，导出纯文本 TXT 文件。然后将“TXT”这一扩展名修改为“XLS”，打开 Excel 表格，然后复制表格中的数据。再通过在 CAD 中进行“选择性粘贴”操作并选择粘贴为 AutoCAD 图元，按上述步骤可生成在 CAD 中可以编辑的明细表。如图 5.2.11 所示。

方法二：将明细表拖进 Revit 图纸中，将图纸导出为 DWG 格式文件，此时可进入 CAD 的图纸空间中找到已经导出的明细表，如果希望将其放至模型空间，可以通过 CAD 中的修改、更改空间名来将图纸空间中的图形导入模型空间中。

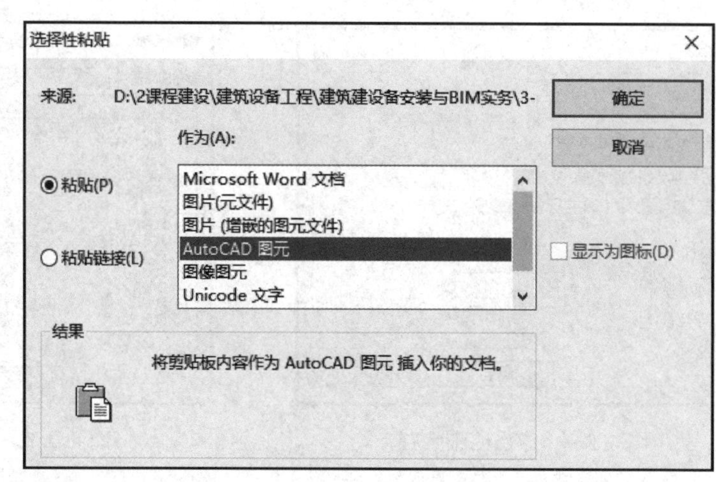

图 5.2.11　选择性粘贴

5.2.2　施工图布图与出图

5.2.2.1　施工图布图

出图前需自检 BIM 模型及视图的错误、遗漏、碰撞、缺陷。错误是指图纸或模型搭建的错误，遗漏是指图纸未交代内容的或模型搭建时遗漏的构件，碰撞是指不同专业间及本专业上的冲突，缺陷是指图纸的不完整。出图时需保证无错、漏、碰、缺等问题。

1. 布图原则

(1) 管线平面定位尺寸宜标注为与结构墙和柱子之间的距离。管道设置工作包括两个部分，分别为管道类型创建及设置、管道系统创建及设置。

(2) 平面标注时各类管线标高需按照风管和桥架底、压力水管中心标高、重力水管管内底标高标注，标注时可以用 BL＋xxxx 和 CL＋xxxx 来区分。

(3) 尺寸中不许出现位数结尾的标高或定位尺寸，均需修改为个位数为零的数值，优先将十位数定为 0 或 5，如管线时放置不下，才考虑其他数值。如 CL＋2522 改为 CL＋2500（优先）或 CL＋2520。

(4) 管线平面图图中的管线宜采用带颜色填充的样式，在复杂位置应有剖面图和三维轴测图同时展示。

(5) 每张图纸中应包含注释和图例说明，同一项目出图时注释和图例位置应尽量保持一致，出图时尽量在 BIM 软件中操作，避免在 CAD 中操作，节约由于修改造成重新出图调整的时间。

2. 布图标准

(1) 建筑给水排水系统

1) 需完整表达主要给水排水设备设施的平面布置和定位尺寸。如成品水箱、水泵，处理设备等。

2) 主要给水排水设备的性能参数是否明确，如水泵流量、扬程、功率。

3) 各系统干管及主要支管是否完整。

4）需包含干管及支管的标高、规格尺寸信息、系统分类。

5）表达给水排水主干管的附件。

6）表达卫浴装置及其附属支管的布置及定位（适用于精装修项目）。

7）需预留预埋的孔洞及套管（适用于装配式建筑）。

8）设置主要楼层给水排水平面视图，并与二维设计图纸名称对应一致。

（2）建筑暖通空调系统

1）需完整表达主要暖通空调设备设施的平面布置和定位尺寸。如制冷机房、空调机房、热交换站中的设备和防排烟风机、冷却塔等。

2）主要暖通空调设备的性能参数是否明确，如能效等级、风机类型、风压、效率。

3）通风及空调风路系统、防排烟系统的干管及支管、供暖系统、空调水系统的干管及主要支管是否完整，布置是否与二维设计图纸一致。

4）需包含干管及支管的标高，规格尺寸信息，系统分类。

5）需表达消防排烟系统的管道附件。

6）需表达风口布置（适用于精装修项目）。

7）需表达需预留预埋的孔洞及套管（适用于装配式建筑）。

8）设置主要楼层暖通空调平面视图，并与二维设计图纸名称对应一致。

（3）建筑电气系统

1）需完整表达主要电气设备的平面布置和定位尺寸。如高低压开关柜、变压器、发电机等。

2）高低压开关柜、变压器、发电机的设备型号、编号、容量等基本信息是否明确。

3）各系统干线及主要支线电缆桥架、梯架、线槽、母线是否完整，布置是否同二维设计图纸一致。

4）需包含桥架、梯架、线槽、母线的标高、规格尺寸信息、系统分类。

5）需表达主要电气装置、照明设备、消防装置及智能化装置的模型。

6）需预留预埋的孔洞及套管（适用于装配式建筑）。

7）设置气设备用房平面视图及主要楼层电气平面视图，并与二维设计图纸名称对应一致。

3. 布图步骤

（1）新建图纸

进入“视图”选项卡，选择“图纸”选项，弹出“新建图纸”对话框。单击“载入”按钮，根据项目需要选择图框类型，如图 5.2.12 所示。

或者在“项目浏览器”下拉列表窗口中使用鼠标右键单击“图纸”选项，在弹出的快捷菜单中选择“新建图纸”选项，根据项目需要选择图框类型。

（2）添加图纸视图

1）添加方法

打开新建的图纸，在“项目浏览器”下拉列表窗口中，直接以拖拽的方法将视图拖拽到图纸中。

或者在图纸视图中，进入“视图”选项卡，选择“视图”选项，弹出“视图”对话框，选择所要添加的视图。

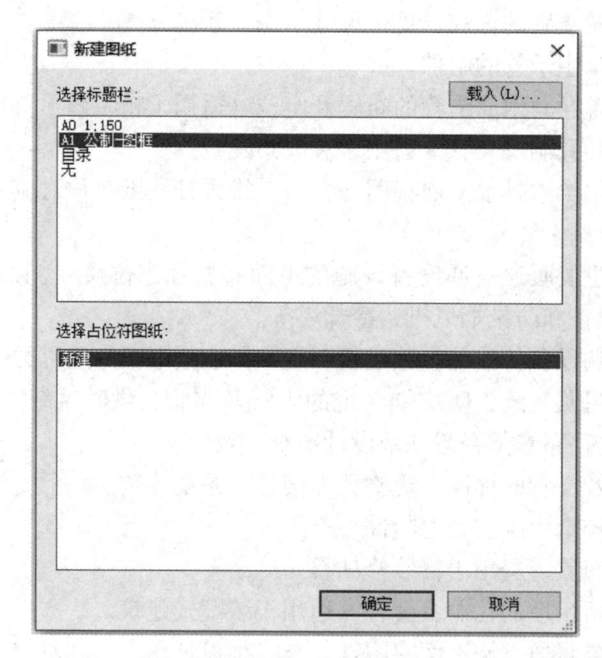

图 5.2.12　新建图纸

2）视口与视图标题

视图放置在图纸上，称为视口。视口与窗口相似，通过视口可以看到相应的视图。每添加一个视图，将自动为该视图添加一个视图标题，视图标题显示视图名称、缩放比例以及编号信息。

单击“视口”，使用“修改｜视口”选项卡中“激活视图”命令可以直接进入视图窗口编辑该视图，如标注、添加文字等。

单击“视口”，将标题栏中蓝色的“圆点”激活，通过拖动视图标题栏蓝色的“圆点”可以修改标题延伸线长度。

单击“标题栏”，出现“移动”符号，可对标题栏进行拖动移动。

注意：一个视图只能添加到一张图纸上。如果要将同一视图添加到多张图纸上，可以使视图复制，将复制的视图添加到所需图纸上。

3）锁定视图

单击“视口”，使用“锁定”命令可以锁定视图在图纸中的位置。

4）拆分视图

当项目较大时，可将视图分割为多个部分，布置在多张图纸上。

① 复制相关视图：在“项目浏览器”“楼层平面”视图列表中，使用鼠标右键单击“1F 全专业平面图”选项，在弹出的快捷菜单中选择“复制视图”下的“复制作为相关”选项，根据要求复制的两个相关视图，分别命名为“1F 全专业平面图-a”和“1F 全专业平面图-b”。

② 添加拼接线：在楼层平面“1F 全专业平面图”中，进入“视图”选项卡，选择“拼接线”选项，添拼接线，确保上下拆分视图的对接。

③ 裁剪拆分视图：在两个拆分视图的“属性”选项板中勾选“裁剪视图”及“裁剪

区域可见”复选框后，单击视图边框，可以直接拖动边框上的蓝色“圆点”裁剪视图。

在两个拆分视图中，调整裁剪区域至拼接线，将拆分后的两张视图分别添加到图纸上，生成相关联的视图。

④ 锁定视图：单击视口，进入“修改｜视口”选项卡，选择“锁定”选项，可将视图锁定在图纸中的位置。

5.2.2.2 施工图出图

图纸导出能将选定的视图、图纸以及建筑模型中的信息转换为不同格式，以便在其他软件中使用。

Revit 支持将模型导出为多种计算机辅助设计（CAD）格式：

（1）DWG（绘图）格式是 AutoCAD 和其他 CAD 应用程序所支持的格式。

（2）DXF（数据传输）是一种开放的矢量数据格式。AutoCAD 与其他 CAD 应用程序进行 CAD 数据交换的 CAD 数据通用文件格式。

（3）DGN 是奔特力（Bentley）工程软件系统有限公司的 MicroStation 和 Intergraph 公司的 Interactive Graphics Design System（IGDS）CAD 程序所支持的文件格式。

（4）SAT 是 ACIS 的存储格式，它是一种受众多 CAD 应用程序支持的实体模型格式。

为与其他团队成员共享施工图文档，用于打印和在线查看，可将文档保存为 PDF。

【5-2-2 项目任务】某综合楼平面示意如图 5.1.1 所示，根据提供的“综合楼.rvt”项目文件，请按如下要求完成 BIM 成果输出。

（1）创建 1F 全专业平面图中为不同的管道系统、风管系统和电缆桥架添加不同的颜色进行区分，保存到模型文件中。

（2）创建 1F 风系统平面图、1F 给水排水系统平面图、1F 喷淋系统平面图、1F 电气桥架系统平面图、1F 空调水系统平面图，保存到模型文件中。

（3）创建并导出 dwg 格式的 1F 全专业平面图，图框自选，图纸比例 1：100，图框内添加项目名称、图纸名称、出图日期、图纸编号，以“1F 全专业平面图”保存到相应文件夹。

【任务来源：2021 年第二期“1＋X”建筑信息模型（BIM）职业技能等级考试——中级（建筑设备方向）——实操试题——模型综合应用】

5-8 建筑设备 BIM 施工图出图

1. 导出 CAD 图形文件

（1）选择单击“R”→“导出”→“CAD 格式”→“DWG”选项，如图 5.2.13 所示。

（2）进入“DWG 导出”对话框，单击“新建”按钮，弹出“新建集”对话框，输入名称后单击“确定”按钮，返回“DWG 导出”对话框，如图 5.2.14 所示。在“按列表显示（S）”下拉表中选择“模型中的图纸”选项，勾选需要导出 DWG 文件的视图。

（3）单击“下一步”按钮，选择保存目标文件路径，单击“确定”，保存导出文件。

2. 打印 PDF 图纸文件

（1）选择单击“R”→ （打印）左上角→“打印”→“选项”。

（2）弹出“打印”对话框，在打印机名称下拉列表中选择与“PDF”有关的打印方

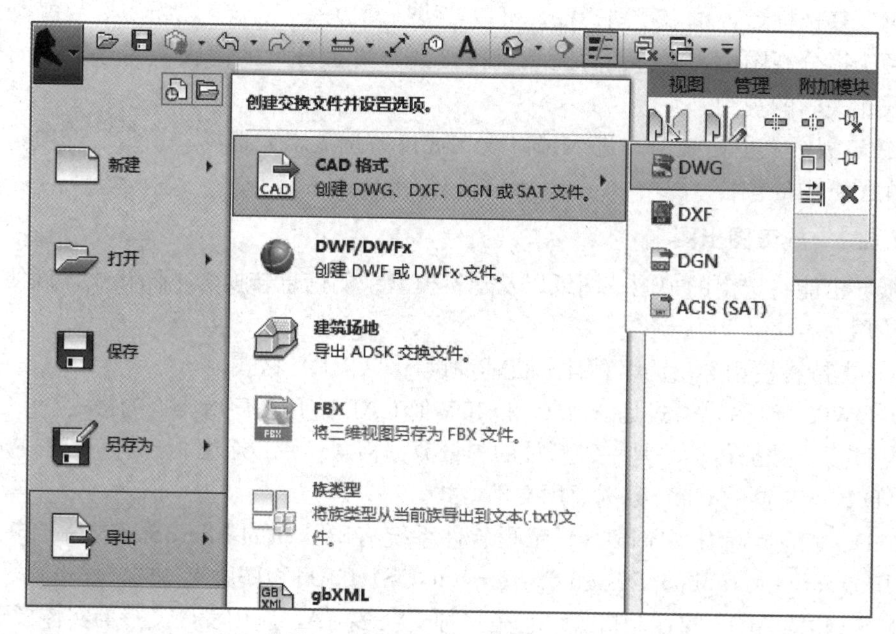

图 5.2.13 导出 CAD 图形文件

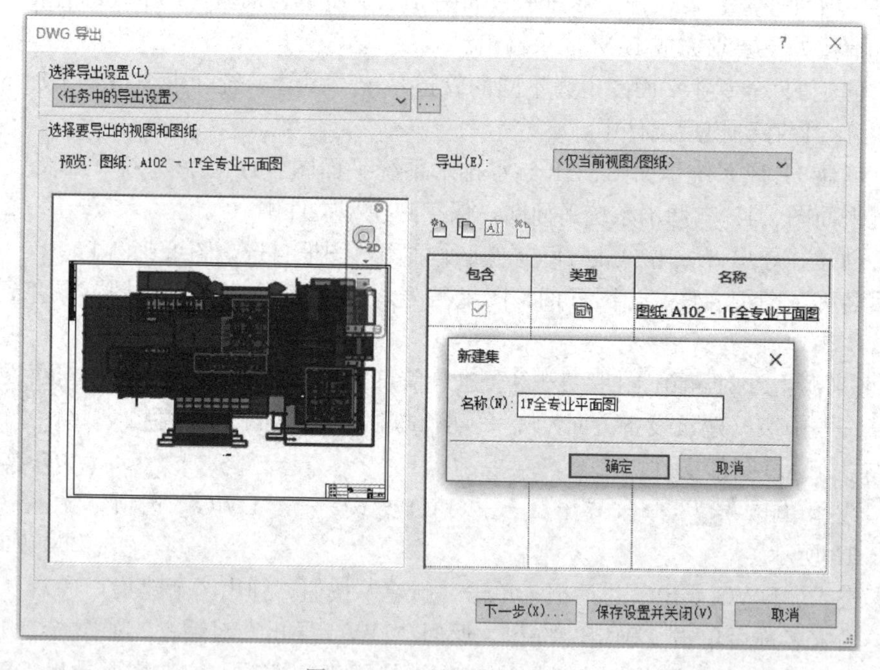

图 5.2.14 导出图纸设置

式，如图 5.2.15 所示。

(3) 在“打印范围”中选中“所选视图/图纸”按钮，单击“选择”按钮，在弹出的“视图/图纸集”对话框中勾选需要打印的图纸或视图。单击“确定”，保存打印的 PDF 文件。

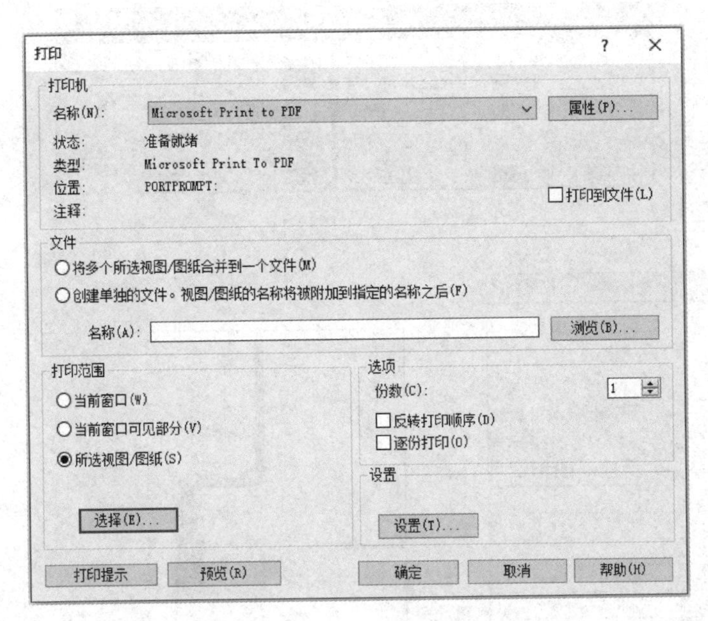

图 5.2.15　打印图纸

技能拓展

Revit 图纸变更

通过在图纸或者当前视图中添加云线批注，提示图纸的修改范围。接着添加并发布修订信息，以便设计人员及时了解图纸的变更信息。操作分两步骤走：云线批注→发布修订信息。

1. 云线批注

(1) 添加云线批注

选择“注释”选项卡，点击“详图”面板上的“云线批注”按钮，如图 5.2.16 所示，进入“修改 | 创建云线批注草图”选项卡。在“绘制”面板上选择绘制方式，如图 5.2.17 所示，然后在“属性”选项板中设置修订数据。

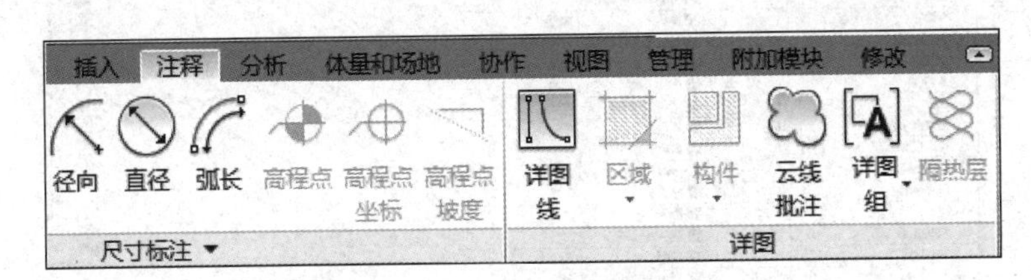

图 5.2.16　选择云线批注

在“修订”选项中默认设置修订名称为“序列 1-修订 1”，如图 5.2.18 所示，用户也可自定义名称参数。在绘图区域中点击指定矩形对角点，创建云线批注的结果如图 5.2.19 所示。

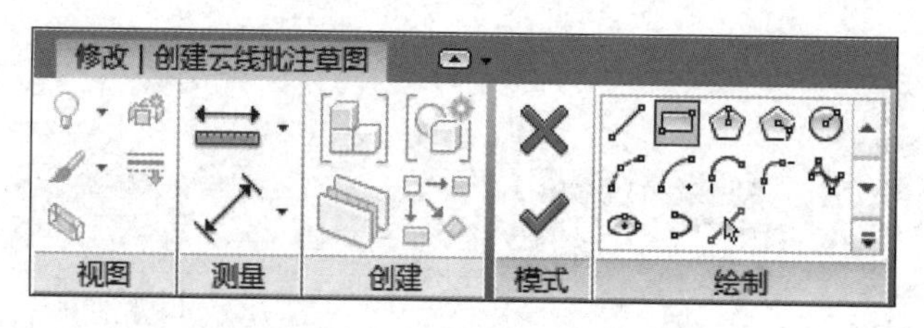

图 5.2.17　选择绘制方式

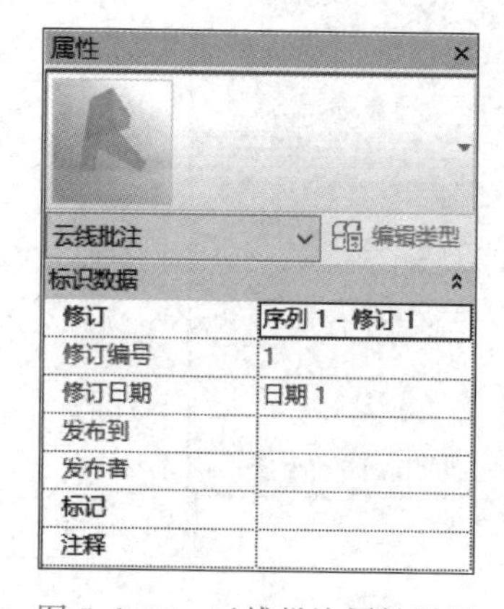

图 5.2.18　云线批注属性设置

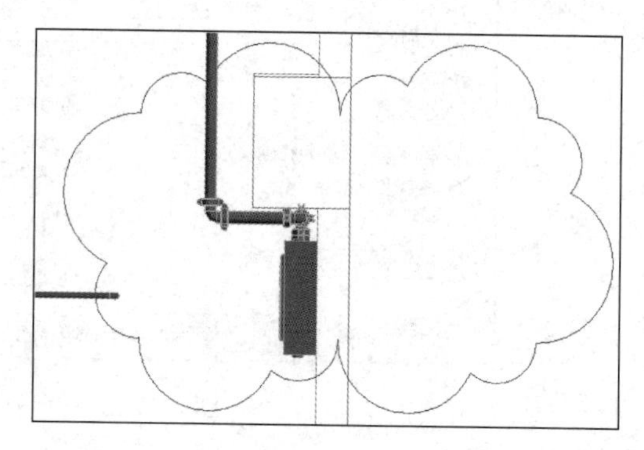

图 5.2.19　云线批注

（2）编辑云线批注

选择云线批注，进入“修改｜云线批注>编辑草图”选项卡，选择编辑工具，编辑已绘云线批注的边界线。选择“管理”选项卡，点击“对象样式”按钮，打开“对象样式”对话框。在对话框中选择“注释对象”选项卡，在“类别”列表中选择“云线批注”或“云线批注标记”，如图 5.2.20 所示，可以修改其线宽、线颜色以及线型图案。

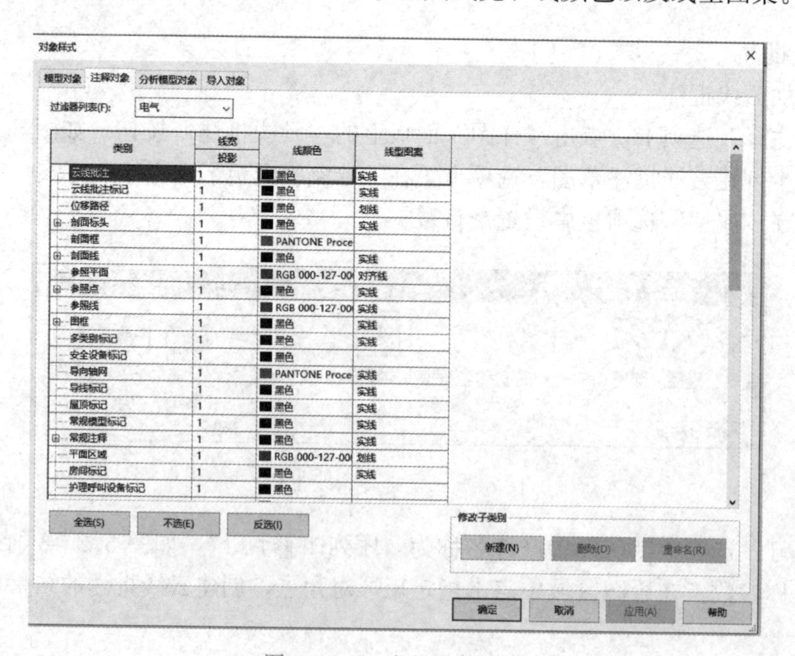

图 5.2.20　注释对象选择

2. 发布修订信息

选择“视图”选项卡，点击“图纸组合”面板上的“修订”按钮，打开“图纸发布|修订”对话框。在对话框中显示云线批注的信息，用户可分别修改“编号”与“日期”等信息，如图 5.2.21 所示。选择“已发布”选项后，信息将不可变更。假如想要再次编辑修订信息，需要取消选择“已发布”选项。单击“确定”按钮关闭对话框，完成发布修订信息的操作。转换至图纸视图，在修订明细表中显示的修订信息。

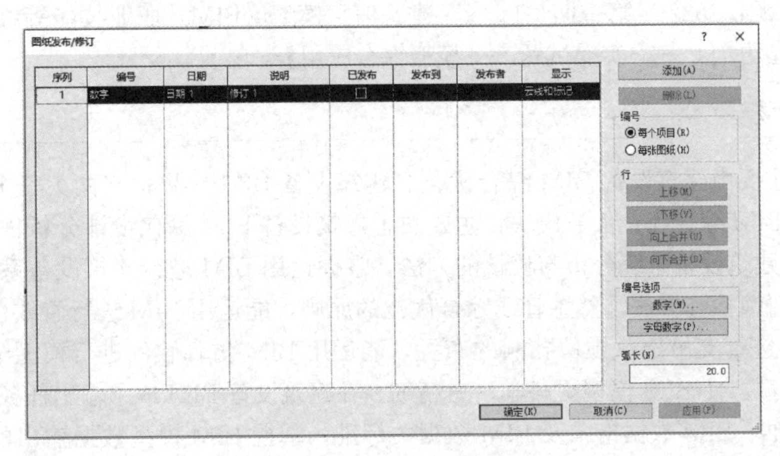

图 5.2.21　图纸发布与修订

任务训练

【5-2-3 项目任务】打开“制冷机房-机电模型 .rvt”项目文件，模型示意如图 5.2.22 所示，链接“制冷机房-建筑模型 .rvt”，按下列要求完成相应成果并按相应规定的格式进行提交。

5-9 建筑设备 BIM 成果输出-测试题

5-10 建筑设备 BIM 综合应用

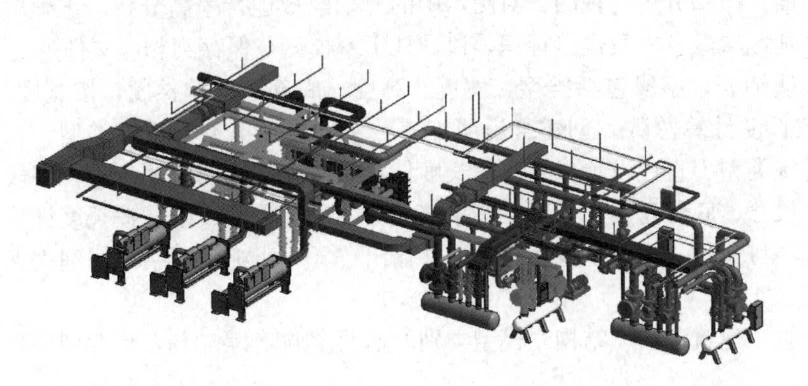

图 5.2.22　制冷机房-机电模型示意图

(1) 创建电缆桥架明细表，字段包括类型、宽度、底部高程、长度，按宽度、底部高程排序，按长度计算总数；创建管道明细表，字段包括类型、系统类型、直径、材质、长度，按系统类型、直径排序，按长度计算总数；创建风管明细表，字段包括类型、系统类型、尺寸、底部高程、长度，按系统类型、尺寸排序，按长度计算总数。明细表以“＊＊明细表 . xlsx”格式保存到相应文件夹。

(2) 列举项目中十项暖通管道系统，以“模型系统列举.txt”格式保存到相应文件夹。

(3) 利用“基于线的公制常规模型”族样板，创建500×300排水沟。

(4) 创建制冷机房综合平面图，图框设置为A1，图纸比例1∶80，图框内添加项目名称“制冷机房”，图纸名称“制冷机房综合平面图”，图纸编号“01”。成果以“制冷机房模型.rvt”保存到相应文件夹。

【任务来源：2022年第一期“1+X”建筑信息模型（BIM）职业技能等级考试——中级（建筑设备方向）——实操试题——模型综合应用】

项目小结

本项目主要由建筑设备BIM综合优化、建筑设备BIM成果输出两大任务模块组成。在建筑设备BIM综合优化任务模块，主要熟悉建筑设备BIM深化设计分析内容，掌握运用BIM进行建筑设备系统分析与校核的方法，掌握运用BIM进行建筑设备系统之间及多专业之间的碰撞检查方法，熟悉管线综合优化的原则，能运用BIM进行管线优化及布置，能运用BIM进行支吊架及预留孔洞的布置，能运用BIM仿真软件进行模型浏览及渲染，优化BIM模型，使BIM模型更科学、更精细。在建筑设备BIM成果输出任务模块，了解BIM数据标准、BIM数据格式及BIM数据关标准，掌握BIM模型数据输出的操作方法，能利用BIM模型生成指导施工用的平面图、剖面图、系统图及详图，掌握BIM软件布图及出图的操作方法，为后期专业工程信息化施工、管理、运维奠定基础。

项目拓展

【5-2-4项目任务】打开“地下室模型”项目文件，地下室模型平面示意如图5.2.23所示，按下列要求完成相应成果并以考试系统规定的格式进行提交。

(1) 创建“楼层平面：净高分析”视图，对图示中的三个区域进行净高分析，正确填写净高值，在视图中添加区域颜色方案进行标识，以“地下室模型”保存到相应文件夹。

(2) 创建电缆桥架明细表，字段包括类型、宽度、高度、底部高程、长度，按宽度、底部高程设置成组，按长度计算总数。创建管道明细表，字段包括类型、系统类型、直径、材质、长度，按系统类型、直径设置成组，按长度计算总数。创建风管明细表，字段包括类型、系统类型、尺寸、底部高程、长度，按系统类型、尺寸设置成组，按长度计算总数。将明细表保存到项目文件“地下室模型”中，并输出“**明细表”格式明细表保存到相应文件夹。

(3) 在三维视图中将“建筑”和“结构”模型类别的透明度调整为60%，保存到项目文件“地下室模型”中。

(4) 在三维视图中为不同的管道系统、风管系统和电缆桥架添加不同的颜色进行区分，保存到项目文件“地下室模型”中。

(5) 负一层设备平面图中的轴网没有显示，请将它们显示出来，并保存在项目文件“地下室模型”中。

(6) 创建负一层设备平面图，图框自选，图纸比例1∶100，图框内添加项目名称为“某地下室”，图纸名称为“负一层设备平面图”，出图日期为“2021.10.31”，图纸编号为

“设备-01”，保存在项目文件“地下室模型”中，并输出“负一层设备平面图 .dwg”格式图纸保存到相应文件夹。

【任务来源：2021 年第六期“1+X”建筑信息模型（BIM）职业技能等级考试——中级（建筑设备方向）——实操试题——模型综合应用】

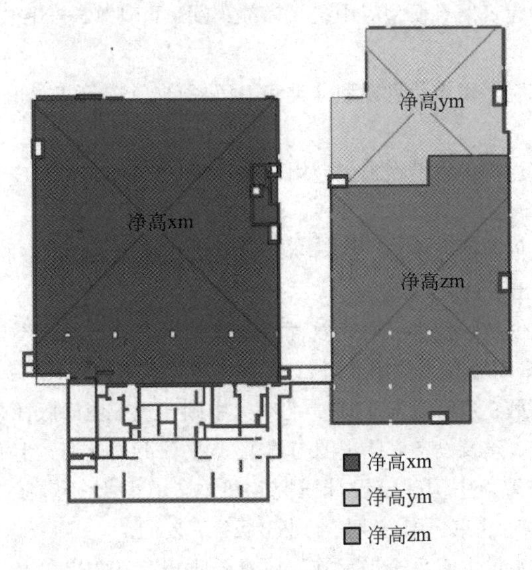

图 5.2.23　某地下室平面示意图

参考文献

[1] 中国建筑科学研究院．建筑信息模型应用统一标准：GB/T 51212—2016 [S]. 北京：中国建筑工业出版社，2017.

[2] 中国建筑标准设计研究院．建筑信息模型分类和编码标准：GB/T 51269—2017 [S]. 北京：中国建筑工业出版社，2018.

[3] 中国建筑科学研究院．建筑信息模型施工应用标准：GB/T 51235—2017 [S]. 北京：中国建筑工业出版社，2018.

[4] 廊坊市中科建筑产业化创新研究中心．"1＋X"建筑信息模型（BIM）职业技能等级证书-教师手册 [M]. 北京：高等教育出版社，2019.

[5] 廊坊市中科建筑产业化创新研究中心职业教育培训评价组织．"1＋X"建筑信息模型（BIM）职业技能等级证书-建筑设备 BIM 技术应用 [M]. 北京：高等教育出版社，2020.

[6] 吴小虎，闫增峰，李祥平．建筑设备 [M]. 北京：中国建筑工业出版社，2018.

[7] 赵洁，沙志珍，王晓霞．建筑设备安装识图与施工工艺 [M]. 上海：上海交通大学出版社，2021.

[8] 中国建筑标准设计研究院，中国建筑设计研究院机电专业设计研究院．建筑给水排水制图标准：GB/T 50106—2010 [S]. 北京：中国建筑工业出版社，2011.

[9] 辽宁省建设厅．建筑给水排水及采暖工程施工质量验收规范：GB 50242—2002 [S]. 北京：中国建筑工业出版社，2002.

[10] 中国建筑标准设计研究院．暖通空调制图标准：GB/T 50114—2010 [S]. 北京：中国计划出版社，2013.

[11] 上海市安装集团有限公司．通风与空调工程施工质量验收规范：GB 50243—2016 [S]. 北京：中国计划出版社，2016.

[12] 中国建筑标准设计研究院，中国纺织工业设计院．建筑电气制图标准：GB/T 50786—2012 [S]. 北京：机械工业出版社，2013.

[13] 浙江省工业设备安装集团有限公司．建筑电气工程施工质量验收规范：GB/T 50303—2015 [S]. 北京：中国计划出版社，2016.

[14] 中国电力企业联合会，中国电力科学研究院．电气装置安装工程接地装置施工及验收规范：GB 50169—2016 [S]. 北京：中国计划出版社，2017.

[15] 李联友．建筑设备施工技术 [M]. 武汉：华中科技大学出版社，2020.

[16] 王凤．建筑设备施工工艺与识图 [M]. 天津：天津科学技术出版社，2019.

[17] 陈明彩，齐亚丽．建筑设备安装识图与施工工艺 [M]. 北京：北京理工大学出版社，2019.

[18] 李界家．建筑设备工程（第二版）[M]. 北京：中国建筑工业出版社，2020.

[19] 常蕾．建筑设备安装与识图（第二版）[M]. 北京：中国电力出版社，2020.

[20] 乐嘉龙．学看暖通空调施工图（第二版）[M]. 北京：中国电力出版社，2018.

[21] 蒋金生．安装工程施工工艺标准（上）[M]. 浙江：浙江大学出版社，2021.

[22] 蒋金生．安装工程施工工艺标准（下）[M]. 浙江：浙江大学出版社，2021.

[23] 徐第，崔光伟．建筑电气设备安装工程造价与定额 [M]. 北京：中国建筑工业出版社，2019.

[24] 徐第，崔光伟．建筑电气设备安装工程造价与定额 [M]. 北京：中国建筑工业出版社，2019.

[25] 宿茹，布晓进．安装（管道、电气）工程习题与案例 [M]. 北京：化学工业出版社，2013.